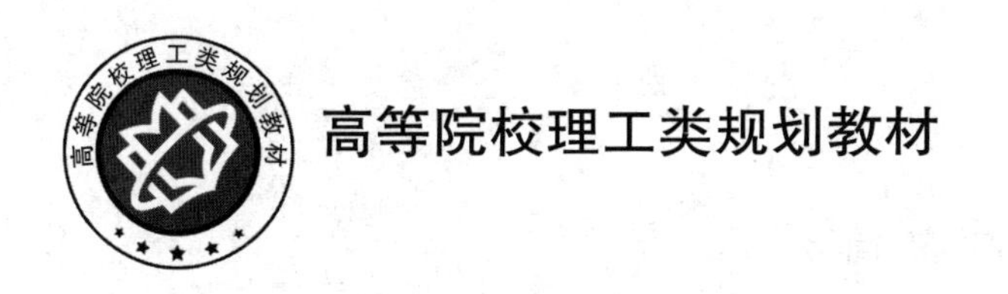

高 等 数 学

(第3版) (上)

寇彩霞　默会霞　袁健华　艾文宝　编著

北京邮电大学出版社
www.buptpress.com

内 容 简 介

本套书是根据教育部非数学类专业数学基础课教学指导分委员会制定的工科类本科数学基础课程教学基本要求编写的教材，分为上、下两册．本书为上册，主要包括函数与极限、一元函数微积分及其应用和微分方程3部分内容．本书对基本概念的叙述清晰准确，对基本理论的论述简明易懂，选配的例题习题典型多样，强调对基本运算能力的培养及对理论的实际应用．

本书可作为高等院校非数学类专业本科生的教材，也可供其他专业选用和社会读者阅读．

图书在版编目(CIP)数据

高等数学．上 / 寇彩霞等编著．-- 3 版．-- 北京：北京邮电大学出版社，2024．-- ISBN 978-7-5635-7308-0

Ⅰ. O13

中国国家版本馆 CIP 数据核字第 2024SU1768 号

策划编辑：彭　楠　　**责任编辑**：刘春棠　　**责任校对**：张会良　　**封面设计**：七星博纳

出版发行：北京邮电大学出版社

社　　址：北京市海淀区西土城路 10 号

邮政编码：100876

发 行 部：电话：010-62282185　传真：010-62283578

E-mail: publish@bupt.edu.cn

经　　销：各地新华书店

印　　刷：保定市中画美凯印刷有限公司

开　　本：787 mm×1 092 mm　1/16

印　　张：23.25

字　　数：592 千字

版　　次：2012 年 8 月第 1 版　2017 年 9 月第 2 版　2024 年 8 月第 3 版

印　　次：2024 年 8 月第 1 次印刷

ISBN 978-7-5635-7308-0　　定价：59.00 元

前　言

《高等数学》(第 2 版) 自 2017 年 9 月出版以来, 得到了广大读者的大力支持, 并成为很多高等院校本科相关课程的教材或参考书. 本书是在第 2 版的基础上, 根据北京邮电大学高等数学双语教学组多年的教学实践及第 2 版的使用情况进行全面修订而成的. 修订的主要内容包括:

(1) 对一些重要概念的定义进行了细致的推敲, 力求表述更加准确、严谨;

(2) 对部分定理的表述及证明方法进行了更新, 力求语言准确、方法简洁、推导过程严谨;

(3) 对个别内容安排进行了调整, 删减及增补了少量内容, 以便更好地适应教学需要;

(4) 对习题进行了充实、丰富, 并替换了部分习题, 以便学生更好地学习和巩固相关知识点.

本书各章节具体的撰写分工如下: 第 1 章、第 5 章、第 6 章由默会霞编写, 第 2 章、第 4 章由袁健华编写, 第 3 章由寇彩霞编写, 全书由艾文宝进行审核. 本书在内容编排和讲解上适当吸收了欧美国家微积分教材的一些优点, 尽量做到逻辑严谨、叙述清晰、直观性强、例题丰富. 本套教材中文版、英文版及习题解答是相互配套的, 特别适合双语高等数学的教学需要.

我们特别感谢《高等数学》第 1 版和第 2 版的作者们. 在第 1 版中, 函数、空间解析几何及微分部分由张文博、王学丽和朱萍编写, 级数、微分方程及积分部分由艾文宝和袁健华编写, 全书由孙洪祥审阅校对. 在第 2 版中, 第 1 章由艾文宝编写, 第 2 章和第 3 章由李晓花编写, 第 4 章和第 5 章由袁健华编写, 第 6 章由默会霞编写, 全书由艾文宝进行审核. 我们还要特别感谢北京邮电大学出版社的编辑们, 她们在组织协调、书稿审校等方面做了大量工作, 使本书得以顺利出版.

对于本书存在的问题, 欢迎广大专家、同仁和读者通过邮箱 koucx@bupt.edu.cn 给予批评指正.

目　录

第 1 章　微积分基础知识

初等数学的主要研究对象是常量、有限的量, 并采用静止的观点来探讨问题. 而高等数学 (特别是微积分) 的研究对象则是变化的量、无限的量, 并采用变化的观点来研究问题. 函数关系是描述变量之间依赖关系的基本工具, 而极限方法是研究变量变化趋势的一种基本数学方法.

本章将详细介绍微积分的基础知识, 包括集合、函数、极限以及函数的连续性等基本概念, 并探讨它们的一些重要性质. 这些内容是进一步学习微积分其他分支及其应用的基础.

1.1　集合与函数

1.1.1　集合

1. 集合的概念

集合是数学中的一个基本概念. 在研究具体问题时, 会遇到一个个的对象, 我们经常用 “集合” 对所研究的对象进行分类. 把一些能够确定的、不同的对象汇集在一起, 就说由这些对象组成一个集合. 通俗地说, **集合** (set) 是指具有某种特定性质的事物的总体, 组成这个集合的每个事物称为该集合的**元素** (element), 简称元. 集合通常用英文大写字母 $A, B, C, \cdots$ 表示, 集合的元素通常用英文小写字母 $a, b, c, \cdots$ 表示. 如果 a 是集合 A 的元素, 就记作 $a \in A$, 读作 “a **属于** A”; 如果 a 不是集合 A 的元素, 就记作 $a \notin A$ 或 $a\overline{\in}A$, 读作 “a **不属于** A”.

表示集合的方法通常有两种: 列举法和描述法. 列举法就是将集合的全体元素一一列举出来表示的方法. 例如, 一年的 4 个季节构成的集合 A 可表示为

$$A = \{\text{春天, 夏天, 秋天, 冬天}\}.$$

又如, 1 到 100 之间的所有正整数的集合 B 可表示为

$$B = \{1, 2, 3, 4, \cdots, 98, 99, 100\}.$$

但并不是每个集合都可以用列举法来表示. 此时可以用另一种方法, 即描述法. 若集合 S 是由具有某种性质 P 的元素 x 的全体所组成的, 则集合 S 可表示为

$$S = \{x | x\text{具有性质}P\}.$$

例如, 方程 $x^2 - 4 = 0$ 的解的集合 D 可表示为

$$D = \{x | x^2 - 4 = 0\}.$$

若一个集合只含有限个元素, 则称这个集合为**有限集** (finite set), 不是有限集的集合称为**无限集** (infinite set). 例如, $A=\{a,b,c,d\}$ 是有限集, $B=\{x|x\text{为大于1的实数}\}$ 是无限集.

对于数集, 有时我们在表示数集的字母的右上角标上 "*" 来表示该数集内排除 0 的集合, 用下标 "+" 表示该数集内排除负数的集合. 下面给出一些常用的数集表示.

$\mathbf{N}=\{x|x\text{为自然数}\}=\{0,1,2,\cdots,n,\cdots\}$;

$\mathbf{N}_+=\{x|x\text{为正自然数}\}=\{1,2,\cdots,n,\cdots\}$;

$\mathbf{Z}=\{x|x\text{为整数}\}=\{0,\pm1,\pm2,\cdots,\pm n,\cdots\}$;

$\mathbf{Q}=\{x|x\text{为有理数}\}=\left\{\dfrac{p}{q}\mid p\in\mathbf{Z},q\in\mathbf{N}_+\text{且}p\text{与}q\text{互质}\right\}$;

$\mathbf{R}=\{x|x\text{为实数}\}$;

$\mathbf{R}^*=\{x|x\text{为非零实数}\}$;

$\mathbf{R}_+=\{x|x\text{为非负实数}\}$.

设 A 和 B 是两个集合, 如果集合 A 的元素都是集合 B 的元素, 则称 A 是 B 的**子集** (subset), 记作 $A\subseteq B$ (读作 A 包含于 B) 或 $B\supseteq A$(读作 B 包含 A), 如图 1.1.1(a) 所示. 若 A 不是 B 的子集, 则记作 $A\not\subseteq B$, 如图 1.1.1(b) 所示. 例如, $\mathbf{N}\subseteq\mathbf{Q}\subseteq\mathbf{R},\mathbf{Q}\not\subseteq\mathbf{R}_+$.

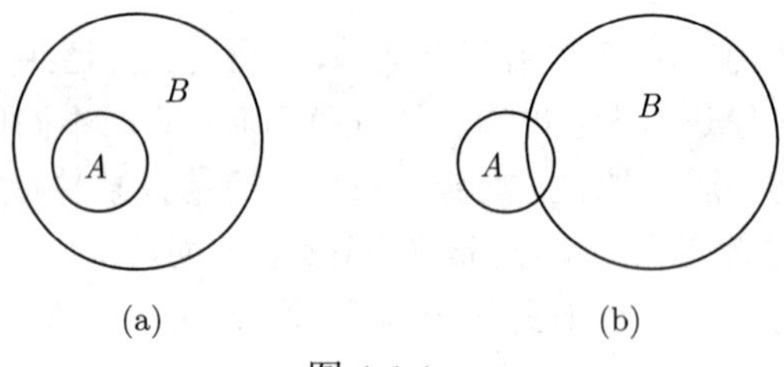

图 1.1.1

如果集合 A 与集合 B 互为子集, 即 $A\subseteq B$ 且 $B\subseteq A$, 则称两个集合 A 与 B **相等** (equal), 记作 $A=B$. 例如, 若

$$A=\{-1,1\},\quad B=\{x|x^2-1=0\},$$

则 $A=B$. 若 A 与 B 不相等, 则记作 $A\neq B$.

对于集合 A 和集合 B, 若 $A\subseteq B$ 且 $A\neq B$, 则称集合 A 是集合 B 的**真子集** (proper subset), 记作 $A\subset B$. 例如, $\mathbf{N}\subset\mathbf{Z},\mathbf{Z}\subset\mathbf{Q},\mathbf{Q}\subset\mathbf{R}$.

不含任何元素的集合是**空集** (empty set), 记作 $\varnothing$. 例如, 方程 $x^2+1=0$ 的实根所组成的集合

$$\{x|x\in\mathbf{R}\text{且}x^2+1=0\}$$

就是个空集. 规定空集是任何集合的子集, 即任给一个集合 A, 都有 $\varnothing\subset A$.

例 1.1.1 写出集合 $A=\{1,2,3\}$ 的所有子集.

解 $\varnothing,\{1\},\{2\},\{3\},\{1,2\},\{2,3\},\{1,3\},\{1,2,3\}$. ■

例 1.1.2 设集合 $A=\{-2,-1,1,2\}$, $B=\{x|x^3-x^2-4x+4=0,x\in\mathbf{R}\}$. 试判断 $A=B$ 是否成立.

解　方程 $x^3 - x^2 - 4x + 4 = 0$ 的实根为 $x_1 = 1$, $x_2 = 2$, $x_3 = -2$, 故 $B = \{1, 2, -2\}$. 可知 $B \subseteq A$, $A \nsubseteq B$, 所以 $A \neq B$. ■

2. 集合的运算

集合的基本运算有**并** (union)、**交** (intersection)、**差** (difference) 和**补** (complement) 4 种.

(1) 并集 $A \cup B$

设 A 和 B 是两个集合, 由所有属于 A 或者属于 B 的元素组成的集合, 称为 A 与 B 的**并集**, 记作 $A \cup B$, 如图 1.1.2(a) 所示, 即

$$A \cup B = \{x | x \in A \text{或} x \in B\}.$$

例如

$$\{1, 2, 3\} \cup \{2, 3, 4\} = \{1, 2, 3, 4\};$$

$$\{x | x \in \mathbf{R} \text{且} x \leqslant 0\} \cup \{x | x \in \mathbf{R} \text{且} x \geqslant 0\} = \mathbf{R}.$$

(2) 交集 $A \cap B$

设 A 和 B 是两个集合, 由所有既属于 A 又属于 B 的元素组成的集合, 称为 A 与 B 的**交集**, 记作 $A \cap B$, 如图 1.1.2(b) 所示, 即

$$A \cap B = \{x | x \in A \text{且} x \in B\}.$$

例如

$$\{1, 2, 3\} \cap \{2, 3, 4\} = \{2, 3\};$$

$$\{x | x \in \mathbf{R} \text{且} x \leqslant 0\} \cap \{x | x \in \mathbf{R} \text{且} x \geqslant 0\} = \{0\}.$$

(3) 差集 $A \setminus B$

设 A 和 B 是两个集合, 由所有属于 A 而不属于 B 的元素组成的集合, 称为 A 与 B 的**差集**, 记作 $A \setminus B$ 或 $A - B$, 如图 1.1.2(c) 所示, 即

$$A \setminus B = \{x | x \in A \text{且} x \notin B\}.$$

例如

$$\{1, 2, 3\} \setminus \{2, 3, 4\} = \{1\};$$

$$\{x | x \in \mathbf{R} \text{且} x \leqslant 2\} \setminus \{x | x \in \mathbf{R} \text{且} x > 0\} = \{x | x \in \mathbf{R} \text{且} x \leqslant 0\}.$$

(4) 补集 A^c

研究具体问题时, 将所有可能的元素构成的集合 X 称为**全集** (universal set), 所研究的其他集合 A 都是 X 的子集, A 的**补集**或**余集** A^c (图 1.1.2(d)) 定义为

$$A^c = X \setminus A.$$

例如, 在实数集 $\mathbf{R}$ 中, 集合 $A = \{x | 0 < x \leqslant 1\}$ 的补集就是

$$A^c = \{x | x \leqslant 0 \text{或} x > 1\}.$$

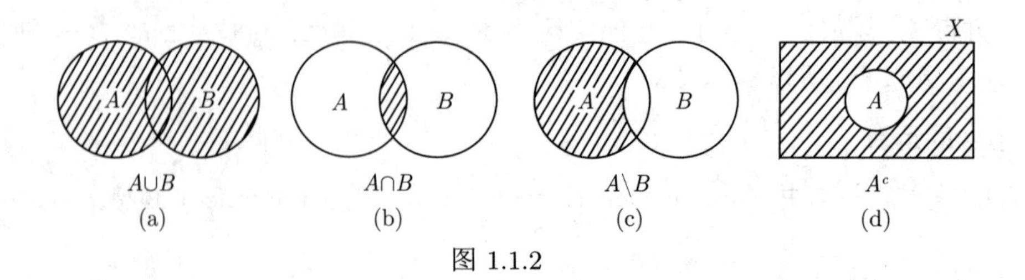

图 1.1.2

定理 1.1.1 (集合运算律) 设 A, B 及 C 为任意 3 个集合, 则有下列法则成立:

交换律 (commutative law) $A\cup B=B\cup A; A\cap B=B\cap A$.

结合律 (associative law) $(A\cup B)\cup C=A\cup(B\cup C); (A\cap B)\cap C=A\cap(B\cap C)$.

分配律 (distributive law) $(A\cup B)\cap C=(A\cap C)\cup(B\cap C)$;

$$(A\cap B)\cup C=(A\cup C)\cap(B\cup C);$$

$$(A\setminus B)\cap C=(A\cap C)\setminus(B\cap C).$$

幂等律 (idempotent law) $A\cup A=A; A\cap A=A$.

吸收律 (absorption law) $A\cup\varnothing=A; A\cap\varnothing=\varnothing$. 若 $A\subseteq B$, 则 $A\cup B=B$ 且 $A\cap B=A$.

以上法则都可以根据集合相等的定义验证, 现以分配律中的第一个性质为例, 给出 $A\cap(B\cup C)=(A\cap B)\cup(A\cap C)$ 的证明. 其余法则的证明留给读者.

例 1.1.3 设 A, B, C 为任意 3 个集合, 证明 $A\cap(B\cup C)=(A\cap B)\cup(A\cap C)$.

证明 首先证明 $A\cap(B\cup C)\subseteq(A\cap B)\cup(A\cap C)$.

$x\in A\cap(B\cup C)\Rightarrow x\in A$且$x\in B\cup C$,

$\Rightarrow x\in A$且 “$x\in B$或$x\in C$”,

$\Rightarrow$ “$x\in A$且$x\in B$”或 “$x\in A$且$x\in C$”,

$\Rightarrow x\in A\cap B$或$x\in A\cap C$,

$\Rightarrow x\in(A\cap B)\cup(A\cap C)$.

然后证明 $(A\cap B)\cup(A\cap C)\subseteq A\cap(B\cup C)$.

$x\in(A\cap B)\cup(A\cap C)$

$\Rightarrow x\in A\cap B$或$x\in A\cap C$,

$\Rightarrow$ “$x\in A$且$x\in B$”或“$x\in A$且$x\in C$”,

$\Rightarrow x\in A$且“$x\in B$或$x\in C$”,

$\Rightarrow x\in A$且$x\in B\cup C$,

$\Rightarrow x\in A\cap(B\cup C)$.

综上, $A\cap(B\cup C)=(A\cap B)\cup(A\cap C)$. ■

注 在上例证明中, 符号 “$\Rightarrow$” 表示 “推出”(或 “蕴含”). 如果在上例第一段 “$A\cap(B\cup C)\subseteq(A\cap B)\cup(A\cap C)$” 证明中, 将符号 “$\Rightarrow$” 改用 “$\Leftrightarrow$”(表示 “等价”), 则上例证明的第二段可省略.

(5) 集合的笛卡儿积 $A\times B$

在两个集合之间还可以定义**笛卡儿积** (Cartesian product, 也称为集合的直积). 设 A 和 B 是任意两个集合, 在集合 A 中任意取一个元素 x, 在集合 B 中任意取一个元素 y, 组

成一个有序对 (x,y), 以这样的有序对为元素所组成的集合称为集合 A 与集合 B 的笛卡儿积, 记为 $A\times B$, 即

$$A\times B=\{(x,y)|x\in A\text{且}y\in B\}.$$

例如, $\mathbf{R}\times\mathbf{R}=\{(x,y)|x\in\mathbf{R},y\in\mathbf{R}\}$, 即 xOy 面上全体点的集合. $\mathbf{R}\times\mathbf{R}$ 常记为 $\mathbf{R}^2$. 更一般地,

$$\mathbf{R}^n=\{(x_1,x_2,\cdots,x_n)|x_1,x_2,\cdots,x_n\in\mathbf{R}\}$$

称为 n 维空间.

3. 区间与邻域

我们主要讨论实数集 $\mathbf{R}$ 的子集, 简称**数集**. **区间** (interval) 是用得较多的一类数集. 设 a 和 b 都是实数且 $a\leqslant b$, 闭区间 $[a,b]$、开区间 (a,b)、半开半闭区间 $[a,b)$ 和 $(a,b]$ 分别是指下列数集:

$$[a,b]=\{x|a\leqslant x\leqslant b\};$$
$$(a,b)=\{x|a<x<b\};$$
$$[a,b)=\{x|a\leqslant x<b\};$$
$$(a,b]=\{x|a<x\leqslant b\}.$$

其中 a 和 b 称为区间的端点, 对开区间 (a,b) 而言, $a\notin(a,b)$ 且 $b\notin(a,b)$. 以上这些区间都称为有限区间. 数 $b-a$ 称为这些区间的长度. 从数轴上看, 有限区间是数轴上长度有限的线段 (如图 1.1.3 所示).

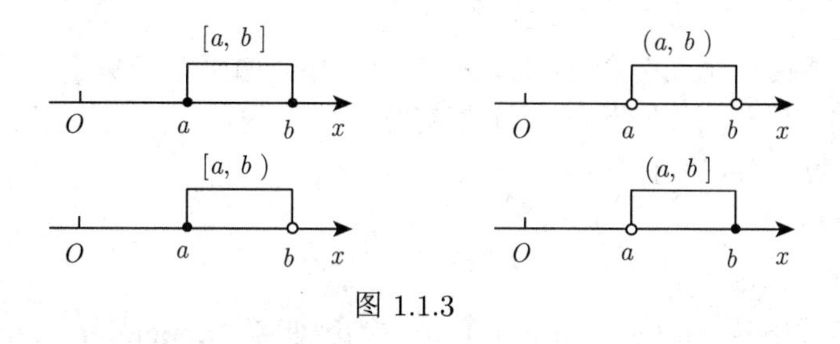

图 1.1.3

此外, 还有端点含 $\pm\infty$ 的区间, 即所谓的无限区间. 例如

$$[a,+\infty)=\{x|x\geqslant a\};$$
$$(-\infty,b)=\{x|x<b\};$$
$$(-\infty,+\infty)=\{x|x\in\mathbf{R}\}=\mathbf{R}.$$

这里 “$+\infty$” 与 “$-\infty$” 分别读作 “正无穷大” 和 “负无穷大”. 无限区间 $[a,+\infty)$ 和 $(-\infty,b)$ 在数轴上的表示如图 1.1.4 所示.

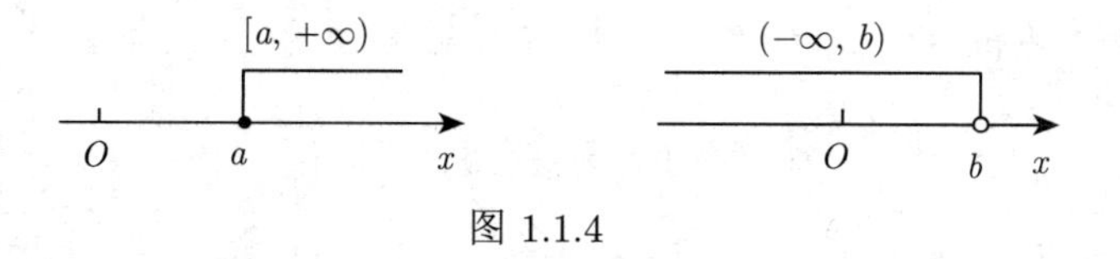

图 1.1.4

以后在不需要辨明所讨论区间是否包含区间端点, 以及区间是有限区间还是无限区间的场合, 就简单称之为 "区间", 且常用 I 表示.

另外一个常用的概念是**邻域** (neighborhood). 以点 a 为中心的任何开区间称为点 a 的邻域, 记作 $U(a)$. 设 $a \in \mathbf{R}$, $\delta > 0$, 则开区间 $(a-\delta, a+\delta)$ 就是点 a 的一个邻域, 称为 a 的 δ **邻域**. 它表示与 a 距离小于 δ 的全体实数的集合, 记作 $U(a,\delta)$, 即

$$U(a,\delta) = \{x|a-\delta < x < a+\delta\} = \{x||x-a| < \delta\}.$$

点 a 称为该邻域的中心, δ 称为该邻域的半径 (图 1.1.5).

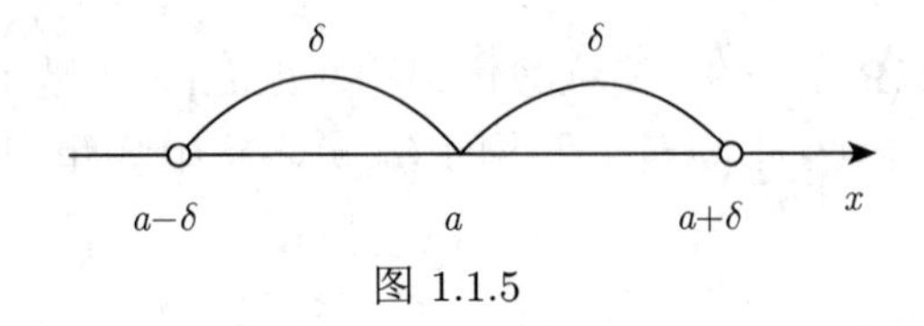

图 1.1.5

集合 $U(a,\delta) \setminus \{a\}$ 表示点 a 的 δ 邻域去掉中心点 a 后的数集, 称为点 a 的**去心 δ 邻域**, 记作 $\mathring{U}(a,\delta)$, 即

$$\mathring{U}(a,\delta) = \{x|0 < |x-a| < \delta\}.$$

为了方便, 有时把开区间 $(a-\delta, a)$ 称为点 a 的**左 δ 邻域**, 把开区间 $(a, a+\delta)$ 称为点 a 的**右 δ 邻域**.

1.1.2 函数的定义

定义 1.1.1 (函数) 设 X 和 Y 是两个非空数集. 如果对于集合 X 中任意一个数 x, 按照某种确定的对应法则 f, 在集合 Y 中都有唯一确定的数 y 与之对应, 则称 f 是从集合 X 到集合 Y 的**函数** (function), 记为

$$y = f(x), \quad x \in X.$$

其中 x 称为**自变量** (independent variable), y 称为**因变量** (dependent variable), X 称为**定义域** (domain 或 domain of definition), 记作 D_f, 即 $D_f = X$.

在函数的定义中, 与 x 按照法则 f 对应的唯一值 y 称为函数 f 在 x 处的**函数值** (value), 记作 $f(x)$, 即 $y = f(x)$; 因变量 y 与自变量 x 之间的依赖关系通常称为**函数关系**; 函数值 $f(x)$ 的全体所构成的集合称为函数 f 的**值域** (range), 记作 R_f 或 $f(X)$, 即

$$R_f = f(X) = \{y|y = f(x), x \in X\}.$$

注 值域不一定就是 Y, 仅有 $R_f \subseteq Y$ 成立.

例 1.1.4 已知函数 $f(x) = \sqrt{\sin x}$, 求其定义域 D_f 和值域 R_f.

解 只有当根号内的 $\sin x$ 非负时, 函数 $f(x)$ 才有意义, 可见它的定义域为

$$D_f = \{x|x \in [2n\pi, (2n+1)\pi], n \in \mathbf{Z}\}.$$

函数的值域为 $R_f = [0,1]$. ■

例 1.1.5 已知函数 $f(x)=\dfrac{1}{\sqrt{x^2+x-2}}$, 求其定义域 D_f 和值域 R_f.

解 函数 $f(x)$ 的定义域为满足不等式

$$x^2+x-2=(x+2)(x-1)>0$$

的全部 x 值, 即 $x<-2$ 或 $x>1$, 则

$$D_f=\{x|x<-2\text{或}x>1\}.$$

函数的值域为

$$R_f=(0,+\infty).$$

■

例 1.1.6 求函数

$$y=\sqrt{1-|x|}+\ln(2x-1) \tag{1.1.1}$$

的定义域.

解 函数的定义域为使式 (1.1.1) 有意义的所有 x 构成的集合. 记 $y_1=\sqrt{1-|x|}$, $y_2=\ln(2x-1)$, 则当 $|x|\leqslant 1$, 即 $-1\leqslant x\leqslant 1$ 时, y_1 的表达式有意义; 当 $\dfrac{1}{2}<x<+\infty$ 时, y_2 的表达式有意义. 由于 y_1 和 y_2 需要同时有意义, 故

$$x\in\{x|-1\leqslant x\leqslant 1\}\cap\left\{x\mid\frac{1}{2}<x<+\infty\right\}=\left\{x\mid\frac{1}{2}<x\leqslant 1\right\}.$$

因此, 函数的定义域为

$$D_f=\left\{x\mid\frac{1}{2}<x\leqslant 1\right\}.$$

■

特别注意, 表示函数的记号是可以任意选取的, 除了常用的 f 外, 还可用其他的英文字母或希腊字母, 如 “g” “h” “F” “φ” 等. 相应地, 函数可以记作 $y=g(x)$, $y=h(x)$, $y=F(x)$, $y=\varphi(x)$ 等. 当然, 函数本质上与记号所采用的字母没有关系, 对于两个函数 f 和 g, 当且仅当它们有相同的定义域 X, 且对于 X 内的每一个实数 x, 它们有相同的函数值时, 才能称这两个函数相等, 记为 $f=g$, 否则就是不相等的. 也就是说, 构成函数的要素是定义域和对应法则. 由于函数的值域总在 $\mathbf{R}$ 内, 当两个函数相等时, 它们的值域也必相同.

例 1.1.7 判断下列每组函数是否相等:

(1) $f(x)=\sin x, g(x)=\dfrac{x\sin x}{x}$;

(2) $f(x)=x^2+2x+1, g(t)=t^2+2t+1$.

解 (1) $f(x)$ 的定义域为 $(-\infty,+\infty)$, $g(x)$ 的定义域为 $(-\infty,0)\cup(0,+\infty)$. 因为它们的定义域不一样, 所以这两个函数并不相等.

(2) 函数 $f(x)$ 与 $g(x)$ 的定义域相同, 都是 $(-\infty,+\infty)$, 且对于每一个实数, 它们有相同的函数值, 虽然两个函数的记号不同, 但是这两个函数是相等的. ■

还应该注意的是, 在函数的概念中, 并没有标明变量之间的函数关系式非得用一个式子来表达不可. 事实上, 表示函数的方法主要有 3 种: **表格法、图形法和解析式法 (公式法)**. 例如, 火车时刻表用列表的方法来表示火车出站和进站车次与时间的函数关系, 这就是表格法; 而气象站中的温度记录器用自动描绘在纸带上的一条连续不断的曲线来记录温度与时间的函数关系, 这就是图形法.

一般地, 用图形法来表示函数是基于函数图形的概念, 即坐标平面上的点集

$$\{(x,y)|y=f(x),x\in X\}$$

称为函数 $y=f(x)$, $x\in X$ 的图形. 通过这种方法可以绘制一个函数的图形, 并很容易看出函数的趋势.

下面给出几个函数的例子.

例 1.1.8 (取整函数) 设 x 为一实数, 不超过 x 的最大整数称为 x 的整数部分, 记作 $[x]$. 把 x 看作自变量, 则函数

$$y=[x]$$

称为取整函数. 取整函数的定义域为 $(-\infty,+\infty)$, 值域为 $\mathbf{Z}$, 其图形如图 1.1.6 所示, 称为阶梯曲线.

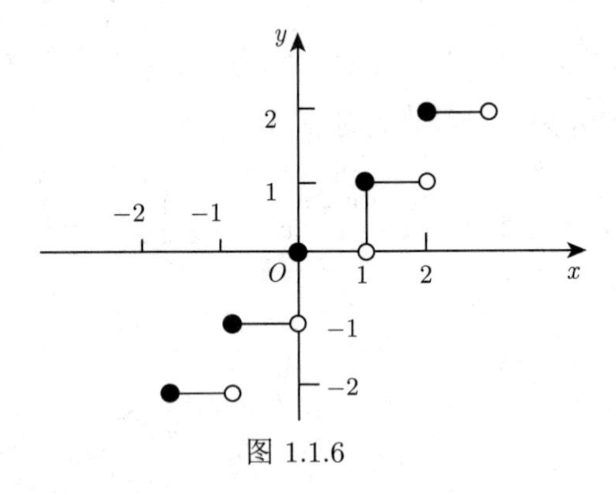

图 1.1.6

例 1.1.9 (绝对值函数)

$$y=|x|=\begin{cases}x, & 0<x,\\ -x, & x\leqslant 0.\end{cases}$$

此函数的定义域为 $(-\infty,+\infty)$, 值域为 $[0,+\infty)$, 其图形如图 1.1.7 所示.

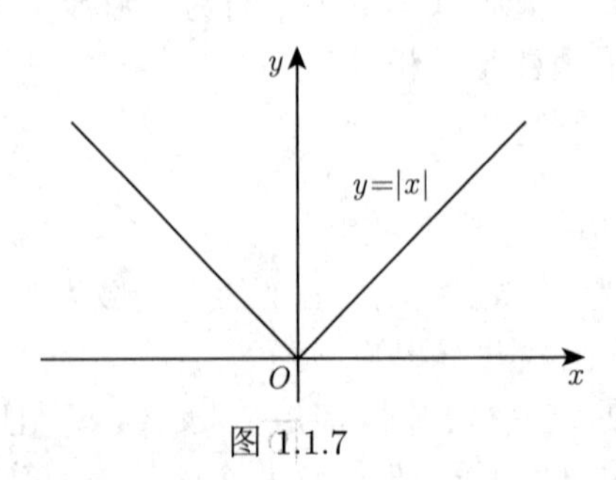

图 1.1.7

例 1.1.10 (符号函数)　符号函数的定义为

$$y = x = \begin{cases} 1, & x > 0, \\ 0, & x = 0, \\ -1, & x < 0. \end{cases}$$

此函数的定义域为 $(-\infty, +\infty)$, 值域为 $\{-1, 0, 1\}$, 其图形如图 1.1.8 所示.

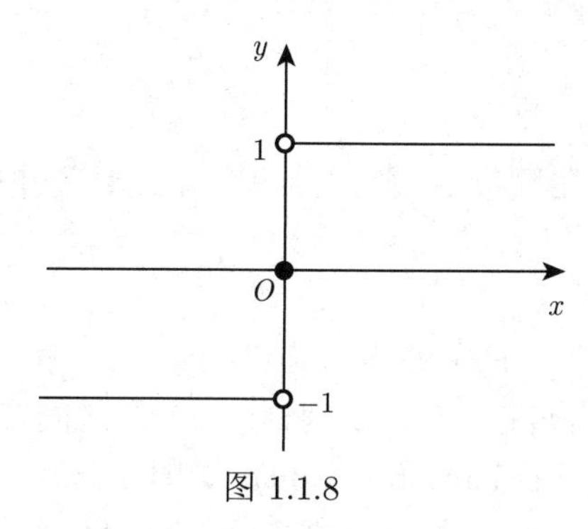

图 1.1.8

对于任何实数 x, 下列关系成立:

$$x = x \cdot |x|.$$

例 1.1.11 (狄利克雷 (Dirichlet) 函数)　Dirichlet 函数的定义为

$$y = \begin{cases} 1, & x\text{为有理数}, \\ 0, & x\text{为无理数}. \end{cases}$$

此函数的定义域为 $(-\infty, +\infty)$, 值域为 $\{0, 1\}$. 绘制这个函数的图形非常困难.

从例 1.1.9 ~ 例 1.1.11 可以看到, 有时一个函数要用几个式子表示. 这种在自变量不同变化范围中对应法则用不同式子来表示的函数, 称为**分段函数** (piecewise function).

1.1.3　函数的初等性质

下面介绍函数的初等性质: 有界性、单调性、奇偶性、周期性. 这些概念在中学课程中学习过, 这里只作简单介绍.

定义 1.1.2 (有界性)　设函数 $f(x)$ 的定义域为 D_f, 且数集 $X \subseteq D_f$.

(1) 若存在常数 M_1, 使得对于任一 $x \in X \subseteq D_f$ 都有 $f(x) \leqslant M_1$, 则称函数 $f(x)$ 在 X 上**有上界** (upper bound), 而 M_1 称为函数 $f(x)$ 在 X 上的一个上界.

(2) 若存在常数 M_2, 使得对于任一 $x \in X \subseteq D_f$ 都有 $f(x) \geqslant M_2$, 则称函数 $f(x)$ 在 X 上**有下界** (lower bound), 而 M_2 称为函数 $f(x)$ 在 X 上的一个下界.

(3) 如果存在常数 $M > 0$, 使得对于任一 $x \in X$ 都有 $|f(x)| \leqslant M$, 则称函数 $f(x)$ 在 X 上**有界** (bounded); 如果不存在这样的常数 M, 就称函数 $f(x)$ 在 X 上**无界**, 也就是说, 对于任意的 $M > 0$, 总存在 $x_0 \in X$, 使得 $|f(x_0)| > M$, 那么函数 $f(x)$ 在 X 上无界.

例如, 函数 $f(x)=\sin x$ 在 $(-\infty,+\infty)$ 内是有界的, 且对于任意的 $x\in(-\infty,+\infty)$ 都有 $|f(x)|\leqslant 1$. 函数 $f(x)=\dfrac{1}{x}$ 在开区间 $(0,1)$ 内没有上界, 但有下界, 例如 1 就是它的一个下界. $f(x)=\dfrac{1}{x}$ 在开区间 $(0,1)$ 内是无界的, 因为不存在这样的正数 M, 使 $\left|\dfrac{1}{x}\right|\leqslant M$ 对于 $(0,1)$ 内的一切 x 都成立 (x 接近于 0 时, 不存在确定的正数 M 使得 $\left|\dfrac{1}{x}\right|\leqslant M$ 成立). 但是 $f(x)=\dfrac{1}{x}$ 在开区间 $(1,2)$ 内是有界的, 例如可取 $M=1$, 则对于 $(1,2)$ 内的一切 x 都有不等式 $\left|\dfrac{1}{x}\right|\leqslant 1$ 成立.

命题 1.1.1 函数 $f(x)$ 在数集 X 上有界的充分必要条件是 $f(x)$ 在 X 上既有上界又有下界.

该命题的证明留给读者.

定义 1.1.3 (单调性) 设 $f(x)$ 在区间 I 上有定义, x_1 和 x_2 是区间 I 上的任意两点.

若当 $x_1<x_2$ 时, 恒有 $f(x_1)\leqslant f(x_2)$, 则称 $f(x)$ 是区间 I 上的**单调增加函数**, 也称**单调递增函数** (monotonically increasing function), 如图 1.1.9(a) 所示.

若当 $x_1<x_2$ 时, 恒有 $f(x_1)\geqslant f(x_2)$, 则称 $f(x)$ 是区间 I 上的**单调减少函数**, 也称**单调递减函数** (monotonically decreasing function), 如图 1.1.9(b) 所示.

单调增加函数和单调减少函数统称为单调函数. 若上述定义中不等式严格成立, 即当 $x_1<x_2$ 时, 有

$$f(x_1)<f(x_2) \text{ 或 } f(x_1)>f(x_2),$$

则称 $f(x)$ 在 I 上是**严格单调增加函数** (也称**严格单调递增函数**, strictly monotonic increasing function) 或**严格单调减少函数** (也称**严格单调递减函数**, strictly monotonic decreasing function).

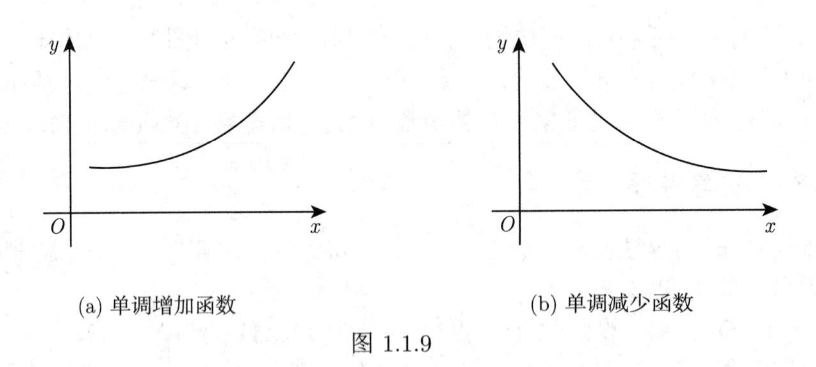

(a) 单调增加函数　　(b) 单调减少函数

图 1.1.9

例如, 考虑函数 $f(x)=x^2$ 在 $(-\infty,\infty)$ 上的单调性.

设 $x_1<x_2$, 则

$$f(x_2)-f(x_1)=x_2^2-x_1^2=(x_2-x_1)(x_2+x_1).$$

由于 $x_2-x_1>0$, 故当 $x_1,x_2\in(0,+\infty)$ 时, $f(x_2)-f(x_1)>0$; 而当 $x_1,x_2\in(-\infty,0)$ 时, $f(x_2)-f(x_1)<0$. 故可知 $f(x)=x^2$ 在区间 $(0,+\infty)$ 上是严格单调增加的, 而在区间

$(-\infty, 0)$ 上是严格单调减少的 (图 1.1.10).

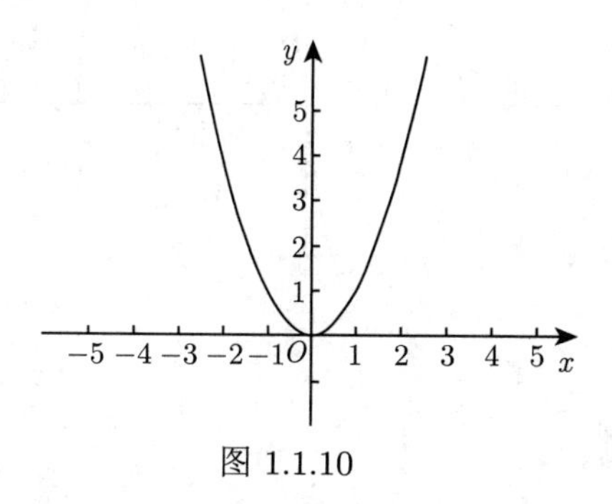

图 1.1.10

定义 1.1.4 (奇偶性)　设函数 $f(x)$ 的定义域为 D_f, 且关于原点对称.

如果对于任一 $x \in D_f$, 有 $f(-x) = f(x)$ 恒成立, 则称函数 $f(x)$ 为**偶函数** (even function), 如图 1.1.11(a) 所示.

若对于任一 $x \in D_f$, 有 $f(-x) = -f(x)$ 恒成立, 则称函数 $f(x)$ 为**奇函数** (odd function), 如图 1.1.11(b) 所示.

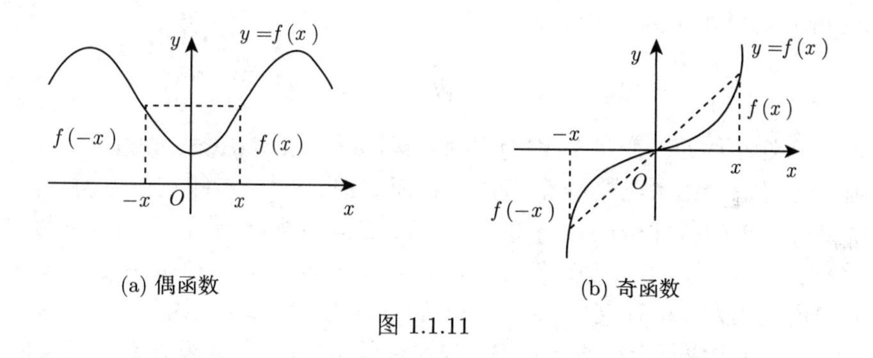

(a) 偶函数　　(b) 奇函数

图 1.1.11

注　偶函数的图形关于 y 轴对称, 奇函数的图形关于原点对称.

例如, $y = x^2$ 是定义在 $(-\infty, +\infty)$ 内的偶函数, $y = x^3$ 是定义在 $(-\infty, +\infty)$ 内的奇函数.

定义 1.1.5 (周期性)　设函数 $f(x)$ 的定义域为 $D_f = (-\infty, +\infty)$. 如果存在 $T > 0$, 对于任一 $x \in D_f$, 有

$$f(x+T) = f(x),$$

则称 $f(x)$ 为**周期函数** (periodic function), 如图 1.1.12 所示. T 称为函数 $f(x)$ 的**周期** (period), 通常我们说的周期函数的周期是指最小正周期.

例如, $\sin x$ 和 $\cos x$ 都是以 2π 为周期的周期函数, $\tan x$ 是以 π 为周期的周期函数. 易见, 若 T 为函数 f 的一个周期, 则 $2T, 3T, \cdots$ 都是函数 f 的周期. 在这些周期中, 最小的正周期是最重要的.

思考　能否构造一个没有最小正周期的周期函数?

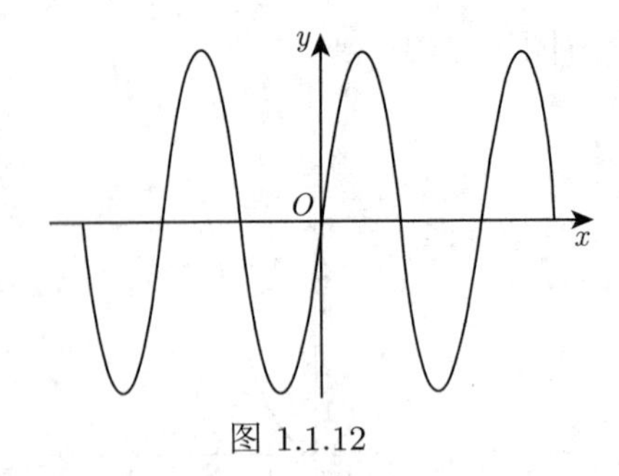

图 1.1.12

1.1.4　复合函数与反函数

1. 复合函数

复合函数的概念可以表述如下.

定义 1.1.6 (复合函数)　设函数 $y=f(u)$ 的定义域为 D_f, 函数 $u=g(x)$ 的值域为 R_g, 且 $R_g\subseteq D_f$, 则可由

$$y=f[g(x)],\quad x\in D_g$$

确定一个新的函数, 该函数称为由函数 $y=f(u)$ 和函数 $u=g(x)$ 构成的**复合函数** (composite function), 通常可记为 $f\circ g$, 即

$$(f\circ g)(x)=f[g(x)],\quad x\in D_g.$$

该复合函数的定义域为 D_g, 变量 u 称为**中间变量** (intermediate variable).

复合函数是将一个函数与另一个函数复合而成的, g 与 f 能按"先 g 后 f"的次序构成复合函数 $f\circ g$ 的条件是函数 g 的值域 R_g 必须包含在函数 f 的定义域 D_f 内, 即 $R_g\subseteq D_f$, 否则不能构成复合函数. 例如, 考虑 $y=f(u)=\sqrt{u}$ 和 $u=g(x)=\tan x$ 两个函数, $f(u)$ 的定义域为 $D_f=[0,+\infty)$, $g(x)$ 的值域为 $R_g=(-\infty,+\infty)$, 显然 $R_g\not\subseteq D_f$, 故 g 与 f 不能直接构成复合函数. 但是, 若将函数 g 的自变量限制在定义域的一个子集 $X=\left\{x|k\pi\leqslant x<\left(k+\dfrac{1}{2}\right)\pi,k\in\mathbf{Z}\right\}$ 上, 令 $g(x)=\tan x,x\in X$, 则 $R_g\subseteq D_f$, 从而 f 与 g 可以构成复合函数

$$(f\circ g)(x)=\sqrt{\tan x},\quad x\in X.$$

一般来说, 我们仍将函数 $\sqrt{\tan x}$ 视为由 $u=\tan x$ 与 $y=\sqrt{u}$ 复合而成的复合函数. 在构成复合函数时, 需要限定 $u=g(x)$ 的定义域, 使得它的值域不超过函数 $y=f(u)$ 的定义域, 这是极其重要的.

例 1.1.12　设函数 $f(x)=2x^2+1$, $g(x)=\cos x$. 求 $(f\circ g)(x)$, $(g\circ f)(x)$ 和 $(f\circ f)(x)$.

解　设 $f(u)=2u^2+1$, 且 $u=g(x)=\cos x$, 则有

$$(f\circ g)(x)=f[g(x)]=2\cos^2 x+1,\quad x\in\mathbf{R}.$$

设 $g(u)=\cos u$, 且 $u=f(x)=2x^2+1$, 则有

$$(g\circ f)(x)=g[f(x)]=\cos(2x^2+1),\quad x\in\mathbf{R}.$$

设 $f(u)=2u^2+1$, 且 $u=f(x)=2x^2+1$, 则有

$$(f\circ f)(x)=f[f(x)]=2(2x^2+1)^2+1=8x^4+8x^2+3,\quad x\in\mathbf{R}. \qquad \blacksquare$$

例 1.1.13　设函数 $f(x)=x^2$, $g(x)=\arcsin x$, $h(x)=x+1$. 求 $(f\circ g\circ h)(x)$ 和 $(h\circ g\circ f)(x)$.

解　设 $f(u)=u^2$, $u=g(v)=\arcsin v$, $v=h(x)=x+1$, 则有

$$(f\circ g\circ h)(x)=f[g(h(x))]=[\arcsin(x+1)]^2,\quad x\in[-2,0].$$

设 $h(u)=u+1$, $u=g(v)=\arcsin v$, $v=f(x)=x^2$, 则有

$$(h\circ g\circ f)(x)=h[g(f(x))]=\arcsin x^2+1,\quad x\in[-1,1]. \qquad \blacksquare$$

从例题 1.1.12 可以看出, 一般 $f\circ g\neq g\circ f$, 即复合函数并不满足交换律. 若对于两个函数 g 和 f, 有 $f\circ g=g\circ f$, 则称之为**可交换** (commute) 的.

例如, 考虑 $f(x)=x-3$, $g(x)=x+3$, 有

$$(f\circ g)(x)=f[g(x)]=x,\quad (g\circ f)(x)=g[f(x)]=x,\qquad x\in\mathbf{R}.$$

由此可得

$$(f\circ g)(x)=(g\circ f)(x),$$

即 f 和 g 为可交换的.

2. 反函数

反函数的概念可以表述如下.

定义 1.1.7 (反函数)　设函数 $y=f(x)$ 的定义域为 X, 值域为 Y. 如果对于 Y 内任何一个数 y, 在 X 中总有唯一确定的数 x 与之对应, 且满足 $y=f(x)$, 这样就得到从 Y 到 X 的新函数, 称为 $y=f(x)$ 的**反函数** (inverse function), 记为 $x=f^{-1}(y)$. 通常为了与习惯一致, 我们对调函数 $x=f^{-1}(y)$ 中的字母, 把它改写成 $y=f^{-1}(x)$.

易见, 若 $x=f^{-1}(y)$ 是 $y=f(x)$ 的反函数, 则 $y=f(x)$ 当然也是 $x=f^{-1}(y)$ 的反函数, 或者说, f 和 f^{-1} 互为反函数. 由反函数的定义可知, 若 f 和 f^{-1} 互为反函数, 前者的定义域和后者的值域相同, 前者的值域和后者的定义域相同, 并且不难验证, $f^{-1}(f(x))=x$ 或 $f(f^{-1}(y))=y$.

在什么条件下反函数一定存在呢? 有下面的定理.

定理 1.1.2 (反函数存在定理)　设函数 $y=f(x)$ 是定义在 X 上的严格单调增加 (减少) 函数, 其值域为 $Y=f(X)$, 则函数 $y=f(x)$ 存在反函数, 且其反函数 $x=f^{-1}(y)$ 在 Y 内也是严格单调增加 (减少) 函数.

证明　$y=f(x)$ 是定义在 X 上的严格单调函数, 这表明对 Y 内的每一个 y, 在 X 内一定不会有两个不同的点 x_1 和 x_2, 使得 $f(x_1)=f(x_2)=y$, 于是 f 的反函数 f^{-1} 必然存在.

下面再证明 $x=f^{-1}(y)$ 是 Y 内的严格单调函数. 不妨设函数 $y=f(x)$ 在 X 内严格单调增加, 即任取 $x_1,x_2\in X$, 当 $x_1<x_2$ 时, 有 $f(x_1)<f(x_2)$. 下面证明 $x=f^{-1}(y)$ 在 Y 内也是严格单调增加函数.

设 y_1 和 y_2 是 Y 内任意两点, 且 $y_1<y_2$,

$$x_1=f^{-1}(y_1),\quad x_2=f^{-1}(y_2).$$

对于 x_1 和 x_2, 只有 3 种可能: $x_1>x_2$, $x_1=x_2$, $x_1<x_2$. 由于 $f(x)$ 单调增加, 则如果 $x_1>x_2$, 必有 $y_1>y_2$; 如果 $x_1=x_2$, 则 $y_1=y_2$. 这都与 $y_1<y_2$ 矛盾. 故只有 $x_1<x_2$ 成立, 即

$$f^{-1}(y_1)<f^{-1}(y_2).$$

从而证明了 $x=f^{-1}(y)$ 在 Y 内也是严格单调增加函数. ■

若限定自变量用 x 表示, 因变量用 y 表示, 从图形上看, 函数 $y=f(x)$ 和它的反函数 $y=f^{-1}(x)$ 有如下关系.

曲线 $y=f(x)$ 和 $y=f^{-1}(x)$ 关于直线 $y=x$ 对称 (图 1.1.13), 这是因为如果 $P(a,b)$ 是 $y=f(x)$ 图形上的点, 则有 $b=f(a)$, 按反函数的定义, 有 $a=f^{-1}(b)$, 故 $Q(b,a)$ 在 $y=f^{-1}(x)$ 的图形上; 反之, 若 $Q(b,a)$ 是 $y=f^{-1}(x)$ 图形上的点, 易知点 $P(a,b)$ 一定在 $y=f(x)$ 的图形上, 而点 $P(a,b)$ 和 $Q(b,a)$ 是关于直线 $y=x$ 对称的, 这就说明曲线 $y=f(x)$ 和 $y=f^{-1}(x)$ 关于直线 $y=x$ 对称.

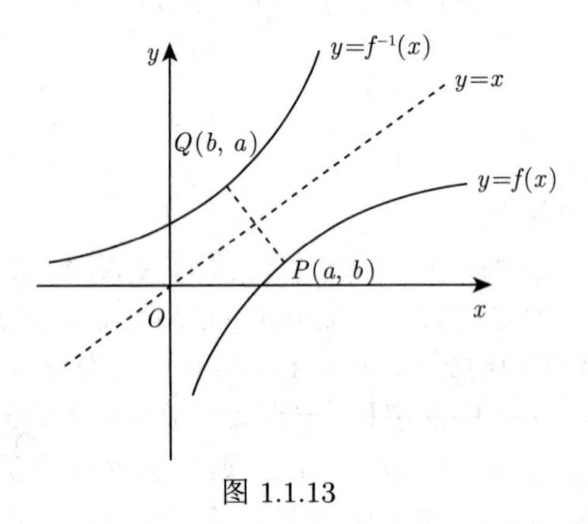

图 1.1.13

例 1.1.14 求 $y=\sqrt{1-x^2}$, $x\in[-1,0]$ 的反函数, 并给出反函数的定义域.

解 $y=\sqrt{1-x^2}$ 的定义域是 $[-1,0]$, 值域是 $[0,1]$. 易求它的反函数为

$$x=-\sqrt{1-y^2},\quad y\in[0,1].$$

通常自变量用 x 表示, 因变量用 y 表示, 故函数 $y=\sqrt{1-x^2}$ 的反函数可记为

$$y=-\sqrt{1-x^2},$$

其定义域为 $[0,1]$. ■

1.1.5　基本初等函数和初等函数

1. 基本初等函数

通常基本初等函数是指常值函数、幂函数、指数函数、对数函数、三角函数和反三角函数这 6 种函数. 高等数学中的很多函数都是由这 6 种函数构成的.

常值函数定义为

$$y = C, \quad x \in (-\infty, +\infty),$$

其中 C 是常数. 常值函数的图形是过点 $(0, C)$ 且平行于 x 轴的直线, 如图 1.1.14 所示.

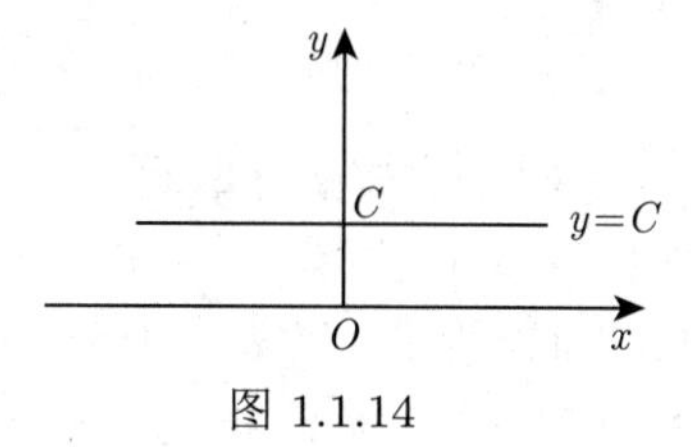

图 1.1.14

幂函数定义为

$$y = x^{\mu},$$

其中 $\mu \in \mathbf{R}$ 是常数. 幂函数的表达式 x^{μ} 表示"x的μ次幂".

当 $\mu = 0$ 时, 其定义域为 $(-\infty, 0) \cup (0, +\infty)$; 当 μ 为正整数时, 其定义域为 $(-\infty, +\infty)$; 当 μ 为负整数时, 其定义域为 $(-\infty, 0) \cup (0, +\infty)$; 当 $\mu = \dfrac{1}{n}$(n为正整数) 时, 若 n 为奇数, 则其定义域为 $(-\infty, +\infty)$, 若 n 为偶数, 则其定义域为 $[0, +\infty)$; 当 $\mu = -\dfrac{1}{n}$(n为正整数) 时, 若 n 为奇数, 则其定义域为 $(-\infty, 0) \cup (0, +\infty)$, 若 n 为偶数, 则其定义域为 $(0, +\infty)$; 当 μ 为无理数时, 若 $\mu > 0$, 则其定义域为 $[0, +\infty)$, 若 $\mu < 0$, 则其定义域为 $(0, +\infty)$; 当 μ 为有理数时, 其定义域情形较多, 请读者思考.

一些幂函数在第一象限内的图形如图 1.1.15 所示, 可见当 $\mu > 0$ 时, 函数 x^{μ} 是严格单调增加的; 当 $\mu < 0$ 时, 函数 x^{μ} 是严格单调减少的. 无论 μ 为何值, 函数图形都经过点 $(1, 1)$.

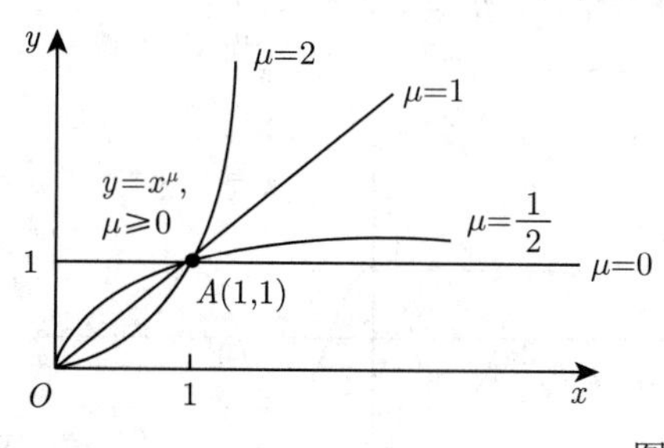

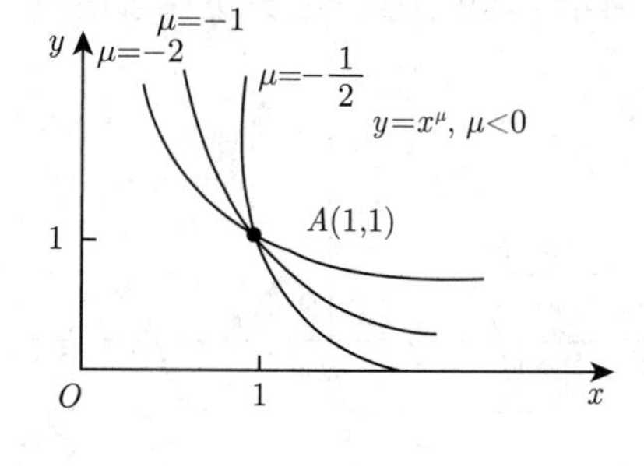

图 1.1.15

注　这里将常函数 $y = 1$ 视为 $\mu = 0$ 的幂函数.

指数函数定义为

$$y=a^x,$$

其中 $a>0$且$a\neq 1$.

指数函数 $y=a^x$ 的定义域是 $(-\infty,+\infty)$, 值域是 $(0,+\infty)$. 当 $a>1$ 时, 指数函数是严格单调增加的; 当 $0<a<1$ 时, 指数函数是严格单调减少的. 一些指数函数的图形如图 1.1.16 所示. 当 $a>0$ 且 $a\neq 1$ 时, 函数图形始终经过点 $(0,1)$. 此外, 函数 $y=a^x$ 和 $y=\left(\dfrac{1}{a}\right)^x$ 的图形是关于 y 轴对称的.

对数函数定义为

$$y=\log_a x,$$

其中 $a>0,a\neq 1$. 特别地, 当 $a=\mathrm{e}$ 时, 记为 $y=\ln x$.

对数函数 $\log_a x$ 的定义域为 $(0,+\infty)$, 值域为 $(-\infty,+\infty)$. 对数函数与指数函数互为反函数. 一些对数函数的图形如图 1.1.17 所示. 当 $a>1$ 时, 对数函数是严格单调增加的; 当 $0<a<1$ 时, 对数函数是严格单调减少的. 无论 a 为何值 $(a>0,a\neq 1)$, 函数图形都经过点 $(1,0)$.

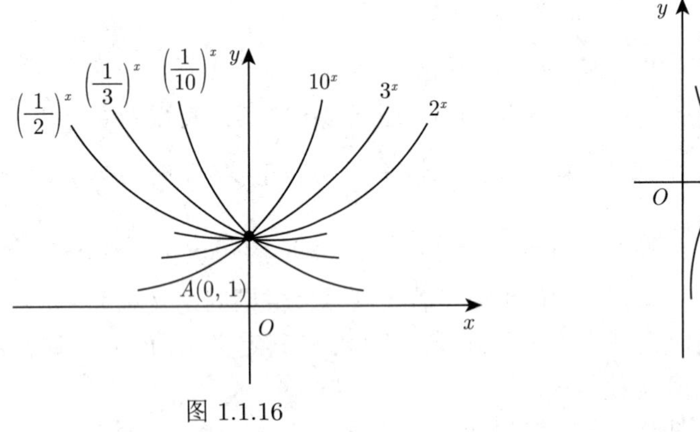

图 1.1.16

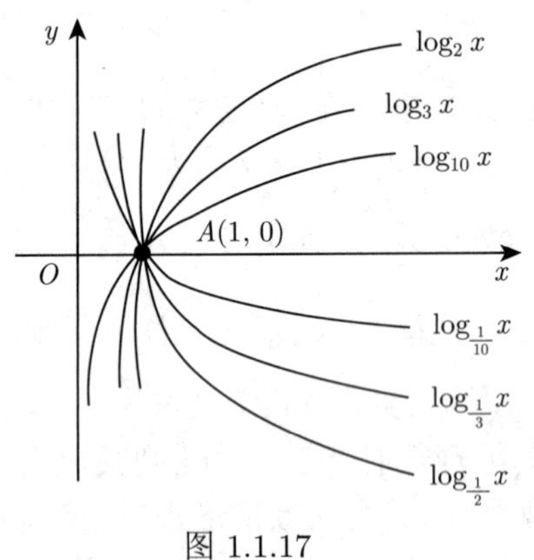

图 1.1.17

三角函数包括正弦函数 $y=\sin x$、余弦函数 $y=\cos x$、正切函数 $y=\tan x$、余切函数 $y=\cot x$、正割函数 $y=\sec x$ 和余割函数 $y=\csc x$, 它们的图形分别如图 1.1.18 ~ 图 1.1.20 所示. 其中, 正割函数 $y=\sec x=\dfrac{1}{\cos x}$, 余割函数 $y=\csc x=\dfrac{1}{\sin x}$.

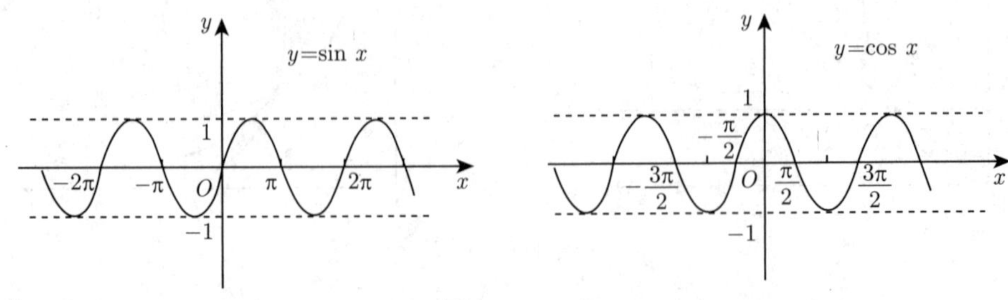

图 1.1.18

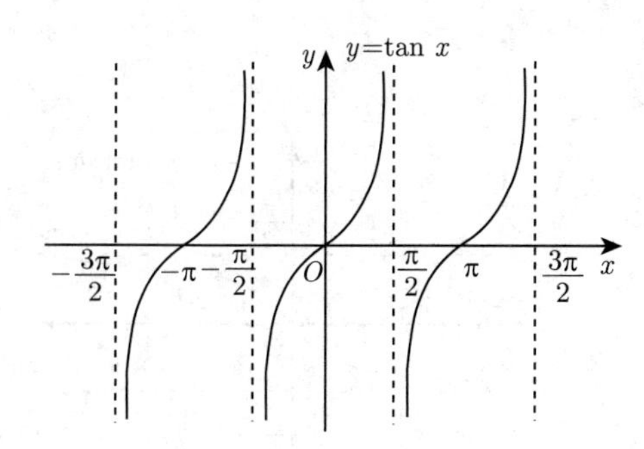

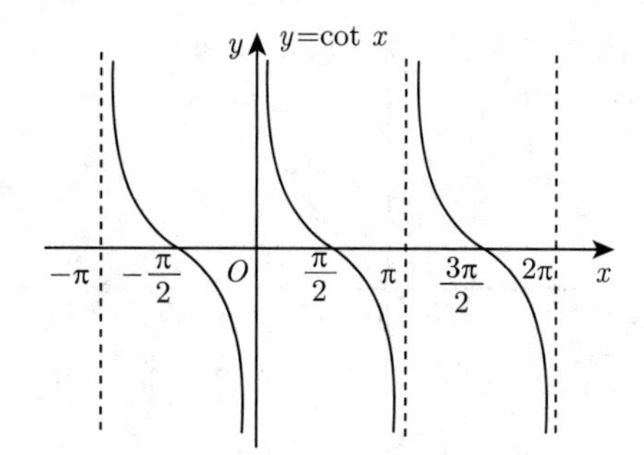

图 1.1.19

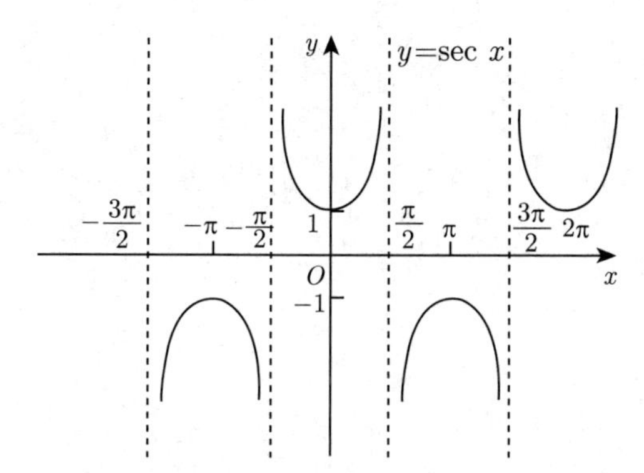

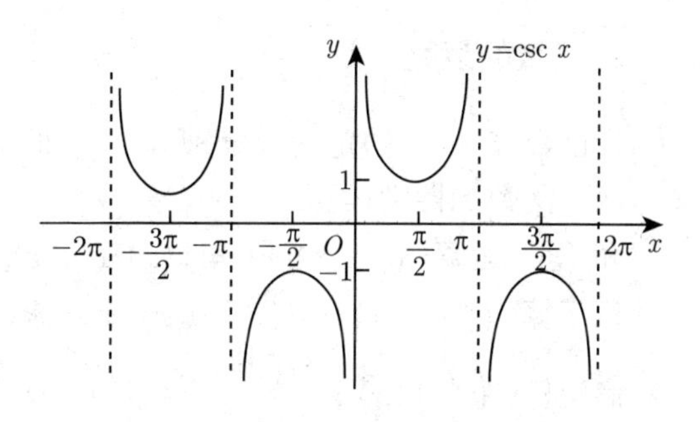

图 1.1.20

下面给出部分常用的三角函数公式:

$$\sin(x\pm y)=\sin x\cos y\pm\cos x\sin y,\quad \cos(x\pm y)=\cos x\cos y\mp\sin x\sin y;$$

$$\sin 2x=2\sin x\cos x,\quad \cos 2x=\cos^2 x-\sin^2 x=2\cos^2 x-1=1-2\sin^2 x;$$

$$\sin\frac{x}{2}=\pm\sqrt{\frac{1-\cos x}{2}},\quad \cos\frac{x}{2}=\pm\sqrt{\frac{1+\cos x}{2}};$$

$$\sin x+\sin y=2\sin\frac{x+y}{2}\cos\frac{x-y}{2},\quad \sin x-\sin y=2\cos\frac{x+y}{2}\sin\frac{x-y}{2};$$

$$\cos x+\cos y=2\cos\frac{x-y}{2}\cos\frac{x+y}{2},\quad \cos x-\cos y=-2\sin\frac{x+y}{2}\sin\frac{x-y}{2}.$$

反三角函数的简单描述如下.

反正弦函数: $y=\arcsin x$, 定义域为$[-1,1]$, 值域为$\left[-\dfrac{\pi}{2},\dfrac{\pi}{2}\right]$;

反余弦函数: $y=\arccos x$, 定义域为$[-1,1]$, 值域为$[0,\pi]$;

反正切函数: $y=\arctan x$, 定义域为$(-\infty,+\infty)$, 值域为$\left(-\dfrac{\pi}{2},\dfrac{\pi}{2}\right)$;

反余切函数: $y=\operatorname{arccot} x$, 定义域为$(-\infty,+\infty)$, 值域为$(0,\pi)$.

$y=\arcsin x$ 与 $y=\arctan x$ 的图形分别如图 1.1.21 和图 1.1.22 所示.

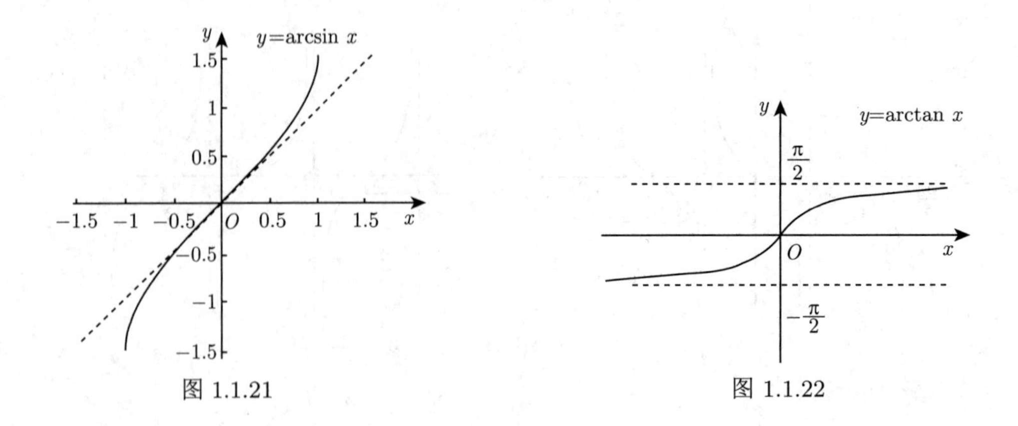

图 1.1.21　　图 1.1.22

2. 函数的运算

设函数 f 和 g 的定义域分别为 X_1 和 X_2, 且 $X=X_1\cap X_2\neq\varnothing$, 则可在集合 X 上定义这两个函数的四则运算.

和 (差) 运算: $(f\pm g)(x)=f(x)\pm g(x),\ x\in X$.

积运算: $(f\cdot g)(x)=f(x)\cdot g(x),\ x\in X$.

商运算: $\left(\dfrac{f}{g}\right)(x)=\dfrac{f(x)}{g(x)},\ x\in X\setminus\{x|g(x)=0,x\in X\}$.

3. 初等函数

定义 1.1.8 (初等函数) 由 6 种基本初等函数经过有限次的四则运算或有限次的函数复合构成并可以用一个解析式表示的函数, 称为**初等函数** (elementary function).

例如:

$$y=x^2+\ln x+3,\quad y=\sin^2 x+\tan x,\quad y=\sqrt{\cot x}$$

都是初等函数.

在工程技术应用问题中, 常见的一类初等函数为双曲函数. 下面简单介绍由 $y=\mathrm{e}^x$ 和 $y=\mathrm{e}^{-x}$ 产生的双曲函数及它们的反函数——反双曲函数.

定义 1.1.9 (双曲函数)

双曲正弦 (hyperbolic sine) 定义为

$$\sinh x=\frac{\mathrm{e}^x-\mathrm{e}^{-x}}{2},$$

其中 x 可以是实数, 也可以是复数. 有时也用符号 $\mathrm{sh}\,x$ 表示此函数.

当 x 为实数时, 双曲正弦函数的定义域为 $(-\infty,+\infty)$, 且它是奇函数. 双曲正弦函数的图形通过原点且关于原点对称, 在区间 $(-\infty,+\infty)$ 内它是单调增加的. 当 x 的绝对值很大时, 该函数的图形在第一象限内接近于曲线 $y=\dfrac{\mathrm{e}^x}{2}$, 在第三象限内接近于曲线 $-\dfrac{\mathrm{e}^{-x}}{2}$. 双曲正弦函数的图形如图 1.1.23 所示.

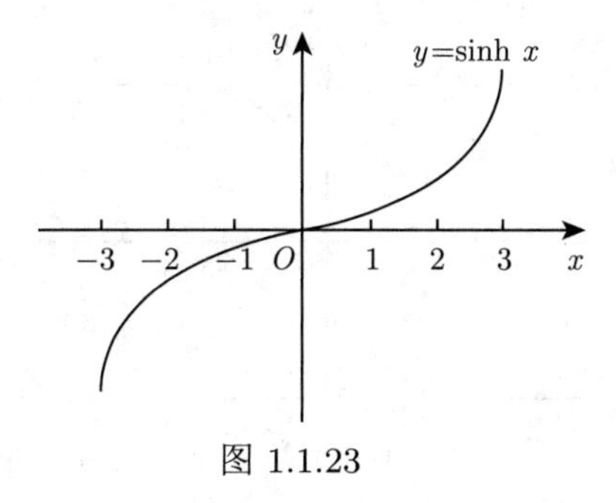

图 1.1.23

双曲余弦 (hyperbolic cosine) 定义为

$$\cosh x = \frac{\mathrm{e}^{x} + \mathrm{e}^{-x}}{2},$$

其中 x 可以是实数, 也可以是复数. 有时也使用符号 $\mathrm{ch}\, x$ 表示这个函数.

当 x 为实数时, 双曲余弦函数的定义域为 $(-\infty, +\infty)$, 且它是偶函数. 双曲余弦函数的图形通过点 $(0,1)$ 且关于 y 轴对称, 在区间 $(-\infty, 0)$ 内它是单调减少的, 在区间 $(0,+\infty)$ 内它是单调增加的. $\cosh 0 = 1$ 是双曲正弦函数的最小值; 当 x 的绝对值很大时, 该函数的图形在第一象限内接近于曲线 $y = \dfrac{\mathrm{e}^{x}}{2}$, 在第二象限内接近于曲线 $y = \dfrac{\mathrm{e}^{-x}}{2}$. 双曲正弦函数的图形如图 1.1.24 所示.

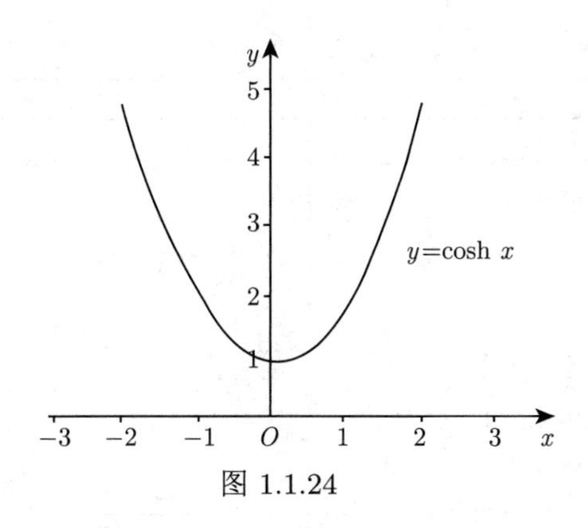

图 1.1.24

双曲正切 (hyperbolic tangent) 定义为

$$\tanh x = \frac{\sinh x}{\cosh x} = \frac{\mathrm{e}^{x} - \mathrm{e}^{-x}}{\mathrm{e}^{x} + \mathrm{e}^{-x}} = \frac{\mathrm{e}^{2x} - 1}{\mathrm{e}^{2x} + 1},$$

其中 x 可以是实数, 也可以是复数. 有时也用符号 $\mathrm{th}\, x$ 表示该函数.

当 x 为实数时, 双曲正切函数的定义域为 $(-\infty, +\infty)$, 且它是奇函数. 双曲正切函数的图形通过原点且关于原点对称, 在区间 $(-\infty, +\infty)$ 内它是单调增加的. 该函数的图形夹在 $y = 1$ 及 $y = -1$ 之间, 且当 x 的绝对值很大时, 它的图形在第一象限内接近于直线 $y = 1$, 在第三象限内接近于直线 $y = -1$. 双曲正切函数的图形如图 1.1.25 所示.

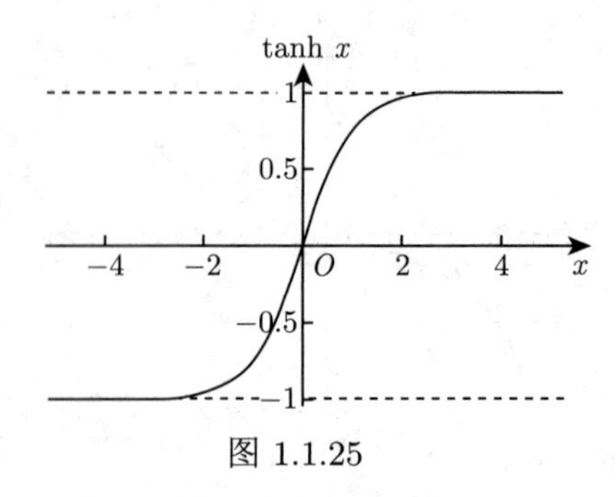

图 1.1.25

双曲余切 (hyperbolic cotangent) 定义为

$$\coth x=\frac{\cosh x}{\sinh x}=\frac{\mathrm{e}^{x}+\mathrm{e}^{-x}}{\mathrm{e}^{x}-\mathrm{e}^{-x}}=\frac{\mathrm{e}^{2x}+1}{\mathrm{e}^{2x}-1},$$

其中 x 可以是实数, 也可以是复数. 有时也用符号 $\operatorname{cth} x$ 表示该函数.

当 x 为实数时, 双曲余切函数的定义域为 $(-\infty,0)\cup(0,+\infty)$, 且它是奇函数. 双曲余切函数的图形关于原点对称, 在 $(-\infty,0)$ 及 $(0,+\infty)$ 内都是单调递减的. 当 x 的绝对值很大时, 它的图形在第一象限内接近于直线 $y=1$, 在第三象限内接近于直线 $y=-1$. 双曲余切函数的图形如图 1.1.26 所示.

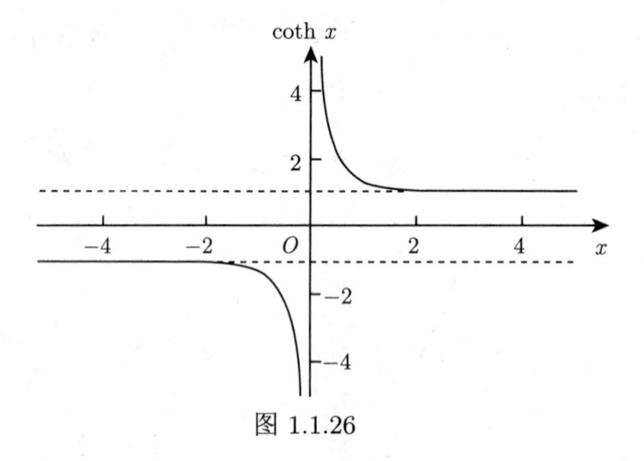

图 1.1.26

双曲正割 (hyperbolic secant) 定义为

$$\operatorname{sech} x=\frac{1}{\cosh x}=\frac{2}{\mathrm{e}^{x}+\mathrm{e}^{-x}},$$

其中 x 可以是实数, 也可以是复数.

当 x 为实数时, 双曲正割函数的定义域为 $(-\infty,+\infty)$, 且它是偶函数. 双曲正割函数的图形关于 y 轴对称, 在 $(-\infty,0)$ 内是单调递增的, 在 $(0,+\infty)$ 是单调递减的. 当 x 的绝对值很大时, 它的图形在第一、二象限内接近于直线 $y=0$. 双曲正割函数的图形如图 1.1.27 所示.

双曲余割 (hyperbolic cosecant) 定义为

$$\operatorname{csch} x=\frac{1}{\sinh x}=\frac{2}{\mathrm{e}^{x}-\mathrm{e}^{-x}},$$

其中 x 可以是实数, 也可以是复数.

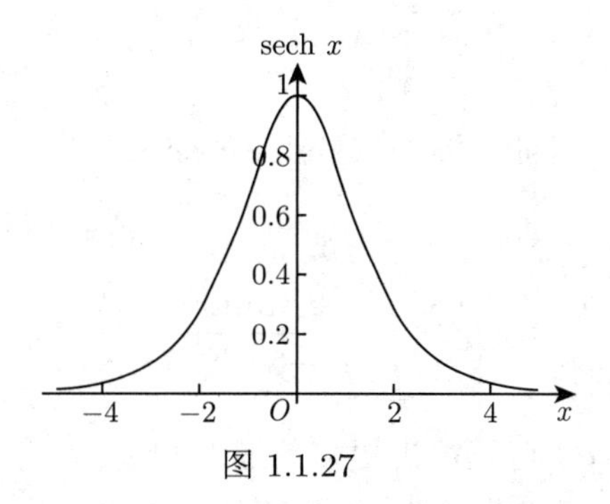

图 1.1.27

当 x 为实数时, 双曲余割函数的定义域为 $(-\infty,0)\cup(0,+\infty)$, 且它是奇函数. 双曲余割函数的图形关于原点对称, 在 $(-\infty,0)$ 及 $(0,+\infty)$ 内都是单调递减的. 当 x 的绝对值很大时, 它的图形在第一象限内接近于直线 $y=0$, 在第三象限内也接近于直线 $y=0$. 双曲余割函数的图形如图 1.1.28 所示.

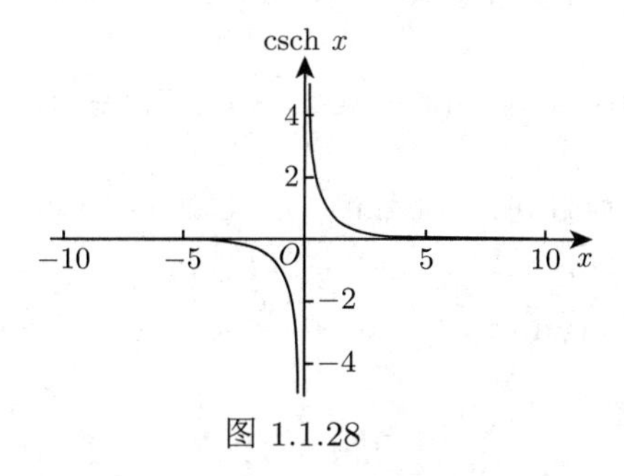

图 1.1.28

注 ① 和三角函数一样, 双曲函数也有一些运算规则.
恒等式:

$$\cosh^2 x-\sinh^2 x=1;$$

$$\tanh^2 x+\operatorname{sech}^2 x=1;$$

$$\coth^2 x-\operatorname{csch}^2 x=1.$$

加法公式:

$$\sinh(x+y)=\sinh x\cosh y+\cosh x\sinh y;$$

$$\cosh(x+y)=\cosh x\cosh y+\sinh x\sinh y;$$

$$\tanh(x+y)=\frac{\tanh x+\tanh y}{1+\tanh x\tanh y}.$$

减法公式:

$$\sinh(x-y)=\sinh x\cosh y-\cosh x\sinh y;$$

$$\cosh(x-y)=\cosh x\cosh y-\sinh x\sinh y;$$

$$\tanh(x-y)=\frac{\tanh x-\tanh y}{1-\tanh x\tanh y}.$$

二倍角公式:

$$\sinh 2x = 2\sinh x\cosh x;$$

$$\cosh 2x = \cosh^2 x + \sinh^2 x;$$

$$\tanh 2x = \frac{2\tanh x}{1+\tanh^2 x}.$$

除上述运算规则外, 读者还可以得出更多的运算规则.

② 双曲函数的反函数为**反双曲函数**. 此处仅给出 3 个反双曲函数.

反双曲正弦 (inverse hyperbolic sine) 定义为

$$\operatorname{arcsinh} x = \ln(x+\sqrt{x^2+1}), \quad x \in (-\infty, +\infty);$$

反双曲余弦 (inverse hyperbolic cosine) 定义为

$$\operatorname{arccosh} x = \ln(x+\sqrt{x^2-1}), \quad x \in [1, +\infty);$$

反双曲正切 (inverse hyperbolic tangent) 定义为

$$\operatorname{arctanh} x = \frac{1}{2}\ln\frac{1+x}{1-x}, \quad x \in (-1, 1).$$

习题 1.1A

1. 设 A、B 为两个按照如下方式给定的集合. 试求 $A\cup B$, $A\cap B$, $A\setminus B$ 及 $B\setminus A$.

   (1) $A=\{1,3,5,7,8\}$, $B=\{2,4,6,8\}$;

   (2) A 为所有平行四边形组成的集合, B 为所有矩形组成的集合;

   (3) $A=\{1,2,3,\cdots,n,\cdots\}$, $B=\{2,4,6,\cdots,2n,\cdots\}$.

2. 设 $X=\{1,2,3,\cdots,10\}$, $A_1=\{2,3\}$, $A_2=\{2,4,6\}$, $A_3=\{3,4,6\}$, $A_4=\{7,8\}$, $A_5=\{1,8,10\}$. 试求 $\bigcap\limits_{i=1}^{5} A_i^c$, 其中 A_i^c 为 A_i 相对于全集 X 的补集, $i=1,2,3,4,5$.

3. 设 $A=\left\{x \middle| \frac{1}{\sqrt{x-1}}>1\right\}$, $B=\{x\mid x^2-5x+6\leqslant 0\}$, 求 $A\cup B$ 和 $A\cap B$.

4. 设 A、B 为如下给定的两个集合. 请在直角坐标系内绘制 $A\times B$.

   (1) $A=\{x\mid 1\leqslant x\leqslant 2\}\cup\{x\mid 5\leqslant x\leqslant 6\}\cup\{3\}$, $B=\{y\mid 1\leqslant y\leqslant 2\}$;

   (2) $A=\{x\mid -1\leqslant x\leqslant 1\}$, $B=\left\{y \mid -\frac{\pi}{2}\leqslant y\leqslant\frac{\pi}{2}\right\}\cap\left\{\left\{y \mid \sin y=\frac{\sqrt{2}}{2}\right\}\cup\left\{y \mid \sin y=-\frac{\sqrt{2}}{2}\right\}\right\}$.

5. 解下列不等式, 并求出 x 的范围.

(1) $-2 < \frac{1}{x+2} < 2$;　　(2) $|1-x| - x \geqslant 0$;

(3) $\sin x \geqslant \frac{\sqrt{3}}{2}$;　　(4) $\left|\frac{x-2}{x+1}\right| > \frac{x-2}{x+1}$;

(5) $(x-\alpha)(x-\beta)(x-\gamma) > 0$ (α, β, γ为常数, 且$\alpha < \beta < \gamma$).

6. 求下列函数的定义域:

(1) $y = \sin\sqrt{x}$;　　(2) $y = -x + \frac{1}{x}$;

(3) $y = \arcsin(x+3)$;　　(4) $y = \frac{1}{\sqrt{9-x^2}}$;

(5) $x = \sin\theta + \cos\theta$;　　(6) $y = \alpha^2 \tan\alpha$;

(7) $y = \frac{1}{(x-1)(x-2)}$;　　(8) $y = \mathrm{e}^{\frac{1}{\sqrt{x}}}$;

(9) $y = \ln(\ln x)$;　　(10) $y = \ln(4-x^2) + \sqrt{\sin x}$.

7. 设 $f(x)$ 为定义在区间 $[0,1]$ 上的函数, 试求下列函数的定义域:

(1) $f(\sqrt{x+1})$;　　(2) $f(x^n)$;

(3) $f(\sin x)$;　　(4) $f(x+a) - f(x-a)$,　$a > 0$.

8. 判断下列每对函数是否相等:

(1) $f(x) = \frac{x^2}{x}, g(x) = x$;

(2) $f(x) = (\sqrt{x})^2, g(x) = \sqrt{x^2}$;

(3) $f(x) = x, g(x) = \sqrt{x^2}$;

(4) $f(x) = \sqrt{x^2}, g(x) = |x|$;

(5) $f(x) = \sqrt{1-\cos^2 x}, g(x) = \sin x$;

(6) $f(x) = 2^x + x + 1, g(t) = 2^t + t + 1$;

(7) $f(x) = x^0, g(x) = 1$;

(8) $f(x) = \ln(x + \sqrt{x^2-1}), g(x) = -\ln(x - \sqrt{x^2-1})$;

(9) $f(x) = \log_2(x-2) + \log_2(x-3), g(x) = \log_2(x-2)(x-3)$;

(10) $f(x) = \frac{\sqrt[3]{x-1}}{x}, g(x) = \sqrt[3]{\frac{x-1}{x^3}}$.

9. 设 $M(x,y)$ 为抛物线 $y = x^2$ 上的一点 (图 1.1.29). 请回答下列问题:

(1) 由抛物线 $y = x^2$、x 轴和直线 MN 所围的曲边三角形的面积是不是 x 的函数?

(2) 弧长 $\widehat{OM}$ 是不是 x 的函数?

(3) 抛物线 $y = x^2$ 在点 M 处的切线夹角 α 是不是 x 的函数?

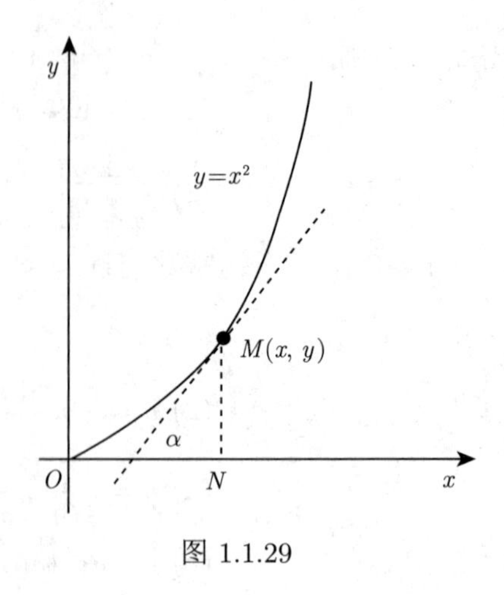

图 1.1.29

10. 设

$$f(x)=\begin{cases}\sin|x|, & \dfrac{\pi}{6}\leqslant|x|\leqslant\pi,\\ \dfrac{1}{2}, & |x|<\dfrac{\pi}{6}.\end{cases}$$

试求 $f\left(-\dfrac{\pi}{12}\right), f\left(\dfrac{\pi}{6}\right), f\left(\dfrac{\pi}{4}\right), f\left(-\dfrac{\pi}{2}\right)$ 及$f(-2)$, 并绘制函数 $f(x)$ 的图形.

11. 将函数 $f(x)=2|x-2|+|x-1|$ 表示为分段函数, 并绘制其图形.

12. 设 $f: x\to x^3-x, \phi: x\to \sin 2x$. 求 $(f\circ\phi)(x), (\phi\circ f)(x)$ 及 $(f\circ f)(x)$.

13. 设

$$f(x)=\begin{cases}-1, & |x|<1,\\ 0, & |x|=1,\\ 1, & |x|>1,\end{cases}\quad g(x)=\mathrm{e}^x.$$

求 $(f\circ g)(x)$ 及 $(g\circ f)(x)$.

14. 设函数 $f(x)$ 在 $(-\infty,+\infty)$ 上有定义, 且对任意 $x,y\in(-\infty,+\infty)$, 当 $x\neq y$ 时有下面的等式成立:

$$|f(x)-f(y)|<|x-y|.$$

证明: $F(x)=f(x)+x$ 是 $(-\infty,+\infty)$ 上的单调递增函数.

15. 判断下列函数的奇偶性:

(1) $f(x)=\ln(x+\sqrt{1+x^2})$;

(2) $f(x)=F(x)\left(\dfrac{1}{a^x-1}+\dfrac{1}{2}\right)$, 其中 $a>0, a\neq 1, F(x)$ 是奇函数.

16. 假设对一切 $x \in \mathbf{R}$, $f\left(\dfrac{1}{2}+x\right)=\dfrac{1}{2}+\sqrt{f(x)-f^2(x)}$. 证明: $f(x)$ 是周期为 1 的周期函数.

17. 求下列函数的反函数:

(1) $y=\sqrt{1-x^2}$, $\quad -1 \leqslant x \leqslant 0$;

(2) $y=1+\ln(x+2)$;

(3) $y=2\sin 3x$, $\quad -\dfrac{\pi}{6} \leqslant x \leqslant \dfrac{\pi}{6}$;

(4) $y=\dfrac{3^x}{3^x+1}$;

(5) $y=\dfrac{\sqrt{2x+1}-1}{\sqrt{2x+1}+1}$;

(6) $y=\begin{cases} x, & -\infty < x < 1, \\ x^2, & 1 \leqslant x \leqslant 4, \\ 2^x, & 4 < x < +\infty. \end{cases}$

18. 利用反函数的定义, 导出双曲正弦函数和双曲余弦函数的反函数:

$$\operatorname{arcsinh} x=\ln(x+\sqrt{x^2+1}), \quad \operatorname{arccosh} x=\ln(x+\sqrt{x^2-1}).$$

19. 求下列函数的定义域, 并写出每一个函数是由哪些基本初等函数复合而成的.

(1) $y=(\sin\sqrt{1-2x})^3$;

(2) $y=\arccos\left(\dfrac{x-2}{2}\right)$;

(3) $y=\dfrac{1}{1+\arctan 2x}$;

(4) $y=(1+2x)^{10}$;

(5) $y=(\arcsin x^2)^2$;

(6) $y=\ln(1+\sqrt{1+x^2})$.

20. 证明下列恒等式:

(1) $\sinh(x \pm y)=\sinh x\cosh y \pm \cosh x\sinh y$;

(2) $\cosh(x \pm y)=\cosh x\cosh y \pm \sinh x\sinh y$;

(3) $\cosh^2 x-\sinh^2 x=1$;

(4) $\sinh 2x=2\sinh x\cosh x$;

(5) $\cosh 2x=\cosh^2 x+\sinh^2 x$.

习题 1.1B

1. 设 $f(\cos^2 x)=\cos 2x-\cot^2 x$, 其中 $0<x<1$. 试求 $f(x)$.

2. 设函数 $f:\mathbf{R}\to\mathbf{R}$, 且对于任意 $x,y\in\mathbf{R}$, 有

$$f(xy)=f(x)f(y)-x-y.$$

求 $f(x)$ 的表达式.

3. 设函数 $f:\mathbf{R}\to\mathbf{R}$, 且对于任意 $x,y\in\mathbf{R}$, 有

$$f(xy)=xf(x)+yf(y).$$

证明: $f(x) \equiv 0$.

4. 设 $f\left(x+\dfrac{1}{x}\right)=x^2+\dfrac{1}{x^2}$, 求 $f(x)$ 及 $f\left(x-\dfrac{1}{x}\right)$.

5. 设 $f(x)=\dfrac{1}{x+1}$, 求 $f[f(x)], f\{f[f(x)]\}$ 及 $f\left[\dfrac{1}{f(x)}\right]$.

6. 考虑如下两组函数:
(1) $f: x \to \sqrt{x^2-1}, \quad g: x \to \sqrt{1-x^2}$;
(2) $f(x)=\begin{cases} 2x, & x \in [-1,1], \\ x^2, & x \in (1,3), \end{cases} \qquad g(x)=\dfrac{1}{2}\arcsin\left(\dfrac{x}{2}-1\right)$.
每组函数是否可以进行复合? 如果可以, 求在合适集合上定义的复合函数 $(f\circ g)(x)$ 和 $(g\circ f)(x)$.

7. 求分段函数

$$f(x)=\begin{cases} x^2-1, & x \in [-1,0), \\ x^2+1, & x \in [0,1] \end{cases}$$

的反函数, 并绘制其图形.

8. 设 f 和 g 均为区间 I 上的正的单调递增函数, 证明: $f\circ g$ 在 I 上也是单调递增的.

9. 设 f 和 g 均为 $\mathbf{R}$ 上的严格单调递增函数. 证明: 复合函数 $h=f\circ g$ 在 $\mathbf{R}$ 上也是严格单调递增的. 若 f 严格单调递增, 而 g 严格单调递减, 则可以得到什么结论?

10. 设 $f(x)$ 和 $g(x)$ 都是 $D\subset\mathbf{R}$ 上的初等函数, 且

$$M(x)=\max\{f(x),g(x)\}, \quad m(x)=\min\{f(x),g(x)\}.$$

证明: $M(x)$ 和 $m(x)$ 也是 D 上的初等函数.

11. 一个无盖的锥形杯子是由一个图 1.1.30 所示的扇形围成的. 给出以扇形圆心角 θ 为自变量的杯子容积的函数, 并指出其定义域.

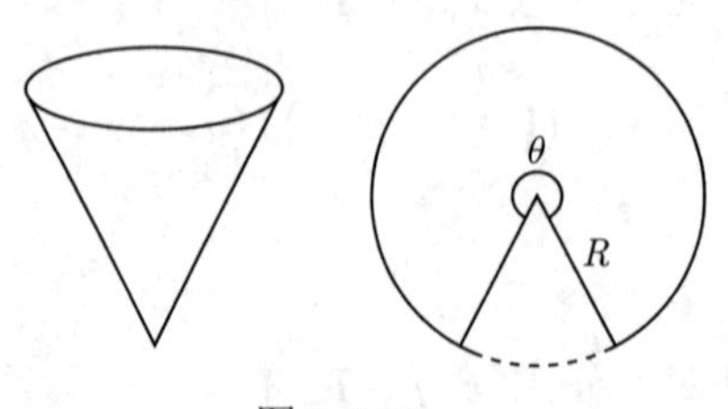

图 1.1.30

1.2　数列的极限

极限是微积分的核心概念之一, 它不仅是微积分理论的基础, 也是现代数学分析的重要工具. 极限的思想和方法贯穿于微积分学习的始终, 通过学习极限理论, 我们可以更深入地理解微积分的本质和精髓. 本节将介绍数列极限的定义、性质及计算等.

1.2.1　极限思想

极限的思想可以追溯到古代数学家的研究中, 极限的概念是在求某些实际问题的精确解答时产生的. 例如, 我国古代数学家刘徽利用圆内接正多边形来推算圆面积的方法——割圆术就是极限思想在几何上的应用.

设有一圆, 首先作内接正六边形, 把它的面积记为 A_1; 再作内接正十二边形, 其面积记为 A_2; 再作内接正二十四边形, 其面积记为 A_3; 依此类推, 每次边数加倍, 一般把内接正 $6\times 2^{n-1}$ 边形的面积记为 $A_n(n\in \mathbf{N}_+)$. 这样就得到一系列内接正多边形的面积:

$$A_1, A_2, A_3, \cdots, A_n, \cdots,$$

它们构成一列有次序的数. n 越大, 内接正多边形与圆的差别就越小, 从而以 A_n 作为圆面积的近似值也越精确. 但是无论 n 取得如何大, 只要 n 取定了, A_n 终究只是内接正多边形的面积, 还不是圆的面积. 因此设想 n 无限增大, 即内接正多边形的边数无限增加, 在这个过程中, 内接正多边形无限接近于圆, 同时 A_n 也无限接近于某一确定的数值, 这个确定的数值就理解为圆的面积. 这个确定的数值在数学上称为这列有次序的数 (数列)$A_1, A_2, A_3, \cdots, A_n, \cdots$ 当 n 无限增大时的极限. 在计算圆面积的问题中我们看到, 正是一列数 “无限趋近” 于的这个确定的数值才精确地表达了圆的面积.

人们在实践中逐渐意识到某些量的变化过程存在一种 “无限趋近” 的现象, 这是极限思想的萌芽, 而在 17—18 世纪, 数学家用更加严谨和系统的方法来阐述极限思想、形成极限概念, 才为微积分的发展奠定了基础.

1.2.2　数列极限的定义

定义 1.2.1 (数列)　如果按照某一法则, 每个 $n\in \mathbf{N}_+$ 对应着一个确定的实数 a_n, 这些实数 a_n 按下标 n 从小到大排列得到一个序列

$$a_1, a_2, a_3, \cdots, a_n, \cdots,$$

我们称其为数列, 简记为 $\{a_n\}$. 数列中的每一个数称为数列的**项** (term), 第 n 项 a_n 就称为数列的**通项**或**一般项** (general term).

表 1.2.1 给出了一些简单数列及其通项的例子.

在几何上, 数列 $\{a_n\}$ 可看作数轴上的一个动点, 它依次取数轴上的点 $a_1, a_2, a_3, \cdots, a_n, \cdots$, 如图 1.2.1(a) 所示. 数列 $\{a_n\}$ 还可看作自变量为正整数 n 的函数

$$a_n = f(n),\quad n\in \mathbf{N}_+.$$

表 1.2.1

数列	通项
$1, \sqrt{2}, \sqrt{3}, \sqrt{4}, \cdots, \sqrt{n}, \cdots$	$a_n = \sqrt{n}$
$1, \frac{1}{2}, \frac{1}{3}, \frac{1}{4}, \cdots, \frac{1}{n}, \cdots$	$a_n = \frac{1}{n}$
$1, -\frac{1}{2}, \frac{1}{3}, -\frac{1}{4}, \cdots, (-1)^{n+1}\frac{1}{n}, \cdots$	$a_n = (-1)^{n+1}\frac{1}{n}$
$0, \frac{1}{2}, \frac{2}{3}, \frac{3}{4}, \cdots, \frac{n-1}{n}, \cdots$	$a_n = \frac{n-1}{n}$
$0, -\frac{1}{2}, \frac{2}{3}, -\frac{3}{4}, \cdots, (-1)^{n+1}\frac{n-1}{n}, \cdots$	$a_n = (-1)^{n+1}\frac{n-1}{n}$
$3, 3, 3, 3, \cdots, 3, \cdots$	$a_n = 3$

当自变量 n 依次取 $1, 2, 3, \cdots$ 一切正整数时, 对应的函数值就构成数列 $\{a_n\}$. 这时可以在平面上通过绘制点 $(n, a_n)(n = 1, 2, 3, \cdots)$, 给出函数 $a_n = f(n), n \in \mathbf{N}_+$ 的图形, 如图 1.2.1(b) 所示.

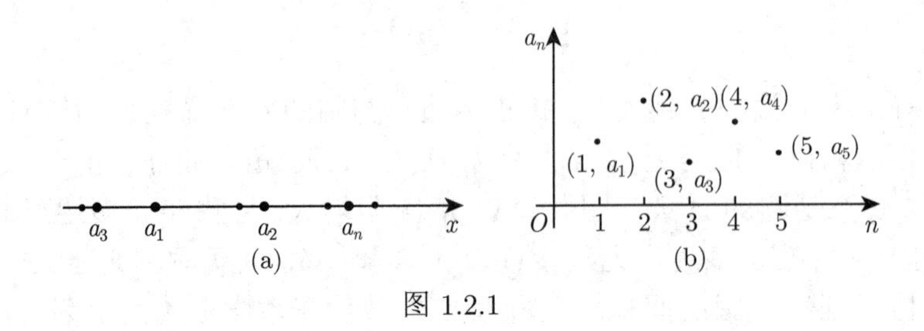

图 1.2.1

现在来讨论这样一种数列 $\{a_n\}$, 在它的变化过程中, 随着 n 不断增大, a_n 将越来越接近于一个确定的数. 例如, 数列 $\left\{\frac{1}{n}\right\}$ 和 $\left\{(-1)^{n+1}\frac{1}{n}\right\}$ 随着 n 不断增大而越来越接近于 0, 数列 $\left\{\frac{n-1}{n}\right\}$ 随着 n 不断增大而越来越接近于 1, 但是数列 $\left\{(-1)^{n+1}\frac{n+1}{n}\right\}$ 却没有这一特征.

下面考察数列 $\left\{\frac{n-1}{n}\right\}$. 虽然从直观上我们能得知数列 $\left\{\frac{n-1}{n}\right\}$ 越来越接近于 1, 但是如何用数学语言定量描述这一变化趋势并不是很显然. 下面将对数列 $\left\{\frac{n-1}{n}\right\}$ 进行分析, 从而抽象出数列极限的定义.

数列 $\left\{\frac{n-1}{n}\right\}$ 越来越接近于 1 是指随着项数 n 的增大, $\left\{\frac{n-1}{n}\right\}$ 和 1 的差越来越接近于 0, 也可以说, 当 n 相当大时, $\left\{\frac{n-1}{n}\right\}$ 与 1 的差可以相当小.

在数学上, 两个数 a 和 b 之间的接近程度可用 $|a-b|$ 来度量, 就数列 $\left\{\frac{n-1}{n}\right\}$ 而言, $a_n = \frac{n-1}{n}$, 而

$$|a_n - 1| = \left|\frac{n-1}{n} - 1\right| = \frac{1}{n}.$$

由此可见, 当 n 越来越大时, $\frac{1}{n}$ 越来越小. 因为只要 n 足够大, $|a_n - 1|$ 即 $\frac{1}{n}$ 可以小于任意给定的正数, 所以当 n 无限增大时, a_n 无限接近于 1. 用数学语言来说, 无论给定一个多么小的正数 ε, a_n 和 1 的差距总会小于这个 ε, 而这一点成立的条件是 n 必须充分大. 但 n 要取多大呢? 只要按照下面的方法去做就可以了.

为了使得

$$|a_n - 1| = \frac{1}{n} < \varepsilon,$$

解上述不等式可知, 只要满足

$$n > \frac{1}{\varepsilon}$$

就可以了. 也就是说, 对于任意给定的 $\varepsilon > 0$, 只要 $n > \frac{1}{\varepsilon}$, 就能保证 $|a_n - 1| < \varepsilon$ 都成立.

这就是当 $n \to \infty$ 时数列 $a_n = \frac{n-1}{n}(n = 1, 2, \cdots)$ 无限接近于 1 的实质. 由此可以抽象出数列极限的定义.

定义 1.2.2 (数列极限)　设 $\{a_n\}$ 是一个数列. 如果存在常数 A, 对于任意给定的 $\varepsilon > 0$, 总存在一个正整数 N, 当 $n > N$ 时, 不等式

$$|a_n - A| < \varepsilon$$

都成立, 那么就称 A 是数列 $\{a_n\}$ 的**极限** (limit), 或者称数列 $\{a_n\}$ **收敛** (converge) 且收敛于 A, 记为

$$\lim_{n\to\infty} a_n = A \quad 或 \quad a_n \to A \quad (n \to \infty).$$

如果不存在这样的常数 A, 则称数列 $\{a_n\}$ 没有极限, 或称数列 $\{a_n\}$ **发散** (diverge).

注　① 数列极限的定义用直观的语言来描述就是, 对于任意给定的一个小正数 ε, 只要 n 充分大 $(n > N)$, 就能够保证 $|a_n - A|$ 小于 ε;

② 定义中正数 ε 是可以任意给定的. 这一点很重要, 因为只有这样, 不等式 $|a_n - A| < \varepsilon$ 才能表达出 a_n 和 A 无限接近;

③ 定义中的正整数 N 与任意给定的正数 ε 有关, 它随 ε 的给定而定.

引入逻辑符号 “$\forall$”(表示 “对于任意给定的” 或 “对于每一个”) 和 “$\exists$”(表示 “存在”), 则数列 $\{a_n\}$ 的极限是 A, 用逻辑符号可简要表示为

$$\lim_{n\to\infty} a_n = A \Leftrightarrow \forall\varepsilon > 0, \exists N \in \mathbf{N}_+, 当n > N时, 有|a_n - A| < \varepsilon.$$

下面给出数列极限的几何意义.

已知不等式

$$|a_n - A| < \varepsilon \Leftrightarrow A - \varepsilon < a_n < A + \varepsilon.$$

于是, 数列 $\{a_n\}$ 的极限是 A 的几何意义是: 对于任意 $\varepsilon>0$, 作以 A 为中心、以 ε 为半径的邻域 $U(A,\varepsilon)$ 或开区间 $(A-\varepsilon,A+\varepsilon)$, 总存在一个正整数 N, 当 $n>N$ 时, 所有点 a_n 都落在 $U(A,\varepsilon)$ 或开区间 $(A-\varepsilon,A+\varepsilon)$ 内. 对数列 $\{a_n\}$ 而言, 只有有限个 (至多有 N 个) 点在该区间外 (如图 1.2.2 所示). 因为 $\varepsilon>0$ 可以任意小, 所以数列 $\{a_n\}$ 中各项所对应的点 a_n 都无限集聚在点 A 的附近.

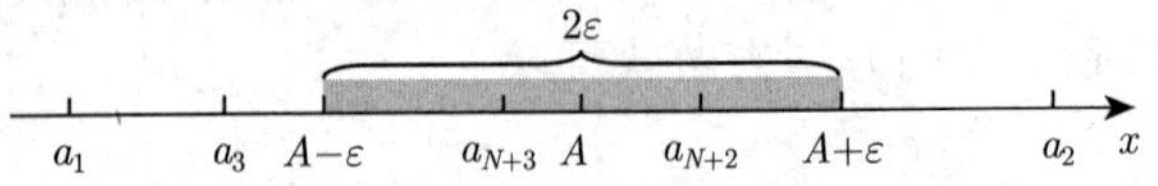

(第N项以后的所有项全部落在阴影区间中)

图 1.2.2

另外, 从定义可以看出, 一个数列是否有极限只与它从某一项后的项有关, 而与它前面的有限项无关. 因此, 在讨论数列的极限时, 可以添加、去掉或改变数列的有限个项的数值, 这些操作都不会改变数列的收敛性和极限.

下面通过几个例子来说明如何用定义来考察数列的极限.

例 1.2.1 证明 $\lim\limits_{n\to\infty}\dfrac{(-1)^{n+1}}{n}=0$.

证明 现在要证明: 对于任意给定的 $\varepsilon>0$, 总能找到正整数 N, 当 $n>N$ 时, 不等式

$$\left|\frac{(-1)^{n+1}}{n}-0\right|=\frac{1}{n}<\varepsilon$$

成立.

由 $\dfrac{1}{n}<\varepsilon$ 容易看出, 只要 $n>\dfrac{1}{\varepsilon}$ 就可以了, 故可以取 $N=\left[\dfrac{1}{\varepsilon}\right]$. 于是, $\forall\varepsilon>0$, 取 $N=\left[\dfrac{1}{\varepsilon}\right]$, 则当 $n>N$ 时, 有

$$\left|\frac{(-1)^{n+1}}{n}-0\right|<\varepsilon$$

成立, 故

$$\lim_{n\to\infty}\frac{(-1)^{n+1}}{n}=0.$$

■

例 1.2.2 证明 $\lim\limits_{n\to\infty}\dfrac{1}{n^k}=0$, 其中 $k\in\mathbf{N}_+$ 为常数.

证明 现在要证明: 对于任意给定的 $\varepsilon>0$, 总能找到正整数 N, 当 $n>N$ 时, 不等式

$$\left|\frac{1}{n^k}-0\right|=\frac{1}{n^k}<\varepsilon$$

成立.

对于 $k \geqslant 1$, $\frac{1}{n^k} < \frac{1}{n}$, 故要使不等式 $\left|\frac{1}{n^k} - 0\right| < \varepsilon$ 成立, 只需 $\frac{1}{n} < \varepsilon$ 或 $n > \frac{1}{\varepsilon}$, 故可以取 $N = \left[\frac{1}{\varepsilon}\right]$. 于是, $\forall \varepsilon > 0$, 取 $N = \left[\frac{1}{\varepsilon}\right]$, 则当 $n > N$ 时, 有

$$\left|\frac{1}{n^k} - 0\right| < \varepsilon$$

成立, 故

$$\lim_{n\to\infty} \frac{1}{n^k} = 0.$$

■

从上面的两个例子可以知道怎样寻找 N. 其基本思路就是从不等式 $|a_n - A| < \varepsilon$ 中解出 n, 从而获得 N. 要注意的是, N 不是唯一的, 在上面的两个例子中, N 也可以取 $N = \left[\frac{1}{\varepsilon}\right] + 1$, $N = \left[\frac{1}{\varepsilon}\right] + 10$ 等. 一般地, N 是依赖给定的 $\varepsilon > 0$ 的, 并且当 $\varepsilon > 0$ 是一个很小的值时, N 有可能会取一个很大的值. 对于这种依赖性, 也常用记号 $N(\varepsilon)$ 来表示定义中的 N.

例 1.2.3　证明 $\lim\limits_{n\to\infty} q^n = 0$, 其中 q 为常数且满足 $|q| < 1$.

证明　若 $q = 0$, 则 $q^n = 0$, 显然 $\lim\limits_{n\to\infty} q^n = 0$.

当 $q \neq 0$ 时, 需要证明: 对于任意给定的 $\varepsilon > 0$, 总能找到正整数 N, 当 $n > N$ 时, 有不等式 $|q^n - 0| < \varepsilon$, 即 $n \ln|q| < \ln\varepsilon$ 成立.

由 $0 < |q| < 1$ 可知 $\ln|q| < 0$, 故上述不等式等价于

$$n > \frac{\ln\varepsilon}{\ln|q|} \quad (\text{不妨假定}\varepsilon < |q|),$$

因此可取 $N(\varepsilon) = \left[\frac{\ln\varepsilon}{\ln|q|}\right]$. 于是, $\forall \varepsilon > 0$, 取 $N(\varepsilon) = \left[\frac{\ln\varepsilon}{\ln|q|}\right]$, 则当 $n > N(\varepsilon)$ 时, 有

$$|q^n - 0| < \varepsilon$$

成立, 故

$$\lim_{n\to\infty} q^n = 0 \quad (|q| < 1).$$

■

1.2.3　数列极限的性质

定理 1.2.1 (唯一性 (uniqueness))　若数列 $\{a_n\}$ 收敛, 则它的极限是唯一的.

证明　用反证法证明. 设 $\lim\limits_{n\to\infty} a_n = A$ 与 $\lim\limits_{n\to\infty} a_n = B$, 且 $A \neq B$. 不妨设 $A < B$, 则取 $\varepsilon_0 = \frac{B - A}{2}$.

因为 $\lim\limits_{n\to\infty} a_n = A$, 则由数列极限的定义, 对于上述的 ε_0, 存在 $N_1 \in \mathbf{N}_+$, 当 $n > N_1$ 时, 有

$$|a_n - A| < \varepsilon_0 \Leftrightarrow A - \varepsilon_0 < a_n < A + \varepsilon_0,$$

从而不等式

$$a_n < \frac{A+B}{2}$$

成立.

同理, 因为 $\lim\limits_{n\to\infty} a_n = B$, 则对上述的 ε_0, 存在 $N_2 \in \mathbf{N}_+$, 当 $n > N_2$ 时, 有

$$|a_n - B| < \varepsilon_0 \Leftrightarrow B - \varepsilon_0 < a_n < B + \varepsilon_0,$$

从而不等式

$$\frac{A+B}{2} < a_n$$

成立.

令 $N = \max\{N_1, N_2\}$, 则当 $n > N$ 时, 同时有

$$a_n < \frac{A+B}{2} \text{及} \frac{A+B}{2} < a_n$$

成立, 这是不可能的. 这一矛盾证明了本定理的结论, 即若数列 $\{a_n\}$ 收敛, 则它的极限是唯一的. ■

例 1.2.4 证明数列 $\{(-1)^{n+1}\}$ 发散.

证明 用反证法证明. 令 $a_n = (-1)^{n+1}, n = 1, 2, \cdots$. 假设该数列收敛, 则根据定理 1.2.1, 它有唯一的极限. 设 $\lim\limits_{n\to\infty} a_n = A$, 取 $\varepsilon = \dfrac{1}{4}$, 由极限的定义可知, 存在 $N \in \mathbf{N}_+$, 当 $n > N$ 时, 有不等式

$$|a_n - A| < \frac{1}{4}$$

成立, 即当 $n > N$ 时, 所有 a_n 都落在区间 $\left(A - \dfrac{1}{4}, A + \dfrac{1}{4}\right)$ 内, 但这是不可能的. 因为 n 趋于无穷大时, 数列 $\{a_n\}$ 的项重复取 -1 和 1 两个数, 这两个数不可能同时在长度为 $\dfrac{1}{2}$ 的开区间 $\left(A - \dfrac{1}{4}, A + \dfrac{1}{4}\right)$ 内, 所以数列 $\{(-1)^{n+1}\}$ 发散. ■

下面首先引入数列的有界性概念, 然后证明有极限的数列是有界的.

定义 1.2.3 (有界数列) 对于数列 $\{a_n\}$, 如果存在 $M > 0$, 使得对于一切 a_n, 满足不等式

$$|a_n| \leqslant M,$$

则称数列 $\{a_n\}$ 为**有界的** (bounded). 如果这样的 M 不存在, 就说数列 $\{a_n\}$ 是**无界的** (unbounded). 若存在 A, 使得对一切 a_n, 有 $a_n \leqslant A$, 则称数列 $\{a_n\}$ 为**有上界的** (bounded above); 若存在 B, 使得对一切 a_n, 有 $a_n \geqslant B$, 则称 $\{a_n\}$ 为**有下界的** (bounded below).

注　有界数列的界不是唯一的. 在定义 1.2.3 中 M 是数列 $\{a_n\}$ 的界, 那么 $M+1$, $M+2, M+C(C>0)$ 都是 $\{a_n\}$ 的界.

定理 1.2.2 (有界性 (boundedness))　收敛数列是有界数列, 即如果数列 $\{a_n\}$ 收敛, 则存在 $M>0$, 使得对一切 $n\in\mathbf{N}_+$, 恒有 $|a_n|\leqslant M$.

证明　设 $\lim\limits_{n\to\infty} a_n=A$. 根据数列极限的定义, 对取定的 $\varepsilon=1$, 存在 $N\in\mathbf{N}_+$, 当 $n>N$ 时, 有 $|a_n-A|<1$ 成立. 从而对任意 $n>N$, 有 $|a_n|-|A|\leqslant|a_n-A|<1$, 即

$$|a_n|<1+|A|.$$

注意到, 在区间 $[-(1+|A|),(1+|A|)]$ 外, 至多有 N 个点: $a_1,a_2,\cdots,a_N$. 令

$$M=\max\{|a_1|,|a_2|,\cdots,|a_N|,1+|A|\},$$

则对一切 $n\in\mathbf{N}_+$, 恒有 $|a_n|\leqslant M$, 这意味着数列 $\{a_n\}$ 有界. ■

注　① 定理 1.2.2 的等价命题是: 若数列 $\{a_n\}$ 无界, 则数列发散.

② 数列有界仅是数列收敛的必要条件, 而不是充分条件, 即定理 1.2.2 的逆命题是不成立的, 也就是有界数列不一定是收敛的. 例如, 数列 $\{(-1)^{n+1}\}$, 即 $\{1,-1,1,-1,\cdots\}$ 是一个有界数列, 但它是发散的.

定理 1.2.3 (保号性 (sign preservation))　若 $\lim\limits_{n\to\infty} a_n=A$, 且 $A\neq 0$, 则存在 $N\in\mathbf{N}_+$, 当 $n>N$ 时, a_n 与 A 同号, 即

(1) 当 $A>0$ 时, 存在 $N\in\mathbf{N}_+$, 当 $n>N$ 时, 有 $a_n>0$;

(2) 当 $A<0$ 时, 存在 $N\in\mathbf{N}_+$, 当 $n>N$ 时, 有 $a_n<0$.

证明　仅考虑 $A>0$ 的情形 ($A<0$ 的证明过程类似). 由 $\lim\limits_{n\to\infty} a_n=A$, 则根据数列极限的定义, 对 $\varepsilon=\dfrac{A}{2}$, 存在 $N\in\mathbf{N}_+$, 当 $n>N$ 时, 有

$$|a_n-A|<\frac{A}{2}\Leftrightarrow-\frac{A}{2}<a_n-A<\frac{A}{2},$$

从而

$$a_n>\frac{A}{2}>0.$$ ■

推论 1.2.1　若 $\lim\limits_{n\to\infty} a_n=A$, 且存在 $N\in\mathbf{N}_+$, 当 $n>N$ 时, 都有 $a_n\geqslant 0$(或$a_n\leqslant 0$), 则 $A\geqslant 0$(或$A\leqslant 0$).

证明　仅证明收敛数列 $\{a_n\}$ 从某项起 $a_n\geqslant 0$ 的情形, 结论成立. 对于收敛数列 $\{a_n\}$ 从某项起 $a_n\leqslant 0$ 的情形可用类似方法证明.

用反证法证明. 假设 $\lim\limits_{n\to\infty} a_n=A<0$, 则根据定理 1.2.3, 存在 $K\in\mathbf{N}_+$, 当 $n>K$ 时, 有 $a_n<0$ 成立. 令 $N_1=\max\{N,K\}$, 则当 $n>N_1$ 时, 有 $a_n<0$, 这与题设矛盾, 所以必有 $A\geqslant 0$. ■

定理 1.2.4 (保序性 (isotony))　若 $\lim\limits_{n\to\infty} a_n=A$, $\lim\limits_{n\to\infty} b_n=B$, 且 $A<B$, 则存在 $N\in\mathbf{N}_+$, 当 $n>N$ 时, 恒有 $a_n<b_n$.

证明 对 $\varepsilon_0=\dfrac{B-A}{2}$, 由 $\lim\limits_{n\to\infty}a_n=A$, 可知存在 $N_1\in\mathbf{N}_+$, 当 $n>N_1$ 时, 有

$$|a_n-A|<\varepsilon_0=\frac{B-A}{2},$$

从而

$$a_n<\frac{A+B}{2}.$$

同理, 由 $\lim\limits_{n\to\infty}b_n=B$, 可知存在 $N_2\in\mathbf{N}_+$, 当 $n>N_2$ 时, 有

$$|b_n-B|<\varepsilon_0=\frac{B-A}{2},$$

从而

$$\frac{A+B}{2}<b_n.$$

取 $N=\max\{N_1,N_2\}$, 则当 $n>N$ 时, 有

$$a_n<\frac{A+B}{2}<b_n.$$

■

推论 1.2.2 若 $\lim\limits_{n\to\infty}a_n=A$, $\lim\limits_{n\to\infty}b_n=B$, 且存在 $N\in\mathbf{N}_+$, 当 $n>N$ 时, 有 $a_n\leqslant b_n$, 则 $A\leqslant B$.

证明 用反证法证明. 假设 $A>B$, 根据定理 1.2.4, 则存在 $K\in\mathbf{N}_+$, 当 $n>K$ 时, 有 $a_n>b_n$. 这与题设矛盾, 所以必有 $A\leqslant B$. ■

下面介绍子列的概念及收敛数列与其子列间关系的一个定理.

定义 1.2.4 (子列) 在数列 $\{a_n\}$ 中任意抽取无限多项, 并保持这些项在原数列 $\{a_n\}$ 中的先后顺序不变, 这样得到的一个数列称为原数列 $\{a_n\}$ 的一个**子列** (subsequence).

由子列的定义可知, 一个数列可以有无限多个子列. 为方便起见, 用另一种下标来表示它.

选定一个子列, 将第一项记为 a_{n_1}, 第二项记为 a_{n_2}, 第 k 项记为 $a_{n_k},\cdots$, 于是可将 $\{a_n\}$ 的子列表示为

$$a_{n_1},a_{n_2},\cdots,a_{n_k},\cdots.$$

注 在子列 $\{a_{n_k}\}$ 中, k 表示 a_{n_k} 在子列中是第 k 项, n_k 表示 a_{n_k} 在原数列 $\{a_n\}$ 中是第 n_k 项. 显然, 对于每一个 k, 有 $k\leqslant n_k$. 而对 $h,k\in\mathbf{N}_+$, 若 $h\leqslant k$, 则有 $n_h\leqslant n_k$; 反之, 若 $n_h\leqslant n_k$, 则 $h\leqslant k$.

特别地, $\{a_{2n-1}\}$ 和 $\{a_{2n}\}$ 分别称为数列 $\{a_n\}$ 的奇子列和偶子列.

定理 1.2.5 (收敛数列与其子列间的关系) 数列 $\{a_n\}$ 收敛, 且 $\lim\limits_{n\to\infty}a_n=A$ 的充要条件是 $\{a_n\}$ 的任一子列 $\{a_{n_k}\}$ 均收敛, 且 $\lim\limits_{k\to\infty}a_{n_k}=A$.

证明　先证明必要性.

由于 $\lim\limits_{n\to\infty} a_n = A$, 故 $\forall\varepsilon > 0$, $\exists N \in \mathbf{N}_+$, 当 $n > N$ 时, 有 $|a_n - A| < \varepsilon$ 成立.

取 $K = N$, 则当 $k > K$ 时, $n_k > n_K = n_N \geqslant N$, 于是有

$$|a_{n_k} - A| < \varepsilon$$

成立. 这就证明了 $\lim\limits_{k\to\infty} a_{n_k} = A$.

再证明充分性.

若对 $\{a_n\}$ 的任一子列 $\{a_{n_k}\}$, 有 $\lim\limits_{k\to\infty} a_{n_k} = A$, 现取下标 $n_1 = 1, n_2 = 2, \cdots, n_k = k$, 即 $\{a_n\}$ 本身, 由题设可知 $\lim\limits_{n\to\infty} a_n = \lim\limits_{k\to\infty} a_{n_k} = A$. ■

由定理 1.2.5 可知, 如果数列 $\{a_n\}$ 有两个子列收敛于不同的极限或至少有一个子列极限不存在, 那么数列 $\{a_n\}$ 是发散的. 例如, 数列

$$1, -1, 1, -1, \cdots, (-1)^{n+1}, \ldots$$

的奇子列 $\{a_{2n-1}\}$ 收敛于 1, 而偶子列 $\{a_{2n}\}$ 收敛于 -1, 因此该数列一定是发散的. 同时这个例子也说明, 一个发散的数列也可能有收敛的子列.

例 1.2.5　判断数列 $\left\{\sin\dfrac{n\pi}{4}\right\}$ 的敛散性.

解　令 $a_n = \sin\dfrac{n\pi}{4}, n \in \mathbf{N}_+$. 取数列 $\{a_n\}$ 的两个子列, 第一个子列中 $n_k = 4k$, 即该子列为

$$\sin\frac{4\pi}{4}, \sin\frac{8\pi}{4}, \sin\frac{12\pi}{4}, \cdots, \sin\frac{4k\pi}{4}, \cdots.$$

易知, 该子列的极限为 0. 第二个子列中 $n_k = 8k + 2$, 即该子列为

$$\sin\frac{10\pi}{4}, \sin\frac{18\pi}{4}, \sin\frac{26\pi}{4}, \cdots, \sin\frac{(8k+2)\pi}{4}, \cdots.$$

易知, 该子列的极限为 1.

故由定理 1.2.5 知, 原数列 $\left\{\sin\dfrac{n\pi}{4}\right\}$ 是发散的. ■

推论 1.2.3　数列 $\{a_n\}$ 收敛于 A 的充分必要条件是数列 $\{a_n\}$ 的奇子列 $\{a_{2n-1}\}$ 和偶子列 $\{a_{2n}\}$ 都收敛于 A.

证明　由定理 1.2.5, 必要性显然成立. 下面证明充分性.

由 $\lim\limits_{n\to\infty} a_{2n-1} = A$ 及 $\lim\limits_{n\to\infty} a_{2n} = A$ 知, $\forall\varepsilon > 0$, $\exists N_1, N_2 \in \mathbf{N}_+$, 当 $n > N_1$ 时, 有

$$|a_{2n-1} - A| < \varepsilon;$$

当 $n > N_2$ 时, 有

$$|a_{2n} - A| < \varepsilon.$$

取 $N = \max\{2N_1 - 1, 2N_2\}$, 则当 $n > N$ 时, 有

$$|a_n - A| < \varepsilon,$$

所以

$$\lim_{n\to\infty} a_n = A. \qquad \blacksquare$$

1.2.4 数列极限的四则运算

本节主要介绍数列极限的四则运算法则.

定理 1.2.6 设数列 $\{a_n\}$ 和 $\{b_n\}$ 都收敛, 且 $\lim\limits_{n\to\infty} a_n = A$, $\lim\limits_{n\to\infty} b_n = B$, 则

(1) 加 (减) 法则: $\lim\limits_{n\to\infty}(a_n \pm b_n) = \lim\limits_{n\to\infty} a_n \pm \lim\limits_{n\to\infty} b_n = A \pm B$;

(2) 乘法法则: $\lim\limits_{n\to\infty}(a_n b_n) = \lim\limits_{n\to\infty} a_n \lim\limits_{n\to\infty} b_n = AB$;

(3) 除法法则: 若 $b_n \neq 0, B \neq 0$, 则 $\lim\limits_{n\to\infty}\dfrac{a_n}{b_n} = \dfrac{\lim\limits_{n\to\infty} a_n}{\lim\limits_{n\to\infty} b_n} = \dfrac{A}{B}$.

证明 (1) 由于 $\lim\limits_{n\to\infty} a_n = A$, $\lim\limits_{n\to\infty} b_n = B$, 则根据数列极限的定义, $\forall \varepsilon > 0$, $\exists N_1, N_2 \in \mathbf{N}_+$, 当 $n > N_1$ 时, 有

$$|a_n - A| < \varepsilon;$$

当 $n > N_2$ 时, 有

$$|b_n - B| < \varepsilon.$$

取 $N = \max\{N_1, N_2\}$, 则当 $n > N$ 时, 同时有 $|a_n - A| < \varepsilon$ 和 $|b_n - B| < \varepsilon$.

于是, 当 $n > N$ 时, 利用三角不等式, 有

$$|(a_n + b_n) - (A + B)| = |a_n - A| + |b_n - B| < 2\varepsilon,$$

所以

$$\lim_{n\to\infty}(a_n + b_n) = A + B.$$

类似可证

$$\lim_{n\to\infty}(a_n - b_n) = A - B.$$

(2) 由于 $\lim\limits_{n\to\infty} a_n = A$, $\lim\limits_{n\to\infty} b_n = B$, 则根据数列极限的定义, $\forall \varepsilon > 0$, $\exists N_1, N_2 \in \mathbf{N}_+$, 当 $n > N_1$ 时, 有

$$|a_n - A| < \varepsilon;$$

当 $n > N_2$ 时, 有

$$|b_n - B| < \varepsilon.$$

取 $N = \max\{N_1, N_2\}$, 则当 $n > N$ 时, 同时有 $|a_n - A| < \varepsilon$ 和 $|b_n - B| < \varepsilon$.

由定理 1.2.2, 收敛数列 $\{a_n\}$ 有界, 即 $\exists M > 0, \forall n \in \mathbf{N}_+$, 有 $|a_n| \leqslant M$.

于是, 当 $n > N$ 时, 利用三角不等式, 有

$$|a_n b_n - AB| = |a_n b_n - a_n B + a_n B - AB| \leqslant |a_n||b_n - B| + |B||a_n - A| \leqslant (M + |B|)\varepsilon,$$

所以

$$\lim_{n\to\infty}(a_nb_n)=AB.$$

(3) 由于 $\lim\limits_{n\to\infty}a_n=A$, $\lim\limits_{n\to\infty}b_n=B$, 则根据数列极限的定义, $\forall\varepsilon>0$, $\exists N_1,N_2\in\mathbf{N}_+$, 当 $n>N_1$ 时, 有

$$|a_n-A|<\varepsilon;$$

当 $n>N_2$ 时, 有

$$|b_n-B|<\varepsilon.$$

又由于 $\lim\limits_{n\to\infty}b_n=B\neq 0$, 故 $\lim\limits_{n\to\infty}|b_n|=|B|>0$, 从而由定理 1.2.3 的证明, 易见 $\exists N_3\in\mathbf{N}_+$, 当 $n>N_3$ 时, 有

$$|b_n|>\frac{|B|}{2}>0,$$

或

$$\frac{1}{|b_n|}<\frac{2}{|B|}.$$

取 $N=\max\{N_1,N_2,N_3\}$, 则当 $n>N$ 时, 同时有 $|a_n-A|<\varepsilon$, $|b_n-B|<\varepsilon$ 及 $\dfrac{1}{|b_n|}<\dfrac{2}{|B|}$, 故

$$\left|\frac{a_n}{b_n}-\frac{A}{B}\right|=\frac{|Ba_n-Ab_n|}{|b_n||B|}\leqslant\frac{|B||a_n-A|+|A||b_n-B|}{|b_n||B|}<\frac{2}{|B|^2}(|A|+|B|)\varepsilon,$$

其中 $\dfrac{2}{|B|^2}(|A|+|B|)$ 是正常数. 因此

$$\lim_{n\to\infty}\frac{a_n}{b_n}=\frac{\lim\limits_{n\to\infty}a_n}{\lim\limits_{n\to\infty}b_n}=\frac{A}{B}.$$ ■

注　上面定理中的 (1) 和 (2) 可推广到有限个数列的情形. 例如, 如果 $\lim\limits_{n\to\infty}a_n=A$, $\lim\limits_{n\to\infty}b_n=B$, $\lim\limits_{n\to\infty}b_n=C$, 则有

$$\lim_{n\to\infty}(a_n+b_n-c_n)=A+B-C;$$

$$\lim_{n\to\infty}(a_nb_nc_n)=ABC.$$

此外, 在数列极限四则运算的除法法则中, 必须满足分母的极限不是 0 的条件, 对于分子和分母都收敛到 0 的情形, 今后将专门讨论.

由数列极限的四则运算法则, 易得如下推论.

推论 1.2.4　若 $\lim\limits_{n\to\infty}a_n=A$, 且 C 为任意常数, 则

$$\lim_{n\to\infty}(Ca_n)=C\lim_{n\to\infty}a_n=CA.$$

推论 1.2.5 若 $\lim\limits_{n\to\infty} a_n = A$, 且 $m \in \mathbf{N}_+$, 则

$$\lim_{n\to\infty}(a_n)^m = (\lim_{n\to\infty} a_n)^m = A^m.$$

例 1.2.6 求下列极限:

(1) $\lim\limits_{n\to\infty}\dfrac{n-1}{n}$;　　(2) $\lim\limits_{n\to\infty}\dfrac{5}{n^2}$;

(3) $\lim\limits_{n\to\infty}\dfrac{4-7n^6}{n^6+3}$;　　(4) $\lim\limits_{n\to\infty}\dfrac{3n^2-2n-1}{2n^3-n^2+5}$.

解 (1) $\lim\limits_{n\to\infty}\dfrac{n-1}{n} = \lim\limits_{n\to\infty}\left(1-\dfrac{1}{n}\right) = 1-\lim\limits_{n\to\infty}\dfrac{1}{n} = 1$;

(2) $\lim\limits_{n\to\infty}\dfrac{5}{n^2} = 5\lim\limits_{n\to\infty}\dfrac{1}{n^2} = 0$;

(3) $\lim\limits_{n\to\infty}\dfrac{4-7n^6}{n^6+3} = \lim\limits_{n\to\infty}\dfrac{\dfrac{4}{n^6}-7}{1+\dfrac{3}{n^6}} = \dfrac{\lim\limits_{n\to\infty}\left(\dfrac{4}{n^6}-7\right)}{\lim\limits_{n\to\infty}\left(1+\dfrac{3}{n^6}\right)} = \dfrac{4\lim\limits_{n\to\infty}\dfrac{1}{n^6}-7}{1+3\lim\limits_{n\to\infty}\dfrac{1}{n^6}} = -7$;

(4) $\lim\limits_{n\to\infty}\dfrac{3n^2-2n-1}{2n^3-n^2+5} = \lim\limits_{n\to\infty}\dfrac{\dfrac{3}{n}-\dfrac{2}{n^2}-\dfrac{1}{n^3}}{2-\dfrac{1}{n}+\dfrac{5}{n^3}} = \dfrac{3\lim\limits_{n\to\infty}\dfrac{1}{n}-2\lim\limits_{n\to\infty}\dfrac{1}{n^2}-\lim\limits_{n\to\infty}\dfrac{1}{n^3}}{2-\lim\limits_{n\to\infty}\dfrac{1}{n}+5\lim\limits_{n\to\infty}\dfrac{1}{n^3}} = 0.$ ■

例 1.2.7 求极限:

$$\lim_{n\to\infty}\frac{a_0n^k+a_1n^{k-1}+\cdots+a_k}{b_0n^m+b_1n^{m-1}+\cdots+b_m},$$

其中 k 和 m 都是正整数, 且 $k \leqslant m$, $a_i, b_j (i=0,1,\cdots,k; j=0,1,\cdots,m)$ 都是与 n 无关的常数, 且 $a_0 \neq 0, b_0 \neq 0$.

解

$$\frac{a_0n^k+a_1n^{k-1}+\cdots+a_k}{b_0n^m+b_1n^{m-1}+\cdots+b_m} = n^{k-m}\frac{a_0+\dfrac{a_1}{n}+\cdots+\dfrac{a_k}{n^k}}{b_0+\dfrac{b_1}{n}+\cdots+\dfrac{b_m}{n^m}}.$$

已知

$$\lim_{n\to\infty} n^{k-m} = \begin{cases} 0, & k<m, \\ 1, & k=m \end{cases}$$

及

$$\lim_{n\to\infty}\frac{a_0+\dfrac{a_1}{n}+\cdots+\dfrac{a_k}{n^k}}{b_0+\dfrac{b_1}{n}+\cdots+\dfrac{b_m}{n^m}} = \frac{a_0}{b_0},$$

故根据定理 1.2.6, 有

$$\lim_{n\to\infty}\frac{a_0n^k+a_1n^{k-1}+\cdots+a_k}{b_0n^m+b_1n^{m-1}+\cdots+b_m}=\lim_{n\to\infty}n^{k-m}\frac{a_0+\dfrac{a_1}{n}+\cdots+\dfrac{a_k}{n^k}}{b_0+\dfrac{b_1}{n}+\cdots+\dfrac{b_m}{n^m}}=\begin{cases}0, & k<m,\\ \dfrac{a_0}{b_0}, & k=m.\end{cases}$$

■

在例 1.2.7 中, 只讨论了 $k\leqslant m$ 的情形, 对于 $k>m$ 的情形将在 1.4 节中讨论.

例 1.2.8　求极限: $\lim\limits_{n\to\infty}\dfrac{2^n+3^n}{2^{n+1}+3^{n+1}}$.

解　由例 1.2.3 知,

$$\lim_{n\to\infty}\left(\frac{2}{3}\right)^n=0,$$

从而

$$\lim_{n\to\infty}\frac{2^n+3^n}{2^{n+1}+3^{n+1}}=\lim_{n\to\infty}\frac{3^n\left[\left(\dfrac{2}{3}\right)^n+1\right]}{3^{n+1}\left[\left(\dfrac{2}{3}\right)^{n+1}+1\right]}=\frac{1}{3}\frac{\lim\limits_{n\to\infty}\left[\left(\dfrac{2}{3}\right)^n+1\right]}{\lim\limits_{n\to\infty}\left[\left(\dfrac{2}{3}\right)^{n+1}+1\right]}$$

$$=\frac{1}{3}\frac{\lim\limits_{n\to\infty}\left(\dfrac{2}{3}\right)^n+1}{\lim\limits_{n\to\infty}\left(\dfrac{2}{3}\right)^{n+1}+1}=\frac{1}{3}.$$

■

例 1.2.9　求极限: $\lim\limits_{n\to\infty}\dfrac{1^2+2^2+\cdots+n^2}{n^3}$.

解
$$\frac{1^2+2^2+\cdots+n^2}{n^3}=\frac{n(n+1)(2n+1)}{6n^3}=\frac{1}{6}\left(1+\frac{1}{n}\right)\left(2+\frac{1}{n}\right),$$

故

$$\lim_{n\to\infty}\frac{1^2+2^2+\cdots+n^2}{n^3}=\lim_{n\to\infty}\left[\frac{1}{6}\left(1+\frac{1}{n}\right)\left(2+\frac{1}{n}\right)\right]$$
$$=\frac{1}{6}\lim_{n\to\infty}\left(1+\frac{1}{n}\right)\left(2+\frac{1}{n}\right)=\frac{1}{3}.$$

■

思考　采用如下的方法求例 1.2.9 中的极限:

$$\lim_{n\to\infty}\frac{1^2+2^2+\cdots+n^2}{n^3}$$
$$=\lim_{n\to\infty}\left(\frac{1^2}{n^3}+\frac{2^2}{n^3}+\cdots+\frac{n^2}{n^3}\right)$$
$$=\lim_{n\to\infty}\frac{1^2}{n^3}+\lim_{n\to\infty}\frac{2^2}{n^3}+\cdots+\lim_{n\to\infty}\frac{n^2}{n^3}$$
$$=0+0+\cdots+0=0,$$

于是此处得到了不同的结果. 哪一种方法错了呢? 为什么?

例 1.2.10 证明 $\lim\limits_{n\to\infty}\sqrt[n]{a}=1$, 其中 $a>0$ 为常数.

证明 若 $a>1$, 可记 $\sqrt[n]{a}=1+b_n$, 其中 $b_n>0$, 从而有 $a=(1+b_n)^n$. 当 $n\geqslant 2$ 时, 由二项式定理得

$$a=(1+b_n)^n=1+nb_n+\frac{n(n-1)}{2!}b_n^2+\cdots+b_n^n>1+nb_n.$$

从而 $a>1+nb_n$, 即 $b_n<\dfrac{a-1}{n}$.

对于任意给定的 $\varepsilon>0$, 考察不等式

$$|\sqrt[n]{a}-1|=b_n<\frac{a-1}{n}<\varepsilon,$$

解之得 $n>\dfrac{a-1}{\varepsilon}$, 即可选取 $N(\varepsilon)=\left[\dfrac{a-1}{\varepsilon}\right]$, 当 $n>N(\varepsilon)$ 时, 有

$$|\sqrt[n]{a}-1|<\varepsilon$$

成立, 故

$$\lim_{n\to\infty}\sqrt[n]{a}=1.$$

若 $a=1$, 显然 $\lim\limits_{n\to\infty}\sqrt[n]{a}=1$.

若 $0<a<1$, 设 $a=\dfrac{1}{b}$, 此时 $b>1$ 且 $\sqrt[n]{a}=\dfrac{1}{\sqrt[n]{b}}$, 所以

$$\lim_{n\to\infty}\sqrt[n]{a}=\lim_{n\to\infty}\frac{1}{\sqrt[n]{b}}=1.$$

综上可知, 对于任何 $a>0$, 都有 $\lim\limits_{n\to\infty}\sqrt[n]{a}=1$. ■

1.2.5 数列极限存在准则

数列极限的四则运算法则及其推论都在极限存在的情形下使用. 那么怎样判别数列极限的敛散 (收敛或发散) 呢? 下面给出几个数列收敛的判别法.

定理 1.2.7 (夹逼准则) 如果数列 $\{a_n\}$, $\{b_n\}$ 及 $\{c_n\}$ 满足下列条件:

(1) 从某项起, 即存在 $N\in\mathbf{N}_+$, 当 $n>N$ 时, 有 $a_n\leqslant b_n\leqslant c_n$;

(2) $\lim\limits_{n\to\infty}a_n=\lim\limits_{n\to\infty}c_n=A$,

则数列 $\{b_n\}$ 是收敛的, 且

$$\lim_{n\to\infty}b_n=A.$$

证明 由于 $\lim\limits_{n\to\infty}a_n=\lim\limits_{n\to\infty}c_n=A$, 则根据数列极限的定义, $\forall\varepsilon>0$, $\exists N_1,N_2\in\mathbf{N}_+$, 当 $n>N_1$ 时, 有

$$|a_n-A|<\varepsilon\Leftrightarrow A-\varepsilon<a_n<A+\varepsilon;$$

当 $n > N_2$ 时, 有

$$|c_n - A| < \varepsilon \Leftrightarrow A - \varepsilon < c_n < A + \varepsilon.$$

取 $N^* = \max\{N, N_1, N_2\}$, 则当 $n > N^*$ 时, 下面的不等式

$$A - \varepsilon < a_n, \quad c_n < A + \varepsilon, \quad a_n \leqslant b_n \leqslant c_n$$

同时成立. 于是当 $n > N^*$ 时,

$$A - \varepsilon < a_n < b_n < c_n < A + \varepsilon,$$

即说明

$$|b_n - A| < \varepsilon,$$

从而数列 $\{b_n\}$ 是收敛的, 且

$$\lim_{n\to\infty} b_n = A.$$

■

例 1.2.11　求下列极限:

(1) $\lim\limits_{n\to\infty} \dfrac{\cos n}{n}$;　　(2) $\lim\limits_{n\to\infty} \dfrac{1}{2^n + 5}$;

(3) $\lim\limits_{n\to\infty} \left[(-1)^n \dfrac{1}{n}\right]$;　　(4) $\lim\limits_{n\to\infty} \sqrt[n]{1 + \dfrac{1}{n^p}}$, 其中 $m, p \in \mathbf{N}_+$为常数.

解　(1) 因为 $-\dfrac{1}{n} \leqslant \dfrac{\cos n}{n} \leqslant \dfrac{1}{n}$, 且 $\lim\limits_{n\to\infty} -\dfrac{1}{n} = \lim\limits_{n\to\infty} \dfrac{1}{n} = 0$, 故由夹逼准则可知

$$\lim_{n\to\infty} \frac{\cos n}{n} = 0.$$

(2) 因为 $0 < \dfrac{1}{2^n + 5} < \dfrac{1}{2^n}$, 且 $\lim\limits_{n\to\infty} \dfrac{1}{2^n} = \lim\limits_{n\to\infty} \left(\dfrac{1}{2}\right)^n = 0$, 故由夹逼准则可知

$$\lim_{n\to\infty} \frac{1}{2^n + 5} = 0.$$

(3) 因为 $-\dfrac{1}{n} \leqslant \left[(-1)^n \dfrac{1}{n}\right] \leqslant \dfrac{1}{n}$, 且 $\lim\limits_{n\to\infty} -\dfrac{1}{n} = \lim\limits_{n\to\infty} \dfrac{1}{n} = 0$, 故由夹逼准则可知

$$\lim_{n\to\infty} \left[(-1)^n \frac{1}{n}\right] = 0.$$

(4) 因为 $1 \leqslant \sqrt[m]{1 + \dfrac{1}{n^p}} \leqslant 1 + \dfrac{1}{n^p}$, 且 $\lim\limits_{n\to\infty} \left(1 + \dfrac{1}{n^p}\right) = 1$, 故由夹逼准则可知

$$\lim_{n\to\infty} \sqrt[m]{1 + \frac{1}{n^p}} = 1.$$

■

例 1.2.12　求极限 $\lim\limits_{n\to\infty} \left(\dfrac{1}{\sqrt{n^2+1}} + \dfrac{1}{\sqrt{n^2+2}} + \cdots + \dfrac{1}{\sqrt{n^2+n}}\right)$.

解 因为

$$\frac{n}{\sqrt{n^2+n}} \leqslant \frac{1}{\sqrt{n^2+1}}+\frac{1}{\sqrt{n^2+2}}+\cdots+\frac{1}{\sqrt{n^2+n}} \leqslant \frac{n}{\sqrt{n^2+1}},$$

且

$$\lim_{n\to\infty}\frac{n}{\sqrt{n^2+n}}=\lim_{n\to\infty}\frac{1}{\sqrt{1+\frac{1}{n}}}=1,$$

$$\lim_{n\to\infty}\frac{n}{\sqrt{n^2+1}}=\lim_{n\to\infty}\frac{1}{\sqrt{1+\frac{1}{n^2}}}=1,$$

故由夹逼准则可知

$$\lim_{n\to\infty}\left(\frac{1}{\sqrt{n^2+1}}+\frac{1}{\sqrt{n^2+2}}+\cdots+\frac{1}{\sqrt{n^2+n}}\right)=1.$$

■

例 1.2.13 证明 $\lim\limits_{n\to\infty}\sqrt[n]{n}=1$.

解 当 $n\geqslant 2$ 时, 有 $\sqrt[n]{n}>1$, 此时可记 $\sqrt[n]{n}=1+b_n$, 即 $n=(1+b_n)^n$, 其中 $b_n>0$. 由二项式定理得

$$n=(1+b_n)^n=1+nb_n+\frac{n(n-1)}{2!}b_n^2+\cdots+b_n^n>\frac{n(n-1)}{2}b_n^2,$$

即

$$\frac{n(n-1)}{2}b_n^2<n.$$

故当 $n\geqslant 2$ 时,

$$0<b_n<\sqrt{\frac{2}{n-1}}.$$

由于

$$\lim_{n\to\infty}\sqrt{\frac{2}{n-1}}=\lim_{n\to\infty}\frac{\sqrt{2}}{\sqrt{n-1}}=0,$$

因此利用夹逼准则得到

$$\lim_{n\to\infty}b_n=0.$$

故

$$\lim_{n\to\infty}\sqrt[n]{n}=\lim_{n\to\infty}(1+b_n)=1+\lim_{n\to\infty}b_n=1.$$

■

下面介绍单调数列的概念和单调有界收敛准则.

定义 1.2.5 (单调数列) 若数列 $\{a_n\}$ 满足条件

$$a_1 \leqslant a_2 \leqslant \cdots \leqslant a_n \leqslant \cdots,$$

即 $a_n \leqslant a_{n+1}$ 对任意 $n \in \mathbf{N}_+$ 都成立, 则称数列 $\{a_n\}$ 是**单调增加**或**单调递增**的 (monotonically increasing); 若数列 $\{a_n\}$ 满足条件

$$a_1 \geqslant a_2 \geqslant \cdots \geqslant a_n \geqslant \cdots,$$

即 $a_n \geqslant a_{n+1}$ 对任意 $n \in \mathbf{N}_+$ 都成立, 则称数列 $\{a_n\}$ 是**单调减少**或**单调递减**的 (monotonically decreasing). 单调增加和单调减少的数列统称为**单调数列** (图 1.2.3).

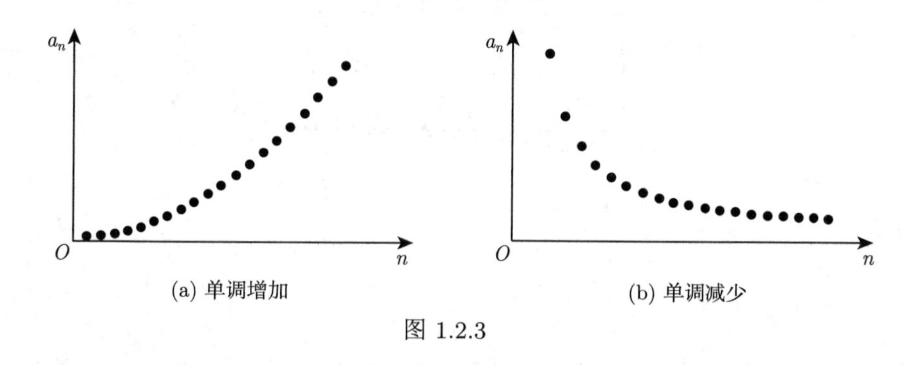

(a) 单调增加　　(b) 单调减少

图 1.2.3

如果定义 1.2.5 的条件为 $a_{n+1} > a_n$(或 $a_{n+1} < a_n$), 则称其为**严格** (strictly) **单调增加** (**减少**) 或**严格单调递增** (**递减**) 的.

我们知道收敛的数列一定有界, 也知道有界数列不一定收敛. 但是如果数列不仅有界, 而且是单调的, 那么这个数列的极限必定存在, 即这个数列一定收敛.

定理 1.2.8 (单调有界收敛准则) 单调有界数列必有极限.

这个定理虽然从直观上看很明显, 但是要证明它却不容易, 对该定理我们不做证明, 只给出它的几何解释.

从数轴上来看, 对应单调数列 $\{a_n\}$ 的点只可能向一个方向移动, 即只有两种可能: 点 a_n 沿数轴移向无穷远 (这种变化趋势可记为 $a_n \to +\infty$ 或 $a_n \to -\infty$, 我们将在 1.4 节讨论); 或点 a_n 无限趋近于某个定点 A (图 1.2.4). 但是现在给定的数列是有界的, 这表明点 a_n 不可能沿着数轴移向无穷远, 所以单调有界数列的点 a_n 会无限趋近于某个定点 A, 即数列 $\{a_n\}$ 趋近于一个极限.

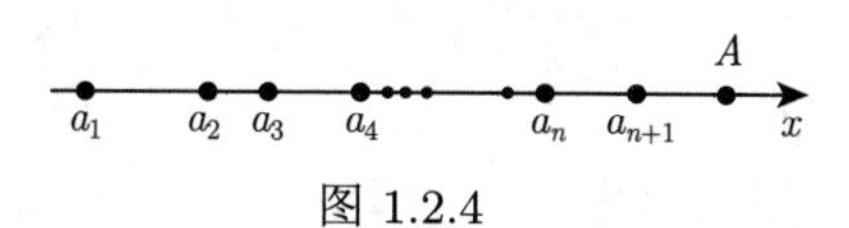

图 1.2.4

注 ① 我们知道, 改变数列有限项的值, 并不改变数列的敛散性 (若数列为收敛的也不改变其极限), 所以若存在 $N \in \mathbf{N}_+$, 当 $n > N$ 时, 有 $a_n \leqslant a_{n+1}$(或 $a_n \geqslant a_{n+1}$) 成立, 且 $|a_n| \leqslant M$, 则数列 $\{a_n\}$ 也是收敛的 (图 1.2.5).

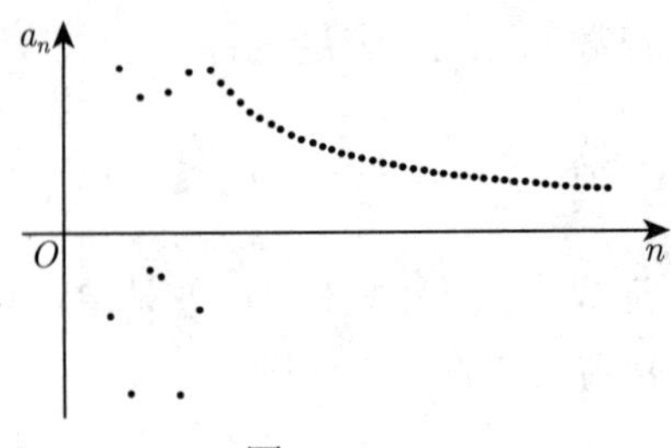

图 1.2.5

② 定理 1.2.8 是一个数列收敛的充分条件. 一个收敛的数列并不一定是单调的. 例如, 数列 $\left\{\dfrac{(-1)^n}{n}\right\}$ 收敛, 但并不单调 (图 1.2.6).

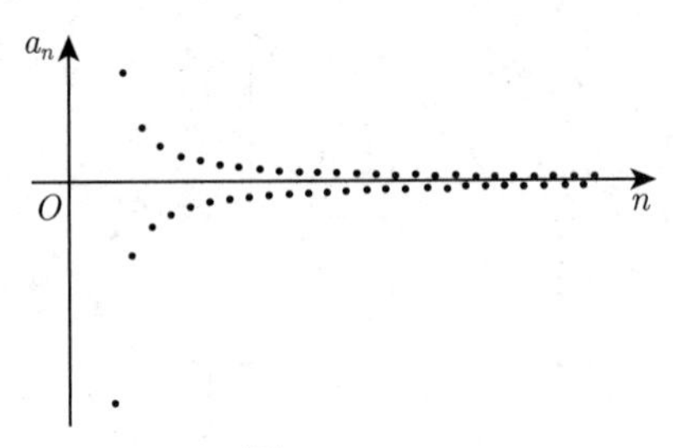

图 1.2.6

推论 1.2.6 若数列 $\{a_n\}$ 单调递减且有下界, 则 $\{a_n\}$ 收敛. 类似地, 若数列 $\{a_n\}$ 单调递增且有上界, 则 $\{a_n\}$ 也收敛.

例 1.2.14 (重要极限) 设 $a_n=\left(1+\dfrac{1}{n}\right)^n$, 讨论数列 $\{a_n\}$ 的收敛性.

解 先证明 $\{a_n\}$ 为单调递增数列. 应用二项式定理展开, 可得

$$a_n=\left(1+\frac{1}{n}\right)^n=\mathrm{C}_n^0+\mathrm{C}_n^1\frac{1}{n}+\mathrm{C}_n^2\frac{1}{n^2}+\cdots+\mathrm{C}_n^k\frac{1}{n^k}+\cdots+\mathrm{C}_n^n\frac{1}{n^n}.$$

由于

$$\mathrm{C}_n^k\frac{1}{n^k}=\frac{n(n-1)(n-2)\cdots(n-k+1)}{k!}\frac{1}{n^k}=\frac{1}{k!}\left(1-\frac{1}{n}\right)\left(1-\frac{2}{n}\right)\cdots\left(1-\frac{k-1}{n}\right),$$

故

$$\begin{aligned}a_n=&1+1+\frac{1}{2!}\left(1-\frac{1}{n}\right)+\cdots+\frac{1}{k!}\left(1-\frac{1}{n}\right)\left(1-\frac{2}{n}\right)\cdots\left(1-\frac{k-1}{n}\right)+\cdots+\\&\frac{1}{n!}\left(1-\frac{1}{n}\right)\left(1-\frac{2}{n}\right)\cdots\left(1-\frac{n-1}{n}\right).\end{aligned}$$

将上面等式中的 n 换成 $n+1$, 就得到 a_{n+1} 的展开式

$$a_{n+1}=\mathrm{C}_{n+1}^0+\mathrm{C}_{n+1}^1\frac{1}{n+1}+\mathrm{C}_{n+1}^2\frac{1}{(n+1)^2}+\cdots+\mathrm{C}_{n+1}^n\frac{1}{(n+1)^n}+\mathrm{C}_{n+1}^{n+1}\frac{1}{(n+1)^{n+1}}$$

$$=1+1+\frac{1}{2!}\left(1-\frac{1}{n+1}\right)+\cdots+\frac{1}{n!}\left(1-\frac{1}{n+1}\right)\left(1-\frac{2}{n+1}\right)\cdots\left(1-\frac{n-1}{n+1}\right)+$$
$$\frac{1}{(n+1)!}\left(1-\frac{1}{n+1}\right)\left(1-\frac{2}{n+2}\right)\cdots\left(1-\frac{n}{n+1}\right).$$

易见, a_n 的展开式有 $n+1$ 项, a_{n+1} 的展开式有 $n+2$ 项, 且它们的每一项都是正数. 由于

$$1-\frac{k}{n}<1-\frac{k}{n+1},\quad k=1,2,\cdots,n-1,$$

所以除前两项外, a_n 的每一项都小于 a_{n+1} 对应的项, 且 a_{n+1} 的展开式比 a_n 的展开式多了一项 (即 a_{n+1} 展开式的最后一项), 且这一项显然大于零, 故有

$$a_n<a_{n+1},\quad n=1,2,3,\cdots$$

即 $\{a_n\}$ 为单调递增数列.

下面证明 $\{a_n\}$ 有界.

已知 $1-\frac{k}{n}<1(k=1,2,\cdots,n-1)$, 将 a_n 展开式中的 $1-\frac{k}{n}$ 放大为 1, 则有

$$\begin{aligned}0<a_n&<1+1+\frac{1}{2!}+\frac{1}{3!}+\cdots+\frac{1}{n!}\\&<1+1+\frac{1}{2}+\frac{1}{2^2}+\cdots+\frac{1}{2^{n-1}}\\&=1+\frac{1-\frac{1}{2^n}}{1-\frac{1}{2}}\leqslant 3-\frac{1}{2^{n-1}}<3,\end{aligned}$$

即 $\{a_n\}$ 有上界.

根据单调有界收敛准则, 数列 $\{a_n\}$ 存在极限. 这个极限是个无理数, 记为 e, 即

$$\lim_{n\to\infty}\left(1+\frac{1}{n}\right)^n=\mathrm{e},$$

这里 e 就是我们熟知的自然对数的底. ■

例 1.2.15　设 $a_n=\left(1+\frac{1}{n}\right)^{n+1}$, 求 $\lim\limits_{n\to\infty}a_n$.

解

$$\begin{aligned}&\lim_{n\to\infty}\left(1+\frac{1}{n}\right)^{n+1}\\&=\lim_{n\to\infty}\left(1+\frac{1}{n}\right)^n\cdot\left(1+\frac{1}{n}\right)\\&=\lim_{n\to\infty}\left(1+\frac{1}{n}\right)^n\cdot\lim_{n\to\infty}\left(1+\frac{1}{n}\right)=\mathrm{e}.\end{aligned}$$

■

例 1.2.16 设 $a_1=\sqrt{a}, a_2=\sqrt{a+\sqrt{a}}, \cdots, a_n=\underbrace{\sqrt{a+\sqrt{a+\sqrt{a+\cdots\sqrt{a}}}}}_{n\text{个根号}}, \cdots$, 其中 $a>0$. 证明数列 $\{a_n\}$ 是收敛的, 并求出 $\lim\limits_{n\to\infty} a_n$.

证明 由这个数列的构造来看, 易知 $a_{n+1}=\sqrt{a+a_n}$.

首先利用数学归纳法证明 $\{a_n\}$ 是单调递增的.

显然, 当 $n=1$ 时, 有 $a_1<a_2$. 设 $n=k$ 时, $a_k<a_{k+1}$, 则

$$a+a_k<a+a_{k+1} \Rightarrow \sqrt{a+a_k}<\sqrt{a+a_{k+1}},$$

从而有 $a_{k+1}<a_{k+2}$, 即数列 $\{a_n\}$ 是递增的.

接下来证明 $\{a_n\}$ 是有界的.

由 $a_n=\sqrt{a+a_{n-1}}$ 可得

$$a_n^2=a+a_{n-1}.$$

由于 a_n 是单调递增的, 即 $a_{n-1}<a_n$, 于是

$$a_n^2<a+a_n.$$

又由 $0<\sqrt{a}\leqslant a_n$ 可得

$$\sqrt{a}\leqslant a_n<\frac{a}{a_n}+1\leqslant\frac{a}{\sqrt{a}}+1=\sqrt{a}+1,$$

即 a_n 为有界数列. 根据单调有界收敛准则, $\{a_n\}$ 为收敛数列.

下面求 $\lim\limits_{n\to\infty} a_n$.

设 $\lim\limits_{n\to\infty} a_n=A$, 则对 $a_n^2=a+a_{n-1}$ 两边同时取极限可得

$$\lim_{n\to\infty} a_n^2=a+\lim_{n\to\infty} a_{n-1},$$

因此有 $A^2=a+A$, 即 $A^2-A-a=0$. 解方程得

$$A=\frac{1\pm\sqrt{1+4a}}{2}.$$

由于 $a_n\geqslant\sqrt{a}>0$, 故 A 不可取负数, 舍去负数得

$$A=\frac{1+\sqrt{1+4a}}{2},$$

此即

$$\lim_{n\to\infty} a_n=\frac{1+\sqrt{1+4a}}{2}.$$

■

定理 1.2.9***(柯西 (Cauchy) 收敛准则)**　数列 $\{a_n\}$ 收敛的充分必要条件是: $\forall \varepsilon > 0$, $\exists N \in \mathbf{N}_+$, 当 $n, m > N$ 时, 有

$$|a_n - a_m| < \varepsilon.$$

证明　证明必要性.

设 $\lim\limits_{n\to\infty} a_n = A$, 则 $\forall \varepsilon > 0, \exists N \in \mathbf{N}_+$, 当 $n, m > N$ 时, 分别有

$$|a_n - A| < \frac{\varepsilon}{2}$$

和

$$|a_m - A| < \frac{\varepsilon}{2}.$$

从而

$$|a_n - a_m| \leqslant |a_n - A| + |a_m - A| < \frac{\varepsilon}{2} + \frac{\varepsilon}{2} = \varepsilon.$$

该定理的充分性证明超出本书的讨论范围, 这里不予证明. ■

注　柯西收敛准则也可换成如下的叙述: 数列 a_n 收敛的充分必要条件是: $\forall \varepsilon > 0, \exists N \in \mathbf{N}_+$, 当 $n > N$ 时, $\forall p \in \mathbf{N}_+$, 有

$$|a_{n+p} - a_n| < \varepsilon.$$

柯西收敛准则的充要条件是: 在收敛数列 $\{a_n\}$ 中必存在这样一项 a_N, 在该项以后任意两项相差的绝对值任意小. 它在几何上表示, 数列 $\{a_n\}$ 收敛的充要条件是对于任意给定的正数 ε, 在数轴上一切具有足够大下标号的点 a_n 中, 任意两点间的距离小于 ε. 柯西收敛准则有时也叫**柯西审敛原理**. 这个定理给出的是数列收敛的充要条件, 因此可用来判定某些数列不收敛.

例 1.2.17　设 $a_n = 1 + \frac{1}{2} + \frac{1}{3} + \cdots + \frac{1}{n}$, 证明数列 $\{a_n\}$ 发散.

证明　$\forall n \in \mathbf{N}_+$, 取 $m = 2n$, $\varepsilon_0 = \frac{1}{2} > 0$, 则有

$$|a_m - a_n| = \frac{1}{n+1} + \frac{1}{n+2} + \cdots + \frac{1}{2n} > \underbrace{\frac{1}{2n} + \frac{1}{2n} + \cdots + \frac{1}{2n}}_{n\text{项}} = \frac{n}{2n} = \frac{1}{2} = \varepsilon_0.$$

可知对任意小于 $\frac{1}{2}$ 的正数 ε, 不存在正整数 N, 使得当 $n, m > N$ 时, 有

$$|a_n - a_m| < \varepsilon.$$

故数列 $\{a_n\}$ 是发散的. ■

习题 1.2A

1. 写出下列数列的前五项:

(1) $a_n = [(-1)^n + 1]\dfrac{n+1}{n}$;　　(2) $a_n = \dfrac{1}{3n}\sin n^3$;

(3) $a_n = \dfrac{1}{\sqrt{n^2+1}} + \dfrac{1}{\sqrt{n^2+2}} + \cdots + \dfrac{1}{\sqrt{n^2+n}}$.

2. 下列各题中, 哪些数列是收敛的? 哪些数列是发散的? 对于收敛数列, 通过观察 $\{a_n\}$ 的变化趋势写出其极限.

(1) $a_n = \dfrac{1}{3^n}$; (2) $a_n = \dfrac{n-1}{n+1}$;

(3) $a_n = \sqrt{n+1} - \sqrt{n}$; (4) $a_n = n - \dfrac{1}{n}$;

(5) $a_n = (-1)^n n$; (6) $a_n = [(-1)^n + 1]\dfrac{n+1}{n}$.

3. 下列哪一种说法可以用作数列 $\{a_n\}$ 收敛的定义? 为什么?

(1) 对数列 $\{\varepsilon_i\}_1^\infty$, 存在一个 $N \in \mathbf{N}_+$, 使得对所有的 ε_i, $|a_n - A| < \varepsilon_i$ 对一切 $n > N$ 成立;

(2) $\forall \varepsilon > 0$, $\exists N \in \mathbf{N}_+$, 使得 $|a_n - A| \leqslant \varepsilon$ 对一切 $n > N$ 成立;

(3) $\forall m \in \mathbf{N}_+$, $\exists N \in \mathbf{N}_+$, 使得 $|a_n - A| < \dfrac{1}{m}$ 对一切 $n > N$ 成立;

(4) $\forall \varepsilon > 0, \exists N \in \mathbf{N}_+$, 使得 $|a_n - A| < \varepsilon$ 无穷多个 $n > N$ 成立.

4. 根据数列极限的定义证明:

(1) $\lim\limits_{n\to\infty} \dfrac{1}{n^2} = 0$; (2) $\lim\limits_{n\to\infty} \dfrac{5n+2}{6n-3} = \dfrac{5}{6}$;

(3) $\lim\limits_{n\to\infty} \left(\dfrac{1}{n}\cos\dfrac{n\pi}{2}\right) = 0$; (4) $\lim\limits_{n\to\infty} \dfrac{1+(-1)^n}{\sqrt{n}} = 0$.

5. 证明下列数列是发散的.

(1) $\left\{\sin\dfrac{n\pi}{4}\right\}$; (2) $\left\{n^{(-1)^n}\right\}$.

6. 判断下列运算是否正确, 并说明理由.

(1) $\lim\limits_{n\to\infty} \dfrac{1+2+\cdots+n}{n^2} = \lim\limits_{n\to\infty}\left(\dfrac{1}{n^2} + \dfrac{2}{n^2} + \cdots + \dfrac{n}{n^2}\right) = \lim\limits_{n\to\infty}\dfrac{1}{n^2} + \lim\limits_{n\to\infty}\dfrac{2}{n^2} + \cdots + \lim\limits_{n\to\infty}\dfrac{n}{n^2} = 0$.

(2) $\lim\limits_{n\to\infty}\left(1+\dfrac{1}{n}\right)^n = \lim\limits_{n\to\infty}\left(1+\dfrac{1}{n}\right)\cdot\lim\limits_{n\to\infty}\left(1+\dfrac{1}{n}\right)\cdots\lim\limits_{n\to\infty}\left(1+\dfrac{1}{n}\right) = 1$.

(3) $\lim\limits_{n\to\infty}\dfrac{n^2+2n}{2n^2+3n+1} = \lim\limits_{n\to\infty}\dfrac{\dfrac{1}{n}+\dfrac{2}{n^2}}{\dfrac{2}{n}+\dfrac{3}{n^2}+\dfrac{1}{n^3}} = \dfrac{\lim\limits_{n\to\infty}\dfrac{1}{n}+\lim\limits_{n\to\infty}\dfrac{2}{n^2}}{\lim\limits_{n\to\infty}\dfrac{2}{n}+\lim\limits_{n\to\infty}\dfrac{3}{n^2}+\lim\limits_{n\to\infty}\dfrac{1}{n^3}} = 1$.

7. 求下列极限:

(1) $\lim\limits_{n\to\infty}\dfrac{4n^3+2n^2-n+6}{n^3+3n+2}$; (2) $\lim\limits_{n\to\infty}\dfrac{2n^2-5n+1}{n^3+2n^2+2}$;

(3) $\lim\limits_{n\to\infty}\left[\left(1-\dfrac{1}{\sqrt[n]{2}}\right)\dfrac{3n^2+6}{2n^3+n^2-1}\right]$; (4) $\lim\limits_{n\to\infty}\dfrac{(n+1)(n+2)(n+3000)}{2n^3+1}$;

(5) $\lim\limits_{n\to\infty}\dfrac{3^n-(-1)^n}{3^{n+1}+(-1)^{n+1}}$; (6) $\lim\limits_{n\to\infty}\dfrac{(-2)^n+3^n}{(-2)^{n+1}+3^{n+1}}$;

(7) $\lim\limits_{n\to\infty}\dfrac{1+\dfrac{1}{2}+\cdots+\dfrac{1}{2^n}}{1+\dfrac{1}{4}+\cdots+\dfrac{1}{4^n}}$; (8) $\lim\limits_{n\to\infty}\dfrac{1}{\sqrt{n}(\sqrt{n+1}-\sqrt{n})}$.

8. 利用夹逼准则求下列极限:

(1) $\lim\limits_{n\to\infty}\sqrt[n]{1+2^n}$;

(2) $\lim\limits_{n\to\infty}\sqrt[n]{1+3^n+5^n+7^n}$;

(3) $\lim\limits_{n\to\infty}\left(\dfrac{1}{n^3+1}+\dfrac{4}{n^3+2}+\cdots+\dfrac{n^2}{n^3+n}\right)$;

(4) $\lim\limits_{n\to\infty}\left[n\left(\dfrac{1}{n^2+\pi}+\dfrac{1}{n^2+2\pi}+\cdots+\dfrac{1}{n^2+n\pi}\right)\right]$.

9. 请利用数列极限的单调有界收敛准则证明下列数列的极限存在, 并求出其极限.

(1) $a_1=\sqrt{2},a_2=\sqrt{2\sqrt{2}},\cdots,a_n=\sqrt{2a_{n-1}}$;

(2) $a_1=a,a_{n+1}=1-\sqrt{1-a_n}$, 其中 $0<a<1$;

(3) $a_1=\sqrt{2},a_2=\sqrt{2+\sqrt{2}},\cdots,a_n=\sqrt{2+a_{n-1}}$.

10. 请利用数列极限的单调有界收敛准则, 证明下列数列存在极限.

(1) $a_n=1+\dfrac{1}{2^2}+\dfrac{1}{3^2}+\cdots+\dfrac{1}{n^2}$;

(2) $a_n=\dfrac{1}{3+1}+\dfrac{1}{3^2+1}+\cdots+\dfrac{1}{3^n+1}$;

(3) $a_n=\sqrt[n]{a}\ (a\geqslant 0)$.

习题 1.2B

1. 若数列 $\{a_n\}$ 和 $\{b_n\}$ 均是发散的, 则数列 $\{a_n\pm b_n\}$ 及 $\{a_nb_n\}$ 是否也发散? 若数列 $\{a_n\}$ 收敛, 而数列 $\{b_n\}$ 发散, 则数列 $\{a_n\pm b_n\}$ 及 $\{a_nb_n\}$ 的敛散性如何?

2. (1) 请利用数列极限的定义证明: 若 $\lim\limits_{n\to\infty}a_n=A$, 则 $\lim\limits_{n\to\infty}|a_n|=|A|$. 并举例说明, 数列 $\{|a_n|\}$ 有极限, 而数列 $\{a_n\}$ 未必有极限.

(2) 请利用数列极限的定义证明: 若 $\lim\limits_{n\to\infty}|a_n|=0$, 则 $\lim\limits_{n\to\infty}a_n=0$.

3. 请利用数列极限的定义证明: 若 $\lim\limits_{n\to\infty}a_n=A>0$ 以及 $a_n>0$, 则 $\lim\limits_{n\to\infty}\sqrt{a_n}=\sqrt{A}$.

4. 设 $n\to\infty$ 时, $a_n\to 0$, 且 $\{b_n\}$ 有界, 证明 $\lim\limits_{n\to\infty}a_nb_n=0$.

5. 设 $b_n = \dfrac{a_1 + a_2 + \cdots + a_n}{n}$ $(n = 1, 2, \cdots)$, 证明

(1) 当 $n \to \infty$ 时, 若 $a_n \to 0$, 则 $b_n \to 0$;

(2) 当 $n \to \infty$ 时, 若 $a_n \to A(A \neq 0)$, 则 $b_n \to A$.

6. 证明下列数列是收敛的, 并求它们的极限.

(1) $x_1 = 1, x_{n+1} = 2 - \dfrac{1}{1 + x_n}$ $(n = 1, 2, \cdots)$;

(2) $a_n = (1 + 2^n + 3^n)^{\frac{1}{n}}$ $(n = 1, 2, \cdots)$;

(3) $x_1 > 0, x_{n+1} = \dfrac{1}{2}\left(x_n + \dfrac{a}{x_n}\right)$ $(a > 0, n = 1, 2, \cdots)$.

7. 设 $\{a_n\}$ 为单调递增的数列, 若它存在一个收敛到 A 的子列, 证明 $\lim\limits_{n \to \infty} a_n = A$.

8. 判断数列 $\{x_n\}$ 的敛散性, 其中

$$x_n = a_0 + a_1 q + a_2 q^2 + \cdots + a_n q^n \quad (|q| < 1, |a_k| \leqslant M, M > 0, k = 0, 1, 2, \cdots).$$

9. 应用柯西收敛准则证明数列 $\{a_n\}$ 的收敛性, 其中通项

$$a_n = \frac{\sin 1}{1^2} + \frac{\sin 2}{2^2} + \cdots + \frac{\sin n}{n^2}.$$

1.3 函数的极限

在本节中, 我们将介绍函数极限的定义、性质与运算法则等.

1.3.1 函数极限的定义

在上一节中, 我们介绍了数列极限, 数列 $\{a_n\}$ 可看作自变量为 n 的函数, 即 $a_n = f(n)$, $n \in \mathbf{N}_+$. 数列 $\{a_n\}$ 极限为 A 的粗略说法是: 当自变量 n 取正整数且无限增大 (即 $n \to \infty$) 时, 对应的函数值 $f(n)$ 会无限接近于常数 A(即 $a_n \to A$). 函数极限和数列极限有许多相似之处, 粗略地讲, 一个函数 $f(x)$ 在自变量 x 的某个变化过程中, 对应的函数值 $f(x)$ 无限接近于某个确定的数 A, 那么就称函数 $f(x)$ 在这一变化过程中的极限为 A.

特别注意, 函数的极限与自变量的变化过程是密切相关的. 利用函数图形分析函数在自变量的某个变化过程中的变化趋势时可以看出这一点. 例如, 考虑函数 $f(x) = \dfrac{1}{x}(x > 0)$, 如图 1.3.1 所示, 可知当 x 无限增大 (即 $x \to \infty$) 时, 对应的函数值无限接近于 0; 当 x 接近于点 1(即 $x \to 1$) 时, 对应的函数值无限接近于 1. 也就是说, 由于自变量的变化过程不同, 函数的极限表现为不同的形式.

在本节中, 我们将先研究自变量的如下两种变化过程.

① **自变量 x 无限增大的情形**. 具体而言, 考虑以下 3 种情形: x 沿 x 轴正向趋于无穷大, 此时称 x 趋于正无穷, 记作 $x \to +\infty$; x 沿 x 轴负向趋于无穷大, 此时称 x 趋于负无穷, 记作 $x \to -\infty$; $|x|$ 无限增大, 即 x 的绝对值趋于正无穷, 此时称 x 趋于无穷, 记作 $x \to \infty$.

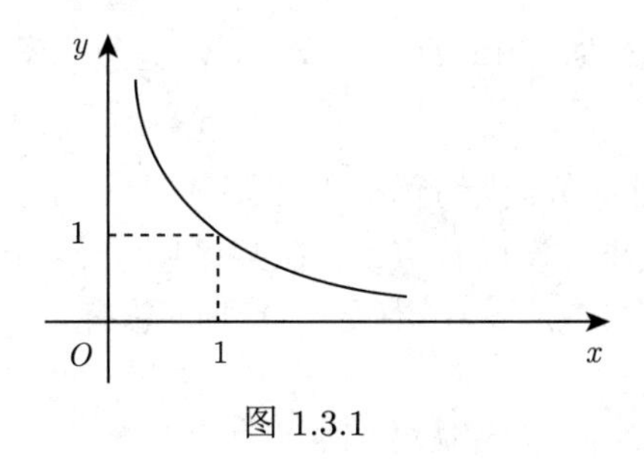

图 1.3.1

② **自变量 x 任意接近于有限值 x_0 的情形**. 具体而言, 考虑如下 3 种情形: x 充分接近于 x_0, 此时称 x 趋于 x_0, 记作 $x \to x_0$; x 沿 x_0 的右侧 $(x > x_0)$ 充分接近于 x_0, 此时称 x 趋于 x_0^+, 记作 $x \to x_0^+$; x 沿 x_0 的左侧 $(x < x_0)$ 充分接近于 x_0, 此时称 x 趋于 x_0^-, 记作 $x \to x_0^-$.

1. 自变量趋于无穷时函数的极限

图 1.3.2 和图 1.3.3 中分别给出了两个函数的图形, 它们的共同特征是当自变量 x 无限增大时, 函数值 $f(x)$ 随之越来越接近于一个确定的常数 A. 我们就说函数 $f(x)$ 在正无穷远处或 x 趋于正无穷大时的极限为 A, 记为

$$\lim_{x\to+\infty} f(x) = A$$

或

$$f(x) \to A \quad (x \to +\infty).$$

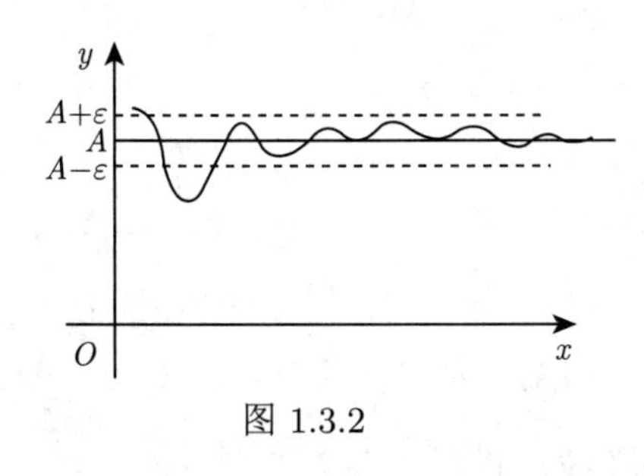

图 1.3.2

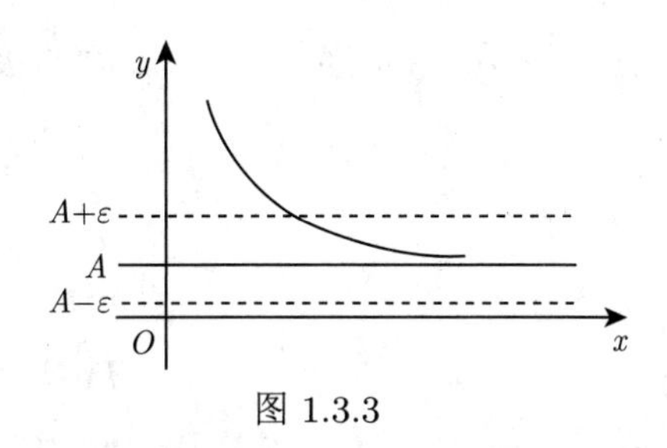

图 1.3.3

与数列的极限类似, 下面我们给出函数在 3 种无穷远处的极限定义.

定义 1.3.1 (函数在无穷远处的极限) 设函数 $f(x)$ 在 $|x|$ 大于某一正数时有定义. 如果存在常数 A, 对于任意给定的 $\varepsilon > 0$, 存在 $X > 0$, 当 $|x| > X$ 时, 总有

$$|f(x) - A| < \varepsilon,$$

则称 A 为函数 $f(x)$ 当 $x \to \infty$ 时的**极限**, 记为

$$\lim_{x\to\infty} f(x) = A$$

或

$$f(x) \to A \quad (x \to \infty).$$

这时也称函数 $f(x)$ 在无穷远处极限存在, 且其极限为 A.

定义 1.3.1 可简单地表达为: $\lim\limits_{x\to\infty} f(x)=A \Leftrightarrow \forall\varepsilon>0, \exists X>0,$ 当$|x|>X$时, 有$|f(x)-A|<\varepsilon$.

类似地, 可定义函数在正 (负) 无穷远处的极限.

函数在正无穷远处的极限: 设函数 $f(x)$ 在某区间 $[a,+\infty)$ 上有定义. 如果存在常数 A, 对于任意给定的 $\varepsilon>0$, 存在 $X>0$, 当 $x>X$ 时, 总有

$$|f(x)-A|<\varepsilon,$$

则称 A 为函数 $f(x)$ 当 $x\to+\infty$ 时的**极限**, 记为

$$\lim_{x\to+\infty} f(x)=A$$

或

$$f(x)\to A \quad (x\to+\infty).$$

这时也称函数 $f(x)$ 在正无穷远处极限存在, 且其极限为 A.

此定义可简单地表达为: $\lim\limits_{x\to+\infty} f(x)=A \Leftrightarrow \forall\varepsilon>0, \exists X>0,$ 当$x>X$时, 有$|f(x)-A|<\varepsilon$.

函数在负无穷远处的极限: 设函数 $f(x)$ 在某区间 $(-\infty,b]$ 上有定义. 如果存在常数 A, 对于任意给定的 $\varepsilon>0$, 存在 $X>0$, 当 $x<-X$ 时, 总有

$$|f(x)-A|<\varepsilon,$$

则称 A 为函数 $f(x)$ 当 $x\to-\infty$ 时的**极限**, 记为

$$\lim_{x\to-\infty} f(x)=A$$

或

$$f(x)\to A \quad (x\to-\infty).$$

这时也称函数 $f(x)$ 在负无穷远处极限存在, 且其极限为 A.

此定义可简单地表达为: $\lim\limits_{x\to-\infty} f(x)=A \Leftrightarrow \forall\varepsilon>0, \exists X>0,$ 当$x<-X$时, 有$|f(x)-A|<\varepsilon$.

上述 3 个函数的极限 $\left(\lim\limits_{x\to\infty} f(x), \lim\limits_{x\to+\infty} f(x), \lim\limits_{x\to-\infty} f(x)\right)$ 的定义很相似. 为了明显地看到它们的异同, 将 3 个函数的极限的定义列在下面.

$\lim\limits_{x\to\infty} f(x)=A \Leftrightarrow \forall\varepsilon>0, \exists X>0,$ 当$|x|>X$时, 有$|f(x)-A|<\varepsilon$;

$\lim\limits_{x\to+\infty} f(x)=A \Leftrightarrow \forall\varepsilon>0, \exists X>0,$ 当$x>X$时, 有$|f(x)-A|<\varepsilon$;

$\lim\limits_{x\to-\infty} f(x)=A \Leftrightarrow \forall\varepsilon>0, \exists X>0,$ 当$x<-X$时, 有$|f(x)-A|<\varepsilon$.

从几何上来说, $\lim\limits_{x\to\infty} f(x)=A$ 的意义是: 任意给定一正数 ε, 作平行于 x 轴的两条直线 $y=A-\varepsilon$ 和 $y=A+\varepsilon$, 则总存在一个正数 X, 使得当 $x<-X$ 或 $x>X$ 时, 函数 $y=f(x)$ 的图像位于直线 $y=A-\varepsilon$ 和 $y=A+\varepsilon$ 之间 (图 1.3.4). 直线 $y=A$ 是函数 $f(x)$ 的水平渐近线.

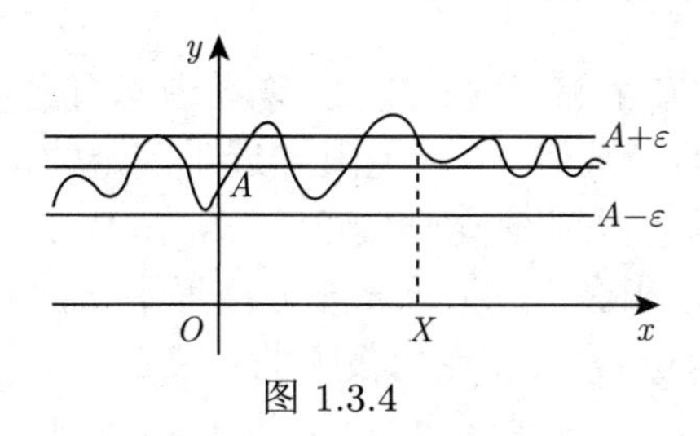

图 1.3.4

例 1.3.1　证明 $\lim\limits_{x\to\infty}\dfrac{1}{x}=0$.

证明　对任意给定的 $\varepsilon>0$, 需要证明存在 $X>0$, 当 $|x|>X$ 时, 不等式

$$\left|\frac{1}{x}-0\right|=\frac{1}{|x|}<\varepsilon$$

成立.

由

$$\frac{1}{|x|}<\varepsilon \Leftrightarrow |x|>\frac{1}{\varepsilon},$$

知 X 可取 $\dfrac{1}{\varepsilon}$. 从而, $\forall\varepsilon>0,\exists X=\dfrac{1}{\varepsilon}$, 当 $|x|>X$ 时, 有不等式

$$\left|\frac{1}{x}-0\right|<\varepsilon$$

成立, 故

$$\lim_{x\to\infty}\frac{1}{x}=0.$$

■

例 1.3.2　证明 $\lim\limits_{x\to\infty}\dfrac{2x^2+x}{x^2}=2$.

证明　对任意给定的 $\varepsilon>0$, 需要证明存在 $X>0$, 当 $|x|>X$ 时, 不等式

$$\left|\frac{2x^2+x}{x^2}-2\right|=\frac{1}{|x|}<\varepsilon$$

成立.

易见 X 可取 $\dfrac{1}{\varepsilon}$. 从而, $\forall\varepsilon>0,\exists X=\dfrac{1}{\varepsilon}$, 当 $|x|>X$ 时, 有不等式

$$\left|\frac{2x^2+x}{x^2}-2\right|<\varepsilon$$

成立, 所以

$$\lim_{x\to\infty}\frac{2x^2+x}{x^2}=2.$$ ■

2. 自变量趋于一点时函数的极限

设函数 $f(x)$ 在点 x_0 的某个邻域内有定义, 现在考虑自变量的变化过程 $x\to x_0$. 如果在 $x\to x_0$ 的过程中, 对应的函数值 $f(x)$ 无限接近于确定的常数 A, 则称 A 是函数 $f(x)$ 当 $x\to x_0$ 时的极限. 这意味着只要 x 充分接近于 x_0, 函数 $f(x)$ 和 A 的差会相当小, 或者更确切地说, 要使 $|f(x)-A|$ 相当小, 只要 x 充分接近于 x_0 就可以了. 若把这句话用数学记号写出, 就可以得到函数 $f(x)$ 在 x_0 点的极限的定义.

如同已学过的极限概念中所阐述的 "$|f(x)-A|$ 相当小 (或任意小)" 这件事可以用 "$|f(x)-A|<\varepsilon$" 来表达, 其中 ε 是任意给定的正数, 而 "x 充分接近于 x_0" 这件事可以表达为 "$0<|x-x_0|<\delta$", 其中 δ 是某一个正数. 从几何上来看, 满足不等式 $0<|x-x_0|<\delta$ 的 x 的全体是点 x_0 的去心 δ 邻域, 而邻域半径 δ 体现了 x 与 x_0 的接近程度.

由此, 函数在 $x\to x_0$ 时极限的精确定义如下.

定义 1.3.2 ($x\to x_0$ 时函数的极限) 设函数 $f(x)$ 在点 x_0 的某一去心邻域内有定义. 如果存在常数 A, 对于任意给定的 $\varepsilon>0$, 总存在 $\delta>0$, 使得当 x 满足 $0<|x-x_0|<\delta$ 时, 有 $|f(x)-A|<\varepsilon$, 则称 A 为函数 $f(x)$ 当 $x\to x_0$ 时的极限, 记作

$$\lim_{x\to x_0}f(x)=A$$

或

$$f(x)\to A\quad(x\to x_0).$$

这时也称函数 $f(x)$ 在 $x\to x_0$ 时的极限存在, 且其极限为 A.

定义 1.3.2 可简单地描述为: $\lim\limits_{x\to x_0}f(x)=A\Leftrightarrow\forall\varepsilon>0,\exists\delta>0,$ 当$0<|x-x_0|<\delta$时, 有$|f(x)-A|<\varepsilon$.

图 1.3.5 给出了函数 $f(x)$ 当 $x\to x_0$ 时极限为 A 的几何解释. 任意给定一个正数 $\varepsilon>0$, 作平行于 x 轴的直线 $y=A-\varepsilon$ 和 $y=A+\varepsilon$. 根据极限的定义, 对于给定的 ε, 存在点 x_0 的一个 δ 邻域 $(x_0-\delta,x_0+\delta)$, 当 $y=f(x)$ 的图形上的点的横坐标 x 在邻域 $(x_0-\delta,x_0+\delta)$ 内, 但 $x\neq x_0$ 时, 这些点的纵坐标 $f(x)$ 满足不等式

$$|f(x)-A|<\varepsilon$$

或

$$A-\varepsilon<f(x)<A+\varepsilon.$$

亦即函数 $y=f(x)$ 的图形总落在由直线 $x=x_0-\delta,x=x_0+\delta,y=A-\varepsilon$ 和 $y=A+\varepsilon$ 构成的矩形区域 $abcd$ 内 (图 1.3.5).

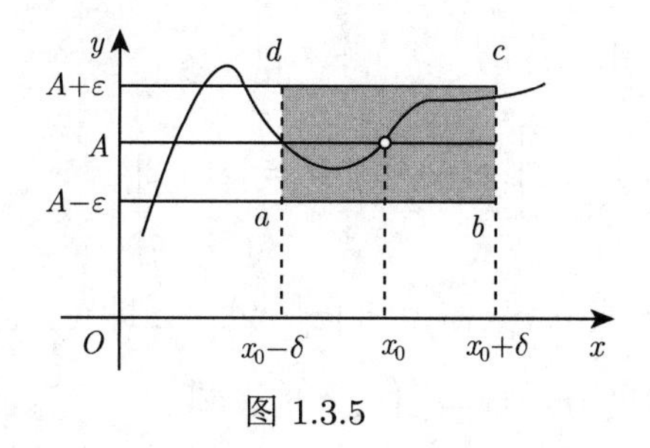

图 1.3.5

注　定义 1.3.2 中 $0<|x-x_0|$ 表明当 $x\to x_0$ 时 $f(x)$ 的极限存在与否与 $f(x)$ 在 x_0 处是否有定义并无关系.

例 1.3.3　证明 $\lim\limits_{x\to 1}(3x-1)=2$.

证明　只需证明对任意给定的 $\varepsilon>0$, 存在 $\delta>0$, 当 $0<|x-1|<\delta$ 时, 不等式

$$|(3x-1)-2|=3|x-1|<\varepsilon$$

成立.

由于

$$3|x-1|<\varepsilon \Leftrightarrow |x-1|<\frac{\varepsilon}{3},$$

易见可取 $\delta=\dfrac{\varepsilon}{3}$.

从而, $\forall\varepsilon>0,\exists\delta=\dfrac{\varepsilon}{3}$, 当 $0<|x-1|<\delta$ 时, 有不等式

$$|(3x-1)-2|<\varepsilon$$

成立, 所以

$$\lim_{x\to 1}(3x-1)=2.$$ ■

例 1.3.4　证明 $\lim\limits_{x\to 0}\sin x=0$.

证明　由于 $|\sin x-0|\leqslant|x|$, 因此要使 $|\sin x-0|<\varepsilon$ 成立, 只要令 $|x|<\varepsilon$ 即可. 故 $\forall\varepsilon>0$, 取 $\delta=\varepsilon$, 当 $0<|x|<\delta$ 时, 有不等式

$$|\sin x-0|<\varepsilon$$

成立, 所以

$$\lim_{x\to 0}\sin x=0.$$ ■

例 1.3.5　证明 $\lim\limits_{x\to 2}\dfrac{x^2-4}{x-2}=4$.

证明　注意函数 $f(x)=\dfrac{x^2-4}{x-2}$ 在 $x=2$ 时没有定义, 但当 $x\to 2$ 时, 函数 $f(x)$ 的极限存在与否与 $f(x)$ 在 $x=2$ 处有无定义并无关系.

对于任意给定的 $\varepsilon > 0$, 由

$$\left|\frac{x^2-4}{x-2}-4\right| = |x-2|$$

可知, 要使 $\left|\frac{x^2-4}{x-2}-4\right| < \varepsilon$ 成立, 只需 $0 < |x-2| < \varepsilon$ 即可. 也就是说, 可以取 $\delta = \varepsilon$.

故 $\forall \varepsilon > 0$, 取 $\delta = \varepsilon$, 则当 $0 < |x-2| < \delta$ 时, 有

$$\left|\frac{x^2-4}{x-2}-4\right| < \varepsilon$$

成立, 故

$$\lim_{x\to 2}\frac{x^2-4}{x-2} = 4.$$ ■

例 1.3.6 设函数

$$f(x) = \begin{cases} 1, & x \neq 0, \\ 0, & x = 0. \end{cases}$$

证明 $\lim\limits_{x\to 0} f(x) = 1$.

证明 当 $x \neq 0$ 时,

$$|f(x)-1| = |1-1| = 0,$$

故对于任意给定的 $\varepsilon > 0$, 任取 $\delta > 0$, 当 $0 < |x| < \delta$ 时, 总有

$$|f(x)-1| = 0 < \varepsilon$$

成立, 由此可知

$$\lim_{x\to 0} f(x) = 1.$$ ■

在定义 1.3.2 中, 自变量 $x \to x_0$ 时, x 既从 x_0 的左侧趋于 x_0, 又从 x_0 的右侧趋于 x_0. 有时需考虑 x 仅从 x_0 的右侧趋于 x_0(即 $x \to x_0^+$) 的情形或 x 仅从 x_0 的左侧趋于 x_0(即 $x \to x_0^-$) 的情形. 此时, 若函数 $f(x)$ 的极限存在, 则我们称之为单侧极限存在. 类似于定义 1.3.2, 有如下定义.

定义 1.3.3 (右极限) 设函数 $f(x)$ 在 x_0 的某个右邻域 $(x_0, x_0+\eta)$ 内有定义, 其中 $\eta > 0$. 如果存在常数 A, 对于任意给定的 $\varepsilon > 0$, 总存在 $\delta > 0(\delta < \eta)$, 使得当 x 满足 $x_0 < x < x_0 + \delta$ 时, 有

$$|f(x) - A| < \varepsilon,$$

则称 A 为 $f(x)$ 当 $x \to x_0^+$ 时的极限或 $f(x)$ 当 $x \to x_0$ 时的**右极限**, 记作

$$\lim_{x\to x_0^+} f(x) = A$$

或

$$f(x) \to A \quad (x \to x_0^+)$$

或

$$f(x_0+0)=A.$$

定义 1.3.3 也可简单地描述为: $\lim\limits_{x\to x_0^+} f(x)=A \Leftrightarrow \forall\varepsilon>0, \exists\delta>0,$ 当$x_0<x<x_0+\delta$时, 有$|f(x)-A|<\varepsilon$.

定义 1.3.4 (左极限)　设函数 $f(x)$ 在 x_0 的某个左邻域 $(x_0-\eta, x_0)$ 内有定义, 其中 $\eta>0$. 如果存在常数 A, 对于任意给定的 $\varepsilon>0$, 总存在 $\delta>0(\delta<\eta)$, 使得当 x 满足 $x_0-\delta<x<x_0$ 时, 有

$$|f(x)-A|<\varepsilon,$$

则称 A 为 $f(x)$ 当 $x\to x_0^-$ 时的极限或 $f(x)$ 当 $x\to x_0$ 时的**左极限**, 记作

$$\lim_{x\to x_0^-} f(x)=A$$

或

$$f(x)\to A \quad (x\to x_0^-)$$

或

$$f(x_0-0)=A.$$

定义 1.3.4 也可简单地描述为: $\lim\limits_{x\to x_0^-} f(x)=A \Leftrightarrow \forall\varepsilon>0, \exists\delta>0,$ 当$x_0-\delta<x<x_0$时, 有$|f(x)-A|<\varepsilon$.

右极限和左极限统称为**单侧极限**. 上述 3 个函数的极限 $\left(\lim\limits_{x\to x_0} f(x), \lim\limits_{x\to x_0^+} f(x), \lim\limits_{x\to x_0^-} f(x)\right)$ 的定义很相似. 为了明显地看到它们的异同, 将 3 个函数的极限的定义列在下面.

$\lim\limits_{x\to x_0} f(x)=A \Leftrightarrow \forall\varepsilon>0, \exists\delta>0,$ 当$x_0-\delta<x<x_0+\delta$时, 有$|f(x)-A|<\varepsilon$;

$\lim\limits_{x\to x_0^+} f(x)=A \Leftrightarrow \forall\varepsilon>0, \exists\delta>0,$ 当$x_0<x<x_0+\delta$时, 有$|f(x)-A|<\varepsilon$;

$\lim\limits_{x\to x_0^-} f(x)=A \Leftrightarrow \forall\varepsilon>0, \exists\delta>0,$ 当$x_0-\delta<x<x_0$时, 有$|f(x)-A|<\varepsilon$.

由函数 $f(x)$ 在点 x_0 处的极限的定义以及右极限和左极限的定义, 不难知道

$$\lim_{x\to x_0} f(x)=A \Leftrightarrow \lim_{x\to x_0^+} f(x)=\lim_{x\to x_0^-} f(x)=A.$$

函数 $f(x)$ 当 $x\to x_0$ 时极限存在的充要条件是点 x_0 处的右极限和左极限都存在并且相等. 特别注意, 若右极限和左极限都存在但是不相等, 则 $\lim\limits_{x\to x_0} f(x)$ 不存在.

例 1.3.7　设函数

$$f(x)=\begin{cases} \sin x-1, & x<0, \\ 0, & x=0, \\ \sin x+1, & x>0. \end{cases}$$

证明当 $x \to 0$ 时, $f(x)$ 的极限不存在.

证明 由于

$$\lim_{x\to 0^+} f(x) = \lim_{x\to 0^+} (\sin x + 1) = 1,$$

$$\lim_{x\to 0^-} f(x) = \lim_{x\to 0^-} (\sin x - 1) = -1,$$

即在点 0 处左右极限存在但不相等, 所以函数 $f(x)$ 在 $x \to 0$ 时的极限不存在. ■

1.3.2 函数极限的性质、存在准则和运算法则

1.3.1 节给出了两类六种函数的极限, 即 $\lim\limits_{x\to\infty} f(x)$, $\lim\limits_{x\to+\infty} f(x)$, $\lim\limits_{x\to-\infty} f(x)$, $\lim\limits_{x\to x_0} f(x)$, $\lim\limits_{x\to x_0^+} f(x)$, $\lim\limits_{x\to x_0^-} f(x)$. 与收敛数列一样, 函数极限也有类似的性质、存在准则和运算法则. 本节仅以 “$x \to x_0$(或 $x \to x_0^-$)” 的情形为例给出函数极限的一些性质、存在准则及运算法则.

1. 函数极限的性质

定理 1.3.1 (唯一性) 若 $\lim\limits_{x\to x_0} f(x)$ 存在, 那么该极限唯一.

证明 设 $\lim\limits_{x\to x_0} f(x) = A$, $\lim\limits_{x\to x_0} f(x) = B$. 则由极限的定义: $\forall \varepsilon > 0$,

$$\exists \delta_1 > 0, \text{当} 0 < |x - x_0| < \delta_1 \text{时, 有} |f(x) - A| < \varepsilon;$$

$$\exists \delta_2 > 0, \text{当} 0 < |x - x_0| < \delta_2 \text{时, 有} |f(x) - B| < \varepsilon.$$

取 $\delta = \min\{\delta_1, \delta_2\} > 0$, 则当 $0 < |x - x_0| < \delta$ 时, 同时有

$$|f(x) - A| < \varepsilon$$

和

$$|f(x) - B| < \varepsilon.$$

于是, 当 $0 < |x - x_0| < \delta$ 时, 有

$$|A - B| = |A - f(x) + f(x) - B| \leqslant |A - f(x)| + |f(x) - B| < 2\varepsilon.$$

由 ε 的任意性知 $A = B$, 从而函数 $f(x)$ 在点 x_0 处的极限是唯一的. ■

定理 1.3.2 (局部有界性) 若 $\lim\limits_{x\to x_0} f(x) = A$, 则存在 $\delta > 0$, 使得 $f(x)$ 在去心邻域 $(x_0 - \delta, x_0) \cup (x_0, x_0 + \delta)$ 内有界. 也就是说, 存在常数 $M > 0$ 及 $\delta > 0$, 当 x 满足 $0 < |x - x_0| < \delta$ 时, 有

$$|f(x)| \leqslant M.$$

证明 由 $\lim\limits_{x\to x_0} f(x) = A$, 利用函数极限的定义可知, 对 $\varepsilon_0 = 1$, $\exists \delta > 0$, 当 $0 < |x - x_0| < \delta$ 时, 有

$$|f(x) - A| < \varepsilon_0.$$

从而

$$|f(x)| \leqslant |f(x)-A|+|A|<|A|+1.$$

取 $M=|A|+1$, 则当 $0<|x-x_0|<\delta$ 时, 有

$$|f(x)| \leqslant M.$$

定理得证. ■

定理 1.3.3 (局部保号性)　若 $\lim\limits_{x\to x_0} f(x)=A$, 且 $A>0$ (或 $A<0$), 则存在 $\delta>0$, 当 $0<|x-x_0|<\delta$ 时, 有 $f(x)>0$(或$f(x)<0$).

证明　下面仅就 $A>0$ 的情形给出证明 ($A<0$ 的情形可用类似的方法证明).

由于 $\lim\limits_{x\to x_0} f(x)=A>0$, 取 $\varepsilon_0=\dfrac{A}{2}$, 则由函数极限的定义可知, $\exists\delta>0$, 当 $0<|x-x_0|<\delta$ 时, 有

$$|f(x)-A|<\varepsilon_0 \Leftrightarrow A-\frac{A}{2}<f(x)<A+\frac{A}{2},$$

从而, $f(x)>\dfrac{A}{2}>0$ 成立, 故定理得证. ■

推论 1.3.1　若 $\lim\limits_{x\to x_0} f(x)=A$ $(A\neq 0)$, 则存在 $\delta>0$, 当 $0<|x-x_0|<\delta$ 时, 有 $|f(x)|>\dfrac{|A|}{2}$.

证明　由定理 1.3.3 的证明过程, 仅需证明: $\lim\limits_{x\to x_0}|f(x)|=|A|$.

事实上, 由 $\lim\limits_{x\to x_0} f(x)=A$, 利用函数极限的定义可知, $\forall\varepsilon>0, \exists\delta>0$, 当 $0<|x-x_0|<\delta$ 时, 有 $|f(x)-A|<\varepsilon$. 从而

$$||f(x)|-|A|| \leqslant |f(x)-A|<\varepsilon,$$

故

$$\lim_{x\to x_0}|f(x)|=|A|.$$ ■

推论 1.3.2　若 $\lim\limits_{x\to x_0} f(x)=A$, 且存在 $\delta>0$, 当 $0<|x-x_0|<\delta$ 时, 有 $f(x)\geqslant 0$(或$f(x)\leqslant 0$), 则必有 $A\geqslant 0$ (或 $A\leqslant 0$).

推论 1.3.2 的证明留给读者来完成.

定理 1.3.4 (局部保序性)　若 $\lim\limits_{x\to x_0} f(x)=A$, $\lim\limits_{x\to x_0} g(x)=B$, 且 $A<B$, 则存在 $\delta>0$, 当 $0<|x-x_0|<\delta$ 时, 有 $f(x)<g(x)$.

证明　取 $\varepsilon_0=\dfrac{B-A}{2}$. 由 $\lim\limits_{x\to x_0} f(x)=A$, 利用函数极限的定义可知, $\exists\delta_1>0$, 当 $0<|x-x_0|<\delta_1$ 时, 有

$$|f(x)-A|<\frac{B-A}{2} \Rightarrow f(x)<\frac{A+B}{2}.$$

又 $\lim\limits_{x\to x_0} g(x)=B$, 利用函数极限的定义可知, $\exists \delta_2>0$, 当 $0<|x-x_0|<\delta_2$ 时, 有

$$|g(x)-B|<\frac{B-A}{2}\Rightarrow \frac{A+B}{2}<g(x).$$

取 $\delta=\min\{\delta_1,\delta_2\}$, 则当 $0<|x-x_0|<\delta$ 时, 不等式

$$f(x)<\frac{A+B}{2}<g(x)$$

同时成立. 故定理得证. ■

推论 1.3.3 设 $\lim\limits_{x\to x_0} f(x)=A$, $\lim\limits_{x\to x_0} g(x)=B$, 且存在 $\delta>0$, 当 $0<|x-x_0|<\delta$ 时, 有 $f(x)\geqslant g(x)$, 则 $A\geqslant B$.

此推论的证明留给读者来完成.

2. 函数极限的存在准则

定理 1.3.5 (夹逼准则) 设 $\lim\limits_{x\to x_0} f(x)=\lim\limits_{x\to x_0} g(x)=A$, 且存在 $\delta>0$, 当 $0<|x-x_0|<\delta$ 时, 有 $f(x)\leqslant\varphi(x)\leqslant g(x)$, 则

$$\lim_{x\to x_0}\varphi(x)=A.$$

此定理的证明留给读者来完成.

例 1.3.8 求 $\lim\limits_{x\to 0} x\sin\dfrac{1}{x}$.

解 由于

$$0\leqslant\left|x\sin\frac{1}{x}\right|\leqslant|x|,$$

且 $\lim\limits_{x\to 0}|x|=0$, 所以根据夹逼准则, 有

$$\lim_{x\to 0}\left|x\sin\frac{1}{x}\right|=0,$$

于是

$$\lim_{x\to 0} x\sin\frac{1}{x}=0.$$ ■

定理 1.3.6 (单调有界准则) 设函数 $f(x)$ 在某个区间 $(x_0-\eta,x_0)$ 内单调并有界, 则 $\lim\limits_{x\to x_0^-} f(x)$ 必存在.

该定理的证明超出了本书的知识范围.

下面考察数列极限与函数极限的关系, 在没有特别指明的情况下, 以"$x\to x_0$"的情形为例.

在 $\mathring{U}(x_0,\delta)$ 中取任意趋于 x_0 的数列 $\{x_n\}$, 也就是说 $x_n\to x_0\ (n\to\infty)$, 对应的函数值数列为 $f(x_n)$. 若 $\lim\limits_{x\to x_0} f(x)=A$ 成立, 显然当 $n\to\infty$ 时, 数列 $f(x_n)$ 也收敛到数 A. 反

之, 若对于任意收敛到 x_0 的自变量数列 $\{x_n\}$, 其对应的函数值数列 $\{f(x_n)\}$ 在 $n\to\infty$ 时极限均存在且相等, 我们可以证明 $f(x)$ 在点 x_0 极限存在且等于函数值数列 $f(x_n)$ 的极限, 因此有如下定理.

定理 1.3.7 (Heine 定理) 设函数 $f(x)$ 在 x_0 的某去心邻域 $\mathring{U}(x_0)$ 内有定义, 则 $\lim\limits_{x\to x_0} f(x)=A$ 的充分必要条件为对 $U(x_0)$ 中任何以 x_0 为极限的数列 $\{x_n\}(x_n\neq x_0)$, 都有 $\lim\limits_{n\to\infty} f(x_n)=A$.

证明 先证明必要性.

由于 $\lim\limits_{x\to x_0} f(x)=A$, 则 $\forall\varepsilon>0, \exists\delta>0$, 当 $0<|x-x_0|<\delta$ 时, 有

$$|f(x)-A|<\varepsilon.$$

又由于 $\{x_n\}\subset U(x_0), x_n\to x_0(n\to\infty)$ 且 $x_n\neq x_0$, 故对上述的 $\delta>0, \exists N\in\mathbf{N}_+$, 当 $n>N$ 时, 有

$$0<|x_n-x_0|<\delta.$$

易见对于满足不等式 $0<|x_n-x_0|<\delta$ 的 x_n, 其对应的函数值 $f(x_n)$ 满足

$$|f(x_n)-A|<\varepsilon.$$

综上所述, $\forall\varepsilon>0, \exists N\in\mathbf{N}_+$, 当 $n>N$ 时, 有 $|f(x_n)-A|<\varepsilon$, 从而

$$\lim_{n\to\infty} f(x_n)=A.$$

再证明充分性.

用反证法. 假设 $\lim\limits_{x\to x_0} f(x)\neq A$, 则 $\exists\varepsilon_0>0$, 找不到满足函数极限定义的 δ, 也就是说 $\forall\delta>0, \exists x^*$ 满足

$$|x^*-x_0|<\delta,$$

使得

$$|f(x^*)-A|\geqslant\varepsilon_0.$$

下面就特定的 δ 构造特殊的序列 $\{x_n\}$. 如取 δ 依次为 $1,\frac{1}{2},\frac{1}{3},\cdots,\frac{1}{n},\cdots$, 则存在 $x_1,x_2,x_3,\cdots,x_n,\cdots$ 满足:

$$\begin{aligned}
&0<|x_1-x_0|<1, && |f(x_1)-A|\geqslant\varepsilon_0;\\
&0<|x_2-x_0|<\frac{1}{2}, && |f(x_2)-A|\geqslant\varepsilon_0;\\
&0<|x_3-x_0|<\frac{1}{3}, && |f(x_3)-A|\geqslant\varepsilon_0;\\
&\qquad\vdots\\
&0<|x_n-x_0|<\frac{1}{n}, && |f(x_n)-A|\geqslant\varepsilon_0;\\
&\qquad\vdots
\end{aligned}$$

从而可得数列 $\{x_n\}$ 满足 $\lim\limits_{n\to\infty} x_n = x_0$, 但 $\lim\limits_{n\to\infty} f(x_n) \neq A$, 这与已知条件矛盾. 故定理得证. ■

用 Heine 定理可以证明某些函数的极限不存在.

例 1.3.9 设 $f(x) = \sin\dfrac{1}{x}$, 试证明 $\lim\limits_{x\to 0} f(x)$ 不存在.

证明 首先考虑数列 $x_n^{(1)} = \dfrac{1}{n\pi}, n \in \mathbf{N}_+$. 易见 $x_n^{(1)} \to 0(n\to\infty)$, 且对所有的 n, $x_n^{(1)} \neq 0$, 于是有

$$\lim_{n\to\infty} f(x_n^{(1)}) = \lim_{n\to\infty} \sin(n\pi) = 0.$$

另外, 考虑数列 $x_n^{(2)} = \dfrac{1}{2n\pi + \dfrac{\pi}{2}}, n \in \mathbf{N}_+$. 易见 $x_n^{(2)} \to 0(n\to\infty)$, 且对所有的 n, $x_n^{(2)} \neq 0$, 于是有

$$\lim_{n\to\infty} f(x_n^{(2)}) = \lim_{n\to\infty} \sin\left(2n\pi + \frac{\pi}{2}\right) = 1.$$

从而, 根据 Heine 定理可知 $\lim\limits_{x\to 0} f(x)$ 不存在. ■

3. 函数极限的运算法则

类似于数列极限的情形, 对于函数极限有如下的运算法则. 特别注意, 在下面的定理中, 记号 "lim" 下面没有标明自变量的变化过程, 实际上下面的定理对 "$x\to x_0$""$x\to x_0^+$""$x\to x_0^-$""$x\to\infty$""$x\to+\infty$""$x\to-\infty$" 都成立.

定理 1.3.8 (四则运算法则) 设 $\lim f(x) = A, \lim g(x) = B$, 则

(1) 加 (减) 法法则: $\lim[f(x) \pm g(x)] = \lim f(x) \pm \lim g(x) = A \pm B$;

(2) 乘法法则: $\lim f(x)g(x) = \lim f(x)\cdot\lim g(x) = AB$;

(3) 除法法则: $\lim\dfrac{f(x)}{g(x)} = \dfrac{\lim f(x)}{\lim g(x)} = \dfrac{A}{B}\ (B\neq 0)$.

这里只证明当 $x\to x_0$ 时乘法法则成立, 其余的证明留给读者来完成.

证明 利用函数极限的定义, $\forall\varepsilon > 0$,

由 $\lim\limits_{x\to x_0} f(x) = A$, 则 $\exists\delta_1 > 0$, 当 $0 < |x - x_0| < \delta_1$ 时, 有

$$|f(x) - A| < \varepsilon;$$

由 $\lim\limits_{x\to x_0} g(x) = B$, 则 $\exists\delta_2 > 0$, 当 $0 < |x - x_0| < \delta_2$ 时, 有

$$|g(x) - B| < \varepsilon.$$

又由已知 $\lim\limits_{x\to x_0} f(x) = A$, 利用函数极限的局部有界性可知, $\exists M > 0, \exists\delta_3 > 0$, 当 $0 < |x - x_0| < \delta_3$ 时, 有

$$|f(x)| \leqslant M.$$

取 $\delta=\min\{\delta_1,\delta_2,\delta_3\}$, 则当 $0<|x-x_0|<\delta$ 时, 同时有

$$|f(x)-A|<\varepsilon,\quad |g(x)-B|<\varepsilon,\quad |f(x)|\leqslant M,$$

故

$$\begin{aligned}|f(x)g(x)-AB|&=|f(x)g(x)-f(x)B+f(x)B-AB|\\&\leqslant|f(x)||g(x)-B|+|B||f(x)-A|<(M+|B|)\varepsilon.\end{aligned}$$

综上所述可得

$$\lim_{x\to x_0}f(x)g(x)=AB.$$

■

注　定理 1.3.8 中的 (1) 和 (2) 可推广到有限个函数的情形. 例如, 若 $\lim f(x)=A$, $\lim g(x)=B$, $\lim h(x)=C$, 则有

$$\lim[f(x)+g(x)+h(x)]=\lim f(x)+\lim g(x)+\lim h(x)=A+B+C;$$

$$\lim f(x)g(x)h(x)=\lim f(x)\cdot\lim g(x)\cdot\lim h(x)=ABC.$$

类似于数列极限, 由定理 1.3.8, 易得如下推论.

推论 1.3.4　若 $\lim f(x)=A$, C 为常数, 则

$$\lim[Cf(x)]=C\lim f(x)=CA.$$

推论 1.3.5　若 $\lim f(x)=A$, $n\in\mathbf{N}_+$, 则

$$\lim[f(x)]^n=[\lim f(x)]^n=A^n.$$

例 1.3.10　求 $\lim\limits_{x\to1}(3x+5)$.

解　$\lim\limits_{x\to1}(3x+5)=\lim\limits_{x\to1}3x+\lim\limits_{x\to1}5=3\lim\limits_{x\to1}x+\lim\limits_{x\to1}5=3+5=8.$ ■

例 1.3.11　求 $\lim\limits_{x\to3}\dfrac{x^2-1}{x^2-2x+3}$.

解　$\lim\limits_{x\to3}\dfrac{x^2-1}{x^2-2x+3}=\dfrac{\lim\limits_{x\to3}(x^2-1)}{\lim\limits_{x\to3}(x^2-2x+3)}=\dfrac{\lim\limits_{x\to3}x^2-1}{\lim\limits_{x\to3}x^2-\lim\limits_{x\to3}2x+3}=\dfrac{9-1}{9-6+3}=\dfrac{4}{3}.$

■

例 1.3.12　证明 $\lim\limits_{x\to0}\cos x=1$.

证明　当 $0<|x|<\dfrac{\pi}{2}$ 时, 易知

$$0<1-\cos x=2\sin^2\frac{x}{2}<2\left(\frac{x}{2}\right)^2=\frac{x^2}{2},$$

即

$$0<1-\cos x<\frac{x^2}{2}.$$

又因为 $\lim\limits_{x\to 0}\dfrac{x^2}{2}=0$, 因此由夹逼准则 $\lim\limits_{x\to 0}(1-\cos x)=0$, 从而

$$\lim_{x\to 0}\cos x=\lim_{x\to 0}[1-(1-\cos x)]=1-\lim_{x\to 0}(1-\cos x)=1.$$ ■

定理 1.3.9 (复合函数的极限) 设函数 $y=(f\circ g)=f[g(x)]$ 是由 $y=f(u)$ 和 $u=g(x)$ 复合而成的, 且 $f[g(x)]$ 在 x_0 的某去心邻域 $\mathring{U}(x_0)$ 内有定义. 若

$$\lim_{x\to x_0}g(x)=u_0,\quad \lim_{u\to u_0}f(u)=A,$$

且存在 $\delta_0>0$, 当 $x\in\mathring{U}(x_0,\delta_0)$ 时, 有 $g(x)\neq u_0$, 则

$$\lim_{x\to x_0}f[g(x)]=\lim_{u\to u_0}f(u)=A.$$

证明 由 $\lim\limits_{u\to u_0}f(u)=A$, 则 $\forall\varepsilon>0,\exists\eta>0$, 当 $0<|u-u_0|<\eta$ 时,

$$|f(u)-A|<\varepsilon.$$

又由于 $\lim\limits_{x\to x_0}g(x)=u_0$, 则对上面的 $\eta>0,\exists\delta_1>0$, 当 $0<|x-x_0|<\delta_1$ 时,

$$|g(x)-u_0|<\eta.$$

又由假设可知, 当 $x\in\mathring{U}(x_0,\delta_0)$, 即 $0<|x-x_0|<\delta_0$ 时, 有 $g(x)\neq u_0$. 取 $\delta=\min\{\delta_0,\delta_1\}$, 则当 $0<|x-x_0|<\delta$ 时, $0<|g(x)-u_0|<\eta$, 从而

$$|f[g(x)]-A|<\varepsilon,$$

故

$$\lim_{x\to x_0}f[g(x)]=\lim_{u\to u_0}f(u)=A.$$ ■

定理 1.3.9 表示, 如果函数 $y=f(u)$ 和 $u=g(x)$ 满足定理条件, 那么用代换 $u=g(x)$ 就可以把求 $\lim\limits_{x\to x_0}f[g(x)]$ 化为 $\lim\limits_{u\to u_0}f(u)$, 这里 $u_0=\lim\limits_{x\to x_0}g(x)$.

例 1.3.13 求 $\lim\limits_{x\to 0}\dfrac{2\sin^2 x+1}{\sin^3 x+4\sin x+5}$.

解 令 $u=\sin x$, 则 $\lim\limits_{x\to 0}\sin x=0$, 即说明 $x\to 0\Rightarrow u\to 0$. 故由复合函数的极限

$$\lim_{x\to 0}\frac{2\sin^2 x+1}{\sin^3 x+4\sin x+5}=\lim_{u\to 0}\frac{2u^2+1}{u^3+4u+5}=\frac{2\lim\limits_{u\to 0}u^2+1}{\lim\limits_{u\to 0}u^3+4\lim\limits_{u\to 0}u+5}=\frac{1}{5}.$$ ■

注 在定理 1.3.9 中, 如果将条件 $\lim\limits_{x\to x_0}g(x)=u_0$ 换成 $\lim\limits_{x\to x_0}g(x)=\infty$, 且把 $\lim\limits_{u\to u_0}f(u)=A$ 换成 $\lim\limits_{u\to\infty}f(u)=A$, 仍可得到类似的结论.

1.3.3　两个常用不等式和两个重要极限

接下来先介绍两个常用的不等式, 然后利用这两个不等式证明一个重要的函数极限.

1. 两个常用不等式

(1) 对任意 $\theta \in \mathbf{R}$, 有 $|\sin\theta| \leqslant |\theta|$;

(2) 对任意 $\theta \in \left(-\dfrac{\pi}{2}, \dfrac{\pi}{2}\right)$, 有 $|\theta| \leqslant |\tan\theta|$.

对于上述两个不等式, 当且仅当 $\theta = 0$ 时等号成立.

如图 1.3.6 所示, 在四分之一的单位圆中, 设圆心角 $\angle AOB = \theta\left(0 < \theta < \dfrac{\pi}{2}\right)$, 点 A 处的切线与 OB 的延长线相交于点 C, $CA \perp OA$. 由于 $\triangle AOB$ 的面积 $<$ 扇形 AOB 的面积 $<$ $\triangle AOC$ 的面积, 而 $\triangle AOB$ 的面积为 $\dfrac{1}{2}\sin\theta$, 扇形 AOB 的面积为 $\dfrac{1}{2}\theta$, $\triangle AOC$ 的面积为 $\dfrac{1}{2}\tan\theta$, 因此, 当 $0 < \theta < \dfrac{\pi}{2}$ 时, 就有

$$\sin\theta < \theta < \tan\theta.$$

而当 $-\dfrac{\pi}{2} < \theta < 0$ 时, $0 < -\theta < \dfrac{\pi}{2}$, 故由上式知

$$-\sin\theta < -\theta < -\tan\theta.$$

由此可得, 当 $|\theta| < \dfrac{\pi}{2}$ 时,

$$|\sin\theta| \leqslant |\theta| \leqslant |\tan\theta|.$$

另外, 当 $|\theta| \geqslant \dfrac{\pi}{2}$ 时, 显然有

$$|\sin\theta| \leqslant 1 < \frac{\pi}{2} \leqslant |\theta|.$$

综上所述可知, 不等式 (1) 和 (2) 成立.

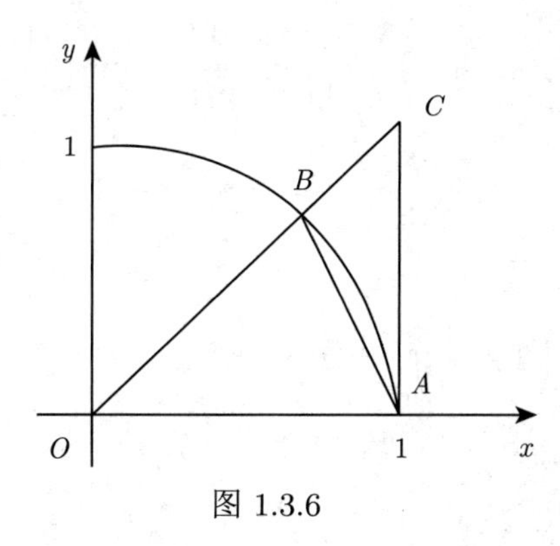

图 1.3.6

2. 两个重要极限

(1) $\lim\limits_{x\to 0}\dfrac{\sin x}{x}=1.$

证明 由于当 $0<|x|<\dfrac{\pi}{2}$ 时, $|\sin x|<|x|<|\tan x|$, 故

$$1<\left|\frac{x}{\sin x}\right|<\left|\frac{\tan x}{\sin x}\right|,$$

即

$$1<\frac{x}{\sin x}<\frac{1}{\cos x}$$

或

$$\cos x<\frac{\sin x}{x}<1.$$

由 $\lim\limits_{x\to 0}\cos x=1$, 利用夹逼准则可得

$$\lim_{x\to 0}\frac{\sin x}{x}=1. \qquad \blacksquare$$

例 1.3.14 求 $\lim\limits_{x\to 0}\dfrac{\tan x}{x}$.

解 $\lim\limits_{x\to 0}\dfrac{\tan x}{x}=\lim\limits_{x\to 0}\left(\dfrac{\sin x}{x}\cdot\dfrac{1}{\cos x}\right)=\lim\limits_{x\to 0}\dfrac{\sin x}{x}\cdot\lim\limits_{x\to 0}\dfrac{1}{\cos x}=1.$ ■

例 1.3.15 求 $\lim\limits_{x\to 0}\dfrac{\sin mx}{\sin nx}(m,n\neq 0)$.

解 $\lim\limits_{x\to 0}\dfrac{\sin mx}{\sin nx}=\dfrac{m}{n}\lim\limits_{x\to 0}\dfrac{\dfrac{\sin mx}{mx}}{\dfrac{\sin nx}{nx}}=\dfrac{m}{n}\dfrac{\lim\limits_{x\to 0}\dfrac{\sin mx}{mx}}{\lim\limits_{x\to 0}\dfrac{\sin nx}{nx}}=\dfrac{m}{n}.$ ■

例 1.3.16 求 $\lim\limits_{x\to\infty}\left(x\arcsin\dfrac{1}{x}\right)$.

解 令 $\arcsin\dfrac{1}{x}=t$, 则 $\sin t=\dfrac{1}{x}$, 且 $x\to\infty\Leftrightarrow t\to 0$. 因此

$$\lim_{x\to\infty}\left(x\arcsin\frac{1}{x}\right)=\lim_{t\to 0}\frac{t}{\sin t}=\lim_{t\to 0}\frac{1}{\dfrac{\sin t}{t}}=1. \qquad \blacksquare$$

(2) $\lim\limits_{x\to\infty}\left(1+\dfrac{1}{x}\right)^{x}=\mathrm{e}.$

证明 首先证明 $\lim\limits_{x\to+\infty}\left(1+\dfrac{1}{x}\right)^{x}=\mathrm{e}.$

令 $n=[x]$, 则 $n\leqslant x<n+1$, 从而

$$1+\frac{1}{n+1}<1+\frac{1}{x}\leqslant 1+\frac{1}{n},$$

进一步有

$$\left(1+\frac{1}{n+1}\right)^n<\left(1+\frac{1}{x}\right)^x\leqslant\left(1+\frac{1}{n}\right)^{n+1}.$$

由于当 $x\to+\infty$ 时, $n=[x]$ 取正整数值且趋于正无穷, 又

$$\lim_{n\to\infty}\left(1+\frac{1}{n+1}\right)^n=\lim_{n\to\infty}\frac{\left(1+\dfrac{1}{n+1}\right)^{n+1}}{1+\dfrac{1}{n+1}}=\mathrm{e},$$

及

$$\lim_{n\to\infty}\left(1+\frac{1}{n}\right)^{n+1}=\lim_{n\to\infty}\left(1+\frac{1}{n}\right)^n\left(1+\frac{1}{n}\right)=\lim_{n\to\infty}\left(1+\frac{1}{n}\right)^n\lim_{n\to\infty}\left(1+\frac{1}{n}\right)=\mathrm{e},$$

故由夹逼准则可得

$$\lim_{x\to+\infty}\left(1+\frac{1}{x}\right)^x=\mathrm{e}.$$

下面证明 $\lim\limits_{x\to-\infty}\left(1+\dfrac{1}{x}\right)=\mathrm{e}$.

令 $x=-y$, 则当 $x\to-\infty$ 时, $y\to+\infty$, 且

$$\left(1+\frac{1}{x}\right)^x=\left(1-\frac{1}{y}\right)^{-y}=\left(1+\frac{1}{y-1}\right)^y=\left(1+\frac{1}{y-1}\right)^{y-1}\left(1+\frac{1}{y-1}\right),$$

故

$$\lim_{x\to-\infty}\left(1+\frac{1}{x}\right)^x=\lim_{y\to+\infty}\left[\left(1+\frac{1}{y-1}\right)^{y-1}\left(1+\frac{1}{y-1}\right)\right]=\mathrm{e}.$$

综上所述可知

$$\lim_{x\to+\infty}\left(1+\frac{1}{x}\right)^x=\lim_{x\to-\infty}\left(1+\frac{1}{x}\right)^x=\mathrm{e},$$

因此

$$\lim_{x\to\infty}\left(1+\frac{1}{x}\right)^x=\mathrm{e}.$$

■

例 1.3.17　求 $\lim\limits_{x\to\infty}\left(1-\dfrac{1}{x}\right)^x$.

解　令 $-x=t$, 则 $x\to\infty\Leftrightarrow t\to\infty$, 故

$$\lim_{x\to\infty}\left(1-\frac{1}{x}\right)^x=\lim_{t\to\infty}\left[\left(1+\frac{1}{t}\right)^t\right]^{-1}=\frac{1}{\mathrm{e}}.$$

■

注 利用复合函数的极限运算法则, 在 $\lim\limits_{x\to\infty}\left(1+\dfrac{1}{x}\right)=\mathrm{e}$ 中, 作代换 $x=\dfrac{1}{u}$, 可得

$$\lim_{x\to\infty}\left(1+\frac{1}{x}\right)^x=\lim_{u\to 0}(1+u)^{\frac{1}{u}}=\mathrm{e}.$$

也就是说

$$\lim_{x\to 0}(1+x)^{\frac{1}{x}}=\mathrm{e}$$

是重要极限 (2) 的另一种形式.

例 1.3.18 求 $\lim\limits_{x\to 0}(1-x)^{\frac{1}{x}}$.

解 设 $x=-y$, 则 $x\to 0\Leftrightarrow y\to 0$. 因此

$$\lim_{x\to 0}(1-x)^{\frac{1}{x}}=\lim_{y\to 0}[(1+y)^{\frac{1}{y}}]^{-1}=\frac{1}{\mathrm{e}}.$$ ■

习题 1.3A

1. 画出下列函数的图形, 并从图形观察得到要求的极限. 如果极限不存在, 请说明理由.

(1) 设 $f(x)=x^2+2x-2$, 求 $\lim\limits_{x\to 0}f(x)$ 及 $\lim\limits_{x\to 1}f(x)$;

(2) 设 $f(x)=\cos x$, 求 $\lim\limits_{x\to 0}f(x)$ 及 $\lim\limits_{x\to -\infty}f(x)$;

(3) 设 $f(x)=\begin{cases}0, & x<0,\\ 1, & x=0,\\ 2, & x>0.\end{cases}$ 求 $\lim\limits_{x\to 0}f(x)$ 及 $\lim\limits_{x\to 1}f(x)$;

(4) 设 $f(x)=\arctan\dfrac{1}{x}$, 求 $\lim\limits_{x\to 0^+}f(x)$ 及 $\lim\limits_{x\to 0^-}f(x)$;

(5) 设 $f(x)=\dfrac{1}{x-1}$, 求 $\lim\limits_{x\to 1^+}f(x)$ 及 $\lim\limits_{x\to 1^-}f(x)$.

2. 下列结论是否正确? 如果结论正确, 试证明之; 如果不正确, 请给出一个反例.

(1) 若 $\lim\limits_{n\to\infty}f\left(\dfrac{1}{n}\right)=A$, 则 $\lim\limits_{x\to 0^+}f(x)=A$;

(2) 若 $\lim\limits_{x\to x_0}f(x)=A$, 则 $\lim\limits_{x\to x_0}[f(x)]^k=A^k$, 其中 $k\in\mathbf{N}_+$;

(3) 若 $\lim\limits_{x\to x_0}f(x)$ 及 $\lim\limits_{x\to x_0}[f(x)+g(x)]$ 都存在, 则 $\lim\limits_{x\to x_0}g(x)$ 必存在;

(4) 若 $\lim\limits_{x\to x_0}f(x)$ 及 $\lim\limits_{x\to x_0}[f(x)g(x)]$ 都存在, 则 $\lim\limits_{x\to x_0}g(x)$ 必存在;

(5) 若 $f(x)>0, x\in\mathring{U}(x_0)$ 且 $\lim\limits_{x\to x_0}f(x)=A$, 则 $A>0$.

3. 利用函数极限的定义证明下列极限:

(1) $\lim\limits_{x\to+\infty}\dfrac{1}{x}=0$;

(2) $\lim\limits_{x\to\infty}\sin\dfrac{1}{x}=0$;

(3) $\lim\limits_{x\to 0^-}x\sin\dfrac{1}{x}=0$;

(4) $\lim\limits_{x\to\frac{1}{2}}x^2=\dfrac{1}{4}$.

4. 下列极限存在吗? 为什么?

(1) $x \to 0, f(x) = \cos \dfrac{1}{x}$;　　(2) $x \to 0, f(x) = \dfrac{|x|}{x}$;

(3) $x \to +\infty, f(x) = x(1+\sin x)$;　　(4) $x \to 0, f(x) = \dfrac{1}{1+2^{\frac{1}{x}}}$;

(5) $x \to \infty, f(x) = \arctan x$;　　(6) $x \to 0, f(x) = \begin{cases} x+1, & x<0, \\ 1, & x=0, \\ 2, & x>0; \end{cases}$

(7) $x \to 0, f(x) = \begin{cases} 2^x, & x>0, \\ 0, & x=0, \\ 1+x^2, & x<0; \end{cases}$　　(8) $x \to 0, f(x) = \begin{cases} \dfrac{\sin x}{x}, & x<0, \\ \left(1+\dfrac{1}{x}\right)^{\frac{1}{x}}, & x>0. \end{cases}$

5. 下面的求解过程正确吗? 若错误, 请指出错误之处.

(1) $\lim\limits_{x\to 0} \dfrac{\sin x}{x} = \dfrac{\lim\limits_{x\to 0}\sin x}{\lim\limits_{x\to 0} x} = \dfrac{0}{0} = 1$;　　(2) $\lim\limits_{x\to\infty} \dfrac{\sin x}{x} = \dfrac{\lim\limits_{x\to\infty}\sin x}{\lim\limits_{x\to\infty} x} = 0$;

(3) $\lim\limits_{x\to 0} x\sin\dfrac{1}{x} = \lim\limits_{x\to 0} x \cdot \lim\limits_{x\to 0}\sin\dfrac{1}{x} = 0$.

6. 求下列极限:

(1) $\lim\limits_{x\to 1} \dfrac{x^2+x-2}{x^2+3x+2}$;　　(2) $\lim\limits_{x\to 1} \dfrac{x^3+2x-5}{x^2+6x+3}$;

(3) $\lim\limits_{x\to 1} \dfrac{x^3-1}{x-1}$;　　(4) $\lim\limits_{x\to 2} \dfrac{x^2-4}{x-2}$;

(5) $\lim\limits_{h\to 0} \dfrac{(x+h)^2-x^2}{h}$;　　(6) $\lim\limits_{x\to\infty} \left(3-\dfrac{2}{x}+\dfrac{1}{x^2}\right)$;

(7) $\lim\limits_{x\to\infty} \left[\left(1+\dfrac{1}{x}\right)\left(2-\dfrac{1}{x^2}\right)\right]$;　　(8) $\lim\limits_{x\to\sqrt{2}} \dfrac{x^2-2}{x^2+1}$.

7. 求下列极限:

(1) $\lim\limits_{x\to 0} \dfrac{\sin wx}{x}$ (w为常数);　　(2) $\lim\limits_{x\to 0} \dfrac{\tan 3x}{x}$;

(3) $\lim\limits_{x\to 0} \left(x\cot\dfrac{x}{2}\right)$;　　(4) $\lim\limits_{x\to \pi} \dfrac{\sin x}{x-\pi}$;

(5) $\lim\limits_{x\to 0} (1-2x)^{\frac{1}{x}}$;　　(6) $\lim\limits_{x\to 0} \sqrt[x]{1+3x}$;

(7) $\lim\limits_{x\to\infty} \left(1-\dfrac{2}{x}\right)^{3x}$;　　(8) $\lim\limits_{x\to\infty} \left(\dfrac{1+x}{x}\right)^{2x}$;

(9) $\lim\limits_{x\to 1} x^{\frac{1}{1-x}}$;　　(10) $\lim\limits_{x\to \pi} (3+2\cos x)^{\frac{1}{1+\cos x}}$.

8. 设 $f(x)=\begin{cases}0, & x>1,\\ 1, & x=1,\\ x^2+2x, & x<1.\end{cases}$ 求 $f(x)$ 在 $x=1$ 处的左、右极限.

9. 设 $f(x)=\begin{cases}x\sin\dfrac{1}{x}, & x>0,\\ 1+x^2, & x<0.\end{cases}$ 求 $f(x)$ 在 $x=0$ 处的左、右极限.

习题 1.3B

1. 用 "$\varepsilon-\delta$" 定义描述当 $x\to x_0$ 时函数 $f(x)$ 的极限不是 A.

2. 已知 $\lim\limits_{x\to\infty}\left(\dfrac{x^2+1}{x+1}-ax-b\right)=0$, 求常数 a 和 b.

3. 已知 $\lim\limits_{x\to 2}\dfrac{x^2+ax+b}{x-2}=1$, 求常数 a 和 b.

4. 求下列极限:

(1) $\lim\limits_{x\to 0}\dfrac{x}{\sqrt[3]{2+x}-\sqrt[3]{2-x}}$;

(2) $\lim\limits_{x\to+\infty}\sin(\sqrt{x+1}-\sqrt{x})$;

(3) $\lim\limits_{\Delta x\to 0}\dfrac{\sin(x+\Delta x)-\sin x}{\Delta x}$;

(4) $\lim\limits_{\Delta x\to 0}\dfrac{\cos(x+\Delta x)-\cos x}{\Delta x}$;

(5) $\lim\limits_{x\to\infty}\left(\dfrac{3x-1}{3x+1}\right)^{3x-1}$;

(6) $\lim\limits_{x\to 0^+}(\cos\sqrt{x})^{\frac{1}{x}}$.

5. 设 $f:(a,b)\to\mathbf{R}$ 为一个无界函数. 试证明存在区间 (a,b) 上的数列 $\{x_n\}$, 使得 $\lim\limits_{n\to\infty}f(x_n)=\infty$.

6. 证明 $\lim\limits_{x\to+\infty}f(x)=A$ 的充要条件是对任何趋于正无穷的数列 $\{x_n\}$, 对应的函数值数列 $\{f(x_n)\}$ 收敛且 $\lim\limits_{x\to\infty}f(x_n)=A$.

7. 证明 $\lim\limits_{x\to 0}f(x)=\lim\limits_{x\to 0}f(x^3)$. 判断 $\lim\limits_{x\to 0}f(x)=\lim\limits_{x\to 0}f(x^2)$ 是否成立, 并说明原因.

8. 求 $\lim\limits_{x\to 0}\left(\dfrac{\pi+\mathrm{e}^{\frac{1}{x}}}{1+\mathrm{e}^{\frac{4}{x}}}+\arctan\dfrac{1}{x}\right)$.

1.4 无穷小量与无穷大量

1.4.1 无穷小量

在自变量的某个变化过程中, 对应的函数值 $f(x)$ 趋于零, 就称函数 $f(x)$ 为在该自变量变化过程中的无穷小量. 下面以 $x \to x_0$(或 $x \to \infty$) 时为例, 给出无穷小量的精确定义.

定义 1.4.1 (无穷小量) 若当 $x \to x_0$(或 $x \to \infty$) 时, 函数 $\alpha(x)$ 的极限为零, 则称 $\alpha(x)$ 为当 $x \to x_0$(或 $x \to \infty$) 时的**无穷小量** (infinitesimal quantity), 或简称为**无穷小**.

特别地, 若 $\lim\limits_{n\to\infty} x_n = 0$, 则称数列 x_n 为 $n \to \infty$ 时的无穷小量.

例如, $\lim\limits_{x\to 0} x^2 = 0, \lim\limits_{x\to 0}\sin x = 0, \lim\limits_{x\to 0}(1-\cos x) = 0$, 所以函数 $x^2, \sin x$ 及 $1-\cos x$ 都是当 $x \to 0$ 时的无穷小量; 因为 $\lim\limits_{x\to\infty}\dfrac{1}{x} = 0, \lim\limits_{x\to\infty}\dfrac{1}{x^2} = 0$, 所以函数 $\dfrac{1}{x}$ 和 $\dfrac{1}{x^2}$ 都是当 $x \to \infty$ 时的无穷小量.

注 ① 不要把无穷小量与很小的数混为一谈. 无穷小量是在 $x \to x_0$(或 $x \to \infty$) 的过程中, 函数值趋于零的一个函数. 零是唯一一个可以作为无穷小量的常数.

② 一个函数是不是无穷小量依赖于自变量的变化. 例如, 简单地称函数 $\dfrac{1}{x}$ 为无穷小量是错误的, 正确的说法应该是当 $x \to \infty$ 时, $\dfrac{1}{x}$ 为一个无穷小量.

③ 定义 1.4.1 同样适用于"$x \to x_0^-$""$x \to x_0^+$""$x \to -\infty$""$x \to +\infty$"的情形.

下面的定理说明无穷小与函数极限的关系. 在该定理中, 记号"lim"下面没有标明自变量的变化趋势, 表明该结论对自变量的任何变化趋势都适用.

定理 1.4.1 $\lim f(x) = A$ 的充要条件是 $f(x) = A + \alpha(x)$, 其中 $\alpha(x)$ 是一个自变量同一变化趋势的无穷小量.

我们就 $x \to x_0$ 的情形给出证明过程, 其余情形留给读者来证明.

证明 先证明必要性.

设 $\lim\limits_{x\to x_0} f(x) = A$, 并令 $\alpha(x) = f(x) - A$, 则有

$$\lim_{x\to x_0}\alpha(x) = 0,$$

即 $\alpha(x)$ 为当 $x \to x_0$ 时的无穷小量, 且 $f(x) = A + \alpha(x)$.

再证明充分性.

设 $f(x) = A + \alpha(x)$, 且 $\lim\limits_{x\to x_0}\alpha(x) = 0$, 则

$$\lim_{x\to x_0} f(x) = \lim_{x\to x_0}[A + \alpha(x)] = A + \lim_{x\to x_0}\alpha(x) = A.$$

于是定理得证. ■

利用极限的四则运算法则易得下面无穷小量运算性质, 定理的证明留给读者来完成.

定理 1.4.2 有限个无穷小量的代数和是无穷小量.

定理 1.4.3 有限个无穷小量的乘积是无穷小量.

注 对于定理 1.4.2 和定理 1.4.3, 若考虑无限个无穷小量的和或乘积, 结论不一定成立.

对于无穷小量, 还有如下应用相当广泛的定理.

定理 1.4.4 有界函数与无穷小量的乘积是无穷小量.

该定理在 $x \to x_0$ 时可具体阐述为: 设函数 $f(x)$ 在 $\mathring{U}(x_0)$ 内局部有界, 且 $\alpha(x)$ 在 $x \to x_0$ 时是一个无穷小量, 则 $\alpha(x)f(x)$ 在 $x \to x_0$ 时也是一个无穷小量. 下面我们就 $x \to x_0$ 的情形给出定理 1.4.4 的证明.

证明 由于函数 $f(x)$ 在 $\mathring{U}(x_0)$ 内局部有界, 则存在常数 $M > 0, \delta > 0$, 当 $x \in \mathring{U}(x_0, \delta)$ 时, 有 $|f(x)| \leqslant M$, 故

$$|\alpha(x)f(x)| \leqslant M|\alpha(x)|, \forall x \in \mathring{U}(x_0, \delta),$$

即

$$-M|\alpha(x)| \leqslant \alpha(x)f(x) \leqslant M|\alpha(x)|, \forall x \in \mathring{U}(x_0, \delta)).$$

由 $\alpha(x)$ 在 $x \to x_0$ 时为一个无穷小量, 可得 $\lim\limits_{x \to x_0} \alpha(x) = 0$, 故 $\lim\limits_{x \to x_0} |\alpha(x)| = 0$.

由于 M 为常数, 故利用夹逼准则, 可得

$$\lim_{x \to x_0} \alpha(x)f(x) = 0,$$

即 $\alpha(x)f(x)$ 在 $x \to x_0$ 时为一个无穷小量. ∎

例 1.4.1 求 $\lim\limits_{x \to 0} x^2 \sin \dfrac{1}{x}$.

解 由于 $\lim\limits_{x \to 0} x^2 = 0$ 及 $\left|\sin \dfrac{1}{x}\right| \leqslant 1$, 故利用定理 1.4.4 可得

$$\lim_{x \to 0} x^2 \sin \frac{1}{x} = 0.$$ ∎

1.4.2 无穷大量

在自变量变化的某个过程中, 对应的函数值的绝对值 $|f(x)|$ 无限增大, 就称函数 $f(x)$ 为在该自变量变化过程中的无穷大量. 下面以 $x \to x_0$(或 $x \to \infty$) 时为例, 给出无穷大量的精确定义.

定义 1.4.2 (无穷大量) 设函数 $f(x)$ 在 x_0 的某一个去心邻域 $\mathring{U}(x_0)$ 内有定义 (或在 $|x|$ 大于某一正数时有定义). 若 $\forall M > 0, \exists \delta > 0$(或 $X > 0$), 对满足 $0 < |x - x_0| < \delta$(或 $|x| > X$) 的 x, 总有

$$|f(x)| > M,$$

则称函数 $f(x)$ 为当 $x \to x_0$(或 $x \to \infty$) 时的**无穷大量** (infinite quantity), 简称**无穷大**.

特别注意, 无穷大不是数, 不可与很大的数混为一谈. 若函数 $f(x)$ 为自变量某个变化过程中的无穷大量, 按函数极限的定义来说, 极限是不存在的, 但为了方便起见, 我们也称函数的极限是无穷大, 并记作

$$\lim f(x) = \infty.$$

例如, 定义 1.4.2 中的无穷大量可记为 $\lim\limits_{x\to x_0} f(x)=\infty$(或 $\lim\limits_{x\to\infty} f(x)=\infty$).

在定义 1.4.2 中, 若把不等式 $|f(x)|>M$ 换成 $f(x)>M$ (或 $f(x)<-M$), 则函数 $f(x)$ 为当 $x\to x_0$ (或 $x\to\infty$) 时的**正 (负) 无穷大量** (positive (negative) infinity), 记作

$$\lim_{x\to x_0} f(x)=+\infty \quad (\lim_{x\to x_0} f(x)=-\infty)$$

或

$$\lim_{x\to \infty} f(x)=+\infty \quad (\lim_{x\to \infty} f(x)=-\infty).$$

从几何上看, 如果 $\lim\limits_{x\to x_0} f(x)=+\infty$, 则直线 $x=x_0$ 是函数 $y=f(x)$ 的铅直渐近线 (如图 1.4.1 所示).

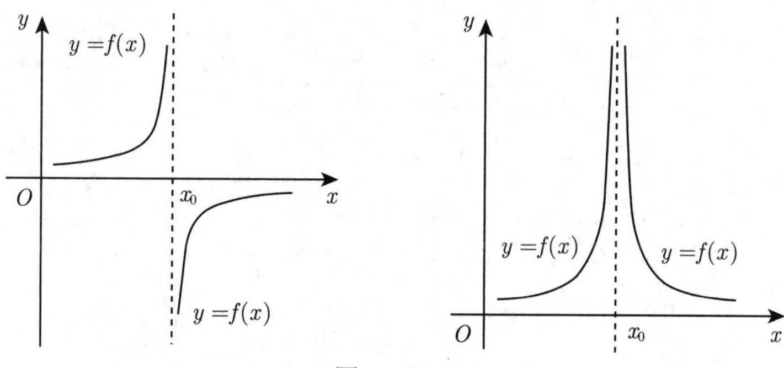

图 1.4.1

类似地, 读者可以给出当 "$x\to x_0^-$" "$x\to x_0^+$" "$x\to-\infty$""$x\to+\infty$" 时无穷大量的定义.

例 1.4.2　证明函数 $\dfrac{1}{x-1}$ 为当 $x\to 1$ 时的无穷大量.

证明　要证明函数 $\dfrac{1}{x-1}$ 为当 $x\to 1$ 时的无穷大量, 就要证明

$$\lim_{x\to 1}\frac{1}{x-1}=\infty.$$

$\forall M>0$, 要使 $\left|\dfrac{1}{x-1}\right|>M$, 只要 $0<|x-1|<\dfrac{1}{M}$, 故取 $\delta=\dfrac{1}{M}$, 当 $0<|x-1|<\delta$ 时, 就有 $\left|\dfrac{1}{x-1}\right|>M$. 故由无穷大量的定义可知

$$\lim_{x\to 1}\frac{1}{x-1}=\infty.$$

■

在自变量的同一变化趋势下, 无穷大量与无穷小量有密切的关系, 如下面的定理所示.

定理 1.4.5 (无穷大量与无穷小量的关系)　在自变量的同一变化趋势下, 若 $f(x)$ 为无穷大量, 则 $\dfrac{1}{f(x)}$ 为无穷小量; 反之, 若 $f(x)$ 是一个无穷小量, 且 $f(x)\neq 0$, 则 $\dfrac{1}{f(x)}$ 是一个无穷大量.

用定义很容易证明该定理, 具体证明过程留给读者来完成.

关于无穷大量, 我们有如下的运算法则.

定理 1.4.6 在自变量的同一变化趋势下,

(1) 若 $f(x)$ 和 $g(x)$ 都是正 (或负) 无穷大量, 则 $f(x)+g(x)$ 也是正 (或负) 无穷大量;

(2) 若 $f(x)$ 和 $g(x)$ 都是无穷大量, 则 $f(x)g(x)$ 仍为无穷大量;

(3) 若 $f(x)$ 为无穷大量, $g(x)$ 为有界 (或局部有界) 函数, 则 $f(x)\pm g(x)$ 仍为无穷大量;

(4) 若 $f(x)$ 为无穷大量, $\lim g(x)=A(A\neq 0)$, 则 $f(x)g(x)$ 仍为无穷大量.

上述定理的证明留给读者来完成.

例 1.4.3 求极限 $\lim\limits_{x\to\infty}\dfrac{a_0x^k+a_1x^{k-1}+\cdots+a_k}{b_0x^m+b_1x^{m-1}+\cdots+b_m}$, 其中 k 和 m 都是非负整常数, 且 $a_0\neq 0, b_0\neq 0$.

解

$$\begin{aligned}&\lim_{x\to\infty}\frac{a_0x^k+a_1x^{k-1}+\cdots+a_k}{b_0x^m+b_1x^{m-1}+\cdots+b_m}\\=&\lim_{x\to\infty}x^{k-m}\frac{a_0+\dfrac{a_1}{x}+\cdots+\dfrac{a_k}{x^k}}{b_0+\dfrac{b_1}{x}+\cdots+\dfrac{b_m}{x^m}}\\=&\lim_{x\to\infty}x^{k-m}\lim_{x\to\infty}\frac{a_0+\dfrac{a_1}{x}+\cdots+\dfrac{a_k}{x^k}}{b_0+\dfrac{b_1}{x}+\cdots+\dfrac{b_m}{x^m}}.\end{aligned}$$

注意到: 当 $k<m$ 时, $\lim\limits_{x\to\infty}x^{k-m}=0$; 当 $k=m$ 时, $\lim\limits_{x\to\infty}x^{k-m}=1$; 当 $k>m$ 时, $\lim\limits_{x\to\infty}x^{k-m}=\infty$. 又

$$\lim_{x\to\infty}\frac{a_0+\dfrac{a_1}{x}+\cdots+\dfrac{a_k}{x^k}}{b_0+\dfrac{b_1}{x}+\cdots+\dfrac{b_m}{x^m}}=\frac{a_0}{b_0}\neq 0,$$

故

$$\lim_{x\to\infty}\frac{a_0x^k+a_1x^{k-1}+\cdots+a_k}{b_0x^m+b_1x^{n-1}+\cdots+b_m}=\begin{cases}0, & k<m,\\ \dfrac{a_0}{b_0}, & k=m,\\ \infty, & k>m.\end{cases}$$ ■

该结论说明, 当 $x\to\infty$ 时有理式的极限状况取决于分子与分母中 x 的最高次数.

例 1.4.4 求下列函数的极限:

(1) $\lim\limits_{x\to\infty}\dfrac{3x^3+4x^2+2}{7x^3+5x^2+3}$; (2) $\lim\limits_{x\to\infty}\dfrac{5x^2-2x-1}{2x^3-x^2+5}$; (3) $\lim\limits_{x\to\infty}\dfrac{2x^3-x^2+5}{5x^2-2x-1}$.

解 (1) $\lim\limits_{x\to\infty}\dfrac{3x^3+4x^2+2}{7x^3+5x^2+3}=\lim\limits_{x\to\infty}\dfrac{3+\dfrac{4}{x}+\dfrac{2}{x^3}}{7+\dfrac{5}{x}+\dfrac{3}{x^3}}=\dfrac{3+\lim\limits_{x\to\infty}\dfrac{4}{x}+\lim\limits_{x\to\infty}\dfrac{2}{x^3}}{7+\lim\limits_{x\to\infty}\dfrac{5}{x}+\lim\limits_{x\to\infty}\dfrac{3}{x^3}}=\dfrac{3}{7}$;

(2) $\lim\limits_{x\to\infty}\dfrac{5x^2-2x-1}{2x^3-x^2+5}=\lim\limits_{x\to\infty}\dfrac{1}{x}\dfrac{5-\dfrac{2}{x}-\dfrac{1}{x^2}}{2-\dfrac{1}{x}+\dfrac{5}{x^3}}=\lim\limits_{x\to\infty}\dfrac{1}{x}\cdot\lim\limits_{x\to\infty}\dfrac{5-\dfrac{2}{x}-\dfrac{1}{x^2}}{2-\dfrac{1}{x}+\dfrac{5}{x^3}}=0;$

(3) $\lim\limits_{x\to\infty}\dfrac{2x^3-x^2+5}{5x^2-2x-1}=\lim\limits_{x\to\infty}x\dfrac{2-\dfrac{1}{x}+\dfrac{5}{x^3}}{5-\dfrac{2}{x}-\dfrac{1}{x^2}}=\lim\limits_{x\to\infty}x\cdot\lim\limits_{x\to\infty}\dfrac{2-\dfrac{1}{x}+\dfrac{5}{x^3}}{5-\dfrac{2}{x}-\dfrac{1}{x^2}}=\infty.$ ■

1.4.3 无穷小量和无穷大量的阶

我们知道两个无穷小量的和、差和乘积仍为无穷小量, 而两个无穷小量的商却会出现不同的情况. 例如, 当 $x\to 0$ 时, $6x$, $2x^2$, $\sin x$ 都是无穷小量, 但

$$\lim_{x\to 0}\frac{2x^2}{6x}=0,\quad \lim_{x\to 0}\frac{\sin x}{6x}=\frac{1}{6},\quad \lim_{x\to 0}\frac{6x}{2x^2}=\infty.$$

两个无穷大量的商也有类似的情形. 例如, 当 $x\to\infty$ 时, x, $3x^2$, $6x^2$ 都是无穷大量, 但

$$\lim_{x\to\infty}\frac{x}{3x^2}=0,\quad \lim_{x\to 0}\frac{3x^2}{6x^2}=\frac{1}{2},\quad \lim_{x\to 0}\frac{3x^2}{x}=\infty.$$

实际上, 两个无穷小量 (或无穷大量) 之比的极限的各种情况反映了两个无穷小量趋于零 (或无穷大量趋于无穷) 的快慢程度. 例如, 考虑当 $x\to 0$ 时, 上面提到的 3 个无穷小量, $2x^2$ 比 $6x$ 趋于零 “快些”, 反过来, $6x$ 比 $2x^2$ 趋于零 “慢些”, 而 $\sin x$ 与 $6x$ 趋于零 “快慢相仿”; 而考虑当 $x\to\infty$ 时, x 比 $3x^2$ 趋于无穷 “慢些”, 反过来, $3x^2$ 比 x 趋于无穷 “快些”, 而 $3x^2$ 和 $6x^2$ 趋于无穷 “快慢相仿”. 下面我们将引入一些术语和记号说明两个无穷小量 (或无穷大量) 之间的比较问题.

假设函数 $\alpha(x)$ 和 $\beta(x)$ 都是同一自变量变化趋势下的无穷小量, 且 $\beta(x)\neq 0$, $\lim\dfrac{\alpha(x)}{\beta(x)}$ 也是在这个变化趋势下的极限, 则有如下的无穷小量的阶的定义.

定义 1.4.3 (无穷小量的阶)

(1) 如果 $\lim\dfrac{\alpha(x)}{\beta(x)}=0$, 则称 $\alpha(x)$ 为 $\beta(x)$ 的一个**高阶无穷小量** (infinitesimal of higher order), 记为 $\alpha(x)=o(\beta(x))$.

(2) 如果 $\lim\dfrac{\alpha(x)}{\beta(x)}=\infty$, 则称 $\alpha(x)$ 为 $\beta(x)$ 的一个**低阶无穷小量** (infinitesimal of lower order).

(3) 若 $\lim\dfrac{\alpha(x)}{\beta(x)}=C\neq 0$, 则称 $\alpha(x)$ 和 $\beta(x)$ 为**同阶无穷小量** (infinitesimals with the same order).

(4) 若 $\lim\dfrac{\alpha(x)}{\beta(x)}=1$, 则称 $\alpha(x)$ 和 $\beta(x)$ 为**等价无穷小量** (equivalent infinitesimals), 记为 $\alpha(x)\sim\beta(x)$.

(5) 若 $\lim\dfrac{\alpha(x)}{[\beta(x)]^k}=C\neq 0$, 则称 $\alpha(x)$ 为 $\beta(x)$ 的k **阶无穷小量** (k order infinitesimal).

注 ① 等价无穷小量是同阶无穷小量的特殊情形, 即 $C=1$ 的情形.

② 为了书写简便, 可将 $\lim\alpha(x)=0$, 即 $\alpha(x)$ 为无穷小量, 记为 $\alpha(x)=o(1)$.

③ 考虑 $x\to x_0$ 时的情形. 若 $\lim\dfrac{\alpha(x)}{(x-x_0)^k}=C\neq 0\ (k>0)$, 则称 $\alpha(x)$ 为当 $x\to x_0$ 时的 k 阶无穷小量.

依照定义 1.4.3 可以比较两个无穷小量的阶. 例如, 因为 $\lim\limits_{x\to 0}\dfrac{2x^2}{6x}=0$, 所以当 $x\to 0$ 时, $2x^2$ 是 $6x$ 的高阶无穷小量, 即 $2x^2=o(6x)(x\to 0)$; 因为 $\lim\limits_{x\to 0}\dfrac{\sin x}{6x}=\dfrac{1}{6}$, 所以当 $x\to 0$ 时, $\sin x$ 与 $6x$ 是同阶无穷小量; 因为 $\lim\limits_{x\to 0}\dfrac{\sin x}{x}=1$, 所以当 $x\to 0$ 时, $\sin x$ 与 x 是等价无穷小量, 即 $\sin x\sim x(x\to 0)$; 因为 $\lim\limits_{x\to 0}\dfrac{1-\cos x}{x^2}=\dfrac{1}{2}$, 所以 $1-\cos x$ 为当 $x\to 0$ 时的 2 阶无穷小量.

例 1.4.5 在 $x\to 0$ 时, 比较下列无穷小量的阶.

(1) $\alpha(x)=x^4+2x^3,\beta(x)=2x^2$;

(2) $\alpha(x)=\tan x,\beta(x)=x$;

(3) $\alpha(x)=\arcsin x,\beta(x)=x$.

解 (1) 因为

$$\lim_{x\to 0}\frac{\alpha(x)}{\beta(x)}=\lim_{x\to 0}\frac{x^4+2x^3}{2x^2}=\lim_{x\to 0}\frac{x^2+2x}{2}=0,$$

所以 $\alpha(x)$ 为 $\beta(x)$ 的高阶无穷小量, 即有

$$x^4+2x^3=o(2x^2)\quad(x\to 0).$$

(2) 因为

$$\lim_{x\to 0}\frac{\alpha(x)}{\beta(x)}=\lim_{x\to 0}\frac{\tan x}{x}=\lim_{x\to 0}\frac{\sin x}{x}\cdot\lim_{x\to 0}\frac{1}{\cos x}=1,$$

所以 $\alpha(x)$ 与 $\beta(x)$ 为等价无穷小量, 即有

$$\tan x\sim x\quad(x\to 0).$$

(3) 令 $\arcsin x=t$, 则 $x=\sin t$, 且当 $x\to 0$ 时, $t\to 0$. 从而

$$\lim_{x\to 0}\frac{\alpha(x)}{\beta(x)}=\lim_{x\to 0}\frac{\arcsin x}{x}=\lim_{t\to 0}\frac{t}{\sin t}=1,$$

所以 $\alpha(x)$ 与 $\beta(x)$ 是等价无穷小量, 即有

$$\arcsin x\sim x\quad(x\to 0).$$ ■

例 1.4.6 证明当 $x\to 0$ 时, $\sqrt[n]{1+x}-1\sim\dfrac{x}{n}$, 其中 $n\in\mathbf{N}_+$.

证明　由题意, 仅需证明

$$\lim_{x\to 0}\frac{\sqrt[n]{1+x}-1}{\dfrac{x}{n}}=1.$$

利用等式

$$a^n-b^n=(a-b)(a^{n-1}+a^{n-2}b+\cdots+ab^{n-2}+b^{n-1}),$$

将分子有理化, 可得

$$\begin{aligned}\lim_{x\to 0}\frac{\sqrt[n]{1+x}-1}{\dfrac{x}{n}}&=\lim_{x\to 0}\frac{n}{x}\cdot\frac{(\sqrt[n]{1+x}-1)(\sqrt[n]{(1+x)^{n-1}}+\sqrt[n]{(1+x)^{n-2}}+\cdots+1)}{\sqrt[n]{(1+x)^{n-1}}+\sqrt[n]{(1+x)^{n-2}}+\cdots+1}\\&=\lim_{x\to 0}\frac{n}{x}\cdot\frac{(\sqrt[n]{1+x})^n-1}{\sqrt[n]{(1+x)^{n-1}}+\sqrt[n]{(1+x)^{n-2}}+\cdots+1}\\&=\lim_{x\to 0}\frac{n}{\sqrt[n]{(1+x)^{n-1}}+\sqrt[n]{(1+x)^{n-2}}+\cdots+1}=1.\end{aligned}$$

故

$$\sqrt[n]{1+x}-1\sim\frac{x}{n}\quad(x\to 0).$$ ■

注　若设 $\sqrt[n]{1+x}=t$, 则 $\lim\limits_{x\to 0}\dfrac{\sqrt[n]{1+x}-1}{\dfrac{x}{n}}=\lim\limits_{t\to 1}\dfrac{t-1}{\dfrac{t^n-1}{n}}$, 这样计算更简单.

关于两个等价无穷小量有如下的定理.

定理 1.4.7　若 $\alpha(x)$ 与 $\beta(x)$ 都是同一自变量变化趋势下的无穷小量, 则 $\alpha(x)\sim\beta(x)$ 的充要条件为

$$\alpha(x)=\beta(x)+o(\beta(x)).$$

证明　首先证明必要性.

设 $\alpha(x)\sim\beta(x)$, 则

$$\lim\frac{\alpha(x)-\beta(x)}{\beta(x)}=\lim\left[\frac{\alpha(x)}{\beta(x)}-1\right]=0,$$

因此

$$\alpha(x)-\beta(x)=o(\beta(x)),$$

即

$$\alpha(x)=\beta(x)+o(\beta(x)).$$

其次证明充分性.

设 $\alpha(x)=\beta(x)+o(\beta(x))$, 则

$$\lim\frac{\alpha(x)}{\beta(x)}=\lim\left[\frac{\beta(x)+o(\beta(x))}{\beta(x)}\right]=\lim\left[1+\frac{o(\beta(x))}{\beta(x)}\right]=1,$$

因此, $\alpha(x)\sim\beta(x)$. ■

由定理 1.4.7 及

$$\sin x \sim x, \quad \tan x \sim x, \quad \arcsin x \sim x, \quad 1-\cos x \sim \frac{x^2}{2} \quad (x \to 0)$$

可得

$$\sin x = x+o(x), \quad \tan x = x+o(x), \quad \arcsin x = x+o(x), \quad 1-\cos x = \frac{x^2}{2}+o(x^2) \quad (x \to 0).$$

下面的定理在求极限中常起到十分重要的简化作用.

定理 1.4.8 (无穷小量的等价替换) 设 $\alpha(x)$ 与 $\beta(x)$, $\overline{\alpha}(x)$ 与 $\overline{\beta}(x)$ 都是在自变量同一变化趋势下的无穷小量. 若 $\alpha(x) \sim \overline{\alpha}(x)$, $\beta(x) \sim \overline{\beta}(x)$, 且 $\lim \frac{\overline{\alpha}(x)}{\overline{\beta}(x)}$ 存在, 则

$$\lim \frac{\alpha(x)}{\beta(x)} = \lim \frac{\overline{\alpha}(x)}{\overline{\beta}(x)}.$$

证明 由 $\alpha(x) \sim \overline{\alpha}(x)$, $\beta(x) \sim \overline{\beta}(x)$, 可知

$$\lim \frac{\alpha(x)}{\overline{\alpha}(x)} = \lim \frac{\beta(x)}{\overline{\beta}(x)} = 1,$$

从而

$$\lim \frac{\alpha(x)}{\beta(x)} = \lim \frac{\alpha(x)\overline{\alpha}(x)\overline{\beta}(x)}{\beta(x)\overline{\alpha}(x)\overline{\beta}(x)} = \lim \frac{\alpha(x)}{\overline{\alpha}(x)} \lim \frac{\overline{\beta}(x)}{\beta(x)} \lim \frac{\overline{\alpha}(x)}{\overline{\beta}(x)} = \lim \frac{\overline{\alpha}(x)}{\overline{\beta}(x)}.$$

■

定理 1.4.8 表明求两个无穷小量之比的极限时, 分子和分母中的无穷小因子都可用其等价无穷小量来代替. 该方法称为“**无穷小量的等价替换**”. 从下面的例题可以看出, 如果用来代替的无穷小量选得适当的话, 可以使计算变得简便.

例 1.4.7 求下列极限:

(1) $\lim\limits_{x \to 0} \frac{\tan 3x}{\sin 5x}$;　　(2) $\lim\limits_{x \to 0} \frac{x^3+5x}{\sin x}$;

(3) $\lim\limits_{x \to 0} \frac{(1+x^2)^{\frac{1}{4}}}{1-\cos x}$;　　(4) $\lim\limits_{x \to +\infty} x^{\frac{1}{2}} \arcsin \frac{1}{x^2+x}$.

解 (1) 由于当 $x \to 0$ 时, $\tan 3x \sim 3x$, $\sin 5x \sim 5x$, 则由无穷小量的等价替换定理可得

$$\lim_{x \to 0} \frac{\tan 3x}{\sin 5x} = \lim_{x \to 0} \frac{3x}{5x} = \frac{3}{5}.$$

(2) 由于当 $x \to 0$ 时, $\sin x \sim x$, 则由无穷小量的等价替换定理可得

$$\lim_{x \to 0} \frac{x^3+5x}{\sin x} = \lim_{x \to 0} \frac{x^3+5x}{x} = \lim_{x \to 0} (x^2+5) = 5.$$

(3) 由于当 $x\to 0$ 时, $(1+x^2)^{\frac{1}{4}}\sim\frac{1}{4}x^2$, $1-\cos x\sim\frac{1}{2}x^2$, 则由无穷小量的等价替换定理可得

$$\lim_{x\to 0}\frac{(1+x^2)^{\frac{1}{4}}}{1-\cos x}=\lim_{x\to 0}\frac{\frac{1}{4}x^2}{\frac{1}{2}x^2}=\frac{1}{2}.$$

(4) 由于当 $x\to+\infty$ 时, $\arcsin\frac{1}{x^2+x}\sim\frac{1}{x^2+x}\sim\frac{1}{x^2}$, 则由无穷小量的等价替换定理可得

$$\lim_{x\to+\infty}x^{\frac{1}{2}}\arcsin\frac{1}{x^2+x}=\lim_{x\to+\infty}\frac{x^{\frac{1}{2}}}{x^2}=0.$$ ■

例 1.4.8　求极限 $\lim\limits_{x\to 0}\dfrac{\tan x-\sin x}{\sin x^3}$.

解

$$\lim_{x\to 0}\frac{\tan x-\sin x}{\sin x^3}=\lim_{x\to 0}\frac{(1-\cos x)\tan x}{x^3}=\lim_{x\to 0}\frac{\frac{1}{2}x^3}{x^3}=\frac{1}{2}.$$ ■

需要强调的是, 这种替换仅能用于替换分式的分子或分母中的因子, 不能在加减法中使用. 例如, 若将例 1.4.8 的分子中的 $\tan x$ 和 $\sin x$ 替换为 x, 则会得到下面的错误结论:

$$\lim_{x\to 0}\frac{\tan x-\sin x}{\sin x^3}=\lim_{x\to 0}\frac{x-x}{x^3}=0.$$

为什么等价无穷小量替换只能对函数的分子或分母无穷小因子替换? 这个问题留给读者来解答. 关于无穷大量的比较, 也有类似于无穷小的定义. 例如, 若 $f(x)$ 和 $g(x)$ 是自变量某一变化过程中的无穷大量, 且 $\lim\dfrac{f(x)}{g(x)}=\infty$, 则称 $f(x)$ 为 $g(x)$ 的高阶无穷大量. 无穷大量的阶也反映了函数趋于无穷的快慢程度. 本节对此不再详细讨论.

习题 1.4A

1. 根据函数极限和无穷大的定义完成表 1.4.1.

表 1.4.1

自变量的变化趋势	$f(x)\to A$	$f(x)\to\infty$	$f(x)\to+\infty$	$f(x)\to-\infty$
$x\to x_0$	$\forall\varepsilon>0,\exists\delta>0$, 当$0<\lvert x-x_0\rvert<\delta$时, 有 $\lvert f(x)-A\rvert<\varepsilon$			
$x\to x_0^+$				
$x\to x_0^-$				
$x\to\infty$		$\forall M>0,\exists M_1>0$, 当$\lvert x\rvert>M_1$时, 有 $\lvert f(x)\rvert>M$		
$x\to+\infty$				
$x\to-\infty$				

2. 下列哪一种论述是正确的? 请说明理由.

(1) 一个无穷小量是一个非常小的数, 且一个无穷大量是一个非常大的数;

(2) 一个无穷小量为零且零为一无穷小量;

(3) 无穷大量是一个无界变量, 且无界变量就是一个无穷大量;

(4) 无穷多个无穷小量的和仍然为一个无穷小量;

(5) 一个无穷大量和一个有界变量的乘积仍为一个无穷大量.

3. 当 $x \to 1$ 时, 无穷小量 $f(x) = 1 - x$ 与 $g(x) = 1 - x^3$ 和 $h(x) = \dfrac{1}{2}(1 - x^2)$ 是否同阶? 是否等价?

4. 证明当 $x \to 0$ 时,

(1) $\arctan x \sim x$;　　(2) $\sec x \sim 1 - \dfrac{x^2}{2}$.

5. 在下列函数中, 当 $x \to 0$ 时, 哪一个是 x 的高阶无穷小量? 哪一个是 x 的低阶无穷小量? 哪一个是 x 的同阶或等价无穷小量?

(1) $x^4 + \sin 2x$;　　(2) $\sqrt{x(1-x)}, x \in (0,1)$;

(3) $\dfrac{2}{\pi}\cos\left[\dfrac{\pi}{2}(1-x)\right]$;　　(4) $2x\cos x\sqrt[3]{\tan x}, x \in \left(-\dfrac{\pi}{2}, \dfrac{\pi}{2}\right)$.

6. 下列运算是否正确? 如果不正确, 请指出它们的错误并给出正确答案.

(1) $\lim\limits_{n\to\infty}\left[n^3\left(\sin\dfrac{1}{n} - \tan\dfrac{1}{n}\right)\right] = \lim\limits_{n\to\infty}\left[n^3\left(\dfrac{1}{n} - \dfrac{1}{n}\right)\right] = 0$.

(2) $\lim\limits_{x\to 0}\dfrac{\sin\left(x^2\sin\dfrac{1}{x}\right)}{x} = \lim\limits_{x\to 0}\dfrac{x^2\sin\dfrac{1}{x}}{x} = \lim\limits_{x\to 0} x\sin\dfrac{1}{x} = 0$.

7. 利用无穷小量的等价替换定理求下列极限.

(1) $\lim\limits_{x\to 0}\dfrac{\tan 8x}{\sin 2x}$;　　(2) $\lim\limits_{x\to 0}\dfrac{\tan^2 x}{1-\cos x}$;

(3) $\lim\limits_{x\to 0}\dfrac{\tan x - \sin x}{\sin^3 x}$;　　(4) $\lim\limits_{x\to 0}\dfrac{\sin x^5}{\sin^4 x}$;

(5) $\lim\limits_{x\to 0}\dfrac{(1+x)^{\frac{1}{3}} - 1}{x\sin x}$;　　(6) $\lim\limits_{x\to 0}\dfrac{\sin x - \tan x}{\left(\sqrt[3]{1+x^2} - 1\right)\left(\sqrt{1+\sin x} - 1\right)}$.

8. 已知当 $x \to 0$ 时, $(1+\alpha x^2)^{\frac{1}{3}}$ 与 $1 - \cos x$ 是等价无穷小量, 求常数 α.

习题 1.4B

1. 利用无穷小量的等价替换定理求下列极限.

(1) $\lim\limits_{x\to 0}\dfrac{(\sqrt[3]{1+\tan x}-1)(\sqrt{1+x^2}-1)}{\tan x-\sin x}$;

(2) $\lim\limits_{x\to 0^-}\dfrac{(1-\sqrt{\cos x})\tan x}{(1-\cos x)^{\frac{3}{2}}}$;

(3) $\lim\limits_{x\to 0}\sin^2(\sqrt{n^2+1}\pi)$.

2. 设 P 为曲线 $y=f(x)$ 上的一个动点. 若点 P 沿着这条曲线从原点向无穷远处移动, 它到一条给定直线 L 的距离趋于 0, 则称这条直线为曲线 $y=f(x)$ 的**渐近线** (asymptote). 若直线 L 的斜率为 $k\neq 0$, 则称 L 为**斜渐近线** (oblique asymptote).

(1) 证明: 直线 $y=kx+b$ 为曲线 $y=f(x)$ 的斜 (或水平) 渐近线的充要条件是

$$k=\lim_{x\to\infty}\frac{f(x)}{x},\quad b=\lim_{x\to\infty}[f(x)-kx];$$

(2) 求曲线 $y=\dfrac{x^2+1}{x+1}, x\neq -1$ 的斜渐近线.

3. 确定常数 a, b 和 c 的值, 使得下列等式成立:

(1) $\lim\limits_{x\to+\infty}\left(\sqrt{x^2-x+1}-ax+b\right)=0$;

(2) $\lim\limits_{x\to 1}\dfrac{a(x-1)^2+b(x-1)+c-\sqrt{x^2+3}}{(x-1)^2}=0$.

4. 证明无穷小等价关系具有下列性质 (假设自变量有同一变化趋势).

(1) 自反性: $\alpha(x)\sim\alpha(x)$;

(2) 对称性: 若 $\alpha(x)\sim\beta(x)$, 则 $\beta(x)\sim\alpha(x)$;

(3) 传递性: 若 $\alpha(x)\sim\beta(x)$, $\beta(x)\sim\gamma(x)$, 则 $\alpha(x)\sim\gamma(x)$.

1.5　连续函数

自然界中的很多现象, 如气温的变化、河水的流动、受热体体积的膨胀等, 都是连续变化的, 这种现象在函数关系上的反映就是函数的连续性. 本节我们将介绍函数的连续性、连续函数的性质和运算、初等函数的连续性、间断点及其类型、闭区间上连续函数的性质等.

1.5.1　连续函数的定义

在微积分中有一类重要的函数就是连续函数. “连续” 和 “间断 (或不连续)” 从字面上来说是不难理解的. 如图 1.5.1 所示, 图 1.5.1(a) 中的函数 $f(x)$ 在点 x_0 处是连续的, 而图 1.5.1(b) 中的函数 $g(x)$ 在点 x_0 处是间断的. 所谓函数 $f(x)$ 在点 x_0 处连续直观上来说就

是当 x 接近于 x_0 时, 函数值 $f(x)$ 会越来越接近于 $f(x_0)$. 这就表明 $f(x)$ 在 x_0 点处是“连续”起来的 (图 1.5.1(a)), 而不是间断的 (图 1.5.1(b)). 为了对函数的连续性作进一步的分析和研究, 需要对“连续”给予精确的定义.

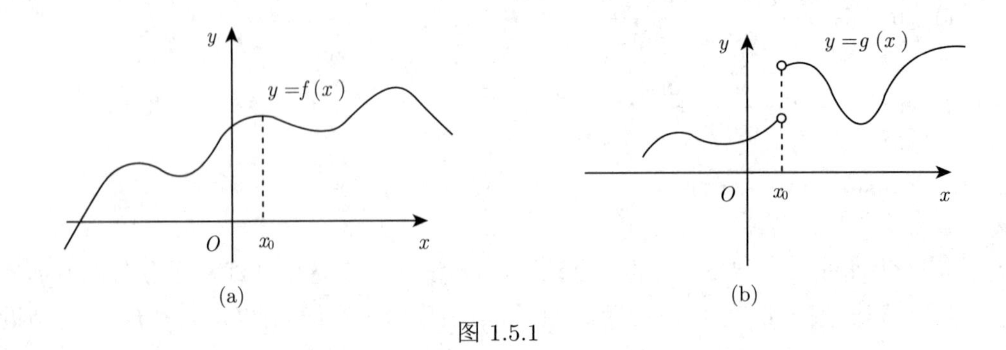

图 1.5.1

定义 1.5.1 (函数在点 x_0 处连续) 设函数 $f(x)$ 在点 x_0 的某个邻域 $U(x_0)$ 内有定义. 如果 $\lim\limits_{x\to x_0} f(x)=f(x_0)$, 则称函数 $f(x)$ 在点 x_0 处**连续** (continuous), 此时称点 x_0 为 $f(x)$ 的**连续点**.

定义 1.5.1 用“$\varepsilon-\delta$”定义的形式可表达为: $\forall\varepsilon>0,\exists\delta>0$, 当 $|x-x_0|<\delta$ 时, 有

$$|f(x)-f(x_0)|<\varepsilon,$$

则称函数 $f(x)$ 在点 x_0 处连续.

从定义可知函数 $f(x)$ 在点 x_0 处连续必须同时满足以下 3 个条件:

(1) $f(x)$ 在点 x_0 处有定义;

(2) $f(x)$ 在点 x_0 处的极限 $\lim\limits_{x\to x_0} f(x)$ 存在;

(3) $\lim\limits_{x\to x_0} f(x)=f(x_0)$.

若以上任何一条不满足, 函数 $f(x)$ 在点 x_0 处就不连续. 同时, 由定义可知, 函数在某点是否连续是函数在这个点的局部性质.

连续的特点在于自变量发生微小改变时, 对应函数值的变化也微小. 为了方便起见, 我们可以引入增量概念, 把函数 $y=f(x)$ 在点 x_0 处连续的定义用不同的方式叙述.

设变量 x 从它的一个初值 x_1 变到终值 x_2, 终值与初值的差 x_2-x_1 称为变量 x 的**增量** (increment), 记为 Δx, 即 $\Delta x=x_2-x_1$. 注意, 增量可以是正的, 也可以是负的. Δx 为正时, 说明变量 x 从 x_1 到 x_2 是增大的; Δx 为负时, 说明变量 x 从 x_1 到 x_2 是减小的.

假设函数 $y=f(x)$ 在某 $U(x_0)$ 内有定义. 当自变量 x 在该邻域内从 x_0 变到 $x_0+\Delta x$ 时, 函数值 y 相应地从 $f(x_0)$ 变为 $f(x_0+\Delta x)$, 从而函数 y 的对应增量为

$$\Delta y=f(x_0+\Delta x)-f(x_0).$$

此时, Δx 称为**自变量的增量** (increment of the independent variable), Δy 称为**函数的增量** (increment of the function), 如图 1.5.2 所示.

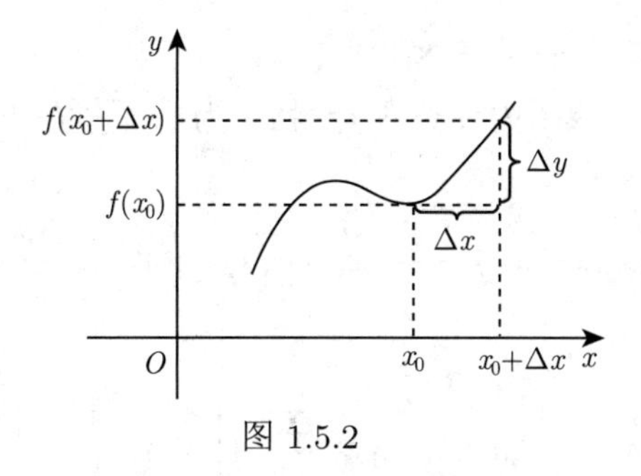

图 1.5.2

从而定义 1.5.1 可以这样描述: 函数 $y = f(x)$ 在点 x_0 处连续意味着当 Δx 趋于 0 时, 对应函数增量 Δy 也趋于 0. 故连续的定义也可以叙述如下.

设函数 $f(x)$ 在 x_0 的某个邻域 $U(x_0)$ 内有定义, 如果

$$\lim_{\Delta x \to 0} \Delta y = \lim_{\Delta x \to 0} [f(x_0 + \Delta x) - f(x_0)] = 0,$$

则称函数 $f(x)$ 在点 x_0 处连续.

由函数左极限和右极限的定义, 容易得到函数在一点左连续和右连续的定义.

定义 1.5.2 (函数在点 x_0 处左连续和右连续) 设函数 $f(x)$ 在 $(x_0 - \delta, x_0]$ 内有定义 (这里 $\delta > 0$). 如果

$$\lim_{x \to x_0^-} f(x) = f(x_0),$$

则称函数 $f(x)$ 在点 x_0 处**左连续**.

类似地, 设函数 $f(x)$ 在 $[x_0, x_0 + \delta)$ 内有定义 (这里 $\delta > 0$). 如果

$$\lim_{x \to x_0^+} f(x) = f(x_0),$$

则称函数 $f(x)$ 在点 x_0 处**右连续**.

由定义 1.5.1 和定义 1.5.2 可知, 函数 $f(x)$ 在点 x_0 处连续的充要条件是函数在此点既是左连续又是右连续.

定理 1.5.1 设函数 $f(x)$ 在 x_0 的某个邻域 $U(x_0)$ 内有定义, 则

$$\lim_{x \to x_0} f(x) = f(x_0) \Leftrightarrow \begin{cases} \lim\limits_{x \to x_0^-} f(x) = f(x_0), \\ \lim\limits_{x \to x_0^+} f(x) = f(x_0). \end{cases}$$

此定理的证明很简单, 留给读者来完成.

下面我们给出函数 $f(x)$ 在某一区间内连续的定义.

若函数 $f(x)$ 对 (a, b) 内任何一点都连续, 则称函数 $f(x)$ **在开区间 (a, b) 内连续**. 对于闭区间 $[a, b]$ 来说, $f(x)$ **在 $[a, b]$ 上连续**是指 $f(x)$ 在 (a, b) 内连续, 同时在右端点左连续、在左端点右连续. 无穷区间 $[a, +\infty)$ 和 $(-\infty, b]$ 上函数的连续性有类似的定义.

以后, 我们用符号 $C(I)$ 表示区间 I 上所有连续函数的集合, 即

$$C(I) = \{f(x) | f(x)\text{为区间}I\text{上的连续函数}\}.$$

例 1.5.1 证明 $\sin x\in C(-\infty,+\infty)$.

证明 设 x_0 是 $(-\infty,+\infty)$ 内任意一点, Δx 为自变量在点 x_0 处的增量, 则对应的函数增量为

$$\Delta y=\sin(x_0+\Delta x)-\sin x_0=2\cos\left(x_0+\frac{\Delta x}{2}\right)\sin\frac{\Delta x}{2}.$$

注意到

$$\left|\cos\left(x_0+\frac{\Delta x}{2}\right)\right|\leqslant 1,$$

且当 $\Delta x\to 0$ 时, $\sin\dfrac{\Delta x}{2}$ 是无穷小量, 故有

$$\lim_{\Delta x\to 0}\Delta y=0.$$

因此 $y=\sin x$ 对任意 $x_0\in(-\infty,+\infty)$ 是连续的, 即 $\sin x\in C(-\infty,+\infty)$. ■

类似地可以证明 $\cos x\in C(-\infty,+\infty)$. 该证明请读者自行完成.

例 1.5.2 证明 $x^2\in C(-\infty,+\infty)$.

证明 设 x_0 是 $(-\infty,+\infty)$ 内任意一点, Δx 为自变量在点 x_0 处的增量, 则对应的函数增量为

$$\Delta y=(x_0+\Delta x)^2-x_0^2=2x_0\Delta x+(\Delta x)^2.$$

由极限的四则运算法则易知

$$\lim_{\Delta x\to 0}\Delta y=\lim_{\Delta x\to 0}[2x_0\Delta x+(\Delta x)^2]=0.$$

因此 $y=x^2$ 对任意 $x_0\in(-\infty,+\infty)$ 是连续的, 即 $x^2\in C(-\infty,+\infty)$. ■

1.5.2 连续函数的性质和运算

由函数在某点连续的定义和极限的四则运算法则, 可得出连续函数的如下性质.

定理 1.5.2 (和、差、积、商的连续性) 设函数 $f(x)$ 和 $g(x)$ 都在点 x_0 处连续, 则

$$f(x)\pm g(x),\quad f(x)g(x),\quad \frac{f(x)}{g(x)}\quad (g(x_0)\neq 0)$$

在点 $x=x_0$ 处也连续.

以 $f(x)g(x)$ 为例给出证明.

由于 $\lim\limits_{x\to x_0}f(x)=f(x_0),\lim\limits_{x\to x_0}g(x)=g(x_0)$, 由极限的四则运算法则可得

$$\lim_{x\to x_0}f(x)g(x)=\lim_{x\to x_0}f(x)\lim_{x\to x_0}g(x)=f(x_0)g(x_0),$$

即 $f(x)g(x)$ 在点 x_0 处连续.

例 1.5.3 证明 $\tan x,\cot x,\sec x$ 和 $\csc x$ 在其定义域内都是连续的.

证明　由前面的例题可知

$$\sin x \in C(-\infty,+\infty),\quad \cos x \in C(-\infty,+\infty),$$

而

$$\tan x=\frac{\sin x}{\cos x},\quad \cot x=\frac{\cos x}{\sin x},\quad \sec x=\frac{1}{\cos x},\quad \csc x=\frac{1}{\sin x}.$$

由定理 1.5.2 可知上述 4 个函数在分母不为零的点都是连续的, 也就是在它们的定义域内连续. ■

思考　若 $f(x)$ 和 $g(x)$ 在点 x_0 处都不连续, 或者 $f(x)$ 在点 x_0 处连续, 但 $g(x)$ 在点 x_0 处不连续, 请问 $f(x)\pm g(x), f(x)g(x), \dfrac{f(x)}{g(x)}(g(x_0)\neq 0)$ 是否仍然连续?

定理 1.5.3 (反函数的连续性)　设函数 $f(x)$ 在区间 I_x 上严格单调增加 (或严格单调减少) 且连续, 则它的反函数 $x=f^{-1}(y)$ 在对应的区间 $I_y=\{y|y=f(x),x\in I_x\}$ 上也严格单调增加 (或严格单调减少) 且连续.

该定理的证明超出了本书的讨论范围, 此处从略.

例 1.5.4　证明 $\arcsin x\in C[-1,1]$.

证明　由于 $\sin x$ 在区间 $I_x=\left[-\dfrac{\pi}{2},\dfrac{\pi}{2}\right]$ 上严格单调增加且连续, 由定理 1.5.3 可知反三角函数 $x=\arcsin y$ 在 $I_y=[-1,1]$ 上连续, 即

$$\arcsin x\in C[-1,1].$$ ■

类似地可以证明反三角函数 $\arccos x,\arctan x,\operatorname{arccot} x$ 在它们的定义域内都是连续的.

定理 1.5.4 (复合函数的连续性)　若函数 $u=g(x)$ 在点 x_0 处连续, $g(x_0)=u_0$, 且函数 $y=f(u)$ 在点 u_0 处连续, 则复合函数 $y=(f\circ g)(x)=f[g(x)]$ 在点 x_0 处连续.

证明　要证明复合函数 $y=f[g(x)]$ 在点 x_0 处连续, 只要证明

$$\lim_{x\to x_0} f[g(x)]=f[g(x_0)],$$

即 $\forall\varepsilon>0,\exists\delta>0$, 当 $|x-x_0|<\delta$ 时, 有

$$|f[g(x)]-f[g(x_0)]|<\varepsilon.$$

由于 $y=f(u)$ 在点 u_0 处连续, 且 $g(x_0)=u_0$, 则 $\forall\varepsilon>0,\exists\eta>0$, 当 $|u-u_0|<\eta$ 时, 有

$$|f(u)-f(u_0)|<\varepsilon$$

或

$$|f(u)-f(g(x_0))|<\varepsilon.$$

又由于 $u=g(x)$ 在点 x_0 处连续, 可知对上述的 $\eta>0,\exists\delta>0$, 当 $|x-x_0|<\delta$ 时, 有

$$|g(x)-g(x_0)|<\eta$$

或

$$|g(x)-u_0|<\eta.$$

从上述不等式和 η 的选取可知

$$|f[g(x)]-f[g(x_0)]|<\varepsilon,$$

即

$$\lim_{x\to x_0} f[g(x)]=f[g(x_0)].$$

定理得证. ■

定理 1.5.4 说明了复合函数的连续性, 它的结论也可写为

$$\lim_{x\to x_0} f[g(x)]=f[g(x_0)]=f[\lim_{x\to x_0} g(x)].$$

也就是说, 求复合函数 $f[g(x)]$ 的极限时, 函数符号 f 与极限号 $\lim\limits_{x\to x_0}$ 可以交换次序.

例 1.5.5 讨论函数 $y=1+\sin^2 x$ 的连续性.

解 可将 $y=1+\sin^2 x$ 看作由函数 $y=1+u^2$ 及 $u=\sin x$ 复合而成, 两个函数的定义域都为 $(-\infty,+\infty)$. 由于 $u=\sin x$ 在 $(-\infty,+\infty)$ 内连续, 其值域为 $[-1,1]$, 且 $y=1+u^2$ 在 $(-\infty,+\infty)$ 内是连续的. 根据定理 1.5.4, 函数 $y=1+\sin^2 x$ 在 $(-\infty,+\infty)$ 内是连续的. ■

1.5.3 初等函数的连续性

1. 三角函数和反三角函数的连续性

由本节前面的例题可知, 三角函数 $\sin x,\cos x,\tan x,\cot x,\sec x,\csc x$ 在其定义域内都是连续的; 反三角函数 $\arcsin x,\arccos x,\arctan x,\operatorname{arccot} x$ 在其定义域内也都是连续的.

2. 指数函数和对数函数的连续性

例 1.5.6 讨论指数函数 a^x 的连续性, 其中 $a>0$ 且 $a\neq 1$.

解 首先证明 $\lim\limits_{x\to 0^+} a^x=\lim\limits_{x\to 0^-} a^x=1$(即 $\lim\limits_{x\to 0} a^x=1$).

对任意的 $0<x<1$, 令 $n=\left[\dfrac{1}{x}\right]$, 则有 $\dfrac{1}{n+1}<x\leqslant\dfrac{1}{n}$. 易见 $x\to 0^+\Rightarrow n\to\infty$.

从而, 当$0<a<1$时, 有$a^{\frac{1}{n}}\leqslant a^x<a^{\frac{1}{n+1}}$; 当$a>1$时, 有$a^{\frac{1}{n+1}}<a^x\leqslant a^{\frac{1}{n}}$.

利用 $\lim\limits_{n\to\infty} a^{\frac{1}{n}}=1$ 及夹逼准则, 可知

$$\lim_{x\to 0^+} a^x=1.$$

当 $x<0$ 时, 可以令 $x=-y$, 则

$$\lim_{x\to 0^-} a^x=\lim_{y\to 0^+} a^{-y}=\lim_{y\to 0^+}\frac{1}{a^y}=1.$$

综上可得, $\lim\limits_{x\to 0} a^x = 1$, 即 a^x 在点 $x=0$ 处是连续的.

下面证明当 $a>0$且$a\neq 1$ 时, a^x 在任何一点 x_0 处连续.

由于

$$a^x - a^{x_0} = a^{x_0}(a^{x-x_0}-1).$$

设 $u=x-x_0$, 则 $x\to x_0 \Leftrightarrow u\to 0$. 从而由上述结果可知

$$\lim_{x\to x_0}(a^x - a^{x_0}) = a^{x_0}\lim_{x\to x_0}(a^{x-x_0}-1) = a^{x_0}\lim_{u\to 0}(a^u-1)=0,$$

即

$$\lim_{x\to x_0} a^x = a^{x_0}.$$

这证明了当 $a>0$且$a\neq 1$ 时, a^x 在 $(-\infty,+\infty)$ 内连续, 即指数函数

$$a^x \in C(-\infty,+\infty).$$ ■

由指数函数 $a^x(a>0$且$a\neq 1)$ 在其定义域 $(-\infty,+\infty)$ 内连续, 根据反函数的连续性定理, 可知它的反函数——对数函数 $\log_a x$ 在其定义域 $(0,+\infty)$ 内连续.

3. 幂函数的连续性

由于 α 的不同, 幂函数 $y=x^\alpha(\alpha\in\mathbf{R})$ 的定义域可能有 4 种情况: $(-\infty,+\infty),(-\infty,+\infty)\backslash\{0\},[0,+\infty),(0,+\infty)$. 不难证明, 对任意 $\alpha\in\mathbf{R}$, 幂函数 $y=x^\alpha$ 在区间 $(0,+\infty)$ 内都连续.

例 1.5.7　讨论幂函数 $x^\alpha(\alpha\in\mathbf{R})$ 在 $(0,+\infty)$ 内的连续性.

解　$x\in(0,+\infty)$ 时,

$$x^\alpha = \mathrm{e}^{\alpha\ln x}.$$

由函数 $u=\alpha\ln x$ 和 $y=\mathrm{e}^u$ 的连续性及复合函数的连续性定理可知, 幂函数 x^α 在 $(0,+\infty)$ 内连续. ■

注　如果对于 α 的各种不同取值分别进行讨论, 可以证明 (本书证明从略) 幂函数在它的定义域内是连续的.

显然, 常函数是连续函数. 故综上所述有下面的结论: **6 类基本初等函数 (常值函数、幂函数、指数函数、对数函数、三角函数、反三角函数) 在它们各自的定义域内都是连续的.**

由初等函数的定义、基本初等函数的连续性及连续函数的运算法则 (定理 1.5.2~ 定理 1.5.4) 可知: **一切初等函数在它们的定义域内都是连续的.**

根据函数 $f(x)$ 在点 x_0 处连续的定义, 如果已知 $f(x)$ 在点 x_0 处连续, 那么求 $f(x)$ 当 $x\to x_0$ 的极限时, 只要求 $f(x)$ 在点 x_0 处的函数值就行. 因此, 初等函数连续性的结论提供了求极限的一个重要的方法: 如果函数 $f(x)$ 是初等函数, 且 x_0 是 $f(x)$ 定义域内的点, 则

$$\lim_{x\to x_0} f(x) = f(x_0) = f(\lim_{x\to x_0} x).$$

例 1.5.8 求下列极限:

(1) $\lim\limits_{x\to 0}\dfrac{\log_a(1+x)}{x}$; (2) $\lim\limits_{x\to 0}\dfrac{a^x-1}{x}$;

(3) $\lim\limits_{x\to 0}\dfrac{(1+x)^\alpha-1}{x}(\alpha\in\mathbf{R})$; (4) $\lim\limits_{x\to\infty}\left(1+\dfrac{2}{x}\right)^{3x}$.

解 (1) $\lim\limits_{x\to 0}\dfrac{\log_a(1+x)}{x}=\lim\limits_{x\to 0}\log_a(1+x)^{\frac{1}{x}}=\log_a[\lim\limits_{x\to 0}(1+x)^{\frac{1}{x}}]=\log_a \mathrm{e}=\dfrac{1}{\ln a}$.

特别地,

$$\lim_{x\to 0}\frac{\ln(1+x)}{x}=1.$$

(2) 令 $a^x-1=t$, 则 $x=\log_a(1+t)$, 且当 $x\to 0$ 时, $t\to 0$, 故

$$\lim_{x\to 0}\frac{a^x-1}{x}=\lim_{t\to 0}\frac{t}{\log_a(1+t)}=\frac{1}{\log_a(1+t)^{\frac{1}{t}}}=\lim_{t\to 0}\frac{1}{\log_a \mathrm{e}}=\ln a.$$

特别地,

$$\lim_{x\to 0}\frac{\mathrm{e}^x-1}{x}=1.$$

(3) 令 $(1+x)^\alpha-1=t$, 则 $\alpha\ln(1+x)=\ln(1+t)$, 且当 $x\to 0$ 时, $t\to 0$. 因此

$$\frac{(1+x)^\alpha-1}{x}=\frac{t}{x}\frac{\alpha\ln(1+x)}{\ln(1+t)}=\frac{t}{\ln(1+t)}\frac{\alpha\ln(1+x)}{x}.$$

故

$$\lim_{x\to 0}\frac{(1+x)^\alpha-1}{x}=\lim_{t\to 0}\frac{t}{\ln(1+t)}\lim_{x\to 0}\frac{\alpha\ln(1+x)}{x}=\alpha.$$

(4) $\lim\limits_{x\to\infty}\left(1+\dfrac{2}{x}\right)^{3x}=\lim\limits_{x\to\infty}\left[\left(1+\dfrac{2}{x}\right)^{\frac{x}{2}}\right]^6=\left[\lim\limits_{x\to\infty}\left(1+\dfrac{2}{x}\right)^{\frac{x}{2}}\right]^6=\mathrm{e}^6$. ■

由以上的讨论, 我们又得到了一些等价无穷小, 结合 1.4 节已经得到的一些等价无穷小, 我们不妨归纳起来. 当 $x\to 0$ 时,

$$\sin x\sim x,\quad \tan x\sim x,\quad \arcsin x\sim x,\quad \arctan x\sim x,\quad 1-\cos x\sim\frac{x^2}{2},$$

$$\mathrm{e}^x-1\sim x,\quad \ln(1+x)\sim x,\quad a^x-1\sim x\ln a(a>0,a\neq 1),\quad (1+x)^\alpha-1\sim\alpha x(\alpha\neq 0).$$

例 1.5.9 求下列极限:

(1) $\lim\limits_{x\to 0}\dfrac{(1+\sin x)^\alpha-1}{\tan x}(\alpha\neq 0)$; (2) $\lim\limits_{x\to 0}(1+\sin x)^{\frac{1}{x}}$;

(3) $\lim\limits_{x\to 0}(1+\tan^2 x)^{\frac{1}{1-\cos x}}$; (4) $\lim\limits_{x\to\infty}\dfrac{\arctan x^2}{(\mathrm{e}^{2x}-1)\ln(1-x)}$.

解　(1) 当 $x \to 0$ 时, 易见 $(1+\sin x)^\alpha - 1 \sim \alpha \sin x$, $\tan x \sim x$, 因此

$$\lim_{x\to 0}\frac{(1+\sin x)^\alpha - 1}{\tan x} = \lim_{x\to 0}\frac{\alpha\sin x}{x} = \alpha.$$

(2) 当 $x \to 0$ 时, 易见 $\ln(1+\sin x) \sim \sin x$, 因此

$$\lim_{x\to 0}(1+\sin x)^{\frac{1}{x}} = \mathrm{e}^{\lim\limits_{x\to 0}\frac{1}{x}\ln(1+\sin x)} = \mathrm{e}^{\lim\limits_{x\to 0}\frac{\sin x}{x}} = \mathrm{e}.$$

(3) 当 $x \to 0$ 时, 易见 $\ln(1+\tan^2 x) \sim \tan^2 x, 1-\cos x \sim \dfrac{x^2}{2}$, 因此

$$\lim_{x\to 0}(1+\tan^2 x)^{\frac{1}{1-\cos x}} = \mathrm{e}^{\lim\limits_{x\to 0}\frac{1}{1-\cos x}\ln(1+\tan^2 x)} = \mathrm{e}^{\lim\limits_{x\to 0}\frac{1}{\frac{1}{2}x^2}\tan^2 x} = \mathrm{e}^{\lim\limits_{x\to 0}\frac{2x^2}{x^2}} = \mathrm{e}^2.$$

(4) 当 $x \to 0$ 时, 易见 $\arctan x^2 \sim x^2, \mathrm{e}^{2x}-1 \sim 2x, \ln(1-x) \sim -x$, 因此

$$\lim_{x\to\infty}\frac{\arctan x^2}{(\mathrm{e}^{2x}-1)\ln(1-x)} = \lim_{x\to\infty}\frac{x^2}{-2x^2} = -\frac{1}{2}.$$ ■

1.5.4　间断点及其类型

由连续的定义可知, $f(x)$ 在点 x_0 处连续必须满足下列 3 个条件:

(1) $f(x)$ 在点 x_0 处有定义;

(2) $f(x)$ 在点 x_0 处的极限 $\lim\limits_{x\to x_0} f(x)$ 存在;

(3) $\lim\limits_{x\to x_0} f(x) = f(x_0)$.

其中任何一条不满足, $f(x)$ 在点 x_0 处就不连续, 即间断. 若函数 $f(x)$ 在点 x_0 处间断, 则称该点为函数的**不连续点或间断点** (discontinuous point).

根据上述条件, 我们通常将间断点分为两类: 第一类间断点和第二类间断点. 如果 x_0 是函数 $f(x)$ 的间断点, 但 $f(x)$ 在点 x_0 处的左、右极限都存在, 那么称 x_0 为 $f(x)$ 的**第一类间断点**, 不是第一类间断点的任何间断点都称为**第二类间断点**.

对于第一类间断点 x_0, 若 $f(x)$ 在点 x_0 处的左、右极限都存在且相等, 即 $\lim\limits_{x\to x_0} f(x)$ 存在, 但它不等于 $f(x_0)$ 或 $f(x)$ 在点 x_0 处没有定义, 这时称 x_0 为 $f(x)$ 的**可去间断点** (removable discontinuity); 若 $f(x)$ 在点 x_0 处的左、右极限都存在但不相等, 则称 x_0 为 $f(x)$ 的**跳跃间断点** (jump discontinuity).

在第二类间断点中, 也有两种间断点非常特殊: 若函数 $f(x)$ 在间断点 x_0 的极限为无穷大, 则称 x_0 为 $f(x)$ 的**无穷间断点**; 若函数 $f(x)$ 在间断点 x_0 附近趋于 x_0 时是振荡的, 则称 x_0 为 $f(x)$ 的**振荡间断点**.

下面举例说明几种常见的函数间断点.

例 1.5.10　讨论函数 $f(x) = \dfrac{\sin x}{x}$ 在 $x=0$ 处的连续性.

解 函数 $f(x)$ 在 $x=0$ 处并无定义, 故点 $x=0$ 为函数 $f(x)$ 的间断点, 由

$$\lim_{x\to 0}\frac{\sin x}{x}=1,$$

可知点 $x=0$ 为函数 $f(x)$ 的第一类间断点, 且是可去间断点 (如图 1.5.3 所示). ■

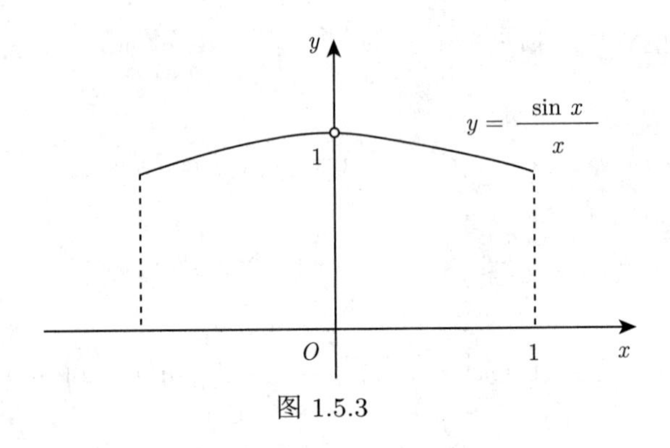

图 1.5.3

注 对于函数 $f(x)$ 的可去间断点 x_0, 可以通过改变函数在 x_0 处的函数值来移除. 例如, 定义新函数

$$F(x)=\begin{cases} f(x), & x\neq x_0,\\ \lim\limits_{x\to x_0}f(x), & x=x_0. \end{cases}$$

显然 $F(x)$ 在点 x_0 处连续, 称 $F(x)$ 是函数 $f(x)$ 在点 x_0 处的连续开拓.

在例 1.5.10 中, 若增加定义 $f(0)=1$, 则得新函数

$$g(x)=\begin{cases} \dfrac{\sin x}{x}, & x\neq 0,\\ 1, & x=0. \end{cases}$$

易见新函数 $g(x)$ 在 $x=0$ 处连续, $g(x)$ 是 $f(x)$ 在点 0 处的连续开拓.

例 1.5.11 设函数 $f(x)=\begin{cases} (1+x)^{\frac{1}{x}}, & x\neq 0,\\ 1, & x=0. \end{cases}$ 试讨论函数 $f(x)$ 在点 $x=0$ 处的连续性.

解 因为 $\lim\limits_{x\to 0}f(x)=\lim\limits_{x\to 0}(1+x)^{\frac{1}{x}}=\mathrm{e}\neq f(0)$, 所以点 $x=0$ 为函数 $f(x)$ 的第一类间断点, 且是可去间断点.

若重新定义函数在 $x=0$ 处的取值, 即构造新函数

$$g(x)=\begin{cases} (1+x)^{\frac{1}{x}}, & x\neq 0,\\ \mathrm{e}, & x=0, \end{cases}$$

则函数 $g(x)$ 在 $x=0$ 处连续. ■

例 1.5.12　设函数 $f(x)=\begin{cases} x, & x<0, \\ \dfrac{1}{2}, & x=0, \\ 1-x, & x>0. \end{cases}$ 试讨论函数 $f(x)$ 在点 $x=0$ 处的连续性.

解　由于

$$\lim_{x\to 0^-} f(x) = \lim_{x\to 0^-} x = 0, \quad \lim_{x\to 0^+} f(x) = \lim_{x\to 0^+} (1-x) = 1,$$

因此函数 $f(x)$ 在 $x=0$ 处左、右极限存在但不相等, 故 $x=0$ 为函数 $f(x)$ 的第一类间断点, 且是跳跃间断点 (如图 1.5.4 所示). ■

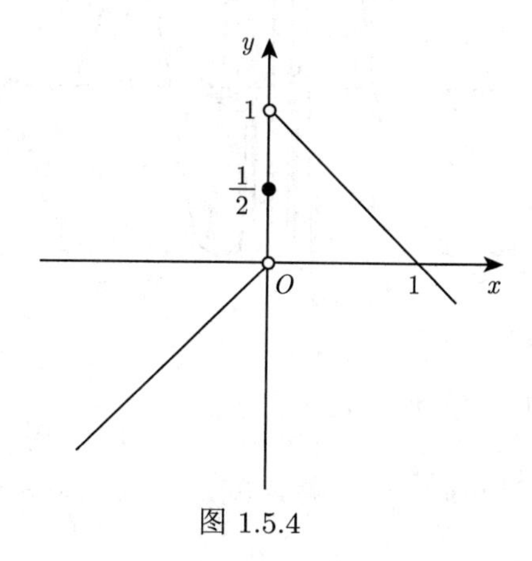

图 1.5.4

例 1.5.13　讨论函数 $f(x)=\tan x$ 在 $x=\dfrac{\pi}{2}$ 处的连续性.

解　因为正切函数 $\tan x$ 在 $x=\dfrac{\pi}{2}$ 处没有定义, 所以 $x=\dfrac{\pi}{2}$ 是 $\tan x$ 的间断点. 由

$$\lim_{x\to \frac{\pi}{2}} \tan x = \infty,$$

可知 $x=\dfrac{\pi}{2}$ 是 $\tan x$ 的第二类间断点, 且为无穷间断点 (如图 1.5.5 所示). ■

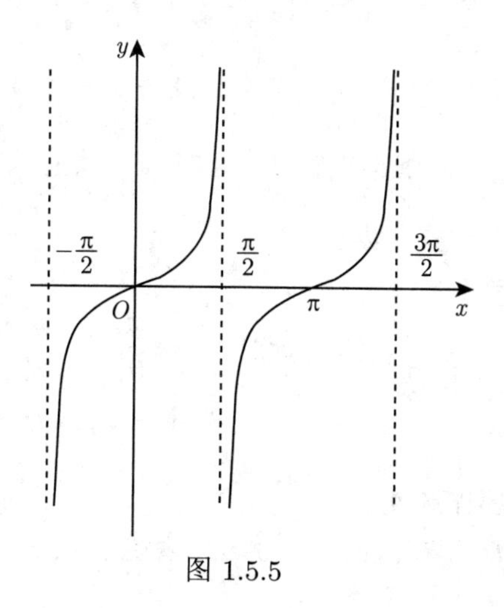

图 1.5.5

例 1.5.14 讨论函数 $f(x)=\sin\dfrac{1}{x}$ 在 $x=0$ 处的连续性.

解 首先注意到 $f(x)=\sin\dfrac{1}{x}$ 在 $x=0$ 处无定义, 因此 $x=0$ 是函数 $f(x)$ 的间断点. 另外, $f(x)$ 在 $x=0$ 处的极限也不存在, 且当 $x\to 0$ 时, $\sin\dfrac{1}{x}$ 的值在 -1 与 1 之间振荡 (如图 1.5.6 所示), 所以点 $x=0$ 为函数 $f(x)$ 的第二类间断点, 且为振荡间断点. ■

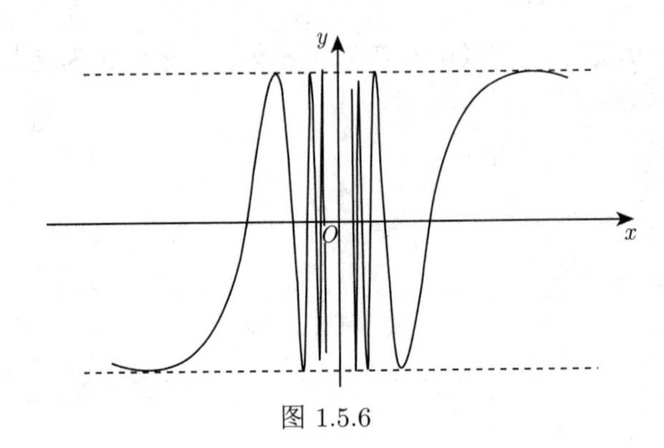

图 1.5.6

例 1.5.15 讨论函数 $f(x)$ 的连续性, 其中 $f(x)=\begin{cases}\mathrm{e}^{\frac{1}{x-1}}, & x>0,\\ \ln(1+x), & -1<x\leqslant 0.\end{cases}$

解 由初等函数的连续性可知, $f(x)$ 在区间 $(-1,+\infty)$ 内除了点 $x=0$ 及 $x=1$ 外均连续.

当 $x=0$ 时, 因为

$$\lim_{x\to 0^-}f(x)=\lim_{x\to 0^-}\ln(1+x)=0,\quad \lim_{x\to 0^+}f(x)=\lim_{x\to 0^+}\mathrm{e}^{\frac{1}{x-1}}=\mathrm{e}^{-1},$$

所以 $x=0$ 为 $f(x)$ 的第一类间断点, 且是跳跃间断点.

当 $x=1$ 时, 因为

$$\lim_{x\to 1^-}f(x)=\lim_{x\to 1^-}\mathrm{e}^{\frac{1}{x-1}}=0,\quad \lim_{x\to 1^+}f(x)=\lim_{x\to 1^+}\mathrm{e}^{\frac{1}{x-1}}=+\infty,$$

所以 $x=1$ 为 $f(x)$ 的第二类间断点, 且是无穷间断点. ■

例 1.5.16 讨论函数 $f(x)$ 的连续性, 其中 $f(x)=\lim\limits_{n\to\infty}\dfrac{x(1-x^{2n})}{1+x^{2n}}$.

解 先求函数 $f(x)$ 的表达式. 易见

$$f(x)=\lim_{n\to\infty}\frac{x(1-x^{2n})}{1+x^{2n}}=\begin{cases}x, & |x|<1,\\ 0, & |x|=1,\\ -x, & |x|>1.\end{cases}$$

接下来讨论函数 $f(x)$ 的连续性.

由初等函数的连续性, $f(x)$ 在区间 $(-\infty,\infty)$ 内除了点 $x=\pm1$ 外均连续.

当 $x=1$ 时, 因为

$$\lim_{x\to 1^-} f(x) = \lim_{x\to 1^-} x = 1, \quad \lim_{x\to 1^+} f(x) = \lim_{x\to 1^+}(-x) = -1,$$

所以 $x=1$ 为 $f(x)$ 的第一类间断点, 且是跳跃间断点.

同理可知, $x=-1$ 也是 $f(x)$ 的第一类间断点, 且是跳跃间断点. ■

1.5.5　闭区间上连续函数的性质

闭区间上的连续函数具有一些重要性质. 现在, 我们将这些性质以定理的形式给出. 从几何上看, 这些性质都是十分明显的, 但是要严格证明它们, 还需要用到其他的知识点, 本书只给出部分定理的具体证明.

1. 有界性与最值性

定理 1.5.5 (有界性) 如果函数 $f(x)$ 在闭区间 $[a,b]$ 上连续, 则函数 $f(x)$ 在闭区间 $[a,b]$ 上有界 (如图 1.5.7 所示), 即存在常数 $M>0$, 使得对于任意的 $x\in[a,b]$, 有

$$|f(x)| \leqslant M.$$

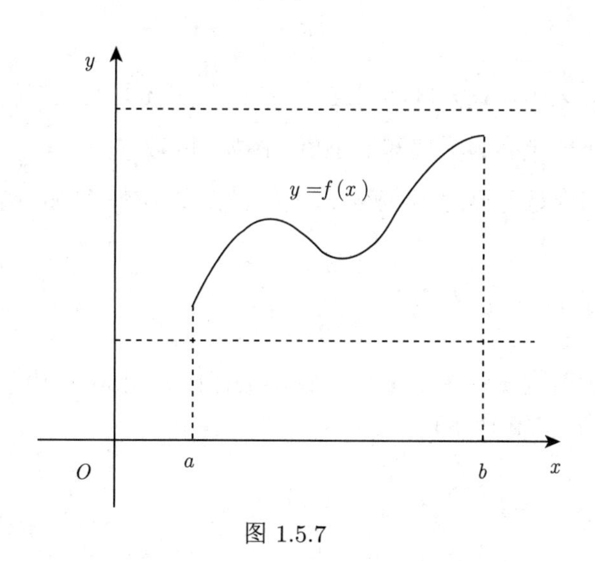

图 1.5.7

定义 1.5.3 (最大值和最小值) 设函数 $f(x)$ 在区间 I 上有定义, 如果存在 $x_0\in I$, 使得对任意的 $x\in I$ 都有

$$f(x) \leqslant f(x_0),$$

则称 $f(x_0)$ 是函数 $f(x)$ 在区间 I 上的**最大值** (maximum). 如果存在 $x_1\in I$, 使得对任意的 $x\in I$ 都有

$$f(x) \geqslant f(x_1),$$

则称 $f(x_1)$ 是函数 $f(x)$ 在区间 I 上的**最小值** (minimum).

例如, 函数 $f(x)=x^2$ 在闭区间 $[0,1]$ 上有最大值 1 和最小值 0; 函数 $f(x)=\operatorname{sgn} x$ 在 $(0,+\infty)$ 内的最大值和最小值都是 1; 函数 $f(x)=x$ 在开区间 (a,b) 内既无最大值又无最小值.

定理 1.5.6 (最值性) 闭区间 $[a,b]$ 上的连续函数 $f(x)$ 必有最大值和最小值. 即如果

函数 $f(x)$ 在闭区间 $[a,b]$ 上连续, 则至少存在两点 $x_1,x_2\in[a,b]$, 使得对 $[a,b]$ 内一切 x 有

$$f(x_1)\leqslant f(x)\leqslant f(x_2),$$

其中 $f(x_1)=\min\limits_{x\in[a,b]}f(x)$, $f(x_2)=\max\limits_{x\in[a,b]}f(x)$, 如图 1.5.8 所示.

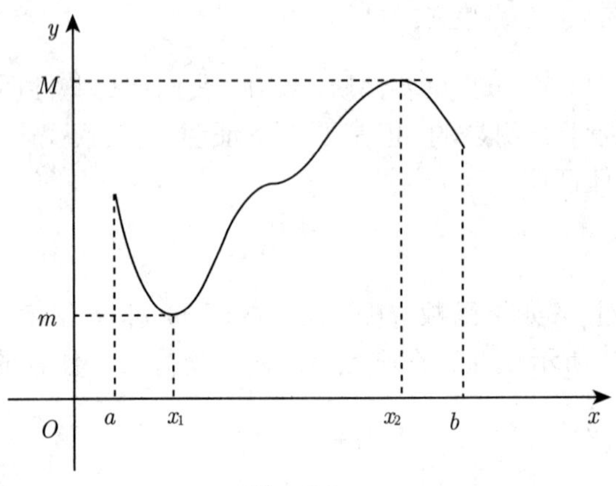

图 1.5.8

需要指出的是, 如果函数在开区间内连续, 或函数在闭区间上有间断点, 那么函数在该区间不一定有界, 也不一定有最大值和最小值. 例如, 函数 $f(x)=\dfrac{1}{x}$ 在开区间 $(0,1)$ 内是连续的, 但它在开区间内是无界的, 且既无最大值又无最小值; 又如, 函数

$$f(x)=\begin{cases}x, & 0<x<1,\\ \dfrac{1}{2}, & x=0,1\end{cases}$$

在闭区间 $[0,1]$ 上有间断点 $x=0$ 和 $x=1$, 该函数在闭区间 $[0,1]$ 上显然有界, 但是既无最大值又无最小值 (如图 1.5.9 所示).

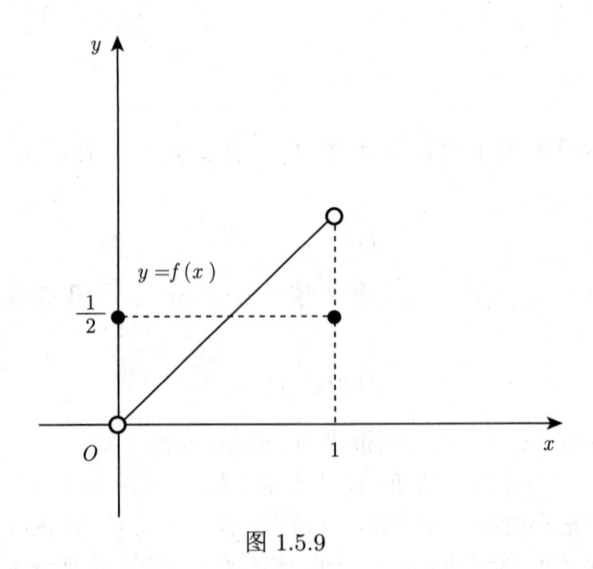

图 1.5.9

2. 零点存在定理和介值定理

定理 1.5.7 (零点存在定理)　若函数 $f(x)$ 在闭区间 $[a,b]$ 上连续, 且 $f(a)$ 和 $f(b)$ 异号 (即 $f(a)f(b)<0$), 则至少存在一点 $\xi\in(a,b)$, 使得 $f(\xi)=0$.

使得函数值为零的自变量取值, 称为函数的**零点**. 上面的定理表明闭区间上连续且两端点函数值异号的函数在该区间内一定存在零点. 从几何上来看, 如图 1.5.10 所示, 如果连续曲线 $y=f(x)$ 的两个端点分别位于 x 轴的不同侧, 那么该曲线与 x 轴至少有一个交点.

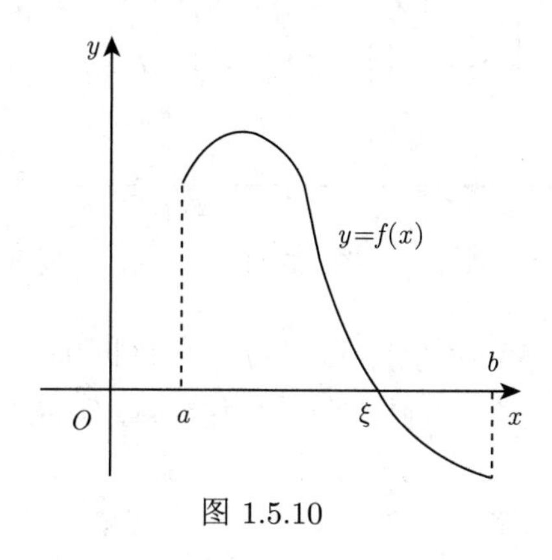

图 1.5.10

由定理 1.5.7 可以得到下面的一般性定理.

定理 1.5.8 (介值定理)　若函数 $f(x)$ 在闭区间 $[a,b]$ 上连续, 且 $f(a)\neq f(b)$, μ 为介于 $f(a)$ 和 $f(b)$ 之间的任一值, 则至少存在一点 $\xi\in(a,b)$, 使得

$$f(\xi)=\mu.$$

证明　令 $F(x)=f(x)-\mu$, 则 $F(x)$ 在 $[a,b]$ 上连续, 且 $F(a)=f(a)-\mu$ 与 $F(b)=f(b)-\mu$ 异号. 根据零点存在定理, 至少存在一点 $\xi\in(a,b)$, 使得

$$F(\xi)=0,$$

即

$$f(\xi)=\mu,\quad \xi\in(a,b).$$

综上, 定理得证. ■

介值定理的几何意义是闭区间上连续函数 $f(x)$ 的连续曲线与水平直线 $y=\mu$ 至少相交于一点, 如图 1.5.11 所示.

推论 1.5.1　设函数 $f(x)$ 在闭区间 $[a,b]$ 上连续, 且 $m=\min\limits_{x\in[a,b]}f(x)$, $M=\max\limits_{x\in[a,b]}f(x)$, $m<M$, 则对介于 m 与 M 之间的任意实数 μ, 在 (a,b) 内至少存在一点 ξ, 使得

$$f(\xi)=\mu.$$

证明　由于 $f(x)$ 在 $[a,b]$ 上连续, 则存在 $x_1,x_2\in[a,b]$, 使得

$$f(x_1)=\min_{x\in[a,b]}f(x)=m,\quad f(x_2)=\max_{x\in[a,b]}f(x)=M.$$

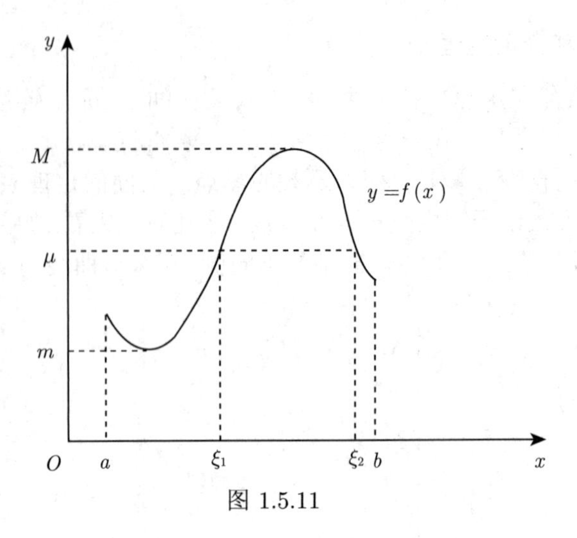

图 1.5.11

不妨设 $x_1 < x_2$($x_2 < x_1$同理可证), 则 $f(x)$ 在闭区间 $[x_1, x_2]$ 上连续, μ 介于 $f(x_1)$ 与 $f(x_2)$ 之间, 故根据介值定理, 至少存在一点 $\xi \in (x_1, x_2) \subset [a, b]$, 使得

$$f(\xi) = \mu.$$

■

例 1.5.17 证明方程 $x^3 - 3x^2 - x + 1 = 0$ 在区间 $(0, 1)$ 内至少有一个根.

证明 设函数 $f(x) = x^3 - 3x^2 - x + 1$. 显然 $f(x)$ 在闭区间 $[0, 1]$ 上连续, 且

$$f(0) = 1 > 0, \quad f(1) = -2 < 0.$$

根据零点存在定理, 在 $(0, 1)$ 内至少存在一点 ξ, 使得

$$f(\xi) = 0,$$

即

$$\xi^3 - 3\xi^2 - \xi + 1 = 0.$$

故方程 $x^3 - 3x^2 - x + 1 = 0$ 在区间 $(0, 1)$ 内至少有一个根. ■

例 1.5.18 证明方程 $x^3 + x^2 - 4x + 1 = 0$ 的 3 个根均在区间 $(-3, 2)$ 内, 并求其中一个根的近似值.

解 设 $f(x) = x^3 + x^2 - 4x + 1$, 则方程 $x^3 + x^2 - 4x + 1 = 0$ 的根等价于函数 $f(x)$ 的零点.

函数 $f(x)$ 在区间 $[-3, 2]$ 上连续, 且 $f(-3) = -5 < 0, f(0) = 1 > 0, f(1) = -1 < 0, f(2) = 5 > 0$. 由零点存在定理, 在 3 个区间 $(-3, 0), (0, 1), (1, 2)$ 内至少分别存在一个零点, 从而方程 $x^3 + x^2 - 4x + 1 = 0$ 的 3 个根均在区间 $(-3, 2)$ 内.

下面我们使用二分法求在区间 $(0, 1)$ 内的根的近似值.

将 $[0, 1]$ 等分为两个区间: $\left[0, \dfrac{1}{2}\right]$ 和 $\left[\dfrac{1}{2}, 1\right]$. 由于在中点 $x = \dfrac{1}{2}$ 处, 有 $f\left(\dfrac{1}{2}\right) = -\dfrac{5}{8} < 0$, 而 $f(0) = 1 > 0$, 则在区间 $\left(0, \dfrac{1}{2}\right)$ 内必存在一个根.

进一步, 将 $\left[0,\dfrac{1}{2}\right]$ 等分为两个区间: $\left[0,\dfrac{1}{4}\right]$ 和 $\left[\dfrac{1}{4},\dfrac{1}{2}\right]$. 计算在区间中点 $x=\dfrac{1}{4}$ 处的函数值, 易见 $f\left(\dfrac{1}{4}\right)=\dfrac{5}{64}>0, f\left(\dfrac{1}{2}\right)=-\dfrac{5}{8}<0$, 故在区间 $\left(\dfrac{1}{4},\dfrac{1}{2}\right)$ 内必存在一个根.

继续上述过程, 将区间 $\left[\dfrac{1}{4},\dfrac{1}{2}\right]$ 再次二等分: $\left[\dfrac{1}{4},\dfrac{3}{8}\right]$ 和 $\left[\dfrac{3}{8},\dfrac{1}{2}\right]$. 区间中点为 $x=\dfrac{3}{8}$, 对应的函数值为 $f\left(\dfrac{3}{8}\right)=\dfrac{227}{512}>0$, 而 $f\left(\dfrac{1}{2}\right)=-\dfrac{5}{8}<0$, 因此在区间 $\left(\dfrac{3}{8},\dfrac{1}{2}\right)$ 内必存在一个根. 若选取区间中点 $\dfrac{7}{16}$ 作为根的近似值, 则其误差不超过 $\dfrac{1}{16}\approx 0.063$. 若这个精度仍不能满足实际问题的需要, 则可继续将区间 $\left[\dfrac{3}{8},\dfrac{1}{2}\right]$ 再次二等分, 直到满足条件为止. ■

例 1.5.19 设函数 $f(x)$ 在开区间 (a,b) 内连续, $a<x_1<x_2<\cdots<x_n<b$. 证明至少存在一点 $\xi\in(a,b)$, 使得

$$f(\xi)=\frac{1}{n}\sum_{i=1}^{n}f(x_i).$$

证明 由于函数 $f(x)$ 在开区间 (a,b) 内连续, 且 $[x_1,x_n]\subset(a,b)$, 故 $f(x)$ 在闭区间 $[x_1,x_n]$ 上连续. 由最值定理, 存在点 $\xi_1,\xi_2\in[x_1,x_n]\subset(a,b)$, 使得

$$f(\xi_1)=m,\quad f(\xi_2)=M,$$

其中 m 和 M 分别为函数 $f(x)$ 在闭区间 $[x_1,x_n]$ 上的最小值和最大值.

由于

$$m\leqslant f(x_i)\leqslant M,\quad i=1,2,\cdots,n,$$

故

$$nm\leqslant\sum_{i=1}^{n}f(x_i)\leqslant nM,$$

也即

$$m\leqslant\frac{1}{n}\sum_{i=1}^{n}f(x_i)\leqslant M.$$

利用介值定理, 则至少存在一个点 $\xi\in[x_1,x_n]\subset(a,b)$, 使得

$$f(\xi)=\frac{1}{n}\sum_{i=1}^{n}f(x_i).$$

综上, 定理得证. ■

习题 1.5A

1. 用定义证明下列函数在定义域内连续.

(1) $f(x)=\sqrt{x}$; (2) $f(x)=x^2+2$;

(3) $f(x)=|x|$; (4) $f(x)=\sin\dfrac{1}{x}$.

2. 画出下列函数的图形, 并指出其连续范围.

(1) $f(x)=\begin{cases}\dfrac{x^2-4}{x-2}, & x\neq 2,\\ 4, & x=2;\end{cases}$　　(2) $f(x)=\begin{cases}\dfrac{\sin x}{|x|}, & x\neq 0,\\ 1, & x=0.\end{cases}$

3. 判断下列叙述是否正确. 如果正确, 请说明理由; 如果错误, 请举出一个反例.

(1) 如果函数 $f(x)$ 在点 x_0 处连续, 那么 $|f(x)|$ 也在点 x_0 处连续.

(2) 如果函数 $f(x)$ 在点 x_0 处连续, 那么 $f^2(x)$ 也在点 x_0 处连续.

(3) 如果函数 $|f(x)|$ 在点 x_0 处连续, 那么 $f(x)$ 也在点 x_0 处连续.

(4) 如果函数 $f^2(x)$ 在点 x_0 处连续, 那么 $f(x)$ 也在点 x_0 处连续.

4. 利用连续函数的四则运算法则求下列函数的连续范围.

(1) $f(x)=x^{\frac{1}{n}}\ (n\in\mathbf{N}_+)$;　　(2) $f(x)=\sec x+\csc x$;

(3) $f(x)=\dfrac{1}{\sqrt{x}}$;　　(4) $f(x)=\dfrac{1}{\sqrt{\cos x}}$;

(5) $f(x)=\dfrac{\ln x}{x^2+2}$;　　(6) $f(x)=\dfrac{\ln(1+x)}{x^2-4x+4}$.

5. 求下列极限:

(1) $\lim\limits_{x\to 0}\sqrt{x^2+2x+3}$;　　(2) $\lim\limits_{x\to\frac{\pi}{2}}(\sin x+\cos x)^2$;

(3) $\lim\limits_{x\to\frac{\pi}{4}}(\sec x+\csc x)$;　　(4) $\lim\limits_{x\to 0}\dfrac{\sqrt{x+1}-1}{x}$;

(5) $\lim\limits_{x\to+\infty}(\sqrt{x^2+x}-\sqrt{x^2-x})$;　　(6) $\lim\limits_{x\to 1}\dfrac{x^3-1}{x-1}$;

(7) $\lim\limits_{\Delta x\to 0}\dfrac{\cos(a+\Delta x)-\cos a}{\Delta x}$($a$为常数);　(8) $\lim\limits_{x\to a}\dfrac{\sin x-\sin a}{x-a}$.

6. 求下列极限:

(1) $\lim\limits_{x\to\infty}\mathrm{e}^{\frac{1}{x}}$;　　(2) $\lim\limits_{x\to 0^-}\mathrm{e}^{\frac{1}{x}}$;

(3) $\lim\limits_{x\to\infty}\left(1+\dfrac{1}{x}\right)^{\frac{x}{2}}$;　　(4) $\lim\limits_{x\to 0}\left(1+\tan^2 x\right)^{\cot^2 x}$;

(5) $\lim\limits_{x\to 1}\dfrac{\arctan x+\dfrac{\pi}{4}x}{\sqrt{x^2+\ln x}}$;　　(6) $\lim\limits_{x\to 0^+}\dfrac{\ln(1+3x)}{\cos 3x\sin 3x}$;

(7) $\lim\limits_{x\to 0^+}(\cos\sqrt{x})^{\cot x}$;　　(8) $\lim\limits_{x\to 0}\dfrac{\sqrt{1+\tan x}-\sqrt{1+\sin x}}{x\sqrt{1+\sin^2 x}-x}$.

7. 试确定常数 a 和 b, 使得下列函数在点 $x=0$ 处连续.

(1) $f(x)=\begin{cases}\arctan\dfrac{1}{x}, & x<0,\\ a+\sqrt{x}, & x\geqslant 0;\end{cases}$

(2) $f(x)=\begin{cases} a+x, & x\leqslant 0, \\ \dfrac{\sin x+2\mathrm{e}^x-2}{x}, & x>0; \end{cases}$

(3) $f(x)=\begin{cases} \dfrac{\sin ax}{x}, & x>0, \\ 2, & x=0, \\ \dfrac{1}{bx}\ln(1-3x), & x<0. \end{cases}$

8. 讨论下列函数的连续性; 若函数存在间断点, 判断其类型.

(1) $f(x)=\dfrac{x}{1+x^2}$;

(2) $f(x)=\dfrac{x-2}{x^2-4}$;

(3) $f(x)=\dfrac{1+x}{1+\sin^2 x}$;

(4) $f(x)=2^{\sin\frac{1}{x-1}}$;

(5) $f(x)=\mathrm{e}^{x+\frac{1}{x}}$;

(6) $f(x)=\dfrac{x}{\ln x}$;

(7) $f(x)=\dfrac{x}{\sin x}$;

(8) $f(x)=\cos^2\dfrac{1}{x}$;

(9) $f(x)=\begin{cases} \mathrm{e}^{-\frac{1}{x^2}}, & x\neq 0, \\ 1, & x=0; \end{cases}$

(10) $f(x)=\begin{cases} \dfrac{\tan x}{x}, & x<0, \\ x^2-1, & x\geqslant 0. \end{cases}$

9. 当 $x=0$ 时, 下列函数无定义, 试定义 $f(0)$, 使重新定义后的函数在 $x=0$ 处连续.

(1) $f(x)=\dfrac{\sin x+\tan x}{x}$;

(2) $f(x)=\dfrac{\tan 2x}{x}$;

(3) $f(x)=(1+x)^{\frac{1}{x}}$;

(4) $f(x)=(1-2x)^{\frac{3}{x}}$;

(5) $f(x)=\sin x\cdot\sin\dfrac{1}{x}$;

(6) $f(x)=\dfrac{\sqrt{1+x}-1}{\sqrt[3]{1+x}-1}$.

10. 设 $f(x)=\lim\limits_{n\to\infty}\dfrac{\ln(\mathrm{e}^n+x^n)}{n}(x>0)$. 试求函数 $f(x)$ 的表达式, 并讨论 $f(x)$ 的连续性.

11. 设 $f\in C[0,1]$, 且对任意的 $x\in[0,1]$ 有 $0\leqslant f(x)\leqslant 1$. 试证明在 $[0,1]$ 上必存在一点 t, 使得 $f(t)=t$(此时, t 称为函数 $f(x)$ 的不动点).

12. 设 $f\in C[a,b]$. 证明若 $f(x)$ 在区间 $[a,b]$ 上无零点, 则 f 在区间 $[a,b]$ 上符号固定.

13. 证明下列命题:

(1) 方程 $x^5-3x-1=0$ 在区间 $[1,2]$ 上至少存在一个根;

(2) 方程 $\sin x+x+1=0$ 在区间 $\left(-\dfrac{\pi}{2},\dfrac{\pi}{2}\right)$ 内至少存在一个根;

(3) 方程 $\dfrac{5}{x-1}+\dfrac{7}{x-2}+\dfrac{9}{x-3}=0$ 在区间 $(1,3)$ 内存在两个根.

习题 1.5B

1. 证明: 若函数 $f(x)$ 在点 x_0 处连续且 $f(x_0) \neq 0$, 则存在 x_0 的某一邻域 $U(x_0)$, 当 $x \in U(x_0)$ 时, $f(x) \neq 0$.

2. 判断下列说法是否正确, 并说明理由.

   (1) 若函数 $f(x)$ 在点 x_0 处连续, 而函数 $g(x)$ 在点 x_0 处不连续, 则 $f(x)+g(x)$ 在点 x_0 处一定不连续;

   (2) 若函数 $f(x)$ 和 $g(x)$ 在点 x_0 处都不连续, 则 $f(x)+g(x)$ 在点 x_0 处一定不连续;

   (3) 若函数 $f(x)$ 在点 x_0 处连续, 而函数 $g(x)$ 在点 x_0 处不连续, 则 $f(x)g(x)$ 在点 x_0 处一定不连续;

   (4) 若函数 $f(x)$ 和 $g(x)$ 在点 x_0 处都不连续, 则 $f(x)g(x)$ 在点 x_0 处一定不连续.

3. 设 $f(x) \in C[a,b], g(x) \in C[a,b]$, 且$\varphi(x) = \max\limits_{x\in[a,b]}\{f(x), g(x)\}$, $\psi(x) = \min\limits_{x\in[a,b]}\{f(x), g(x)\}$. 证明 $\varphi(x) \in C[a,b], \psi(x) \in C[a,b]$.

4. 设函数 $f(x)$ 在 $[a,+\infty)$ 连续, 且 $\lim\limits_{x\to+\infty} f(x)$ 存在. 证明函数 $f(x)$ 在 $[a,+\infty)$ 有界.

5. 设 $f(x)$ 在 $(-\infty,+\infty)$ 内连续, 且 $\lim\limits_{x\to\infty}\dfrac{f(x)}{x} = 0$. 证明存在 $\xi \in (-\infty,+\infty)$, 使得 $f(\xi)+\xi = 0$.

6. 设 $f \in C(a,b)$, $\lim\limits_{x\to a^+} f(x)$与 $\lim\limits_{x\to b^-} f(x)$ 均存在 (或是无穷大) 且异号. 证明存在 $\xi \in (a,b)$, 使得 $f(\xi) = 0$.

7. 用介值定理证明方程

$$a_n x^n + a_{n-1}x^{n-1} + \cdots + a_1 x + a_0 = 0$$

   至少有一个根, 其中 n 为奇数, $a_i(i=0,1,2,\cdots,n)$ 为实常数且 $a_n \neq 0$.

第 2 章　导数与微分

微分学是微积分的重要组成部分, 它的基本概念是导数与微分. 导数反映了因变量相对于自变量变化而变化的快慢程度, 微分指明了当自变量有微小变化时函数大体上的增量. 本章主要介绍函数导数与微分的概念、性质和计算方法等, 并简单介绍它们在函数相对变化率计算与函数近似计算中的应用.

2.1　导数的概念

在自然科学领域和工程技术领域, 导数可用来表示某一变量的变化率, 有着广泛的应用. 本节首先讨论在历史上与导数概念的形成有着非常密切关系的两个问题: 求非匀速运动的瞬时速度和平面曲线的切线斜率, 这两个问题都可归结为求一种形式的极限, 由此可得导数的定义. 然后讨论导数的几何意义、函数可导性与连续性的关系等.

2.1.1　引例

引例 2.1.1 (瞬时速度问题)　有一质点 P 沿着直线 l 做运动, 现在考虑如何求质点 P 在时刻 t_0 的瞬时速度 (速度).

在直线 l 上规定了原点、正方向和单位长度, 使之成为数轴. 取某个时刻作为测量运动的零点, 设运动时质点 P 在直线上的位置 s 与时刻 t 的关系可由函数 $s=f(t)$ 刻画. 也就是说, 质点 P 在时刻 t_0 位于坐标 $f(t_0)$ 处, 质点 P 在时刻 $t_0+\Delta t$ 位于坐标 $f(t_0+\Delta t)$ 处 (如图 2.1.1 所示).

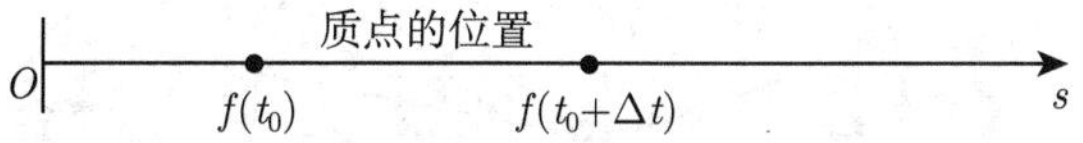

质点的位置

O　$f(t_0)$　$f(t_0+\Delta t)$　s

图 2.1.1

考虑最简单的匀速直线运动情形, 质点在一段时间内经过的路程和所花的时间是成正比的, 故在时间段 $[t_0,t_0+\Delta t]$ 内, 质点 P 运动的平均速度就是该质点运动的速度, 即 $v=\bar{v}$, 其中

$$\bar{v}=\frac{f(t_0+\Delta t)-f(t_0)}{\Delta t}.$$

如果运动不是匀速的, 在不同的时间段经过的路程与所花的时间之比不是个固定的值, 不能简单地将一段时间内的平均速度称为质点运动的速度. 接下来, 我们求非匀速运动质点在某一个时刻 t_0 的瞬时速度 (速度) $v(t_0)$.

首先还是计算在时间段 $[t_0,t_0+\Delta t]$ 内质点 P 运动的平均速度, 然后令时间间隔 $\Delta t\to 0$, 对平均速度取极限. 如果这个极限值存在, 就得到了质点在某一个时刻 t_0 的速度 $v(t_0)$,

也就是说

$$v(t_0)=\lim_{\Delta t\to 0}\bar{v}=\lim_{\Delta t\to 0}\frac{f(t_0+\Delta t)-f(t_0)}{\Delta t}. \tag{2.1.1}$$

引例 2.1.2 (切线斜率问题) 设一连续平面曲线 C 的方程为 $y=f(x)$, $M_0(x_0,y_0)$ 是曲线 C 上一点, 即 $y_0=f(x_0)$. 现考虑如何求出曲线 C 在点 M_0 处的切线斜率.

设 $\Delta x\neq 0$. 如图 2.1.2 所示, 我们在 M_0 附近选取一点 $M(x_0+\Delta x,\ y_0+\Delta y)$, 这里 $\Delta y=f(x_0+\Delta x)-f(x_0)$. 设 φ 为割线 M_0M 的倾角, 可计算割线 M_0M 的斜率为

$$k_{M_0M}=\tan\varphi=\frac{\Delta y}{\Delta x}=\frac{f(x_0+\Delta x)-f(x_0)}{\Delta x}.$$

当点 M 沿曲线 C 趋于点 M_0 时, 自变量 x 趋于 x_0, 即 $\Delta x\to 0$. 如果当 $\Delta x\to 0$ 时, 上式的极限存在, 设为 k, 即

$$k=\lim_{\Delta x\to 0}\tan\varphi=\lim_{\Delta x\to 0}\frac{\Delta y}{\Delta x}=\lim_{\Delta x\to 0}\frac{f(x_0+\Delta x)-f(x_0)}{\Delta x}, \tag{2.1.2}$$

则 k 是割线 M_0M 斜率的极限, 也就是曲线在点 M_0 处切线的斜率. 设 α 是切线 M_0T 的倾角, 则 $k=\tan\alpha$. 于是, 通过点 $M_0(x_0,y_0)$ 且以 k 为斜率的直线 M_0T 就是平面曲线 C 在点 M_0 处的切线.

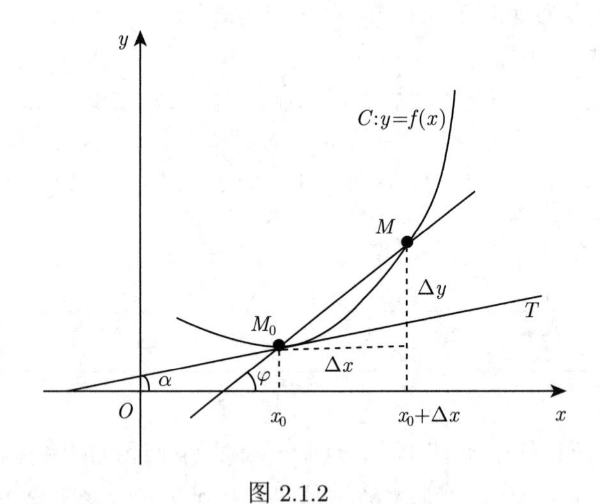

图 2.1.2

在研究非匀速运动的瞬时速度问题和平面曲线的切线斜率问题中, 我们都得到了求一个相同形式的极限的结果 (如式 (2.1.1) 和式 (2.1.2)), 即求当自变量增量趋于零时, 函数的增量与自变量增量之比的极限. 其实, 除了这两个问题外, 在自然科学、工程技术、社会科学和经济领域中还有大量的类似问题, 例如, 物理学中的电流强度、角速度、线速度, 化学中的反应速度, 社会科学中的人口增长速度, 经济学中的国民生产总值增长率等, 这些问题都可以用函数的增量与自变量改变量之比的极限来描述, 其本质就涉及我们接下来要介绍的导数.

2.1.2 导数的定义

如前所述, 求非匀速运动的瞬时速度和平面曲线的切线斜率都归结为求如下形式的极限:

$$\lim_{\Delta x \to 0} \frac{f(x_0 + \Delta x) - f(x_0)}{\Delta x}. \tag{2.1.3}$$

我们撇开式 (2.1.3) 中这些量的具体意义, 抓住其主要本质——函数的增量与自变量增量之比在自变量增量趋于零时的极限, 就得到了函数导数的定义.

定义 2.1.1 (导数 (derivative)) 设函数 $y = f(x)$ 在 x_0 的某邻域 $U(x_0, \delta)$ 内有定义, 当自变量 x 在 x_0 处取得增量 Δx, 且 $x_0 + \Delta x \in U(x_0, \delta)$ 时, 相应的函数增量为 $\Delta y = f(x_0 + \Delta x) - f(x_0)$. 如果 Δy 与 Δx 之比当 $\Delta x \to 0$ 时的极限存在, 则称**函数** $f(x)$ **在点** x_0 **处可导** (derivable), 并称这个极限为**函数** $f(x)$ **在点** x_0 **处的导数**, 记为 $f'(x_0)$, 即

$$f'(x_0) = \lim_{\Delta x \to 0} \frac{\Delta y}{\Delta x} = \lim_{\Delta x \to 0} \frac{f(x_0 + \Delta x) - f(x_0)}{\Delta x}. \tag{2.1.4}$$

$f'(x_0)$ 也可以记为 $y'(x_0)$, $\left.\frac{\mathrm{d}f}{\mathrm{d}x}\right|_{x=x_0}$ 或者 $\left.\frac{\mathrm{d}y}{\mathrm{d}x}\right|_{x=x_0}$.

注 ① 函数 $f(x)$ 在点 x_0 处可导有时候也说成函数 $f(x)$ 在点 x_0 处具有导数或者导数存在.

② 函数在一点处导数的定义式 (2.1.4) 可有不同的形式, 常见的有

$$f'(x_0) = \lim_{h \to 0} \frac{f(x_0 + h) - f(x_0)}{h}$$

和

$$f'(x_0) = \lim_{x \to x_0} \frac{f(x) - f(x_0)}{x - x_0}.$$

③ 对于函数 $y = f(x)$, 如果当 $\Delta x \to 0$ 时, Δy 与 Δx 之比的极限不存在, 即式 (2.1.4) 中比式的极限不存在, 则称函数 $f(x)$ 在点 x_0 处**不可导**. 不可导中有一种特殊的情形: 当 $\Delta x \to 0$ 时, Δy 与 Δx 之比的极限为 ∞, 此时 $y = f(x)$ 所表示的曲线在点 $(x_0, f(x_0))$ 处的切线仍存在, 垂直于 x 轴. 为了方便起见, 此时我们也称 $f(x)$ 在点 x_0 处的导数为无穷大, 记为 $f'(x_0) = \infty$.

根据定义 2.1.1, 函数在一点处的导数是由函数的极限来定义的. 由极限存在的充分必要条件是左、右极限均存在且相等, 我们自然想到 $f(x)$ 在点 x_0 处可导的充分必要条件是如下的左极限和右极限:

$$\lim_{\Delta x \to 0^-} \frac{f(x_0 + \Delta x) - f(x_0)}{\Delta x}$$

与

$$\lim_{\Delta x \to 0^+} \frac{f(x_0 + \Delta x) - f(x_0)}{\Delta x}$$

均存在且相等. 由此, 我们可给出函数 $f(x)$ 在点 x_0 处的左导数与右导数的定义.

定义 2.1.2 (单侧导数 (one-sided derivative)) 设函数 $y=f(x)$ 在某区间 $(x_0-\delta,x_0]$ $(\delta>0)$ 内有定义, 如果极限

$$\lim_{\Delta x\to 0^-}\frac{f(x_0+\Delta x)-f(x_0)}{\Delta x}$$

存在, 则称函数 $f(x)$ 在 x_0 处的**左导数**存在, 该极限记为 $f'_-(x_0)$ 或 $f'(x_0-0)$, 即

$$f'_-(x_0)=f'(x_0-0)=\lim_{\Delta x\to 0^-}\frac{f(x_0+\Delta x)-f(x_0)}{\Delta x},\tag{2.1.5}$$

同理, 设函数 $y=f(x)$ 在某区间 $[x_0,x_0+\delta)$ $(\delta>0)$ 内有定义, 如果极限

$$\lim_{\Delta x\to 0^+}\frac{f(x_0+\Delta x)-f(x_0)}{\Delta x}$$

存在, 则称函数 $f(x)$ 在 x_0 处的**右导数**存在, 该极限记为 $f'_+(x_0)$ 或 $f'(x_0+0)$, 即

$$f'_+(x_0)=f'(x_0+0)=\lim_{\Delta x\to 0^+}\frac{f(x_0+\Delta x)-f(x_0)}{\Delta x}.\tag{2.1.6}$$

左导数和右导数统称为**单侧导数**.

易得如下的定理 (证明略).

定理 2.1.1 (可导的充分必要条件) 函数 $f:U(x_0)\to\mathbf{R}$ 在点 x_0 处可导的充分必要条件是函数的左导数 $f'_-(x_0)$ 与右导数 $f'_+(x_0)$ 均存在且相等.

下面用导数的定义求函数在一点处的导数.

例 2.1.1 设函数 $f(x)=\dfrac{1}{x}$, 用导数的定义求 $f'(2)$.

解 由导数的定义可知,

$$\begin{aligned}f'(2)&=\lim_{\Delta x\to 0}\frac{f(2+\Delta x)-f(2)}{\Delta x}=\lim_{\Delta x\to 0}\frac{1}{\Delta x}\left(\frac{1}{2+\Delta x}-\frac{1}{2}\right)\\&=\lim_{\Delta x\to 0}\frac{-1}{2(2+\Delta x)}=-\frac{1}{4}.\end{aligned}$$

■

例 2.1.2 讨论函数 $f(x)=x^{\frac{1}{3}}$ 在 $x=0$ 处的可导性.

解 因为

$$\lim_{x\to 0}\frac{f(x)-f(0)}{x-0}=\lim_{x\to 0}\frac{x^{\frac{1}{3}}}{x}=\lim_{x\to 0}x^{-\frac{2}{3}}=+\infty,$$

所以 $f(x)=x^{\frac{1}{3}}$ 在 $x=0$ 处不可导 (图 2.1.3).

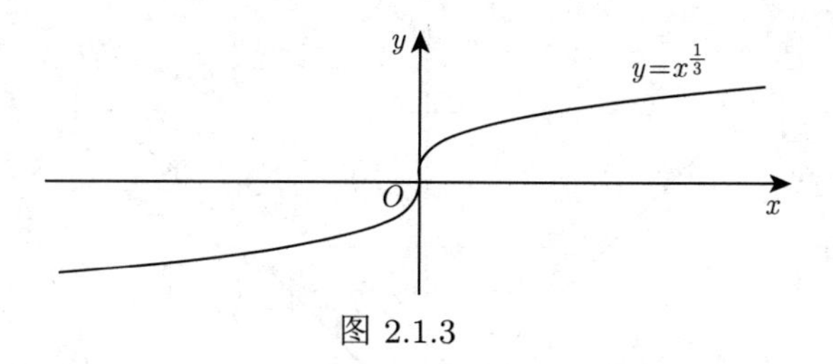

图 2.1.3

■

例 2.1.3　讨论函数 $f(x)$ 在 $x=0$ 处的可导性, 其中

$$f(x)=\begin{cases} x\sin\dfrac{1}{x}, & x\neq 0, \\ 0, & x=0. \end{cases}$$

解　由于极限

$$\lim_{x\to 0}\frac{f(x)-f(0)}{x-0}=\lim_{x\to 0}\frac{x\sin\dfrac{1}{x}-0}{x}=\lim_{x\to 0}\sin\frac{1}{x}$$

不存在, 可知给定函数 $f(x)$ 在 $x=0$ 处不可导 (图 2.1.4).

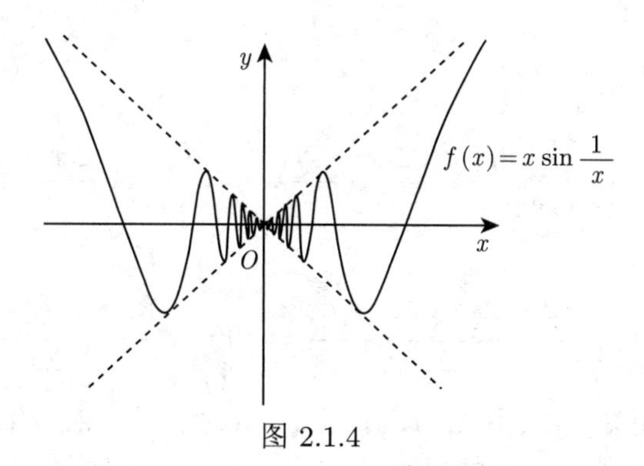

图 2.1.4

■

例 2.1.4　讨论函数 $f(x)=|x|$ 在 $x=0$ 处的可导性.

解　由

$$f(x)=\begin{cases} x, & x>0, \\ -x, & x\leqslant 0, \end{cases}$$

可得

$$f'_-(0)=\lim_{x\to 0^-}\frac{f(x)-f(0)}{x-0}=\lim_{x\to 0^-}\frac{-x}{x}=-1$$

及

$$f'_+(0)=\lim_{x\to 0^+}\frac{f(x)-f(0)}{x-0}=\lim_{x\to 0^+}\frac{x}{x}=1.$$

函数 $f(x)=|x|$ 在 $x=0$ 处的左、右导数都存在但不相等, 故 $f(x)=|x|$ 在 $x=0$ 处不可导 (图 2.1.5).

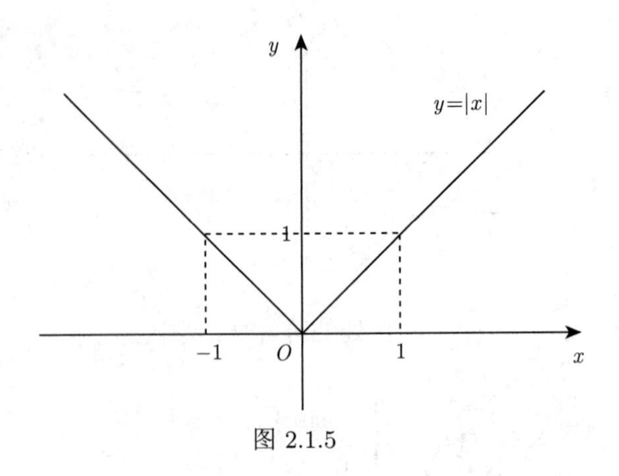

图 2.1.5

■

注 由例 2.1.2 ~ 例 2.1.4 可知, 函数 $f(x)$ 在点 x_0 处不可导的可能情况有:

① 函数 $f(x)$ 在点 x_0 处的左、右导数至少有一个不存在;

② 函数 $f(x)$ 在点 x_0 处的左、右导数都存在但不相等.

例 2.1.5 讨论函数 $f(x)$ 在点 $x=0$ 处的可导性, 其中

$$f(x)=\begin{cases} x, & x<0, \\ \ln(1+x), & x \geqslant 0. \end{cases}$$

解 由函数 $f(x)$ 的定义可得

$$f'_-(0)=\lim_{\Delta x \to 0^-}\frac{f(0+\Delta x)-f(0)}{\Delta x}=\lim_{\Delta x \to 0^-}\frac{\Delta x-0}{\Delta x}=1$$

及

$$f'_+(0)=\lim_{\Delta x \to 0^+}\frac{f(0+\Delta x)-f(0)}{\Delta x}=\lim_{\Delta x \to 0^+}\frac{\ln(1+\Delta x)-0}{\Delta x}=1.$$

由 $f'_-(0)=f'_+(0)=1$ 可知, 给定函数 $f(x)$ 在 $x=0$ 处可导, 且 $f'(0)=1$. ■

定义 2.1.1 给出了函数在一点的导数的定义, 若函数 $f(x)$ 在开区间 (a,b) 上每一点都可导, 则称函数 $f'(x)$ **在开区间** (a,b) **内可导**. 这时, 对于任一 $x\in(a,b)$, 都有 $f(x)$ 的一个确定的导数值与之对应. 这样就构成了一个新的函数, 这个函数称为原来函数 $f(x)$ 的**导函数**, 简称**导数**, 记为 $f'(x)$, y', $\dfrac{\mathrm{d}y}{\mathrm{d}x}$ 或者 $\dfrac{\mathrm{d}f}{\mathrm{d}x}$.

将式 (2.1.4) 中的 x_0 换成 x 就得到导函数的定义式

$$f'(x)=\lim_{\Delta x \to 0}\frac{\Delta y}{\Delta x}=\lim_{\Delta x \to 0}\frac{f(x+\Delta x)-f(x)}{\Delta x}.$$

上式也可以写为

$$f'(x)=\lim_{h \to 0}\frac{\Delta y}{\Delta x}=\lim_{h \to 0}\frac{f(x+h)-f(x)}{h}.$$

易知, 函数 $f(x)$ 在点 x_0 处的导数 $f'(x_0)$ 等于导函数 $f'(x)$ 在 $x=x_0$ 时的函数值, 即 $f'(x_0)=f(x)|_{x=x_0}$.

考虑闭区间 $[a,b]$, 若函数 $f(x)$ 在开区间 (a,b) 内可导, 并且在左端点 a 处右可导, 在右端点 b 处左可导, 即极限

$$\lim_{\Delta x\to 0^+}\frac{f(a+\Delta x)-f(a)}{\Delta x}\quad (\text{注: 在 } a \text{ 处右可导})$$

和

$$\lim_{\Delta x\to 0^-}\frac{f(b+\Delta x)-f(b)}{\Delta x}\quad (\text{注: 在 } b \text{ 处左可导})$$

都存在, 则称函数 $f(x)$ **在闭区间** $[a,b]$ **上可导**. 特别地, 若 $f'(x)$ 在函数 $f(x)$ 的定义域内都存在, 则称函数 $f(x)$ 是可导的.

下面根据导数的定义求一些简单函数的导数.

例 2.1.6　求下列函数的导数:

(1) $f(x)=C$ (C 为常数);　　(2) $f(x)=x^a$ $(a\in\mathbf{R})$;

(3) $f(x)=\sin x$;　　(4) $f(x)=\cos x$;

(5) $f(x)=a^x$ $(a>0,a\neq 1)$;　　(6) $f(x)=\log_a x$ $(a>0,a\neq 1)$.

解　(1) $f'(x)=\lim\limits_{\Delta x\to 0}\dfrac{f(x+\Delta x)-f(x)}{\Delta x}=\lim\limits_{\Delta x\to 0}\dfrac{C-C}{\Delta x}=0$.

(2) 当 $x\neq 0$ 时,

$$f'(x)=\lim_{\Delta x\to 0}\frac{f(x+\Delta x)-f(x)}{\Delta x}=\lim_{\Delta x\to 0}\frac{(x+\Delta x)^a-x^a}{\Delta x}=x^a\lim_{\Delta x\to 0}\frac{\left(1+\dfrac{\Delta x}{x}\right)^a-1}{\Delta x}.$$

由 $\left(1+\dfrac{\Delta x}{x}\right)^a-1\sim a\dfrac{\Delta x}{x}$ (当 $\Delta x\to 0$ 时) 可得

$$f'(x)=x^a\lim_{\Delta x\to 0}\frac{a\dfrac{\Delta x}{x}}{\Delta x}=ax^{a-1},$$

即 $(x^a)'=ax^{a-1}$.

(3)
$$\begin{aligned}f'(x)&=\lim_{\Delta x\to 0}\frac{f(x+\Delta x)-f(x)}{\Delta x}=\lim_{\Delta x\to 0}\frac{\sin(x+\Delta x)-\sin x}{\Delta x}\\&=\lim_{\Delta x\to 0}\frac{2\sin\dfrac{\Delta x}{2}\cos\left(x+\dfrac{\Delta x}{2}\right)}{\Delta x}=\lim_{\Delta x\to 0}\frac{\sin\dfrac{\Delta x}{2}}{\dfrac{\Delta x}{2}}\cdot\lim_{\Delta x\to 0}\cos\left(x+\frac{\Delta x}{2}\right)\\&=\lim_{\Delta x\to 0}\cos\left(x+\frac{\Delta x}{2}\right)=\cos x,\end{aligned}$$

即 $(\sin x)'=\cos x$.

(4) $f'(x) = \lim\limits_{\Delta x \to 0} \dfrac{f(x+\Delta x) - f(x)}{\Delta x} = \lim\limits_{\Delta x \to 0} \dfrac{\cos(x+\Delta x) - \cos x}{\Delta x}$

$$= \lim_{\Delta x \to 0} \frac{-2\sin\dfrac{\Delta x}{2}\sin\left(x+\dfrac{\Delta x}{2}\right)}{\Delta x} = -\lim_{\Delta x \to 0} \frac{\sin\dfrac{\Delta x}{2}}{\dfrac{\Delta x}{2}} \cdot \lim_{\Delta x \to 0} \sin\left(x+\frac{\Delta x}{2}\right)$$

$$= -\lim_{\Delta x \to 0} \sin\left(x+\frac{\Delta x}{2}\right) = -\sin x,$$

即 $(\cos x)' = -\sin x$.

(5) $f'(x) = \lim\limits_{\Delta x \to 0} \dfrac{f(x+\Delta x) - f(x)}{\Delta x} = \lim\limits_{\Delta x \to 0} \dfrac{a^{(x+\Delta x)} - a^x}{\Delta x} = a^x \lim\limits_{\Delta x \to 0} \dfrac{a^{\Delta x} - 1}{\Delta x}$. 由于当 $\Delta x \to 0$ 时, $a^{\Delta x} - 1$ 与 $\Delta x \ln a$ 是等价无穷小量, 可得

$$\lim_{\Delta x \to 0} \frac{a^{\Delta x} - 1}{\Delta x} = \lim_{\Delta x \to 0} \frac{\Delta x \ln a}{\Delta x} = \ln a,$$

故

$$f'(x) = a^x \ln a,$$

即 $(a^x)' = a^x \ln a \ (a > 0, a \neq 1)$.

(6) 当 $x \neq 0$ 时,

$$f'(x) = \lim_{\Delta x \to 0} \frac{f(x+\Delta x) - f(x)}{\Delta x} = \lim_{\Delta x \to 0} \frac{\log_a(x+\Delta x) - \log_a x}{\Delta x}$$

$$= \lim_{\Delta x \to 0} \frac{1}{\Delta x} \log_a \frac{x+\Delta x}{x} = \frac{1}{x} \lim_{\Delta x \to 0} \frac{x}{\Delta x} \log_a\left(1+\frac{\Delta x}{x}\right)$$

$$= \frac{1}{x} \lim_{t \to 0} \frac{\log_a(1+t)}{t} = \frac{1}{x \ln a} \lim_{t \to 0} \frac{\ln(1+t)}{t}.$$

由于当 $t \to 0$ 时, $\ln(1+t)$ 与 t 是等价无穷小量, 故

$$f'(x) = \frac{1}{x \ln a},$$

即 $(\log_a x)' = \dfrac{1}{x \ln a} \ (a > 0, a \neq 1)$. ■

由例 2.1.6 所得的求导结果可作为公式直接使用, 既可用来求具体函数的导函数, 例如, $(x^2)' = 2x$, $(\sqrt{x})' = \dfrac{1}{2\sqrt{x}}$, $(\mathrm{e}^x)' = \mathrm{e}^x$, $(\ln x)' = \dfrac{1}{x}$ 等, 也可用来求简单函数在某一点处的导数.

例 2.1.7 设函数 $f(x) = \dfrac{1}{x}$, 求 $f'(2)$.

解 由于 $f'(x) = \left(x^{-1}\right)' = -x^{-2}$,

$$f'(2) = \left(-x^{-2}\right)_{x=2} = -\frac{1}{4}.$$ ■

2.1.3　导数的几何意义

由引例 2.1.2 的讨论和导数的定义可知, 导数的几何意义是该函数曲线在这一点上的切线的斜率. 如图 2.1.6 所示, 当函数 $y=f(x)$ 在点 x_0 处可导时, 导数 $f'(x_0)$ 在几何上表示该函数曲线在 $M_0(x_0,f(x_0))$ 点的切线 M_0T 的斜率 k, 也就是说,

$$f'(x_0)=k=\tan\alpha.$$

由此可得, 曲线 $y=f(x)$ 在点 $M_0(x_0,f(x_0))$ 处的**切线方程**为

$$y-f(x_0)=f'(x_0)(x-x_0). \tag{2.1.7}$$

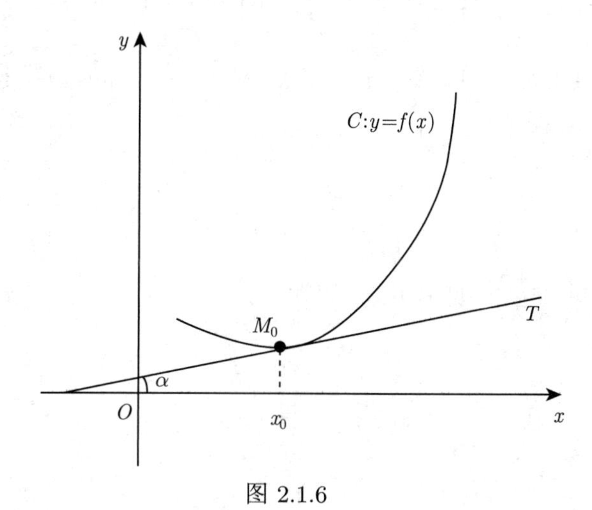

图 2.1.6

若 $f'(x_0)=\infty$, 可得切线的倾斜角为 $\dfrac{\pi}{2}$ 或 $-\dfrac{\pi}{2}$, 此时切线方程为 $x=x_0$.

过切点 $M_0(x_0,f(x_0))$ 且与切线垂直的直线叫曲线 $y=f(x)$ 在点 M_0 处的法线. 当 $f'(x_0)\neq 0$ 时, 法线的斜率为 $-\dfrac{1}{f'(x_0)}$, 故曲线 $y=f(x)$ 在点 $M_0(x_0,f(x_0))$ 处的**法线方程**为

$$y-f(x_0)=-\frac{1}{f'(x_0)}(x-x_0). \tag{2.1.8}$$

若 $f'(x_0)=0$ 时, 曲线 $y=f(x)$ 在点 $M_0(x_0,f(x_0))$ 处的法线方程为 $x=x_0$.

例 2.1.8　求函数 $y=x^2$ 在点 $P(1,1)$ 处的切线的斜率, 并写出曲线在该点的切线方程和法线方程.

解　根据导数的几何意义, 曲线 $y=x^2$ 在点 $P(1,1)$ 处的切线的斜率为

$$k=f'(x)|_{x=1}=2x|_{x=1}=2.$$

从而在点 $P(1,1)$ 处切线的方程为

$$y-1=2(x-1),$$

即

$$y=2x-1.$$

曲线 $y=x^2$ 在点 $P(1,1)$ 处法线的斜率为 $-\frac{1}{2}$, 所求的法线方程为

$$y-1=-\frac{1}{2}(x-1),$$

即

$$y=-\frac{1}{2}x-\frac{3}{2}.$$ ■

例 2.1.9 求函数 $y=\frac{1}{x}$ 在点 $P\left(2,\frac{1}{2}\right)$ 处的切线方程和法线方程.

解 根据导数的几何意义, 曲线 $y=\frac{1}{x}$ 在点 $P\left(2,\frac{1}{2}\right)$ 处的切线的斜率为

$$k=f'(x)|_{x=2}=-\frac{1}{x^2}\bigg|_{x=2}=-\frac{1}{4}.$$

故函数 $y=\frac{1}{x}$ 在点 $P\left(2,\frac{1}{2}\right)$ 处的切线方程为

$$y-\frac{1}{2}=-\frac{1}{4}(x-2),$$

即

$$y=-\frac{1}{4}x+1.$$

曲线 $y=\frac{1}{x}$ 在点 $P\left(2,\frac{1}{2}\right)$ 处的法线的斜率为 4, 故法线方程为

$$y-\frac{1}{2}=4(x-2),$$

即

$$y=4x-\frac{15}{2}.$$ ■

2.1.4 函数可导性与连续性的关系

可导性和连续性都是函数的特性, 那它们之间有什么关系呢？接下来, 我们讨论函数在某点处可导与连续之间的关系.

由导数的定义可知, 若函数 $y=f(x)$ 在点 x_0 处可导, 则极限 $\lim\limits_{\Delta x\to 0}\frac{f(x_0+\Delta x)-f(x_0)}{\Delta x}$ 存在. 在这个比式的极限中, 由于分母 $\Delta x\to 0$, 容易证明分子 $f(x_0+\Delta x)-f(x_0)$ 在 $\Delta x\to 0$ 时也是趋于零的, 即 $\lim\limits_{\Delta x\to 0}[f(x_0+\Delta x)-f(x_0)]=0$. 由此, 我们得到“函数在某一点可导必连续”的结论, 即有如下定理:

定理 2.1.2 (可导必连续) 如果函数 $y=f(x)$ 在点 x_0 处可导, 那么函数 $y=f(x)$ 在点 x_0 处连续.

证明 若函数 $y=f(x)$ 在点 x_0 处可导, 则

$$f'(x_0)=\lim_{\Delta x\to 0}\frac{f(x_0+\Delta x)-f(x_0)}{\Delta x}.$$

由第 1 章的定理 1.4.1 可知, $\dfrac{f(x_0+\Delta x)-f(x_0)}{\Delta x}=f'(x_0)+\alpha(\Delta x)$, 其中 $\alpha(\Delta x)$ 为 $\Delta x\to 0$ 的无穷小量. 故

$$f(x_0+\Delta x)-f(x_0)=f'(x_0)\Delta x+\alpha(\Delta x)\Delta x.$$

由此,

$$\lim_{\Delta x\to 0}[f(x_0+\Delta x)-f(x_0)]=\lim_{\Delta x\to 0}[f'(x_0)\Delta x+\alpha(\Delta x)\Delta x]=0,$$

即

$$\lim_{\Delta x\to 0}f(x_0+\Delta x)=f(x_0).$$

所以, 函数 $y=f(x)$ 在点 x_0 处连续. ■

定理 2.1.2 的逆命题不一定成立, 即函数在某点连续却并不一定可导. 由例 2.1.2 ~ 例 2.1.4 可知, 如下 3 个函数:

(1) $f(x)=x^{\frac{1}{3}}$;

(2) $f(x)=\begin{cases} x\sin\dfrac{1}{x}, & x\neq 0,\\ 0, & x=0;\end{cases}$

(3) $f(x)=|x|$

在 $x=0$ 处都连续, 但在 $x=0$ 处都不可导.

例 2.1.10 讨论函数 $f(x)=\begin{cases} 2^x, & x>0,\\ 1, & x=0,\\ 1+x^2, & x<0\end{cases}$ 在 $x=0$ 处的连续性和可导性.

解 由

$$\lim_{x\to 0^+}f(x)=\lim_{x\to 0^+}2^x=1=f(0)$$

以及

$$\lim_{x\to 0^-}f(x)=\lim_{x\to 0^-}(1+x^2)=1=f(0),$$

可知函数 $f(x)$ 在 $x=0$ 处左连续和右连续, 故函数 $f(x)$ 在 $x=0$ 处连续.

由于

$$\lim_{x\to 0^+}\frac{f(x)-f(0)}{x}=\lim_{x\to 0^+}\frac{2^x-1}{x}=\lim_{x\to 0^+}\frac{x\ln 2}{x}=\ln 2,$$

$$\lim_{x\to 0^-}\frac{f(x)-f(0)}{x}=\lim_{x\to 0^-}\frac{1+x^2-1}{x}=\lim_{x\to 0^-}x=0,$$

可得 $f'_+(0)=\ln 2$ 和 $f'_-(0)=0$.

函数 $f(x)$ 在 $x=0$ 处的左、右导数均存在但不相等, 所以函数 $f(x)$ 在 $x=0$ 处不可导 (图 2.1.7).

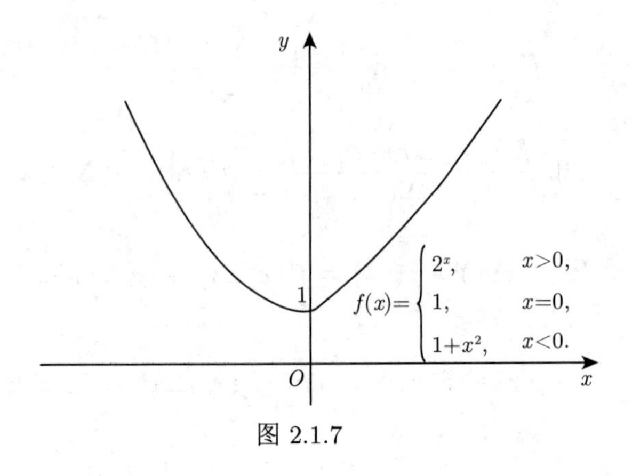

图 2.1.7 ■

显然, 定理 2.1.2 的逆否命题为真, 即函数在某点不连续一定不可导.

例 2.1.11 讨论函数 $f(x)=\begin{cases}\dfrac{\ln(1+x)}{x}, & x>-1, x\neq 0,\\ 0, & x=0\end{cases}$ 在点 $x=0$ 处的连续性和可导性.

解 因为 $f(0)=0$ 且

$$\lim_{x\to 0} f(x)=\lim_{x\to 0}\frac{\ln(1+x)}{x}=1\neq f(0),$$

所以函数 $f(x)$ 在 $x=0$ 处不连续. 由定理 2.1.2 的逆否命题可知, 函数 $f(x)$ 在 $x=0$ 处也不可导 (图 2.1.8).

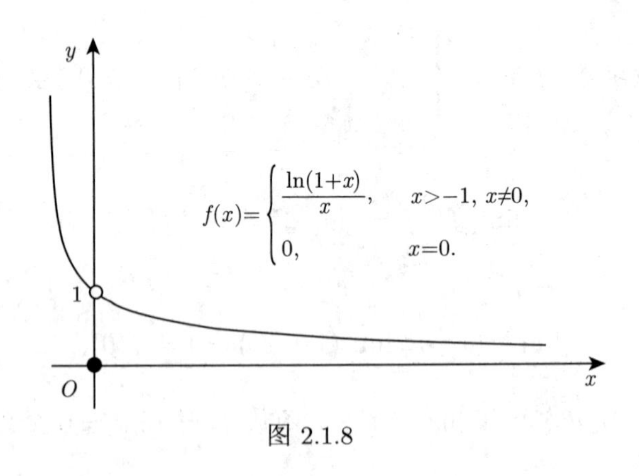

图 2.1.8 ■

综上讨论可知, 函数在某点连续只是函数在该点可导的必要条件, 但不是充分条件.

例 2.1.12 已知函数 $f(x)=\begin{cases}\mathrm{e}^x, & x\leqslant 0,\\ x^2+ax+b, & x>0\end{cases}$ 在 $x=0$ 处可导, 求 a 和 b 的值.

解　由于函数 $f(x)$ 在 $x=0$ 处可导, 所以该函数在 $x=0$ 处必连续, 即

$$\lim_{x\to 0^+} f(x)=\lim_{x\to 0^-} f(x)=f(0).$$

从而由

$$\lim_{x\to 0^+} f(x)=\lim_{x\to 0^+}(x^2+ax+b)=b=f(0)$$

及

$$\lim_{x\to 0^-} f(x)=\lim_{x\to 0^-}\mathrm{e}^x=1,\quad f(0)=1,$$

可得 $b=1$.

函数 $f(x)$ 在 $x=0$ 处可导, 则在该点处左、右导数一定存在且相等. 由于

$$f'_-(0)=\lim_{x\to 0^-}\frac{f(x)-f(0)}{x}=\lim_{x\to 0^-}\frac{\mathrm{e}^x-1}{x}=1$$

及

$$f'_+(0)=\lim_{x\to 0^+}\frac{f(x)-f(0)}{x}=\lim_{x\to 0^+}\frac{x^2+ax+1-1}{x}=a,$$

从 $f'_-(0)=f'_+(0)$ 可得 $a=1$.

故所求为 $a=1, b=1$. ■

习题 2.1A

1. 设函数 $f(x)=x^2+2x+2$, 用导数的定义求 $f'(1)$.

2. 按定义求下列函数在 $x=0$ 处的导数:

(1) $f(x)=\mathrm{e}^{2x}$;　　(2) $f(x)=\sqrt[3]{x^2}$;

(3) $f(x)=\sin 2x$;　　(4) $f(x)=\cos(x+2)$.

3. 设函数 $f(x)$ 在 $x=2$ 处连续, 且 $\lim\limits_{x\to 2}\dfrac{f(x)}{x-2}=2$, 求 $f'(2)$.

4. 若函数 $f(x)$ 为偶函数, 且 $f'(0)$ 存在, 证明 $f'(0)=0$.

5. 设函数 $f(x)$ 和 $\varphi(x)$ 在 $x=0$ 处可导, $\varphi'(0)\neq 0$, 且 $f(0)=\varphi(0)=0$, 证明

$$\lim_{x\to 0}\frac{f(x)}{\varphi(x)}=\frac{f'(0)}{\varphi'(0)}.$$

6. 求下列函数在给定点 x_0 处的左、右导数, 并指出函数在点 x_0 处的可导性:

(1) $f(x)=\begin{cases}\mathrm{e}^x-1, & x\geqslant 0,\\ \ln(1+x^2), & x<0,\end{cases}\quad x_0=0$;

(2) $f(x)=\begin{cases}\ln(1+x), & x\geqslant 0,\\ x, & x<0,\end{cases}\quad x_0=0$;

(3) $f(x)=\begin{cases}(1+x)^5, & x>-1,\\ |x+1|, & x\leqslant -1,\end{cases}$ $x_0=-1$;

(4) $f(x)=\begin{cases}x^2, & x>1,\\ 2-x, & x\leqslant 1,\end{cases}$ $x_0=1$;

(5) $f(x)=\begin{cases}\dfrac{\sin x^2}{x}, & x\neq 0,\\ 0, & x=0,\end{cases}$ $x_0=0$;

(6) $f(x)=\begin{cases}\dfrac{x}{1+\mathrm{e}^{\frac{1}{x}}}, & x\neq 0,\\ 0, & x=0,\end{cases}$ $x_0=0$.

7. 按定义求下列函数的导数:

(1) $f(x)=2a^{2x}$ $(a>0,a\neq 1)$; (2) $f(x)=x^5+\sqrt{x}$;

(3) $f(x)=\sin 3x+\cos 4x$; (4) $f(x)=\cos(ax+b)$ $(a,b$为常数$)$;

(5) $f(x)=\log_a 5x$ $(a>0,a\neq 1)$; (6) $f(x)=x\sin x$.

8. 已知一质点做直线运动, 刻画其位移 S (单位: m) 与时间 t (单位: s) 数量关系的函数为 $S=t^4$. 求在 $t=2$ s 时该质点的运动速度.

9. 求曲线 $y=\mathrm{e}^x$ 在点 $P(0,1)$ 处的切线的斜率, 并写出该曲线在点 $P(0,1)$ 处的切线方程和法线方程.

10. 求曲线 $y=x^2-x+2$ 在点 $P(1,2)$ 处的切线的斜率, 并写出该曲线在点 $P(1,2)$ 处的切线方程和法线方程.

11. 给定曲线 $y=x^2$, 连接点 $P_1(1,1)$ 和点 $P_1(4,16)$ 做割线, 已知该曲线在点 $P(x,y)$ 处的切线与这条割线平行, 求点 P 的坐标.

12. 讨论下列函数在 $x_0=0$ 处的连续性和可导性:

(1) $f(x)=|\sin x|$; (2) $f(x)=\begin{cases}x^2\sin\dfrac{1}{x}, & x\neq 0,\\ 0, & x=0;\end{cases}$

(3) $f(x)=\begin{cases}x^2, & x\geqslant 0,\\ -x, & x<0;\end{cases}$ (4) $f(x)=\begin{cases}\dfrac{\sin x\ln(1+x)}{x^2}, & x>-1,x\neq 0,\\ 0, & x=0.\end{cases}$

13. 已知函数 $f(x)=\begin{cases}ax+b, & x>1,\\ x^2+1, & x\leqslant 1\end{cases}$ 在 $x=1$ 处可导, 求 a 和 b 的值.

14. 已知函数 $f(x)=\begin{cases}a\mathrm{e}^x, & x>0,\\ x^2+2bx+1, & x\leqslant 0\end{cases}$ 在 $x=0$ 处可导, 求 a 和 b 的值.

15. 已知函数 $f(x)=(x^2-a^2)\varphi(x)$, 其中 $\varphi(x)$ 在 $x=a$ 处连续. $f(x)$ 在 $x=a$ 处是否可导? 如果不可导, 请说明理由; 如果可导, 请求出 $f'(a)$.

16. 已知函数 $f(x)=\begin{cases}\sin x, & x>0,\\ x, & x\leqslant 0,\end{cases}$ 求 $f'(x)$.

17. 已知函数 $f(x)$ 在其定义域上可导, 证明:
(1) 若 $f(x)$ 是偶函数, 则 $f'(x)$ 是奇函数;
(2) 若 $f(x)$ 是奇函数, 则 $f'(x)$ 是偶函数.

习题 2.1B

1. 当物体的温度高于周围介质的温度时, 物体就不断冷却. 若物体的温度 T (单位: ℃) 与时间 t (单位: s) 的函数关系为 $T=F(t)$, 应怎样确定该物体在时刻 t 的冷却速度?

2. 已知一工厂每天最多生产 500 件某种产品, 其成本函数为 $C(x)=1000+100x-0.1x^2$(单位: 元), 其中 x(单位: 件) 为生产产品的件数. 成本函数 $C(x)$ 的导数 $C'(x)$ 在经济学中被称为边际成本.
(1) 求生产该产品的边际成本 $C'(x)$, 并算出生产 200 件产品的边际成本.
(2) 分别计算生产 200 件及 201 件产品时的成本, 试说明边际成本的实际意义.

3. 设函数 $f(x)$ 在点 x_0 处可导, $f'(x_0)=\alpha$ 且 $\alpha\neq 0$, 求下列极限:
(1) $\lim\limits_{\Delta x\to 0}\dfrac{f(x_0-\Delta x)-f(x_0)}{\Delta x}$;　　(2) $\lim\limits_{h\to 0}\dfrac{f(x_0+h)-f(x_0-h)}{h}$;
(3) $\lim\limits_{x\to x_0}\dfrac{x-x_0}{f(x_0)-f(x)}$;　　(4) $\lim\limits_{x\to x_0}\dfrac{x-x_0}{f(3x-2x_0)-f(2x_0-x)}$.

4. 已知函数 $f(x)=\begin{cases}x^n\sin\dfrac{1}{x}, & x\neq 0,\\ 0, & x=0,\end{cases}$ 其中 $n\in\mathbf{N}$, 则 $f(x)$ 在 $x=0$ 处 (　　).
A. 在任何条件下都可导
B. 在任何条件下都不可导
C. 当且仅当 $n\geqslant 2$ 时才可导
D. 只有 n 取合适值, 使 $\lim\limits_{x\to 0}x^n\sin\dfrac{1}{x}=0=f(0)$ 成立时才可导

5. 设函数 $f(x)$ 可导, 且 $F(x)=f(x)(1+|\sin x|)$, 则 $f(0)=0$ 是 $F(x)$ 在 $x=0$ 处可导的 (　　).
A. 充分必要条件　　B. 充分条件而非必要条件
C. 必要条件而非充分条件　　D. 既非充分条件又非必要条件

6. 已知不恒为零的奇函数 $f(x)$ 在 $x=0$ 处可导, 函数 $F(x)=\dfrac{f(x)}{x}$, 试说明 $x=0$ 为 $F(x)$ 的间断点的类型.

7. 已知函数 $\varphi(x)$ 在 $x=a$ 处连续, 且 $\varphi(x)\neq 0$. 下列函数在 $x=a$ 处是否可导? 为什么?

(1) $f(x)=|x-a|\varphi(x)$; (2) $f(x)=(x-a)\varphi(x)$.

8. 证明双曲线 $xy=a^2$ (a为常数) 上过任一点 $P(x,y)$ 的切线与两坐标轴围成的三角形的面积等于 $2a^2$.

9. 已知函数 $f(x)$ 满足对任意实数 x, y 均有 $f(x+y)=f(x)\cdot f(y)$, 且 $f'(0)=1$. 求 $f'(x)$.

10. 已知函数 $f(x)$ 满足对任意实数 x, y 均有 $f(x+y)=f(x)+f(y)+2xy$, 且 $f'(0)$ 存在. 求 $f'(x)$.

2.2 函数的求导法则

利用导数的定义可以求得一些基本初等函数的导数, 但要利用导数的定义去求解一些复杂函数的导数, 通常难度较大. 本节将介绍几种常用的求导法则及前一节中未讨论过的一些基本初等函数的导数公式, 利用基本求导公式与求导法则就能比较方便地求常见初等函数的导数.

2.2.1 导数的四则运算法则

在第 1 章介绍极限的运算法则时, 我们首先讨论了极限的加、减、乘、除四则运算法则. 由于导数是由极限定义的, 因此很自然地可以推导如下的导数四则运算法则.

定理 2.2.1 (导数的四则运算法则) 如果函数 $u(x)$ 和 $v(x)$ 都在点 x 处可导, 那么它们的和、差、积、商 (分母不为零) 都在点 x 处可导, 且

(1) $[u(x)\pm v(x)]'=u'(x)\pm v'(x)$;

(2) $[u(x)v(x)]'=u'(x)v(x)+u(x)v'(x)$;

(3) $\left[\dfrac{u(x)}{v(x)}\right]'=\dfrac{u'(x)v(x)-u(x)v'(x)}{v^2(x)}$ $(v(x)\neq 0)$.

证明 (1) 对函数 $u(x)\pm v(x)$ 运用导数的定义, 可得

$$\begin{aligned}[u(x)\pm v(x)]' &= \lim_{\Delta x\to 0}\frac{[u(x+\Delta x)\pm v(x+\Delta x)]-[u(x)\pm v(x)]}{\Delta x}\\ &= \lim_{\Delta x\to 0}\left[\frac{u(x+\Delta x)-u(x)}{\Delta x}\pm\frac{v(x+\Delta x)-v(x)}{\Delta x}\right]\\ &= \lim_{\Delta x\to 0}\frac{u(x+\Delta x)-u(x)}{\Delta x}\pm\lim_{\Delta x\to 0}\frac{v(x+\Delta x)-v(x)}{\Delta x}\end{aligned}$$

$$= u'(x) \pm v'(x).$$

(2) 令函数 $y = u(x)v(x)$, 则有

$$\begin{aligned}\Delta y &= u(x+\Delta x)v(x+\Delta x) - u(x)v(x)\\ &= u(x+\Delta x)v(x+\Delta x) - u(x)v(x+\Delta x) + u(x)v(x+\Delta x) - u(x)v(x)\\ &= v(x+\Delta x)\Delta u + u(x)\Delta v.\end{aligned}$$

由导数的定义,

$$[u(x)v(x)]' = \lim_{\Delta x\to 0}\frac{\Delta y}{\Delta x} = \lim_{\Delta x\to 0}\left(v(x+\Delta x)\frac{\Delta u}{\Delta x}\right) + \lim_{\Delta x\to 0}\left(u(x)\frac{\Delta v}{\Delta x}\right).$$

由于 $v(x)$ 在点 x 处可导, 则一定在点 x 处连续, 故

$$\lim_{\Delta x\to 0} v(x+\Delta x) = v(x).$$

所以

$$[u(x)v(x)]' = u'(x)v(x) + u(x)v'(x).$$

(3) 由导数的定义, 可知

$$\begin{aligned}\left[\frac{u(x)}{v(x)}\right]' &= \lim_{\Delta x\to 0}\frac{1}{\Delta x}\left[\frac{u(x+\Delta x)}{v(x+\Delta x)} - \frac{u(x)}{v(x)}\right]\\ &= \lim_{\Delta x\to 0}\frac{v(x)u(x+\Delta x) - u(x)v(x+\Delta x)}{\Delta x\cdot v(x+\Delta x)v(x)}\\ &= \lim_{\Delta x\to 0}\frac{v(x)u(x+\Delta x) - v(x)u(x) + v(x)u(x) - u(x)v(x+\Delta x)}{\Delta x\cdot v(x+\Delta x)v(x)}\\ &= \lim_{\Delta x\to 0}\frac{1}{v(x+\Delta x)v(x)}\left[v(x)\frac{u(x+\Delta x)-u(x)}{\Delta x} - u(x)\frac{v(x+\Delta x)-v(x)}{\Delta x}\right]\\ &= \frac{u'(x)v(x) - u(x)v'(x)}{v^2(x)}\quad (v(x)\neq 0).\end{aligned}$$

■

注　① 由定理 2.2.1, 可知如果函数 $u(x)$ 在点 x 处可导, 则

$$[Cu(x)]' = Cu'(x)\quad (C\in\mathbf{R}\text{为常数}),$$

$$\left[\frac{1}{u(x)}\right]' = -\frac{u'(x)}{u^2(x)}\quad (u(x)\neq 0).$$

② 定理 2.2.1 的法则 (1) 和 (2) 可以推广到有限个可导函数的情况, 如

$$[u(x)\pm v(x)\pm w(x)]' = u'(x)\pm v'(x)\pm w'(x);$$

$$[u(x)v(x)w(x)]' = u'(x)v(x)w(x) + u(x)v'(x)w(x) + u(x)v(x)w'(x).$$

③ 对于在区间 I 上可导的函数, 定理 2.2.1 的法则同样适用. 由此可知, 多项式函数在 $\mathbf{R}$ 上可导, 任何有理函数在其定义域内可导, 并且运用定理 2.2.1 的法则可以很方便地计算多项式函数和有理函数的导数.

例 2.2.1 设函数 $f(x)=3x^3-4x^2+5x-6$, 求 $f'(x)$ 及 $f'(1)$.

解
$$\begin{aligned} f'(x) &= (3x^3-4x^2+5x-6)' \\ &= (3x^3)'-(4x^2)'+(5x)'-(6)' \\ &= 3(x^3)'-4(x^2)'+5(x)' \\ &= 3\cdot 3x^2-4\cdot 2x+5 \\ &= 9x^2-8x+5. \end{aligned}$$

由此,

$$f'(1)=(9x^2-8x+5)|_{x=1}=6.$$ ■

例 2.2.2 设函数 $y=x^2-2^x+3\cos x+\sqrt{x}\ln x$, 求 $\dfrac{\mathrm{d}y}{\mathrm{d}x}$.

解
$$\begin{aligned} \frac{\mathrm{d}y}{\mathrm{d}x} &= (x^2)'-(2^x)'+(3\cos x)'+(\sqrt{x}\ln x)' \\ &= 2x-2^x\ln 2-3\sin x+(\sqrt{x})'\ln x+\sqrt{x}(\ln x)' \\ &= 2x-2^x\ln 2-3\sin x+\frac{\ln x}{2\sqrt{x}}+\frac{\sqrt{x}}{x}. \end{aligned}$$ ■

例 2.2.3 设函数 $f(x)=\mathrm{e}^x(\sin x+\cos x)$, 求 $f'(x)$.

解
$$\begin{aligned} f'(x) &= [\mathrm{e}^x(\sin x+\cos x)]'=[\mathrm{e}^x\sin x]'+[\mathrm{e}^x\cos x]' \\ &= (\mathrm{e}^x\sin x+\mathrm{e}^x\cos x)+(\mathrm{e}^x\cos x-\mathrm{e}^x\sin x)=2\mathrm{e}^x\cos x. \end{aligned}$$

例 2.2.4 求下列函数的导数:

(1) $y=\tan x$; (2) $y=\cot x$;

(3) $y=\sec x$; (4) $y=\csc x$.

解 (1) $(\tan x)'=\left(\dfrac{\sin x}{\cos x}\right)'=\dfrac{(\sin x)'\cos x-(\cos x)'\sin x}{\cos^2 x}=\dfrac{\cos^2 x+\sin^2 x}{\cos^2 x}=\sec^2 x.$

(2) $(\cot x)'=\left(\dfrac{\cos x}{\sin x}\right)'=\dfrac{(\cos x)'\sin x-(\sin x)'\cos x}{\sin^2 x}=-\dfrac{\sin^2 x+\cos^2 x}{\sin^2 x}=-\csc^2 x.$

(3) $(\sec x)'=\left(\dfrac{1}{\cos x}\right)'=\dfrac{(1)'\cos x-1\cdot(\cos x)'}{\cos^2 x}=\dfrac{\sin x}{\cos^2 x}=\sec x\tan x.$

(4) $(\sec x)'=\left(\dfrac{1}{\sin x}\right)'=\dfrac{(1)'\sin x-1\cdot(\sin x)'}{\sin^2 x}=-\dfrac{\cos x}{\sin^2 x}=-\csc x\cot x.$ ■

注 由例 2.2.4, 可得如下基本求导公式:

$$(\tan x)'=\sec^2 x;\quad (\cot x)'=-\csc^2 x;$$

$$(\sec x)'=\sec x\tan x;\quad (\csc x)'=-\csc x\cot x.$$

例 2.2.5 设函数 $f(x)=\dfrac{(x-1)(x^2-2x)}{x^4}$, 求 $f'(x)$.

解　将函数 $f(x)$ 化简, 得

$$f(x)=\frac{(x-1)(x^2-2x)}{x^4}=\frac{x^3-3x^2+2x}{x^4}=x^{-1}-3x^{-2}+2x^{-3}.$$

运用求导法则, 有

$$f'(x)=-x^{-2}-3(-2)x^{-3}+2(-3)x^{-4}=-\frac{1}{x^2}+\frac{6}{x^3}-\frac{6}{x^4}.$$ ■

例 2.2.6　求曲线 $y=x+\dfrac{2}{x}$ 在点 $P(1,3)$ 处的切线方程.

解　由

$$\frac{\mathrm{d}y}{\mathrm{d}x}=\frac{\mathrm{d}}{\mathrm{d}x}(x)+2\frac{\mathrm{d}}{\mathrm{d}x}\left(\frac{1}{x}\right)=1+2\left(-\frac{1}{x^2}\right)=1-\frac{2}{x^2},$$

可得曲线在 $x=1$ 处切线的斜率为

$$k=\left.\frac{\mathrm{d}y}{\mathrm{d}x}\right|_{x=1}=\left[1-\frac{2}{x^2}\right]_{x=1}=1-2=-1.$$

过点 $P(1,3)$ 斜率 $k=-1$ 的直线方程为

$$y-3=(-1)(x-1),$$

即所求切线方程为

$$y=-x+4.$$ ■

2.2.2　反函数的求导法则

由导数的定义和导数的四则运算法则, 我们已得到了基本初等函数中 6 个三角函数的导数公式. 那么, 对于 $\arcsin x$、$\arccos x$、$\arctan x$ 等反三角函数, 能否简单地推导出它们的导数公式呢?

首先, 我们有如下的反函数求导定理.

定理 2.2.2 (反函数的求导法则)　如果函数 $x=f(y)$ 在区间 I_y 内严格单调、可导且 $f'(y)\neq 0$, 那么它的反函数 $y=f^{-1}(x)$ 在区间 $I_x=\{x|x=f(y),y\in I_y\}$ 内也可导, 且

$$(f^{-1})'(x)=\frac{1}{f'(y)}\quad 或\quad \frac{\mathrm{d}y}{\mathrm{d}x}=\frac{1}{\dfrac{\mathrm{d}x}{\mathrm{d}y}}. \tag{2.2.1}$$

证明　函数 $x=f(y)$ 在区间 I_y 内严格单调、可导, 它必连续, 由第 1 章的定理 1.5.3, 可得它的反函数 $y=f^{-1}(x)$ 在区间 $I_x=\{x|x=f(y),y\in I_y\}$ 内存在且单调、连续.

任意给定 $x\in I_x$, 取增量 Δx($\Delta x\neq 0$, $x+\Delta x\in I_x$), 由 $y=f^{-1}(x)$ 的单调性和连续性可知

$$\Delta y=f^{-1}(x+\Delta x)-f^{-1}(x)\neq 0\quad 且\quad \lim_{\Delta x\to 0}\Delta y=0.$$

所以

$$(f^{-1})'(x) = \lim_{\Delta x \to 0} \frac{f^{-1}(x+\Delta x) - f^{-1}(x)}{\Delta x} = \lim_{\Delta y \to 0} \frac{\Delta y}{f(y+\Delta y) - f(y)}$$

$$= \lim_{\Delta y \to 0} \frac{1}{\dfrac{f(y+\Delta y) - f(y)}{\Delta y}} = \frac{1}{f'(y)}. \qquad \blacksquare$$

注 定理 2.2.2 的结论可简单说成: 反函数的导数等于原直接函数导数的倒数.

例 2.2.7 设函数 $y = \arcsin x, x \in (-1,1)$, 求 y'.

解 $y = \arcsin x\ (-1 < x < 1)$ 是函数 $x = \sin y\ \left(-\dfrac{\pi}{2} < y < \dfrac{\pi}{2}\right)$ 的反函数, 且 $x = \sin y$ 在区间 $I_y = \left(-\dfrac{\pi}{2}, \dfrac{\pi}{2}\right)$ 内严格单调、可导, $(\sin y)' = \cos y \neq 0$.

由反函数求导法则可得

$$(\arcsin x)' = \frac{1}{(\sin y)'} = \frac{1}{\cos y} = \frac{1}{\sqrt{1-\sin^2 y}} = \frac{1}{\sqrt{1-x^2}}, \quad x \in (-1,1).$$

即得到反正弦函数的导数公式:

$$(\arcsin x)' = \frac{1}{\sqrt{1-x^2}}, \quad x \in (-1,1). \qquad \blacksquare$$

类似可得反余弦函数的导数公式:

$$(\arccos x)' = -\frac{1}{\sqrt{1-x^2}}, \quad x \in (-1,1).$$

例 2.2.8 设函数 $y = \arctan x, x \in (-\infty, +\infty)$, 求 y'.

解 $y = \arctan x\ (-\infty < x < +\infty)$ 是函数 $x = \tan y\ \left(-\dfrac{\pi}{2} < y < \dfrac{\pi}{2}\right)$ 的反函数, 且 $x = \tan y$ 在区间 $I_y = \left(-\dfrac{\pi}{2}, \dfrac{\pi}{2}\right)$ 内严格单调、可导, $(\tan y)' = \sec^2 y$.

由反函数求导法则可得

$$(\arctan x)' = \frac{1}{(\tan y)'} = \frac{1}{\sec^2 y} = \frac{1}{\tan^2 y + 1} = \frac{1}{1+x^2}.$$

即得到反正切函数的导数公式:

$$(\arctan x)' = \frac{1}{1+x^2}. \qquad \blacksquare$$

类似可得反余切函数的导数公式:

$$(\operatorname{arccot} x)' = -\frac{1}{1+x^2}.$$

我们在 2.1 节中已用导数的定义求得了对数函数的导数公式, 也可以基于反函数求导法则来求 $y = \log_a x$ 的导数.

例 2.2.9　设函数 $y=\log_a x\ \ (a>0, a\neq 1)$, 运用反函数求导法则证明 $y'=\dfrac{1}{x\ln a}$.

解　$y=\log_a x$ 是函数 $x=a^y$ 的反函数, 这里 $a>0, a\neq 1$. 由定理 2.2.2 可得

$$(\log_a x)'=\frac{1}{(a^y)'}=\frac{1}{a^y\ln a}.$$

由于 $a^y=x$, 因此有

$$(\log_a x)'=\frac{1}{x\ln a}$$

成立. ■

2.2.3　复合函数的求导法则

到目前为止, 我们讨论了常数和基本初等函数的导数公式, 但是对于

$$\sqrt{x^2+1},\quad \sin x^2,\quad \ln\cos \mathrm{e}^x$$

等比较复杂的函数, 我们还只能尝试用导数的定义来判别其是否可导, 并求它们的导数. 有没有比较简便的方法来求它们的导数呢?

考虑函数 $F(x)=\sqrt{x^2+1}$, 记 $y=f(u)=\sqrt{u}$ 和 $u=\varphi(x)=x^2+1$, 则

$$y=F(x)=f(\varphi(x)),$$

即 $F(x)$ 是一个复合函数: $F=f\circ\varphi$. 我们知道 $f(u)$ 和 $\varphi(x)$ 是可导的, 也会求 $f'(u)$ 和 $\varphi'(x)$. 那么能否利用 $f'(u)$ 和 $\varphi'(x)$ 来求复合函数 $F(x)$ 的导数呢? 答案是肯定的. 只要借助于下面讨论的一个重要法则, 我们就可以比较简便地求出 $F(x)$ 的导数.

定理 2.2.3 (链式法则 (chain rule))　若函数 $u=\varphi(x)$ 在点 x 处可导, 而函数 $y=f(u)$ 在相应点 $u=\varphi(x)$ 处可导, 则复合函数 $y=f(\varphi(x))$ 在点 x 处可导, 且

$$[f(\varphi(x))]'=f'(\varphi(x))\cdot\varphi'(x)\quad \text{或者}\quad \frac{\mathrm{d}y}{\mathrm{d}x}=\frac{\mathrm{d}y}{\mathrm{d}u}\cdot\frac{\mathrm{d}u}{\mathrm{d}x}. \tag{2.2.2}$$

证明　因为函数 $y=f(u)$ 在点 u 处可导, 则

$$\lim_{\Delta u\to 0}\frac{\Delta y}{\Delta u}=f'(u).$$

根据极限与无穷小的关系可得

$$\frac{\Delta y}{\Delta u}=f'(u)+\alpha(\Delta u),$$

其中 $\alpha(\Delta u)$ 是 $\Delta u\to 0$ 的无穷小量, 即 $\lim\limits_{\Delta u\to 0}\alpha(\Delta u)=0$.

当 $\Delta u\neq 0$ 时,

$$\Delta y=f'(u)\Delta u+\alpha(\Delta u)\Delta u. \tag{2.2.3}$$

当函数 $y=f(u)$ 与 $u=\varphi(x)$ 复合时, 式 (2.2.3) 中的变量 u 为 x 的函数. 给定增量 Δx, Δu 有可能恒等于 0, 此时 $\alpha(\Delta u)$ 就没有定义了. 注意到由于 $\Delta u=0$ 时 $\Delta y=f(u+\Delta u)-f(u)=0$, 人为规定当 $\Delta u=0$ 时 $\alpha(\Delta u)=0$ 是合理的. 此时, 式 (2.2.3) 依然成立.

在式 (2.2.3) 两边同时除以 Δx, 可得

$$\frac{\Delta y}{\Delta x}=f'(u)\frac{\Delta u}{\Delta x}+\alpha(\Delta u)\frac{\Delta u}{\Delta x}.$$

因此,

$$\lim_{\Delta x\to 0}\frac{\Delta y}{\Delta x}=f'(u)\lim_{\Delta x\to 0}\frac{\Delta u}{\Delta x}+\lim_{\Delta x\to 0}\left(\alpha(\Delta u)\frac{\Delta u}{\Delta x}\right). \tag{2.2.4}$$

由于函数 $u=\varphi(x)$ 在点 x 处可导一定连续, 可知当 $\Delta x\to 0$ 时 $\Delta u\to 0$, 从而

$$\lim_{\Delta x\to 0}\alpha(\Delta u)=\lim_{\Delta u\to 0}\alpha(\Delta u)=0.$$

故由式 (2.2.4) 以及 $u=\varphi(x)$ 可导可得

$$y'=f'(\varphi(x))\cdot\varphi'(x)=\frac{\mathrm{d}y}{\mathrm{d}u}\cdot\frac{\mathrm{d}u}{\mathrm{d}x}.$$ ■

注 ① 在定理 2.2.3 中, 需注意记号 $[f(\varphi(x))]'$ 与 $f'(\varphi(x))$ 的区别. $[f(\varphi(x))]'$ 表示复合函数对自变量 x 求导, 即 $[f(\varphi(x))]'=y'(x)$; 而 $f'(\varphi(x))$ 表示函数 $y=f(u)$ 对中间变量 u 求导, 然后代入 $u=\varphi(x)$, 即 $f'(\varphi(x))=f'(u)$.

② 定理 2.2.3 的结论也可推广到有限个函数构成的复合函数. 例如, 若由可导函数 $y=f(u)$, $u=g(v)$, $v=\varphi(x)$ (假定函数在所讨论处都可导) 构成复合函数 $y=f[g(\varphi(x))]$, 则 $y=f[g(\varphi(x))]$ 在点 x 处可导, 且

$$\frac{\mathrm{d}y}{\mathrm{d}x}=[f(g(\varphi(x)))]'=f'(u)\cdot g'(v)\cdot\varphi'(x)=\frac{\mathrm{d}y}{\mathrm{d}u}\cdot\frac{\mathrm{d}u}{\mathrm{d}v}\cdot\frac{\mathrm{d}v}{\mathrm{d}x}.$$

例 2.2.10 设函数 $F(x)=\sqrt{x^2+1}$, 求 $F'(x)$.

解 函数 $F(x)=\sqrt{x^2+1}$ 可视为由可导函数 $f(u)=\sqrt{u}$ 和 $u=x^2+1$ 复合而成的函数, 且

$$f'(u)=\frac{1}{2}u^{-\frac{1}{2}}=\frac{1}{2\sqrt{u}},\quad u'(x)=2x.$$

由复合函数求导的链式法则可得

$$F'(x)=f'(u)\cdot u'(x)=\frac{1}{2\sqrt{x^2+1}}\cdot 2x=\frac{x}{\sqrt{x^2+1}}.$$ ■

例 2.2.11 设函数 $y=\sin x^2$, 求 $\dfrac{\mathrm{d}y}{\mathrm{d}x}$.

解　函数 $y=\sin x^2$ 可视为由 $y=\sin u$ 和 $u=x^2$ 复合而成的函数, 且

$$(\sin u)'=\cos u,\quad (x^2)'=2x.$$

由复合函数求导的链式法则可得

$$\frac{\mathrm{d}y}{\mathrm{d}x}=\frac{\mathrm{d}y}{\mathrm{d}u}\cdot\frac{\mathrm{d}u}{\mathrm{d}x}=\cos x^2\cdot 2x=2x\cos x^2.$$ ■

例 2.2.12　设函数 $y=\ln\cos \mathrm{e}^x$, 求 $\dfrac{\mathrm{d}y}{\mathrm{d}x}$.

解　函数 $y=\ln\cos \mathrm{e}^x$ 可视为由 $y=\ln u$, $u=\cos v$ 和 $v=\mathrm{e}^x$ 复合而成的函数, 由复合函数求导的链式法则可得

$$\frac{\mathrm{d}y}{\mathrm{d}x}=\frac{\mathrm{d}y}{\mathrm{d}u}\cdot\frac{\mathrm{d}u}{\mathrm{d}v}\cdot\frac{\mathrm{d}v}{\mathrm{d}x}=\frac{1}{u}\cdot(-\sin v)\cdot \mathrm{e}^x=-\mathrm{e}^x\tan \mathrm{e}^x.$$ ■

从以上例子可以看出, 应用复合函数求导的链式法则时, 首先要分析所给函数是由哪些函数复合而成的, 或者说所给函数能分解成哪些函数的复合. 如果所给函数能分解成比较简单的函数的复合, 而这些简单函数的导数我们已经会求, 那么应用复合函数求导的链式法则可求出所给函数的导数. 对于复合函数的分解比较熟练后, 在应用该法则时, 不必写出中间变量, 可采用从“外”到“里”分层求导的方式计算.

例 2.2.13　设函数 $f(x)=\mathrm{e}^{\sin^2\frac{1}{x}}$, 求 $f'(x)$.

解　由复合函数求导的链式法则可得

$$\begin{aligned}f'(x)&=\left(\mathrm{e}^{\sin^2\frac{1}{x}}\right)'=\mathrm{e}^{\sin^2\frac{1}{x}}\cdot\left(\sin^2\frac{1}{x}\right)'=\mathrm{e}^{\sin^2\frac{1}{x}}\cdot 2\sin\frac{1}{x}\cdot\left(\sin\frac{1}{x}\right)'\\&=\mathrm{e}^{\sin^2\frac{1}{x}}\cdot 2\sin\frac{1}{x}\cdot\cos\frac{1}{x}\cdot\left(\frac{1}{x}\right)'=\mathrm{e}^{\sin^2\frac{1}{x}}\cdot\sin\frac{2}{x}\cdot\left(-\frac{1}{x^2}\right)\\&=-\frac{1}{x^2}\sin\frac{2}{x}\mathrm{e}^{\sin^2\frac{1}{x}}.\end{aligned}$$ ■

例 2.2.14　设函数 $g(t)=\tan(5-\sin 2t)$, 求 $g'(t)$.

解　$$\begin{aligned}g'(t)&=\frac{\mathrm{d}}{\mathrm{d}t}[\tan(5-\sin 2t)]=\sec^2(5-\sin 2t)\cdot\frac{\mathrm{d}}{\mathrm{d}t}(5-\sin 2t)\\&=\sec^2(5-\sin 2t)\cdot\left(0-\cos 2t\cdot\frac{\mathrm{d}}{\mathrm{d}t}(2t)\right)=\sec^2(5-\sin 2t)\cdot(-\cos 2t)\cdot 2\\&=-2\cos 2t\sec^2(5-\sin 2t).\end{aligned}$$ ■

例 2.2.15　设函数 $f(x)=\arctan(\ln x)+\operatorname{arccot}(\mathrm{e}^x)$, 求 $f'(x)$.

解　$$\begin{aligned}f'(x)&=[\arctan(\ln x)+\operatorname{arccot}(\mathrm{e}^x)]'=[\arctan(\ln x)]'+[\operatorname{arccot}(\mathrm{e}^x)]'\\&=\frac{1}{1+(\ln x)^2}\cdot\frac{1}{x}-\frac{1}{1+\mathrm{e}^{2x}}\cdot \mathrm{e}^x\\&=\frac{1}{x(1+\ln^2 x)}-\frac{\mathrm{e}^x}{1+\mathrm{e}^{2x}}.\end{aligned}$$ ■

例 2.2.16 (1) 求曲线 $y=\sin^5 x$ 在 $x=\frac{\pi}{3}$ 处的切线的斜率.

(2) 证明曲线 $y=\frac{1}{(1-2x)^3}$ $\left(x\neq\frac{1}{2}\right)$ 上任一点的切线的斜率为正.

解 (1) 由于

$$\frac{\mathrm{d}y}{\mathrm{d}x}=5\sin^4 x\cdot\frac{\mathrm{d}}{\mathrm{d}x}(\sin x)=5\sin^4 x\cos x,$$

可得曲线 $y=\sin^5 x$ 在 $x=\frac{\pi}{3}$ 处的切线的斜率为

$$k=\left.\frac{\mathrm{d}y}{\mathrm{d}x}\right|_{x=\frac{\pi}{3}}=5\left(\frac{\sqrt{3}}{2}\right)^4\cdot\left(\frac{1}{2}\right)=\frac{45}{32}.$$

(2) 由

$$\begin{aligned}\frac{\mathrm{d}y}{\mathrm{d}x}&=\frac{\mathrm{d}}{\mathrm{d}x}(1-2x)^{-3}=-3(1-2x)^{-4}\cdot\frac{\mathrm{d}}{\mathrm{d}x}(1-2x)\\&=-3(1-2x)^{-4}\cdot(-2)=\frac{6}{(1-2x)^4},\end{aligned}$$

可知当 $x\neq\frac{1}{2}$ 时, 曲线上任意一点 $P(x,y)$ 的切线的斜率为

$$\frac{\mathrm{d}y}{\mathrm{d}x}=\frac{6}{(1-2x)^4}.$$

显然, $\frac{6}{(1-2x)^4}>0$ 恒成立, 所以曲线 $y=\frac{1}{(1-2x)^3}$ 上任一点的切线的斜率为正. ■

2.2.4 基本求导法则与导数公式

基本初等函数的导数公式与本节中所讨论的求导法则在初等函数的求导运算中起着重要的作用, 我们必须熟练地掌握它们. 为了便于应用, 我们把导数公式和求导法则归纳如下.

1. 基本初等函数的导数公式

(1) $(C)'=0$ (C为常数);

(2) $(x^a)'=ax^{a-1}$ $(a\in\mathbf{R})$;

(3) $(a^x)'=a^x\ln a$ $(a>0)$;

(4) $(\mathrm{e}^x)'=\mathrm{e}^x$;

(5) $(\log_a x)'=\frac{1}{x\ln a}$ $(a>0,a\neq1)$;

(6) $(\ln x)'=\frac{1}{x}$;

(7) $(\sin x)'=\cos x$;

(8) $(\cos x)'=-\sin x$;

(9) $(\tan x)'=\sec^2 x$;

(10) $(\cot x)'=-\csc^2 x$;

(11) $(\sec x)'=\sec x\tan x$;

(12) $(\csc x)'=-\csc x\cot x$;

(13) $(\arcsin x)'=\frac{1}{\sqrt{1-x^2}}$;

(14) $(\arccos x)'=-\frac{1}{\sqrt{1-x^2}}$;

(15) $(\arctan x)'=\frac{1}{1+x^2}$;

(16) $(\operatorname{arccot} x)'=-\frac{1}{1+x^2}$.

2. 函数的和、差、积、商的求导公式

设函数 $u(x)$ 和 $v(x)$ 可导, 则

(1) $[u(x) \pm v(x)]' = u'(x) \pm v'(x)$;

(2) $[u(x)v(x)]' = u'(x)v(x) + u(x)v'(x)$;

(3) $\left[\dfrac{u(x)}{v(x)}\right]' = \dfrac{u'(x)v(x) - u(x)v'(x)}{v^2(x)} \quad (v(x) \neq 0)$.

3. 反函数的求导法则

如果函数 $x = f(y)$ 在区间 I_y 内严格单调、可导且 $f'(y) \neq 0$, 那么它的反函数 $y = f^{-1}(x)$ 在区间 $I_x = \{x|x = f(y), y \in I_y\}$ 内也可导, 且

$$(f^{-1})'(x) = \frac{1}{f'(y)} \quad 或 \quad \frac{\mathrm{d}y}{\mathrm{d}x} = \frac{1}{\dfrac{\mathrm{d}x}{\mathrm{d}y}}.$$

4. 复合函数的求导法则

若函数 $u = \varphi(x)$ 在点 x 处可导, 而函数 $y = f(u)$ 在相应点 $u = \varphi(x)$ 处可导, 则复合函数 $y = f(\varphi(x))$ 在点 x 处可导, 且

$$[f(\varphi(x))]' = f'(\varphi(x)) \cdot \varphi'(x) \quad 或者 \quad \frac{\mathrm{d}y}{\mathrm{d}x} = \frac{\mathrm{d}y}{\mathrm{d}u} \cdot \frac{\mathrm{d}u}{\mathrm{d}x}.$$

双曲函数和反双曲函数也是初等函数, 它们的导数能通过以上求导法则的综合运用求得.

例 2.2.17　设 $y = \sinh x$, 求 $\dfrac{\mathrm{d}y}{\mathrm{d}x}$.

由

$$\frac{\mathrm{d}y}{\mathrm{d}x} = (\sinh x)' = \left(\frac{\mathrm{e}^x - \mathrm{e}^{-x}}{2}\right)' = \frac{1}{2}(\mathrm{e}^x)' - \frac{1}{2}(\mathrm{e}^{-x})'$$

以及

$$(\mathrm{e}^{-x})' = -\mathrm{e}^{-x},$$

可得双曲正弦函数的导数公式:

$$(\sinh x)' = \frac{1}{2}(\mathrm{e}^x + \mathrm{e}^{-x}) = \cosh x. \qquad \blacksquare$$

类似地, 有双曲余弦函数的导数公式: $(\cosh x)' = \sinh x$.

进一步, 有

$$(\tanh x)' = \left(\frac{\sinh x}{\cosh x}\right)' = \frac{(\sinh x)' \cosh x - \sinh x (\cosh x)'}{\cosh^2 x};$$

$$= \frac{\cosh^2 x - \sinh^2 x}{\cosh^2 x} = \frac{1}{\cosh^2 x}.$$

综上, 得到如下的导数公式:

$$(\sinh x)' = \cosh x, \quad (\cosh x)' = \sinh x, \quad (\tanh x)' = \frac{1}{\cosh^2 x}.$$

例 2.2.18 设 $y = \operatorname{arcsinh} x$, 求 y'.

函数 $y = \operatorname{arcsinh} x$ 是双曲正弦函数 $x = \sinh y$ 的反函数, 运用反函数求导法则, 有

$$\begin{aligned} y' = (\operatorname{arcsinh} x)' &= \frac{1}{(\sinh y)'} = \frac{1}{\cosh y} \\ &= \frac{1}{\sqrt{1+\sinh^2 y}} = \frac{1}{\sqrt{1+x^2}} \ (-\infty < x < +\infty), \end{aligned}$$

即

$$(\operatorname{arcsinh} x)' = \frac{1}{\sqrt{1+x^2}} \ (-\infty < x < +\infty).$$ ■

类似地, 可以得到反双曲余弦和反双曲正切的导数公式:

$$(\operatorname{arccosh} x)' = \frac{1}{\sqrt{x^2-1}} \ (|x| > 1); \quad (\operatorname{arctanh} x)' = \frac{1}{1-x^2}.$$

下面再举两个综合利用本节所介绍的导数公式和求导法则的例子.

例 2.2.19 设函数 $f(x) = \ln|x|$, 求 $f'(x)$.

解 函数 $f(x) = \ln|x|$ 的定义域为 $\{x|x \in \mathbf{R},\ x \neq 0\}$, 且

$$f(x) = \ln|x| = \begin{cases} \ln x, & x > 0, \\ \ln(-x), & x < 0. \end{cases}$$

由此可得, 当 $x > 0$ 时,

$$f'(x) = (\ln|x|)' = (\ln x)' = \frac{1}{x};$$

当 $x < 0$ 时,

$$f'(x) = (\ln|x|)' = [\ln(-x)]' = -\frac{1}{x} \cdot (-x)' = \frac{1}{x}.$$

综上可知

$$f'(x) = (\ln|x|)' = \frac{1}{x} \ \ (x \neq 0).$$ ■

例 2.2.20 设函数 $f(x)$ 可导, 求下列函数的导数:

(1) $y = f(\sin^2 x)$;　　(2) $y = f(2\mathrm{e}^x) + f(\arcsin(2x+5))$.

解 (1) $y' = [f(\sin^2 x)]' = f'(\sin^2 x) \cdot (\sin^2 x)'$

$$\begin{aligned} &= f'(\sin^2 x) \cdot (2\sin x) \cdot (\sin x)' = f'(\sin^2 x) \cdot (2\sin x) \cdot \cos x \\ &= 2\sin x \cos x f'(\sin^2 x) = \sin 2x f'(\sin^2 x). \end{aligned}$$

(2) $y' = [f(2\mathrm{e}^x) + f(\arcsin(2x+5))]' = [f(2\mathrm{e}^x)]' + [f(\arcsin(2x+5))]'$

$$= 2\mathrm{e}^x f'(2\mathrm{e}^x) + \frac{2}{\sqrt{1-(2x+5)^2}} f'(\arcsin(2x+5)).$$ ■

习题 2.2A

1. 计算下列函数的导数:

(1) $y=x^3+7x^2+5\sqrt{x}-12$;　　(2) $y=5x^2-3^x+3\mathrm{e}^x$;

(3) $u=v-3\sin v\cos v$;　　(4) $u=\mathrm{e}^v\cos v\sin v$;

(5) $y=2\tan x+\sec x-1$;　　(6) $y=x^2\ln x+x\tan x$;

(7) $u=\dfrac{\cos v}{v^2}+v\ln v$;　　(8) $u=\ln v-\dfrac{2}{v^4}$;

(9) $s=(t^2-1)(t^2-4)(t^2-9)$;　　(10) $s=(t^3-2)(t^2+2t+3)$;

(11) $y=\dfrac{\sin x}{1+\tan x}$;　　(12) $y=\dfrac{x\cos x}{1+\cos x}$;

(13) $s=\dfrac{t\sin t+\cos t}{t\sin t-\cos t}$;　　(14) $s=\dfrac{1+\sin t}{1+\cos t}$;

(15) $y=\dfrac{1-\ln x}{1+\ln x}$;　　(16) $y=\dfrac{\mathrm{e}^x-\mathrm{e}^{-x}}{\mathrm{e}^x+\mathrm{e}^{-x}}$.

2. 计算下列函数在给定点处的导数:

(1) $g(t)=\dfrac{1-\sqrt{t}}{1+\sqrt{t}}$, 在 $t=4$处;　　(2) $f(x)=\dfrac{3}{5-x}+\dfrac{x^2}{4}$, 在 $x=2$处;

(3) $f(x)=\sec x-2\cos x$, 在 $x=\dfrac{\pi}{3}$处;　　(4) $g(t)=t^2\mathrm{e}^t+(t^2-t)\ln t$, 在 $t=1$处;

(5) $f(x)=\mathrm{e}^x(x^2-x+1)$, 在 $x=1$处;　　(6) $f(\theta)=\dfrac{\sin\theta-\theta\cos\theta}{\cos\theta+\theta\sin\theta}$, 在 $\theta=\dfrac{\pi}{2}$处.

3. 一个圆柱形水箱内有 100 L 水, 要在 10 min 内从水箱底部将水排空, 依据 Torricelli 定律, 在 t min 后水箱内剩余水的体积 V 为

$$V(t)=100\left(1-\frac{t}{10}\right)^2\quad(0\leqslant t\leqslant 10).$$

求在 5 min 后水流出的速度, 以及从开始到结束水流出的平均速度.

4. 求曲线 $y=2\sin x+x^2$ 在点 $(0,0)$ 处的切线方程和法线方程.

5. 推导反余弦函数和反余切函数的导数公式:

$$(\arccos x)'=-\frac{1}{\sqrt{1-x^2}},x\in(-1,1);\quad(\operatorname{arccot}x)'=-\frac{1}{1+x^2}.$$

6. 求下列函数的导数:

(1) $y=\sin^2 x$;　　(2) $y=\cos(4-3x)$;

(3) $y=3\mathrm{e}^{2x}+5\cos 2x$;　　(4) $y=\mathrm{e}^{-x}\ln\cos x$;

(5) $y=\sqrt{a^2-x^2}$ ($a\neq 0$为常数);　　(6) $y=\tan x^2+\mathrm{e}^{-x^2}$;

(7) $y=\ln(\csc x-\cot x)$;　　(8) $y=\ln(\sec x+\tan x)$;

(9) $y=\sin^2\dfrac{x}{3}\cot\dfrac{x}{2}$;　　(10) $y=\sin[\sin(\sin 2x)]$;

(11) $y=\ln\dfrac{1+\sqrt{x}}{1-\sqrt{x}}$;　　(12) $y=x\sqrt{1-x^2}+\arcsin\dfrac{1}{x}$;

(13) $y=\sin^n(x+1)\cos nx\ (n\in\mathbf{N}_+)$;　　(14) $y=\sqrt[3]{x}\mathrm{e}^{\sin\frac{1}{x}}$;

(15) $y=(\arcsin x)^2+\arctan\mathrm{e}^x$;　　(16) $y=\arctan(\mathrm{e}^{-x^2})+\arccos x^2$;

(17) $y=\mathrm{e}^{\arctan\sqrt{x}}$;　　(18) $y=10^{x\tan 2x}$;

(19) $y=\ln\sqrt{\dfrac{\mathrm{e}^{4x}}{\mathrm{e}^{4x}+1}}$;　　(20) $y=\mathrm{e}^{-\sin^2\frac{1}{x}}$.

7. 求函数 $\arccos\dfrac{1}{|x|}$ 在 $|x|>1$ 时的导数.

8. 设函数 $f(x)$ 可导, 求下列函数的导数:

(1) $y=f(x^2+\mathrm{e}^x)$;　　(2) $y=f[\cos(5+6x)+\sin(3-2x)]$;

(3) $y=f\left(\arccos\dfrac{1-x}{x^2}\right)$;　　(4) $y=f(\sqrt{a^2+x^2})+f(\sqrt{a^2-x^2})$ (a为常数);

(5) $y=f\left[\ln\ln x+\ln\left(\tan\dfrac{2}{x}\right)\right]$;　　(6) $y=f\{f[f(x)]\}$.

9. 设函数 $\varphi(x)$、$\psi(x)$ 可导, 求下列函数的导数:

(1) $y=\arctan\dfrac{\varphi(x)}{\psi(x)}$;　　(2) $y=\sqrt{\varphi^2(x)+\psi^2(x)}$.

习题 2.2B

1. 求下列函数的导数:

(1) $y=\mathrm{e}^x+\mathrm{e}^{\mathrm{e}^x}+\mathrm{e}^{\mathrm{e}^{\mathrm{e}^x}}$;

(2) $y=f[\cos(5+6x)+\sin(3-2x)]$;

(3) $y=\sin^2\left(\dfrac{1-\ln x}{x}\right)$;

(4) $y=x\arcsin(\ln x)+\arctan\sqrt{\dfrac{1-x}{1+x}}$;

(5) $y=\dfrac{2}{x}\sqrt{a^2-x^2}+\dfrac{a^2}{x}\arcsin\dfrac{x}{a}$　($a\neq 0$为常数);

(6) $\dfrac{\arcsin x}{\sqrt{1-x^2}}+\dfrac{1}{2}\ln\dfrac{1-x}{1+x}$.

2. 求下列函数的导数:

(1) $y=\sinh(\cosh x)$;　　(2) $y=\mathrm{e}^{\cosh x}\sinh x$;

(3) $y=\arctan(\sinh x)$;　　(4) $y=\operatorname{arccosh}(\mathrm{e}^{2x})$.

3. 已知 $f\left(\dfrac{1}{x}\right)=\dfrac{x}{1+x}$, 求 $f'(x)$.

4. 已知函数 $f(x)$ 可导, 且 $f'(x)=\dfrac{1}{f(x)\ln a}$ $(a>0)$. 令 $\varphi(x)=a^{f^2(x)}$, 证明 $\varphi'(x)=2\varphi(x)$.

5. 设函数 $f(x)$ 在 $(-\infty,+\infty)$ 内可导, 且 $F(x)=f(x^2-1)+f(x^2+1)$, 证明 $F'(1)=F'(-1)$.

6. 设函数 $f(x)$ 满足下面的条件:
(1) $f(x+y)=f(x)\cdot f(y)$, 对一切 $x,y\in\mathbf{R}$;
(2) $f(x)=1+xg(x)$, 且 $\lim\limits_{x\to 0}g(x)=1$.
试证明 $f(x)$ 在 $\mathbf{R}$ 上处处可导, 且 $f'(x)=f(x)$.

7. 设 $f(x)=x^2$ 和 $g(x)=|x|$, 虽然 $g(x)$ 本身在 $x=0$ 处并不可导, 但是它们的复合函数

$$f\circ g(x)=|x|^2=x^2 \quad 及 \quad g\circ f(x)=|x^2|=x^2$$

在 $x=0$ 处是可导的, 这违背了复合函数求导的链式法则吗？为什么？

2.3　高 阶 导 数

我们知道, 变速直线运动的速度 $v(t)$ 是位置函数 $s(t)$ 对时间 t 的导数, 即 $\dfrac{\mathrm{d}s}{\mathrm{d}t}$ 或 $s'(t)$. 而加速度 $a(t)$ 又是速度 $v(t)$ 对时间的变化率, 也就是 $v(t)$ 对 t 的导数, 即

$$a(t)=\frac{\mathrm{d}v}{\mathrm{d}t}=\frac{\mathrm{d}}{\mathrm{d}t}\left(\frac{\mathrm{d}s}{\mathrm{d}t}\right) \quad 或 \quad a(t)=(s'(t))'.$$

这种导 (函) 数的导数 $\dfrac{\mathrm{d}}{\mathrm{d}t}\left(\dfrac{\mathrm{d}s}{\mathrm{d}t}\right)$ 或 $(s'(t))'$ 叫作 $s(t)$ 对 t 的二阶导数, 记作

$$\frac{\mathrm{d}^2s}{\mathrm{d}t^2} \quad 或 \quad s''(t).$$

显然, 直线运动的加速度就是位置函数 $s(t)$ 对时间 t 的二阶导数. 这就产生了高阶导数的概念.

2.3.1　高阶导数的定义

前面已经看到, 对于可导函数 $f(x)$, 当 x 变动时, 函数 $f(x)$ 的导数 $f'(x)$ 仍然是 x 的函数. 若当自变量的增量趋于零时, 函数 $f'(x)$ 的增量比自变量增量的极限存在, 也就是可以对 $f'(x)$ 关于 x 求导, 所得的结果 $[f'(x)]'$ (如果存在) 称为函数 $f(x)$ 的**二阶导数**.

定义 2.3.1 (高阶导数 (derivative of higher order))　若函数 $y=f(x)$ 的导数 $f'(x)$ 在点 x_0 处可导, 即极限

$$\lim_{\Delta x\to 0}\frac{f'(x_0+\Delta x)-f'(x)}{\Delta x_0}$$

存在, 则称该极限值为**函数 $f(x)$ 在点 x_0 处的二阶导数**, 记为

$$f''(x_0),\quad y''(x_0),\quad \left.\frac{\mathrm{d}^2 f}{\mathrm{d}x^2}\right|_{x=x_0},\quad \left.\frac{\mathrm{d}^2 y}{\mathrm{d}x^2}\right|_{x=x_0}.$$

这时也称函数 $y=f(x)$ 在点 x_0 处二阶可导. 若函数 $y=f(x)$ 在区间 I 上每一点都二阶可导, 则称它在区间 I 上二阶可导, 并称 $f''(x)$ 为 $y=f(x)$ 在区间 I 上的**二阶导函数**, 简称**二阶导数**. 由定义可知

$$f''(x)=[f'(x)]',\quad y''=(y')',\quad \frac{\mathrm{d}^2 f}{\mathrm{d}x^2}=\frac{\mathrm{d}}{\mathrm{d}x}\left(\frac{\mathrm{d}f}{\mathrm{d}x}\right) \text{ 或 } \frac{\mathrm{d}^2 y}{\mathrm{d}x^2}=\frac{\mathrm{d}}{\mathrm{d}x}\left(\frac{\mathrm{d}y}{\mathrm{d}x}\right).$$

进一步, 如果函数 $y=f(x)$ 的二阶导数 $f''(x)$ 仍可导, 那么可定义三阶导数. 也就是说, 如果极限

$$\lim_{\Delta x\to 0}\frac{f''(x+\Delta x)-f''(x)}{\Delta x}$$

存在, 则称该极限值为函数 $f(x)$ 在 x 处的**三阶导数**, 记为

$$f'''(x),\quad y''',\quad \frac{\mathrm{d}^3 f}{\mathrm{d}x^3},\quad \frac{\mathrm{d}^3 y}{\mathrm{d}x^3}.$$

依此类推, 如果函数 $y=f(x)$ 的 $n-1$ 阶导数仍可导, 就可以得到**n 阶导数**. 通常, 我们将 $y=f(x)$ 的 $n-1$ 阶导数记为 $f^{(n-1)}(x)$ 或 $\dfrac{\mathrm{d}^{n-1} f}{\mathrm{d}x^{n-1}}$, 则 $y=f(x)$ 的 n 阶导数 $f^{(n)}(x)$ 由以下极限定义:

$$f^{(n)}(x)=\lim_{\Delta x\to 0}\frac{f^{(n-1)}(x+\Delta x)-f^{(n-1)}(x)}{\Delta x}.$$

$y=f(x)$ 的 n 阶导数也可以记为 $y^{(n)}$, $\dfrac{\mathrm{d}^n f}{\mathrm{d}x^n}$, $\dfrac{\mathrm{d}^n y}{\mathrm{d}x^n}$. 函数 $y=f(x)$ 具有 n 阶导数, 也常说成函数 $y=f(x)$ 为 n 阶可导的.

注 ① 如果函数 $f(x)$ 在点 x 处具有 n 阶导数, 那么 $f(x)$ 在点 x 的某一邻域内必定具有一切低于 n 阶的导数.

② 习惯上, 我们称 $f(x)$ 的一阶导数 $f'(x)$ 为**导数**, 其二阶及二阶以上的导数统称为**高阶导数**. 有时也把函数 $f(x)$ 本身称为 $f(x)$ 的**零阶导数**, 即 $f^{(0)}(x)= f(x)$.

③ 若 $f(x)$ 的 n 阶导数 $f^{(n)}(x)$ 在区间 I 上连续, 则称函数 $f(x)$ 是 n 阶连续可导的, 记为

$$f(x)\in C^{(n)}(I).$$

进而, 若 $f(x)\in C^{(n)}(I)$ 对于任意 $n\in\mathbf{N}_+$ 都成立, 则称函数 $f(x)$ 是无穷次连续可导的, 记为 $f(x)\in C^{(\infty)}(I)$.

2.3.2 高阶导数的计算

由高阶导数的定义可知, 求高阶导数可由一阶导数的运算规则逐阶计算, 就是按照前面学过的求导法则多次接连地求导数.

例 2.3.1　已知函数 $y=\arctan x$，求 $y''(0)$, $y'''(0)$.

解　由于

$$y'=\frac{1}{1+x^2},\quad y''=\left(\frac{1}{1+x^2}\right)'=\frac{-2x}{(1+x^2)^2},$$

以及

$$y'''=\left[\frac{-2x}{(1+x^2)^2}\right]'=\frac{6x^2-2}{(1+x^2)^3},$$

可得

$$y''(0)=0,\quad y'''(0)=-2.$$

例 2.3.2　已知函数 $y=\sin 2x$, 求 $\dfrac{\mathrm{d}^2y}{\mathrm{d}x^2}$, $\dfrac{\mathrm{d}^4y}{\mathrm{d}x^4}$ 和 $\dfrac{\mathrm{d}^{12}y}{\mathrm{d}x^{12}}$.

解　由于

$$\begin{aligned}
\frac{\mathrm{d}y}{\mathrm{d}x}&=2\cos 2x,\\
\frac{\mathrm{d}^2y}{\mathrm{d}x^2}&=-2^2\sin 2x,\\
\frac{\mathrm{d}^3y}{\mathrm{d}x^3}&=-2^3\cos 2x,\\
\frac{\mathrm{d}^4y}{\mathrm{d}x^4}&=2^4\sin 2x,\\
\frac{\mathrm{d}^5y}{\mathrm{d}x^5}&=2^5\cos 2x,\\
&\vdots\\
\frac{\mathrm{d}^{12}y}{\mathrm{d}x^{12}}&=2^{12}\sin 2x,
\end{aligned}$$

可得

$$\frac{\mathrm{d}^2y}{\mathrm{d}x^2}=-2^2\sin 2x,\quad \frac{\mathrm{d}^4y}{\mathrm{d}x^4}=2^4\sin 2x,\quad \frac{\mathrm{d}^{12}y}{\mathrm{d}x^{12}}=2^{12}\sin 2x.$$ ■

例 2.3.3　已知函数 $y=\sqrt{2x-x^2}$, 试证明 $y^3y''+1=0$.

证明　由于

$$y'=\frac{2-2x}{2\sqrt{2x-x^2}}=\frac{1-x}{\sqrt{2x-x^2}},$$

则有

$$y''=\frac{-\sqrt{2x-x^2}-(1-x)\dfrac{2-2x}{2\sqrt{2x-x^2}}}{2x-x^2}=\frac{-2x+x^2-(1-x)^2}{(2x-x^2)\sqrt{2x-x^2}}$$

$$= -\frac{1}{(2x-x^2)^{3/2}} = -\frac{1}{y^3}.$$

由此可知

$$y'' + \frac{1}{y^3} = 0,$$

即

$$y^3y'' + 1 = 0.$$ ■

例 2.3.4 设函数 $f(x) = 3x^3 + x^2|x|$,

(1) 求 $f''(0)$;

(2) $f(x)$ 在 $x=0$ 处的三阶导数是否存在? 为什么?

解 (1) 由 $f(x) = 3x^3 + x^2|x| = \begin{cases} 4x^3, & x \geqslant 0, \\ 2x^3, & x < 0, \end{cases}$ 可得

$$f'(x) = \begin{cases} (4x^3)', & x > 0, \\ \lim\limits_{h\to 0} \dfrac{f(0+h)-f(0)}{h}, & x = 0, \\ (2x^3)', & x < 0, \end{cases}$$

$$= \begin{cases} 12x^2, & x > 0, \\ 0, & x = 0, \\ 6x^2, & x < 0. \end{cases}$$

由二阶导数的定义可知

$$f''(0) = \lim_{h\to 0} \frac{f'(0+h)-f'(0)}{h},$$

而

$$\lim_{h\to 0^+} \frac{f'(0+h)-f'(0)}{h} = \lim_{h\to 0^+} \frac{12h^2-0}{h} = 0,$$

$$\lim_{h\to 0^-} \frac{f'(0+h)-f'(0)}{h} = \lim_{h\to 0^-} \frac{6h^2-0}{h} = 0,$$

故得到

$$f''(0) = 0.$$

(2) 由 (1) 易知函数 $f(x)$ 的二阶导数为

$$f''(x) = \begin{cases} 24x, & x \geqslant 0, \\ 12x, & x < 0. \end{cases}$$

因为

$$\lim_{h\to 0^+} \frac{f''(0+h)-f''(0)}{h} = \lim_{h\to 0^+} \frac{24h-0}{h} = 24,$$

$$\lim_{h\to 0^-}\frac{f''(0+h)-f''(0)}{h}=\lim_{h\to 0^-}\frac{12h-0}{h}=12,$$

可知函数 $f''(x)$ 在 $x=0$ 处的导数不存在, 所以 $f(x)$ 在 $x=0$ 处的三阶导数不存在. ■

例 2.3.5　设函数 $f(x)$ 二阶可导, 求函数 $y=f(\mathrm{e}^x\sin x)$ 的二阶导数.

解　由于函数 $f(x)$ 二阶可导, 则 $f'(x)$ 和 $f''(x)$ 都存在, 故

$$\begin{aligned}\frac{\mathrm{d}y}{\mathrm{d}x}&=f'(\mathrm{e}^x\sin x)\cdot(\mathrm{e}^x\sin x)'=\mathrm{e}^x(\sin x+\cos x)\cdot f'(\mathrm{e}^x\sin x)\\&=\sqrt{2}\mathrm{e}^x\sin\left(x+\frac{\pi}{4}\right)f'(\mathrm{e}^x\sin x),\\\frac{\mathrm{d}^2y}{\mathrm{d}x^2}&=\frac{\mathrm{d}}{\mathrm{d}x}\left(\frac{\mathrm{d}y}{\mathrm{d}x}\right)=\left[\sqrt{2}\mathrm{e}^x\sin\left(x+\frac{\pi}{4}\right)f'(\mathrm{e}^x\sin x)\right]'\\&=2\mathrm{e}^{2x}\sin^2\left(x+\frac{\pi}{4}\right)f''(\mathrm{e}^x\sin x)+\left[\sqrt{2}\mathrm{e}^x\sin\left(x+\frac{\pi}{4}\right)\right]'\cdot f'(\mathrm{e}^x\sin x)\\&=2\mathrm{e}^{2x}\sin^2\left(x+\frac{\pi}{4}\right)f''(\mathrm{e}^x\sin x)+2\mathrm{e}^x\sin\left(x+\frac{\pi}{2}\right)f'(\mathrm{e}^x\sin x).\end{aligned}$$ ■

运用定义来直接求函数的高阶导数公式, 需要我们善于在逐次求导过程中寻找它的某种规律.

例 2.3.6　证明下列高阶导数公式 $(n=1,2,3,\cdots)$:

(1) $(a^x)^{(n)}=a^x\ln^n a\ (a>0,\ a\neq 1)$;

(2) $(\sin x)^{(n)}=\sin\left(x+n\cdot\frac{\pi}{2}\right)$;

(3) $(x^a)^{(n)}=a(a-1)\cdots(a-n+1)x^{a-n}\ (a\in\mathbf{R},x>0)$;

(4) $\Big[\ln(1+x)\Big]^{(n)}=(-1)^{n-1}\frac{(n-1)!}{(1+x)^n}\ (x>-1)$.

证明　(1) 对于函数 a^x, 逐次求导可得

$$(a^x)'=a^x\ln a,$$

$$(a^x)''=(a^x\ln a)'=a^x\ln^2 a,$$

$$(a^x)'''=(a^x\ln^2 a)'=a^x\ln^3 a.$$

下面用数学归纳法证明该高阶导数公式.

假设在 $n=k$ 时 (1) 成立, 即 $(a^x)^{(k)}=a^x\ln^k a$, 则有当 $n=k+1$ 时,

$$(a^x)^{(k+1)}=(a^x\ln^k a)'=a^x\ln^{k+1}a.$$

因此, 由数学归纳法可得 $(a^x)^{(n)}=a^x\ln^n a$ 成立.

注　特别地, 当 $a=\mathrm{e}$ 时, 由 $(\mathrm{e}^x)'=\mathrm{e}^x$ 可得到

$$(\mathrm{e}^x)^{(n)}=\mathrm{e}^x.$$

(2) 易知

$$(\sin x)'=\cos x=\sin\left(x+\frac{\pi}{2}\right),$$

$$(\sin x)'' = \cos\left(x + \frac{\pi}{2}\right) = \sin\left(x + 2\cdot\frac{\pi}{2}\right),$$

$$(\sin x)''' = \cos\left(x + 2\cdot\frac{\pi}{2}\right) = \sin\left(x + 3\cdot\frac{\pi}{2}\right).$$

下面用数学归纳法证明该高阶导数公式.

假设在 $n=k$ 时 (2) 成立, 即 $(\sin x)^{(k)} = \sin\left(x + k\cdot\frac{\pi}{2}\right)$, 则有

$$\begin{aligned}(\sin x)^{(k+1)} &= \left[\sin\left(x + k\cdot\frac{\pi}{2}\right)\right]' = \cos\left(x + k\cdot\frac{\pi}{2}\right)\\ &= \sin\left[x + (k+1)\cdot\frac{\pi}{2}\right].\end{aligned}$$

即 $n=k+1$ 时公式也成立.

由数学归纳法可得 $(\sin x)^{(n)} = \sin\left(x + n\cdot\frac{\pi}{2}\right)$ 成立.

注 类似可证明

$$(\cos x)^{(n)} = \cos\left(x + n\cdot\frac{\pi}{2}\right).$$

(3) 易知

$$(x^a)' = ax^{a-1},$$

$$(x^a)'' = (ax^{a-1})' = a(a-1)x^{a-2},$$

$$(x^a)''' = [a(a-1)x^{a-2}]' = a(a-1)(a-2)x^{a-3}.$$

下面用数学归纳法证明该高阶导数公式.

假设在 $n=k$ 时 (3) 成立, 即 $(x^a)^{(k)} = a(a-1)\cdots(a-k+1)x^{a-k}$, 则有

$$(x^a)^{(k+1)} = [a(a-1)\cdots(a-k+1)x^{a-k}]' = a(a-1)\cdots(a-k+1)(a-k)x^{a-(k+1)}.$$

即 $n=k+1$ 时公式也成立.

由数学归纳法可得 $(x^a)^{(n)} = a(a-1)\cdots(a-n+1)x^{a-n}$ $(a\in\mathbf{R}, x>0)$ 成立.

(4) 易知

$$[\ln(1+x)]' = \frac{1}{1+x},$$

$$[\ln(1+x)]'' = \left(\frac{1}{1+x}\right)' = -\frac{1}{(1+x)^2},$$

$$[\ln(1+x)]''' = \left[-\frac{1}{(1+x)^2}\right]' = (-1)^2\frac{1\cdot 2}{(1+x)^3}.$$

假设在 $n=k$ 时 (4) 成立, 即 $[\ln(1+x)]^{(k)} = (-1)^{k-1}\frac{(k-1)!}{(1+x)^k}$, 则有

$$[\ln(1+x)]^{(k+1)} = \left[(-1)^{k-1}\frac{(k-1)!}{(1+x)^k}\right]' = (-1)^k\frac{k!}{(1+x)^{k+1}}.$$

即 $n=k+1$ 时公式也成立.

由数学归纳法可得 $[\ln(1+x)]^{(n)}=(-1)^{n-1}\dfrac{(n-1)!}{(1+x)^n}$ 成立.

注　通常规定 $0!=1$, 所以公式 $[\ln(1+x)]^{(n)}=(-1)^{n-1}\dfrac{(n-1)!}{(1+x)^n}$ 在 $n=1$ 时也成立.

■

由例题 2.3.6 可以看出, 直接推导函数 $f(x)$ 的高阶导数公式 (如果存在) 时, 一般先求出 $f(x)$ 较低阶的几个导函数, 根据其规律猜想出 n 阶导数的表达式, 再用数学归纳法证明即可.

目前, 我们已经推导了一些常见初等函数的 n 阶导数公式, 但是如何计算函数之和或函数之积的高阶导数呢？下面的定理就回答了这个问题.

定理 2.3.1　若函数 $u(x)$ 和 $v(x)$ 都在点 x 处具有 n 阶导数 $(n\in\mathbf{N}_+)$, 那么函数 $\alpha u+\beta v$ 和 uv 在点 x 处都是 n 阶可导的, 且

(1) $(\alpha u+\beta v)^{(n)}=\alpha u^{(n)}+\beta v^{(n)},\ \alpha,\beta\in\mathbf{R}$;

(2) **(莱布尼兹公式 (Leibniz formula))**

$$(uv)^{(n)}=\sum_{k=0}^{n}\mathrm{C}_n^k u^{(n-k)}v^{(k)}=u^{(n)}v+\mathrm{C}_n^1u^{(n-1)}v'+\cdots+\mathrm{C}_n^ku^{(n-k)}v^{(k)}+\cdots+uv^{(n)},$$

其中 $\mathrm{C}_n^k=\dfrac{n!}{k!(n-k)!}$.

证明　该定理中 (1) 的证明留给读者来完成, 这里仅利用数学归纳法证明 (2).

(2) 当 $n=1$ 时, $(uv)'=u'v+uv'$, 公式成立.

设当 $n=m$ 时公式成立, 即

$$(uv)^{(m)}=\sum_{k=0}^{m}\mathrm{C}_m^ku^{(m-k)}v^{(k)},$$

对上式左右两边求导数, 可得

$$\begin{aligned}(uv)^{(m+1)}&=\left[\sum_{k=0}^{m}\mathrm{C}_m^ku^{(m-k)}v^{(k)}\right]'=\sum_{k=0}^{m}\mathrm{C}_m^k[u^{(m-k)}v^{(k)}]'\\&=\sum_{k=0}^{m}\mathrm{C}_m^k\left\{[u^{(m-k)}]'v^{(k)}+u^{(m-k)}[v^{(k)}]'\right\}\\&=\sum_{k=0}^{m}\mathrm{C}_m^k[u^{(m+1-k)}v^{(k)}+u^{(m-k)}v^{(k+1)}]\\&=u^{(m+1)}v+(\mathrm{C}_m^0+\mathrm{C}_m^1)u^{(m)}v'+\cdots+\\&\quad(\mathrm{C}_m^{k-1}+\mathrm{C}_m^k)u^{(m+1-k)}v^{(k)}+\cdots+uv^{(m+1)}.\end{aligned}$$

由于

$$(\mathrm{C}_m^{k-1}+\mathrm{C}_m^k)=\frac{m!}{(k-1)!(m-k+1)!}+\frac{m!}{k!(m-k)!}=\frac{m!(k+m-k+1)}{k!(m-k+1)!}=\mathrm{C}_{m+1}^k,$$

故得

$$\begin{aligned}(uv)^{(m+1)} &= u^{(m+1)}v + \mathrm{C}_{m+1}^{1}u^{(m)}v' + \cdots + \mathrm{C}_{m+1}^{k}u^{(m+1-k)}v^{(k)} + \cdots + uv^{(m+1)} \\ &= \sum_{k=0}^{m+1}\mathrm{C}_{m+1}^{k}u^{(m+1-k)}v^{(k)}.\end{aligned}$$

即 $n = k + 1$ 时, (2) 也成立.

由数学归纳法, 对任意正整数 n, 莱布尼兹公式

$$(uv)^{(n)} = \sum_{k=0}^{n}\mathrm{C}_{n}^{k}u^{(n-k)}v^{(k)}$$

成立. ■

例 2.3.7 设函数 $f(x) = 2x^2 + 3\ln(1+x) + \mathrm{e}^{5x}$, 求 $f^{(n)}(x)(n \in \mathbf{N}_+)$.

解 $f^{(n)}(x) = [2x^2 + 3\ln(1+x) + \mathrm{e}^{5x}]^{(n)} = (2x^2)^{(n)} + [3\ln(1+x)]^{(n)} + (\mathrm{e}^{5x})^{(n)}$. 求导数, 有

$$(2x^2)' = 4x, \quad (2x^2)'' = 4$$

和当 $n > 2$ 时

$$(2x^2)^{(n)} = 0.$$

对所有正整数 n, 有

$$[3\ln(1+x)]^{(n)} = 3(-1)^{n-1}\frac{(n-1)!}{(1+x)^n},$$

$$(\mathrm{e}^{5x})^{(n)} = 5^n\mathrm{e}^{5x}.$$

由此可知

$$f'(x) = 4x + \frac{3}{1+x} + 5\mathrm{e}^{5x},$$

$$f''(x) = 4 - \frac{3}{(1+x)^2} + 25\mathrm{e}^{5x},$$

$$f^{(n)}(x) = 3(-1)^{n-1}\frac{(n-1)!}{(1+x)^n} + 5^n\mathrm{e}^{5x} \quad (n > 2).$$ ■

例 2.3.8 设函数 $f(x) = x^2\mathrm{e}^{2x}$, 求 $f^{(20)}(x)$.

解 令 $u = \mathrm{e}^{2x}, v = x^2$, 有

$$u^{(k)} = (\mathrm{e}^{2x})^{(k)} = 2^k\mathrm{e}^{2x} \quad (k = 1, 2, \cdots, 20),$$

$$v' = 2x, v'' = 2, v^{(k)} = 0 \quad (k = 3, 4, \cdots, 20).$$

由莱布尼兹公式可得

$$f^{(20)}(x) = 2^{20}\mathrm{e}^{2x} \cdot x^2 + 20 \cdot 2^{19}\mathrm{e}^{2x} \cdot 2x + \frac{20 \cdot 19}{2!}2^{18}\mathrm{e}^{2x} \cdot 2,$$

即

$$f^{(20)}(x) = 2^{20}\mathrm{e}^{2x}(x^2 + 20x + 95).$$ ■

例 2.3.9　设函数 $f(x)=\dfrac{1}{x(x-1)}$, 求 $f^{(n)}(x)$ $(n\in\mathbf{N}_+)$.

解　因为

$$f(x)=\frac{1}{x(x-1)}=\frac{1}{x-1}-\frac{1}{x},$$

所以

$$f^{(n)}(x)=\left(\frac{1}{x-1}-\frac{1}{x}\right)^{(n)}=\left(\frac{1}{x-1}\right)^{(n)}-\left(\frac{1}{x}\right)^{(n)}.$$

由例题 2.3.6 中的高阶导数公式, 可得

$$\begin{aligned}f^{(n)}(x)&=(-1)^n\frac{n!}{(x-1)^{n+1}}-(-1)^n\frac{n!}{x^{n+1}}\\&=(-1)^n\cdot n!\left[\frac{1}{(x-1)^{n+1}}-\frac{1}{x^{n+1}}\right].\end{aligned}$$

■

习题 2.3A

1. 求下列函数的二阶导数:

(1) $y=\dfrac{x}{\sqrt{1-x^2}}$;　　(2) $y=x\ln(1+x)$;

(3) $u=\mathrm{e}^{-v^2}$;　　(4) $y=2x\mathrm{e}^{x^2}$;

(5) $y=x^3\cos x$;　　(6) $s=\mathrm{e}^{-t}\sin t$;

(7) $y=\dfrac{\arcsin x}{\sqrt{1-x^2}}$;　　(8) $u=(1+v^2)\arctan v$;

(9) $s=\dfrac{2t}{1+t^2}+\dfrac{1}{1-t}$;　　(10) $y=\dfrac{x}{\sqrt{1-2x^2}}+\dfrac{1}{\sqrt{1-x^2}}$.

2. 设函数 $f(x)=(3x+1)^{10}$, 求 $f'''(0)$.

3. 验证函数 $y=C_1\mathrm{e}^{\lambda_1 x}+C_2\mathrm{e}^{\lambda_2 x}$ (其中 C_1, C_2 是常数) 满足关系式:

$$\frac{\mathrm{d}^2y}{\mathrm{d}x^2}-\lambda^2y=0.$$

4. 已知物体的运动规律为 $s=A\sin\omega t$ (其中 A, ω 是常数), 求物体运动的加速度 a, 并验证:

$$\frac{\mathrm{d}^2s}{\mathrm{d}t^2}+\omega^2s=0.$$

5. 设函数 $f(x)$ 二阶可导, 且对任意实数 x 有 $f(x)>0$ 成立. 求下列函数的二阶导数:

(1) $y=f(x^2)$;　　(2) $y=\ln[f(x)]$.

6. 设函数 $f(x)=(x-a)^2g(x)$, 且 $g'(x)$ 连续, 证明 $f(x)$ 在 $x=a$ 处的二阶导数存在, 并求 $f''(a)$.

7. 已知函数

$$f(x)=\begin{cases}\ln(1+x), & x\geqslant 0,\\ ax^2+bx+c, & x<0\end{cases}$$

在 $x=0$ 处有二阶导数, 试确定参数 a, b, c 的值.

8. 设函数

$$f(x)=\begin{cases}\mathrm{e}^{-\frac{1}{x^2}}, & x\neq 0,\\ 0, & x=0.\end{cases}$$

求 $f''(x)$.

9. 求下列函数所指定阶的导数:

(1) $f(x)=x^4\mathrm{e}^x+x\ln(1+x)$, $f^{(4)}(x)$;　(2) $f(x)=\mathrm{e}^x\cos x, f^{(4)}(x)$;

(3) $f(x)=x^2\sin 2x$, $f^{(50)}(x)$;　(4) $f(x)=x\sinh x$, $f^{(50)}(x)$;

(5) $f(x)=\dfrac{1}{x^2-3x+2}$, $f^{(n)}(x)\ \ (n\geqslant 1)$;

(6) $f(x)=\sin^4 x-\cos^4 x$, $f^{(n)}(x)\ \ (n\geqslant 1)$.

10. 证明高阶导数公式: $(\cos x)^{(n)}=\cos\left(x+n\cdot\dfrac{\pi}{2}\right)$, 其中 $n\geqslant 1$.

11. 设函数 $y=\mathrm{e}^x\sin x$, 求 $y^{(n)}$, 其中 $n\geqslant 1$.

12. 设函数 $f(x)=x^2\ln(1-x)$, 求 $f^{(n)}(0)$, 其中 $n\geqslant 3$.

习题 2.3B

1. 求下列函数的 n 阶导数:

(1) $f(x)=\mathrm{e}^{ax}\cos bx\ \ (a,\ b\in\mathbf{R})$;　(2) $f(x)=\mathrm{e}^{ax}\sin bx\ \ (a,\ b\in\mathbf{R})$.

2. 设函数 $f(x)=(x-a)^n\varphi(x)$, 其中函数 $\varphi(x)$ 在点 a 的邻域内有 $n-1$ 阶连续导数, 试判别 $f^{(n)}(a)$ 是否存在? 如存在, 请求出 $f^{(n)}(a)$ 的值; 如不存在, 请说明理由.

3. 设函数 $y=\arcsin x$, 求 $y^{(n)}(0)$, 其中 $n\geqslant 1$.

4. 已知函数 $f(x)$ 具有任意阶导数, 且满足 $f'(x)=[f(x)]^2$. 证明对于 $n\geqslant 1$, 有

$$f^{(n)}(x)=n!f^{n+1}(x).$$

5. 已知函数 $f(x)$ 二阶可导, 且

$$F(x)=\lim_{t\to\infty}t^2\left[f\left(x+\frac{\pi}{t}\right)-f(x)\right]\sin\frac{x}{t}.$$

求 $F'(x)$.

2.4　隐函数及由参数方程确定函数的求导法

隐函数和参数方程都是数学中用于表示函数关系的重要工具. 隐函数通过一个方程 $F(x,y)=0$ 来定义 x 和 y 之间的关系, 而参数方程则使用参数 t 来同时表示 x 和 y 的值. 为了找到隐函数或由参数方程确定的函数 y 关于 x 的导数, 在本节我们学习特殊的求导方法, 即隐函数求导法和参数方程求导法. 这些方法在微积分、几何学和物理学等领域中都有广泛的应用.

2.4.1　隐函数的求导法则

函数 $f(x)$ 表示两个变量 x 与 y 之间的对应关系, 这种对应关系可以用多种不同的方式来表达, 形如 $y=2x^2+\ln(1+x)$, $y=\mathrm{e}^x\sin x$ 是最常见的表达方式, 这种函数表达方式的特点是: 等号左端是因变量的符号, 而右端是含有自变量的数学式子, 当自变量取定函数定义域中的某一值时, 由该表达式可以确定对应的因变量的值. 用这种方式表达的函数叫作**显函数**. 但有些对应关系的表达式却不是这样的, 而是以二元方程 $F(x,y)=0$ 的形式确定的, 例如

$$x+y^3-1=0,\quad \mathrm{e}^y+xy-\mathrm{e}=0,\quad y=1+x\sin y$$

可分别确定一个对应关系, 当自变量取定函数定义域中的某一值时, 由二元方程可以确定对应的因变量的值. 这样确定的函数被称为**隐函数**.

通俗说来, 隐函数是由隐式方程所隐含定义的函数. 如果在二元方程 $F(x,y)=0$ 中, 当 x 取某区间内任一值时, 相应地总有满足该方程的唯一的 y 值存在, 那么就说二元方程 $F(x,y)=0$ 在该区间内确定了一个隐函数. 若假定二元方程 $F(x,y)=0$ 确定的隐函数存在且可导, 如何求得该隐函数的导数呢?

若可将方程 $F(x,y)=0$ 确定的函数化成显函数 (该过程称为隐函数的显化), 用前面介绍的方法就可尝试求该函数的导数. 例如从方程 $x+y^3-1=0$ 解出 $y=\sqrt[3]{1-x}$, 就把隐函数化成了显函数, 此时 $y'=-\dfrac{1}{3\sqrt[3]{(1-x)^2}}$.

实际上, 某些隐函数要显化是十分困难的, 甚至是不可能的. 例如由方程 $\mathrm{e}^y+xy-\mathrm{e}=0$ 和 $y=1+x\sin y$ 所确定的隐函数就难以化成显函数. 在假定隐函数是存在的并且是可导的前提下, 也就是说由方程 $F(x,y)=0$ 能够定义出唯一的单值可导函数 $y=y(x)$, 我们给出一种不需要把隐函数显化来求导数的方法.

例 2.4.1　求由方程 $y=1+x\sin y$ 所确定的隐函数的导数 y'.

解　将方程 $y=1+x\sin y$ 左右两边同时对 x 求导数, 可得

$$y'=(1+x\sin y)',$$

$$y'=\sin y+x\cos y\cdot y',$$

即

$$y'=\frac{\sin y}{1-x\cos y}\ (\text{其中 } 1-x\cos y\neq 0).$$ ■

例 2.4.2 求由方程 $y=\ln(x+y)$ 所确定的隐函数的导数 $\dfrac{\mathrm{d}y}{\mathrm{d}x}$.

解 将方程 $y=\ln(x+y)$ 左右两边同时对 x 求导数, 可得

$$\frac{\mathrm{d}y}{\mathrm{d}x}=\frac{\mathrm{d}}{\mathrm{d}x}\left[\ln(x+y)\right],$$

即

$$\frac{\mathrm{d}y}{\mathrm{d}x}=\frac{1+\dfrac{\mathrm{d}y}{\mathrm{d}x}}{x+y}.$$

从而

$$\frac{\mathrm{d}y}{\mathrm{d}x}=\frac{1}{x+y-1}\ (\text{其中 } x+y-1\neq 0).$$ ■

由上述例题求解过程可知, **隐函数求导的基本思想**是: 若方程 $F(x,y)=0$ 确定的隐函数 $y=y(x)$ 是存在且可导的, 把方程 $F(x,y)=0$ 中的 y 看成自变量 x 的函数 (即 $F[x,y(x)]=0$), 结合复合函数的求导法则, 在方程两端同时对 x 求导数, 然后整理变形解出 y' 即可.

例 2.4.3 求由方程 $y^5+2y-x-3x^7=0$ 所确定的隐函数在 $x=0$ 处的导数 $y'(0)$.

解 将方程 $y^5+2y-x-3x^7=0$ 左右两边同时对 x 求导数, 可得

$$5y^4\cdot y'+2y'-1-21x^6=0.$$

由此可得

$$y'=\frac{21x^6+1}{5y^4+2}.$$

由给定方程可知当 $x=0$ 时, $y=0$, 故

$$y'(0)=\frac{1}{2}.$$ ■

例 2.4.4 求笛卡尔叶形线 $x^3+y^3=2xy$ 在点 $(1,1)$ 处的切线方程 (图 2.4.1).

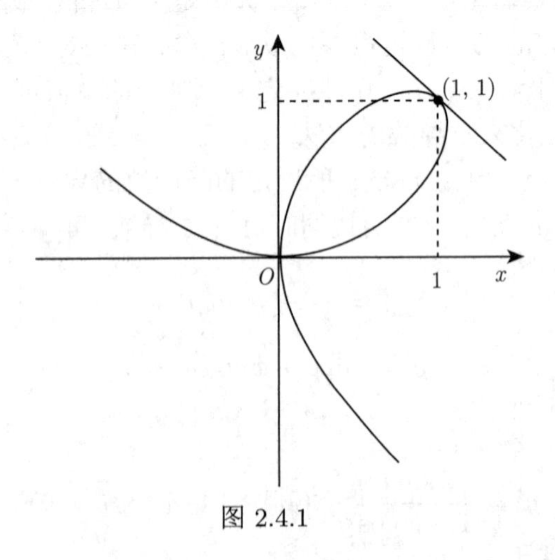

图 2.4.1

解　由导数的几何意义可知, 笛卡尔叶形线 $x^3+y^3=2xy$ 在点 $(1,1)$ 处的切线的斜率为

$$k=y'|_{x=1}.$$

将方程 $x^3+y^3=2xy$ 左右两边同时对 x 求导数, 可得

$$3x^2+3y^2\cdot y'=2y+2xy',$$

即

$$y'=\frac{2y-3x^2}{3y^2-2x}.$$

由 $x=1,\ y=1$ 可得

$$k=y'|_{x=1}=-1.$$

于是所求切线方程为

$$y-1=1-x,$$

即

$$y=-x+2.$$ ■

注　笛卡尔叶形线是由数学家笛卡尔提出的一种曲线, 曲线方程是由隐式方程: $x^3+y^3-3axy=0\ (a>0)$ 定义的. 笛卡尔叶形线的参数方程是

$$\begin{cases} x=\dfrac{3at}{1+t^3}, \\ y=\dfrac{3at^2}{1+t^3}. \end{cases}$$

笛卡尔叶形线的极坐标方程是

$$\rho=\frac{3a\cos\theta\sin\theta}{\cos^3\theta+\sin^3\theta}.$$

例 2.4.5　若函数 $y=y(x)$ 由方程 $xy+y^2=2$ 所确定, 求导数 $\dfrac{\mathrm{d}y}{\mathrm{d}x}$ 和 $\dfrac{\mathrm{d}^2y}{\mathrm{d}x^2}$.

解　将方程 $xy+y^2=2$ 左右两边同时对 x 求导数, 可得

$$y+x\frac{\mathrm{d}y}{\mathrm{d}x}+2y\frac{\mathrm{d}y}{\mathrm{d}x}=0, \tag{2.4.1}$$

即

$$\frac{\mathrm{d}y}{\mathrm{d}x}=-\frac{y}{x+2y}\quad(x+2y\neq0). \tag{2.4.2}$$

下面求二阶导数.

方法 I.　将式 (2.4.1) 左右两边同时对 x 求导数, 可得

$$\frac{\mathrm{d}y}{\mathrm{d}x}+\frac{\mathrm{d}y}{\mathrm{d}x}+x\frac{\mathrm{d}^2y}{\mathrm{d}x^2}+2\left(\frac{\mathrm{d}y}{\mathrm{d}x}\right)^2+2y\frac{\mathrm{d}^2y}{\mathrm{d}x^2}=0,$$

$$(x+2y)\frac{\mathrm{d}^2y}{\mathrm{d}x^2}=-2\left(\frac{\mathrm{d}y}{\mathrm{d}x}\right)^2-2\frac{\mathrm{d}y}{\mathrm{d}x},$$

即

$$\frac{\mathrm{d}^2y}{\mathrm{d}x^2}=\frac{-2\left(\frac{\mathrm{d}y}{\mathrm{d}x}\right)^2-2\frac{\mathrm{d}y}{\mathrm{d}x}}{x+2y}.$$

将式 (2.4.2) 代入, 可得

$$\frac{\mathrm{d}^2y}{\mathrm{d}x^2}=\frac{-2\left(\frac{y}{x+2y}\right)^2+\frac{2y}{x+2y}}{x+2y}=\frac{2y^2+2xy}{(x+2y)^3}.$$

方法 II. 将式 (2.4.2) 左右两边同时对 x 求导数, 可得

$$\frac{\mathrm{d}^2y}{\mathrm{d}x^2}=-\frac{(x+2y)\frac{\mathrm{d}y}{\mathrm{d}x}-y\left(1+2\frac{\mathrm{d}y}{\mathrm{d}x}\right)}{(x+2y)^2}=\frac{\frac{xy}{x+2y}+y}{(x+2y)^2}=\frac{2y^2+2xy}{(x+2y)^3}.$$ ■

例 2.4.6 求由方程 $\mathrm{e}^y+xy-\mathrm{e}=0$ 所确定的隐函数 $y=y(x)$ 在 $x=0$ 处的导数 $\left.\frac{\mathrm{d}y}{\mathrm{d}x}\right|_{x=0}$ 和 $\left.\frac{\mathrm{d}^2y}{\mathrm{d}x^2}\right|_{x=0}$.

解 将方程 $\mathrm{e}^y+xy-\mathrm{e}=0$ 左右两边同时对 x 求导数, 有

$$\frac{\mathrm{d}}{\mathrm{d}x}(\mathrm{e}^y+xy-\mathrm{e})=0.$$

由于

$$\frac{\mathrm{d}}{\mathrm{d}x}(\mathrm{e}^y+xy-\mathrm{e})=\mathrm{e}^y\frac{\mathrm{d}y}{\mathrm{d}x}+y+x\frac{\mathrm{d}y}{\mathrm{d}x}=(\mathrm{e}^y+x)\frac{\mathrm{d}y}{\mathrm{d}x}+y,$$

可得

$$(\mathrm{e}^y+x)\frac{\mathrm{d}y}{\mathrm{d}x}+y=0. \tag{2.4.3}$$

由方程 $\mathrm{e}^y+xy-\mathrm{e}=0$ 易知当 $x=0$ 时, $y=1$, 代入上式可得

$$\mathrm{e}\cdot\left.\frac{\mathrm{d}y}{\mathrm{d}x}\right|_{x=0}+1=0,$$

即

$$\left.\frac{\mathrm{d}y}{\mathrm{d}x}\right|_{x=0}=-\frac{1}{\mathrm{e}}.$$

将式 (2.4.3) 左右两边再次对 x 求导, 可得

$$\left(\mathrm{e}^y\frac{\mathrm{d}y}{\mathrm{d}x}+1\right)\frac{\mathrm{d}y}{\mathrm{d}x}+(\mathrm{e}^y+x)\frac{\mathrm{d}^2y}{\mathrm{d}x^2}+\frac{\mathrm{d}y}{\mathrm{d}x}=0,$$

即

$$(\mathrm{e}^y + x)\frac{\mathrm{d}^2y}{\mathrm{d}x^2} + \mathrm{e}^y\left(\frac{\mathrm{d}y}{\mathrm{d}x}\right)^2 + 2\frac{\mathrm{d}y}{\mathrm{d}x} = 0.$$

故有

$$\mathrm{e}\cdot\left.\frac{\mathrm{d}^2y}{\mathrm{d}x^2}\right|_{x=0} + \mathrm{e}\cdot\left(\left.\frac{\mathrm{d}y}{\mathrm{d}x}\right|_{x=0}\right)^2 + 2\left.\frac{\mathrm{d}y}{\mathrm{d}x}\right|_{x=0} = 0.$$

将 $\left.\frac{\mathrm{d}y}{\mathrm{d}x}\right|_{x=0} = -\frac{1}{\mathrm{e}}$ 代入上式, 化简可得

$$\left.\frac{\mathrm{d}^2y}{\mathrm{d}x^2}\right|_{x=0} = \frac{1}{\mathrm{e}^2}.$$ ■

隐函数的特点是变量 y 的函数关系是隐藏在方程中的, 当一个隐函数显化比较困难或不能显化时, 可用隐函数的求导法则来求导, 其基本思想就是直接对方程两边求导. 实际上, 对某些比较难求导的显函数 $y = f(x)$, 也可运用隐函数求导法则的基本思想来处理. 例如, 在计算幂指函数的导数以及某些乘幂、连乘积、带根号函数的导数时, 可以采用先取对数再求导的方法, 这就是我们下面要介绍的**对数求导法**.

例 2.4.7　设函数 $y = x^{\sin x}$ $(x > 0)$, 求 y'.

解　对 $y = x^{\sin x}$ 两边同时取自然对数, 有

$$\ln y = \sin x \cdot \ln x.$$

将上式左右两边同时对 x 求导数, 有

$$\frac{1}{y}\cdot y' = \frac{\sin x}{x} + \cos x \cdot \ln x.$$

故得

$$y' = y\cdot\left(\frac{\sin x}{x} + \cos x\cdot\ln x\right) = x^{\sin x}\left(\frac{\sin x}{x} + \cos x\cdot\ln x\right).$$ ■

由上面的例题可以知道, 对于一般形式的幂指函数

$$y = u(x)^{v(x)} \quad (u(x) > 0), \tag{2.4.4}$$

如果 $u(x)$ 和 $v(x)$ 可导, 则可以按照对数求导法来求解导数, 即首先在 $y = u(x)^{v(x)}$ 的两边取自然对数, 得到

$$\ln y = v(x)\cdot\ln[u(x)],$$

然后两边都对 x 求导数, 得

$$y' = y\cdot\{v(x)\cdot\ln[u(x)]\}' = u(x)^{v(x)}\left\{v'(x)\cdot\ln[u(x)] + \frac{v(x)}{u(x)}\right\}.$$

也可以首先把幂指函数 (2.4.4) 表示为

$$y = \mathrm{e}^{v(x)\cdot\ln[u(x)]},$$

然后直接求导数就有

$$y' = \mathrm{e}^{v(x)\cdot\ln[u(x)]} \cdot \{v(x)\cdot\ln[u(x)]\}' = u(x)^{v(x)}\left\{v'(x)\cdot\ln[u(x)] + \frac{v(x)}{u(x)}\right\}.$$

例 2.4.8 设函数 $y=(\ln x)^{\cos x}$ $(x>1)$, 求 y'.

解 **方法 I.** 在函数 $y=(\ln x)^{\cos x}$ 两边取自然对数, 得

$$\ln y = \cos x\cdot\ln(\ln x).$$

故

$$\frac{y'}{y} = -\sin x\cdot\ln(\ln x) + \cos x\cdot\frac{1}{x\ln x},$$

即

$$y' = (\ln x)^{\cos x}\left[\cos x\cdot\frac{1}{x\ln x} - \sin x\cdot\ln(\ln x)\right].$$

方法 II. 将函数 $y=(\ln x)^{\cos x}$ 表示为 $y=\mathrm{e}^{\cos x\cdot\ln(\ln x)}$ 的形式, 直接求导可得

$$\begin{aligned}
y' &= \left[\mathrm{e}^{\cos x\cdot\ln(\ln x)}\right]' = \mathrm{e}^{\cos x\cdot\ln(\ln x)}\cdot[\cos x\cdot\ln(\ln x)]' \\
&= \mathrm{e}^{\cos x\cdot\ln(\ln x)}\cdot\left[\cos x\cdot\frac{1}{x\ln x} - \sin x\cdot\ln(\ln x)\right] \\
&= (\ln x)^{\cos x}\cdot\left[\cos x\cdot\frac{1}{x\ln x} - \sin x\cdot\ln(\ln x)\right].
\end{aligned}$$ ■

也可以用对数求导法来求某些乘幂、连乘积、带根号函数的导数.

例 2.4.9 设函数 $y=\dfrac{(x+1)\sqrt[3]{x-1}}{(x+4)^2\mathrm{e}^x}$, 求 y'.

解 在 $y=\dfrac{(x+1)\sqrt[3]{x-1}}{(x+4)^2\mathrm{e}^x}$ 左右两边取自然对数有

$$\ln y = \ln\left[\frac{(x+1)\sqrt[3]{x-1}}{(x+4)^2\mathrm{e}^x}\right],$$

即

$$\ln y = \ln(x+1) + \frac{1}{3}\ln(x-1) - 2\ln(x+4) - x.$$

将上式左右两边同时对 x 求导数, 可得

$$\frac{y'}{y} = \frac{1}{(x+1)} + \frac{1}{3(x-1)} - \frac{2}{(x+4)} - 1,$$

即

$$y' = \frac{(x+1)\sqrt[3]{x-1}}{(x+4)^2\mathrm{e}^x}\left[\frac{1}{(x+1)} + \frac{1}{3(x-1)} - \frac{2}{(x+4)} - 1\right].$$ ■

2.4.2　由参数方程确定函数的求导法

在研究物体的运动轨迹时, 我们常用参数方程表示物体的运动轨迹. 例如, 研究抛物运动时, 如果空气阻力忽略不计, 抛物体的运动轨迹可表示为

$$\begin{cases} x = v_1 t, \\ y = v_2 t - \dfrac{1}{2} g t^2. \end{cases} \tag{2.4.5}$$

这里 v_1, v_2 分别是抛物体初速度的水平、垂直分量, g 是重力加速度, t 是运动时间, x 和 y 分别是飞行中抛物体在垂直平面上的位置的横坐标和纵坐标 (图 2.4.2).

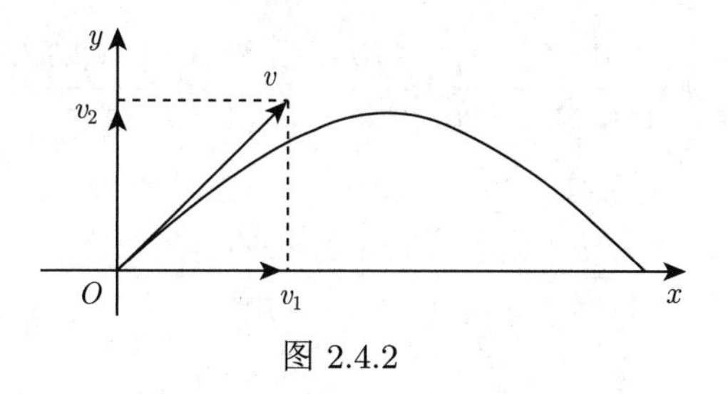

图 2.4.2

在式 (2.4.5) 中, x, y 都与 t 存在函数关系. 如果把对应于同一个 t 值的 x 与 y 的值看作对应的, 就得到 x 与 y 之间的函数关系. 消去式 (2.4.5) 中的参数, 有

$$y = \frac{v_2}{v_1} x - \frac{g}{2v_1^2} x^2.$$

这称为由参数方程 (2.4.5) 确定的函数.

一般地, 若参数方程

$$\begin{cases} x = \varphi(t), \\ y = \psi(t), \end{cases} \quad t \in I \tag{2.4.6}$$

确定了 x 与 y 之间的函数关系, 则称此函数为由参数方程 (2.4.6) 所确定的函数. 在实际问题中, 经常需要求由参数方程 (2.4.6) 所确定函数的导数. 如果参数方程比较复杂, 消去参数 t 有时会有困难. 因此, 我们希望有一种直接的方法由参数方程计算出所确定的函数 y 关于 x 的导数.

设 $y = y(x)$ 是由参数方程 (2.4.6) 所确定的函数, 满足如下条件: 函数 $\varphi(t)$ 和 $\psi(t)$ 在区间 I 内均可导且 $\varphi'(t) \neq 0$. 下面给出函数 $y = y(x)$ 的求导方法.

由 $\varphi(t) \neq 0, \forall t \in I$ 知, 函数 $\varphi(t)$ 在区间 I 内严格单调, 由反函数求导法则可知其存在反函数 $t = \varphi^{-1}(x)$, 且

$$[\varphi^{-1}(x)]' = \frac{1}{\varphi'(t)}.$$

由于 y 关于 x 的函数关系可以写为

$$y = \psi[\varphi^{-1}(x)],$$

运用复合函数求导法则得到

$$\frac{\mathrm{d}y}{\mathrm{d}x}=\frac{\mathrm{d}y}{\mathrm{d}t}\cdot\frac{\mathrm{d}t}{\mathrm{d}x}=\frac{\mathrm{d}(\psi(t))}{\mathrm{d}t}\cdot\frac{\mathrm{d}(\varphi^{-1}(x))}{\mathrm{d}x}=\psi'(t)\cdot\frac{1}{\varphi'(t)},$$

即

$$\frac{\mathrm{d}y}{\mathrm{d}x}=\frac{\psi'(t)}{\varphi'(t)} \text{ 或 } \frac{\mathrm{d}y}{\mathrm{d}x}=\frac{\frac{\mathrm{d}y}{\mathrm{d}t}}{\frac{\mathrm{d}x}{\mathrm{d}t}}. \tag{2.4.7}$$

式 (2.4.7) 就是由参数方程 (2.4.6) 所确定的函数的求导公式.

进一步, 若函数 $\varphi(t)$ 和 $\psi(t)$ 在区间 I 内还是二阶可导的, 则有

$$\frac{\mathrm{d}^2y}{\mathrm{d}x^2}=\frac{\mathrm{d}}{\mathrm{d}x}\left(\frac{\mathrm{d}y}{\mathrm{d}x}\right)=\frac{\mathrm{d}}{\mathrm{d}t}\left(\frac{\psi'(t)}{\varphi'(t)}\right)\cdot\frac{\mathrm{d}t}{\mathrm{d}x}=\frac{\psi''(t)\varphi'(t)-\psi'(t)\varphi''(t)}{[\varphi'(t)]^2}\cdot\frac{1}{\varphi'(t)},$$

即

$$\frac{\mathrm{d}^2y}{\mathrm{d}x^2}=\frac{\psi''(t)\varphi'(t)-\psi'(t)\varphi''(t)}{[\varphi'(t)]^3}. \tag{2.4.8}$$

■

为了方便, 我们记 $\varphi'(t)=\dot{x}(t),\psi'(t)=\dot{y}(t),\varphi''(t)=\ddot{x}(t)$, $\psi''(t)=\ddot{y}(t)$, 则参数方程求导公式可写为

$$\frac{\mathrm{d}y}{\mathrm{d}x}=\frac{\dot{y}(t)}{\dot{x}(t)},\quad \frac{\mathrm{d}^2y}{\mathrm{d}x^2}=\frac{\ddot{y}(t)\dot{x}(t)-\dot{y}(t)\ddot{x}(t)}{[\dot{x}(t)]^3}.$$

例 2.4.10 设函数 $y=y(x)$ 由参数方程 $\begin{cases}x=t-t^2,\\ y=t-t^3\end{cases}$ 确定, 求 $\frac{\mathrm{d}y}{\mathrm{d}x}$, $\frac{\mathrm{d}^2y}{\mathrm{d}x^2}$.

解 先求一阶导数. 由 $\begin{cases}x=t-t^2,\\ y=t-t^3,\end{cases}$ 可得

$$y'=\frac{\mathrm{d}y}{\mathrm{d}x}=\frac{\frac{\mathrm{d}y}{\mathrm{d}t}}{\frac{\mathrm{d}x}{\mathrm{d}t}}=\frac{1-3t^2}{1-2t}. \tag{2.4.9}$$

下面用两种方法求二阶导数.

第一种方法是通过求函数 y' 的一阶导数来求 $\frac{\mathrm{d}y^2}{\mathrm{d}x^2}$. 由

$$\frac{\mathrm{d}y'}{\mathrm{d}t}=\frac{\mathrm{d}}{\mathrm{d}t}\left(\frac{1-3t^2}{1-2t}\right)=\frac{2-6t+6t^2}{(1-2t)^2},$$

式 (2.4.9) 两边同时对 x 求导可得

$$\frac{\mathrm{d}^2y}{\mathrm{d}x^2}=\frac{\frac{\mathrm{d}y'}{\mathrm{d}t}}{\frac{\mathrm{d}x}{\mathrm{d}t}}=\frac{\frac{2-6t+6t^2}{(1-2t)^2}}{1-2t}=\frac{2-6t+6t^2}{(1-2t)^3}.$$

第二种方法是直接用公式计算:

$$\frac{\mathrm{d}^2y}{\mathrm{d}x^2}=\frac{y''(t)x'(t)-y'(t)x''(t)}{[x'(t)]^3}=\frac{(-6t)\cdot(1-2t)-(1-3t^2)\cdot(-2)}{(1-2t)^3}=\frac{2-6t+6t^2}{(1-2t)^3}.\quad\blacksquare$$

例 2.4.11　设函数 $y=y(x)$ 由参数方程 $\begin{cases}x=\arctan t,\\ y=\ln(1+t^2)+t\end{cases}$ 所确定, 求 $\frac{\mathrm{d}y}{\mathrm{d}x}$, $\frac{\mathrm{d}^2y}{\mathrm{d}x^2}$.

解　方法 I.　记 $\varphi(t)=\arctan t$, $\psi(t)=\ln(1+t^2)+t$, 则

$$\varphi'(t)=\frac{1}{1+t^2},\qquad \psi'(t)=\frac{2t}{1+t^2}+1,$$
$$\varphi''(t)=\frac{-2t}{(1+t^2)^2},\quad \psi''(t)=\frac{2(1-t^2)}{(1+t^2)^2}.$$

直接用公式可得

$$\frac{\mathrm{d}y}{\mathrm{d}x}=\frac{\psi'(t)}{\varphi'(t)}=(1+t)^2,$$
$$\frac{\mathrm{d}^2y}{\mathrm{d}x^2}=\frac{\psi''(t)\varphi'(t)-\psi'(t)\varphi''(t)}{[\varphi'(t)]^3}=2(1+t)(1+t^2).$$

方法 II.　由方法 I 可知

$$\frac{\mathrm{d}y}{\mathrm{d}x}=(1+t)^2.$$

将上式左右两边同时对 x 求导可得

$$\frac{\mathrm{d}^2y}{\mathrm{d}x^2}=\frac{\mathrm{d}}{\mathrm{d}t}(1+t)^2\cdot\frac{\mathrm{d}t}{\mathrm{d}x}=\frac{2(1+t)}{\varphi'(t)}=2(1+t)(1+t^2).\quad\blacksquare$$

从图形上来看, 参数方程 (2.4.6) 可表示一条平面曲线 C. 若 $\varphi(t)$ 和 $\psi(t)$ 在区间 I 上都有连续的导函数, 且 $\varphi^2(t)+\psi^2(t)\neq 0$, 则称 C 为**光滑曲线**. 光滑曲线的特点是在曲线 C 上不仅每一个点都有切线, 且切线与 x 轴正向的夹角 $\alpha(t)$ 是 t 的连续函数. 利用由参数方程所确定函数的求导法则, 易求出参数方程所表示曲线的切线方程或法线方程.

例 2.4.12　求椭圆

$$\begin{cases}x=a\cos t,\\ y=b\sin t,\end{cases}\quad a,b>0$$

在 $t=\frac{\pi}{3}$ 的相应点 $M(x_0,y_0)$ 处的切线方程和法线方程 (图 2.4.3).

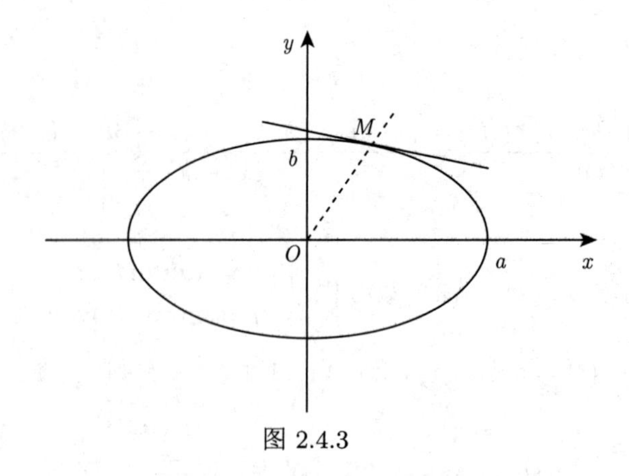

图 2.4.3

解 由 $t=\dfrac{\pi}{3}$, 可得点 M 的坐标为 $\left(\dfrac{a}{2},\dfrac{\sqrt{3}b}{2}\right)$. 由于

$$\frac{\mathrm{d}y}{\mathrm{d}x}=\frac{\dot{y}(t)}{\dot{x}(t)}=\frac{b\cos t}{-a\sin t}=-\frac{b}{a}\cot t,$$

所以在 $t=\dfrac{\pi}{3}$ 的相应点 M 处的切线斜率为

$$k=-\frac{\sqrt{3}b}{3a}.$$

从而所求的切线方程为

$$y-\frac{\sqrt{3}b}{2}=-\frac{\sqrt{3}b}{3a}\left(x-\frac{a}{2}\right),$$

即

$$\frac{\sqrt{3}b}{3a}x+y-\frac{2\sqrt{3}b}{3}=0.$$

所求的法线方程为

$$y-\frac{\sqrt{3}b}{2}=\frac{\sqrt{3}a}{b}\left(x-\frac{a}{2}\right),$$

即

$$y-\frac{\sqrt{3}a}{b}x-\frac{\sqrt{3}b}{2}+\frac{\sqrt{3}a^2}{2b}=0.$$ ■

例 2.4.13 求星形线

$$\begin{cases} x=a\cos^3 t, \\ y=a\sin^3 t, \end{cases} \quad a>0$$

在 $t=\dfrac{\pi}{4}$ 的相应点 $M(x_0,y_0)$ 处的切线方程和法线方程 (图 2.4.4).

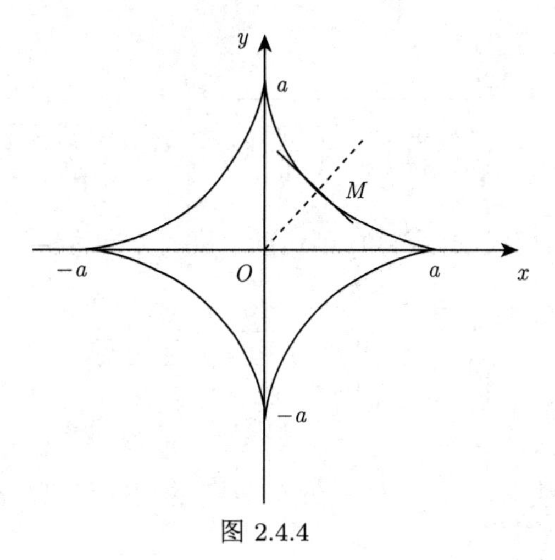

图 2.4.4

解　由 $t=\dfrac{\pi}{4}$, 可得点 M 的坐标为 $\left(\dfrac{\sqrt{2}a}{4},\dfrac{\sqrt{2}a}{4}\right)$. 由于

$$\frac{\mathrm{d}y}{\mathrm{d}x}=\frac{\dot{y}(t)}{\dot{x}(t)}=-\tan t,$$

所以在 $t=\dfrac{\pi}{4}$ 的相应点 M 处的切线的斜率为

$$k=-1.$$

从而所求的切线方程为

$$y-\frac{\sqrt{2}a}{4}=-\left(x-\frac{\sqrt{2}a}{4}\right),$$

即

$$x+y-\frac{\sqrt{2}a}{2}=0.$$

所求的法线方程为

$$y-\frac{\sqrt{2}a}{4}=x-\frac{\sqrt{2}a}{4},$$

即

$$y=x.$$ ■

例 2.4.14　已知抛物体的运动轨迹方程为

$$\begin{cases} x=v_1 t, \\ y=v_2 t-\dfrac{1}{2}gt^2. \end{cases}$$

求抛物体在时刻 t 的运动速度的大小和方向.

解 先求运动速度 $v(t)$ 的大小.

$$|v(t)| = \sqrt{\left(\frac{\mathrm{d}y}{\mathrm{d}t}\right)^2 + \left(\frac{\mathrm{d}x}{\mathrm{d}t}\right)^2} = \sqrt{(v_2 - gt)^2 + v_1^2}.$$

再求速度的方向. 设 α 为切线的倾斜角, 则运动速度的方向为

$$\tan\alpha = \frac{\mathrm{d}y}{\mathrm{d}x} = \frac{\dfrac{\mathrm{d}y}{\mathrm{d}t}}{\dfrac{\mathrm{d}x}{\mathrm{d}t}} = \frac{v_2 - gt}{v_1}.$$ ■

例 2.4.15 求心形线 $\rho = 1 + \sin\theta$ 在 $\theta = \dfrac{\pi}{3}$ 的相应点 $M(x_0, y_0)$ 处的切线方程 (图 2.4.5).

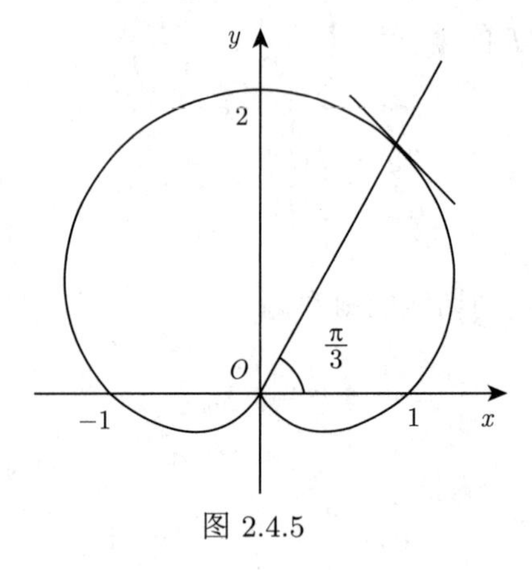

图 2.4.5

解 由直角坐标与极坐标的关系, 可知心形线的方程可以写为

$$\begin{cases} x = \rho(\theta)\cos\theta = (1+\sin\theta)\cos\theta, \\ y = \rho(\theta)\sin\theta = (1+\sin\theta)\sin\theta. \end{cases}$$

将 $\theta = \dfrac{\pi}{3}$ 代入上式, 点 $M(x_0, y_0)$ 的坐标分别为 $x_0 = \dfrac{2+\sqrt{3}}{4}$, $y_0 = \dfrac{3+2\sqrt{3}}{4}$. 运用由参数方程所确定函数的求导法则, 可得当 $\theta = \dfrac{\pi}{3}$ 时

$$\left.\frac{\mathrm{d}y}{\mathrm{d}x}\right|_{\theta=\frac{\pi}{3}} = \left.\frac{\dfrac{\mathrm{d}y}{\mathrm{d}\theta}}{\dfrac{\mathrm{d}x}{\mathrm{d}\theta}}\right|_{\theta=\frac{\pi}{3}} = \frac{\sin\dfrac{2\pi}{3} + \cos\dfrac{\pi}{3}}{\cos\dfrac{2\pi}{3} - \sin\dfrac{\pi}{3}} = -1.$$

由此可得心形线 $\rho = 1 + \sin\theta$ 在 $\theta = \dfrac{\pi}{3}$ 的相应点 $M(x_0, y_0)$ 处的切线方程为

$$y - \frac{3+2\sqrt{3}}{4} = \frac{2+\sqrt{3}}{4} - x,$$

即

$$4y + 4x - 5 - 3\sqrt{3} = 0.$$ ■

注　例 2.4.15 给出了由极坐标方程 $\rho = \rho(\theta)$ 所确定的函数 $y = y(x)$ 的求导方法. 利用直角坐标与极坐标的关系, 可知 $y = y(x)$ 的参数方程为

$$\begin{cases} x = \rho(\theta)\cos\theta, \\ y = \rho(\theta)\sin\theta, \end{cases}$$

其中 θ 为参数. 运用由参数方程所确定函数的求导法则, 可得

$$\frac{\mathrm{d}y}{\mathrm{d}x} = \frac{\dfrac{\mathrm{d}y}{\mathrm{d}\theta}}{\dfrac{\mathrm{d}x}{\mathrm{d}\theta}} = \frac{\rho'(\theta)\sin\theta + \rho(\theta)\cos\theta}{\rho'(\theta)\cos\theta - \rho(\theta)\sin\theta}.$$

2.4.3* 相关变化率

如果两个变量 x, y 之间存在函数关系, 其中一个变量会依时间 t 变化, 那么另一个变量也必定依时间 t 变化. 当两个变量都依时间 t 变化时, 两个变化率是否相关?

例 2.4.16　在一平坦地面上, 一名观察员在距离热气球 500 m 的观测点观测热气球 (如图 2.4.6 所示). 若热气球离地面铅直上升的速度为 150 m/min, 则当热气球高度为 500 m 时, 观察员视线的仰角增加率是多少?

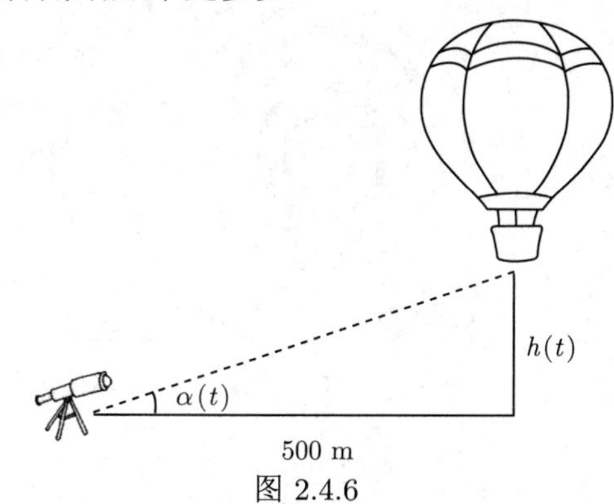

图 2.4.6

解　设热气球上升 t min 后的高度 $h = h(t)$, 观察员视线的仰角 $\alpha = \alpha(t)$, 则

$$\tan\alpha = \frac{h}{500}.$$

上式两边同时对 t 求导, 可得

$$\sec^2\alpha \cdot \frac{\mathrm{d}\alpha}{\mathrm{d}t} = \frac{1}{500}\frac{\mathrm{d}h}{\mathrm{d}t}.$$

当热气球高度 $h = 500$ m (即 $t = \dfrac{10}{3}$ min) 时, $\tan\alpha = 1$, 即 $\sec^2\alpha = 2$. 又因为热气球离地面铅直上升的速度 $\left.\dfrac{\mathrm{d}h}{\mathrm{d}t}\right|_{t=\frac{10}{3}} = 150$ m/min, 所以

$$\left.\frac{\mathrm{d}\alpha}{\mathrm{d}t}\right|_{t=\frac{10}{3}} = \frac{1}{1000} \cdot 150 \text{ rad/min} = 0.15 \text{ rad/min}.$$

即当热气球高度为 500 m 时观察员视线的仰角增加率是 0.15 rad/min. ■

在例 2.4.16 中, 观察员视线的仰角变化率与热气球上升高度的变化率是相关的. 若 $x=x(t)$ 和 $y=y(t)$ 都为可导函数, 且变量 x 与 y 之间存在某种关系, 从而变化率 $\dfrac{\mathrm{d}x}{\mathrm{d}t}$ 与 $\dfrac{\mathrm{d}y}{\mathrm{d}t}$ 之间也存在一定的关系, 这两个相互依赖的变化率称为**相关变化率**. 利用两个变量之间的函数关系, 我们能够从其中一个变量的变化率导出另一个变量的变化率, 这就是接下来要讨论的相关变化率问题. 求解相关变化率问题时, 一般是先找到一个能联系两个变量的方程, 再根据链式法则, 在方程两边分别对时间求导. 求解过程大致可以分为如下 3 步:

① 先确定所讨论问题中已知的“变化率”和要求解的“变化率”分别是哪些变量的变化率;

② 通过已知条件或者常识公理等, 给已知量和未知量建立关系式;

③ 两边同时对自变量 (时间 t) 求导, 带入已知条件求解即可.

例 2.4.17 将石头投入平静的水面产生同心波纹 (图 2.4.7), 如果最外面一圈波纹半径的增大率总是 6 m/s , 则在 2 s 末水面扰动面积的增大率是多少?

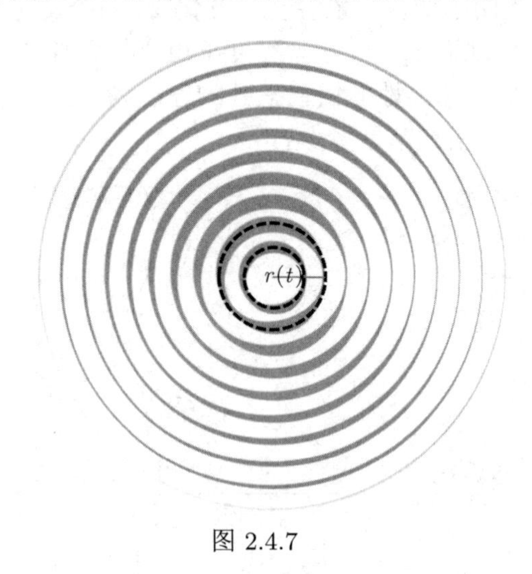

图 2.4.7

解 设在时刻 t 最外面一圈波纹半径和水面扰动面积分别为 $r(t)$ 和 $S(t)$, 则

$$S(t)=\pi r^2(t).$$

上式两边同时对 t 求导, 可得

$$S'(t)=2\pi r(t)\cdot r'(t).$$

因为最外面一圈波纹半径的增大率总是 6 m/s, 可知 $r(2)=12$ m, $r'(2)=6$ m/s, 所以

$$S'(2)=144\pi\ \mathrm{m}^2/\mathrm{s}.$$

即在 2 s 末水面扰动面积的增大率是 $144\pi\ \mathrm{m}^2/\mathrm{s}$. ■

例 2.4.18 一个深为 18 cm、顶直径为 12 cm 的圆锥形容器盛满水后, 让水从其底部漏入一个直径为 10 cm 的圆柱形桶中 (图 2.4.8). 已知上方圆锥形容器中水深为 12 cm 时, 水流下的速率为 1 cm/s, 求圆柱形桶中水面上升的速率.

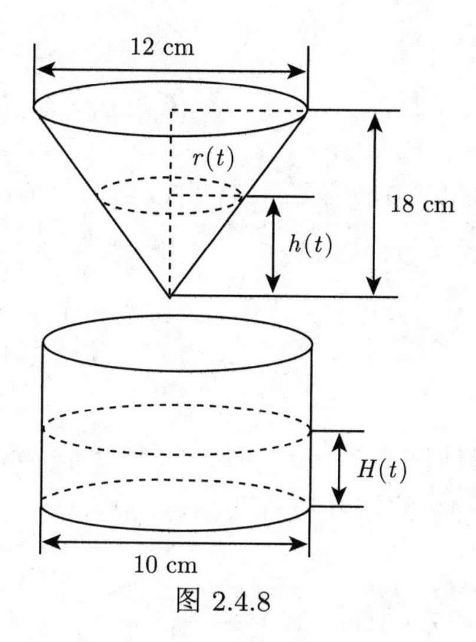

图 2.4.8

解　设在时刻 t 时圆锥形容器中水深 $h=h(t)$ cm, 圆柱形桶中液面深度 $H=H(t)$ cm, 此时圆锥形容器水面半径为 $r=r(t)$, 如图 2.4.8 所示. 易求出初始时刻圆锥形容器中水的体积 $V=\dfrac{1}{3}\pi\cdot 6^2\cdot 18\ \mathrm{cm}^3=216\pi\ \mathrm{cm}^3$, 由于在任一时刻圆锥形容器和圆柱形桶中水的体积之和总是等于 V, 所以有

$$\frac{1}{3}\pi r^2(t)h(t)+25\pi H(t)=216\pi.$$

由 $\dfrac{r(t)}{h(t)}=\dfrac{6}{18}$ 可得 $r(t)=\dfrac{h(t)}{3}$, 将其代入上式, 得

$$\frac{1}{27}\pi h^3(t)+25\pi H(t)=216\pi.$$

上式左右两边同时对 t 求导, 得

$$\frac{1}{9}\pi h^2(t)h'(t)+25\pi H'(t)=0,$$

即得

$$H'(t)=-\frac{1}{225}h^2(t)h'(t).$$

由题设, 存在 $t=t_0$ 时刻使得 $h|_{t=t_0}=12$ cm, $h'|_{t=t_0}=-1$ cm/s, 此时下方圆柱形桶中水面上升的速率是

$$H'(t_0)=-\frac{144}{225}\cdot(-1)\ \mathrm{cm/s}=0.64\ \mathrm{cm/s},$$

即此时圆柱形桶中水面上升的速率为 0.64 cm/s. ■

习题 2.4A

1. 求由下列方程所确定的隐函数 $y=y(x)$ 的导数 $\dfrac{\mathrm{d}y}{\mathrm{d}x}$:

(1) $\cos(xy)=x$;　　(2) $x^y=y^x$;

(3) $x^3+y^3-3xy=0$;　　(4) $x^3+y^3-\cos(3x^2y)=0$;

(5) $y=\sin(x+y)$;　　(6) $xy=\mathrm{e}^{x+y}$.

2. 求由下列方程所确定的隐函数 $y=y(x)$ 在 $x=0$ 处的导数:

(1) $\sin(xy)+\ln(y-x)=x$;　　(2) $\mathrm{e}^{xy}+\ln\dfrac{y}{1+x}=0$;

(3) $y=1-x\mathrm{e}^y$;　　(4) $y=1+x\mathrm{e}^y$;

(5) $x\mathrm{e}^y+y\mathrm{e}^x=0$;　　(6) $xy^2-\mathrm{e}^{x+y}+1=0$.

3. 设一平面曲线 C 所对应的函数 $y=y(x)$ 由方程 $y-x\mathrm{e}^y=1$ 所确定, 求过该曲线上横坐标为 $x=0$ 的点 M 的切线方程与法线方程.

4. 求平面曲线 $x^{\frac{2}{3}}+y^{\frac{2}{3}}=a^{\frac{2}{3}}$ 在点 $M\left(\dfrac{\sqrt{2}a}{4},\dfrac{\sqrt{2}a}{4}\right)$ 处的切线方程和法线方程.

5. 求由下列方程所确定的隐函数 $y=y(x)$ 的二阶导数 $\dfrac{\mathrm{d}^2y}{\mathrm{d}x^2}$:

(1) $x^2-y^2=2$;　　(2) $2x^2+3y^2=6$;

(3) $y=\tan(x+y)$;　　(4) $y=\cos(x+2y)$;

(5) $y=1-x\mathrm{e}^y$;　　(6) $y+x\mathrm{e}^{2xy}=2$.

6. 用对数求导法求下列函数的导数 $\dfrac{\mathrm{d}y}{\mathrm{d}x}$:

(1) $y=(1+x^2)^{\tan x}$;　　(2) $y=\left(\dfrac{x}{1+x}\right)^x$;

(3) $y=\dfrac{\sqrt[5]{x-3}\sqrt[3]{3x-2}}{\sqrt{x+2}}$;　　(4) $y=\dfrac{\sqrt{x+2}(3-x)^4}{(x+1)^5}$.

7. 证明由方程 $xy-\ln y=1$ 所确定的函数 $y=y(x)$ 满足关系式

$$y^2+(xy-1)y'=0.$$

8. 求由下列参数方程所确定的函数 $y=y(x)$ 的导数 $\dfrac{\mathrm{d}y}{\mathrm{d}x}$:

(1) $\begin{cases}x=at^2,\\ y=bt^3,\end{cases}$ a,b为常数;　　(2) $\begin{cases}x=a\cos^2 t,\\ y=b\sin^2 t,\end{cases}$ a,b为常数;

(3) $\begin{cases}x=t(1-\sin t),\\ y=t\cos t;\end{cases}$　　(4) $\begin{cases}x=\sin t,\\ y=t\sin t+\cos t;\end{cases}$

(5) $\begin{cases}x=\theta^2(1+\sin\theta),\\ y=\ln(1+\theta^2);\end{cases}$　　(6) $\begin{cases}x=\theta^2\sqrt{1-2\theta},\\ y=\mathrm{e}^\theta(1-2\theta).\end{cases}$

9. 求由下列参数方程所确定的函数 $y=y(x)$ 在指定点处的一阶导数 $\dfrac{\mathrm{d}y}{\mathrm{d}x}$ 和二阶导数

$\dfrac{\mathrm{d}^2y}{\mathrm{d}x^2}$:

(1) $\begin{cases} x = 2(t - \sin t), \\ y = 2(1 - \cos t), \end{cases} \quad t = \dfrac{\pi}{2}$;　　(2) $\begin{cases} x = 3(\cos^2 t + t), \\ y = 2(\sin^3 t - t), \end{cases} \quad t = \dfrac{\pi}{3}$;

(3) $\begin{cases} x = \mathrm{e}^{2t} \cos 3t, \\ y = \mathrm{e}^{2t} \sin 3t, \end{cases} \quad t = 0$;　　(4) $\begin{cases} x = \ln(\cos t), \\ y = \sin t - t\cos t, \end{cases} \quad t = \dfrac{\pi}{3}$.

10. 设平面曲线 C 的方程为 $\begin{cases} x = \ln(1 + t^2), \\ y = \arctan t. \end{cases}$ 求其在 $t = 1$ 对应点处的切线方程和法线方程.

11. 设平面曲线 C 的方程为 $\begin{cases} x = \cos t \cos 3t, \\ y = \sin t \cos 3t. \end{cases}$ 求其在 $t = \dfrac{\pi}{12}$ 对应点处的切线方程和法线方程.

12. 设平面曲线 C 的极坐标方程为 $\rho = 2(1 - \cos\theta)$, 求其在 $\theta = \dfrac{\pi}{2}$ 对应点 $M(0,2)$ 处的切线方程和法线方程.

13. 设平面曲线 C 的极坐标方程为 $\rho^2 = 8\cos 2\theta$, 求其在 $\theta = \dfrac{\pi}{6}$ 对应点 $M(\sqrt{3},1)$ 处的切线方程和法线方程.

14. 现有一长为 5 m 的梯子斜靠在墙上, 如果梯子下端以 0.5 m/s 的速率滑离墙壁, 试求梯子与墙的夹角 $\alpha = \dfrac{\pi}{3}$ 时该夹角的增加率.

习题 2.4B

1. 求由下列方程所确定的隐函数 $y = y(x)$ 在指定点的导数值:

(1) $\sin(xy) - \ln\dfrac{y+1}{y} = 1$, 求 $\left.\dfrac{\mathrm{d}y}{\mathrm{d}x}\right|_{x=0}, \left.\dfrac{\mathrm{d}^2y}{\mathrm{d}x^2}\right|_{x=0}$;

(2) $y\mathrm{e}^x + \ln y - 1 = 0$, 求 $\left.\dfrac{\mathrm{d}^2y}{\mathrm{d}x^2}\right|_{x=0}$;

(3) $\sqrt[3]{2x} - \sqrt[3]{y} = 1$, 求 $\left.\dfrac{\mathrm{d}y}{\mathrm{d}x}\right|_{x=4}, \left.\dfrac{\mathrm{d}^2y}{\mathrm{d}x^2}\right|_{x=4}$;

(4) $y^2 = a^2\cos x$, 求 $\left.\dfrac{\mathrm{d}^2y}{\mathrm{d}x^2}\right|_{x=0}$.

2. 求下列函数的导数 $\dfrac{\mathrm{d}y}{\mathrm{d}x}$:

(1) $y = (5 + x^2)^{\sin x} + x\sqrt[3]{\dfrac{x^2}{x^2+1}}$;　　(2) $y = x^{x^x} + \dfrac{(2x+3)^4\sqrt{x-6}}{\sqrt[3]{x+1}}$;

(3) $y=\sqrt{x\sin x\cos^2 x\sqrt{1-\mathrm{e}^x}}$;　　　(4) $y=\sqrt[3]{(x+3)\cos x\sqrt{\dfrac{3-2\mathrm{e}^x}{1+x^2}}}$.

3. 求由下列参数方程所确定的函数的导数 $\dfrac{\mathrm{d}y}{\mathrm{d}x}$ 及 $\dfrac{\mathrm{d}x}{\mathrm{d}y}$:

(1) $\begin{cases} x=\ln(\mathrm{e}+t^2), \\ y=t-\arctan t; \end{cases}$　　　(2) $\begin{cases} x=\dfrac{3at}{1+t^2}, \\ y=\dfrac{3at^2}{1+t^2}, \end{cases}$ a 为常数.

4. 设 $f''(t)$ 存在且不等于零, 求由 $\begin{cases} x=f'(t), \\ y=tf'(t)-f(t) \end{cases}$ 所确定的函数 $y=y(x)$ 的二阶导数 $\dfrac{\mathrm{d}^2y}{\mathrm{d}x^2}$.

5. 证明曲线 $\sqrt{x}+\sqrt{y}=\sqrt{a}$ (a为常数) 上任一点 $P(x,y)$ 的切线在两坐标轴上截距的和等于常数.

6. 在一汽缸内, 当理想气体的体积为 100 cm^3 时, 压强为 50 Pa. 如果温度不变, 压强以 0.5 Pa/h 的速率减小, 那么气体体积增加的速率是多少?

2.5　函数的微分

前面讨论了导数的概念和计算, 导数是函数的增量与自变量增量之比的极限, 但在许多实际问题中, 要求研究当函数自变量发生微小变化时, 函数值的相应变化情况. 在数学中, 自变量发生微小改变所引起的函数值的相应改变量可以用函数在某一点的**微分**来近似刻画.

2.5.1　微分的定义

考察一个实际问题. 有一块边长为 x 的正方形金属薄片, 其面积 $S=S(x)$. 受温度变化的影响其边长发生变化, 设边长的改变量为 Δx (图 2.5.1), 则此薄片的面积改变量是多少? 当 Δx 很微小时, 此薄片的面积改变量的近似值是多少?

正方形金属薄片边长为 x 时, 面积 $S=x^2$; 其边长的改变量为 Δx 时, 面积也有相应的改变量 ΔS, 且

$$\Delta S=(x+\Delta x)^2-x^2=2x\Delta x+(\Delta x)^2.$$

由上式可知, ΔS 分为两部分, 第一部分 $2x\Delta x$ 是 Δx 的线性函数, 即图中带有网格线的两个矩形面积之和, 第二部分 $(\Delta x)^2$ 是图中右上角的小正方形的面积, 当 $\Delta x\to 0$ 时, 显然 $(\Delta x)^2=o(\Delta x)$. 因此, 当 Δx 充分小时, $2x\Delta x$ 是正方形的面积改变量的近似值, 即

$$\Delta S\approx 2x\Delta x.$$

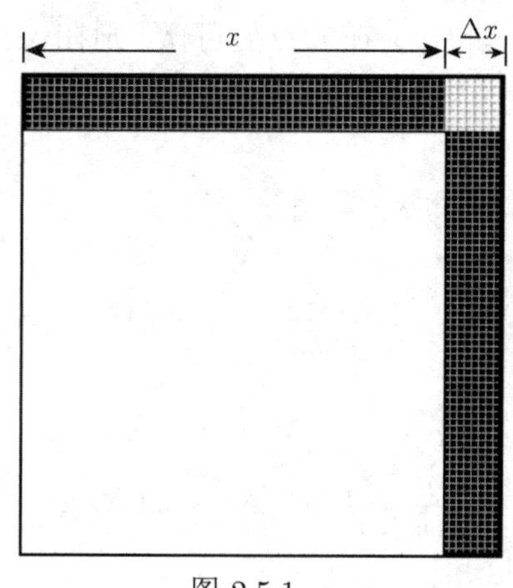

图 2.5.1

定义 2.5.1 (微分 (differential))　设函数 $y=f(x)$ 在某区间 I 内有定义, $x_0 \in I$ 及 $x_0+\Delta x \in I$. 如果函数的增量 $\Delta y=f(x_0+\Delta x)-f(x_0)$ 可表示为

$$\Delta y=A\Delta x+o(\Delta x),$$

其中 A 是不依赖于 Δx 的常数, 那么称函数 $y=f(x)$ 在点 x_0 处是**可微的** (differentiable), 且把 $A\Delta x$ 称为函数 $y=f(x)$ 在点 x_0 处的**微分**, 记为

$$\mathrm{d}y|_{x=x_0}=A\Delta x \quad \text{或} \quad \mathrm{d}f(x_0)=A\Delta x.$$

注　当自变量在 x_0 处取得增量 Δx 时, 函数 $y=f(x)$ 在点 x_0 处的微分 $\mathrm{d}y|_{x=x_0}$ 是相应的函数增量 $\Delta y=f(x_0+\Delta x)-f(x_0)$ 的主要部分. 由于 $\mathrm{d}y|_{x=x_0}=A\Delta x$ 是 Δx 的线性函数, 故称微分 $\mathrm{d}y|_{x=x_0}$ 是 Δy 的**线性主部**. 显然, 当 $|\Delta x|$ 很微小时, $o(\Delta x)$ 会更微小, 故可用 $\mathrm{d}y|_{x=x_0}$ 来近似函数增量 Δy, 即 $\Delta y \approx \mathrm{d}y|_{x=x_0}$.

对前面讨论的金属薄片面积改变问题, 当自变量在 x_0 处取得增量 Δx 时, 函数 $y=x^2$ 在点 x_0 处的微分 $\mathrm{d}y|_{x=x_0}=2x_0\Delta x$, 也就是说金属薄片面积改变值 $\Delta y \approx 2x_0\Delta x$.

下面讨论函数可微与可导的关系.

定理 2.5.1　函数 $y=f(x)$ 在点 x_0 处可微的充要条件是函数 $y=f(x)$ 在点 x_0 处可导, 且有

$$\mathrm{d}y|_{x=x_0}=f'(x_0)\Delta x.$$

证明　首先证明必要性.

设函数 $y=f(x)$ 在点 x_0 处可微, 即存在常数 A 使得函数的增量 $\Delta y=f(x_0+\Delta x)-f(x_0)$ 可表示为

$$\Delta y=A\Delta x+o(\Delta x).$$

上式两边同时除以 Δx, 得

$$\frac{\Delta y}{\Delta x}=A+\frac{o(\Delta x)}{\Delta x}.$$

令 $\Delta x \to 0$, 对上式两边取极限就得到

$$\lim_{\Delta x \to 0}\frac{\Delta y}{\Delta x}=A.$$

即 $f'(x_0)=A$. 因此函数 $y=f(x)$ 在一点处可微, 则在该点处一定可导, 且 $\mathrm{d}y|_{x=x_0}=A\Delta x=f'(x_0)\Delta x$.

然后证明充分性.

设函数 $y=f(x)$ 在点 x_0 处可导, 即

$$\lim_{\Delta x\to 0}\frac{\Delta y}{\Delta x}=f'(x_0).$$

由此可得

$$\frac{\Delta y}{\Delta x}=f'(x_0)\Delta x+\alpha(\Delta x),$$

其中 $\alpha(\Delta x)$ 为 $\Delta x\to 0$ 的无穷小量. 故而

$$\Delta y=f'(x_0)\Delta x+o(\Delta x).$$

由可微的定义可知, 函数 $y=f(x)$ 在点 x_0 处可微, 且

$$\mathrm{d}y|_{x=x_0}=f'(x_0)\Delta x.$$ ■

由上述定理可知, 函数 $y=f(x)$ 在点 x_0 处的可导性与可微性是等价的, 故求导法又称**微分法**. 导数与微分是两个不同的概念, 导数 $f'(x_0)$ 是函数 $y=f(x)$ 在 x_0 处的变化率, 其值只与 x_0 的位置有关; 而微分 $\mathrm{d}y|_{x=x_0}$ 是函数 $y=f(x)$ 在 x_0 附近增量的线性主部, 其值既与 x_0 的位置有关, 也与 Δx 有关.

通常把自变量 x 的增量 Δx 称为自变量的微分, 记作 $\mathrm{d}x$, 即 $\mathrm{d}x=\Delta x$. 因此, 函数 $y=f(x)$ 在点 x_0 处的微分可以写成

$$\mathrm{d}y|_{x=x_0}=f'(x_0)\mathrm{d}x \quad 或 \quad \mathrm{d}f(x_0)=f'(x_0)\mathrm{d}x.$$

若函数 $y=f(x)$ 某区间 I 内可导, 则其在区间 I 内一定可微, 且

$$\mathrm{d}y=f'(x)\mathrm{d}x \quad 或 \quad \mathrm{d}f(x)=f'(x)\mathrm{d}x.$$

上式被称为函数微分表达式. 由此可知, 只要先计算出函数的导数 $f'(x)$, 再乘以自变量的微分就可以计算出函数的微分. 在函数微分表达式两边同时除以 $\mathrm{d}x$, 得

$$\frac{\mathrm{d}y}{\mathrm{d}x}=f'(x) \quad 或 \quad \frac{\mathrm{d}f(x)}{\mathrm{d}x}=f'(x).$$

因此, 函数 $y=f(x)$ 的微分 $\mathrm{d}y$ 与自变量的微分 $\mathrm{d}x$ 之商等于该函数的导数. 所以, 导数又称**微商**.

例 2.5.1 设函数 $y=x^3$.

(1) 求 $\mathrm{d}y$ 以及 $\mathrm{d}y|_{x=2}$;

(2) 若 $x_0=1$, $\Delta x=0.1$, 求微分 $\mathrm{d}y|_{x=x_0}$ 以及增量 Δy 的值.

解　(1) $f(x)=x^3$, 故

$$\mathrm{d}y=f'(x)\mathrm{d}x=3x^2\mathrm{d}x,$$

$$\mathrm{d}y|_{x=2}=f'(2)\mathrm{d}x=12\mathrm{d}x.$$

(2) $\mathrm{d}y|_{x=1}=3\mathrm{d}x$, 由 $\mathrm{d}x=\Delta x=0.1$ 可得

$$\mathrm{d}y|_{x=1,\Delta x=0.1}=0.3.$$

易知

$$\Delta y=(1+0.1)^3-1^3=0.331.$$ ■

2.5.2　微分的几何意义

函数 $y=f(x)$ 在平面直角坐标系中的图形是一条平面曲线, 对于曲线上某一确定的点 $M(x_0,\ y_0)$, 当自变量 x 有微小增量 Δx 时, 可得到曲线上另一点 $N(x_0+\Delta x,\ y_0+\Delta y)$, 其中 $\Delta y=f(x_0+\Delta x)-f(x_0)$ 为函数的增量. 如图 2.5.2 所示, 过点 $M(x_0,\ y_0)$ 作该曲线的切线 MT, 它的倾斜角为 α, 则有

$$\mathrm{d}y=f'(x_0)\Delta x=\tan\alpha\cdot\ \Delta x=PQ.$$

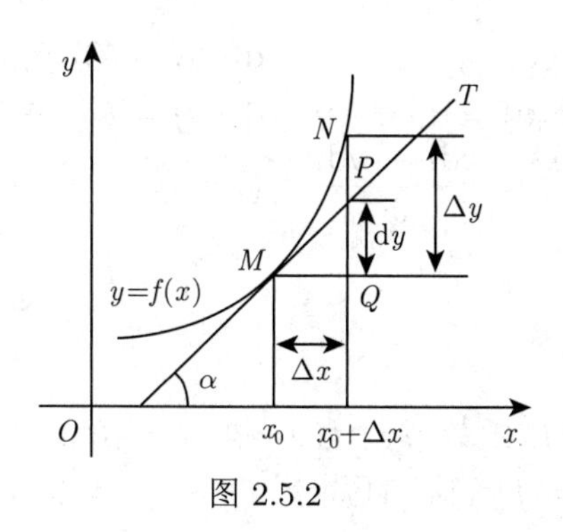

图 2.5.2

由此可见, 对于可微函数 $y=f(x)$, Δy 是曲线上点 $M(x_0,\ y_0)$ 到点 $N(x_0+\Delta x,\ y_0+\Delta y)$ 的纵坐标增量, $\mathrm{d}y$ 对应于点 $M(x_0,\ y_0)$ 处切线的纵坐标增量. 当 $|\Delta x|$ 小到一定程度时, $|\Delta y-\mathrm{d}y|$ 之差会比 $|\Delta x|$ 更小. 故而在点 $M(x_0,\ y_0)$ 附近, 可以用 $\mathrm{d}y$ 近似代替 Δy, 也就是

$$\Delta y\approx\mathrm{d}y=f'(x_0)\Delta x.$$

2.5.3　微分公式与微分运算法则

由函数的微分表达式 $\mathrm{d}y=f'(x)\mathrm{d}x$ 可得, 只要先计算出函数的导数 $f'(x)$, 再乘以自变量的微分就可以计算出函数的微分. 因此, 可得如下的微分公式和微分运算法则.

1. 基本初等函数的微分公式

表 2.5.1 列出了基本初等函数的求导公式和微分公式.

表 2.5.1

求导公式	微分公式
$(x^\mu)' = \mu x^{\mu-1}\ (\mu \in \mathbf{R})$	$\mathrm{d}(x^\mu) = \mu x^{\mu-1}\mathrm{d}x\ (\mu \in \mathbf{R})$
$(a^x)' = a^x \ln a\ (a > 0)$	$\mathrm{d}(a^x) = a^x \ln a \mathrm{d}x\ (a > 0)$
$(\log_a x)' = \dfrac{1}{x \ln a}\ (a > 0, a \neq 1)$	$\mathrm{d}(\log_a x) = \dfrac{1}{x \ln a}\mathrm{d}x\ (a > 0, a \neq 1)$
$(\sin x)' = \cos x$	$\mathrm{d}(\sin x) = \cos x\mathrm{d}x$
$(\cos x)' = -\sin x$	$\mathrm{d}(\cos x) = -\sin x\mathrm{d}x$
$(\tan x)' = \sec^2 x$	$\mathrm{d}(\tan x) = \sec^2 x\mathrm{d}x$
$(\cot x)' = -\csc^2 x$	$\mathrm{d}(\cot x) = -\csc^2 x\mathrm{d}x$
$(\sec x)' = \sec x \tan x$	$\mathrm{d}(\sec x) = \sec x \tan x\mathrm{d}x$
$(\csc x)' = -\csc x \cot x$	$\mathrm{d}(\csc x) = -\csc x \cot x\mathrm{d}x$
$(\arcsin x)' = \dfrac{1}{\sqrt{1-x^2}}$	$\mathrm{d}(\arcsin x) = \dfrac{1}{\sqrt{1-x^2}}\mathrm{d}x$
$(\arccos x)' = -\dfrac{1}{\sqrt{1-x^2}}$	$\mathrm{d}(\arccos x) = -\dfrac{1}{\sqrt{1-x^2}}\mathrm{d}x$
$(\arctan x)' = \dfrac{1}{1+x^2}$	$\mathrm{d}(\arctan x) = \dfrac{1}{1+x^2}\mathrm{d}x$
$(\operatorname{arccot} x)' = -\dfrac{1}{1+x^2}$	$\mathrm{d}(\operatorname{arccot} x) = -\dfrac{1}{1+x^2}\mathrm{d}x$

2. 微分的运算法则

设函数 $u(x)$ 和 $v(x)$ 都可导, 则

$$\begin{aligned} &\mathrm{d}C = 0, && \mathrm{d}(Cu) = C\mathrm{d}u, \\ &\mathrm{d}(u \pm v) = \mathrm{d}u \pm \mathrm{d}v, && \mathrm{d}(uv) = v\mathrm{d}u + u\mathrm{d}v, \\ &\mathrm{d}\left(\frac{u}{v}\right) = \frac{v\mathrm{d}u - u\mathrm{d}v}{v^2} && (v \neq 0). \end{aligned}$$

其中, C 为常数.

3. 复合函数的微分法则

设函数 $y = f[g(x)]$ 由可微函数 $y = f(u)$ 和 $u = g(x)$ 复合而成. 由 $\mathrm{d}y = f'(u)\mathrm{d}u$ 和 $\mathrm{d}u = g'(x)\mathrm{d}x$ 得复合函数 $y = f[g(x)]$ 的微分为

$$\mathrm{d}y = f'(u)\mathrm{d}u = f'(u)g'(x)\mathrm{d}x$$

由上式可以看出, 无论 u 是自变量还是中间变量, 总有 $\mathrm{d}y = f'(u)\mathrm{d}u$, 这一性质称为**一阶微分形式不变性**.

例 2.5.2 求函数 $y = \sin(2x+1)$ 的微分.

解 令 $u = 2x + 1$, 则有

$$\mathrm{d}y = \cos u\mathrm{d}u = \cos(2x+1) \cdot 2\mathrm{d}x = 2\cos(2x+1)\mathrm{d}x.$$ ■

例 2.5.3 求函数 $y = \ln(1 + \mathrm{e}^{x^2})$ 的导数 $\dfrac{\mathrm{d}y}{\mathrm{d}x}$ 和微分 $\mathrm{d}y$.

解 方法 I. 由求导的链式法则, 可得

$$\frac{\mathrm{d}y}{\mathrm{d}x} = \frac{1}{1+\mathrm{e}^{x^2}} \cdot 2x\mathrm{e}^{x^2} = \frac{2x\mathrm{e}^{x^2}}{1+\mathrm{e}^{x^2}}.$$

故

$$\mathrm{d}y=\frac{2x\mathrm{e}^{x^2}}{1+\mathrm{e}^{x^2}}\mathrm{d}x.$$

方法 Ⅱ. 由一阶微分形式不变性, 可得

$$\begin{aligned}\mathrm{d}y&=\frac{1}{1+\mathrm{e}^{x^2}}\mathrm{d}(1+\mathrm{e}^{x^2})=\frac{1}{1+\mathrm{e}^{x^2}}\mathrm{e}^{x^2}\mathrm{d}(x^2)\\&=\frac{\mathrm{e}^{x^2}}{1+\mathrm{e}^{x^2}}\cdot 2x\mathrm{d}x=\frac{2x\mathrm{e}^{x^2}}{1+\mathrm{e}^{x^2}}\mathrm{d}x.\end{aligned}$$

故易知

$$\frac{\mathrm{d}y}{\mathrm{d}x}=\frac{2x\mathrm{e}^{x^2}}{1+\mathrm{e}^{x^2}}.$$

■

例 2.5.4　设函数 $y=y(x)$ 由方程 $3x^2-xy+y^2=1$ 确定, 求函数 $y(x)$ 的微分.

解　在方程左右两边同时取微分, 有

$$\mathrm{d}(3x^2-xy+y^2)=0,$$

即

$$6x\mathrm{d}x-y\mathrm{d}x-x\mathrm{d}y+2y\mathrm{d}y=0.$$

故

$$\mathrm{d}y=\frac{y-6x}{2y-x}\mathrm{d}x.$$

■

2.5.4　微分在近似计算中的应用

若函数 $y=f(x)$ 在点 $x=x_0$ 处可导, 且 $|\Delta x|$ 很小, 则有

$$\Delta y\approx \mathrm{d}y=f'(x_0)\Delta x.$$

由 $\Delta y=f(x_0+\Delta x)-f(x_0)$ 可得

$$f(x_0+\Delta x)\approx f(x_0)+f'(x_0)\Delta x.$$

令 $x=x_0+\Delta x$, 则有

$$f(x)\approx f(x_0)+f'(x_0)(x-x_0).\tag{2.5.1}$$

从而, 在式 (2.5.1) 中令 $x_0=0$, 当 $|\Delta x|$ 很小时, 可推得以下几个常用的近似公式:

$$\begin{aligned}&\sin x\approx x, &&\mathrm{e}^x\approx 1+x,\\&\tan x\approx x, &&(1+x)^a\approx 1+ax,\\&\arcsin x\approx x, &&\ln(1+x)\approx x.\end{aligned}$$

例 2.5.5 求 $\sqrt{1.05}$ 的近似值.

解 $\sqrt{1.05}=\sqrt{1+0.05}$, 由于 $(1+x)^{\alpha}\approx 1+\alpha x$, 则

$$\sqrt{1.05}\approx 1+\frac{1}{2}\times 0.05=1.025.$$ ■

例 2.5.6 求 $\sin 44^{\circ}$ 的近似值.

解 令 $f(x)=\sin x$, 由于 $\sin x\approx \sin x_0+\cos x_0\cdot(x-x_0)$ 以及 $44^{\circ}=\frac{\pi}{4}-\frac{\pi}{180}$, 取 $x_0=\frac{\pi}{4}, x=\frac{\pi}{4}-\frac{\pi}{180}$, 可得

$$\begin{aligned}\sin 44^{\circ}&=\sin\left(\frac{\pi}{4}-\frac{\pi}{180}\right)\approx \sin\frac{\pi}{4}-\cos\frac{\pi}{4}\times\frac{\pi}{180}\\&=\frac{\sqrt{2}}{2}\left(1-\frac{\pi}{180}\right)\approx 0.6948.\end{aligned}$$ ■

例 2.5.7 求 $\sqrt{3.98}$ 和 $\sqrt{4.05}$ 的近似值.

解 令 $f(x)=(x+3)^{\frac{1}{2}}$, 则

$$f'(x)=\frac{1}{2}(x+3)^{-\frac{1}{2}}=\frac{1}{2\sqrt{x+3}}.$$

取 $x_0=1$, 则将 $f(1)=2$ 及 $f'(1)=\frac{1}{4}$ 代入近似计算公式有

$$f(x)\approx f(1)+f'(1)(x-1)=2+\frac{1}{4}(x-1)=\frac{7}{4}+\frac{x}{4},$$

可得

$$\sqrt{3.98}=f(0.98)\approx\frac{7}{4}+\frac{0.98}{4}=1.995$$

及

$$\sqrt{4.05}=f(1.05)\approx\frac{7}{4}+\frac{1.05}{4}=2.0125.$$ ■

习题 2.5A

1. 一元函数的微分与导数有何联系和区别?

2. 设 $y=x^3-x$, 计算在 $x=2$ 处当 Δx 分别等于 $1, 0.1, 0.01$ 时的增量 Δy 及微分 $\mathrm{d}y$.

3. 求下列函数在指定点 x_0 处的微分:

(1) $y=x^3$, $x_0=1$;　　(2) $y=\ln x+\sqrt{x}$, $x_0=1$;

(3) $y=\arctan x$, $x_0=2$;　　(4) $y=\cos(3x^2)$, $x_0=\frac{\pi}{4}$;

(5) $y=1-x\mathrm{e}^x$, $x_0=0$;　　(6) $y=\sqrt{1+x^2}+\arcsin x^2$, $x_0=0$.

4. 求下列函数的微分:

(1) $y=x\sin 2x$;

(2) $y=\dfrac{2x-1}{\sqrt{x^2+x+3}}$;

(3) $y=\ln^2(1-x)$;

(4) $y=\sqrt[3]{1-x^2}$;

(5) $y=\tan^2(1+2x^2)$;

(6) $y=x^{\sin 2x}$;

(7) $y=\mathrm{e}^{-x}\cos(3-x)$;

(8) $y=\dfrac{x}{\sqrt{1+x^2}}$;

(9) $y=\sqrt{x+\sqrt{x+\sqrt{x}}}$;

(10) $y=\cos\ln\left(x^2+\mathrm{e}^{-\frac{1}{x}}\right)$;

(11) $y=\dfrac{1}{2a}\ln\left|\dfrac{x-a}{x+a}\right|$;

(12) $y=\arctan\dfrac{1-x^2}{1+x^2}$.

5. 将合适的函数填入下列括号内, 使等式成立:

(1) $\mathrm{d}(\quad)=\mathrm{e}^x\mathrm{d}x$;

(2) $\mathrm{d}(\quad)=\cos x\mathrm{d}x$;

(3) $\mathrm{d}(\quad)=x^3\mathrm{d}x$;

(4) $\mathrm{d}(\quad)=\sin x\mathrm{d}x$;

(5) $\mathrm{d}(\quad)=\alpha x^{\alpha-1}\mathrm{d}x\ (\alpha\in\mathbf{R})$;

(6) $\mathrm{d}(\quad)=\sec^2 3x\mathrm{d}x$;

(7) $\mathrm{d}(\quad)=\dfrac{\mathrm{d}x}{x^2+a^2}\ (a\in\mathbf{R})$;

(8) $\mathrm{d}(\quad)=\dfrac{3}{3x+1}\mathrm{d}x$;

(9) $\mathrm{d}(\quad)=x\mathrm{e}^{x^2}\mathrm{d}x$;

(10) $\mathrm{d}(\quad)=(\ln x+1)\mathrm{d}x$.

6. 已知函数 $y=f(x)$ 由方程 $2y-x=(x-y)\ln(x-y)$ 确定, 求 $\mathrm{d}y$.

7. 已知函数 $y=f(x)$ 由方程组 $x=3t^2+2t+3,\ \mathrm{e}^y\sin t-y+1=0$ 确定, 求 $\mathrm{d}y$.

8. 利用一阶微分形式不变性求下列函数的导数:

(1) $y=\dfrac{1}{x+\mathrm{e}^{x^2}}$;

(2) $y=\sin(\mathrm{e}^{2x+1})$;

(3) $y=\arctan\dfrac{1}{x^2}$;

(4) $y=\cos(x^2\mathrm{e}^{2x})$.

9. 利用微分求下列各式的近似值 (计算到小数点后 3 位):

(1) $\cos 29^\circ$;

(2) $\sin 29^\circ$;

(3) $\sqrt{25.1}$;

(4) $\sqrt[3]{996}$;

(5) $\tan 136^\circ$;

(6) $\arcsin 0.5002$;

(7) $\ln 1.21$;

(8) $\sqrt{\dfrac{(2.137)^2-1}{(2.137)^2+1}}$.

习题 2.5B

1. 当 $|x|$ 较小时, 证明下列近似公式:

(1) $\tan x\approx x$;

(2) $\sin x\approx x$;

(3) $\ln(1+x)\approx x$;

(4) $\dfrac{1}{1+x}\approx 1-x$;

(5) $\mathrm{e}^x \approx 1+x$; (6) $\sqrt[n]{1+x} \approx 1+\dfrac{x}{n}\ (n \in \mathbf{N}_+)$.

2. 计算球的体积时, 如果要求计算精确到 1%, 那么度量球的直径所允许的最大相对误差是多少?

3. 某厂生产一半径 $R=200$ mm 扇形板, 要求中心角 α 为 55°. 在进行产品检测时, 一般用测量弦长 L 的方法来间接测量中心角 α. 如果测量弦长 L 时的误差 $\delta_L=0.1$ mm, 则由此而引起的中心角测量误差是多少?

4. 求下列函数的二阶微分 (探究高阶微分的定义):

(1) 设 $u(x)=\ln x,\ v(x)=\mathrm{e}^x$, 求 $\mathrm{d}^2(uv), \mathrm{d}^2\left(\dfrac{u}{v}\right)$;

(2) 设 $u(x)=\mathrm{e}^{\frac{x}{2}},\ v(x)=\cos 2x$, 求 $\mathrm{d}^2(uv), \mathrm{d}^2\left(\dfrac{u}{v}\right)$.

第 3 章 微分中值定理与导数的应用

上一章介绍了导数和微分的概念, 本章将应用导数来分析函数在一点附近的局部特性和在区间上的整体性态, 例如函数的变化、函数的近似计算等. 为此, 本章将先介绍微分学基本定理——中值定理. 微分中值定理在函数的导数与函数在区间上的变化之间搭建了一座桥梁, 使我们能够通过导数来研究函数及其曲线的某些性态, 是利用导数进一步解决函数的许多理论和应用问题的理论基础.

3.1 微分中值定理

本节介绍微分学中有重要应用并能反映导数性质的微分中值定理. 微分中值定理包括罗尔中值定理、拉格朗日中值定理、柯西中值定理. 我们先介绍罗尔中值定理, 再根据罗尔中值定理推出拉格朗日中值定理和柯西中值定理.

3.1.1 罗尔中值定理

设函数 $f: I \to \mathbf{R}, x_0 \in I$, 若 $\exists \delta > 0$, 使得 $\forall x \in U(x_0, \delta) \subseteq I$, 恒有 $f(x) \geqslant f(x_0)(\leqslant f(x_0))$, 则称 f 在 x_0 处取得**极小 (大) 值** $f(x_0)$. f 的极小值与极大值统称为 f 的**极值**, x_0 称为 f 的**极值点**.

如图 3.1.1 所示, 函数 f 在点 ξ_1 取得极大值, 在点 ξ_2 取得极小值. 可以发现, 在曲线的极大值点和极小值点曲线有水平的切线. 我们已经知道, 导数就是切线的斜率, 所以有 $f'(\xi_1) = 0$, $f'(\xi_2) = 0$. 用数学语言把这样的几何现象表述出来, 就是下面的费马引理.

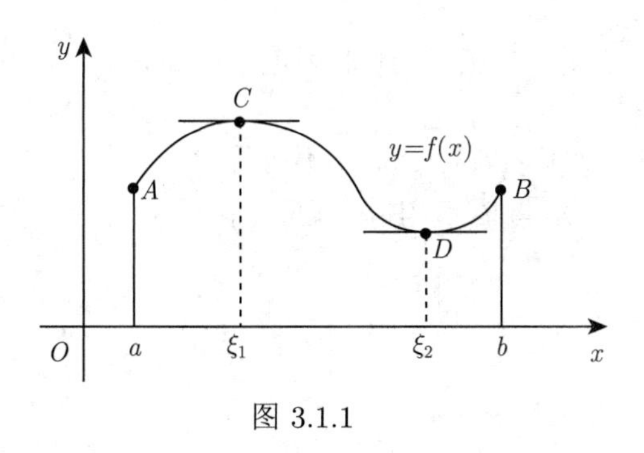

图 3.1.1

引理 3.1.1 (费马 (Fermat) 引理) 设函数 $f(x)$ 在点 x_0 附近有定义, 并在 x_0 处可导. 若 f 在 x_0 处取得极值, 则 $f'(x_0) = 0$.

证明 不妨设 f 在 x_0 处取极大值, 对于 $x_0 + \Delta x \in U(x_0, \delta)$, 有 $f(x_0 + \Delta x) \leqslant f(x_0)$, 故当 $\Delta x > 0$ 时, $\dfrac{f(x_0 + \Delta x) - f(x_0)}{\Delta x} \leqslant 0$; 当 $\Delta x < 0$ 时, $\dfrac{f(x_0 + \Delta x) - f(x_0)}{\Delta x} \geqslant 0$. 由极

限的保号性, 可得

$$f'_+(x_0) = \lim_{\Delta x \to 0^+} \frac{f(x_0+\Delta x)-f(x_0)}{\Delta x} \leqslant 0,$$

$$f'_-(x_0) = \lim_{\Delta x \to 0^-} \frac{f(x_0+\Delta x)-f(x_0)}{\Delta x} \geqslant 0.$$

由于 $f(x)$ 在 x_0 处可导, 可得 $f'(x_0) = f'_+(x_0) = f'_-(x_0)$, 故 $f'(x_0) = 0$. ■

定理 3.1.1 (罗尔 (Rolle) 中值定理) 若函数 $f(x)$ 满足以下 3 个条件:

(1) 在闭区间 $[a,b]$ 上连续;

(2) 在开区间 (a,b) 内可导;

(3) $f(a) = f(b)$,

则至少存在一点 $\xi \in (a,b)$ 使得 $f'(\xi) = 0$.

证明 由 $f(x)$ 在闭区间 $[a,b]$ 上连续可知, $f(x)$ 在 $[a,b]$ 上必取得最大值 M 与最小值 m.

若 $M = m$, 则 $f(x)$ 在 $[a,b]$ 上恒为常数, 故 (a,b) 内任一点都可成为 ξ, 使 $f'(\xi) = 0$.

若 $M > m$, 则 M 与 m 中至少有一个不等于 $f(x)$ 在区间端点的值, 不妨设 $M \neq f(a)$ (若 $m \neq f(a)$, 可类似证明), 由条件 (3) 知 $M \neq f(b)$, 故最大值必在开区间 (a,b) 内取到, 即必存在 $\xi \in (a,b)$, 使 $f(x) \leqslant f(\xi) = M, \forall x \in (a,b)$, 故 ξ 是 f 的极大值点, 从而由费马引理得 $f'(\xi) = 0$. ■

罗尔中值定理的**几何意义**: 若 $y = f(x)$ 满足定理的条件, 则函数 $f(x)$ 在 (a,b) 内对应的曲线弧 $\overset{\frown}{AB}$ 上至少存在一点具有水平切线, 如图 3.1.1 所示.

注 罗尔中值定理的 3 个条件缺一不可, 如果有一个不满足, 定理的结论就可能不成立. 这里我们分别举例说明.

例 3.1.1 罗尔中值定理对以下 3 个函数 (图 3.1.2) 都不成立.

(1) $f(x) = \begin{cases} x, & 0 \leqslant x < 1, \\ 0, & x = 1, \end{cases}$ 在 $[0,1]$ 上不连续;

(2) $f(x) = |x|, x \in [-1,1]$, 在 $(-1,1)$ 上不可导;

(3) $f(x) = x, x \in [0,1]$, 端点值不相等, 即 $f(0) \neq f(1)$.

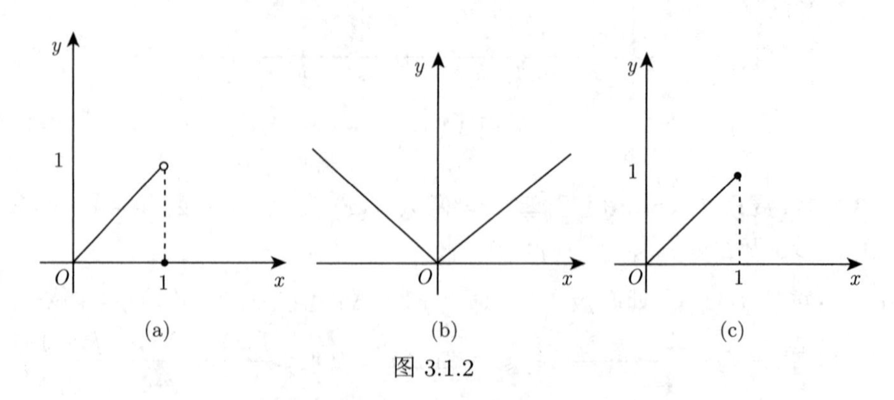

图 3.1.2

例 3.1.2　不求导数, 判断函数 $f(x)=(x-1)(x-2)(x-3)$ 的导数有几个零点及这些零点所在的范围.

解　因为 $f(1)=f(2)=f(3)=0$, 所以 $f(x)$ 在 $[1,2],[2,3]$ 上满足罗尔中值定理的 3 个条件, 所以在 $(1,2)$ 内至少存在一点 ξ_1, 使 $f'(\xi_1)=0$, 即 ξ_1 是 $f'(x)$ 的一个零点. 在 $(2,3)$ 内至少存在一点 ξ_2, 使 $f'(\xi_2)=0$, 即 ξ_2 是 $f'(x)$ 的一个零点, 又 $f'(x)$ 为二次多项式, 最多只能有两个零点, 故 $f'(x)$ 恰好有两个零点分别在区间 $(1,2)$, $(2,3)$ 内. ■

例3.1.3　设函数 $f(x):[0,1]\to\mathbf{R}$ 在区间 $[0,1]$ 上连续, 在区间 $(0,1)$ 内可导, $f(1)=0$, 证明至少存在一点 $\xi\in(0,1)$, 使得

$$f'(\xi)=-\frac{f(\xi)}{\xi}.$$

证明　因为 $\xi\neq 0$, 我们只需证

$$\xi f'(\xi)+f(\xi)=0.$$

容易看出

$$\xi f'(\xi)+f(\xi)=[xf(x)]'|_{x=\xi},$$

所以我们构建函数 $F(x)=xf(x), x\in[0,1]$. 显然 $F(x)$在$[0,1]$ 上连续, 在 $(0,1)$ 内可导, 且有

$$F(1)=f(1)=0,\quad F(0)=0,$$

故由罗尔中值定理, 至少存在一点 $\xi\in(0,1)$, 使得

$$F'(\xi)=\xi f'(\xi)+f(\xi)=0.$$ ■

3.1.2　拉格朗日中值定理

因为罗尔中值定理中第三个条件 $f(a)=f(b)$ 比较特殊, 这使得罗尔中值定理的应用受到限制. 如果只考虑前两个条件并相应地改变结论, 我们就得到微分学中非常重要的拉格朗日中值定理.

定理 3.1.2 (拉格朗日 (Lagrange) 中值定理)　若函数 $f(x)$ 在闭区间 $[a,b]$ 上连续, 在开区间 (a,b) 内可导, 则至少存在一点 $\xi\in(a,b)$ 使得

$$f'(\xi)=\frac{f(b)-f(a)}{b-a}\quad\text{或者}\quad f(b)-f(a)=f'(\xi)(b-a). \tag{3.1.1}$$

式 (3.1.1) 称为**拉格朗日中值公式**.

该定理的几何意义: 如图 3.1.3 所示, 若连续曲线 $y=f(x)$ 的弧 $\overset{\frown}{AB}$ 上除端点外处处具有不垂直于 x 轴的切线, 那么该弧上至少有一点 C, 使曲线在 C 点处的切线平行于弦 AB.

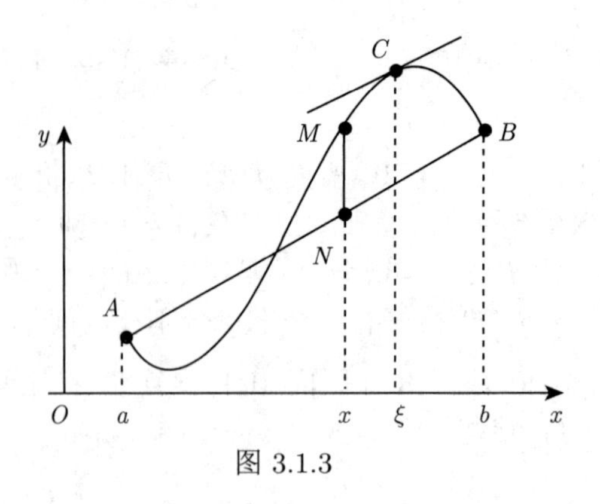

图 3.1.3

证明 首先构造辅助函数. 如图 3.1.1 所示, 设弦 $\overline{AB}$ 所在的直线方程为 $y=L(x)$, 则

$$L(x)=f(a)+\frac{f(b)-f(a)}{b-a}(x-a).$$

任取一点 $x\in[a,b]$, 则曲线 $\overparen{AB}$ 与弦 $\overline{AB}$ 上对应点 M 和 N 的纵坐标分别为 $L(x)$、$f(x)$, 因此有向线段 $\overline{NM}$ 的有向长度为

$$\varphi(x)=f(x)-L(x)=f(x)-f(a)-\frac{f(b)-f(a)}{b-a}(x-a).$$

显然 $\varphi(x)$ 满足定理 3.1.1 (罗尔中值定理) 的条件, 即 $\varphi(x)$ 在闭区间 $[a,b]$ 上连续, 在开区间 (a,b) 内可导, 且 $\varphi(a)=\varphi(b)=0$, 则至少存在一点 $\xi\in(a,b)$ 使得 $\varphi'(\xi)=0$, 而

$$\varphi'(\xi)=f'(\xi)-\frac{f(b)-f(a)}{b-a},$$

故有

$$f'(\xi)=\frac{f(b)-f(a)}{b-a}.$$ ■

注 ① 拉格朗日中值公式 (3.1.1) 反映了可导函数在 $[a,b]$ 上整体平均变化率与在 (a,b) 内某点 ξ 处的局部变化率的关系. 因此, 拉格朗日中值定理是联结整体与局部的纽带.

② 事实上辅助函数并不唯一, 辅助函数 $\varphi(x)$ 与任意常数 C 的和 (即 $F(x)=\varphi(x)+C$) 均可作为辅助函数, 特别地, 如果选取合适的 C, 使得函数

$$\begin{aligned}F(x)&=\varphi(x)+C\\&=f(x)-\frac{f(b)-f(a)}{b-a}x-f(a)+\frac{f(b)-f(a)}{b-a}a+C\end{aligned}$$

的常数项部分为 0, 即 $C=f(a)-\dfrac{f(b)-f(a)}{b-a}a$, 从而可得形式简化的辅助函数

$$F(x)=f(x)-\frac{f(b)-f(a)}{b-a}x.$$

③ 当 $f(a)=f(b)$ 时, 此定理即罗尔中值定理, 故罗尔中值定理是拉格朗日中值定理的特殊情形.

拉格朗日中值公式 (3.1.1) 的变形: 设 $x \in [a,b], x+\Delta x \in [a,b]$, 则在 $[x,x+\Delta x](\Delta x > 0)$ 或 $[x+\Delta x, x](\Delta x < 0)$ 上利用拉格朗日中值公式 (3.1.1) 就有

$$f(x+\Delta x) - f(x) = f'(x+\theta\Delta x)\cdot\Delta x \quad (0<\theta<1), \tag{3.1.2}$$

这里 θ 介于 0 和 1 之间, 式 (3.1.2) 称为**有限增量公式**.

作为拉格朗日中值定理的一个应用, 我们来导出在积分学中很有用的一个定理. 我们知道, 若函数 $f(x)$ 在某一区间上是常数, 那么 $f(x)$ 在该区间上的导数恒为零. 它的逆命题也是成立的, 即

定理 3.1.3　若函数 $f(x)$ 在区间 I 上的导数恒为零, 则 $f(x)$ 在区间 I 上为一常数.

证明　任取 $x_1, x_2 \in I$, 不妨假设 $x_1 < x_2$, 则 $f(x)$ 在闭区间 $[x_1, x_2]$ 上连续, $f(x)$ 在 (x_1, x_2) 内可导, 由定理 3.1.2 得

$$f(x_2) - f(x_1) = f'(\xi)(x_2 - x_1), \quad \xi \in (x_1, x_2).$$

由于 $f'(\xi) = 0$, 故有 $f(x_2) = f(x_1)$. 由 x_1, x_2 的任意性可知, 函数 $f(x)$ 在区间 I 上为一常数. ■

由定理 3.1.3 即可得以下结论.

推论 3.1.1　函数 $f(x)$ 在区间 I 可导, 若对 $\forall x \in I, f'(x) = g'(x)$, 则

$$f(x) = g(x) + C$$

对任意 $x \in I$ 成立, 其中 C 为常数.

例 3.1.4　证明 $\arcsin x + \arccos x = \dfrac{\pi}{2}, x \in [-1,1]$.

证明　令 $f(x) = \arcsin x + \arccos x$, 则

$$f'(x) = \frac{1}{\sqrt{1-x^2}} - \frac{1}{\sqrt{1-x^2}} = 0, \quad x \in (-1,1).$$

由定理 3.1.3 得 $f(x) = C, x \in (-1,1)$. 又由 $f(0) = \dfrac{\pi}{2}, f(\pm 1) = \dfrac{\pi}{2}$, 故

$$f(x) = \arcsin x + \arccos x = \frac{\pi}{2}, \quad x \in [-1,1].$$ ■

例 3.1.5　证明不等式 $|\arctan x - \arctan y| \leqslant |x-y|$.

证明　设 $f(x) = \arctan x$, 在 $[x,y]$ 上利用拉格朗日中值定理, 得

$$\arctan x - \arctan y = \frac{1}{1+\xi^2}(x-y),$$

这里 ξ 介于 x 和 y 之间. 因为 $\dfrac{1}{1+\xi^2} \leqslant 1$, 所以有

$$|\arctan x - \arctan y| \leqslant |x-y|.$$ ■

例 3.1.6 证明当 $x>0$ 时, $\dfrac{x}{1+x}<\ln(1+x)<x$.

证明 设 $f(t)=\ln(1+t)$, 则其在 $[0,x]$ 上满足拉格朗日中值定理的条件, 于是有

$$f(x)-f(0)=f'(\xi)(x-0),\quad 0<\xi<x.$$

由于 $f(0)=0, f'(t)=\dfrac{1}{1+t}$, 所以上式为 $\ln(1+x)=\dfrac{x}{1+\xi}$. 又 $0<\xi<x$, 所以

$$\frac{x}{1+x}<\frac{x}{1+\xi}<x,$$

即

$$\frac{x}{1+x}<\ln(1+x)<x,\ x>0.$$

■

例 3.1.7 若 $f(x)>0$ 在 $[a,b]$ 上连续, 在 (a,b) 内可导, 则 $\exists\xi\in(a,b)$, 使得

$$\frac{f'(\xi)}{f(\xi)}(b-a)=\ln\frac{f(b)}{f(a)}.$$

证明 原式即

$$\frac{f'(\xi)}{f(\xi)}=\frac{\ln f(b)-\ln f(a)}{b-a}.$$

令 $\varphi(x)=\ln f(x)$, 有 $\varphi'(x)=\dfrac{f'(x)}{f(x)}$. 显然 $\varphi(x)$ 在 $[a,b]$ 上满足拉格朗日中值定理的条件, 故存在 $\xi\in(a,b)$, 使得

$$\varphi'(\xi)=\frac{\varphi(b)-\varphi(a)}{b-a}=\frac{\ln f(b)-\ln f(a)}{b-a},$$

即

$$\frac{f'(\xi)}{f(\xi)}=\frac{\ln f(b)-\ln f(a)}{b-a}.$$

■

3.1.3 柯西中值定理

下面考虑由参数方程 $x=g(t), y=f(t), t\in[a,b]$ 给出的曲线段, 其两端点分别为 $A(g(a),f(a)), B(g(b),f(b))$, 如图 3.1.4 所示. 连接 A,B 的弦的斜率为 $\dfrac{f(b)-f(a)}{g(b)-g(a)}$, 而曲线上任何一点处的切线斜率为 $\dfrac{\mathrm{d}y}{\mathrm{d}x}=\dfrac{f'(t)}{g'(t)}$. 根据几何意义, 拉格朗日中值公式 (3.1.1) 可改写为

$$\frac{f(b)-f(a)}{g(b)-g(a)}=\frac{f'(\xi)}{g'(\xi)},$$

这就是我们将要介绍的柯西中值定理.

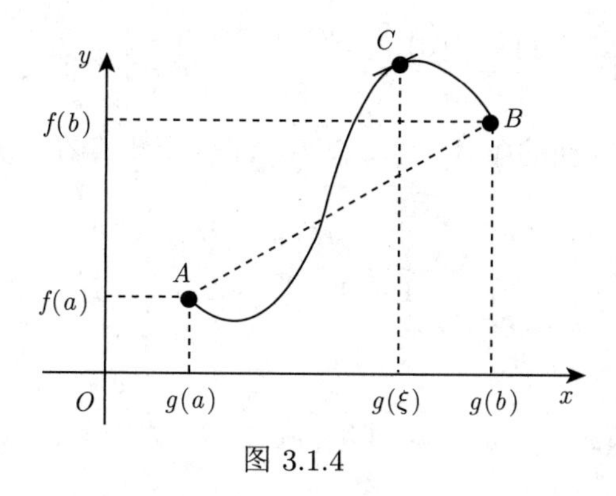

图 3.1.4

定理 3.1.4 (柯西 (Cauchy) 中值定理) 若函数 $f(x),g(x)$ 在 $[a,b]$ 上连续, 在 (a,b) 内可导, 且在 (a,b) 内满足 $g'(x)\neq 0$, 则至少存在一点 $\xi\in(a,b)$ 使得

$$\frac{f(b)-f(a)}{g(b)-g(a)}=\frac{f'(\xi)}{g'(\xi)}. \tag{3.1.3}$$

证明 由 $g'(x)\neq 0$ 和拉格朗日中值定理得

$$g(b)-g(a)=g'(\eta)(b-a)\neq 0,\quad \eta\in(a,b).$$

由此得 $g(b)\neq g(a)$, 所以式 (3.1.3) 等价于

$$[f(b)-f(a)]g'(\xi)-[g(b)-g(a)]f'(\xi)=0,$$

或

$$\{[f(b)-f(a)]g(x)-[g(b)-g(a)]f(x)\}'\Big|_{x=\xi}=0.$$

构造辅助函数

$$\varphi(x)=[f(b)-f(a)]g(x)-[g(b)-g(a)]f(x).$$

则 $\varphi(x)$ 在 $[a,b]$ 上连续, 在 (a,b) 内可导, 且 $\varphi(a)=\varphi(b)=0$, 则由罗尔中值定理, 至少存在一点 $\xi\in(a,b)$, 使 $\varphi'(\xi)=0$, 即

$$\{[f(b)-f(a)]g(x)-[g(b)-g(a)]f(x)\}'|_{x=\xi}=0.$$

这就证明了式 (3.1.3). ■

注 拉格朗日中值定理是柯西中值定理 $g(x)=x$ 的情况, 柯西中值定理是这 3 个中值定理中最一般的形式. 从而有

$$\text{罗尔中值定理}\ \underset{\text{特}:f(a)=f(b)}{\overset{\text{推}}{\Longleftarrow\!\Longrightarrow}}\ \text{拉格朗日中值定理}\ \underset{\text{特}:g(x)=x}{\overset{\text{推}}{\Longleftarrow\!\Longrightarrow}}\ \text{柯西中值定理}.$$

例 3.1.8 设函数 $f(x)$ 在 $[0,1]$ 上连续, 在 $(0,1)$ 内可导. 试证明至少存在一点 $\xi\in(0,1)$, 使 $f'(\xi)=2\xi[f(1)-f(0)]$.

证明　问题转化为证 $\dfrac{f(1)-f(0)}{1-0}=\dfrac{f'(\xi)}{2\xi}=\left.\dfrac{f'(x)}{(x^2)'}\right|_{x=\xi}$. 令 $g(x)=x^2$, 则 $f(x),g(x)$ 在 $[0,1]$ 上满足柯西中值定理的条件, 因此在 $(0,1)$ 内至少存在一点 ξ, 使

$$\frac{f(1)-f(0)}{1-0}=\frac{f'(\xi)}{2\xi},$$

即 $f'(\xi)=2\xi[f(1)-f(0)]$. ■

例 3.1.9　设函数 $f(x)$ 在 $[a,b]$ 上连续, 在 (a,b) 内可导, 且 $ab>0$, 证明 $\exists\xi\in(a,b)$, 使

$$\frac{af(b)-bf(a)}{a-b}=f(\xi)-\xi f'(\xi).$$

证明　原式可写成

$$\frac{\dfrac{f(b)}{b}-\dfrac{f(a)}{a}}{\dfrac{1}{b}-\dfrac{1}{a}}=f(\xi)-\xi f'(\xi).$$

令 $\varphi(x)=\dfrac{f(x)}{x}$, $\psi(x)=\dfrac{1}{x}$. 易见 $\varphi(x)$、$\psi(x)$ 在 $[a,b]$ 上满足柯西中值定理的条件, 且有

$$\frac{\varphi'(x)}{\psi'(x)}=f(x)-xf'(x),$$

应用柯西中值定理即得所证. ■

习题 3.1A

1. 验证下列函数是否满足罗尔中值定理的条件, 如果满足, 找出相应的 ξ; 如果不满足, 满足条件 $f'(\xi)=0$ 的 ξ 是否存在?

   (1) $f(x)=\ln\sin x,\left[\dfrac{\pi}{6},\dfrac{5\pi}{6}\right]$;

   (2) $f(x)=2-|x|,[-2,2]$;

   (3) $f(x)=\begin{cases}x, & -2\leqslant x<0,\\ -x^2+2x+1, & 0\leqslant x\leqslant 3.\end{cases}$

2. 试证明对函数 $y=px^2+qx+r$ 应用拉格朗日中值定理时所求得的点 ξ 总是位于区间的正中间, 其中 p,q,r 是常数.

3. 设 $a_0+\dfrac{a_1}{2}+\cdots+\dfrac{a_n}{n+1}=0$, 证明方程 $f(x)=a_0+a_1x+\cdots+a_nx^n=0$ 在 $(0,1)$ 内至少存在一个实数根.

4. 设 $f(x)$ 在闭区间 $[a,b]$ 上满足 $f''(x)>0$, 试证明存在唯一的 $c\in(a,b)$, 使得 $f'(c)=\dfrac{f(b)-f(a)}{b-a}$.

5. 设 $f(x):(-1,1)\to\mathbf{R}$ 是可微函数, $f(0)=0$, 且对任意 $x\in(-1,1)$, 有 $|f'(x)|\leqslant 1$, 证明: $|f(x)|<1$, $\forall x\in(-1,1)$.

6. 证明下列不等式:
(1) $\dfrac{b-a}{b}<\ln\dfrac{b}{a}<\dfrac{b-a}{a}$ $(0<a<b)$;
(2) 当 $x>1$ 时, $\mathrm{e}^x>x\mathrm{e}$.

7. 设函数 $f(x)$ 是定义在 $(-\infty,\infty)$ 内处处可导的奇函数, 试证对任意正数 a, 存在 $\xi\in(-a,a)$, 使 $f(a)=af'(\xi)$.

8. 设函数 $f(x)$ 在 $[0,1]$ 上连续, 在 $(0,1)$ 内可导. 试证明至少存在一点 $\xi\in(0,1)$, 使

$$f'(\xi)=3\xi^2[f(1)-f(0)].$$

9. 若函数 $f(x)$ 在 (a,b) 内具有二阶导函数, 且 $f(x_1)=f(x_2)=f(x_3)$, $a<x_1<x_2<x_3<b$, 证明: 在 (x_1,x_3) 内至少存在一点 ξ, 使得 $f''(\xi)=0$.

10. 设函数 $f(x)$ 在 $[a,b]$ 上连续, 在 (a,b) 内有二阶导数, 且有

$$f(a)=f(b)=0,\quad f(c)>0\ (a<c<b),$$

试证在 (a,b) 内至少存在一点 ξ, 使 $f''(\xi)<0$.

习题 3.1B

1. 证明不等式: $\dfrac{1}{9}<\sqrt{66}-8<\dfrac{1}{8}$.

2. 设 $f(x)$、$g(x)$ 在 $[a,b]$ 上连续, 在 (a,b) 内可导, 证明在 (a,b) 内存在一点 ξ, 使

$$\begin{vmatrix} f(a) & f(b) \\ g(a) & g(b) \end{vmatrix}=(b-a)\begin{vmatrix} f(a) & f'(\xi) \\ g(a) & g'(\xi) \end{vmatrix}.$$

3. 设函数 $f(x)$ 在 $x=0$ 的某邻域内具有 n 阶导数, 且 $f(0)=f'(0)=\cdots=f^{(n-1)}(0)=0$, 试用柯西中值定理证明: 存在 $\theta\in(0,1)$, 使得

$$\frac{f(x)}{x^n}=\frac{f^{(n)}(\theta x)}{n!}.$$

4. 若函数 $f(x)$ 在 $[a,b]$ 上具有二阶导数, $f(a)=f(b)=0$, $f'_+(a)f'_-(b)>0$, 证明方程 $f''(x)=0$ 在 (a,b) 至少存在一个根.

3.2 洛必达法则

由第 2 章我们知道, 在计算一个分式函数 $\dfrac{f(x)}{g(x)}$ 的极限时, 若 $f(x)$ 和 $g(x)$ 都是无穷小量或都是无穷大量, 则无法使用“商的极限等于极限的商”的法则, 这时 $\dfrac{f(x)}{g(x)}$ 的极限可能存在, 也可能不存在. 我们将分子和分母都趋于零或无穷大的这类型的极限称为 $\dfrac{0}{0}$ 待定型或 $\dfrac{\infty}{\infty}$ 待定型, 简称 $\dfrac{0}{0}$ 型或 $\dfrac{\infty}{\infty}$ 型. 在本节中, 我们将利用由微分中值定理推导得到的洛必达法则来计算待定型的极限.

3.2.1 洛必达法则 $\dfrac{0}{0}$ 型

洛必达 (L'Hospital) 法则是处理不定式极限的重要工具, 是计算 $\dfrac{0}{0}$ 型、$\dfrac{\infty}{\infty}$ 型极限的简单而有效的法则. 该法则的理论依据是柯西中值定理. 我们首先讨论不定式 $\dfrac{0}{0}$ 型, 关于这种情形有以下定理.

定理 3.2.1 (洛必达法则 $\dfrac{0}{0}$ 型) 设函数 $f(x), g(x)$ 满足

(1) $\lim\limits_{x\to x_0} f(x)=0, \lim\limits_{x\to x_0} g(x)=0$;

(2) 在 $\mathring{U}(x_0)$ 可导, 且 $g'(x)\neq 0$;

(3) $\lim\limits_{x\to x_0}\dfrac{f'(x)}{g'(x)}$ 存在 (或为 ∞),

则

$$\lim_{x\to x_0}\frac{f(x)}{g(x)}=\lim_{x\to x_0}\frac{f'(x)}{g'(x)}.$$

证明 由于极限 $\lim\limits_{x\to x_0}\dfrac{f(x)}{g(x)}$ 与 $f(x), g(x)$ 在 $x=x_0$ 处有无定义和取值多少没有关系, 不妨设 $f(x_0)=g(x_0)=0$. 这样, 由条件 (1)、(2) 知 $f(x)$ 及 $g(x)$ 在 $U(x_0)$ 连续. 因此 $f(x), g(x)$ 在 $[x, x_0]$ 或 $[x_0, x]$ 上满足柯西中值定理的条件, 于是有

$$\frac{f(x)}{g(x)}=\frac{f(x)-f(x_0)}{g(x)-g(x_0)}=\frac{f'(\xi)}{g'(\xi)},$$

其中 ξ 在 x 与 x_0 之间. 令 $x\to x_0$(从而 $\xi\to x_0$), 上式两端取极限, 再由条件 (3) 就得到

$$\lim_{x\to x_0}\frac{f(x)}{g(x)}=\lim_{\xi\to x_0}\frac{f'(\xi)}{g'(\xi)}=\lim_{x\to x_0}\frac{f'(x)}{g'(x)}.$$ ■

对于当 $x\to\infty$ 时的 $\dfrac{0}{0}$ 型不定式, 洛必达法则也成立, 见下面的定理.

定理 3.2.2 (洛必达法则 $\dfrac{0}{0}$ 型) 设函数 $f(x), g(x)$ 满足

(1) $\lim\limits_{x\to\infty} f(x)=0$, $\lim\limits_{x\to\infty} g(x)=0$;

(2) 存在常数 $X>0$, 当 $|x|>X$ 时, $f(x), g(x)$ 可导, 且 $g'(x)\neq 0$;

(3) $\lim\limits_{x\to\infty} \dfrac{f'(x)}{g'(x)}$ 存在 (或为 ∞),

则

$$\lim_{x\to\infty}\frac{f(x)}{g(x)}=\lim_{x\to\infty}\frac{f'(x)}{g'(x)}.$$

证明　令 $t=\dfrac{1}{x}$, 则 $x\to\infty$ 时 $t\to 0$, 从而

$$\lim_{t\to 0} f\left(\frac{1}{t}\right)=\lim_{x\to\infty} f(x)=0,$$

$$\lim_{t\to 0} g\left(\frac{1}{t}\right)=\lim_{x\to\infty} g(x)=0.$$

由定理 3.2.1, 可得

$$\lim_{x\to\infty}\frac{f(x)}{g(x)}=\lim_{t\to 0}\frac{f\left(\frac{1}{t}\right)}{g\left(\frac{1}{t}\right)}=\lim_{t\to 0}\frac{f'\left(\frac{1}{t}\right)\left(-\frac{1}{t^2}\right)}{g'\left(\frac{1}{t}\right)\left(-\frac{1}{t^2}\right)}=\lim_{x\to\infty}\frac{f'(x)}{g'(x)}.$$ ■

例 3.2.1　求 $\lim\limits_{x\to 0}\dfrac{x-\sin x}{x^3}$.

解　原式 $=\lim\limits_{x\to 0}\dfrac{1-\cos x}{3x^2}=\lim\limits_{x\to 0}\dfrac{\sin x}{6x}=\lim\limits_{x\to 0}\dfrac{\cos x}{6}=\dfrac{1}{6}$. ■

例 3.2.2　求 $\lim\limits_{x\to\frac{\pi}{2}}\dfrac{\ln\sin x}{(\pi-2x)^2}$.

解　原式 $=\lim\limits_{x\to\frac{\pi}{2}}\dfrac{\cot x}{-4(\pi-2x)}=\lim\limits_{x\to\frac{\pi}{2}}\dfrac{-\csc^2 x}{8}=-\dfrac{1}{8}$. ■

例 3.2.3　求 $\lim\limits_{x\to 0}\dfrac{\ln(1+x^2)}{\sec x-\cos x}$.

解　原式 $=\lim\limits_{x\to 0}\dfrac{\frac{2x}{1+x^2}}{\sec x\tan x+\sin x}=\lim\limits_{x\to 0}\dfrac{2x}{\sin x(\sec^2 x+1)(1+x^2)}=1$. ■

例 3.2.4　求 $\lim\limits_{x\to\infty}\dfrac{\ln x^2}{x}$.

解　原式 $=\lim\limits_{x\to\infty}\dfrac{\ln x^2}{x}=\lim\limits_{x\to\infty}\dfrac{2x}{x^2}=0$. ■

3.2.2　洛必达法则 $\dfrac{\infty}{\infty}$ 型

对于 $\dfrac{\infty}{\infty}$ 不定式, 也有类似的方法, 我们将其结果叙述为如下两个定理, 而将证明省略.

定理 3.2.3 (洛必达法则 $\dfrac{\infty}{\infty}$ 型) 设函数 $f(x),g(x)$ 满足

(1) $\lim\limits_{x\to x_0} f(x)=\infty$, $\lim\limits_{x\to x_0} g(x)=\infty$;

(2) 在 $\mathring{U}(x_0)$ 可导, 且 $g'(x)\neq 0$;

(3) $\lim\limits_{x\to x_0}\dfrac{f'(x)}{g'(x)}$ 存在 (或为 ∞),

则

$$\lim_{x\to x_0}\frac{f(x)}{g(x)}=\lim_{x\to x_0}\frac{f'(x)}{g'(x)}.$$

定理 3.2.4 (洛必达法则 $\dfrac{\infty}{\infty}$ 型) 设函数 $f(x),g(x)$ 满足

(1) $\lim\limits_{x\to\infty} f(x)=\infty$, $\lim\limits_{x\to\infty} g(x)=\infty$;

(2) 存在常数 $X>0$, 当 $|x|>X$ 时, $f(x),g(x)$ 可导, 且 $g'(x)\neq 0$;

(3) $\lim\limits_{x\to\infty}\dfrac{f'(x)}{g'(x)}$ 存在 (或为 ∞),

则

$$\lim_{x\to\infty}\frac{f(x)}{g(x)}=\lim_{x\to\infty}\frac{f'(x)}{g'(x)}.$$

注 洛必达法则对单侧极限也同样适用, 也就是说, “$x\to x_0$”能换成 $x\to x_0^+,x\to x_0^-$, “$x\to\infty$”能换成 $x\to+\infty,x\to-\infty$.

例 3.2.5 求 $\lim\limits_{x\to+\infty}\dfrac{\ln x}{x^a}$ $(a>0)$.

解 $\lim\limits_{x\to+\infty}\dfrac{\ln x}{x^a}=\lim\limits_{x\to+\infty}\dfrac{\frac{1}{x}}{ax^{a-1}}=\lim\limits_{x\to+\infty}\dfrac{1}{ax^a}=0.$ ■

例 3.2.6 求 $\lim\limits_{x\to+\infty}\dfrac{x^a}{\mathrm{e}^x}$ $(a>0)$.

解 $\lim\limits_{x\to+\infty}\dfrac{x^a}{\mathrm{e}^x}=\lim\limits_{x\to+\infty}\dfrac{ax^{a-1}}{\mathrm{e}^x}.$

若 $0<a\leqslant 1$, 则上式右端极限为 0; 若 $a>1$, 则上式右端仍是 $\dfrac{\infty}{\infty}$ 型不定式, 这时总存在自然数 n 使 $n-1<a<n$, 逐次应用洛必达法则直到第 n 次, 有

$$\lim_{x\to+\infty}\frac{x^a}{\mathrm{e}^x}=\lim_{x\to+\infty}\frac{ax^{a-1}}{\mathrm{e}^x}=\cdots=\lim_{x\to+\infty}\frac{a\,(a-1)\cdots(a-n+1)\,x^{a-n}}{\mathrm{e}^x}=0,$$

即

$$\lim_{x\to+\infty}\frac{x^a}{\mathrm{e}^x}=0\quad(a>0).$$ ■

由以上两例可以看出, $\ln x,x^a$ $(a>0),\mathrm{e}^x$ 均为当 $x\to+\infty$ 时的无穷大, 但是它们阶数不同, 指数函数 e^x 阶数最高, 其次是幂函数 x^a, 对数函数 $\ln x$ 阶数最低. 也就是说, 当 $x\to+\infty$ 时, e^x 增大的速度最快, $\ln x$ 增大的速度最慢.

除了 $\dfrac{0}{0}$ 型和 $\dfrac{\infty}{\infty}$ 型不定式, 还有 5 种不定式形式: $0\cdot\infty$ 型、$\infty-\infty$ 型、0^0 型、1^∞ 型和 ∞^0 型. 对于 0^0 型、1^∞ 型和 ∞^0 型, 可通过取对数先转换为 $0\cdot\infty$ 型不定式来计算, 对于 $0\cdot\infty$ 型和 $\infty-\infty$ 型不定式, 可通过通分和取倒数转换为 $\dfrac{0}{0}$ 型或 $\dfrac{\infty}{\infty}$ 型不定式来计算.

例 3.2.7　求 $\lim\limits_{x\to+\infty} x\left(\dfrac{\pi}{2}-\arctan x\right)$. $(0\cdot\infty$ 型)

解　原式 $=\lim\limits_{x\to+\infty}\dfrac{\dfrac{\pi}{2}-\arctan x}{\dfrac{1}{x}}=\lim\limits_{x\to+\infty}\dfrac{-\dfrac{1}{1+x^2}}{-\dfrac{1}{x^2}}=\lim\limits_{x\to+\infty}\dfrac{x^2}{1+x^2}=1.$ ■

3.2.3　其他待定型

例 3.2.8　求 $\lim\limits_{x\to0^+} x^2\ln x$. $(0\cdot\infty$ 型)

解　$\lim\limits_{x\to0^+} x^2\ln x=\lim\limits_{x\to0^+}\dfrac{\ln x}{x^{-2}}=\lim\limits_{x\to0^+}\dfrac{\dfrac{1}{x}}{-2x^{-3}}=-\dfrac{1}{2}\lim\limits_{x\to0^+}x^2=0.$ ■

例 3.2.9　求 $\lim\limits_{x\to\frac{\pi}{2}}(\sec x-\tan x)$. $(\infty-\infty$ 型)

解　$\lim\limits_{x\to\frac{\pi}{2}}(\sec x-\tan x)=\lim\limits_{x\to\frac{\pi}{2}}\dfrac{1-\sin x}{\cos x}=\lim\limits_{x\to\frac{\pi}{2}}\dfrac{-\cos x}{-\sin x}=\lim\limits_{x\to\frac{\pi}{2}}\cot x=0.$ ■

例 3.2.10　求 $\lim\limits_{x\to0^+} x^{\sin x}$. $(0^0$ 型)

解　设 $y=x^{\sin x}$, 则 $\ln y=\sin x\ln x$,

$$\lim_{x\to0^+}\ln y=\lim_{x\to0^+}(\sin x\cdot\ln x)=\lim_{x\to0^+}\frac{\ln x}{\dfrac{1}{\sin x}}=\lim_{x\to0^+}\frac{\dfrac{1}{x}}{-\dfrac{\cos x}{\sin^2 x}}$$

$$=-\lim_{x\to0^+}\frac{1}{\cos x}\cdot\lim_{x\to0^+}\frac{\sin^2 x}{x}=0.$$

由 $y=\mathrm{e}^{\ln y}$, 可得 $\lim\limits_{x\to0^+}y=\lim\limits_{x\to0^+}\mathrm{e}^{\ln y}=\mathrm{e}^{\lim\limits_{x\to0^+}\ln y}$, 所以

$$\lim_{x\to0^+}x^{\sin x}=\mathrm{e}^0=1.$$ ■

例 3.2.11　求: (1) $\lim\limits_{x\to0^+}\left(1+\dfrac{1}{x}\right)^x$; $(\infty^0$ 型)

(2) $\lim\limits_{x\to+\infty}\left(1+\dfrac{1}{x}\right)^x$. $(1^\infty$ 型)

解　(1) 设 $y=\left(1+\dfrac{1}{x}\right)^x$, 则

$$\ln y=x\ln\left(1+\frac{1}{x}\right).$$

而

$$\lim_{x\to0^+}\ln y=\lim_{x\to0^+}\frac{\ln\left(1+\dfrac{1}{x}\right)}{x^{-1}}=\lim_{x\to0^+}\frac{\ln(x+1)-\ln x}{x^{-1}}$$

$$=\lim_{x\to0^+}\frac{(x+1)^{-1}-x^{-1}}{-x^{-2}}=\lim_{x\to0^+}\frac{x}{1+x}=0,$$

故

$$\lim_{x\to0^+}\left(1+\frac{1}{x}\right)^x=\mathrm{e}^0=1.$$ ■

(2) 对 $\left(1+\dfrac{1}{x}\right)^x$ 取 e 指数, 则

$$\left(1+\frac{1}{x}\right)^x=\mathrm{e}^{x\ln\left(1+\frac{1}{x}\right)}.$$

由于

$$\lim_{x\to+\infty}x\ln\left(1+\frac{1}{x}\right)=\lim_{x\to+\infty}\frac{\ln\left(\dfrac{1+x}{x}\right)}{\dfrac{1}{x}}$$

$$=\lim_{x\to+\infty}\frac{\dfrac{1}{1+x}-\dfrac{1}{x}}{-\dfrac{1}{x^2}}$$

$$=\lim_{x\to+\infty}\frac{x}{1+x}=1,$$

故

$$\lim_{x\to+\infty}\left(1+\frac{1}{x}\right)^x=\mathrm{e}.$$

例 3.2.12 求极限 $\lim\limits_{n\to+\infty}\sqrt[n]{n}$. ($\infty^0$ 型)

解 由于

$$\lim_{x\to+\infty}\frac{\ln x}{x}=\lim_{x\to+\infty}\frac{1}{x}=0,$$

所以

$$\lim_{x\to+\infty}\sqrt[x]{x}=\lim_{x\to+\infty}\mathrm{e}^{\frac{1}{x}\ln x}=1,$$

从而

$$\lim_{n\to+\infty}\sqrt[n]{n}=1.$$ ■

洛必达法则是求不定式的一种有效方法, 但不是万能的. 我们要学会根据具体问题采取不同的方法求解, 最好能将其与其他求极限的方法结合使用, 例如能化简时应尽可能先化简, 可以应用等价无穷小替换时也尽可能应用等价无穷小来替换, 这样可以使运算简捷.

例 3.2.13　求 $\lim\limits_{x\to 0}\dfrac{x-\tan x}{x^2\cdot\sin x}$.

解　先进行等价无穷小的替换. 由 $\sin x\sim x\,(x\to 0)$, 则有

$$\begin{aligned}\lim_{x\to 0}\frac{x-\tan x}{x^2\cdot\sin x}&=\lim_{x\to 0}\frac{x-\tan x}{x^3}=\lim_{x\to 0}\frac{1-\sec^2 x}{3x^2}\\&=\lim_{x\to 0}\frac{-2\sec^2 x\cdot\tan x}{6x}=-\frac{1}{3}\lim_{x\to 0}\frac{1}{\cos^2 x}\cdot\lim_{x\to 0}\frac{\tan x}{x}\\&=-\frac{1}{3}\lim_{x\to 0}\frac{\tan x}{x}=-\frac{1}{3}.\end{aligned}$$

■

例 3.2.14　求 $\lim\limits_{x\to 0}\left(\dfrac{\arctan x}{x}\right)^{\frac{1}{x^2}}$.

解　设 $y=\left(\dfrac{\arctan x}{x}\right)^{\frac{1}{x^2}}$, 则

$$\ln y=\frac{1}{x^2}\ln\frac{\arctan x}{x}=\frac{\ln|\arctan x|-\ln|x|}{x^2},$$

由于

$$\begin{aligned}\lim_{x\to 0}\frac{\ln|\arctan x|-\ln|x|}{x^2}&=\lim_{x\to 0}\frac{\dfrac{\frac{1}{1+x^2}}{\arctan x}-\dfrac{1}{x}}{2x}=\lim_{x\to 0}\frac{\dfrac{1}{(1+x^2)\arctan x}-\dfrac{1}{x}}{2x}\\&=\lim_{x\to 0}\frac{x-(1+x^2)\arctan x}{2x^2\,(1+x^2)\arctan x}\\&=\lim_{x\to 0}\frac{x-(1+x^2)\arctan x}{2x^3}\\&=\lim_{x\to 0}\frac{1-2x\arctan x-(1+x^2)\dfrac{1}{1+x^2}}{6x^2}\\&=\lim_{x\to 0}\frac{-2x^2}{6x^2}=-\frac{1}{3},\end{aligned}$$

所以

$$\lim_{x\to 0}\left(\frac{\arctan x}{x}\right)^{\frac{1}{x^2}}=\mathrm{e}^{-\frac{1}{3}}.$$

■

例 3.2.15　求 $\lim\limits_{n\to+\infty}\left(\dfrac{\sqrt[n]{a}+\sqrt[n]{b}+\sqrt[n]{c}}{3}\right)^n$ (a,b,c 均为正数).

解　$\left(\dfrac{\sqrt[n]{a}+\sqrt[n]{b}+\sqrt[n]{c}}{3}\right)^n=\mathrm{e}^{n\ln\left(\frac{a^{\frac{1}{n}}+b^{\frac{1}{n}}+c^{\frac{1}{n}}}{3}\right)}$, 因为

$$\lim_{x\to+\infty}x\ln\left(\frac{a^{\frac{1}{x}}+b^{\frac{1}{x}}+c^{\frac{1}{x}}}{3}\right)\xlongequal{\text{令}\frac{1}{x}=t}\lim_{t\to 0^+}\frac{\ln(a^t+b^t+c^t)-\ln 3}{t}$$

$$= \lim_{t\to 0^+} \frac{a^t \ln a + b^t \ln b + c^t \ln c}{a^t + b^t + c^t} = \frac{\ln(abc)}{3},$$

所以

$$\lim_{n\to+\infty} n \ln\left(\frac{a^n + b^n + c^n}{3}\right) = \frac{\ln(abc)}{3},$$

即

$$\lim_{n\to+\infty} \left(\frac{\sqrt[n]{a} + \sqrt[n]{b} + \sqrt[n]{c}}{3}\right)^n = \mathrm{e}^{\frac{\ln(abc)}{3}} = \sqrt[3]{abc}.$$ ■

注 在使用洛必达法则时, 如果极限 $\lim \dfrac{f'(x)}{g'(x)}$ 不存在, 则表明此时洛必达法则失效, 并不表示原极限 $\lim \dfrac{f(x)}{g(x)}$ 也一定不存在. 例如: 极限

$$\lim_{x\to\infty} \frac{(x+\sin x)'}{(x-\sin x)'} = \lim_{x\to\infty} \frac{1+\cos x}{1-\cos x}$$

不存在, 但

$$\lim_{x\to\infty} \frac{x+\sin x}{x-\sin x} = \lim_{x\to\infty} \frac{1+\dfrac{\sin x}{x}}{1-\dfrac{\sin x}{x}} = 1.$$

习题 3.2A

1. 下列各式都在计算中应用了洛必达法则, 找出其中的错误.

(1) $\lim\limits_{x\to 0} \dfrac{x^2+1}{x-1} = \lim\limits_{x\to 0} \dfrac{(x^2+1)'}{(x-1)'} = \lim\limits_{x\to 0} \dfrac{2x}{1} = 0$;

(2) $\lim\limits_{x\to\infty} \dfrac{\sin x + x}{x} = \lim\limits_{x\to\infty} \dfrac{(\sin x + x)'}{x'} = \lim\limits_{x\to\infty} \dfrac{\cos x + 1}{1}$, 不存在;

(3) 假设 $f(x)$ 在 x_0 点二阶可导,

$$\begin{aligned}\lim_{h\to 0} \frac{f(x_0+h) - 2f(x_0) + f(x_0-h)}{h^2} &= \lim_{h\to 0} \frac{f'(x_0+h) - f'(x_0-h)}{2h} \\ &= \lim_{h\to 0} \frac{f''(x_0+h) + f''(x_0-h)}{2} \\ &= f''(x_0).\end{aligned}$$

2. 求下列极限:

(1) $\lim\limits_{x\to 0} \cot x \ln \dfrac{1+x}{1-x}$;

(2) $\lim\limits_{x\to 0} \dfrac{\tan x - x}{x^2 \sin x}$;

(3) $\lim\limits_{x\to 0} \dfrac{\mathrm{e}^x - \mathrm{e}^{-x}}{\sin x}$;

(4) $\lim\limits_{x\to+\infty} (x + \sqrt{1+x^2})^{\frac{1}{x}}$;

(5) $\lim\limits_{x\to 0} x^2 e^{\frac{1}{x^2}}$;

(6) $\lim\limits_{x\to +\infty} \dfrac{\ln\left(1+\dfrac{1}{x}\right)}{\arctan x - \dfrac{\pi}{2}}$;

(7) $\lim\limits_{x\to 0}(\cot^2 x - \dfrac{1}{x^2})$;

(8) $\lim\limits_{x\to 0} \dfrac{e^x + \ln(1-x) - 1}{x - \arctan x}$;

(9) $\lim\limits_{x\to 0^+} x^{\sin x}$;

(10) $\lim\limits_{x\to (\frac{\pi}{2})^+} \cot x \cdot \ln\left(x - \dfrac{\pi}{2}\right)$;

(11) $\lim\limits_{x\to 0}(\dfrac{1}{x^2} - \dfrac{1}{x\sin x})$;

(12) $\lim\limits_{x\to 1}\left(\dfrac{x}{x-1} - \dfrac{1}{\ln x}\right)$;

(13) $\lim\limits_{x\to 0}\left(\dfrac{1}{e^x - 1} - \dfrac{1}{x}\right)$;

(14) $\lim\limits_{x\to 0}(\cos 2x)^{\frac{1}{x^2}}$;

(15) $\lim\limits_{x\to +\infty} \dfrac{e^x - e^{-x}}{e^x + e^{-x}}$;

(16) $\lim\limits_{x\to \infty} \dfrac{x - \sin x}{x + \sin x}$;

(17) $\lim\limits_{x\to 0} \dfrac{\tan x - x}{x - \sin x}$.

3. 讨论函数

$$f(x) = \begin{cases} \left[\dfrac{(1+x)^{\frac{1}{x}}}{e}\right]^{\frac{1}{x}}, & x > 0, \\ e^{-\frac{1}{2}}, & x \leqslant 0 \end{cases}$$

在点 $x = 0$ 处的连续性.

4. 求常数 a, b 的值使得极限

$$\lim_{x\to 0^+} \frac{1 + a\cos 2x + b\cos 4x}{x^4}$$

存在, 并求出极限值.

习题 3.2B

1. 求下列极限:

(1) $\lim\limits_{x\to a} \dfrac{x^m - a^m}{x^n - a^n}$;

(2) $\lim\limits_{x\to \frac{\pi}{2}} (\tan x)^{\tan 2x}$;

(3) $\lim\limits_{x\to 0}\left(\dfrac{\sin x}{x}\right)^{\frac{1}{x^2}}$;

(4) $\lim\limits_{x\to 0} \dfrac{e - (1+x)^{\frac{1}{x}}}{x}$.

2. 设函数 $f(x)$ 有连续导数, $f''(x)$ 存在, 且 $f(0) = f'(0) = 0$,

$$g(x) = \begin{cases} \dfrac{f(x)}{x}, & x \neq 0, \\ a, & x = 0. \end{cases}$$

(1) 试确定 a 的值使 $g(x)$ 在 $x=0$ 处连续;

(2) 求证 $g(x)$ 在 (1) 所得的 a 条件下导数是连续的.

3.3 泰勒公式及其应用

对于一些比较复杂的函数, 人们往往希望用一些简单的函数来近似表示, 如多项式函数, 这种近似表达在数学上常称为**逼近**. 在本节中, 我们用前面所学的中值定理去研究用一个多项式近似代替一个复杂函数时所产生的一些问题, 先导出极为重要的泰勒公式, 再介绍它的应用.

3.3.1 泰勒公式

在微分应用中已知近似公式

$$f(x)\approx f(x_0)+f'(x_0)(x-x_0),$$

但是这种近似表达式存在不足之处: 首先, 精确度不高, 它所产生的误差仅是关于 $x-x_0$ 的高阶无穷小; 其次, 用它来进行近似计算时, 不能具体估算误差的大小. 因此, 当精确度要求较高的时候, 就必须用高次多项式来近似表达函数.

设函数 $f(x)$ 在含有 x_0 的开区间 (a,b) 内具有直到 n 阶导数, 是否存在一个 n 次多项式函数

$$P_n(x)=c_0+c_1(x-x_0)+c_2(x-x_0)^2+\cdots+c_n(x-x_0)^n,$$

使得 $f(x)\approx P_n(x)$, 且误差 $R_n(x)=f(x)-P_n(x)$ 是比 $(x-x_0)^n$ 高阶的无穷小?

由于 $R_n(x)=f(x)-P_n(x)$ 是比 $(x-x_0)^n$ 高阶的无穷小, 也就是说,

$$R_n(x)=f(x)-P_n(x)=o((x-x_0)^n).$$

下面我们来计算 $P_n(x)$ 中的系数 c_n.

若 $f(x)$ 与 $P_n(x)$ 在 x_0 处具有相同的直到 n 阶的导数, 即

$$P_n^{(k)}(x_0)=f^{(k)}(x_0),\quad k=0,1,2,\cdots,n,$$

而 $P_n^{(k)}(x_0)=k!c_k$, 可求出多项式的系数:

$$c_0=f(x_0),c_1=f'(x_0),c_2=\frac{f''(x_0)}{2!},c_3=\frac{f'''(x_0)}{3!},\cdots,c_n=\frac{f^{(n)}(x_0)}{n!}.$$

故

$$P_n(x)=f(x_0)+f'(x_0)(x-x_0)+\frac{f''(x_0)}{2!}(x-x_0)^2+\cdots+\frac{f^{(n)}(x_0)}{n!}(x-x_0)^n.$$

上述是英国数学家泰勒 (Taylor) 的研究结果, 表明具有直到 n 阶导数的函数在一个点的邻域内的值可以用函数在该点的函数值及各阶导数值组成的 n 次多项式近似表达. 实际上我们有以下定理.

定理 3.3.1 (带佩亚诺余项的泰勒公式) 设函数 $f(x)$ 在 x_0 的某邻域 $U(x_0)$ 内连续, 在 x_0 点具有直到 n 阶的导数, 则对 $\forall x \in U(x_0)$, 有

$$\begin{aligned} f(x) &= f(x_0) + f'(x_0)(x-x_0) + \frac{f''(x_0)}{2!}(x-x_0)^2 + \cdots + \\ &\quad \frac{f^{(n)}(x_0)}{n!}(x-x_0)^n + o((x-x_0)^n) \\ &= \sum_{k=0}^{n} \frac{f^{(k)}(x_0)}{k!}(x-x_0)^k + o((x-x_0)^n). \end{aligned}$$

多项式 $P_n(x) = \sum\limits_{k=0}^{n} \frac{f^{(k)}(x_0)}{k!}(x-x_0)^k$ 称为函数 $f(x)$ 在点 x_0 的 n 阶**泰勒多项式**, 其系数 $\frac{f^{(k)}(x_0)}{k!}$ $(k=0,1,2,\cdots,n)$ 称为**泰勒系数**, $o((x-x_0)^n)$ 称为**佩亚诺余项**.

佩亚诺余项是用 $P_n(x)$ 近似表达 $f(x)$ 时产生的误差, 这个误差是 $(x-x_0)^n$ 的高阶无穷小. 为了更精确地计算误差大小, 我们需要得到 $R_n(x)$ 的更精确的表达式. 下面的定理将会解决这个问题.

定理 3.3.2 (带拉格朗日余项的泰勒公式) 如果函数 $f(x)$ 在含有 x_0 的某个领域 $U(x_0)$ 内具有直到 $n+1$ 阶的导数, 则对任意 $x \in U(x_0)$, 有

$$\begin{aligned} f(x) &= f(x_0) + f'(x_0)(x-x_0) + \frac{f''(x_0)}{2!}(x-x_0)^2 + \cdots + \\ &\quad \frac{f^{(n)}(x_0)}{n!}(x-x_0)^n + R_n(x), \end{aligned}$$

其中 $R_n(x) = \frac{f^{(n+1)}(\xi)}{(n+1)!}(x-x_0)^{n+1}$ 称为**拉格朗日余项**, 这里 ξ 是 x_0 与 x 之间的某个值.

证明 因 $R_n(x) = f(x) - P_n(x)$, 只需证明

$$R_n(x) = \frac{f^{(n+1)}(\xi)}{(n+1)!}(x-x_0)^{n+1} \quad (\xi \text{ 在 } x_0 \text{ 与 } x \text{ 之间})$$

即可. 由已知条件可知 $R_n(x)$ 在 $U(x_0)$ 内也具有直到 $n+1$ 阶导数, 且

$$R_n(x_0) = R_n'(x_0) = R_n''(x_0) = \cdots = R_n^{(n)}(x_0) = 0.$$

因 $P_n(x)$ 及 $(x-x_0)^{n+1}$ 在 $[x_0,x]$(或 $[x,x_0]$) 上连续, 在 (x_0,x) 内可导, 且 $[(x-x_0)^{n+1}]'$ 在 (x_0,x) 内均不为零, 满足柯西中值定理的条件, 所以有

$$\frac{R_n(x)}{(x-x_0)^{n+1}} = \frac{R_n(x) - R_n(x_0)}{(x-x_0)^{n+1} - 0} = \frac{R_n'(\xi_1)}{(\xi_1 - x_0)^n \cdot (n+1)} \quad (\xi_1 \text{ 在 } x_0 \text{ 与 } x \text{ 之间}).$$

同理, $R_n'(x)$ 及 $(n+1)(x-x_0)^n$ 在 $[x_0,\xi_1]$ 上连续, 在 (x_0,ξ_1) 内可导, 且 $[(n+1)(x-x_0)^n]'$ 在 (x_0,ξ_1) 内处处不为 0, 故由柯西中值定理有

$$\frac{R_n'(\xi_1)}{(n+1)(\xi_1-x_0)^n} = \frac{R_n'(\xi_1) - R_n'(x_0)}{(n+1)(\xi_1-x_0)^n - 0}$$

$$= \frac{R_n''(\xi_2)}{(n+1)\cdot n\cdot(\xi_2-x_0)^{n-1}} \quad (\xi_2 \text{ 在 } x_0 \text{ 与 } \xi_1 \text{ 之间}).$$

上述步骤进行 $n+1$ 次后, 得

$$\frac{R_n(x)}{(x-x_0)^{n+1}} = \frac{R_n^{(n+1)}(\xi)}{(n+1)!} \quad (\xi \text{ 在 } x_0 \text{ 与 } x \text{ 之间}).$$

又因为 $R_n^{(n+1)}(x) = f^{(n+1)}(x)$ ($P_n(x)$ 为 n 次多项式, 故 $[P_n(x)]^{(n+1)} = 0$), 于是

$$R_n(x) = \frac{f^{n+1}(\xi)}{(n+1)!}(x-x_0)^{n+1} \quad (\xi \text{ 在 } x_0 \text{ 与 } x \text{ 之间}).$$ ■

注 ① 当 $n=0$ 时, 泰勒公式

$$f(x) = f(x_0) + f'(\xi)(x-x_0) \quad (\xi \text{ 在 } x_0 \text{ 与 } x \text{ 之间}),$$

即拉格朗日公式, 故带拉格朗日余项的泰勒公式是拉格朗日公式的推广.

② $R_n(x)$ 是用多项式 $P_n(x)$ 近似代替 $f(x)$ 时的误差, 当 $x \in U(x_0)$ 时, 如果有 $|f^{(n+1)}(x)| \leqslant M$($M$ 为常数), 则有下面的不等式

$$|R_n(x)| = \left|\frac{f^{(n+1)}(\xi)}{(n+1)!}(x-x_0)^{n+1}\right| \leqslant \frac{M}{(n+1)!}|x-x_0|^{n+1}.$$

在泰勒公式中, 如果取 $x_0=0$, 则泰勒公式变为较简单的形式, 我们称 $x_0=0$ 的泰勒公式为**麦克劳林 (Maclaurin) 公式**, 即

$$f(x) = f(0) + f'(0) + \frac{f''(0)}{2!}x^2 + \cdots + \frac{f^{(n)}(0)}{n!}x^n + o(x^n),$$

$$f(x) = f(0) + f'(0) + \frac{f''(0)}{2!}x^2 + \cdots + \frac{f^{(n)}(0)}{n!}x^n + \frac{f^{(n+1)}(\theta x)}{(n+1)!}x^{n+1} \ (0<\theta<1).$$

例 3.3.1 写出函数 $f(x)=\mathrm{e}^x$ 的带拉格朗日余项的 n 阶麦克劳林公式.

解 由

$$f^{(k)}(x) = \mathrm{e}^x, \quad k \geqslant 0,$$

可得

$$f(0) = f'(0) = f''(0) = \cdots = f^{(n)}(0) = 1,$$

且

$$R_n(x) = \frac{f^{(n+1)}(\theta x)}{(n+1)!}x^{n+1} = \frac{\mathrm{e}^{\theta x}}{(n+1)!}x^{n+1} \quad (0<\theta<1),$$

故 $f(x)=\mathrm{e}^x$ 的 n 阶麦克劳林公式为

$$\mathrm{e}^x = 1 + x + \frac{x^2}{2!} + \cdots + \frac{x^n}{n!} + \frac{\mathrm{e}^{\theta x}}{(n+1)!}x^{n+1} \quad (0<\theta<1).$$ ■

例 3.3.2　求 $f(x)=\sin x$ 的 n 阶麦克劳林公式.

解　因为

$$f^{(k)}(x)=\sin\left(x+\frac{k\pi}{2}\right),\quad k\geqslant 0,$$

所以

$$f(0)=0,f'(0)=1,f''(0)=0,f'''(0)=-1,f^{(4)}(0)=0,\cdots$$

它们顺序循环地取 4 个数 $0,1,0,-1$, 于是按公式 (令 $n=2m$) 有

$$\sin x=x-\frac{x^3}{3!}+\frac{x^5}{5!}+\cdots+(-1)^{m-1}\frac{x^{2m-1}}{(2m-1)!}+R_{2m}(x),$$

其中

$$R_{2m}(x)=\frac{\sin\left(\theta x+\dfrac{2m+1}{2}\pi\right)}{(2m+1)!}x^{2m+1}=(-1)^m\frac{\cos\theta x}{(2m+1)!}x^{2m+1}\quad(0<\theta<1).$$ ■

类似地, 还可以得到

$$\cos x=1-\frac{1}{2!}x^2+\frac{1}{4!}x^4-\cdots+(-1)^m\frac{1}{(2m)!}x^{2m}+R_{2m+1}(x),$$

其中

$$R_{2m+1}(x)=\frac{\cos[\theta x+(m+1)\pi]}{(2m+2)!}x^{2m+2}=\frac{(-1)^{m+1}\cos\theta x}{(2m+2)!}x^{2m+2}\quad(0<\theta<1);$$

$$\ln(1+x)=x-\frac{1}{2}x^2+\frac{1}{3}x^3-\cdots+(-1)^{n-1}\frac{1}{n}x^n+R_n(x),$$

其中

$$R_n(x)=\frac{(-1)^n}{(n+1)(1+\theta x)^{n+1}}x^{n+1}\quad(0<\theta<1);$$

$$(1+x)^\alpha=1+\alpha x+\frac{\alpha(\alpha-1)}{2!}x^2+\cdots+\frac{\alpha(\alpha-1)\cdots(\alpha-n+1)}{n!}x^n+R_n(x),$$

其中

$$R_n(x)=\frac{\alpha(\alpha-1)\cdots(\alpha-n+1)(\alpha-n)}{(n+1)!}(1+\theta x)^{\alpha-n-1}x^{n+1}\quad(0<\theta<1).$$

常用初等函数的麦克劳林公式如下:

$$\mathrm{e}^x=1+x+\frac{x^2}{2!}+\cdots+\frac{x^n}{n!}+\frac{\mathrm{e}^{\theta x}}{(n+1)!}x^{n+1},\quad x\in(-\infty,+\infty),\quad 0<\theta<1;$$

$$\sin x=x-\frac{x^3}{3!}+\frac{x^5}{5!}+\cdots+(-1)^{m-1}\frac{x^{2m-1}}{(2m-1)!}+$$

$$(-1)^m\frac{\cos\theta x}{(2m+1)!}x^{2m+1},\quad x\in(-\infty,+\infty),0<\theta<1;$$

$$\cos x = 1 - \frac{x^2}{2!} + \frac{x^4}{4!} - \frac{x^6}{6!} + \cdots + (-1)^m \frac{x^{2m}}{(2m)!} + \frac{(-1)^{m+1}\cos\theta x}{(2m+2)!}x^{2m+2}, \quad x \in (-\infty, +\infty), 0 < \theta < 1;$$

$$\ln(1+x) = x - \frac{x^2}{2!} + \frac{x^3}{3!} - \cdots + (-1)^{n-1}\frac{x^n}{n!} + \frac{(-1)^n}{(n+1)(1+\theta x)^{n+1}}x^{n+1}, \quad x \in (-1, +\infty), 0 < \theta < 1;$$

$$(1+x)^\alpha = 1 + \alpha x + \frac{\alpha(\alpha-1)}{2!}x^2 + \cdots + \frac{\alpha(\alpha-1)\cdots(\alpha-n+1)}{n!}x^n + \frac{\alpha(\alpha-1)\cdots(\alpha-n+1)(\alpha-n)}{(n+1)!}(1+\theta x)^{\alpha-n-1}x^{n+1}, \quad x \in (-1, +\infty), 0<\theta<1.$$

3.3.2 泰勒公式的应用

1. 近似计算

例 3.3.3 应用泰勒公式, 求 e 的近似值, 使误差不超过 10^{-5}.

解 令 $y = f(x) = \mathrm{e}^x$, 由于 $f^{(k)}(x) = \mathrm{e}^x, f^{(k)}(0) = 1$, 根据 e^x 的麦克劳林公式 (这里取 $x = 1$)

$$\mathrm{e} = 1 + 1 + \frac{1}{2!} + \cdots + \frac{1}{n!} + \frac{\mathrm{e}^\theta}{(n+1)!} \quad (0 < \theta < 1),$$

因为 $\mathrm{e}^\theta < \mathrm{e} < 3$, 所以

$$R_n(1) = \frac{\mathrm{e}^\theta}{(n+1)!} < \frac{3}{(n+1)!} \leqslant 10^{-5}.$$

经计算取 $n = 8$ 就可以了, 因为 $R_n(1) < \dfrac{3}{9!} < 10^{-5}$. 因此 e 的误差小于 10^{-5} 的近似值为

$$\mathrm{e} \approx 2 + \frac{1}{2!} + \cdots + \frac{1}{8!} \approx 2.71828.$$ ■

例 3.3.4 函数 $f(x) = \cos x$ 的二阶泰勒近似表达式为 $P_2(x) = 1 - \dfrac{x^2}{2}$. 求当误差小于 0.1 时 x 的取值范围.

解 根据定理 3.3.2 知

$$R_2(x) = f(x) - P_2(x) = \frac{\cos\xi}{4!}x^4,$$

ξ 介于 0 与 x 之间. 因为对所有 $\xi, |\cos\xi| \leqslant 1$, 故近似误差 $|R_2(x)| \leqslant \dfrac{|x|^4}{24} < 0.1$, 即 $|x|^4 < 2.4$, 解得 $-1.24 < x < 1.24$. ■

2. 求极限

例 3.3.5 求极限 $\lim\limits_{x\to 0}\dfrac{\sin x - x\cos x}{\sin^3 x}$.

解　由 $\sin x = x - \dfrac{x^3}{3!} + o_1(x^3), x\cos x = x - \dfrac{x^3}{2!} + o_1(x^3)$, 故

$$\lim_{x\to 0}\frac{\sin x - x\cos x}{\sin^3 x} = \lim_{x\to 0}\frac{\left[x - \dfrac{x^3}{3!} + o_1(x^3)\right] - \left[x - \dfrac{x^3}{2!} + o_2(x^3)\right]}{x^3}$$

$$= \lim_{x\to 0}\frac{\dfrac{1}{3}x^3 + o(x^3)}{x^3} = \frac{1}{3}. \qquad ■$$

例 3.3.6　求极限 $\lim\limits_{x\to 0}\dfrac{\mathrm{e}^{x^2} + 2\cos x - 3}{x^4}$.

解　因为

$$\mathrm{e}^{x^2} = 1 + x^2 + \frac{1}{2!}x^4 + o_1(x^4), \quad \cos x = 1 - \frac{x^2}{2!} + \frac{x^4}{4!} + o_2(x^4),$$

故

$$\mathrm{e}^{x^2} + 2\cos x - 3 = \left(\frac{1}{2!} + 2\cdot\frac{1}{4!}\right)x^4 + o(x^4),$$

从而有

$$\lim_{x\to 0}\frac{\mathrm{e}^{x^2} + 2\cos x - 3}{x^4} = \lim_{x\to 0}\frac{\dfrac{7}{12}x^4 + o(x^4)}{x^4} = \frac{7}{12}. \qquad ■$$

例 3.3.7　求极限 $\lim\limits_{x\to 0}\dfrac{1 + \dfrac{1}{2}x^2 - \sqrt{1+x^2}}{(\cos x - \mathrm{e}^{x^2})\sin^2 x}$.

解　由例 3.3.6 知

$$\cos x - \mathrm{e}^{x^2} = -\frac{3}{2}x^2 - \frac{11}{24}x^4 + o(x^4).$$

由 $\sqrt{1+x^2} = 1 + \dfrac{1}{2}x^2 + \dfrac{\dfrac{1}{2}\left(\dfrac{1}{2} - 1\right)}{2!}x^4 + o_1\left(x^4\right)$, 可得

$$1 + \frac{1}{2}x^2 - \sqrt{1+x^2} = \frac{1}{8}x^4 + o_1\left(x^4\right).$$

故

$$\lim_{x\to\infty}\frac{1 + \dfrac{1}{2}x^2 - \sqrt{1+x^2}}{(\cos x - \mathrm{e}^{x^2})\sin^2 x} = \lim_{x\to 0}\frac{\dfrac{1}{8}x^4 + o_1(x^4)}{x^2\left[-\dfrac{3}{2}x^2 - \dfrac{11}{24}x^4 + o(x^4)\right]}$$

$$= \lim_{x\to 0}\frac{\dfrac{1}{8}x^4 + o_1(x^4)}{-\dfrac{3}{2}x^4 + o(x^4)} = -\frac{1}{12}. \qquad ■$$

3. 证明不等式

例 3.3.8 当 $x \geqslant 0$ 时, 证明 $\sin x \geqslant x-\dfrac{1}{6}x^3$.

解 由 $\sin x = x-\dfrac{\cos\theta x}{6}x^3$, 则

$$\sin x-\left(x-\frac{1}{6}x^3\right)=\frac{1-\cos\theta x}{6}x^3 \geqslant 0,$$

其中 $0<\theta<1, x \geqslant 0$. 故当 $x \geqslant 0$ 时, $\sin x \geqslant x-\dfrac{1}{6}x^3$. ■

习题 3.3A

1. 按 $(x-1)$ 的幂展开多项式 $f(x)=x^4+3x^2+4$.

2. 求下列函数在指定点的带有佩亚诺余项的 n 阶泰勒展开式.
   (1) $f(x)=\mathrm{e}^{-x},\ x_0=1$;
   (2) $f(x)=\cos x,\ x_0=\dfrac{\pi}{4}$.

3. 求函数 $f(x)=\ln x$ 按 $(x-2)$ 的幂展开的带有佩亚诺余项的 n 阶泰勒公式.

$$\ln(1+x)=x-\frac{x^2}{2}+\frac{x^3}{3}-\cdots+(-1)^n\frac{x^{n+1}}{n+1}+o(x^{n+1}).$$

4. 求函数 $f(x)=\dfrac{1}{x}$ 按 $(x+1)$ 的幂展开的带有拉格朗日余项的 n 阶泰勒公式.

$$\frac{1}{1-x}=1+x+x^2+\cdots+x^n+\frac{1}{(1-\xi)^{n+2}}x^{n+1}.$$

5. 验证当 $0 \leqslant x \leqslant \dfrac{1}{2}$ 时, 按公式 $\mathrm{e}^x \approx 1+x+\dfrac{x^2}{2}+\dfrac{x^3}{6}$ 计算 e^x 的近似值时, 所产生的误差小于 0.01, 并求 $\sqrt{\mathrm{e}}$ 的近似值, 使误差小于 0.01.

6. 求下列各数的近似值, 并估计误差:
   (1) $\ln\dfrac{6}{5}$ (利用四阶泰勒公式);
   (2) $\sin 18^\circ$ (利用三阶泰勒公式).

7. 求下列极限:
   (1) $\displaystyle\lim_{x\to 0}\frac{\mathrm{e}^x\sin x-x(1+x)}{x^3}$;
   (2) $\displaystyle\lim_{x\to\infty}\left[x-x^2\ln\left(1+\frac{1}{x}\right)\right]$;
   (3) $\displaystyle\lim_{x\to 0}\frac{1+\frac{1}{2}x^2-\sqrt{1+x^2}}{(\cos x-\mathrm{e}^{x^2})\sin x^2}$.

8. 设 $x>0$, 证明: $x-\dfrac{x^2}{2}<\ln(1+x)$.

9. 设 $f(0)=0, f'(0)=1, f''(0)=2$, 求 $\lim\limits_{x\to 0}\dfrac{f(x)-x}{x^2}$.

习题 3.3B

1. 如果函数 f: $[0,2]\to\mathbf{R}$ 在 $[0,2]$ 上二阶可导, 且 $|f(x)|\leqslant 1, |f''(x)|\leqslant 1$, 求证 $|f'(x)|\leqslant 2, \forall x\in[0,2]$.

2. 假设函数 $f\in C^{(3)}[0,1]$, $f(0)=1, f(1)=2, f'\left(\dfrac{1}{2}\right)=0$, 求证至少存在一点 $\xi\in(0,1)$ 使得 $|f'''(\xi)|\geqslant 24$.

3.4　函数的单调性、极值与最值

微分学具有非常重要的应用价值. 在本节中, 我们将利用微分学知识来讨论函数的单调性、极值问题与最值问题.

3.4.1　函数的单调性

在第 1 章中, 我们已经介绍了函数在区间上单调的概念. 利用单调性的定义来判定函数在区间上的单调性, 一般来说是比较困难的. 我们知道函数的单调增加或减少在几何上表现为图形是一条沿 x 轴正向上升或下降的曲线. 易知, 如图 3.4.1 所示, 曲线随 x 的增加而上升时, 其切线 (如果存在) 与 x 轴正向的夹角成锐角, 相应函数的导数大于 0; 而曲线随 x 的增加而下降时, 其切线 (如果存在) 与 x 轴正向的夹角为钝角, 相应函数的导数小于 0. 下面利用导数来研究函数的单调性.

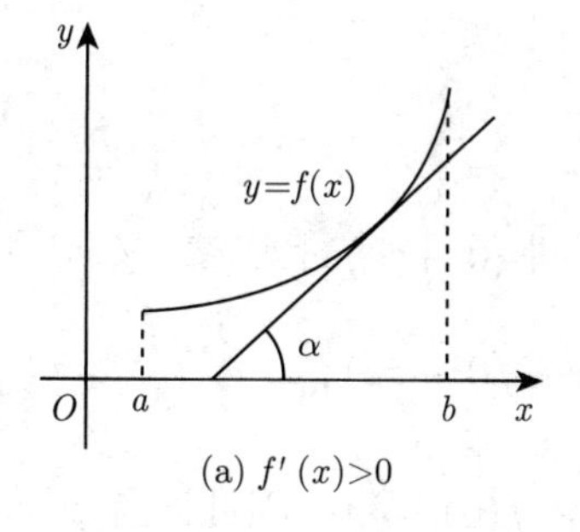

(a) $f'(x)>0$

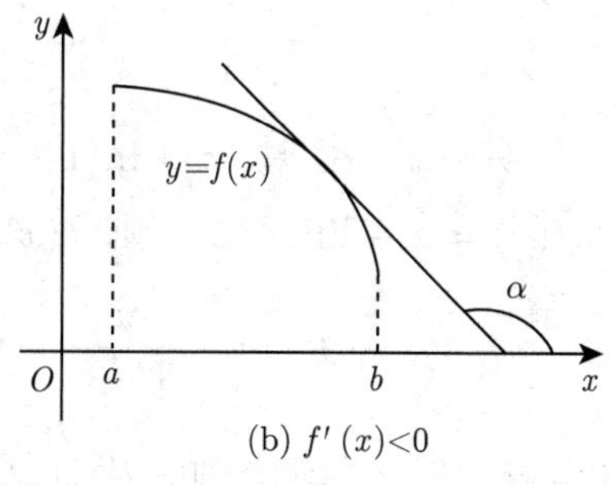

(b) $f'(x)<0$

图 3.4.1

定理 3.4.1　设函数 $f(x)$ 在闭区间 $[a,b]$ 上连续, 在 (a,b) 内可导.

(1) 若 $\forall x\in(a,b)$, 有 $f'(x)\geqslant 0$, 则 $f(x)$ 在 $[a,b]$ 上单调增加; 进一步, 若 $f'(x)>0$, 则 $f(x)$ 在 $[a,b]$ 上严格单调增加.

(2) 若 $\forall x\in(a,b)$, 有 $f'(x)\leqslant 0$, 则 $f(x)$ 在 $[a,b]$ 上单调减少; 进一步, 若 $f'(x)<0$, 则 $f(x)$ 在 $[a,b]$ 上严格单调减少.

证明 这里我们只证 (1), (2) 的证明与 (1) 类似.

(1) 对 $\forall x_1,x_2\in[a,b]$, 不妨设 $x_1<x_2$, 应用拉格朗日中值定理, 有

$$f(x_2)-f(x_1)=f'(\xi)(x_2-x_1),\quad \xi\in(x_1,x_2).$$

由 $f'(x)\geqslant 0$ ($f'(x)>0$), 得 $f'(\xi)\geqslant 0(f'(\xi)>0)$, 故 $f(x_2)\geqslant f(x_1)(f(x_2)>f(x_1))$, 即 $f(x)$ 在 $[a,b]$ 上单调增加 (严格单调增加). ■

注 定理 3.4.1 的逆命题也是成立的.

例 3.4.1 证明 $y=\sin x$ 在 $\left[-\dfrac{\pi}{2},\dfrac{\pi}{2}\right]$ 上严格单调增加.

证明 由于 $y=\sin x$ 在 $\left[-\dfrac{\pi}{2},\dfrac{\pi}{2}\right]$ 连续, 并且

$$(\sin x)'=\cos x>0,\quad x\in\left(-\frac{\pi}{2},\frac{\pi}{2}\right),$$

因此 $y=\sin x$ 在 $\left[-\dfrac{\pi}{2},\dfrac{\pi}{2}\right]$ 上严格单调增加. ■

例 3.4.2 讨论 $f(x)=\mathrm{e}^{-x^2}$ 的单调性.

解 $f(x)$ 的定义域为 $(-\infty,+\infty)$, $f'(x)=-2x\mathrm{e}^{-x^2}, f'(0)=0$.

当 $x\in(-\infty,0)$ 时, $f'(x)>0$, 故 $f(x)$ 在 $(-\infty,0)$ 内严格单调增加; 当 $x\in(0,+\infty)$ 时, $f'(x)<0$, 故 $f(x)$ 在 $(0,+\infty)$ 内严格单调减少, 如图 3.4.2 所示.

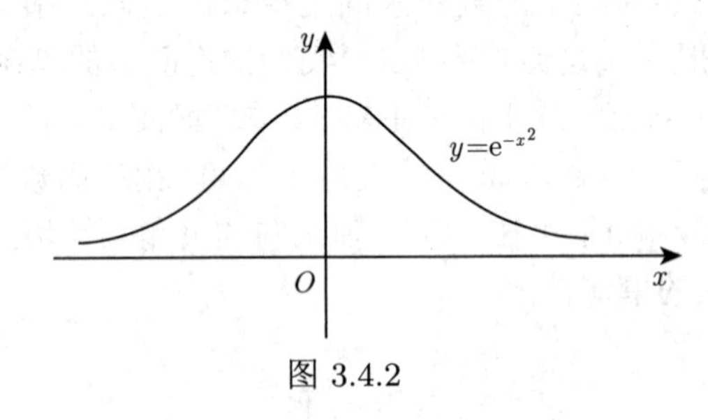

图 3.4.2 ■

例 3.4.3 证明当 $x>0$ 时, $x>\ln(1+x)$.

证明 令 $f(x)=x-\ln(1+x)$, 则 $f(x)$ 在区间 $(0,+\infty)$ 上连续, 又

$$f'(x)=\frac{x}{1+x}>0,\quad x\in(0,+\infty),$$

故 $f(x)$ 在 $(0,+\infty)$ 严格单调增加, 从而 $f(x)>f(0)=0$. 因此, 当 $x>0$ 时, $x>\ln(1+x)$. ■

3.4.2 函数的极值

函数的极大值和极小值是局部性的, 与定义域 I 上的最大值和最小值是不同的. 在图 3.4.3 中, 函数 $f(x)$ 在 $[a,b]$ 的最大值是 $f(b)$, 最小值是 $f(x_4)$. 从图 3.4.3 可以看出, 极小值可能比极大值还大.

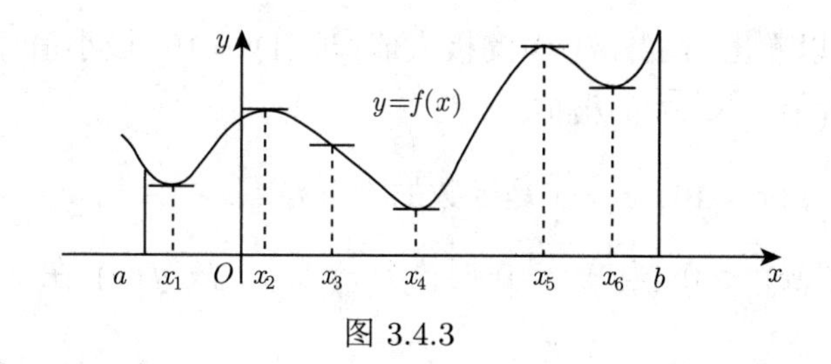

图 3.4.3

根据极值的定义, 如果函数 $f(x)$ 在 x_0 点取得极值, 那么 $f(x)$ 必须在 x_0 的邻域 $U(x_0)$ 内有定义, 从而在图 3.4.3 中 $f(b)$ 不是极值, 因为 $f(x)$ 在 b 点右侧没有定义, 同理 $f(a)$ 也不是极值.

由费马引理可知, 如果函数 $f(x)$ 在 x_0 某一邻域 $U(x_0)$ 内有定义, 在点 x_0 可导, 且 $f(x)$ 在 x_0 处取得极值, 那么必有 $f'(x_0)=0$. 我们把 $f'(x_0)=0$ 的点 x_0 称作函数 $f(x)$ 的**驻点**. 因此, 函数在可导点取得极值, 则该点必定是它的驻点, 但是反之未必成立. 例如, $f(x)=x^3, f'(0)=0$, 但 0 不是函数的极值点.

如何利用函数的导数来判断函数在一点处是否取得极值? 下面给出两个判定极值的定理.

定理 3.4.2 (极值的第一充分条件 (first derivative test)) 设函数 $f(x)$ 在 x_0 的某邻域 $U(x_0,\delta)$ 内可导.

(1) 若当 $x\in(x_0-\delta,x_0)$ 时, $f'(x)>0$, 而当 $x\in(x_0,x_0+\delta)$ 时, $f'(x)<0$, 则 $f(x)$ 在 x_0 处取得极大值;

(2) 若当 $x\in(x_0-\delta,x_0)$ 时, $f'(x)<0$, 而当 $x\in(x_0,x_0+\delta)$ 时, $f'(x)>0$, 则 $f(x)$ 在 x_0 处取得极小值;

(3) 如果 $f'(x)$ 在 x_0 两侧符号保持不变, 则 $f(x)$ 在 x_0 处不取极值.

证明 只证明 (1). 由拉格朗日中值定理, $\forall x\in(x_0-\delta,x_0)$, 有

$$f(x)-f(x_0)=f'(\xi_1)(x-x_0),\quad x<\xi_1<x_0.$$

由 $f'(x)>0$, 得 $f'(\xi_1)>0$, 故 $f(x)<f(x_0)$.

同理 $\forall x\in(x_0,x_0+\delta)$, 有

$$f(x)-f(x_0)=f'(\xi_2)(x-x_0),\quad x_0<\xi_2<x.$$

由 $f'(x)<0$, 得 $f'(\xi_2)<0$, 故 $f(x)<f(x_0)$. 从而 $f(x)$ 在 x_0 处取得极大值.

类似可证明 (2) 和 (3). ■

例 3.4.4 求 $f(x)=x^3-3x^2-9x+5$ 的极值.

解 $f'(x)=3x^2-6x-9=3(x+1)(x-3)$, 令 $f'(x)=0$, 得驻点 $x_1=-1,x_2=3$, 根据以上求得的点对定义域进行分区, 作表 3.4.1.

表 3.4.1

x	$(-\infty,-1)$	-1	$(-1,-3)$	3	$(3,+\infty)$
$f'(x)$	$+$	0	$-$	0	$+$
$f(x)$	↗	极大值 10	↘	极小值 -22	↗

从表 3.4.1 中可以看出, 函数 $f(x)$ 的极大值 $f(-1)=10$, 极小值 $f(3)=-22$. ■

例 3.4.5 求 $f(x)=\sqrt[3]{x^2}$ 的极值.

解 $f'(x)=\dfrac{2}{3\sqrt[3]{x}}(x\neq 0)$, $x=0$ 是函数的不可导点.

当 $x<0$ 时, $f'(x)<0$; 当 $x>0$ 时, $f'(x)>0$. 故 $f(x)$ 在 $x=0$ 处取得极小值 $f(0)=0$. ■

例 3.4.6 求 $f(x)=\sqrt[3]{6x^2-x^3}$ 的极值.

解 $f'(x)=\dfrac{4-x}{\sqrt[3]{x(6-x)^2}}$. 显然驻点 $x=4$, 不可导点 $x=0$, $x=6$. 根据以上求得的点对定义域进行分区, 作表 3.4.2.

表 3.4.2

x	$(-\infty,0)$	0	$(0,4)$	4	$(4,6)$	6	$(6,+\infty)$
$f'(x)$	$-$	∞	$+$	0	$-$	∞	$-$
$f(x)$	↘	极小值	↗	极大值	↘	无极值	↘

从表 3.4.2 中可以看出, 函数 $f(x)$ 的极大值为 $f(4)=2\sqrt[3]{4}$, 极小值为 $f(0)=0$. ■

定理 3.4.3 (极值的第二充分条件 (second derivative test)) 设 $f(x)$ 在 $U(x_0)$ 内具有二阶导数, 且 $f'(x_0)=0$, $f''(x_0)\neq 0$ 则

(1) 当 $f''(x_0)<0$ 时, $f(x)$ 在 x_0 处取得极大值;

(2) 当 $f''(x_0)>0$ 时, $f(x)$ 在 x_0 处取得极小值.

证明 只需证 (1). 由于 $f''(x_0)<0$, 则

$$f''(x_0)=\lim_{x\to x_0}\frac{f'(x)-f'(x_0)}{x-x_0}<0.$$

根据函数极限的局部保号性, 当 x 在 x_0 的足够小的去心邻域内时,

$$\frac{f'(x)-f'(x_0)}{x-x_0}<0.$$

但 $f'(x_0)=0$, 所以上式即

$$\frac{f'(x)}{x-x_0}<0.$$

从而知道, 对于该去心邻域内的 x 来说, $f'(x)$ 与 $x-x_0$ 符号相反. 因此, 当 $x-x_0<0$ 即 $x<x_0$ 时, $f'(x)>0$; 当 $x-x_0>0$ 即 $x>x_0$ 时, $f'(x)<0$. 于是根据定理 3.4.2 可知, $f(x)$ 在点 x_0 处取得极大值. ■

例 3.4.7 求 $f(x)=x^3-3x$ 的极值.

解 $f'(x)=3x^2-3=3(x+1)(x-1)$, $f''(x)=6x$, 令 $f'(x)=0$, 得驻点 $x=\pm 1$. 因为 $f''(-1)=-6<0$, 所以 $f(-1)=2$ 为极大值; 因为 $f''(1)=6>0$, 所以 $f(1)=-2$ 为极小值. ■

需要注意的是, 如果函数在驻点处的二阶导数 $f''(x)$ 为 0, 就不能应用定理 3.4.3, 可以用一阶导数在驻点左右附近的符号来判断, 同时也可以考虑用定理 3.4.3 的推广形式, 见下面的定理.

定理 3.4.4　设函数 $f(x)$ 在 x_0 处 $n(n \geqslant 2)$ 阶可导, 且

$$f'(x_0)=f''(x_0)=f'''(x_0)=\cdots=f^{(n-1)}(x_0)=0, \quad f^{(n)}(x_0)\neq 0,$$

那么

(1) 如果 n 是偶数, x_0 必定是极值点, 且如果 $f^{(n)}(x_0)<0$, 则 x_0 是 $f(x)$ 的极大值点, 如果 $f^{(n)}(x_0)>0$, 则 x_0 是 $f(x)$ 的极小值点.

(2) 如果 n 是奇数, 那么 x_0 不是极值点.

证明　将 $f(x)$ 在 x_0 处展开为 $n+1$ 阶泰勒公式, 并注意到

$$f'(x_0)=f''(x_0)=f'''(x_0)=\cdots=f^{(n-1)}(x_0)=0, \quad f^{(n)}(x_0)\neq 0,$$

故有

$$f(x)-f(x_0)=\frac{f^{(n)}(x_0)}{n!}(x-x_0)^n+o\left((x-x_0)^n\right).$$

因为 $x\to x_0$ 时, $o\left((x-x_0)^n\right)$ 是比 $(x-x_0)^n$ 高阶的无穷小量, 所以

$$\lim_{x\to x_0}\frac{f(x)-f(x_0)}{(x-x_0)^n}=\frac{f^{(n)}(x_0)}{n!}.$$

(1) 如果 n 是偶数, 由函数极限的局部保号性, 当 $f^{(n)}(x_0)>0$ 时, $\exists\delta>0$, 对任意的 $x\in U(x_0,\delta)$, 有 $f(x)>f(x_0)$, 即 $f(x_0)$ 为函数 $f(x)$ 的极小值; 当 $f^{(n)}(x_0)<0$ 时, $\exists\delta>0$, 对任意的 $x\in U(x_0,\delta)$, 有 $f(x)<f(x_0)$, 即 $f(x_0)$ 为函数 $f(x)$ 的极大值.

(2) 如果 n 是奇数, 由函数极限的局部保号性, 当 $f^{(n)}(x_0)>0$ 时, $\exists\delta>0$, 当 $x\in U(x_0,\delta)$ 时, 有 $\dfrac{f(x)-f(x_0)}{(x-x_0)^n}>0$, 从而可得, 当 $x\in(x_0-\delta,x_0)$ 时, 有 $f(x)<f(x_0)$, 而当 $x\in(x_0,x_0+\delta)$ 时, 有 $f(x)>f(x_0)$, 即知 x_0 不是极值点. 类似可证, 当 $f^{(n)}(x_0)<0$ 时, x_0 也不是极值点. ■

3.4.3　函数的最值

在实际生活中, 常会遇到这样一类问题: 在一定条件下, 怎样使用料最省、成本最低、耗时最短、收益最高等问题. 这类问题可归结为求某一函数在一定区间上的最大值或最小值问题. 下面我们来讨论函数的最大值和最小值问题.

设 $f(x)$ 在 $[a,b]$ 上连续, 根据连续函数的性质, 可知 $f(x)$ 在 $[a,b]$ 上的最大值和最小值一定存在. 设最大值 (最小值) 在点 x_0 取得, 如果 $x_0\in(a,b)$, 那么 x_0 一定是 $f(x)$ 的极大值; 又 x_0 也可能是区间端点 a 或 b. 因此, 要求出 $f(x)$ 在 $[a,b]$ 上的最大值和最小值, 我们只需求出 $f(x)$ 在 (a,b) 内的驻点和不可导点, 计算函数在这些点的函数值并将其与 $f(a),f(b)$ 相比较, 就可求得 $f(x)$ 在 $[a,b]$ 上的最大值和最小值.

例 3.4.8　求函数 $f(x)=x^4-8x^2+2$ 在 $[-1,3]$ 上的最大值和最小值.

解 由 $f'(x)=4x(x-2)(x+2)$, 令 $f'(x)=0$, 得驻点

$$x_1=0,\quad x_2=2,\quad x_3=-2\quad (x_3\notin[-1,3]\text{ 舍去}),$$

计算出

$$f(-1)=-5,\quad f(0)=2,\quad f(2)=-14,\quad f(3)=11,$$

故在 $[-1,3]$ 上, 函数在 $x=3$ 处取得最大值 11, 在 $x=2$ 处取得最小值 -14. ■

注 若 $f(x)$ 为 $[a,b]$ 上的连续函数, 且在 (a,b) 内只有唯一一个极值点 x_0, 则当 $f(x_0)$ 为极大 (小) 值时, 它就是 $f(x)$ 在 $[a,b]$ 上的最大 (小) 值.

许多实际问题也可以归结为求一个函数在某一范围内的最大值或最小值问题, 这个函数被称为目标函数. 故而在求解一些实际问题时, 我们先确定目标函数 $f(x)$, 然后再求函数 $f(x)$ 在某范围的最值.

例 3.4.9 现有 100 m 长的铁丝, 如图 3.4.4 所示, 要建两个相邻的铁丝网围栏, 怎样设计才能使这两个铁丝网的面积最大?

解 (1) 先确定目标函数. 设 x 表示长度, y 表示这两个围栏的总宽度, 所以 $3x+2y=100$, 亦即 $y=50-\dfrac{3}{2}x$, 总面积为 x 的函数, 记为 $f(x)$, 则

$$f(x)=xy=50x-\frac{3}{2}x^2.$$

由于长度为 x 的铁丝有 3 条, $0\leqslant x\leqslant\dfrac{100}{3}$, 因此问题归结为在区间 $\left[0,\dfrac{100}{3}\right]$ 上求 $f(x)$ 的最大值.

(2) 求函数 $f(x)$ 的最大值. 令 $f'(x)=50-3x=0$, 解得驻点 $x=\dfrac{50}{3}$, 所以有 3 个关键点: $x=0, x=\dfrac{50}{3}$, $x=\dfrac{100}{3}$, 由 $f(0)=0, f\left(\dfrac{100}{3}\right)=0, f\left(\dfrac{50}{3}\right)\approx 416.67$ 可得, 当 $x=\dfrac{50}{3}, y=50-\dfrac{3}{2}\left(\dfrac{50}{3}\right)=25$ 时面积最大. ■

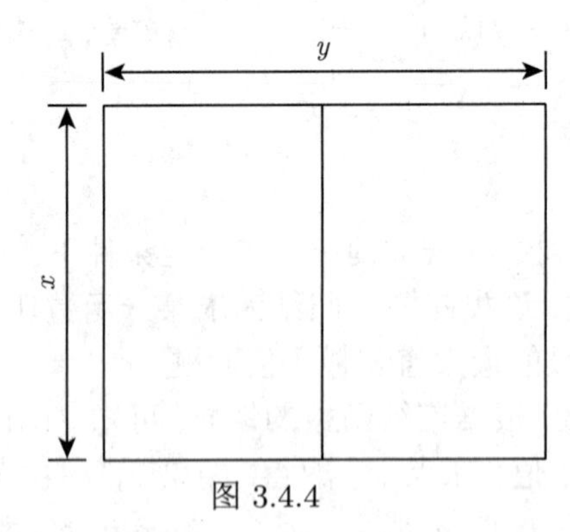

图 3.4.4

例 3.4.10 一条鱼以速度 v 逆流而上, 水流速度为 $-v_0$ (负号表示水流方向与鱼前进的方向相反, 如图 3.4.5 所示). 已知鱼游距离 d 所需能量 E 与时间和鱼的速度的立方成正比, 求速度 v 使得鱼游完这段距离耗费的能量最少.

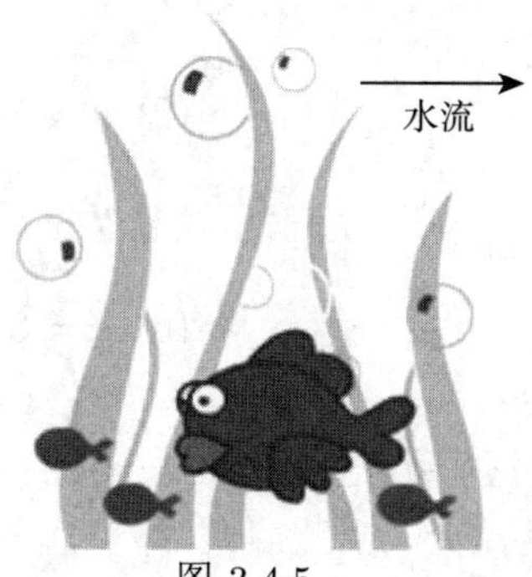

图 3.4.5

解　(1) 建立目标函数: 鱼相对于水流的速度为 $v-v_0$, 所以 $d=(v-v_0)t$, t 代表所需时间, 因此 $t=\dfrac{d}{v-v_0}$, 对于定值 v, 鱼游完距离 d 所需能量为

$$E(v)=k\frac{d}{v-v_0}v^3=kd\frac{v^3}{v-v_0},$$

这里比例系数 $k>0$, 函数 $E(v)$ 的定义域为 $(v_0,+\infty)$.

(2) 求出函数 $E(v)$ 的最小值点: $E'(v)=0$.

$$E'(v)=kd\frac{(v-v_0)3v^2-v^3}{(v-v_0)^2}=\frac{kdv^2}{(v-v_0)^2}(2v-3v_0).$$

解得区间 $(v_0,+\infty)$ 的唯一驻点 $v=\dfrac{3}{2}v_0$, 因为是开区间, 所以无须考虑端点.

由于当 $v<\dfrac{3}{2}v_0$ 时, $E'(v)<0$, 当 $v>\dfrac{3}{2}v_0$ 时, $E'(v)>0$, 由极值的第一充分条件, 可知 $v=\dfrac{3}{2}v_0$ 是极小值点, 又因为这是区间 $(v_0,+\infty)$ 的唯一驻点, 所以必定是最小值点. 因此, 当鱼以一倍半水速游时所耗能量最少. ■

习题 3.4A

1. 确定下列函数的单调区间:

(1) $y=2x^3-6x^2-18x+7$;　　(2) $y=\ln\left(x+\sqrt{1+x^2}\right)$;

(3) $y=(x-1)(x+1)^3$;　　(4) $y=x^n\mathrm{e}^{-x}(n>0,x\geqslant 0)$.

2. 证明下列不等式:

(1) 当 $x>0$ 时, $1+\dfrac{1}{2}x>\sqrt{1+x}$;

(2) 当 $x>4$ 时, $2^x>x^2$;

(3) 当 $x\geqslant 0$ 时, $(1+x)\ln(1+x)\geqslant\arctan x$;

(4) 当 $0<x<\dfrac{\pi}{2}$ 时, $\tan x>x+\dfrac{1}{3}x^3$.

3. 试证方程 $\sin x=x$ 只有一个实根.

4. 求函数的极值:

(1) $y = 2x^3 - 6x^2 - 18x + 7$;　(2) $y = x - \ln(1 + x)$;

(3) $y = x + \sqrt{1 - x}$;　(4) $y = \dfrac{3x^2 + 4x + 4}{x^2 + x + 1}$;

(5) $y = \mathrm{e}^x \cos x$;　(6) $y = 3 - 2(x + 1)^{\frac{1}{3}}$.

5. 试问 a 为何值时, 函数 $f(x) = a\sin x + \dfrac{1}{3}\sin 3x$ 在 $x = \dfrac{\pi}{3}$ 处取得极值? 它是极大值还是极小值? 并求此极值.

6. 求下列函数的极值与单调区间:

(1) $f(x) = x - \ln(1 + x^2)$;　(2) $f(x) = x^{\frac{2}{3}} - \sqrt[3]{x^2 - 1}$;

(3) $f(x) = \dfrac{(x + 1)^{\frac{3}{2}}}{x - 1}$;　(4) $f(x) = \begin{cases} x^3, & x \geqslant 0, \\ \cos x - 1, & -\pi \leqslant x < 0, \\ -(x + 2 + \pi), & x < -\pi. \end{cases}$

7. 试证明如果函数 $y=ax^3+bx^2+cx+d$ 满足条件 $b^2-3ac<0$, 那么该函数没有极值.

8. 证明下列不等式:

(1) $|3x - x^3| \leqslant 2, \quad x \in [-2, 2]$;　(2) $x^x \geqslant \mathrm{e}^{-\frac{1}{x}}, \quad x \in (0, +\infty)$;

(3) $\mathrm{e}^x \leqslant \dfrac{1}{1 - x}, \quad x \in (-\infty, 0)$.

9. 求下列函数的最大值、最小值:

(1) $f(x) = \dfrac{x - 1}{x + 1}, \quad x \in [0, 4]$;　(2) $f(x) = \sin^3 x \cos^3 x, \quad x \in \left[\dfrac{\pi}{6}, \dfrac{3\pi}{4}\right]$;

(3) $f(x) = x + \sqrt{1 - x}, \ \ x \in [-5, 1]$;　(4) $f(x) = \max\left\{x^2, (1 - x)^2\right\}, \ x \in [0, 1]$.

10. 设 A 和 B 在输电干线同侧, A 和 B 到输电干线的距离分别 1 km 和 1.5 km, A 和 B 之间的水平距离为 3 km. 若 A、B 想共用一个变压器, 变压器安装在输电干线的什么位置才能使得所需电线最短?

11. 曲线 $y = 4 - x^2$ 与直线 $y = 2x + 1$ 相交于点 A 和点 B, C 是弧 $\overset{\frown}{AB}$ 上一点, 试确定 C 的位置, 使得 $\triangle ABC$ 面积最大.

12. 对某物体长度进行 n 次测量得到 n 次测量值: $a_1, a_2, \cdots, a_n$, 证明: 如果在下列函数中用算术平均值近似物体的长度:

$$f(x) = (x - a_1)^2 + (x - a_2)^2 + \cdots + (x - a_n)^2,$$

那么此函数就达到最小值.

13. 设一条船的燃料费用与船速立方成比例, 当船速为 10 km/h 时, 燃料费用为 80 元/小时, 其他各项费用为 480 元/小时. 如果船航行了 20 km, 那么船速为多少时费用最少? 在这种情况下, 每小时的总费用为多少?

习题 3.4B

1. 证明下列不等式:
   (1) 当 $0 < x < \frac{\pi}{2}$ 时, $\sin x + \tan x > 2x$;
   (2) 对任意实数 a 和 b, 不等式 $\frac{|a+b|}{1+|a+b|} \leqslant \frac{|a|}{1+|a|} + \frac{|b|}{1+|b|}$ 成立;
   (3) 当 $x > 0$ 时, $1 + x\ln(x+\sqrt{1+x^2}) > \sqrt{1+x^2}$.

2. 讨论方程 $\ln x = ax$ 有几个实根, 其中 $a > 0$.

3. 假设 $0 \leqslant x_1 < x_2 < x_3 \leqslant \pi$, 证明

$$\frac{\sin x_2 - \sin x_1}{x_2 - x_1} > \frac{\sin x_3 - \sin x_2}{x_3 - x_2}.$$

4. 有人说如果 $f'(x_0) > 0$, 那么存在一邻域 $U(x_0)$ 使得 $f(x)$ 在 $U(x_0)$ 单调递增, 这种说法是否正确? 如果正确, 请给出相应的证明; 如果不正确, 请举一反例并给出正确结论.

5. 设常数 $k > 0$, 试确定函数 $f(x) = \ln x - \frac{x}{\mathrm{e}} + k$ 在 $(0, +\infty)$ 的零点个数.

6. 设 $f(x) = (x - x_0)^n g(x)$, $n \in \mathbf{N}_+$, $g(x)$ 在 x_0 点连续, 且 $g(x_0) \neq 0$, 问 x_0 是不是 $f(x)$ 的极值点.

7. 银行的存款总量与其付给存款人的利率的平方成比例, 现假设银行每年将总存款的 90%以 20%的利率贷款给客户. 为使得银行收益最大, 如何确定银行付给存款人的利率?

3.5　曲线的凹凸性与拐点

前面我们讨论了函数的单调性和极值, 但即便单调性相同的函数也会存在显著的差异. 例如, $y = \sqrt{x}$ 与 $y = x^2$ 在 $[0, +\infty)$ 上都是单调增加的, 但是它们单调增加的方式并不相同. 从图形上看, 它们的曲线的弯曲方向不一样, 如图 3.5.1 所示. 那么如何刻画这种不同呢?

在图 3.5.2 所示的曲线弧上任取两点, 则连接这两点的弦总位于这两点间的弧段的上方, 而图 3.5.3 所示的曲线弧则正好相反. 曲线的这种性质就是曲线的凹凸性.

在函数 $y = f(x)$ 的定义域内任取两点 $x_1, x_2 (x_1 < x_2)$, 连接这两点 $(x_1, f(x_1))$ 和

$(x_2, f(x_2))$ 的弦总位于这两点间的弧段的上方, 因为弦的函数表达式为

$$y = \frac{f(x_2) - f(x_1)}{x_2 - x_1}(x - x_2) + f(x_2), \quad \forall x \in [x_1, x_2],$$

所以有下列不等式成立:

$$f(x) \leqslant \frac{f(x_2) - f(x_1)}{x_2 - x_1}(x - x_2) + f(x_2), \quad \forall x \in [x_1, x_2]. \tag{3.5.1}$$

对任一点 $x \in [x_1, x_2]$, 令 $\frac{x_2 - x}{x_2 - x_1} = \lambda$, 则 $0 \leqslant \lambda \leqslant 1$, 可把 x 写为关于 λ 的表达式:

$$x = \lambda x_1 + (1 - \lambda)x_2, \quad 0 \leqslant \lambda \leqslant 1.$$

将上式代入式 (3.5.1), 得到等价不等式:

$$f(\lambda x_1 + (1 - \lambda)x_2) \leqslant \lambda f(x_1) + (1 - \lambda)f(x_2).$$

从而图 3.5.2 中的函数满足上述不等式, 可以用这个不等式定义凸函数. 类似可见图 3.5.3 中的函数满足与上述反方向的不等式, 可以用这个反方向的不等式定义凹函数.

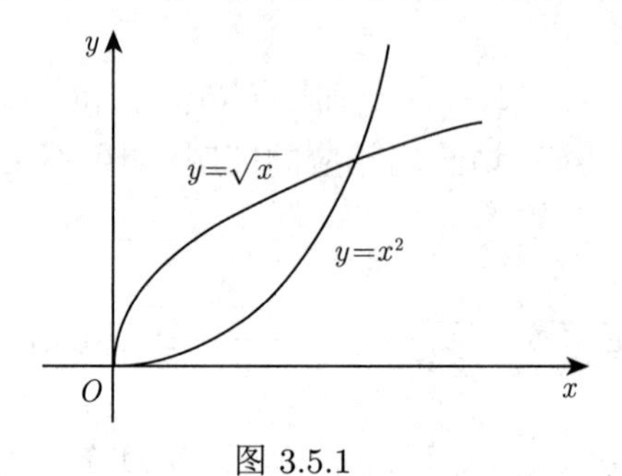

图 3.5.1

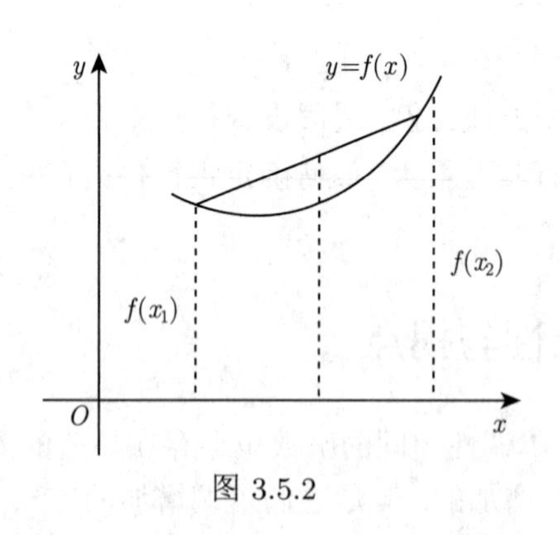

图 3.5.2

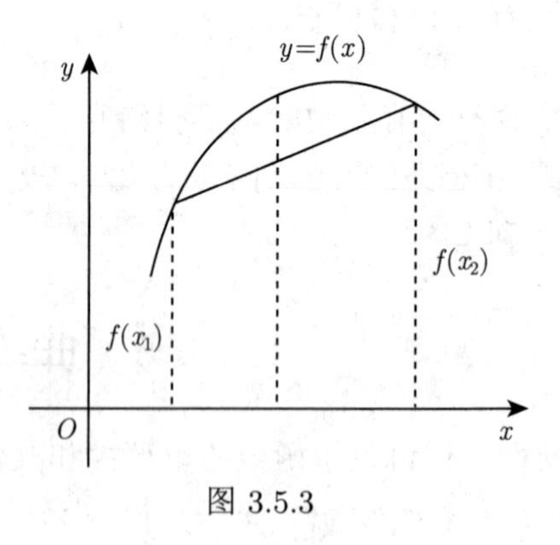

图 3.5.3

下面给出曲线凹凸性的定义.

定义 3.5.1 (凸函数, 严格凸函数) 设函数 $f(x)$ 在区间 I 上连续, 如果对 I 上任意两点 x_1, x_2 且对任意的 $\lambda \in [0, 1]$, 恒有

$$f(\lambda x_1 + (1 - \lambda)x_2) \leqslant \lambda f(x_1) + (1 - \lambda)f(x_2), \tag{3.5.2}$$

那么称 $f(x)$ 为 I 上的**凸函数** (convex function, 或下凸函数); 如果恒有

$$f(\lambda x_1+(1-\lambda)x_2)<\lambda f(x_1)+(1-\lambda)f(x_2), \tag{3.5.3}$$

那么称 $f(x)$ 为 I 上的**严格凸函数** (strictly convex function).

定义 3.5.2 (凹函数, 严格凹函数)　设函数 $f(x)$ 在区间 I 上连续, 如果对 I 上任意两点 x_1,x_2 且对任意的 $\lambda\in[0,1]$, 恒有

$$f(\lambda x_1+(1-\lambda)x_2)\geqslant\lambda f(x_1)+(1-\lambda)f(x_2), \tag{3.5.4}$$

那么称 $f(x)$ 为 I 上的**凹函数** (concave function, 或上凸函数); 如果恒有

$$f(\lambda x_1+(1-\lambda)x_2)>\lambda f(x_1)+(1-\lambda)f(x_2),$$

那么称 $f(x)$ 为 I 上的**严格凹函数** (strictly concave function).

如果函数 $f(x)$ 在 I 内具有二阶导数, 那么可以利用二阶导数的符号来判定曲线的凹凸性, 这就是下面的曲线凹凸性的判定定理. 我们仅就 I 为闭区间的情形来叙述定理, 当 I 不是闭区间时, 定理类同.

定理 3.5.1　设 $f(x)$ 在 $[a,b]$ 上连续, 在 (a,b) 内具有二阶导数, 那么

(1) 若在 (a,b) 内, $f''(x)\geqslant 0$, 则 $f(x)$ 在 $[a,b]$ 上的图形是凸的; 进一步, 若在 (a,b) 内, $f''(x)>0$, 则 $f(x)$ 在 $[a,b]$ 上的图形是严格凸的;

(2) 若在 (a,b) 内, $f''(x)\leqslant 0$, 则 $f(x)$ 在 $[a,b]$ 上的图形是凹的; 进一步, 若在 (a,b) 内, $f''(x)<0$, 则 $f(x)$ 在 $[a,b]$ 上的图形是严格凹的.

证明　(1) 设 x_1 和 x_2 为 $[a,b]$ 内任意两点, 且 $x_1<x_2$. $\forall\lambda\in[0,1]$, 记 $x_0=\lambda x_1+(1-\lambda)x_2$, 由泰勒公式, 得

$$f(x)=f(x_0)+f'(x_0)(x-x_0)+\frac{f''(\xi)}{2!}(x-x_0)^2,\quad a<\xi<b.$$

由在 (a,b) 内 $f''(x)\geqslant 0$, 得 $f(x)\geqslant f(x_0)+f'(x_0)(x-x_0)$, 令 $x=x_1,x=x_2$, 可得如下两式:

$$f(x_1)\geqslant f(x_0)+f'(x_0)(x_1-x_0); \tag{3.5.5}$$

$$f(x_2)\geqslant f(x_0)+f'(x_0)(x_2-x_0). \tag{3.5.6}$$

由

$$x_1-x_0=x_1-\lambda x_1-(1-\lambda)x_2=(1-\lambda)(x_1-x_2),$$

$$x_2-x_0=x_2-\lambda x_1-(1-\lambda)x_2=-\lambda(x_1-x_2),$$

将其代入式 (3.5.5) 和式 (3.5.6) 可得

$$f(x_1)\geqslant f(x_0)+f'(x_0)(1-\lambda)(x_1-x_2), \tag{3.5.7}$$

$$f(x_2) \geqslant f(x_0) - \lambda f'(x_0)(x_1 - x_2). \tag{3.5.8}$$

式 (3.5.7)×λ+ 式 (3.5.8) × (1 − λ) 可得

$$\lambda f(x_1) + (1-\lambda)f(x_2) \geqslant f(x_0),$$

即

$$\lambda f(x_1) + (1-\lambda)f(x_2) \geqslant f(\lambda x_1 + (1-\lambda)x_2),$$

所以 $f(x)$ 在 $[a,b]$ 上的图形是凸的. 类似地, 可以证明严格凸的情况和情形 (2). ■

例 3.5.1 判断曲线 $y = \ln x$ 的凹凸性.

解 $y' = \dfrac{1}{x}, y'' = -\dfrac{1}{x^2}$, 易见 $y = \ln x$ 的二阶导数在区间 $(0, +\infty)$ 内处处为负, 故曲线 $y = \ln x$ 在区间 $(0, +\infty)$ 内是严格凹的. ■

例 3.5.2 判断曲线 $y = x^a$ $(a > 1, x > 0)$ 的凹凸性.

解 $y' = ax^{a-1}, y'' = a(a-1)x^{a-2}$.

当 $x > 0$ 时, $y'' = a(a-1)x^{a-2} > 0$, 所以函数 $y = x^a (a > 1)$ 在 $(0, +\infty)$ 内是严格凸的. ■

例 3.5.3 证明 $(a+b)^5 < 16(a^5 + b^5), a > 0, b > 0, a \neq b$.

证明 令 $f(x) = x^5$, 由 $f''(x) = 20x^3 > 0$ $(x > 0)$, 可知 $f(x)$ 是 $(0, +\infty)$ 内的严格凸函数. 由严格凸函数的定义知, 当 $a, b > 0, a \neq b$ 时, 对任意的 $\lambda \in [0,1]$, 有

$$(\lambda a + (1-\lambda)b)^5 < \lambda a^5 + (1-\lambda)b^5.$$

取 $\lambda = \dfrac{1}{2}$, 可得

$$\left(\frac{a+b}{2}\right)^5 < \frac{a^5 + b^5}{2},$$

即

$$(a+b)^5 < 16(a^5 + b^5).$$ ■

凹、凸函数有许多特别的性质, 在许多定理证明和最优化算法中有重要应用. 例如, 下面的定理就是一个例子.

定理 3.5.2 设函数 $f(x)$ 在区间 I 内连续, 且是严格凸函数 (凹函数), 则 $f(x)$ 在 I 上至多有一个极小值点 (极大值点), 并且这个点就是区间 I 内的最小值点 (最大值点).

证明 用反证法证明该定理. 假设 $f(x)$ 在 I 上有两个以上极小值点, 任取两个极小值点 x_1, x_2, 这里不妨假设 $f(x_1) \leqslant f(x_2)$, 根据严格凸函数的定义可知, 对任意的 $\lambda \in [0,1]$, 有

$$f(x) = f(\lambda x_1 + (1-\lambda)x_2) < \lambda f(x_1) + (1-\lambda)f(x_2) \leqslant \lambda f(x_2) + (1-\lambda)f(x_2) = f(x_2).$$

由于 $f(x)$ 在 I 上连续, 所以通过调整 λ 趋于 0, x 可以任意靠近 x_2, 这样 $f(x) \leqslant f(x_2)$, 就与 x_2 是极小值点矛盾了.

假设 $f(x)$ 在 I 上的唯一极小值点 x_1 不是最小值点, 存在点 x_0 是最小值点, 则 $f(x_0) \leqslant f(x_1)$, 类似于前半部分的证明, 可推得矛盾.

同理可证得凹函数的情形. ■

定义 3.5.3 (拐点) 设函数 $y = f(x)$ 在区间 I 上连续, 如果曲线在经过点 $P_0(x_0, y_0)$ 时, 曲线的严格凹凸性发生改变, 那么就称点 P_0 为曲线的**拐点** (inflection points).

如何来寻找曲线 $y = f(x)$ 的拐点呢?

从定理 3.5.1 可知, 由 $f''(x)$ 的符号可以判定曲线的凹凸性, 因此如果 $f''(x)$ 在 x_0 的左右两侧符号相反, 也就是说 x_0 的左右两侧凹凸性发生变化, 那么点 $(x_0, f(x_0))$ 就是曲线的一个拐点. 如果 $f(x)$ 在区间 $[a, b]$ 内具有二阶连续导数, 要寻找拐点, 只要找出 $f''(x)$ 的符号发生变化的分界点即可, 那么满足 $f''(x_0) = 0$ 的点是我们的怀疑点; 除此之外, $f(x)$ 的二阶导数不存在的点也有可能是 $f''(x)$ 的符号发生变化的分界点. 综合以上分析, 我们就可以依照如下的 3 个步骤来寻找曲线 $y = f(x)$ 的拐点.

(1) 求 $f'(x), f''(x)$;

(2) 令 $f''(x) = 0$, 求出 $f(x)$ 二阶导数为零的点, 并找出 $f(x)$ 二阶导数不存在的点;

(3) 对于 (2) 中求出的每一个点, 分析 $f''(x)$ 在 x_0 左、右两侧邻近的符号, 如果 $f''(x)$ 在 x_0 的左、右两侧同号, 那么点 $(x_0, f(x_0))$ 不是拐点; 如果 $f''(x)$ 在 x_0 的左、右两侧异号, 那么点 $(x_0, f(x_0))$ 是拐点.

例 3.5.4 求曲线 $y = 3x^4 - 4x^3 + 1$ 的拐点及凹、凸区间.

解 函数 $y = 3x^4 - 4x^3 + 1$ 在 $(-\infty, +\infty)$ 内连续. 由

$$y' = 12x^3 - 12x^2, \quad y'' = 36x^2 - 24x = 36x\left(x - \frac{2}{3}\right)$$

可解得二阶导数为 0 的点有 $x_1 = 0, x_2 = \dfrac{2}{3}$. 这两个点把 $(-\infty, +\infty)$ 分成 3 个区间:

$$(-\infty, 0), \left(0, \frac{2}{3}\right), \left(\frac{2}{3}, +\infty\right).$$

在 $(-\infty, 0)$ 内, $y'' > 0$, 在 $\left(0, \dfrac{2}{3}\right)$ 内, $y'' < 0$, 在 $\left(\dfrac{2}{3}, +\infty\right)$ 内, $y'' > 0$, 因此在区间 $(-\infty, 0)$ 内曲线是严格凸的, 在区间 $\left(0, \dfrac{2}{3}\right)$ 内曲线是严格凹的, 在区间 $\left(\dfrac{2}{3}, +\infty\right)$ 内曲线是严格凸的. 当 $x = 0$ 时, $y = 1$, 该点两侧函数凹凸性发生变化, 因此点 $(0, 1)$ 是曲线的一个拐点; 当 $x = \dfrac{2}{3}$ 时, $y = \dfrac{11}{27}$, 在 $\left(\dfrac{2}{3}, \dfrac{11}{27}\right)$ 两侧凹凸性也发生变化, 因此点 $\left(\dfrac{2}{3}, \dfrac{11}{27}\right)$ 也是曲线的拐点. ■

例 3.5.5 求曲线 $y = \sqrt[3]{x}$ 的拐点.

解 显然函数在 $(-\infty, +\infty)$ 内连续, 当 $x = 0$ 时, y'' 不存在. 当 $x \neq 0$ 时

$$y' = \frac{1}{3\sqrt[3]{x^2}}, \quad y'' = -\frac{2}{9x\sqrt[3]{x^2}}.$$

可知 y'' 在 $(-\infty,+\infty)$ 内无零点, y'' 不存在的点 $x=0$ 把 $(-\infty,+\infty)$ 分成两个区间: $(-\infty,0),(0,+\infty)$. 在 $(-\infty,0)$ 内, $y''>0$, 在 $(0,+\infty)$ 内, $y''<0$. 当 $x=0$ 时, $y=0$, 曲线在该点两侧凹凸性发生变化, 故点 $(0,0)$ 是曲线的一个拐点, 如图 3.5.4 所示.

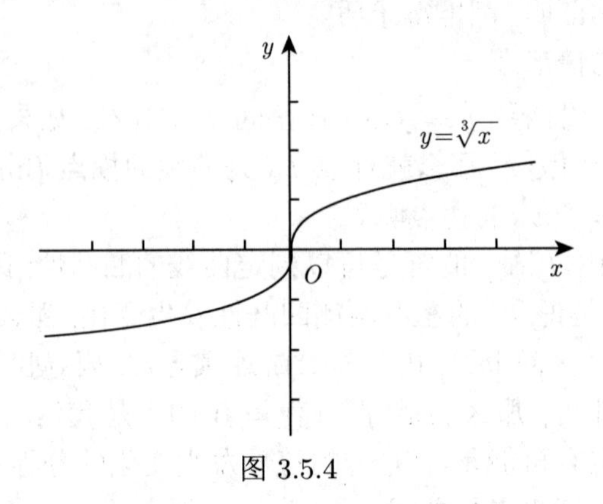

图 3.5.4

■

例 3.5.6 证明曲线 $y=\dfrac{x-1}{x^2+1}$ 有 3 个拐点在同一直线上.

证明 $y'=\dfrac{-x^2+2x+1}{(x^2+1)^2}$,

$$y''=\frac{2x^3-6x^2-6x+2}{(x^2+1)^3}=\frac{2(x-1)(x-2+\sqrt{3})(x-2-\sqrt{3})}{(x^2+1)^3},$$

在点 $x=-1,x=2\pm\sqrt{3}$, 二阶导数 y'' 变号, 可以判断点 $A(-1,-1)$, $B\left(2-\sqrt{3},\dfrac{1-\sqrt{3}}{4(2-\sqrt{3})}\right)$, $C\left(2+\sqrt{3},\dfrac{1+\sqrt{3}}{4(2+\sqrt{3})}\right)$ 为拐点.

点 A、B 所在直线的斜率为

$$K_{AB}=\frac{\dfrac{1-\sqrt{3}}{4(2-\sqrt{3})}-(-1)}{2-\sqrt{3}-(-1)}=\frac{1}{4},$$

点 A、C 所在直线的斜率为

$$K_{AC}=\frac{\dfrac{1+\sqrt{3}}{4(2+\sqrt{3})}-(-1)}{2+\sqrt{3}-(-1)}=\frac{1}{4}.$$

由于 $K_{AB}=K_{AC}$, 可知这 3 个拐点在同一直线上. ■

习题 3.5A

1. 求下列函数图形的拐点及凹凸区间:

(1) $y=x+\dfrac{1}{x}(x>0)$; (2) $y=x+\dfrac{x}{x^2-1}$;

(3) $y = x\arctan x$;　　(4) $y = (x+1)^4 + \mathrm{e}^x$;

(5) $t = \mathrm{e}^{\arcsin x}$.

2. 试确定 $y = k(x^2-3)^2$ 中 k 的值, 使曲线拐点处的法线通过原点.

3. 求下列曲线的拐点:

(1) $\begin{cases} x = t^2, \\ y = 3t + t^3; \end{cases}$　　(2) $\begin{cases} x = \tan t, \\ y = \sin t\cos t. \end{cases}$

4. 利用函数图形的凹凸性, 证明下列不等式:

(1) $\cos\dfrac{x+y}{2} > \dfrac{\cos x + \cos y}{2}, \forall x, y \in \left(-\dfrac{\pi}{2}, \dfrac{\pi}{2}\right)$;

(2) $\dfrac{\mathrm{e}^x + \mathrm{e}^y}{2} > \mathrm{e}^{\frac{x+y}{2}}, x \neq y$;

(3) $x\ln x + y\ln y > (x+y)\ln\dfrac{x+y}{2}\ (x > 0, y > 0, x \neq y)$.

5. 设 $0 < x_1 < x_2 < \cdots < x_n < \pi$, 证明

$$\sin\left(\frac{x_1 + x_2 + \cdots + x_n}{n}\right) > \frac{1}{n}(\sin x_1 + \sin x_2 + \cdots + \sin x_n).$$

6. a、b 为何值时, 点 $(1, 3)$ 为曲线 $y = ax^3 + bx^2$ 的拐点?

习题 3.5B

1. 设 $y = f(x)$ 在 $x = x_0$ 的某邻域内具有三阶连续导数, 如果 $f''(x_0) = 0$, 而 $f'''(x) \neq 0$, 试问: $(x_0, f(x_0))$ 是否为拐点? 为什么?

2. 求证:

(1) 如果 f, g 均为区间 I 上的凹函数, 那么 $\alpha f + \beta g$ 也是区间 I 上的凹函数, 其中 α, β 均为正常数;

(2) 如果 f, g 均为区间 I 上的非负凸函数, 且均在区间 I 上单调, 那么 fg 也是区间 I 上的凸函数;

(3) 如果 $f: I_1 \to I_2, g: I_2 \to \mathbf{R}$ 均为凹函数, g 为单调递增函数, 那么复合函数 $g \circ f$ 也是区间 I_1 上的凹函数.

3.6　曲线的渐近线与函数作图

前面我们讨论了函数的单调性与极值、曲线的凹凸性与拐点等, 利用函数的这些性态, 便能比较准确地描绘出函数的几何图形. 为此, 先介绍渐近线的概念与求法.

1. 渐近线

曲线 C 上的动点 M 沿曲线离坐标原点无限远移时, 若能与一定直线 l 的距离趋于零, 则称直线 l 为曲线 C 的一条**渐近 (直) 线** (asymptote), 如图 3.6.1 所示.

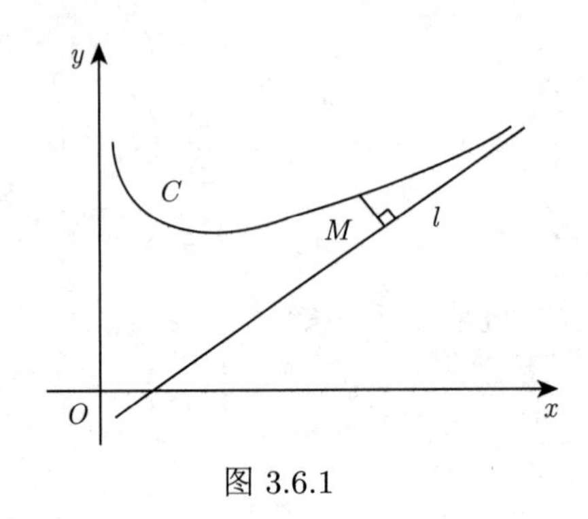

图 3.6.1

渐近线反映了曲线无限延伸时的走向和趋势. 确定曲线 $y=f(x)$ 的渐近线的方法如下:

(1) 若 $\lim\limits_{x\to x_0} f(x)=\infty$, 则曲线 $y=f(x)$ 有一**铅直渐近线** $x=x_0$;

(2) 若 $\lim\limits_{x\to\infty} f(x)=A$, 则曲线 $y=f(x)$ 有一**水平渐近线** $y=A$;

(3) 若 $\lim\limits_{x\to\infty}\dfrac{f(x)}{x}=k$, 且 $\lim\limits_{x\to\infty}[f(x)-kx]=b$, 则曲线 $y=f(x)$ 有一**斜 (或水平) 的渐近线** $y=kx+b$.

例 3.6.1 求下列曲线的渐近线:

(1) $y=\ln x$; (2) $y=\dfrac{1}{x}$; (3) $\dfrac{x^2}{a^2}-\dfrac{y^2}{b^2}=1$.

解 (1) 曲线 $y=\ln x$, 因为 $\lim\limits_{x\to 0^+}\ln x=-\infty$, 所以它有铅直渐近线 $x=0$;

(2) 曲线 $y=\dfrac{1}{x}$, 因为 $\lim\limits_{x\to\infty}\dfrac{1}{x}=0, \lim\limits_{x\to 0}\dfrac{1}{x}=\infty$, 所以它有水平渐近线 $y=0$ 和铅直渐近线 $x=0$;

(3) 双曲线 $\dfrac{x^2}{a^2}-\dfrac{y^2}{b^2}=1$, 有 $y=\pm\dfrac{b}{a}\sqrt{x^2-a^2}$, 而

$$\lim_{x\to\infty}\frac{\pm\dfrac{b}{a}\sqrt{x^2-a^2}}{x}=\pm\frac{b}{a},$$

$$\lim_{x\to\infty}\left[\pm\frac{b}{a}\sqrt{x^2-a^2}\mp\frac{b}{a}x\right]=\lim_{x\to\infty}\left[\pm\frac{b}{a}(\sqrt{x^2-a^2}-x)\right]=0,$$

故该双曲线有一对斜渐近线 $y=\pm\dfrac{b}{a}x$, 如图 3.6.2 所示.

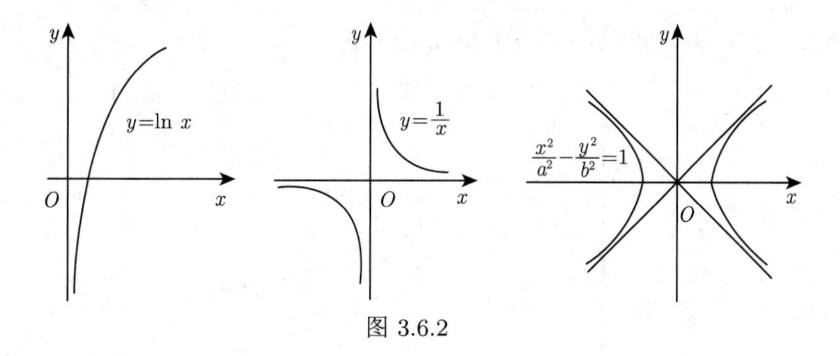

图 3.6.2

■

2. 函数图形的描绘

作函数 $y=f(x)$ 的图形可按下列步骤进行.

(1) 确定 $y=f(x)$ 的定义域, 并讨论其奇偶性、周期性、连续性等.

(2) 求出 $y'(x)$ 和 $y''(x)$ 的全部零点及其不存在的点, 并将它们作为分点划分定义域为若干个小区间.

(3) 考察各个小区间内及各分点处两侧的 $f'(x)$ 和 $f''(x)$ 的符号, 从而确定出 $f(x)$ 的增减区间、极值点、凹凸区间及拐点, 并使用下列记号列表:

- ↗ 凸、单调增, ↘ 凸、单调减;
- ↗ 凹、单调增, ↘ 凹、单调减.

(4) 确定 $f(x)$ 的渐近线及其他变化趋势.

(5) 必要时, 补充一些适当的点, 例如 $y=f(x)$ 与坐标轴的交点等.

(6) 结合上面的讨论, 连点描出图形.

例 3.6.2　描绘 $f(x)=2x\mathrm{e}^{-x}$ 的图形.

解　(1) 定义域为 $(-\infty,+\infty)$, 且 $f(x)$ 在 $(-\infty,+\infty)$ 上连续.

(2) $f'(x)=2\mathrm{e}^{-x}(1-x), f''(x)=2\mathrm{e}^{-x}(x-2)$. 由 $f'(x)=0$ 得 $x=1$, 由 $f''(x)=0$ 得 $x=2$, 把定义域分为 3 个区间:

$$(-\infty,1),\quad (1,2),\quad (2,+\infty).$$

(3) 列表 3.6.1.

表 3.6.1

x	$(-\infty,1)$	1	$(1,2)$	2	$(2,+\infty)$
$f'(x)$	+	0	−	−	−
$f''(x)$	−	−	−	0	+
$f(x)$	↗	极大值 $\dfrac{2}{\mathrm{e}}$	↘	拐点 $\left(2,\dfrac{4}{\mathrm{e}^2}\right)$	↘

(4) $\lim\limits_{x\to+\infty}f(x)=0$, 故曲线 $y=f(x)$ 有水平渐近线 $y=0$,

$$\lim_{x\to-\infty}f(x)=-\infty.$$

(5) 补充点 $(0,0)$ 并连点绘图, 如图 3.6.3 所示.

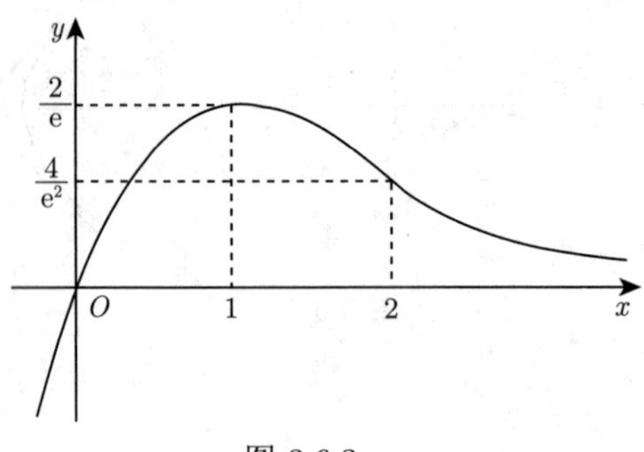

图 3.6.3

■

例 3.6.3 描绘 $f(x)=\dfrac{x^2-2x+4}{x-2}$ 的图形.

解 (1) 定义域为 $(-\infty,2)\cup(2,+\infty)$, $x=2$ 为间断点, $f(x)$ 为非奇非偶函数, 所以不用考虑对称性.

(2) $f'(x)=\dfrac{x(x-4)}{(x-2)^2}=0$, 可得 $f(x)$ 有两个驻点 $x=0, x=4$, $f''(x)=\dfrac{8}{(x-2)^3}$, 可知 $x=2$ 是 $f''(x)$ 符号发生变化的分界点.

(3) 列表 3.6.2.

表 3.6.2

x	$(-\infty, 0)$	0	$(0, 2)$	2	$(2, 4)$	4	$(4, +\infty)$
$f'(x)$	+	0	−	不存在	−	0	+
$f''(x)$	−	−1	−	不存在	+	1	+
$f(x)$	↗	极大值 −2	↘	不存在	↘	极小值 6	↗

(4) $\lim\limits_{x\to+2} f(x)=\infty$, 故有铅直渐近线 $x=2$; 又

$$\lim_{x\to\infty}\frac{f(x)}{x}=\lim_{x\to\infty}\frac{x^2-2x+4}{x(x-2)}=1,$$

$$\lim_{x\to\infty}[f(x)-x]=\lim_{x\to\infty}\left[\frac{x^2-2x+4}{x-2}-x\right]=0,$$

则曲线 $y=f(x)$ 有一斜的渐近线 $y=x$.

(5) 综合以上得到的结果, 可较为准确地画出函数的图形, 如图 3.6.4 所示.

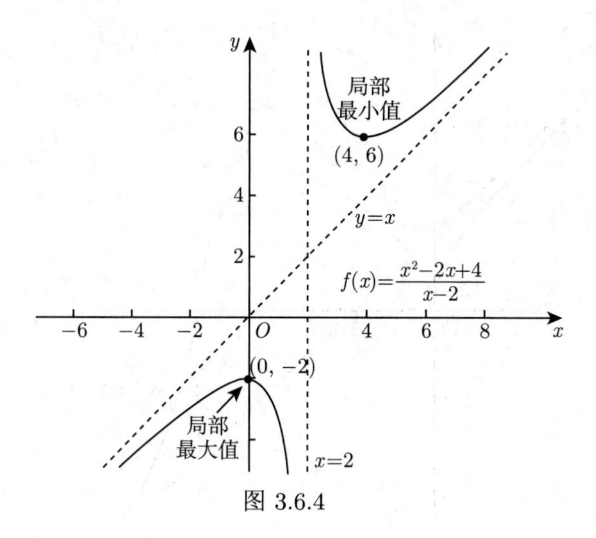

图 3.6.4

■

例 3.6.4　描绘 $f(x)=\sqrt[3]{6x^2-x^3}$ 的图形.

解　(1) 定义域为 $(-\infty,+\infty)$, 且 $f(x)$ 在 $(-\infty,+\infty)$ 上连续.

(2) 由 $f'(x)=\dfrac{4-x}{\sqrt[3]{x(6-x)^2}}=0$ 可得 $f(x)$ 的驻点 $x=4$, $f'(x)$ 不存在的点 $x=0, x=6$; 由 $f''(x)=-\dfrac{8}{x^{\frac{4}{3}}(6-x)^{\frac{5}{3}}}$ 可知 $f''(x)$ 无零点, $f''(x)$ 不存在的点为 $x=0, x=6$.

(3) 列表 3.6.3.

表 3.6.3

x	$(-\infty,0)$	0	$(0,4)$	4	$(4,6)$	6	$(6,+\infty)$
$f'(x)$	$-$	不存在	$+$	0	$-$	不存在	$-$
$f''(x)$	$-$	不存在	$-$	$-$	$-$	不存在	$+$
$f(x)$	↘	极小值 0	↗	极大值 $2\sqrt[3]{4}$	↘	拐点 $(6,0)$	↘

(4) $\displaystyle\lim_{x\to\infty}\frac{f(x)}{x}=\lim_{x\to\infty}\left(\frac{6}{x}-1\right)^{\frac{1}{3}}=-1,$

$$\lim_{x\to\infty}[f(x)-(-x)]=\lim_{x\to\infty}\left[x^{\frac{3}{2}}(6-x)^{\frac{1}{3}}+x\right]=2,$$

故曲线 $f(x)$ 有斜的渐近线 $y=-x+2$. 此外, 当 $x\to 0$ 时, $f'(x)\to\infty$; 当 $x\to 6$ 时, $f'(x)\to\infty$, 即在 $(0,0)$ 及 $(6,0)$ 两点曲线 $f(x)$ 有铅直切线.

(5) 作图, 如图 3.6.5 所示.

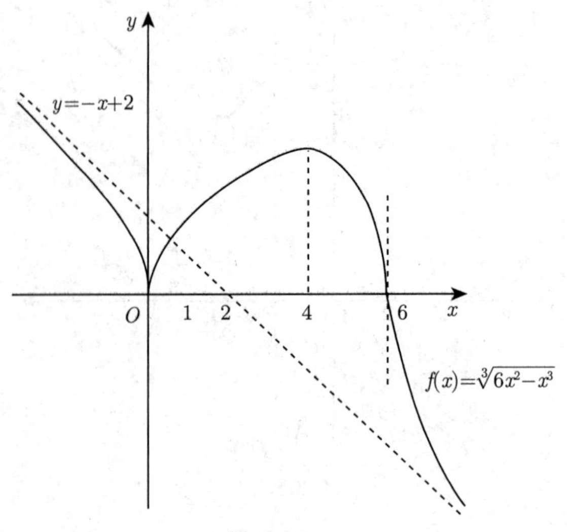

图 3.6.5

■

习题 3.6

1. 求下列曲线的渐近线:

(1) $y=\dfrac{x^2+x}{(x-2)(x+3)}$;　　(2) $y=x\mathrm{e}^{\frac{1}{x^2}}$;

(3) $y=x\ln\left(\mathrm{e}+\dfrac{1}{x}\right)$;　　(4) $y=2x+\arctan\dfrac{x}{2}$.

2. 描绘下列函数的图形:

(1) $y=\dfrac{1}{5}(x^4-6x^2+8x+7)$;　　(2) $y=\dfrac{x}{1+x^2}$;

(3) $y=\mathrm{e}^{-(x-1)^2}$;　　(4) $y=x^2+\dfrac{1}{x}$;

(5) $y=\dfrac{\cos x}{\cos 2x}$.

第 4 章　不 定 积 分

在第 2 章中, 我们学习了一元函数的微分运算, 就是求给定函数的导数或微分. 在许多实际问题中, 我们还需要解决与微分运算正好相反的问题, 就是在已知某函数的导函数的情况下, 求出该函数, 这种运算就叫求原函数, 也就是求不定积分. 在本章中, 我们将学习不定积分, 一来是为有具体应用背景的定积分服务, 二来是为一些后续课程做准备.

4.1　不定积分的概念与性质

在微分运算中, 我们考虑了以下问题: 给定一个函数 $F(x)$, 找出它的导函数 $f(x)$, 使得函数 $f(x)=F'(x)$. 在本章中, 我们将考虑相反的问题: 给定一个函数 $f(x)$, 找到函数 $F(x)$, 使得函数 $F(x)$ 的导函数等于 $f(x)$.

4.1.1　不定积分的定义

定义 4.1.1 (原函数)　设函数 $f(x)$ 定义在区间 I 上, 若

$$F'(x)=f(x),\quad \forall x\in I$$

成立, 则称 $F(x)$ 为 $f(x)$ 在区间 I 上的一个 **原函数** (antiderivative 或 primitive function).

例如, 令 $f(x)=2x$, 因为 $(x^2)'=2x=f(x)$, $x\in\mathbf{R}$, 所以 $F(x)=x^2$ 是函数 f 在区间 $\mathbf{R}$ 上的原函数. 注意到函数 $G(x)=x^2+100$ 依然满足 $G'(x)=2x$, 也就是说 $G(x)$ 也是函数 f 在区间 $\mathbf{R}$ 上的原函数. 事实上, 每个形如 x^2+C 的函数 (C 为任意常数) 均为函数 f 的原函数. 因此, 不难发现一个函数的原函数不是唯一的.

如果 $F(x)$ 是函数 f 在区间 I 上的原函数, 根据定义 $F(x)+C$ (C 为任意常数) 依然是函数 f 在区间 I 上的原函数. 反之, 如果 $F'(x)=G'(x)=f(x)$, 那么由拉格朗日中值定理的推论 (推论 3.1.1) 可知 $F(x)$ 与 $G(x)$ 仅相差一个常数, 即 $F(x)-G(x)=C$. 因此, **若 $F'(x)=f(x)$, 则函数 $f(x)$ 的原函数的一般表达式为 $F(x)+C$(C 为任意常数).**

如图 4.1.1 所示, 函数 $f(x)$ 的原函数在它任意一点 $(x,F(x))$ 的切线斜率等于已知函数 $f(x)$. 将该曲线 $y=F(x)$ 沿着 y 轴平移而得到的所有曲线 $y=F(x)+C$ 都是函数 $f(x)$ 的原函数曲线, 即任意两个原函数之间仅仅相差一个常数.

注　关于原函数有一个重要理论问题: 原函数的存在问题, 即对于每一个函数 $f(x)$, 是否都存在原函数？答案是否定的. 这里不予证明, 只给出结论: 如果函数 $f(x)$ 在区间 I 上连续, 那么函数 $f(x)$ 在区间 I 上存在原函数, 简而言之, **连续函数一定有原函数**. 下面在原函数存在的基础上, 我们考虑原函数的一般表达形式.

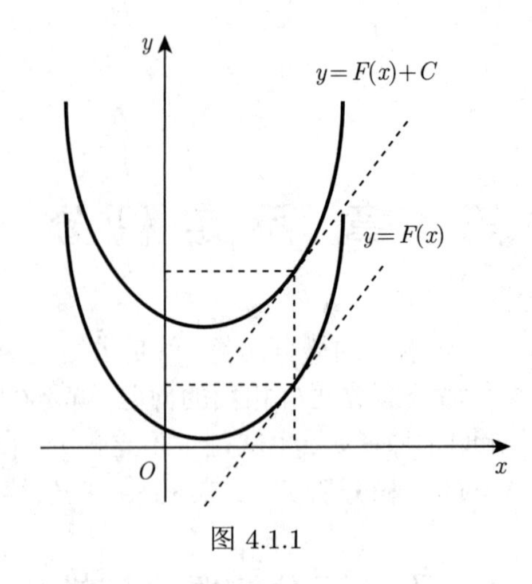

图 4.1.1

定义 4.1.2 (不定积分) 设函数 $f(x)$ 定义在区间 I 上, 称函数 $f(x)$ 的原函数的一般表达式为 $f(x)$ 的 **不定积分** (indefinite integral), 记为 $\int f(x)\mathrm{d}x$, 亦表示为

$$\int f(x)\mathrm{d}x = F(x) + C, \tag{4.1.1}$$

其中 $F(x)$ 是 $f(x)$ 的一个原函数, C 为任意常数. 在 $\int f(x)\mathrm{d}x$ 中, $f(x)$ 是 **被积函数** (integrand), x 为 **积分变量** (variable of integration), $f(x)\mathrm{d}x$ 为 **积分表达式** (expression under the integral sign), 记号 "$\int$" 为 **积分号** (integration sign).

例如, 已知 $(x^2)' = 2x$, 即 x^2 是 $2x$ 的一个原函数, 于是 $2x$ 的原函数的一般表达式就是 $x^2 + C$, 而它也是 $2x$ 的不定积分, 即

$$\int 2x\mathrm{d}x = x^2 + C.$$

已知 $(\sin x)' = \cos x$, 即 $\sin x$ 是 $\cos x$ 的一个原函数, 于是 $\cos x$ 的原函数的一般表达式就是 $\sin x + C$, 而它也是 $\cos x$ 的不定积分, 即

$$\int \cos x\mathrm{d}x = \sin x + C.$$

从不定积分的定义可知, $\int f(x)\mathrm{d}x$ 是一个函数族, 并且积分与微分是两个相反的运算过程.

4.1.2 不定积分的基本公式

由不定积分的定义可知

$$\left[\int f(x)\mathrm{d}x\right]' = f(x), \quad \mathrm{d}\left(\int f(x)\mathrm{d}x\right) = f(x)\mathrm{d}x,$$

或

$$\int f'(x)\mathrm{d}x = f(x) + C, \quad \int \mathrm{d}f(x) = f(x) + C.$$

这表明, 微分运算"d"与不定积分运算"$\int$"就像加法与减法、乘法与除法、指数与对数那样, 构成一对逆运算. 故而有一个导数公式, 就对应地有一个不定积分公式, 因此由导数公式可以得到下列不定积分的基本公式, 其中 C 为积分常数.

$\int \mathrm{d}x = x + C$	$\int k\mathrm{d}x = kx + C$ (k 是常数)
$\int x^{\mu}\mathrm{d}x = \frac{x^{\mu+1}}{\mu+1} + C(\mu \neq -1)$	$\int \frac{\mathrm{d}x}{x} = \ln\|x\| + C$
$\int \frac{\mathrm{d}x}{1+x^2} = \arctan x + C$	$\int \frac{\mathrm{d}x}{\sqrt{1-x^2}} = \arcsin x + C$
$\int \mathrm{e}^x\mathrm{d}x = \mathrm{e}^x + C$	$\int a^x\mathrm{d}x = \frac{a^x}{\ln a} + C(a > 0, a \neq 1)$
$\int \cos x\mathrm{d}x = \sin x + C$	$\int \sin x\mathrm{d}x = -\cos x + C$
$\int \sec^2 x\mathrm{d}x = \tan x + C$	$\int \csc^2 x\mathrm{d}x = -\cot x + C$
$\int \sec x \tan x\mathrm{d}x = \sec x + C$	$\int \csc x \cot x\mathrm{d}x = -\csc x + C$
$\int \sinh x\mathrm{d}x = \cosh x + C$	$\int \cosh \mathrm{d}x = \sinh x + C$
$\int \frac{\mathrm{d}x}{\sinh 2x} = -\coth x + C$	$\int \frac{\mathrm{d}x}{\cosh 2x} = \tanh x + C$

到这里读者可能会发现正切、余切、正割、余割以及对数函数的积分依然未知. 事实上, 这些函数有不定积分, 接下来两节我们将会看到它们.

注　关于 $\int \frac{\mathrm{d}x}{x} = \ln|x| + C$, 做以下说明. 由于 $\ln x$ 的定义域为 $\{x|x > 0\}$, 故

$$\int \frac{\mathrm{d}x}{x} = \ln x + C$$

只在 $x > 0$ 时才成立. 而当 $x < 0$ 时, 由于

$$[\ln(-x)]' = \frac{1}{-x}(-x)' = \frac{1}{x},$$

因此

$$\int \frac{\mathrm{d}x}{x} = \ln(-x) + C.$$

将其合并写出一个公式:

$$\int \frac{\mathrm{d}x}{x} = \ln|x| + C.$$

例 4.1.1 求下列函数的一个原函数, 并用微分验证结果:

(1) $4\sin 2x$; (2) e^{3x}.

解 (1) $4\sin 2x$ 的一个原函数为 $-2\cos 2x$.

因为 $(-2\cos 2x)' = 4\sin 2x$, 可得 $-2\cos 2x$ 是 $4\sin 2x$ 的一个原函数.

(2) e^{3x} 的一个原函数是 $\dfrac{\mathrm{e}^{3x}}{3} + 1$.

因为 $\left(\dfrac{\mathrm{e}^{3x}}{3} + 1\right)' = \mathrm{e}^{3x}$, 可得 $\dfrac{\mathrm{e}^{3x}}{3} + 1$ 是 e^{3x} 的一个原函数.

注 对常数 C，有 $(C)' = 0$ 成立, 故 $-2\cos 2x + C$ 都是函数 $4\sin 2x$ 的原函数，即

$$\int 4\sin 2x \mathrm{d}x = -2\cos 2x + C;$$

$\dfrac{\mathrm{e}^{3x}}{3} + C$ 都是函数 e^{3x} 的原函数, 即

$$\int \mathrm{e}^{3x} \mathrm{d}x = \frac{\mathrm{e}^{3x}}{3} + C.$$

4.1.3 不定积分的运算法则

定理 4.1.1 (线性性质) 设函数 $f(x), g(x)$ 在区间 I 上的原函数存在, k 为常数, 则

(1) $\displaystyle\int kf(x)\mathrm{d}x = k\int f(x)\mathrm{d}x$;

(2) $\displaystyle\int [f(x) \pm g(x)]\mathrm{d}x = \int f(x)\mathrm{d}x \pm \int g(x)\mathrm{d}x$.

其中, (1) 表明在求不定积分时常数因子可以提到积分号外面, (2) 表明两个函数之和 (差) 的不定积分等于它们的不定积分之和 (差). 要证明上面的法则, 只要证明等式右端的导数等于左端积分的被积函数就可以了. 例如, 对 (2) 右端求导, 就有

$$\left[\int f(x)\mathrm{d}x \pm \int g(x)\mathrm{d}x\right]' = \left[\int f(x)\mathrm{d}x\right]' \pm \left[\int g(x)\mathrm{d}x\right]' = f(x) \pm g(x).$$

且两式均可推广至两个以上有限函数的情况, 即有限个函数的线性组合的不定积分等于它们不定积分的线性组合. 这里我们把证明留给读者.

例 4.1.2 求下列不定积分:

(1) $\displaystyle\int (10x^4 - 2\sec^2 x)\mathrm{d}x$; (2) $\displaystyle\int \frac{(\sqrt{x}-1)^2}{x}\mathrm{d}x$;

(3) $\displaystyle\int \frac{1+2x^2}{x^2(1+x^2)}\mathrm{d}x$; (4) $\displaystyle\int \tan^2 x\mathrm{d}x$;

(5) $\displaystyle\int \sin^2 \frac{x}{2}\mathrm{d}x$; (6) $\displaystyle\int \frac{\mathrm{d}x}{\sin^2 x\cos^2 x}$.

解 (1) $\int(10x^4-2\sec^2 x)\mathrm{d}x=10\int x^4\mathrm{d}x-2\int\sec^2 x\mathrm{d}x=10\cdot\frac{x^5}{5}-2\tan x+C$

$$=2x^5-2\tan x+C.$$

(2) $\int\frac{(\sqrt{x}-1)^2}{x}\mathrm{d}x=\int\frac{x-2\sqrt{x}+1}{x}\mathrm{d}x=\int\mathrm{d}x-\int 2x^{-\frac{1}{2}}\mathrm{d}x+\int\frac{1}{x}\mathrm{d}x$

$$=x-4\sqrt{x}+\ln|x|+C.$$

(3) $\int\frac{1+2x^2}{x^2(1+x^2)}\mathrm{d}x=\int\frac{(1+x^2)+x^2}{x^2(1+x^2)}\mathrm{d}x=\int\frac{1}{x^2}\mathrm{d}x+\int\frac{1}{1+x^2}\mathrm{d}x=-\frac{1}{x}+\arctan x+C.$

(4) $\int\tan^2 x\mathrm{d}x=\int(\sec^2 x-1)\mathrm{d}x=\int\sec^2 x\mathrm{d}x-\int\mathrm{d}x=\tan x-x+C.$

(5) $\int\sin^2\frac{x}{2}\mathrm{d}x=\int\frac{1-\cos x}{2}\mathrm{d}x=\frac{1}{2}\int(1-\cos x)\mathrm{d}x=\frac{1}{2}(x-\sin x)+C.$

(6) $\int\frac{\mathrm{d}x}{\sin^2 x\cos^2 x}=\int\frac{\sin^2 x+\cos^2 x}{\sin^2 x\cos^2 x}\mathrm{d}x=\int\frac{1}{\sin^2 x}\mathrm{d}x+\int\frac{1}{\cos^2 x}\mathrm{d}x$

$$=\int\sec^2 x\mathrm{d}x+\int\csc^2 x\mathrm{d}x=\tan x-\cot x+C.$$ ■

从例 4.1.2 可以看出, 求不定积分时一定会出现积分常数 C, 它表明一个函数的原函数有无穷多个. 如果对原函数加上某种限制条件, 就可以确定这个常数, 由此可得到满足限制条件的一个唯一确定的原函数.

例 4.1.3 若一条平面曲线经过点 $A\left(2,\frac{3}{2}\right)$, 且该曲线上任意一点 (x,y) 处切线的斜率为 $k=\frac{1}{4}x$, 求该曲线方程.

解 设该曲线方程为 $y=f(x)$, 易知 $y'=\frac{1}{4}x$, 则

$$y=\int y'\mathrm{d}x=\int\frac{1}{4}x=\frac{x^2}{8}+C.$$

由于该曲线经过点 $A\left(2,\frac{3}{2}\right)$, 把 $x=2,y=\frac{3}{2}$ 代入上面的方程可得

$$\frac{3}{2}=\frac{2^2}{8}+C.$$

解得 $C=1$, 所以该曲线方程为

$$y=\frac{x^2}{8}+1.$$ ■

习题 4.1A

1. 求下列函数的一个原函数, 并用微分运算验证结果.

(1) $6x^5$;

(2) $-\sin 5x$;

(3) e^{-2x};

(4) $x^7 - \mathrm{e}^{4x} + \cos x + 8$;

(5) $\sec^2 5x$;

(6) $\dfrac{1}{x^2+4}$;

(7) $\dfrac{1}{3x+1}$;

(8) $x\mathrm{e}^{x^2} + 3\mathrm{e}^x$.

2. 求下列不定积分:

(1) $\displaystyle\int (3t^2 + t - 5)\mathrm{d}t$;

(2) $\displaystyle\int \left(7 - \frac{5}{\sqrt{x}} + \frac{3}{x^3}\right)\mathrm{d}x$;

(3) $\displaystyle\int (\sqrt{x} + \sqrt[3]{x})\mathrm{d}x$;

(4) $\displaystyle\int (x^2+1)^2\mathrm{d}x$;

(5) $\displaystyle\int (\sin x - 3\cos x)\mathrm{d}x$;

(6) $\displaystyle\int (10^x + 2\mathrm{e}^x)\mathrm{d}x$;

(7) $\displaystyle\int \frac{2+\cos^2 t}{\cos^2 t}\mathrm{d}t$;

(8) $\displaystyle\int \frac{3\cos 2x}{2\sin^2 x\cos^2 x}\mathrm{d}x$;

(9) $\displaystyle\int \frac{3x^4+3x^2+1}{x^2+1}\mathrm{d}x$;

(10) $\displaystyle\int \left(\frac{3}{1+x^2} - \frac{2}{\sqrt{1-x^2}}\right)\mathrm{d}x$;

(11) $\displaystyle\int \frac{2\times 3^x - 5\times 2^x}{3^x}\mathrm{d}x$;

(12) $\displaystyle\int \sec x(\sec x - \tan x)\mathrm{d}x$;

(13) $\displaystyle\int \frac{1}{1+\cos 2y}\mathrm{d}y$;

(14) $\displaystyle\int \left(1 - \frac{1}{x^2}\right)\sqrt{x\sqrt{x}}\mathrm{d}x$.

3. 已知一条平面曲线过点 $A(1,0)$, 且过曲线上任一点 (x,y) 的切线斜率为 $2x-2$, 求该曲线方程.

4. 已知一条平面曲线过点 $A(4,\mathrm{e})$, 且曲线上任一点的切线的斜率等于该点横坐标的两倍, 求该曲线方程.

习题 4.1B

1. 证明 $\sin^2 x$, $-\cos^2 x$ 和 $-\dfrac{1}{2}\cos 2x$ 是同一个函数的原函数, 并说明该函数为什么有不同形式的原函数.

2. 设 $\displaystyle\int f(t)\mathrm{d}t = F(t) + C$, 证明 $\displaystyle\int f(ax+b)\mathrm{d}x = \frac{1}{a}F(ax+b) + C$.

3. 下面的不定积分计算是否正确？请说明原因.

(1) $\displaystyle\int \frac{x}{\sqrt{x^2+1}}\mathrm{d}x = \frac{1}{\sqrt{x^2+1}} + C$;

(2) $\int e^x \sin x dx = \frac{e^x}{2}(\sin x - \cos x) + C$;

(3) $\int x \cos x dx = x \sin x + \cos x + C$;

(4) $\int \frac{1}{(x+1)^2} dx = \frac{1}{x+1} + C$;

(5) $\int x \sin x dx = \frac{x^2}{2} \sin x + C$;

(6) $\int x \sin x dx = -x \cos x + C$;

(7) $\int \frac{x}{x^2+1} dx = \sqrt{x^2+1} + C$;

(8) $\int \frac{1}{\sqrt{(x^2+a^2)^3}} dx = \frac{x}{a^2\sqrt{x^2+a^2}} + C$ (a是常数).

4.2 换元积分法

一般说来, 求不定积分要比求导数或微分困难很多. 虽然利用积分的线性性质及基本积分公式可以求出不少函数的原函数, 但仅凭这一方法实际上是不够的, 例如, 求

$$\int \sin x \cos^2 x dx, \quad \int \frac{dx}{\sqrt{a^2-x^2}}(a>0), \quad \int e^x \cos^2 x dx,$$

甚至求正弦、余弦、正割、余割等常用三角函数的不定积分, 均无法直接使用基本积分公式. 因此, 为了求更一般的不定积分, 还需要从微分运算的特殊方法入手推导积分计算的有效方法, 期望能够将不定积分的被积函数化简, 直到能够应用基本积分公式求出它的不定积分.

本节将介绍的**换元积分法** (integration by substitution) 由复合函数求导的链式法则推导而来, 是求不定积分的一种最常用的重要方法. 在应用其他方法求不定积分时, 也常常要结合使用换元积分法. 换元积分法分为两类: **第一类换元积分法** (first substitution method for indefinite integrals, 也称为第一类换元法或"凑"微分法) 和**第二类换元积分法** (second substitution method for indefinite integrals, 也称为第二类换元法或变量代换法).

4.2.1 第一类换元法

设函数 $F(u)$ 是函数 $f(u)$ 的一个原函数, 即 $F'(u) = f(u)$, 若 $u = \varphi(x)$ 可导, 由复合函数求导的链式法则, 有

$$\{F[\varphi(x)]\}' = f[\varphi(x)]\varphi'(x),$$

由不定积分的定义可知

$$\int f[\varphi(x)]\varphi'(x)dx = F[\varphi(x)] + C.$$

显然

$$\int f(u)du\bigg|_{u=\varphi(x)} = [F(u)+C]\bigg|_{u=\varphi(x)} = F[\varphi(x)] + C,$$

比较上述两式可知 $\int f[\varphi(x)]\varphi'(x)\mathrm{d}x$ 和 $\int f(u)\mathrm{d}u$ 表示同一函数族, 所以

$$\int f[\varphi(x)]\varphi'(x)\mathrm{d}x = \int f(u)\mathrm{d}u\bigg|_{u=\varphi(x)}.$$

定理 4.2.1 (第一类换元法) 设 f 为连续函数, φ 有连续的导函数, 且 φ 的值域包含在 f 的定义域中, 则

$$\int f[\varphi(x)]\varphi'(x)\mathrm{d}x = \int f(u)\mathrm{d}u\bigg|_{u=\varphi(x)}. \tag{4.2.1}$$

该定理可以用对式 (4.2.1) 左右两边求导来证明, 这里不再赘述. 具体说来, 如果对不定积分 $\int g(x)\mathrm{d}x$ 直接积分不容易, 我们就可以试着将被积函数 $g(x)$ 分成两部分, 使得

$$g(x) = f[\varphi(x)]\varphi'(x),$$

进行变量代换 $\varphi(x) = u$, 有

$$\int g(x)\mathrm{d}x = \int f[\varphi(x)]\varphi'(x)\mathrm{d}x = \int f[\varphi(x)]\mathrm{d}\varphi(x) = \int f(u)\mathrm{d}u\bigg|_{u=\varphi(x)}.$$

若 $\int f(u)\mathrm{d}u$ 容易求出, 即求得原不定积分.

注 由于在上述求解过程中, 将 $g(x)\mathrm{d}x$ 化为 $f[\varphi(x)]\mathrm{d}\varphi(x)$ 的过程往往要采取适当的 "凑" 的方法, 故第一类换元法也被俗称为 "凑微分法".

例 4.2.1 求下列不定积分:

(1) $\int \sin x\cos x\mathrm{d}x$;　　(2) $\int (2x-1)^4\mathrm{d}x$;

(3) $\int \dfrac{\mathrm{d}x}{\mathrm{e}^x+1}$;　　(4) $\int \dfrac{\mathrm{d}x}{a^2+x^2}(a>0)$;

(5) $\int \dfrac{\mathrm{d}x}{\sqrt{a^2-x^2}}(a>0)$;　　(6) $\int \dfrac{\mathrm{d}x}{a^2-x^2}(a>0)$.

解 (1) 为了求出这个积分, 我们将 $\cos x$ 与 $\mathrm{d}x$ 放在一起, 从而 "凑" 出微分 $\cos x\mathrm{d}x = \mathrm{d}(\sin x)$, 因此

$$\int \sin x\cos x\mathrm{d}x = \int \sin x\mathrm{d}(\sin x).$$

令 $\sin x = u$, 因为 $\int u\mathrm{d}u = \dfrac{u^2}{2} + C$, 所以

$$\int \sin x\cos x\mathrm{d}x = \int \sin x\mathrm{d}(\sin x) = \int u\mathrm{d}u\bigg|_{u=\sin x} = \left(\frac{u^2}{2}+C\right)\bigg|_{u=\sin x} = \frac{\sin^2 x}{2} + C.$$

(2) 因为被积函数 $(2x-1)^4$ 是由函数 u^4 与 $u=2x-1$ 所构成的复合函数, 且

$$\mathrm{d}u=\mathrm{d}(2x-1)=2\mathrm{d}x.$$

所以本题可以“凑”出微分 $\mathrm{d}(2x-1)$, 从而得到

$$\begin{aligned}\int(2x-1)^4\mathrm{d}x&=\frac{1}{2}\int(2x-1)^4\mathrm{d}(2x-1)=\frac{1}{2}\int u^4\mathrm{d}u\\&=\frac{1}{2}\cdot\frac{1}{5}u^5+C=\frac{1}{10}(2x-1)^5+C.\end{aligned}$$

注　通过练习, 在该方法用熟练后, 通常可省略“设”变量的步骤, 即中间变量 u 不必写出, 这样可以简化书写步骤, 具体如以下几个例子所示.

(3) $$\begin{aligned}\int\frac{1}{\mathrm{e}^x+1}\mathrm{d}x&=\int\frac{\mathrm{e}^x}{\mathrm{e}^x(\mathrm{e}^x+1)}\mathrm{d}x=\int\frac{1}{\mathrm{e}^x(\mathrm{e}^x+1)}\mathrm{d}(\mathrm{e}^x)\\&=\int\left(\frac{1}{\mathrm{e}^x}-\frac{1}{\mathrm{e}^x+1}\right)\mathrm{d}(\mathrm{e}^x)=\int\frac{1}{\mathrm{e}^x}\mathrm{d}(\mathrm{e}^x)-\int\frac{1}{\mathrm{e}^x+1}\mathrm{d}(\mathrm{e}^x)\\&=\ln\mathrm{e}^x-\ln(\mathrm{e}^x+1)+C=\ln\left(\frac{\mathrm{e}^x}{\mathrm{e}^x+1}\right)+C.\end{aligned}$$

(4) $$\begin{aligned}\int\frac{\mathrm{d}x}{a^2+x^2}&=\frac{1}{a}\int\frac{1}{1+\left(\frac{x}{a}\right)^2}\frac{1}{a}\mathrm{d}x=\frac{1}{a}\int\frac{1}{1+\left(\frac{x}{a}\right)^2}\mathrm{d}\left(\frac{x}{a}\right)\\&=\frac{1}{a}\arctan\frac{x}{a}+C.\end{aligned}$$

(5) $$\int\frac{\mathrm{d}x}{\sqrt{a^2-x^2}}=\int\frac{1}{\sqrt{1-\left(\frac{x}{a}\right)^2}}\mathrm{d}\left(\frac{x}{a}\right)=\arcsin\frac{x}{a}+C.$$

(6) $$\begin{aligned}\int\frac{\mathrm{d}x}{a^2-x^2}&=\frac{1}{2a}\int\left(\frac{1}{a-x}+\frac{1}{a+x}\right)\mathrm{d}x\\&=\frac{1}{2a}\left[-\int\frac{1}{a-x}\mathrm{d}(a-x)+\int\frac{1}{a+x}\mathrm{d}(a+x)\right]\\&=\frac{1}{2a}[-\ln|a-x|+\ln|a+x|]+C\\&=\frac{1}{2a}\ln\left|\frac{a+x}{a-x}\right|+C.\end{aligned}$$

■

注　例 4.2.1 中 (4)、(5)、(6) 的结论对于计算积分十分有效, 可将其作为基本积分公式使用.

从例 4.2.1 可以看出, 在求不定积分时, 先将其与已知的基本积分公式相比较, 并利用简单的变量代换, 把要求的不定积分化为可利用的基本积分公式的形式. 求出积分以后, 再把原来的变量代回, 这种方法实际上是一种简单的换元法. 在该方法用得比较熟练以后, 计算时换元可以省略, 只需要在形式上“凑”成基本积分公式中的积分.

例 4.2.2 求下列不定积分:

(1) $\int \tan x\mathrm{d}x$; (2) $\int \cot x\mathrm{d}x$;

(3) $\int \sec x\mathrm{d}x$; (4) $\int \csc x\mathrm{d}x$;

(5) $\int \sin^2 x\,\cos^5 x\mathrm{d}x$; (6) $\int \sin 5x\cos 3x\mathrm{d}x$.

解 (1) $\int \tan x\mathrm{d}x = \int \frac{\sin x}{\cos x}\mathrm{d}x = -\int \frac{\mathrm{d}(\cos x)}{\cos x} = -\ln|\cos x| + C = \ln|\sec x| + C$.

(2) 用同 (1) 中的计算方法计算可得

$$\int \cot x\mathrm{d}x = -\ln|\csc x| + C.$$

(3) 解法一.

$$\begin{aligned}\int \sec x\mathrm{d}x &= \int \frac{\sec x(\sec x + \tan x)}{\sec x + \tan x}\mathrm{d}x = \int \frac{1}{\sec x + \tan x}\mathrm{d}(\tan x + \sec x)\\ &= \ln|\sec x + \tan x| + C.\end{aligned}$$

解法二.

$$\begin{aligned}\int \sec x\mathrm{d}x &= \int \frac{1}{\cos x}\mathrm{d}x = \int \frac{\cos x}{\cos^2 x}\mathrm{d}x\\ &= \int \frac{\mathrm{d}(\sin x)}{1-\sin^2 x}\\ &= \frac{1}{2}\ln\left|\frac{1+\sin x}{1-\sin x}\right| + C.\end{aligned}$$

(4) 用同 (3) 中的计算方法计算可得

$$\int \csc x\mathrm{d}x = -\ln|\csc x + \cot x| + C.$$

或

$$\int \csc x\mathrm{d}x = -\frac{1}{2}\ln\left|\frac{1+\cos x}{1-\cos x}\right| + C.$$

(5)
$$\begin{aligned}\int \sin^2 x\,\cos^5 x\mathrm{d}x &= \int \sin^2 x\,\cos^4 x\ \mathrm{d}(\sin x)\\ &= \int \sin^2 x\ (1-\sin^2 x)^2\ \mathrm{d}(\sin x)\\ &= \int (\sin^2 x - 2\sin^4 x + \sin^6 x)\ \mathrm{d}(\sin x)\\ &= \frac{1}{3}\sin^3 x - \frac{2}{5}\sin^5 x + \frac{1}{7}\sin^7 x + C.\end{aligned}$$

(6) 利用三角函数积化和差公式可得

$$\begin{aligned}\int \sin 5x\cos 3x\mathrm{d}x &= \frac{1}{2}\int(\sin 8x+\sin 2x)\mathrm{d}x\\ &= \frac{1}{2}\left[\frac{1}{8}\int \sin 8x\mathrm{d}(8x)+\frac{1}{2}\int \sin 2x\mathrm{d}(2x)\right]\\ &= -\frac{1}{16}(\cos 8x+4\cos 2x)+C.\end{aligned}$$

■

注 从例 4.2.2 (1)~(4) 得到了正 (余) 切、正 (余) 割的不定积分, 亦可将它们视为基本积分公式.

例 4.2.3 求下列不定积分:

(1) $\displaystyle\int \frac{\mathrm{d}x}{x(1+2\ln x)}$;　　(2) $\displaystyle\int \frac{1+\ln x}{(x\ln x)^2}\mathrm{d}x$.

(3) $\displaystyle\int \frac{\sqrt{\arctan x}}{1+x^2}\mathrm{d}x$;　　(4) $\displaystyle\int \frac{\arccos\sqrt{x}}{\sqrt{x(1-x)}}\mathrm{d}x$;

(5) $\displaystyle\int \sqrt{\frac{x}{1-x\sqrt{x}}}\mathrm{d}x$;　　(6) $\displaystyle\int \left\{\frac{f(x)}{f'(x)}-\frac{f^2(x)f''(x)}{[f'(x)]^3}\right\}\mathrm{d}x$.

解 (1)

$$\begin{aligned}\int \frac{\mathrm{d}x}{x(1+2\ln x)} &= \frac{1}{2}\int \frac{\mathrm{d}(2\ln x)}{1+2\ln x}=\frac{1}{2}\int \frac{\mathrm{d}(1+2\ln x)}{1+2\ln x}\\ &= \frac{1}{2}\ln|1+2\ln x|+C.\end{aligned}$$

(2) $$\int \frac{1+\ln x}{(x\ln x)^2}\mathrm{d}x=\int \frac{\mathrm{d}(x\ln x)}{(x\ln x)^2}=-\frac{1}{x\ln x}+C.$$

(3) $$\int \frac{\sqrt{\arctan x}}{1+x^2}\mathrm{d}x=\int \sqrt{\arctan x}\mathrm{d}(\arctan x)=\frac{2}{3}(\arctan x)^{\frac{3}{2}}+C.$$

(4) $$\begin{aligned}\int \frac{\arccos\sqrt{x}}{\sqrt{x(1-x)}}\mathrm{d}x &= 2\int \frac{\arccos\sqrt{x}}{\sqrt{1-x}}\mathrm{d}(\sqrt{x})=-2\int \arccos\sqrt{x}\mathrm{d}(\arccos\sqrt{x})\\ &= -(\arccos\sqrt{x})^2+C.\end{aligned}$$

(5) 由于 $\mathrm{d}(1-x\sqrt{x})=-\frac{3}{2}\sqrt{x}\mathrm{d}x$, 因此

$$\begin{aligned}\int \sqrt{\frac{x}{1-x\sqrt{x}}}\mathrm{d}x &= \int(1-x\sqrt{x})^{-\frac{1}{2}}\sqrt{x}\mathrm{d}x=-\frac{2}{3}\int(1-x\sqrt{x})^{-\frac{1}{2}}\mathrm{d}(1-x\sqrt{x})\\ &= -\frac{4}{3}\sqrt{1-x\sqrt{x}}+C.\end{aligned}$$

(6) $$\begin{aligned}\int \left\{\frac{f(x)}{f'(x)}-\frac{f^2(x)f''(x)}{[f'(x)]^3}\right\}\mathrm{d}x &= \int \frac{f(x)}{f'(x)}\left\{1-\frac{f(x)f''(x)}{[f'(x)]^2}\right\}\mathrm{d}x\\ &= \int \frac{f(x)}{f'(x)}\left\{\frac{[f'(x)]^2-f(x)f''(x)}{[f'(x)]^2}\right\}\mathrm{d}x\\ &= \int \frac{f(x)}{f'(x)}\mathrm{d}\left[\frac{f(x)}{f'(x)}\right]=\frac{1}{2}\left[\frac{f(x)}{f'(x)}\right]^2+C.\end{aligned}$$

■

4.2.2 第二类换元法

不定积分的第一类换元法是通过变量代换将式 (4.2.1) 左端的积分化为右端的积分来计算的. 然而, 有时式 (4.2.1) 右端的不定积分不容易计算, 而将右端的不定积分通过变量代换转化为左端的积分反而使积分更加便捷, 这种方法就是第二类换元法. 也就是说, 如果 $\int f(x)\mathrm{d}x$ 不容易积分, 可以将第一类换元法的过程反过来, 即通过变量代换 $x=\varphi(t)$ 将积分化为式 (4.2.1) 左端的形式, 之后计算 $\int f[\varphi(t)]\varphi'(t)\mathrm{d}t$ 这一积分, 从而得到 $\int f(x)\mathrm{d}x$ 的结果. 因此, 第二类换元法是另一种形式的变量代换, 换元公式可以表示为

$$\int f(x)\mathrm{d}x=\left\{\int f[\varphi(t)]\varphi'(t)\mathrm{d}t\right\}\bigg|_{t=\varphi^{-1}(x)}.$$

注意到, 这个公式的成立需要一定的条件. 首先, 等式右端的不定积分存在; 其次, 右端积分计算出来后, 变量 t 要通过 $x=\varphi(t)$ 的反函数 $t=\varphi^{-1}(x)$ 变换回去. 为了保证满足这两个条件, 我们假设函数 $x=\varphi(t)$ 在 t 的某一区间满足单调可导的条件, 即有如下定理.

定理 4.2.2 (第二类换元法) 设 f 为连续函数, 函数 φ 有连续的导数, 且 φ' 在区间 I 上不改变符号, 则

$$\int f(x)\mathrm{d}x=\left\{\int f[\varphi(t)]\varphi'(t)\mathrm{d}t\right\}\bigg|_{t=\varphi^{-1}(x)}, \tag{4.2.2}$$

其中 φ^{-1} 是 φ 的反函数.

证明 由于 φ' 在区间 I 上不改变符号, 即函数 φ' 在区间 I 上严格单调, 因此 φ 的反函数 $t=\varphi^{-1}(x)$ 存在, 且 $\dfrac{\mathrm{d}t}{\mathrm{d}x}=\dfrac{1}{\varphi'(t)}$. 对式 (4.2.2) 两端分别关于 x 求导得

$$\frac{\mathrm{d}}{\mathrm{d}x}\int f(x)\mathrm{d}x=f(x),$$

$$\begin{aligned}\frac{\mathrm{d}}{\mathrm{d}x}\left\{\int f[\varphi(t)]\varphi'(t)\mathrm{d}t\right\}&=\frac{\mathrm{d}}{\mathrm{d}t}\left\{\int f[\varphi(t)]\varphi'(t)\mathrm{d}t\right\}\cdot\frac{\mathrm{d}t}{\mathrm{d}x}\\&=f[\varphi(t)]\varphi'(t)\cdot\frac{1}{\varphi'(t)}=f[\varphi(t)]\xlongequal{t=\varphi^{-1}(x)}f(x).\end{aligned}$$

由不定积分的定义知, 式 (4.2.2) 成立. ■

第二类换元法指出, 求式 (4.2.2) 等号左端的不定积分时, 设 $x=\varphi(t)$, 则化为求不定积分 $\int f[\varphi(t)]\varphi'(t)\mathrm{d}t$. 若 $f[\varphi(t)]\varphi'(t)$ 的一个原函数很容易求出, 该变量代换就实现了对不定积分的化繁为简. 使用式 (4.2.2) 的关键在于选择合适的代换 $x=\varphi(t)$ 来简化所求积分. 例如, 如果被积函数中含有根式并且不能直接积分, 那么首先要选择合适的代换消去根式.

例 4.2.4　求下列不定积分:

(1) $\int \sqrt{a^2-x^2}\mathrm{d}x \quad (a>0)$;　　(2) $\int \frac{\mathrm{d}x}{\sqrt{x^2+a^2}} \quad (a>0)$;

(3) $\int \frac{\mathrm{d}x}{\sqrt{x^2-a^2}} \quad (a>0)$;　　(4) $\int \frac{\mathrm{d}x}{\sqrt{x}+\sqrt[3]{x}}$;

(5) $\int \frac{x^2}{(x+2)^3}\mathrm{d}x$;　　(6) $\int x\sqrt{1+2x}\mathrm{d}x$;

(7) $\int \frac{\mathrm{d}x}{\mathrm{e}^{\frac{x}{2}}+\mathrm{e}^x}$;　　(8) $\int \frac{\mathrm{d}x}{x\sqrt{x^2-1}}$.

解　(1) 令 $x=a\sin t\left(-\frac{\pi}{2}\leqslant t\leqslant\frac{\pi}{2}\right)$, 则 $\mathrm{d}x=a\cos t\mathrm{d}t$, 于是

$$\begin{aligned}\int \sqrt{a^2-x^2}\mathrm{d}x &= \int a\cos t\cdot a\cos t\mathrm{d}t = a^2\int \cos^2 t\mathrm{d}t\\ &= a^2\int \frac{1+\cos 2t}{2}\mathrm{d}t = a^2\left(\frac{t}{2}+\frac{\sin 2t}{4}\right)+C\\ &= a^2\left(\frac{t}{2}+\frac{2\sin t\cos t}{4}\right)+C.\end{aligned}$$

为了使 $\sin t$ 和 $\cos t$ 变换回 x 的函数, 最好利用直角三角形 (图 4.2.1 (a)). 因为 $x=a\sin t$, 在图 4.2.1 (a) 所示的三角形中, 边 $AC=a$, $BC=x$, 于是 $AB=\sqrt{a^2-x^2}$, 所以

$$t=\arcsin\frac{x}{a},\quad \sin t=\frac{x}{a} \text{ 且 } \cos t=\frac{\sqrt{a^2-x^2}}{a},$$

于是

$$\int \sqrt{a^2-x^2}\mathrm{d}x = a^2\left(\frac{\arcsin\frac{x}{a}}{2}+\frac{2\cdot\frac{x}{a}\cdot\frac{\sqrt{a^2-x^2}}{a}}{4}\right)+C=\frac{a^2}{2}\arcsin\frac{x}{a}+\frac{x\sqrt{a^2-x^2}}{2}+C.$$

(2) 令 $x=a\tan t\left(-\frac{\pi}{2}<t<\frac{\pi}{2}\right)$, 则 $\mathrm{d}x=a\sec^2 t\mathrm{d}t$, 于是

$$\int \frac{\mathrm{d}x}{\sqrt{a^2+x^2}}=\int \sec t\mathrm{d}t=\ln|\sec t+\tan t|+C_1.$$

由图 4.2.1 (b) 可知

$$\tan t=\frac{x}{a},\quad \sec t=\frac{\sqrt{x^2+a^2}}{a},$$

于是

$$\int \frac{\mathrm{d}x}{\sqrt{a^2+x^2}}=\ln\left|\frac{x}{a}+\frac{\sqrt{x^2+a^2}}{a}\right|+C_1=\ln(x+\sqrt{x^2+a^2})+C,$$

其中 $C=C_1-\ln a$ 仍为任意常数.

(3) 当 $x \in (a, +\infty)$ 时, 令 $x = a\sec t\left(0 < t < \dfrac{\pi}{2}\right)$, 则 $\mathrm{d}x = a\sec t\tan t\mathrm{d}t$, 于是

$$\int \frac{\mathrm{d}x}{\sqrt{x^2 - a^2}} = \int \sec t\mathrm{d}t = \ln|\sec t + \tan t| + C_1.$$

由于 $\sec t = \dfrac{x}{a}$, 由图 4.2.1 (c) 知 $BC = \sqrt{x^2 - a^2}$, 因此

$$\tan t = \frac{\sqrt{x^2 - a^2}}{a}.$$

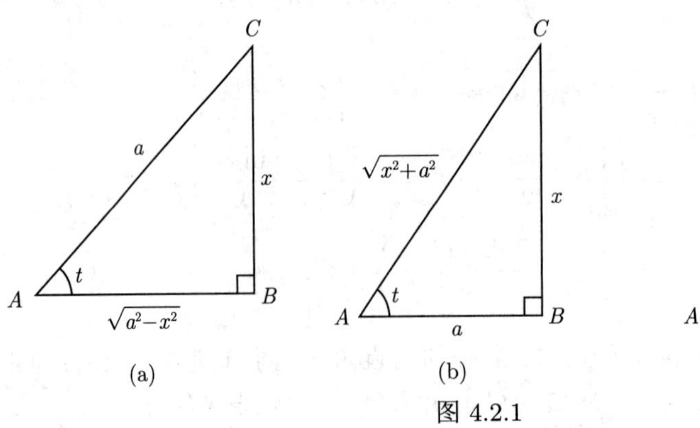

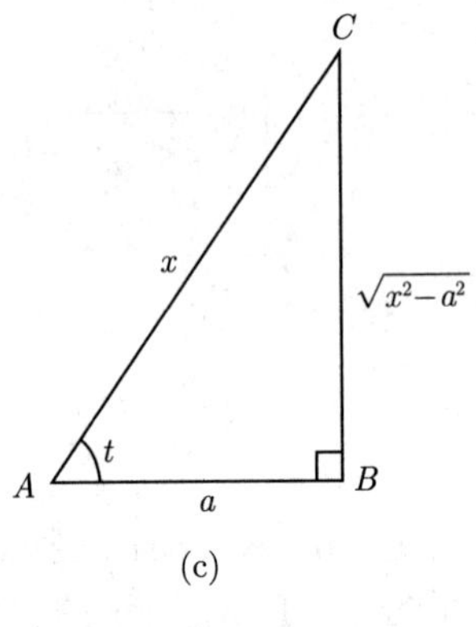

图 4.2.1

于是

$$\begin{aligned}\int \frac{\mathrm{d}x}{\sqrt{x^2 - a^2}} &= \ln\left|\frac{x}{a} + \frac{\sqrt{x^2 - a^2}}{a}\right| + C_1 \\ &= \ln\left|x + \sqrt{x^2 - a^2}\right| - \ln a + C_1 \\ &= \ln\left|x + \sqrt{x^2 - a^2}\right| + C,\end{aligned}$$

其中 $C = C_1 - \ln a$ 仍为任意常数.

当 $x \in (-\infty, -a)$ 时, 令 $u = -x$, 则 $u \in (a, +\infty)$, 于是

$$\begin{aligned}\int \frac{\mathrm{d}x}{\sqrt{x^2 - a^2}} &= -\int \frac{\mathrm{d}u}{\sqrt{u^2 - a^2}} \\ &= -\ln\left|u + \sqrt{u^2 - a^2}\right| + C_0 \\ &= -\ln\left|-x + \sqrt{x^2 - a^2}\right| + C_0 \\ &= \ln\left|\frac{1}{-x + \sqrt{x^2 - a^2}}\right| + C_0 \\ &= \ln\left|\frac{x + \sqrt{x^2 - a^2}}{a^2}\right| + C_0\end{aligned}$$

$$= \ln\left|x+\sqrt{x^2-a^2}\right|+C,$$

其中 $C = C_0 - \ln a^2$ 仍为任意常数.

综上,

$$\int \frac{\mathrm{d}x}{\sqrt{x^2-a^2}} = \ln\left|x+\sqrt{x^2-a^2}\right|+C.$$

(4) 令 $\sqrt[6]{x}=t$, 则 $x=t^6$, $\mathrm{d}x=6t^5\mathrm{d}t$, 于是

$$\begin{aligned}\int \frac{\mathrm{d}x}{\sqrt{x}+\sqrt[3]{x}} &= \int \frac{6t^5}{t^3+t^2}\mathrm{d}t = 6\int \frac{t^3}{1+t}\mathrm{d}t = 6\int \frac{t^3+1-1}{1+t}\mathrm{d}t \\ &= 6\int\left(t^2-t+1-\frac{1}{1+t}\right)\mathrm{d}t = 2t^3-3t^2+6t-6\ln|1+t|+C \\ &= 2\sqrt{x}-3\sqrt[3]{x}+6\sqrt[6]{x}-6\ln|1+\sqrt[6]{x}|+C.\end{aligned}$$

(5) 令 $x+2=t$, 则 $x=t-2$, $\mathrm{d}x=\mathrm{d}t$, 于是

$$\begin{aligned}\int \frac{x^2}{(x+2)^3}\mathrm{d}x &= \int \frac{(t-2)^2}{t^3}\mathrm{d}t = \int (t^2-4t+4)t^{-3}\mathrm{d}t \\ &= \int (t^{-1}-4t^{-2}+4t^{-3})\mathrm{d}t \\ &= \ln|t|+4t^{-1}-2t^{-2}+C \\ &= \ln|x+2|+4(x+2)^{-1}-2(x+2)^{-2}+C.\end{aligned}$$

(6) 令 $\sqrt{1+2x}=t$, 则 $x=\dfrac{t^2-1}{2}$, $\mathrm{d}x=t\mathrm{d}t$, 其中 $t>0$, 于是

$$\begin{aligned}\int x\sqrt{1+2x}\mathrm{d}x &= \int \frac{(t^2-1)t}{2}\cdot t\mathrm{d}t = \int\left(\frac{t^4}{2}-\frac{t^2}{2}\right)\mathrm{d}t \\ &= \frac{t^5}{10}-\frac{t^3}{6}+C.\end{aligned}$$

(7) 令 $\mathrm{e}^{\frac{x}{2}}=t$, 则 $x=2\ln t$, $\mathrm{d}x=\dfrac{2}{t}\mathrm{d}t$, 于是

$$\begin{aligned}\int \frac{\mathrm{d}x}{\mathrm{e}^{\frac{x}{2}}+\mathrm{e}^x} &= 2\int \frac{\mathrm{d}t}{t(t+t^2)} = 2\int \frac{1+t-t}{(1+t)t^2}\mathrm{d}t = 2\left[\int \frac{\mathrm{d}t}{t^2}-\int \frac{\mathrm{d}t}{t(1+t)}\right] \\ &= 2\left[\int \frac{\mathrm{d}t}{t^2}-\int \frac{\mathrm{d}t}{t}+\int \frac{\mathrm{d}t}{1+t}\right] = -\frac{2}{t}-2\ln|t|+2\ln|t+1|+C \\ &= -2\mathrm{e}^{-\frac{x}{2}}-x+2\ln(1+\mathrm{e}^{\frac{x}{2}})+C.\end{aligned}$$

(8) 令 $\dfrac{1}{x}=t$, 则 $x=\dfrac{1}{t}$, $\mathrm{d}x=-\dfrac{1}{t^2}\mathrm{d}t$, 于是

$$\int \frac{\mathrm{d}x}{x\sqrt{x^2-1}} = \int t\frac{\sqrt{t^2}}{\sqrt{1-t^2}}\cdot\left(-\frac{1}{t^2}\right)\mathrm{d}t = -\int \frac{|t|}{t\sqrt{1-t^2}}\mathrm{d}t.$$

当 $x>1$ 时, 有

$$\int \frac{\mathrm{d}x}{x\sqrt{x^2-1}}=-\int \frac{t}{t\sqrt{1-t^2}}\mathrm{d}t=-\int \frac{\mathrm{d}t}{\sqrt{1-t^2}}=-\arcsin t+C=-\arcsin\frac{1}{x}+C.$$

当 $x<-1$ 时, 有

$$\int \frac{\mathrm{d}x}{x\sqrt{x^2-1}}=\int \frac{t}{t\sqrt{1-t^2}}\mathrm{d}t=\int \frac{\mathrm{d}t}{\sqrt{1-t^2}}=\arcsin t+C=\arcsin\frac{1}{x}+C. \qquad \blacksquare$$

注 在进行分式积分时, 如果分母中关于自变量的次数较高, 有时可使用 $x=\dfrac{1}{t}$ 这一代换.

注 总结本例中使用过的变量代换的规律, 在不定积分的计算中, 可通过以下变量代换消去积分表达式中的根式:

(1) $\sqrt{a^2-x^2}$, 令 $x=a\sin t$ (或 $x=a\cos t$);

(2) $\sqrt{x^2+a^2}$, 令 $x=a\tan t$ (或 $x=a\sinh t$);

(3) $\sqrt{x^2-a^2}$, 令 $x=a\sec t$ (或 $x=a\cosh t$);

(4) $\sqrt[n]{ax+b}$, 令 $\sqrt[n]{ax+b}=t$;

(5) $\sqrt{ax^2+bx+c}$, 根号内先配完全平方, 再利用三角变换.

此外, 亦可将例 4.2.4 中 (1)~(3) 的不定积分计算结果视为基本积分公式.

例 4.2.5 求不定积分 $\displaystyle\int \frac{\mathrm{d}x}{x\sqrt{3x^2-2x+1}}$.

解 利用代换 $x=\dfrac{1}{t}$ 降低分母中自变量的次数. 令 $x=\dfrac{1}{t}$, 于是 $\mathrm{d}x=-\dfrac{1}{t^2}\mathrm{d}t$, 因此

$$\begin{aligned}
\int \frac{\mathrm{d}x}{x\sqrt{3x^2-2x+1}}&=\int \frac{-\dfrac{1}{t^2}\mathrm{d}t}{\dfrac{1}{t}\sqrt{\dfrac{3}{t^2}-\dfrac{2}{t}+1}}=-\int \frac{\mathrm{d}t}{\sqrt{3-2t+t^2}}\\
&=-\int \frac{\mathrm{d}t}{\sqrt{2+(t-1)^2}} \quad (\text{令 } t-1=\sqrt{2}\tan u)\\
&=-\int \frac{\sqrt{2}\sec^2 u\mathrm{d}u}{\sqrt{2}\sec u}=-\int \sec u\mathrm{d}u\\
&=-\ln|\sec u+\tan u|+C_1\\
&=-\ln\left|\frac{\sqrt{2+(t-1)^2}}{\sqrt{2}}+\frac{t-1}{\sqrt{2}}\right|+C_1\\
&=-\ln\left|\frac{\sqrt{2+\left(\dfrac{1}{x}-1\right)^2}}{\sqrt{2}}+\frac{\dfrac{1}{x}-1}{\sqrt{2}}\right|+C_1
\end{aligned}$$

$$= -\ln\left|\frac{\sqrt{3x^2-2x+1}-x+1}{\sqrt{2}x}\right|+C.$$

注　上面积分过程中的倒数第 4 行将 $\sec u$ 和 $\tan u$ 变换回 x 的函数时用到的直角三角形如图 4.2.2 所示.

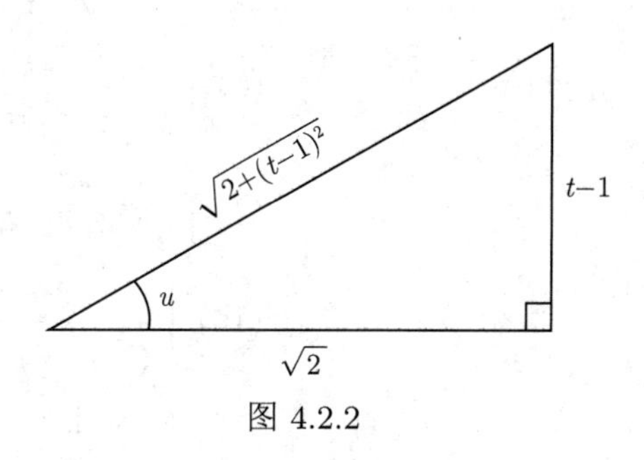

图 4.2.2

■

习题 4.2A

1. 利用第一类换元法计算下列不定积分:

(1) $\displaystyle\int \frac{1}{a-bt}\mathrm{d}t$　(a,b是常数);

(2) $\displaystyle\int \sin(\omega t+\varphi)\mathrm{d}t$　(ω,φ是常数);

(3) $\displaystyle\int (1-3x)^8\mathrm{d}x$;

(4) $\displaystyle\int \frac{\mathrm{d}x}{x(1+x^4)}$;

(5) $\displaystyle\int \frac{\mathrm{d}x}{\sqrt{1-9x^2}}$;

(6) $\displaystyle\int \frac{\mathrm{d}x}{\sqrt{x}(4-x)}$;

(7) $\displaystyle\int x^2(3+2x^3)^{\frac{1}{6}}\mathrm{d}x$;

(8) $\displaystyle\int \frac{\mathrm{d}x}{(2-x)\sqrt{1-x}}$;

(9) $\displaystyle\int \frac{3x^3+x}{1+x^4}\mathrm{d}x$;

(10) $\displaystyle\int \frac{\mathrm{e}^{2x}}{1+\mathrm{e}^{2x}}\mathrm{d}x$;

(11) $\displaystyle\int \frac{\mathrm{d}x}{\sqrt{x}\sqrt{1+\sqrt{x}}}$;

(12) $\displaystyle\frac{\sqrt{1+\sqrt{x}}}{\sqrt{x}}\mathrm{d}x$;

(13) $\displaystyle\int \frac{\sin\ln|x|}{x}\mathrm{d}x$;

(14) $\displaystyle\int \frac{\ln\ln x}{x\ln x}\mathrm{d}x$　($x>\mathrm{e}$);

(15) $\displaystyle\int \frac{\tan x}{\sqrt{\cos x}}\mathrm{d}x$;

(16) $\displaystyle\int \sin^2 x\cos^2 x\mathrm{d}x$;

(17) $\displaystyle\int \frac{\mathrm{d}x}{\cos^4 x}$;

(18) $\displaystyle\int \mathrm{e}^{\sin x}\cos x\mathrm{d}x$;

(19) $\displaystyle\int \frac{\sqrt{\arctan x}}{1+x^2}\mathrm{d}x$;

(20) $\displaystyle\int \frac{\mathrm{d}x}{\sqrt{4-x^2}\arccos\dfrac{x}{2}}$;

(21) $\displaystyle\int \frac{x}{\sqrt{1+x^2}}\mathrm{e}^{-\sqrt{1+x^2}}\mathrm{d}x$;

(22) $\displaystyle\int \frac{\arctan\dfrac{1}{x}}{1+x^2}\mathrm{d}x$.

2. 利用第二类换元法计算下列不定积分:

(1) $\int x\sqrt{2x-1}\mathrm{d}x$;

(2) $\int x\sqrt{3x-2}\mathrm{d}x$;

(3) $\int \frac{\mathrm{d}x}{1+\sqrt{1+x}}$;

(4) $\int \frac{\mathrm{d}u}{2+\sqrt{2+u}}$;

(5) $\int \frac{x^2}{\sqrt{a^2-x^2}}\mathrm{d}x \quad (a>0)$;

(6) $\int \frac{\mathrm{d}x}{(1-x^2)^{\frac{3}{2}}}$;

(7) $\int \frac{\mathrm{d}x}{2x+\sqrt{1-x^2}}$;

(8) $\int \frac{\mathrm{d}x}{x^2\sqrt{x^2-9}}$;

(9) $\int \frac{\mathrm{d}x}{x\sqrt{x^2-1}}$;

(10) $\int \frac{x^3}{(1+x^2)^{\frac{3}{2}}}\mathrm{d}x$;

(11) $\int \frac{\sqrt{x^2+2x}}{x^2}\mathrm{d}x$;

(12) $\int \frac{\mathrm{d}x}{x\sqrt{x^2-9}}$;

(13) $\int \frac{\mathrm{d}x}{\sqrt{x^2+2x+3}}$;

(14) $\int \frac{\sqrt{1+\ln x}}{x\ln x}\mathrm{d}x$;

(15) $\int \frac{\mathrm{e}^{2x}}{\sqrt{3\mathrm{e}^x-2}}\mathrm{d}x$;

(16) $\int \frac{\mathrm{d}x}{1+\mathrm{e}^{\frac{x}{6}}}$;

(17) $\int \frac{x^5}{\sqrt{1+x^2}}\mathrm{d}x$;

(18) $\int \frac{\mathrm{d}x}{(x-a)\sqrt{(x-a)(x-b)}}$.

3. 求下列不定积分:

(1) $\int \frac{\mathrm{d}x}{x^4+3x^2}$;

(2) $\int \frac{1}{t^4+10t^2+9}\mathrm{d}t$;

(3) $\int \frac{x^2}{(x-1)^{100}}\mathrm{d}x$;

(4) $\int \frac{1-t^7}{t(1+t^7)}\mathrm{d}t$;

(5) $\int \frac{\mathrm{d}x}{1+\cos x}$;

(6) $\int \frac{\cos x-\sin x}{\cos x+\sin x}\mathrm{d}x$;

(7) $\int \frac{\ln\tan x}{\sin x\cos x}\mathrm{d}x$;

(8) $\int \frac{1}{\sin x+\tan x}\mathrm{d}x$;

(9) $\int \frac{\mathrm{d}x}{\cos^4 x}$;

(10) $\int \csc^3 x\cot x\mathrm{d}x$;

(11) $\int \frac{\sin 2x}{1+\sin^4 x}\mathrm{d}x$;

(12) $\int \frac{\mathrm{d}x}{\sqrt{1+\mathrm{e}^{-2x}}}$;

(13) $\int \frac{\cos 2x}{1+\sin x\cos x}\mathrm{d}x$;

(14) $\int \frac{\mathrm{d}x}{x\ln x}$;

(15) $\int \frac{\mathrm{d}x}{2x+\sqrt{1+x^2}}$;

(16) $\int \frac{\mathrm{d}x}{\sqrt{2x-1}-\sqrt[4]{2x-1}}$.

4. 设 $f'(x^2)=\frac{1}{x}\ (x>0)$, 求 $f(x)$.

习题 4.2B

1. 求不定积分 $\displaystyle\int \frac{\mathrm{d}x}{1+\sin^2 x}$.

2. 求不定积分 $\displaystyle\int \frac{2^x 3^x}{9^x - 4^x}\mathrm{d}x$.

3. 求不定积分 $\displaystyle\int \frac{x}{(x+2)\sqrt{x^2+4x-12}}\mathrm{d}x$.

4. 求不定积分 $\displaystyle\int \frac{(x+1)}{x(1+x\mathrm{e}^x)}\mathrm{d}x$.

5. 求不定积分 $\displaystyle\int \mathrm{e}^{\mathrm{e}^x \cos x}(\cos x - \sin x)\mathrm{e}^x \mathrm{d}x$.

6. 求不定积分 $\displaystyle\int \frac{\mathrm{d}x}{1+\mathrm{e}^{\frac{x}{2}}+\mathrm{e}^{\frac{x}{3}}+\mathrm{e}^{\frac{x}{6}}}$.

7. 求不定积分 $\displaystyle\int \frac{\mathrm{d}x}{\sqrt{1+\mathrm{e}^x}+\sqrt{1-\mathrm{e}^x}}$.

8. 求不定积分 $\displaystyle\int \frac{\sin(2n+1)x}{\sin x}\mathrm{d}x$ ($n \geqslant 0$ 为正整数).

9. 设 $f'\left(\sin^2 x\right) = \cos^2 x + \tan^2 x (0 < x < 1)$, 求函数 $f(x)$.

4.3　分部积分法

前一节中, 我们在复合函数求导法则的基础上得到了换元积分法. 在这一节中, 我们将利用两个函数乘积的求导法则来推导另一种求不定积分的基本方法——**分部积分法**. 它同样能够将不定积分的被积函数简化, 使其成为能应用换元积分法或基本积分公式求出的不定积分.

设函数 u, v 都有连续的导数, 由两个函数乘积的求导公式可知

$$(uv)' = u'v + uv'.$$

移项后得

$$uv' = (uv)' - u'v,$$

上式两边同时进行积分运算, 得

$$\int uv'\mathrm{d}x = \int (uv)'\mathrm{d}x - \int vu'\mathrm{d}x,$$

即

$$\int u\mathrm{d}v = uv - \int v\mathrm{d}u. \tag{4.3.1}$$

这里, 把式 (4.3.1) 右端第一项的积分常数放到了第二项 $\int v\mathrm{d}u$ 中, 式 (4.3.1) 称为**分部积分公式** (integration by parts). 有时不定积分 $\int u\mathrm{d}v$ 不能直接应用不定积分公式求出, 而 $\int v\mathrm{d}u$ 可应用不定积分公式求出, 或者后一不定积分比前一不定积分容易求出, 可利用式 (4.3.1) 把计算 $\int u\mathrm{d}v$ 转化为计算 $\int v\mathrm{d}u$. 因此, 使用分部积分法求积分时有两点需要注意:

① v 要容易求得;

② $\int v\mathrm{d}u$ 要比 $\int u\mathrm{d}v$ 更容易积分.

一般说来, 分部积分法可以解决以下 5 类问题:

① $\int x^k\mathrm{e}^{\alpha x}\mathrm{d}x$, 被积函数是一个幂函数 $x^k(k\in\mathbf{N}_+)$ 和一个指数函数 $\mathrm{e}^{\alpha x}(\alpha\in\mathbf{R})$ 的乘积;

② $\int x^k\sin\beta x\mathrm{d}x$ 和 $\int x^k\cos\beta x\mathrm{d}x$, 被积函数是一个幂函数 $x^k(k\in\mathbf{N}_+)$ 和一个正弦函数 $\sin\beta x$ 或者余弦函数 $\cos\beta x$ 的乘积;

③ $\int x^\alpha\ln^m x\mathrm{d}x$, 被积函数是一个幂函数 $x^\alpha(\alpha\in\mathbf{R})$ 和一个对数函数 $\ln^m x(m\in\mathbf{N}_+)$ 的乘积;

④ $\int x^k\arcsin x\mathrm{d}x$, $\int x^k\arccos x\mathrm{d}x$, $\int x^k\arctan x\mathrm{d}x$ 和 $\int x^k\cot x\mathrm{d}x$, 被积函数是一个幂函数 $x^k(k\in\mathbf{N}_+)$ 和一个关于 x 的反三角函数的乘积;

⑤ $\int \mathrm{e}^x\sin x\mathrm{d}x$ 和 $\int \mathrm{e}^x\cos x\mathrm{d}x$, 被积函数是一个指数函数和一个三角函数的乘积.

下面详细介绍如何运用分部积分法来求这 5 类不定积分.

例 4.3.1 求下列不定积分:

(1) $\int x\mathrm{e}^x\mathrm{d}x$; (2) $\int x^2\mathrm{e}^x\mathrm{d}x$;

(3) $\int x\sin x\mathrm{d}x$; (4) $\int (x^2+2x)\cos x\mathrm{d}x$;

(5) $\int x\ln x\mathrm{d}x$; (6) $\int \ln x\mathrm{d}x$;

(7) $\int x\arctan x\mathrm{d}x$; (8) $\int \arctan x\mathrm{d}x$;

(9) $\int \mathrm{e}^x \sin x \mathrm{d}x$;　　　　(10) $\int \mathrm{e}^x \cos x \mathrm{d}x$.

解　(1) 运用分部积分公式 (4.3.1), 首先要将被积表达式分成两部分, 即 u 和 $\mathrm{d}v$ 的乘积. 当然, 将 $x\mathrm{e}^x\mathrm{d}x$ 分成 u 和 $\mathrm{d}v$ 的乘积有多种不同的分法. 但是若想正确运用公式, 我们就要选取合适的 u 和 $\mathrm{d}v$ 使得 $\int v\mathrm{d}u$ 比 $\int u\mathrm{d}v$ 计算简单, 或者 $\int v\mathrm{d}u$ 本身就是基本积分公式.

这里将函数 x 作为 u, 把 e^x 和 $\mathrm{d}x$ 结合为 $\mathrm{d}(\mathrm{e}^x)$, 则由式 (4.3.1), 有

$$\begin{aligned}\int x\mathrm{e}^x\mathrm{d}x = \int x\mathrm{d}(\mathrm{e}^x) &= x\mathrm{e}^x - \int \mathrm{e}^x\mathrm{d}x \\ &= x\mathrm{e}^x - \mathrm{e}^x + C = \mathrm{e}^x(x-1) + C.\end{aligned}$$

如果换一种 u 和 $\mathrm{d}v$ 的选取, 将函数 e^x 看作 u, 把 x 和 $\mathrm{d}x$ 结合得微分 $\mathrm{d}v$, 则

$$\begin{aligned}\int x\mathrm{e}^x\mathrm{d}x = \frac{1}{2}\int \mathrm{e}^x\mathrm{d}(x^2) &= \frac{1}{2}\left[\mathrm{e}^x x^2 - \int x^2\mathrm{d}(\mathrm{e}^x)\right] \\ &= \frac{1}{2}(x^2\mathrm{e}^x - \int x^2\mathrm{e}^x\mathrm{d}x).\end{aligned}$$

可以观察到上式右端的不定积分比原来的不定积分更加复杂.

注　由此可见, “恰当” 地选取 u 和 $\mathrm{d}v$ 是正确运用分部积分公式 (4.3.1) 的关键.

(2) 将函数 x^2 看作 u, 把 e^x 和 $\mathrm{d}x$ 凑在一起得微分 $\mathrm{d}(\mathrm{e}^x)$, 由式 (4.3.1) 有

$$\int x^2\mathrm{e}^x\mathrm{d}x = \int x^2\mathrm{d}(\mathrm{e}^x) = x^2\mathrm{e}^x - \int \mathrm{e}^x\mathrm{d}(x^2) = x^2\mathrm{e}^x - 2\int x\mathrm{e}^x\mathrm{d}x$$

尽管计算还没有结束, 但是可以看出被积函数中的多项式次数降低了. 再参照 (1) 中积分使用一次公式 (4.3.1) , 有

$$\int x^2\mathrm{e}^x\mathrm{d}x = x^2\mathrm{e}^x - 2\mathrm{e}^x(x-1) + C.$$

(3) 将函数 x 看作 u, 把函数 $\sin x$ 和 $\mathrm{d}x$ 凑在一起得微分 $\mathrm{d}(-\cos x)$, 由式 (4.3.1), 有

$$\int x\sin x\mathrm{d}x = \int x\mathrm{d}(-\cos x) = -x\cos x + \int \cos x\mathrm{d}x = \sin x - x\cos x + C.$$

(4) 将函数 x^2+2x 看作 u, 把函数 $\cos x$ 和 $\mathrm{d}x$ 凑在一起得微分 $\mathrm{d}(\sin x)$, 有

$$\begin{aligned}\int (x^2+2x)\cos x\mathrm{d}x &= \int (x^2+2x)\mathrm{d}(\sin x) \\ &= (x^2+2x)\sin x - \int \sin x\mathrm{d}(x^2+2x) \\ &= (x^2+2x)\sin x - \int (2x+2)\sin x\mathrm{d}x.\end{aligned}$$

类似于 (2), 尽管这里计算还没有结束, 但是被积函数中的多项式次数降低了. 再将 $\sin x$ 和 $\mathrm{d}x$ 凑在一起得微分 $\mathrm{d}(-\cos x)$, 并使用一次式 (4.3.1), 有

$$\begin{aligned}\int(2x+2)\sin x\mathrm{d}x &= -\int(2x+2)\mathrm{d}(\cos x) = -\left[(2x+2)\cos x - \int\cos x\mathrm{d}(2x+2)\right] \\ &= -(2x+2)\cos x + 2\int\cos x\mathrm{d}x \\ &= -(2x+2)\cos x + 2\sin x + C.\end{aligned}$$

因此

$$\begin{aligned}\int(x^2+2x)\cos x\mathrm{d}x &= (x^2+2x)\sin x + (2x+2)\cos x - 2\sin x + C \\ &= (x^2+2x-2)\sin x + 2(x+1)\cos x + C.\end{aligned}$$

(5) 如果将 x 看作 u, 并将 $\ln x\mathrm{d}x$ 看作 $\mathrm{d}v$, 则很难求得函数 v. 因此, 将 x 和 $\mathrm{d}x$ 组合为微分 $\dfrac{1}{2}\mathrm{d}(x^2)$, 有

$$\begin{aligned}\int x\ln x\mathrm{d}x &= \frac{1}{2}\int\ln x\mathrm{d}(x^2) = \frac{1}{2}\left[x^2\ln x - \int x^2\mathrm{d}(\ln x)\right] \\ &= \frac{1}{2}\left[x^2\ln x - \int x\mathrm{d}x\right] = \frac{1}{2}\left(x^2\ln x - \frac{1}{2}x^2\right) + C.\end{aligned}$$

(6) 将函数 $\ln x$ 看作 u, 并直接将 $\mathrm{d}x$ 看作 $\mathrm{d}v$, 有

$$\int\ln x\mathrm{d}x = x\ln x - \int x\mathrm{d}(\ln x) = x\ln x - \int\mathrm{d}x = x\ln x - x + C.$$

(7) 将 $\arctan x$ 看作 u, 将函数 x 和 $\mathrm{d}x$ 结合在一起, 凑成微分 $\dfrac{1}{2}\mathrm{d}(x^2)$, 由分部积分公式有

$$\begin{aligned}\int x\arctan x\mathrm{d}x &= \int\frac{1}{2}\arctan x\mathrm{d}(x^2) \\ &= \frac{1}{2}\left(x^2\arctan x - \int x^2\frac{1}{1+x^2}\mathrm{d}x\right) \\ &= \frac{1}{2}\left[x^2\arctan x - \int\left(1-\frac{1}{1+x^2}\right)\mathrm{d}x\right] \\ &= \frac{1}{2}(x^2\arctan x - x + \arctan x) + C \\ &= \frac{1}{2}\left[(x^2+1)\arctan x - x\right] + C.\end{aligned}$$

注 类似于 (7), 可以运用分部积分法计算以下积分:

$$\int x\arcsin x\mathrm{d}x, \quad \int x\arccos x\mathrm{d}x, \quad \cdots$$

(8) 将函数 $\arctan x$ 看作 u, 并直接将 $\mathrm{d}x$ 看作 $\mathrm{d}v$, 有

$$\begin{aligned}\int \arctan x\mathrm{d}x &= x\arctan x - \int x\mathrm{d}(\arctan x) = x\arctan x - \int \frac{x}{1+x^2}\mathrm{d}x \\ &= x\arctan x - \frac{1}{2}\int \frac{1}{1+x^2}\mathrm{d}(1+x^2) = x\arctan x - \frac{1}{2}\ln(1+x^2) + C.\end{aligned}$$

注 类似地, 可以运用分部积分法计算下列积分:

$$\int \arcsin x\mathrm{d}x, \quad \int \arccos x\mathrm{d}x, \quad \cdots$$

(9) 将 e^x 和 $\mathrm{d}x$ 凑在一起得到微分 $\mathrm{d}(\mathrm{e}^x)$, 即 $u = \sin x$, $\mathrm{d}v = \mathrm{d}(\mathrm{e}^x)$, 则

$$\begin{aligned}\int \mathrm{e}^x \sin x\mathrm{d}x &= \int \sin x\mathrm{d}(\mathrm{e}^x) = \mathrm{e}^x \sin x - \int \mathrm{e}^x \cos x\mathrm{d}x = \mathrm{e}^x \sin x - \int \cos x\mathrm{d}(\mathrm{e}^x) \\ &= \mathrm{e}^x \sin x - \left(\mathrm{e}^x \cos x + \int \mathrm{e}^x \sin x\mathrm{d}x\right).\end{aligned}$$

移项得

$$\int \mathrm{e}^x \sin x\mathrm{d}x = \frac{1}{2}\mathrm{e}^x(\sin x - \cos x) + C.$$

这里需要注意, 由于不定积分本身蕴含任意常数 C, 因此上式移项后不可将其遗漏.

如果重新选取 u 与 $\mathrm{d}v$, 令 $u = \mathrm{e}^x$, $\mathrm{d}v = \sin x\mathrm{d}x = \mathrm{d}(-\cos x)$, 则

$$\begin{aligned}\int \mathrm{e}^x \sin x\mathrm{d}x &= -\int \mathrm{e}^x\mathrm{d}(\cos x) = -\mathrm{e}^x \cos x + \int \mathrm{e}^x \cos x\mathrm{d}x = -\mathrm{e}^x \cos x + \int \mathrm{e}^x\mathrm{d}(\sin x) \\ &= -\mathrm{e}^x \cos x + \left(\mathrm{e}^x \sin x - \int \mathrm{e}^x \sin x\mathrm{d}x\right).\end{aligned}$$

同样, 移项可得

$$\int \mathrm{e}^x \sin x\mathrm{d}x = \frac{1}{2}\mathrm{e}^x(\sin x - \cos x) + C.$$

(10) 计算过程与 (9) 相同, 可以得到

$$\int \mathrm{e}^x \cos x\mathrm{d}x = \frac{1}{2}\mathrm{e}^x(\sin x + \cos x) + C.$$ ■

注 从上述例题中可以看出, 分部积分法适用于之前提到的这 5 类问题. 对于前两类问题, 应将幂函数 x^k 看作 $u(x)$ 并将其他的函数与 $\mathrm{d}x$ 结合看作 $\mathrm{d}v(x)$; 对于第三类和第四类问题, 应将幂函数 x^k 和 $\mathrm{d}x$ 结合为 $\mathrm{d}v(x)$ 并将其他函数看作 $u(x)$; 对于最后一类问题, 可将两个函数中任一函数看作 $u(x)$. 简而言之, 我们用 **"反、对、幂、三、指"** 作为在通常情况下选取 $u(x)$ 的优先级口诀.

注 下面列出了一些基本积分公式.

$\int \tan x \mathrm{d}x = \ln\lvert\sec x\rvert + C$	$\int \cot x \mathrm{d}x = -\ln\lvert\csc x\rvert + C$
$\int \sec x \mathrm{d}x = \ln\lvert\sec x + \tan x\rvert + C$	$\int \csc x \mathrm{d}x = -\ln\lvert\csc x + \cot x\rvert + C$
$\int \arcsin x \mathrm{d}x = x\arcsin x + \sqrt{1-x^2} + C$	$\int \arccos x \mathrm{d}x = x\arccos x - \sqrt{1-x^2} + C$
$\int \arctan x \mathrm{d}x = x\arctan x - \frac{1}{2}\ln(1+x^2) + C$	$\int \ln x \mathrm{d}x = x\ln x - x + C$
$\int \frac{\mathrm{d}x}{a^2+x^2} = \frac{1}{a}\arctan\frac{x}{a} + C$	$\int \frac{\mathrm{d}x}{a^2-x^2} = \frac{1}{2a}\ln\left\lvert\frac{x+a}{x-a}\right\rvert + C \quad (a>0)$
$\int \frac{\mathrm{d}x}{\sqrt{a^2-x^2}} = \arcsin\frac{x}{a} + C \quad (a>0)$	$\int \frac{\mathrm{d}x}{\sqrt{x^2-a^2}} = \ln\left\lvert x+\sqrt{x^2-a^2}\right\rvert + C \quad (a>0)$
$\int \frac{\mathrm{d}x}{\sqrt{a^2+x^2}} = \ln(x+\sqrt{x^2+a^2}) + C \quad (a>0)$	

有时, 我们需要灵活地将被积函数分解为几部分, 并将其中几部分与 $\mathrm{d}x$ 成功合并为 $\mathrm{d}v(x)$, 也常常将分部积分法和换元积分法结合起来使用. 有时需要连续使用几次分部积分法才能求得结果; 有时应用分部积分法求不定积分后, 可能会再次出现与原不定积分同类的项, 需要移项合并后才能完成求解, 或者有可能推导得出一个递推公式, 从而完成求解.

例 4.3.2 求下列不定积分:

(1) $\int \mathrm{e}^{\sqrt{x}}\mathrm{d}x$;　　(2) $\int \frac{x\arcsin x}{\sqrt{1-x^2}}\mathrm{d}x$;

(3) $\int \frac{x}{1+\cos x}\mathrm{d}x$;　　(4) $\int \sec^3 x\mathrm{d}x$;

(5) $\int \frac{x^2\mathrm{d}x}{(x^2+a^2)^2}(a>0)$;　　(6) $\int \frac{x\mathrm{e}^x}{\sqrt{1+\mathrm{e}^x}}\mathrm{d}x$.

解 (1) 令 $\sqrt{x}=t$, $\mathrm{d}x = 2t\mathrm{d}t$, 于是

$$\begin{aligned}\int \mathrm{e}^{\sqrt{x}}\mathrm{d}x &= 2\int t\mathrm{e}^t\mathrm{d}t = 2\int t\mathrm{d}(\mathrm{e}^t) = 2t\mathrm{e}^t - 2\int \mathrm{e}^t\mathrm{d}t \\ &= 2t\mathrm{e}^t - 2\mathrm{e}^t + C \\ &= 2\sqrt{x}\mathrm{e}^{\sqrt{x}} - 2\mathrm{e}^{\sqrt{x}} + C.\end{aligned}$$

(2)
$$\begin{aligned}\int \frac{x\arcsin x}{\sqrt{1-x^2}}\mathrm{d}x &= -\frac{1}{2}\int \frac{\arcsin x}{\sqrt{1-x^2}}\mathrm{d}(1-x^2) = -\int \arcsin x\mathrm{d}\sqrt{1-x^2} \\ &= -\left[\sqrt{1-x^2}\arcsin x - \int \sqrt{1-x^2}\mathrm{d}(\arcsin x)\right] \\ &= -\sqrt{1-x^2}\arcsin x + \int \sqrt{1-x^2}\frac{1}{\sqrt{1-x^2}}\mathrm{d}x \\ &= -\sqrt{1-x^2}\arcsin x + x + C.\end{aligned}$$

(3) $$\int \frac{x}{1+\cos x}\mathrm{d}x = \int \frac{x}{2\cos^2\frac{x}{2}}\mathrm{d}x = \int \frac{x}{\cos^2\frac{x}{2}}\mathrm{d}\left(\frac{x}{2}\right)$$
$$= \int x\mathrm{d}\left(\tan\frac{x}{2}\right) = x\tan\frac{x}{2} - \int \tan\frac{x}{2}\mathrm{d}x$$
$$= x\tan\frac{x}{2} - 2\ln|\sec\frac{x}{2}| + C.$$

(4) $$\int \sec^3 x\mathrm{d}x = \int \sec x\mathrm{d}(\tan x) = \sec x\cdot\tan x - \int \tan x\mathrm{d}(\sec x)$$
$$= \sec x\cdot\tan x - \int \tan^2 x\sec x\mathrm{d}x$$
$$= \sec x\cdot\tan x - \int(\sec^2 x - 1)\sec x\mathrm{d}x$$
$$= \sec x\tan x - \int \sec^3 x\mathrm{d}x + \int \sec x\mathrm{d}x.$$

移项可得

$$\int \sec^3 x\mathrm{d}x = \frac{1}{2}\left(\sec x\cdot\tan x + \int \sec x\mathrm{d}x\right)$$
$$= \frac{1}{2}(\sec x\cdot\tan x + \ln|\sec x + \tan x|) + C.$$

(5) $$\int \frac{x^2\mathrm{d}x}{(x^2+a^2)^2} = \frac{1}{2}\int \frac{x\mathrm{d}(x^2)}{(x^2+a^2)^2} = -\frac{1}{2}\int x\mathrm{d}\left(\frac{1}{x^2+a^2}\right)$$
$$= -\frac{1}{2}\frac{x}{x^2+a^2} + \frac{1}{2}\int \frac{\mathrm{d}x}{x^2+a^2}$$
$$= -\frac{1}{2}\frac{x}{x^2+a^2} + \frac{1}{2a}\arctan\frac{x}{a} + C.$$

(6) $$\int \frac{x\mathrm{e}^x}{\sqrt{1+\mathrm{e}^x}}\mathrm{d}x = \int \frac{x}{\sqrt{1+\mathrm{e}^x}}\mathrm{d}(\mathrm{e}^x) = \int \frac{x}{\sqrt{1+\mathrm{e}^x}}\mathrm{d}(1+\mathrm{e}^x)$$
$$= 2\int x\mathrm{d}\sqrt{1+\mathrm{e}^x} = 2\left(x\sqrt{1+\mathrm{e}^x} - \int \sqrt{1+\mathrm{e}^x}\mathrm{d}x\right),$$

$\int \sqrt{1+\mathrm{e}^x}\mathrm{d}x$ 依然不易计算, 但可以利用换元积分法消去积分表达式中的根式, 令

$$\sqrt{1+\mathrm{e}^x} = t, \quad x = \ln(t^2-1), \quad \mathrm{d}x = \frac{2t}{t^2-1}\mathrm{d}t,$$

则

$$\int \sqrt{1+\mathrm{e}^x}\mathrm{d}x = \int t\frac{2t}{t^2-1}\mathrm{d}t = 2\int\left(1+\frac{1}{t^2-1}\right)\mathrm{d}t = 2\left(t - \frac{1}{2}\ln\left|\frac{1+t}{1-t}\right|\right) + C$$
$$= 2\sqrt{1+\mathrm{e}^x} - \ln\frac{\sqrt{1+\mathrm{e}^x}+1}{\sqrt{1+\mathrm{e}^x}-1} + C.$$

因此

$$\int \frac{xe^x}{\sqrt{1+e^x}}dx = 2(x-2)\sqrt{1+e^x} + 2\ln\frac{\sqrt{1+e^x}+1}{\sqrt{1+e^x}-1} + C. \qquad \blacksquare$$

例 4.3.3 求积分 $I_n = \int \frac{dx}{(x^2+a^2)^n}$ $(n \in \mathbf{N}_+, a > 0)$.

解
$$\begin{aligned} I_n &= \int \frac{dx}{(x^2+a^2)^n} = \frac{x}{(x^2+a^2)^n} + \int \frac{2nx^2}{(x^2+a^2)^{n+1}}dx \\ &= \frac{x}{(x^2+a^2)^n} + 2n\int \frac{x^2+a^2-a^2}{(x^2+a^2)^{n+1}}dx \\ &= \frac{x}{(x^2+a^2)^n} + 2n\int \frac{dx}{(x^2+a^2)^n} - 2na^2\int \frac{dx}{(x^2+a^2)^{n+1}} \\ &= \frac{x}{(x^2+a^2)^n} + 2nI_n - 2na^2 I_{n+1}. \end{aligned}$$

移项后可得递推公式如下:

$$I_{n+1} = \frac{1}{2na^2}\left[\frac{x}{(x^2+a^2)^n} + (2n-1)I_n\right]. \qquad \blacksquare$$

注意到 $I_1 = \int \frac{dx}{x^2+a^2} = \frac{1}{a}\arctan\left(\frac{x}{a}\right) + C$. 代入递推公式可得 I_n.

习题 4.3A

1. 计算下列不定积分:

(1) $\int x\sin 3x dx$;

(2) $\int x(\cos 3x + \sin 2x)dx$;

(3) $\int t^2\cos^2\frac{t}{2}dt$;

(4) $\int xe^{-x}dx$;

(5) $\int (x^3+x)\,6^x dx$;

(6) $\int x(e^{2x}+2^x)dx$;

(7) $\int x^2\arctan x dx$;

(8) $\int x\arctan\frac{x}{a}dx$ (a为常数);

(9) $\int x^2\ln x dx$;

(10) $\int e^{2x}\cos 3x dx$;

(11) $\int \cos\ln x dx$;

(12) $\int \frac{\ln^3 x}{x^2}dx$.

2. 计算下列不定积分:

(1) $\int \frac{xe^x}{(1+e^x)^2}dx$;

(2) $\int \sqrt{x}\sin\sqrt{x}dx$;

(3) $\int \frac{\ln(\sin x)}{\sin^2 x}dx$;

(4) $\int \arctan\sqrt{x}dx$;

(5) $\int \frac{\ln x-1}{(\ln x)^2}\mathrm{d}x$;　　(6) $\int \frac{x+\sin x}{1+\cos x}\mathrm{d}x$;

(7) $\int \frac{\mathrm{e}^x(1+\sin x)}{1+\cos x}\mathrm{d}x$;　　(8) $\int \frac{x\mathrm{e}^{\arctan x}}{(1+x^2)^2}\mathrm{d}x$;

(9) $\int \frac{(1+x^2)\arcsin x}{x^2\sqrt{1-x^2}}\mathrm{d}x$;　　(10) $\int \frac{\cos^4 x}{\sin^3 x}\mathrm{d}x$;

(11) $\int \frac{\ln(x+\sqrt{1+x^2})}{(1+x^2)^{\frac{3}{2}}}\mathrm{d}x$;　　(12) $\int x\arctan\frac{a^2+x^2}{a^2}\mathrm{d}x$ (a为常数).

3. 证明下列递推公式 ($n=2,3,\cdots$):

(1) 如果 $I_n=\int \tan^n x\mathrm{d}x$, 则 $I_n=\frac{1}{n-1}\tan^{n-1}x-I_{n-2}$;

(2) 如果 $I_n=\int \sin^n x\mathrm{d}x$, 则 $I_n=-\frac{1}{n}\sin^{n-1}x\cos x+\frac{n-1}{n}I_{n-2}$;

(3) 如果 $I_n=\int \frac{\mathrm{d}x}{\sin^n x}$, 则 $I_n=-\frac{1}{n-1}\frac{\cos x}{\sin^{n-1}x}+\frac{n-2}{n-1}I_{n-2}$.

4. 计算不定积分 $\int x\left(\frac{\sin x}{x}\right)''\mathrm{d}x$.

习题 4.3B

1. 计算不定积分 $\int [\ln f(x)+\ln f'(x)]\left[(f'(x))^2+f(x)f''(x)\right]\mathrm{d}x$.

2. 计算不定积分 $\int \frac{x\mathrm{e}^x}{(1+x)^2}\mathrm{d}x$.

3. 计算不定积分 $\int \frac{\mathrm{d}x}{\sin 2x+2\sin x}$.

4. 计算不定积分 $\int \mathrm{e}^{2x}(\tan x+1)^2\mathrm{d}x$.

5. 已知 $f(\ln x)=\frac{\ln(1+x)}{x}$, 计算不定积分 $\int f(x)\mathrm{d}x$.

6. 设 $I_n=\int(\arcsin x)^n\mathrm{d}x$, $n=2,3,\cdots$. 证明递推公式

$$I_n=x(\arcsin x)^n+n\sqrt{1-x^2}(\arcsin x)^{n-1}-n(n-1)I_{n-2}.$$

4.4 有理函数及其不定积分

在前面两节中, 我们已学习了求积分的两种基本方法——换元积分法与分部积分法, 但不是所有函数的不定积分都可求出甚至用初等积分表示. 本节将讨论一类特殊函数——有理函数的不定积分, 我们将通过介绍求一般有理函数的不定积分的方法证明这样的一个结论: 有理函数的原函数一定是初等函数.

4.4.1 有理函数的预备知识

有理函数 (rational function) 是指由两个多项式的商所表示的函数, 又称为 **有理分式** (rational fraction), 其一般形式为

$$R(x)=\frac{P(x)}{Q(x)}=\frac{a_0x^n+a_1x^{n-1}+\cdots+a_{n-1}x+a_n}{b_0x^m+b_1x^{m-1}+\cdots+b_{m-1}x+b_m}, \tag{4.4.1}$$

其中 $m,n\in\mathbf{N}$, 且系数 $a_0,a_1,\cdots,a_n$ 以及 $b_0,b_1,\cdots,b_m$ 均为实数.

不失一般性, 可假定分子多项式和分母多项式之间没有公因式. 当有理函数的分子多项式的次数小于分母多项式的次数, 即 $n<m$ 时, 称这种有理函数为 **有理真分式** (proper rational fraction), 否则当 $n\geqslant m$ 时, 称这种有理函数为 **有理假分式** (improper rational fraction).

如果分式为有理假分式, 利用多项式的除法, 总可以将一个假分式化为一个多项式 $M(x)$ 和一个有理真分式 $\dfrac{F(x)}{Q(x)}$ 之和, 即

$$\frac{P(x)}{Q(x)}=M(x)+\frac{F(x)}{Q(x)},$$

其中 $F(x)$ 的次数低于 $Q(x)$ 的次数. 例如,

$$\frac{x^3+2x+1}{x^2+1}=x+\frac{x+1}{x^2+1}.$$

因为多项式的不定积分容易求得, 所以求有理函数的不定积分的关键在于如何求出有理真分式的不定积分, 下面我们重点讨论该问题.

对于真分式 $\dfrac{F(x)}{Q(x)}$, 如果分母 $Q(x)=Q_1(x)Q_2(x)$, 且多项式 $Q_1(x)$ 与 $Q_2(x)$ 没有公因式, 根据代数学的基本知识, 存在多项式 $F_1(x)$ 和 $F_2(x)$ 使得

$$\frac{F(x)}{Q(x)}=\frac{F_1(x)}{Q_1(x)}+\frac{F_2(x)}{Q_2(x)}.$$

如果 $Q_1(x)$ 或 $Q_2(x)$ 能进一步分解为两个没有公因式的多项式相乘, 则同上可以继续对真分式进行拆分.

根据代数中实系数多项式的因式分解定理, 分母多项式 $Q(x)$ 一定有如下因式分解:

$$Q(x)=b_0(x-a)^{\alpha}\cdots(x-b)^{\beta}(x^2+px+q)^{\mu}\cdots(x^2+rx+s)^{\lambda},$$

且进一步, 有理真分式 $\dfrac{F(x)}{Q(x)}$ 可以分解为如下形式:

$$\begin{aligned}\frac{F(x)}{Q(x)}=&\frac{A_1}{(x-a)^{\alpha}}+\frac{A_2}{(x-a)^{\alpha-1}}+\cdots+\frac{A_{\alpha}}{x-a}+\cdots+\\&\frac{B_1}{(x-b)^{\beta}}+\frac{B_2}{(x-b)^{\beta-1}}+\cdots+\frac{B_{\beta}}{x-b}+\cdots+\\&\frac{M_1x+N_1}{(x^2+px+q)^{\mu}}+\frac{M_2x+N_2}{(x^2+px+q)^{\mu-1}}+\cdots+\frac{M_{\mu}x+N_{\mu}}{x^2+px+q}+\cdots+\\&\frac{R_1x+S_1}{(x^2+rx+s)^{\lambda}}+\frac{R_2x+S_2}{(x^2+rx+s)^{\lambda-1}}+\cdots+\frac{R_{\lambda}x+S_{\lambda}}{x^2+rx+s},\end{aligned}\tag{4.4.2}$$

其中 A_i, B_i, M_i, N_i, R_i 及 S_i 均为常数.

因此, 结合不定积分的线性性质可知, 求有理真分式的不定积分其实只需求以下 4 种基本形式的积分即可.

定义 4.4.1　有理真分式有如下基本形式:

Ⅰ. $\dfrac{A}{x-a}$;

Ⅱ. $\dfrac{A}{(x-a)^k}$, 其中 $k\geqslant 2$;

Ⅲ. $\dfrac{Ax+B}{x^2+px+q}$, 其中分母多项式只有复根, 即 $p^2-4q<0$;

Ⅳ. $\dfrac{Ax+B}{(x^2+px+q)^k}$, 其中 $k\geqslant 2$, 且分母多项式只有复根.

上述 4 种形式称为 **部分分式** (partial fraction).

那么, 如何确定方程 (4.4.2) 中的系数 A_i, B_i, M_i, N_i, R_i, S_i 就是首先要考虑的问题. 其方法如下: 方程 (4.4.2) 是恒等的, 可将等号右端通分得到分子为 $G(x)$ 的分式, 等式左右两边的分母都是 $Q(x)$, 得

$$\frac{F(x)}{Q(x)}=\frac{G(x)}{Q(x)}\quad \text{或}\quad F(x)=G(x).$$

方程 (4.4.2) 成立等价于多项式 $F(x)$ 与 $G(x)$ 同次幂项的系数分别相等. 由此得到关于未知系数 A_i, B_i, M_i, N_i, R_i, S_i 的一个方程组, 求解该方程组即可得到所有系数. 这种求解系数的方法叫**待定系数法** (method of underdetermined coefficient). 具体实例如下.

例 4.4.1　将有理真分式 $\dfrac{x+3}{x^2-5x+6}$ 表示为部分分式之和的形式.

解　有理真分式 $\dfrac{x+3}{x^2-5x+6}=\dfrac{x+3}{(x-3)(x-2)}$ 可以化为

$$\frac{x+3}{(x-3)(x-2)}=\frac{A}{x-3}+\frac{B}{x-2},$$

其中 A, B 为待定系数.

右边通分有

$$\frac{x+3}{(x-3)(x-2)}=\frac{A(x-2)+B(x-3)}{(x-3)(x-2)},$$

所以两边去分母后得

$$x+3=A(x-2)+B(x-3)=(A+B)x+(-2A-3B).$$

因为 x^1, x^0 (常数项) 的系数分别相等, 得到如下方程组:

$$\begin{cases} A+B=1, \\ -2A-3B=3. \end{cases}$$

解此方程组, 得

$$A=6, \quad B=-5.$$

此外, 为了确定系数也可以采用以下方法: 因为两端通分并消去分母后, 等式左右两端的多项式是恒等式, 对于 x 的任意取值, 它们都是相等的, 所以可以指定 x 的一些特殊值, 由此得到待定系数的方程组. 例如对于本例, 两端通分并消去分母后得到方程 $x+3=A(x-2)+B(x-3)$, 再分别将 $x=2$ 与 $x=3$ 代入有

$$\begin{cases} 5=-B, \\ 6=A. \end{cases}$$

由此同样可得 $A=6,\ B=-5$. 因此, 分解的结果为

$$\frac{x+3}{x^2-5x+6}=\frac{6}{x-3}+\frac{-5}{x-2}.$$ ■

例 4.4.2 将有理真分式 $\dfrac{1}{x^4-2x^3+2x^2-2x+1}$ 表示为部分分式之和的形式.

解 有理真分式 $\dfrac{1}{x^4-2x^3+2x^2-2x+1}=\dfrac{1}{(x^2+1)(x-1)^2}$ 可以化为

$$\frac{1}{(x^2+1)(x-1)^2}=\frac{A}{(x-1)^2}+\frac{B}{x-1}+\frac{Cx+D}{x^2+1},$$

其中 A,B,C,D 为待定系数.

两边通分并去分母后得

$$1=A(x^2+1)+B(x^2+1)(x-1)+(Cx+D)(x-1)^2, \tag{4.4.3}$$

即

$$1=(B+C)x^3+(A-B-2C+D)x^2+(B+C-2D)x+(A-B+D).$$

因为等式两边 x^3, x^2, x^1, x^0 (常数项) 的系数分别相等, 得到如下方程组:

$$\begin{cases} B+C=0, \\ A-B-2C+D=0, \\ B+C-2D=0, \\ A-B+D=1. \end{cases}$$

解此方程组, 得

$$A=\frac{1}{2},\quad B=-\frac{1}{2},\quad C=\frac{1}{2},\quad D=0.$$

同样, 在式 (4.4.3) 中, 也可以代入一些 x 的特殊值, 从而求出待定的系数. 例如, 令 $x=1$, 得 $1=2A$, 即 $A=\frac{1}{2}$. 将 $A=\frac{1}{2}$ 代入式 (4.4.3), 化简方程为

$$-\frac{1}{2}(x+1)=B(x^2+1)+(Cx+D)(x-1). \tag{4.4.4}$$

令 $x=1$, 有 $-1=2B$, 即 $B=-\frac{1}{2}$.

再令 $x=0$, 有 $-\frac{1}{2}-\left(-\frac{1}{2}\right)=-D$, 即 $D=0$. 最后令 $x=-1$, 有 $0=-1+2C$, 即 $C=\frac{1}{2}$.

因此, 最终分解的结果为

$$\frac{1}{x^4-2x^3+2x^2-2x+1}=\frac{1}{2(x-1)^2}-\frac{1}{2(x-1)}+\frac{x}{2(x^2+1)}.$$ ■

4.4.2 有理函数的不定积分

根据部分分式定理, 每一个有理真分式都可以表示为部分分式的和. 故求真分式的积分, 首先要考虑求部分分式的积分. 求前三类部分分式 I, Ⅱ 及 Ⅲ 的积分并没有太大的难度, 因此略去推导过程, 给出这三类部分分式不定积分的结果:

I. $\displaystyle\int\frac{A}{x-a}\mathrm{d}x=A\ln|x-a|+C$;

Ⅱ. $\displaystyle\int\frac{A}{(x-a)^k}\mathrm{d}x=A\int(x-a)^{-k}\mathrm{d}x=\frac{A}{(1-k)(x-a)^{k-1}}+C$;

Ⅲ.
$$\begin{aligned}\int\frac{Ax+B}{x^2+px+q}\mathrm{d}x&=\int\frac{\frac{A}{2}(2x+p)+\left(B-\frac{Ap}{2}\right)}{x^2+px+q}\mathrm{d}x\\&=\frac{A}{2}\int\frac{2x+p}{x^2+px+q}\mathrm{d}x+\left(B-\frac{Ap}{2}\right)\int\frac{\mathrm{d}x}{x^2+px+q}\\&=\frac{A}{2}\ln|x^2+px+q|+\left(B-\frac{Ap}{2}\right)\int\frac{\mathrm{d}x}{\left(x+\frac{p}{2}\right)^2+\left(q-\frac{p^2}{4}\right)}\\&=\frac{A}{2}\ln|x^2+px+q|+\frac{2B-Ap}{\sqrt{4q-p^2}}\arctan\frac{2x+p}{\sqrt{4q-p^2}}+C.\end{aligned}$$

第 Ⅳ 类部分分式的不定积分的计算过程较为复杂, 下面讨论该不定积分的计算.

$$\int\frac{Ax+B}{(x^2+px+q)^k}\mathrm{d}x=\int\frac{\frac{A}{2}(2x+p)+\left(B-\frac{Ap}{2}\right)}{(x^2+px+q)^k}\mathrm{d}x$$

$$= \frac{A}{2}\int \frac{2x+p}{(x^2+px+q)^k}\mathrm{d}x + \left(B - \frac{Ap}{2}\right)\int \frac{\mathrm{d}x}{(x^2+px+q)^k}. \qquad (4.4.5)$$

采用换元积分法求解式 (4.4.5) 右边的第一个不定积分, 令 $x^2+px+q=t$, $(2x+p)\mathrm{d}x=\mathrm{d}t$, 进行变量代换可得

$$\int \frac{2x+p}{(x^2+px+q)^k}\mathrm{d}x = \int \frac{\mathrm{d}t}{t^k} = \frac{t^{1-k}}{1-k} + C$$

$$= \frac{1}{(1-k)(x^2+px+q)^{k-1}} + C.$$

用 I_k 来表示式 (4.4.5) 右边的第二个不定积分, 令

$$x + \frac{p}{2} = t, \quad \mathrm{d}x = \mathrm{d}t, \quad q - \frac{p^2}{4} = m^2,$$

则有

$$I_k = \int \frac{\mathrm{d}x}{(x^2+px+q)^k} = \int \frac{\mathrm{d}x}{\left[\left(x+\frac{p}{2}\right)^2 + \left(q - \frac{p^2}{4}\right)\right]^k} = \int \frac{\mathrm{d}t}{(t^2+m^2)^k}.$$

直接用例 4.3.3 的递推公式可得

$$I_k = \frac{t}{2m^2(k-1)(t^2+m^2)^{k-1}} + \frac{2k-3}{2m^2(k-1)}I_{k-1}.$$

继续使用这种方法, 可得到熟悉的积分

$$I_1 = \int \frac{\mathrm{d}t}{t^2+m^2} = \frac{1}{m}\arctan\frac{t}{m} + C.$$

因此, 对于给定的 A, B, p, q, 将所有的 t 和 m 值代回, 最终就得到第 Ⅳ 类部分分式的不定积分的表达式.

例 4.4.3 求下列不定积分:

(1) $\displaystyle\int \frac{\mathrm{d}x}{x^2+x-2}$; (2) $\displaystyle\int \frac{x+3}{x^2-5x+6}\mathrm{d}x$;

(3) $\displaystyle\int \frac{\mathrm{d}x}{x^4-2x^3+2x^2-2x+1}$; (4) $\displaystyle\int \frac{x-2}{x^2+2x+3}\mathrm{d}x$;

(5) $\displaystyle\int \frac{x^3}{x+3}\mathrm{d}x$; (6) $\displaystyle\int \frac{x^5+x^4-8}{x^3-x}\mathrm{d}x$.

解 (1) 因为

$$\frac{1}{x^2+x-2} = \frac{1}{(x+2)(x-1)} = \frac{1}{3}\left(\frac{1}{x-1} - \frac{1}{x+2}\right),$$

有

$$\int \frac{\mathrm{d}x}{x^2+x-2} = \frac{1}{3}\left(\int \frac{\mathrm{d}x}{x-1} - \int \frac{\mathrm{d}x}{x+2}\right)$$

$$= \frac{1}{3}(\ln|x-1| - \ln|x+2|) + C$$
$$= \frac{1}{3}\ln\left|\frac{x-1}{x+2}\right| + C.$$

(2) $\displaystyle\int \frac{x+3}{x^2-5x+6}\mathrm{d}x = \int \frac{6}{x-3}\mathrm{d}x + \int \frac{-5}{x-2}\mathrm{d}x$
$$= 6\ln|x-3| - 5\ln|x-2| + C.$$

(3) $\displaystyle\int \frac{\mathrm{d}x}{x^4-2x^3+2x^2-2x+1} = \int \left[\frac{1}{2(x-1)^2} - \frac{1}{2(x-1)} + \frac{x}{2(x^2+1)}\right]\mathrm{d}x$
$$= \frac{1}{2}\int \frac{\mathrm{d}x}{(x-1)^2} - \frac{1}{2}\int \frac{\mathrm{d}x}{x-1} + \frac{1}{2}\int \frac{x\mathrm{d}x}{x^2+1}$$
$$= -\frac{1}{2(x-1)} - \frac{1}{2}\ln|x-1| + \frac{1}{4}\ln|x^2+1| + C.$$

(4) 因为

$$x-2 = \frac{1}{2}(2x+2) - 3,$$

有

$$\int \frac{x-2}{x^2+2x+3}\mathrm{d}x = \frac{1}{2}\int \frac{(2x+2)-6}{x^2+2x+3}\mathrm{d}x = \frac{1}{2}\int \frac{2x+2}{x^2+2x+3}\mathrm{d}x - 3\int \frac{\mathrm{d}x}{x^2+2x+3}$$
$$= \frac{1}{2}\int \frac{\mathrm{d}(x^2+2x+3)}{x^2+2x+3} - 3\int \frac{\mathrm{d}(x+1)}{(x+1)^2+(\sqrt{2})^2}$$
$$= \frac{1}{2}\ln(x^2+2x+3) - \frac{3}{\sqrt{2}}\arctan\frac{x+1}{\sqrt{2}} + C.$$

(5) $\displaystyle\int \frac{x^3}{x+3}\mathrm{d}x = \int \frac{(x^2-3x+9)(x+3)-27}{x+3}\mathrm{d}x = \int (x^2-3x+9)\mathrm{d}x - 27\int \frac{\mathrm{d}x}{x+3}$
$$= \frac{1}{3}x^3 - \frac{3}{2}x^2 + 9x - 27\ln|x+3| + C.$$

(6) $\displaystyle\int \frac{x^5+x^4-8}{x^3-x}\mathrm{d}x = \int \frac{(x^2+x+1)(x^3-x)+x^2+x-8}{x^3-x}\mathrm{d}x$
$$= \int (x^2+x+1)\mathrm{d}x + \int \frac{x^2+x-8}{x(x-1)(x+1)}\mathrm{d}x.$$

因为

$$\frac{x^2+x-8}{x(x-1)(x+1)} = \frac{8}{x} - \frac{3}{x-1} - \frac{4}{x+1},$$

有

$$\int \frac{x^5+x^4-8}{x^3-x}\mathrm{d}x = \frac{1}{3}x^3 + \frac{1}{2}x^2 + x + 8\ln|x| - 3\ln|x-1| - 4\ln|x+1| + C.$$

由此可见, 所有的有理函数都可以分解为多项式和一个真分式的和, 并且每一部分的积分都可以用初等函数来表示, 有理函数的不定积分总能“积”出来, 即**每一个有理函数的原函数都是初等函数.**

有些有理三角函数的积分也可化为有理函数积分来计算.

例 4.4.4 $I=\int \frac{\mathrm{d}x}{\sin x}$.

解 设 $t=\tan\frac{x}{2}$, 则

$$\sin x=\frac{2\sin\frac{x}{2}\cos\frac{x}{2}}{\cos^2\frac{x}{2}+\sin^2\frac{x}{2}}=\frac{2\tan\frac{t}{2}}{1+\tan^2\frac{t}{2}}=\frac{2t}{1+t^2},\quad \mathrm{d}x=\frac{2\mathrm{d}t}{1+t^2},$$

将其代入后有

$$\begin{aligned}I&=\int\left(\frac{1+t^2}{2t}\cdot\frac{2}{1+t^2}\right)\mathrm{d}t=\int\frac{\mathrm{d}t}{t}=\ln|t|+C\\&=\ln\left|\tan\frac{x}{2}\right|+C.\end{aligned}$$

例 4.4.5 $I=\int \frac{\mathrm{d}x}{\cos x}$.

解 设 $t=\tan\frac{x}{2}$, 则

$$\cos x=\frac{\cos^2\frac{x}{2}-\sin^2\frac{x}{2}}{\cos^2\frac{x}{2}+\sin^2\frac{x}{2}}=\frac{1-\tan^2\frac{t}{2}}{1+\tan^2\frac{t}{2}}=\frac{1-t^2}{1+t^2},\quad \mathrm{d}x=\frac{2\mathrm{d}t}{1+t^2},$$

将其代入后有

$$\begin{aligned}I&=\int\left(\frac{1+t^2}{1-t^2}\cdot\frac{2}{1+t^2}\right)\mathrm{d}t=\int\frac{2}{1-t^2}\mathrm{d}t\\&=\int\left(\frac{1}{1+t}+\frac{1}{1-t}\right)\mathrm{d}t\\&=\ln|1+t|-\ln|1-t|+C\\&=\ln\left|\frac{1+t}{1-t}\right|+C\\&=\ln\left|\frac{1+\tan\frac{x}{2}}{1-\tan\frac{x}{2}}\right|+C.\end{aligned}$$

4.4.3 不能表示为初等函数的不定积分

我们已经指出, 任一区间上的连续函数在该区间有原函数. 然而, “存在原函数”和“原函数能用初等函数表示出来”有不同的含义. 虽然某些函数的原函数存在, 但是它的原函数

不一定能用初等函数来表示, 例如

$$\int \mathrm{e}^{x^2}\mathrm{d}x, \quad \int \frac{\sin x}{x}\mathrm{d}x, \quad \int \frac{\mathrm{d}x}{\sqrt{1+x^4}}, \quad \int \frac{\mathrm{d}x}{\ln x}, \quad \cdots$$

都存在, 而这些不定积分的被积函数的原函数非初等函数. 我们也说, 这些不定积分“积不出来”. 读者也许会问: 有些积分可以用初等函数来表示, 那哪些积分不能用初等函数来表示呢? 这是一个难题. 我们仅能回答: 所有的有理函数和有理三角函数的不定积分都可以用初等函数来表示.

习题 4.4

求下列不定积分:

(1) $\displaystyle\int \frac{2x+3}{x^2+3x-10}\mathrm{d}x$;　　(2) $\displaystyle\int \frac{1}{(x^2+1)^2}\mathrm{d}x$;

(3) $\displaystyle\int \frac{x^3+1}{x^3-5x^2+6x}\mathrm{d}x$;　　(4) $\displaystyle\int \frac{x^2+1}{(x+1)^2(x-1)}\mathrm{d}x$;

(5) $\displaystyle\int \frac{1}{x^4-2x^2+1}\mathrm{d}x$;　　(6) $\displaystyle\int \frac{x^6}{x^4+2x^2+1}\mathrm{d}x$;

(7) $\displaystyle\int \frac{1}{1+x^4}\mathrm{d}x$;　　(8) $\displaystyle\int \frac{1}{(x^2+1)(x^2+x+1)}\mathrm{d}x$;

(9) $\displaystyle\int \frac{x^5}{(x+1)^2(x-1)}\mathrm{d}x$;　　(10) $\displaystyle\int \frac{1}{x^5-x^4+x^3-x^2+x-1}\mathrm{d}x$;

(11) $\displaystyle\int \frac{1}{1+\sin x}\mathrm{d}x$;　　(12) $\displaystyle\int \frac{1}{3+5\cos x}\mathrm{d}x$;

(13) $\displaystyle\int \frac{1}{1+\sin x+\cos x}\mathrm{d}x$;　　(14) $\displaystyle\int \frac{1}{\cos x\sqrt{\sin x}}\mathrm{d}x$.

第 5 章　定　积　分

定积分是微积分学中的一个基本概念, 是关于变量“积累”问题的研究, 其在数学和物理学等领域中有着广泛的应用. 在本章中, 我们首先从数学与物理问题出发引出定积分的定义, 然后讨论定积分的性质和计算方法, 最后给出定积分在几何和物理中的一些应用.

5.1　定积分的概念和性质

5.1.1　引例

1. 几何背景——曲边梯形的面积

在初等几何学中, 我们学习了怎样计算由直线和圆弧所围成的平面图形的面积. 对于由一般封闭曲线所围成的平面图形面积的计算问题, 只有用极限的方法才能解决. 用极限的方法计算面积的思想可以追溯到我国古代数学家刘徽的“割圆术”, 以及古希腊数学家阿基米德 (Archimedes) 的“穷竭法”.

考虑由一般封闭曲线所围成的平面图形面积的计算. 该区域常常可以用相互垂直的两组平行直线分成若干个部分, 有的部分是矩形, 有的部分是曲边三角形, 有的部分是曲边梯形. 矩形面积的计算方法是已知的, 而曲边三角形是曲边梯形的特殊情况, 所以只要会计算曲边梯形的面积, 我们就会计算由任意封闭曲线围成的平面图形的面积. 下面我们讨论曲边梯形面积的计算方法.

例 5.1.1 (曲边梯形的面积)　设 $y=f(x)$ 为闭区间 $[a,b]$ 上的非负连续函数. 计算由曲线 $y=f(x)$, 直线 $x=a$, $x=b$ 及 x 轴所围成的平面图形的面积 A (图 5.1.1).

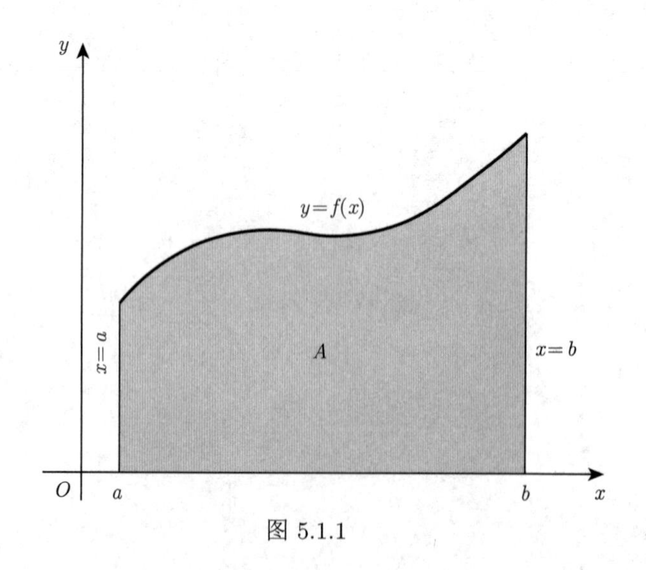

图 5.1.1

我们知道矩形的面积可按照公式

$$矩形面积 = 底 \times 高$$

来计算. 而曲边梯形的"高" $y = f(x)$ 是随底边的位置不同而变化的, 故它的面积不能用上述公式直接计算. 由于 $y = f(x)$ 是在区间 $[a, b]$ 上连续变化的, 在底边很小的变化区间上它的变化也很小, 近似于不变, 故在一小段区间上的很窄的曲边梯形的面积可以用矩形面积来近似. 因此, 我们可以将区间 $[a, b]$ 划分成许多子区间, 在每个子区间上用其中一点处的高来近似代替这一个子区间中变化的高度, 从而用一个窄矩形的面积来近似窄曲边梯形的面积. 将所有的窄矩形的面积加起来就得到了要求的曲边梯形面积的一个近似值. 利用极限的思想, 我们把区间 $[a, b]$ 无限细分下去, 重复这个近似求和的过程. 当每个子区间长度都趋于零时, 所有窄矩形的面积之和的极限就是曲边梯形的面积. 这个过程可表述如下.

若 $f(x) = H$ 是常数, 则该平面图形就是一个矩形, 其面积 A 可以利用如下公式得到:

$$A = (b - a)H.$$

若 $f(x)$ 在区间 $[a, b]$ 上不恒为常数, 其面积 A 可以采用如下步骤计算得到:

(1) "分". 在区间 $[a, b]$ 内任意插入 $n - 1$ 个分点: $x_1, x_2, \cdots, x_{k-1}, x_k, \cdots, x_{n-1}$, 使得

$$a = x_0 < x_1 < x_2 < \cdots < x_{k-1} < x_k < \cdots < x_{n-1} < x_n = b,$$

称之为区间 $[a, b]$ 的一个分法. 该分法将区间 $[a, b]$ 分成 n 个子区间:

$$[x_0, x_1], [x_1, x_2], \cdots, [x_{k-1}, x_k], \cdots, [x_{n-1}, x_n],$$

第 k 个子区间 $[x_{k-1}, x_k]$ 的长度记为

$$\Delta x_k = x_k - x_{k-1}, \quad k = 1, 2, \cdots, n.$$

过每一个分点 x_k 作平行于 y 轴的直线, 将曲边梯形相应地分割成 n 个窄曲边梯形 (图 5.1.2), 称之为子曲边梯形.

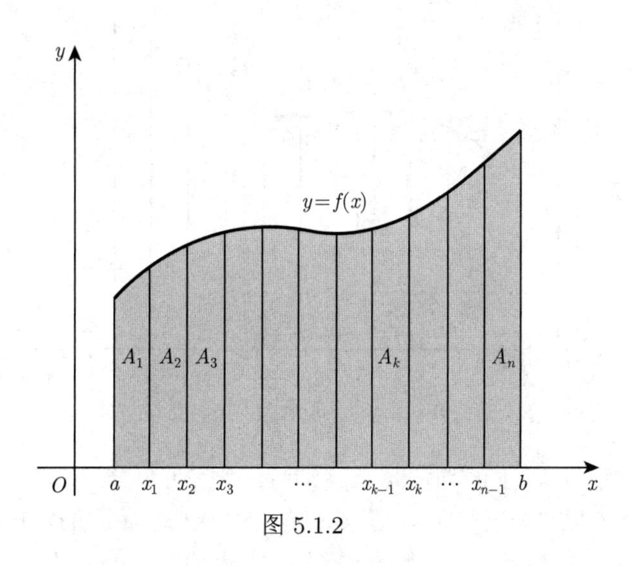

图 5.1.2

(2) “匀”. 在每个子区间 $[x_{k-1}, x_k]$ 上任取一点 ξ_k, 并将以 Δx_k 为底、以 $f(\xi_k)$ 为高的窄矩形面积作为第 k 个子曲边梯形面积 ΔA_k 的近似值 (图 5.1.3), 即

$$\Delta A_k \approx f(\xi_k)\Delta x_k, \quad k=1,2,\cdots,n.$$

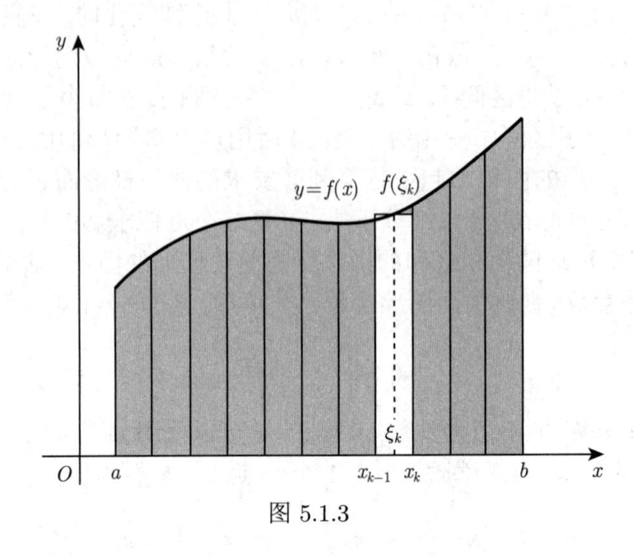

图 5.1.3

(3) “合”. 将所有子曲边梯形面积的近似值相加, 就得到曲边梯形面积 A 的近似值 (图 5.1.4), 为

$$A=\sum_{k=1}^{n}\Delta A_k \approx \sum_{k=1}^{n} f(\xi_k)\Delta x_k.$$

上式右端的和式称为函数 $f(x)$ 在区间 $[a,b]$ 上的**黎曼和**.

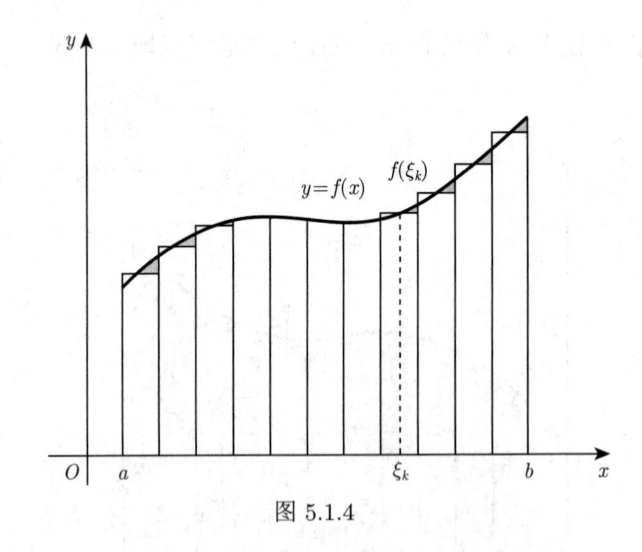

图 5.1.4

(4) “精”. 当区间 $[a,b]$ 上的划分越来越细时, 观察可见黎曼和与 A 的值越来越接近. 实际上, 如果最大子区间的长度趋于 0, 黎曼和有一个极限 (后面的定理会证明). 因此

$$A=\lim_{d\to 0}\sum_{k=1}^{n}f(\xi_k)\Delta x_k,$$

其中 $d=\max\limits_{1\leqslant k\leqslant n}\{\Delta x_k\}$. 由此可见, 曲边梯形的面积 A 是一个特定结构和式的极限.

2. 物理背景——变速直线运动的路程

例 5.1.2 (变速直线运动的路程) 设一质点做变速直线运动, 其速度 $v=v(t)$ 为连续函数, 求质点在时间间隔 $[a,b]$ 上运动的路程 s.

计算这个问题遇到的困难是变速直线运动的速度函数 $v=v(t)$ 不是常数. 如果质点做匀速直线运动, 计算从时刻 a 到时刻 b 质点运动的路程有公式:

$$\text{位移}=\text{速度}\times\text{时间}.$$

虽然例 5.1.2 中的问题不能简单地用上面的公式来计算, 但是变速直线运动的速度函数 $v=v(t)$ 是连续变化的, 在很短的时间内, 速度变化很小, 可近似于匀速运动. 那么, 同样可以把时间间隔 $[a,b]$ 划分成许多个小时间段, 在每个小时间段中, 以匀速直线运动来代替变速直线运动, 计算出每一个小时间段上部分路程的近似值, 将部分路程近似值相加就得到整个时间间隔 $[a,b]$ 上的路程近似值. 当时间间隔的划分无限趋小时, 所有部分路程的近似值之和的极限就是变速直线运动路程的精确值, 具体计算过程如下.

对于匀速直线运动 $v=\nu$, 质点在时间段 $[a,b]$ 上运动的路程与速度的关系可以表示为

$$s=\nu(b-a).$$

如果 $v(t)$ 是随时间变化而变化的, 即位移在时间间隔 $[a,b]$ 上关于 t 是不均匀的, 与例 5.1.1 类似, 可以采用下列步骤计算:

(1) “分”. 在区间 $[a,b]$ 内任意插入 $n-1$ 个分点: $t_1,t_2,\cdots,t_{k-1},t_k,\cdots,t_{n-1}$, 使得

$$a=t_0<t_1<t_2<\cdots<t_{k-1}<t_k<\cdots<t_{n-1}<t_n=b.$$

此分法将区间 $[a,b]$ 分成 n 个子区间. 第 k 个子区间 $[t_{k-1},t_k]$ 的长度为

$$\Delta t_k=t_k-t_{k-1},\quad k=1,2,\cdots,n.$$

(2) “匀”. 在时间间隔 $[t_{k-1},t_k]$ 上任取一点 ξ_k, 用该时刻的速度 $v(\xi_k)$ 近似代替 $[t_{k-1},t_k]$ 上各时刻的速度, 因此在时间间隔 $[t_{k-1},t_k]$ 上可近似认为质点做匀速直线运动, 因此

$$\Delta s_k\approx v(\xi_k)\Delta t_k,\quad k=1,2,\cdots,n.$$

(3) “合”. 将区间 $[a,b]$ 上所有子区间上质点运动的路程的近似值累加, 得到

$$s=\sum_{k=1}^{n}\Delta s_k\approx\sum_{k=1}^{n}v(\xi_k)\Delta t_k.$$

(4) “精”. 当最大子区间的长度趋于 0 时, 区间 $[a,b]$ 上的黎曼和趋于质点运动的路程. 因此

$$s=\lim_{d\to 0}\sum_{k=1}^{n}v(\xi_k)\Delta t_k,$$

其中 $d=\max\limits_{1\leqslant k\leqslant n}\{\Delta x_k\}$. 同样, 变速直线运动的路程计算也通过一个特定结构和式的极限得到.

上面两个例子虽然实际意义完全不同, 一个是几何学中的面积问题, 一个是物理学中的路程问题, 但是从抽象的数量关系来看, 它们都取决于一个函数及其自变量变化的区间: 曲边梯形的高度 $y=f(x)$ 及曲边梯形底边上点 x 的变化区间 $[a,b]$; 变速直线运动的速度 $v(t)$ 及时间 t 的变化区间 $[a,b]$. 并且计算所求量的方法与步骤是相同的, 都涉及某一个函数在区间上特定结构和式的极限, 如:

面积
$$A=\lim_{d\to 0}\sum_{k=1}^{n}f(\xi_k)\Delta x_k,$$

路程
$$s=\lim_{d\to 0}\sum_{k=1}^{n}v(\xi_k)\Delta t_k.$$

抛开这些问题的实际含义, 将抽象的数量关系的共同本质和特性加以概括, 就可以得到定积分的定义.

5.1.2 定积分的定义

定义 5.1.1 (定积分) 设 $f(x)$ 是区间 $[a,b]$ 上的有界函数, 在 (a,b) 内任意插入 $n-1$ 个分点: $x_1,x_2,\cdots,x_{k-1},x_k,\cdots,x_{n-1}$, 使得

$$a=x_0<x_1<x_2<\cdots<x_{k-1}<x_k<\cdots<x_{n-1}<x_n=b.$$

该分法将区间 $[a,b]$ 分成 n 个子区间 $[x_{k-1},x_k]$, 且子区间的长度为 $\Delta x_k=x_k-x_{k-1}(k=1,2,\cdots,n)$, 并记 $d=\max\limits_{1\leqslant k\leqslant n}\{\Delta x_k\}$. 在每个子区间 $[x_{k-1},x_k]$ 上任取一点 ξ_k, 作和式:

$$\sum_{k=1}^{n}f(\xi_k)\Delta x_k. \tag{5.1.1}$$

如果不论对 $[a,b]$ 怎样分割, 也不论每个子区间 $[x_{k-1},x_k]$ 上的 ξ_k 如何选取, 极限

$$\lim_{d\to 0}\sum_{k=1}^{n}f(\xi_k)\Delta x_k \tag{5.1.2}$$

总存在, 且为一常数 I, 则称函数 $f(x)$ 在区间 $[a,b]$ 上**可积**, 极限值 I 为 $f(x)$ 在 $[a,b]$ 上的**定积分** (definite integral), 记为

$$I=\int_a^b f(x)\mathrm{d}x,$$

其中 $f(x)$ 为**被积函数** (integrand), x 为**积分变量** (variable of integration), $f(x)\mathrm{d}x$ 为**积分表达式** (expression under the integral sign), $[a,b]$ 为**积分区间** (interval of integration), a 和 b 分别为**积分下限** (lower limit of integration) 和**积分上限** (upper limit of integration), "$\int$" 为**积分号** (integration sign), $\sum\limits_{k=1}^{n}f(\xi_k)\Delta x_k$ 为 $f(x)$ 的**积分和** (integration sum). 因为

历史上是黎曼 (Riemann) 首先以一般形式给出这一定义的, 所以式 (5.1.1) 也被称为**黎曼和** (Riemann sum). 在上述意义下的定积分也称作**黎曼积分** (Riemann integral).

根据定积分的定义, 前面讨论的两个实际问题都是定积分, 可以分别表述如下:

由连续曲线 $y=f(x)(f(x)\geqslant 0)$, 直线 $x=a$, $x=b$ 及 x 轴所围成的平面图形的面积 A 等于函数 $f(x)$ 在区间 $[a,b]$ 上的定积分, 即

$$A=\int_a^b f(x)\mathrm{d}x.$$

质点以 $v=v(t)$ 做变速直线运动, 在时间间隔 $[a,b]$ 上所经过的路程 s 等于函数 $v(t)$ 在区间 $[a,b]$ 上的定积分, 即

$$s=\int_a^b v(t)\mathrm{d}t.$$

定积分的定义也可以用"$\varepsilon-\delta$"语言表述如下:

设 $f(x)$ 是定义在区间 $[a,b]$ 上的函数, I 是一个常数. 若对于任意给定的 $\varepsilon>0$, 存在 $\delta>0$, 对任意的分割 $a=x_0<x_1<x_2<\cdots<x_{k-1}<x_k<\cdots<x_{n-1}<x_n=b$, 不论 ξ_k 在子区间 $[x_{k-1},x_k]$ 中如何选取, 只要 $d=\max\limits_{1\leqslant k\leqslant n}\{\Delta x_k\}<\delta$, 就有

$$\left|\sum_{k=1}^n f(\xi_k)\Delta x_k-I\right|<\varepsilon,$$

其中 $\Delta x_k=x_k-x_{k-1}$, 则称函数 $f(x)$ 在区间 $[a,b]$ 上是可积的, 且 I 为 $f(x)$ 在区间 $[a,b]$ 上的定积分.

通常用 $R[a,b]$ 表示所有在区间 $[a,b]$ 上可积的函数构成的集合, 从而 $f(x)\in R[a,b]$ 意味着函数 $f(x)$ 在区间 $[a,b]$ 上可积.

关于定积分定义的几点说明如下.

① $d\to 0$ 意味着将区间 $[a,b]$ 进行无限细分, 此时分点的个数无限增多, 从而有 $n\to\infty$. 但反之未必, 即当分点的个数无限增多时, 未必能将区间 $[a,b]$ 进行无限细分, 因此 $d\to 0$ 与 $n\to\infty$ 不等价. 特别地, 如果将区间 $[a,b]$ 进行等距分割, 则 $d\to 0$ 与 $n\to\infty$ 等价.

② 定积分的值取决于被积函数和积分区间, 而与选择的积分变量字母无关. 若用字母 t 或者 u 代替 x, 有

$$\int_a^b f(x)\mathrm{d}x=\int_a^b f(t)\mathrm{d}t=\int_a^b f(u)\mathrm{d}u.$$

由于函数 f 从 a 到 b 的定积分与所选字母无关, 因此积分变量也称为**哑变量** (dummy variable).

③ 在定积分 $\int_a^b f(x)\mathrm{d}x$ 的定义中, 积分下限 a 必须小于积分上限 b, 这给定积分的运算带来了不便, 也限制了定积分理论的发展, 为此对定积分作如下补充规定:

- 当 $a>b$ 时,

$$\int_a^b f(x)\mathrm{d}x=-\int_b^a f(x)\mathrm{d}x;$$

- 当 $a=b$ 时,

$$\int_a^b f(x)\mathrm{d}x=0.$$

这样无论 a,b 的大小如何, $\int_a^b f(x)\mathrm{d}x$ 都有意义.

5.1.3 定积分的几何意义

由例 5.1.1 知, 当 $f(x)\geqslant 0, x\in[a,b]$ 时, 定积分 $\int_a^b f(x)\mathrm{d}x$ 表示由曲线 $y=f(x)$, 直线 $x=a$, $x=b$ 及 x 轴所围成的曲边梯形的面积 A, 即

$$\int_a^b f(x)\mathrm{d}x=A.$$

当 $f(x)\leqslant 0, x\in[a,b]$ 时, 由曲线 $y=f(x)$, 直线 $x=a$, $x=b$ 及 x 轴所围成的曲边梯形位于 x 轴的下方 (图 5.1.5). 易见 $f(\xi_k)\Delta x_k\approx-\Delta A_k$, 因此

$$\int_a^b f(x)\mathrm{d}x=\lim_{d\to 0}\sum_{k=1}^{n} f(\xi_k)\Delta x_k=-A.$$

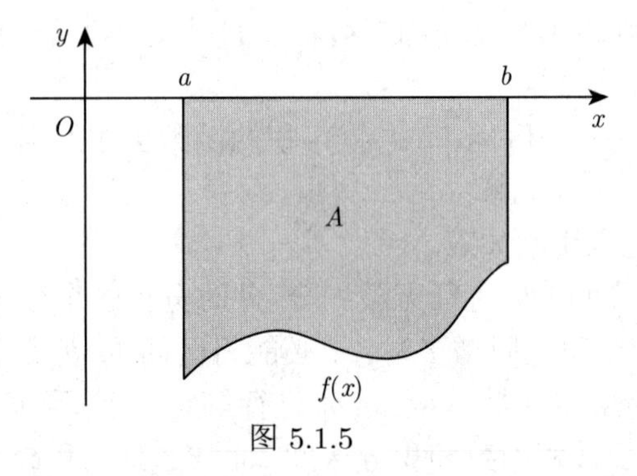

图 5.1.5

若函数 $f(x)$ 在区间 $[a,b]$ 上变号, 即函数 $f(x)$ 的图形的有些部分在 x 轴上方, 有些部分在 x 轴下方, 则函数 $f(x)$ 在区间 $[a,b]$ 上的定积分不是曲边梯形的总面积, 而是各部分面积的代数和 (位于 x 轴下方的区域面积仍取负值).

例 5.1.3 利用定积分的几何意义求下列定积分:

(1) $\int_0^1 \sqrt{1-x^2}\mathrm{d}x$; (2) $\int_0^3 (x-1)\mathrm{d}x$.

解 (1) 由于 $f(x)=\sqrt{1-x^2}\geqslant 0$, 可知定积分表示的区域在第一象限中曲线 $y=\sqrt{1-x^2}$ 的下方. 由 $y=\sqrt{1-x^2}$, 得 $x^2+y^2=1$, 如图 5.1.6(a) 所示, 故该积分求的是半径为 1 的 1/4 圆的面积. 因此

$$\int_0^1 \sqrt{1-x^2}\mathrm{d}x=\frac{\pi}{4}.$$

(2) 由于 $y=x-1$ 表示斜率为 1 的直线, 如图 5.1.6(b) 所示. 由定积分的几何意义有

$$\int_0^3 (x-1)\mathrm{d}x = A_1 - A_2 = \frac{1}{2}\times 4 - \frac{1}{2} = \frac{3}{2}. \qquad \blacksquare$$

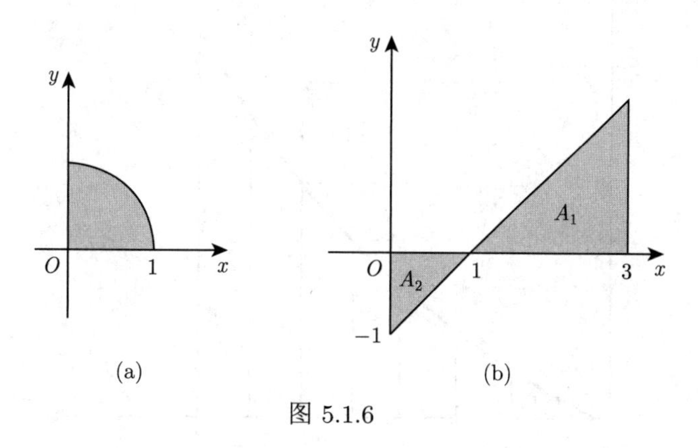

图 5.1.6

5.1.4 可积的条件

从定积分的定义可以得到如下命题.

命题 5.1.1 (可积的必要条件) 若函数 $f(x)$ 在 $[a,b]$ 上可积, 则 $f(x)$ 在 $[a,b]$ 上必有界.

证明留给读者.

命题 5.1.1 的逆否命题为真, 也就是说, 在上述黎曼积分意义下, 无界函数一定不可积. 在 5.5 节中, 我们将讨论无界函数的积分, 它是反常积分的一种.

在定积分的定义中, 由于对区间的划分和每个子区间上的点 ξ_k 的取法都是任意的, 因此黎曼和可能出现不同的极限值. 然而若函数 $f(x)$ 在区间 $[a,b]$ 上连续, 则当 $d\to 0$ 时, 黎曼和总有相同的极限. 这里, 不作证明地给出定积分存在的充分条件, 见定理 5.1.1.

定理 5.1.1 (可积的充分条件) 若函数 $f(x)$ 在区间 $[a,b]$ 上连续或只有有限个第一类间断点, 则 $f(x)$ 在区间 $[a,b]$ 上可积.

证明留给读者.

同样, 由定义易知如下定理成立.

定理 5.1.2 若函数 $f(x)$ 在区间 $[a,b]$ 上可积, 且 $[c,d]\subset[a,b]$, 则 $f(x)$ 在区间 $[c,d]$ 上也可积.

例 5.1.4 利用定积分的定义计算 $\int_0^1 x^2\mathrm{d}x$.

解 由于 $f(x)=x^2$ 是区间 $[0,1]$ 上的连续函数, 因此 $f(x)=x^2$ 在区间 $[0,1]$ 上可积. 为了便于计算 $\int_0^1 x^2\mathrm{d}x$, 可以选择一个特殊的分法来构建黎曼和 (图 5.1.7).

将区间 $[0,1]$ 进行 n 等分, 其分点为

$$x_0=0,\quad x_1=\frac{1}{n},\quad x_2=\frac{2}{n},\cdots,x_{n-1}=\frac{n-1}{n},\quad x_n=1,$$

且每个子区间的长度为

$$\Delta x_k=\frac{1}{n},\quad k=1,2,\cdots,n.$$

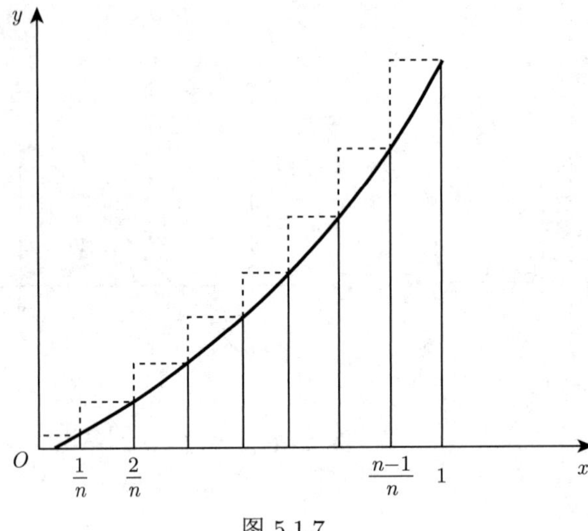

图 5.1.7

取每个子区间 $[x_{k-1},x_k]$ 的右端点为 ξ_k, 即

$$\xi_k=x_k=\frac{k}{n},\quad k=1,2,\cdots n.$$

于是, 对应的黎曼和为

$$\sum_{k=1}^{n}f(\xi_k)\Delta x_k=\sum_{k=1}^{n}\left(\frac{k}{n}\right)^2\frac{1}{n}=\frac{1}{n^3}\sum_{k=1}^{n}k^2=\frac{1}{n^3}\frac{n(n+1)(2n+1)}{6}.$$

记 $d=\max\limits_{1\leqslant k\leqslant n}\{\Delta x_k\}$. 当 $d\to 0$ 时, 有 $n\to\infty$, 对上式两端取极限, 由定积分的定义可以得到所要计算的积分为

$$\int_0^1 x^2\mathrm{d}x=\lim_{n\to\infty}\frac{1}{6}\sum_{k=1}^{n}\frac{n(n+1)(2n+1)}{n^3}=\frac{1}{3}.$$ ■

注 由定积分的定义可知, "可积" 要求黎曼和的极限值与区间划分及点 ξ_k 的可取法无关, 故计算时, 可取特殊划分和特殊点 ξ_k 来构造黎曼和.

5.1.5 定积分的基本性质

下面, 我们用定积分的定义及其存在的充分与必要条件来给出定积分的基本性质, 这些性质无论对于定积分的理论分析还是实际计算都是十分重要的.

性质 1 (线性性质) 设函数 $f(x),g(x)\in R[a,b]$, α 为常数, 则 $\alpha f(x),f(x)\pm g(x)\in R[a,b]$, 且有

$$\int_a^b\alpha f(x)\mathrm{d}x=\alpha\int_a^b f(x)\mathrm{d}x,$$

$$\int_a^b [f(x) \pm g(x)]\mathrm{d}x = \int_a^b f(x)\mathrm{d}x \pm \int_a^b g(x)\mathrm{d}x.$$

这个性质不难由定积分的定义直接得到, 证明留给读者来完成.

性质 2 (乘积性质) 设 $f(x), g(x) \in R[a,b]$, 则 $f(x)g(x) \in R[a,b]$.

该性质的证明超出了本书的知识范围.

性质 3 (区间的可加性) 设函数 $f(x)$ 在包含点 a, b, c 的区间上可积, 则无论 a, b, c 在数轴上的相对位置如何, 都有

$$\int_a^b f(x)\mathrm{d}x = \int_a^c f(x)\mathrm{d}x + \int_c^b f(x)\mathrm{d}x.$$

证明 下面仅对 $a < b$ 的情形给出证明, 其他情形与之类似.

(1) 若 $a < c < b$. 划分区间 $[a,b]$ 时, 可始终将 c 作为一个分点, 则

$$\sum_{[a,b]} f(\xi_k)\Delta x_k = \sum_{[a,c]} f(\xi_k)\Delta x_k + \sum_{[c,b]} f(\xi_k)\Delta x_k,$$

在上式中令 $d \to 0$, 得

$$\int_a^b f(x)\mathrm{d}x = \int_a^c f(x)\mathrm{d}x + \int_c^b f(x)\mathrm{d}x.$$

(2) 若 c 在区间 $[a,b]$ 外, 不妨设 $a < b < c$, 则由 (1) 的结论, 有

$$\int_a^c f(x)\mathrm{d}x = \int_a^b f(x)\mathrm{d}x + \int_b^c f(x)\mathrm{d}x,$$

即

$$\int_a^b f(x)\mathrm{d}x = \int_a^c f(x)\mathrm{d}x - \int_b^c f(x)\mathrm{d}x.$$

由于

$$-\int_b^c f(x)\mathrm{d}x = \int_c^b f(x)\mathrm{d}x,$$

故可知

$$\int_a^b f(x)\mathrm{d}x = \int_a^c f(x)\mathrm{d}x + \int_c^b f(x)\mathrm{d}x.$$

由性质 3 可知, 如果 $f(x)$ 在区间 $[a,b]$ 上符号发生变化 (图 5.1.8), 那么积分 $\int_a^b f(x)\mathrm{d}x$ 的几何意义为这些区域的面积 A_i 的代数和, 即

$$\int_a^b f(x)\mathrm{d}x = A_1 - A_2 + A_3.$$

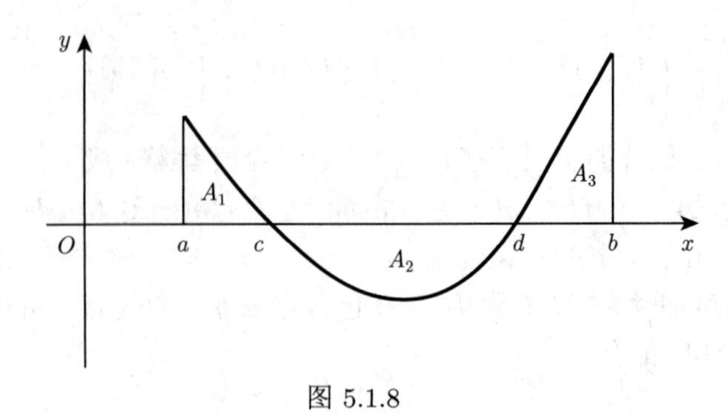

图 5.1.8

性质 4 若在区间 $[a,b]$ 上函数 $f(x)\equiv 1$, 则

$$\int_a^b 1\mathrm{d}x = b-a.$$

性质 4 的证明留给读者来完成.

性质 5 设 $f(x)\in R[a,b]$, 则改变 $f(x)$ 在区间 $[a,b]$ 上有限个点的函数值, $\int_a^b f(x)\mathrm{d}x$ 的可积性和积分值都不会发生变化.

此结论的证明超出了本书的讨论范围, 这里不予证明.

性质 6 (积分不等式)

(1) **保号性** 设 $f(x)\in R[a,b]$, 若对任意 $x\in[a,b]$, $f(x)\geqslant 0$, 则

$$\int_a^b f(x)\mathrm{d}x \geqslant 0.$$

此性质可由定积分的定义及数列极限保号性的推论 1.2.1 证明, 具体证明留给读者来完成.

(2) **保序性** 设 $f(x),g(x)\in R[a,b]$, 若对任意 $x\in[a,b]$, $f(x)\geqslant g(x)$, 则

$$\int_a^b f(x)\mathrm{d}x \geqslant \int_a^b g(x)\mathrm{d}x.$$

证明 注意到 $f(x)-g(x)\geqslant 0$, 从而利用积分的保号性和性质 1 得

$$\int_a^b [f(x)-g(x)]\mathrm{d}x \geqslant 0 \Leftrightarrow \int_a^b f(x)\mathrm{d}x - \int_a^b g(x)\mathrm{d}x \geqslant 0,$$

即

$$\int_a^b f(x)\mathrm{d}x \geqslant \int_a^b g(x)\mathrm{d}x.$$

(3) **积分模不等式** 设 $f(x)\in R[a,b]$, 则

$$\left|\int_a^b f(x)\mathrm{d}x\right| \leqslant \int_a^b |f(x)|\mathrm{d}x.$$

证明 注意到 $-|f(x)| \leqslant f(x) \leqslant |f(x)|$, 从而利用积分的保序性即得结论.

(4) **估值不等式** 设 $f(x) \in R[a,b]$, 若对任意 $x \in [a,b]$, $m \leqslant f(x) \leqslant M$, 则

$$m(b-a) \leqslant \int_a^b f(x)\mathrm{d}x \leqslant M(b-a).$$

积分估值不等式的证明留给读者来完成. 积分估值不等式说明, 由被积函数在积分区间上的最大值和最小值可以估计积分值的大致范围.

例 5.1.5 估计下列定积分的值:

(1) $\displaystyle\int_{\frac{1}{2}}^1 x^4\mathrm{d}x$; (2) $\displaystyle\int_{\frac{\pi}{4}}^{\frac{5\pi}{4}} (1+\sin^2 x)\mathrm{d}x$.

解 (1) 函数 $f(x)=x^4$ 在积分区间 $\left[\dfrac{1}{2},1\right]$ 上是单调递增的, 且有最小值 $\dfrac{1}{16}$ 和最大值 1. 由积分估值不等式得

$$\frac{1}{16}\cdot\left(1-\frac{1}{2}\right) \leqslant \int_{\frac{1}{2}}^1 x^4\mathrm{d}x \leqslant 1-\frac{1}{2},$$

即

$$\frac{1}{32} \leqslant \int_{\frac{1}{2}}^1 x^4\mathrm{d}x \leqslant \frac{1}{2}.$$

(2) 函数 $f(x)=1+\sin^2 x$ 在积分区间 $\left[\dfrac{\pi}{4},\dfrac{5\pi}{4}\right]$ 上的最小值为 1, 最大值为 2. 由积分估值不等式得

$$\frac{5\pi}{4}-\frac{\pi}{4} \leqslant \int_{\frac{\pi}{4}}^{\frac{5\pi}{4}} (1+\sin^2 x)\mathrm{d}x \leqslant 2\left(\frac{5\pi}{4}-\frac{\pi}{4}\right),$$

即

$$\pi \leqslant \int_{\frac{\pi}{4}}^{\frac{5\pi}{4}} (1+\sin^2 x)\mathrm{d}x \leqslant 2\pi.$$ ■

性质 7 (积分中值定理) 设 $f(x) \in C[a,b]$, 则至少存在一点 $\xi \in [a,b]$, 使得

$$\int_a^b f(x)\mathrm{d}x = f(\xi)(b-a). \tag{5.1.3}$$

证明 若 $a=b$, 式 (5.1.3) 显然成立.

若 $a \neq b$, 则 $a<b$. 由于 $f \in C[a,b]$, 故 f 在闭区间 $[a,b]$ 上有最大值 M 和最小值 m, 即

$$m \leqslant f(x) \leqslant M, \quad x \in [a,b].$$

由积分估值不等式得

$$m(b-a) \leqslant \int_a^b f(x)\mathrm{d}x \leqslant M(b-a).$$

由于 $a<b$, 即 $b-a>0$, 故

$$m \leqslant \frac{\int_a^b f(x)\mathrm{d}x}{b-a} \leqslant M.$$

因此, $\dfrac{\int_a^b f(x)\mathrm{d}x}{b-a}$ 是一个介于 $f(x)$ 的最小值和最大值之间的数. 根据连续函数的介值定理, 至少存在一点 $\xi \in [a,b]$, 使得

$$f(\xi)=\frac{\int_a^b f(x)\mathrm{d}x}{b-a},$$

即

$$\int_a^b f(x)\mathrm{d}x = f(\xi)(b-a). \qquad \blacksquare$$

式 (5.1.3) 称为**积分中值公式**. 积分中值定理的几何意义如图 5.1.9所示: 在区间 $[a,b]$ 上至少存在一点 ξ, 使得以区间 $[a,b]$ 为底边、以曲线 $y=f(x)$ 为顶的曲边梯形的面积等于同一底边而高为 $f(\xi)$ 的矩形的面积.

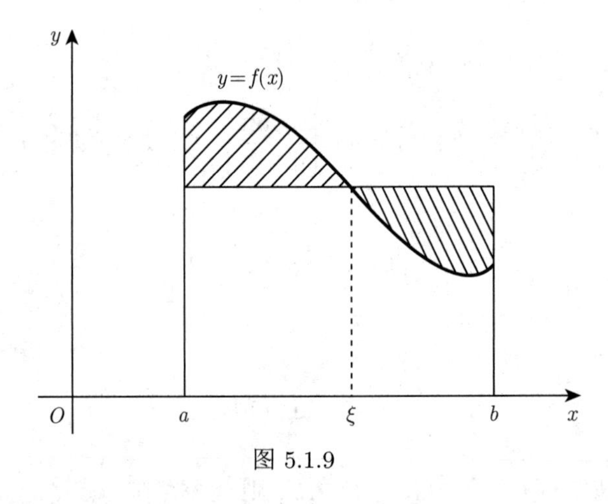

图 5.1.9

我们知道 n 个数 $y_1, y_2, \cdots, y_n$ 的算术平均值为

$$\bar{y}=\frac{y_1+y_2+\cdots+y_n}{n}=\frac{1}{n}\sum_{k=1}^{n} y_k.$$

在很多实际问题中, 需要求出一个函数 $y=f(x)$ 在某一区间 $[a,b]$ 上的平均值, 例如, 求一周内的平均气温、交流电的平均电流等. 在区间 $[a,b]$ 上有无穷多个函数值, 如何求出它们的平均值呢?

设 $f \in C[a,b]$, 将区间 $[a,b]$ 进行 n 等分, 其分点如下:

$$x_0=a,\ x_1=a+\frac{b-a}{n},\ x_2=a+\frac{2(b-a)}{n},\cdots,x_{n-1}=a+\frac{(n-1)(b-a)}{n},\ x_n=b,$$

每个子区间的长度为 $\Delta x_k = \dfrac{b-a}{n}$. 记 $d = \max\limits_{1\leqslant k\leqslant n}\{\Delta x_k\}$, 则 $d \to 0$ 等价于 $n \to \infty$. 取 ξ_k 为各子区间的右端点 $x_k, k = 1, 2, \cdots, n$, 则对应的 n 个函数值 $y_1 = f(x_1), y_2 = f(x_2), \cdots, y_n = f(x_n)$ 的算术平均值为

$$\bar{y}_n = \frac{1}{n}\sum_{k=1}^{n} y_k = \frac{1}{n}\sum_{k=1}^{n} f(x_k) = \frac{1}{b-a}\sum_{k=1}^{n} f(x_k)\frac{b-a}{n} = \frac{1}{b-a}\sum_{k=1}^{n} f(\xi_k)\Delta x_k.$$

显然, 当 n 增大时, $\bar{y}_n$ 表示函数 f 在区间 $[a,b]$ 上更多个点处的函数值的平均值. 令 $n \to \infty$, $\bar{y}_n$ 的极限就定义为函数 f 在区间 $[a,b]$ 上的平均值, 即

$$\bar{y} = \lim_{n\to\infty}\bar{y}_n = \frac{1}{b-a}\lim_{d\to 0}\sum_{k=1}^{n} f(\xi_k)\Delta x_k = \frac{1}{b-a}\int_a^b f(x)\mathrm{d}x.$$

下面, 我们给出连续函数在区间上的平均值的定义.

定义 5.1.2 (连续函数在区间上的平均值) 设 $f(x) \in C[a,b]$, 则称

$$\frac{\displaystyle\int_a^b f(x)\mathrm{d}x}{b-a} \tag{5.1.4}$$

为函数 $f(x)$ 在区间 $[a,b]$ 上的**平均值或中值**.

由定义可知, 连续函数在区间上的平均值是有限个数的算术平均值概念对连续函数的推广. 连续函数 $f(x)$ 在区间 $[a,b]$ 上的平均值也是函数 $f(x)$ 在区间 $[a,b]$ 上的积分中值.

例 5.1.6 设 $f(x)$ 是 $(0,+\infty)$ 上的连续函数, 且 $\lim\limits_{x\to+\infty} f(x) = 1$. 求极限

$$\lim_{x\to+\infty}\int_x^{x+2} tf(t)\sin\frac{3}{t}\mathrm{d}t.$$

解 易见函数 $tf(t)\sin\dfrac{3}{t}$ 在 $(0,+\infty)$ 上连续, 因此当 $x>0$ 时, 根据积分中值定理, 至少存在一点 $\xi\in[x,x+2]$ 使得

$$\int_x^{x+2} tf(t)\sin\frac{3}{t}\mathrm{d}t = \left(\xi f(\xi)\sin\frac{3}{\xi}\right)[(x+2)-x] = 2\xi f(\xi)\sin\frac{3}{\xi}.$$

因此

$$\lim_{x\to+\infty}\int_x^{x+2} tf(t)\sin\frac{3}{t}\mathrm{d}t = \lim_{\xi\to+\infty} 2\xi f(\xi)\sin\frac{3}{\xi} = 6\lim_{\xi\to+\infty} f(\xi) = 6.$$ ■

例 5.1.7 求正弦交流电流 $i(t) = I_{\mathrm{m}}\sin\omega t$ 在半个周期$\left(从\ t=0\ 到\ t=\dfrac{\pi}{\omega}\right)$内的平均值, 其中 I_{m} 表示电流的最大值.

解 根据式 (5.1.4), 平均值为

$$\bar{I} = \frac{\omega}{\pi}\int_0^{\frac{\pi}{\omega}} i(t)\mathrm{d}t = \frac{\omega I_{\mathrm{m}}}{\pi}\int_0^{\frac{\pi}{\omega}}\sin\omega t\mathrm{d}t.$$

为了求 $\bar{I}$ 的具体数值, 必须计算 $\int_0^{\frac{\pi}{\omega}} \sin\omega t\mathrm{d}t$, 但是利用定义来求此积分是比较复杂的, 因此寻求简单方便的积分方法势在必行. 在下一节中我们将解决这一问题. ■

习题 5.1A

1. 利用定积分的几何意义证明:

(1) $\int_0^1 2x\mathrm{d}x = 1$;　　(2) $\int_{-\pi}^{\pi} \sin x\mathrm{d}x = 0$;

(3) $\int_0^2 (x+1)\mathrm{d}x = 4$;　　(4) $\int_{-\frac{\pi}{2}}^{\frac{\pi}{2}} \cos x\mathrm{d}x = 2\int_0^{\frac{\pi}{2}} \cos x\mathrm{d}x$.

2. 设 $f \in R[-a,a]$, 利用定积分的几何意义证明:

$$\int_{-a}^{a} f(x)\mathrm{d}x = \begin{cases} 0, & f(x)\text{是奇函数}, \\ 2\int_0^a f(x)\mathrm{d}x, & f(x)\text{是偶函数}. \end{cases}$$

3. 利用定积分的定义求下列积分:

(1) $\int_a^b x\mathrm{d}x \quad (a<b)$;　　(2) $\int_0^1 \mathrm{e}^x\mathrm{d}x$.

4. 有一直的金属丝位于 x 轴上从 $x=0$ 到 $x=a$ 处. 金属丝上各点 x 处的密度与 x 成正比, 比例系数为 σ. 求该金属丝的质量.

5. 设函数 $f \in R[a,b]$, 若改变被积函数在区间 $[a,b]$ 上的有限个函数值, $\int_a^b f(x)\mathrm{d}x$ 的值是否发生变化? 为什么?

6. 利用积分估值不等式估计下列定积分:

(1) $\int_1^4 (x^2+1)\mathrm{d}x$;　　(2) $\int_{-\frac{\pi}{4}}^{\frac{\pi}{4}} (1+\cos^2 x)\mathrm{d}x$;

(3) $\int_0^1 \mathrm{e}^{-x^2}\mathrm{d}x$;　　(4) $\int_{\frac{1}{\sqrt{3}}}^{\sqrt{3}} x\arctan x\mathrm{d}x$.

7. 求极限 $\lim\limits_{n\to\infty} \int_0^{\frac{\pi}{6}} \sin^n x\mathrm{d}x$.

8. 设函数 f,g 在任意有限区间上可积, 判断下列结论是否正确, 并说明理由.

(1) 若 $\int_a^b f(x)\mathrm{d}x = \int_a^b g(x)\mathrm{d}x$, 则 $f(x) \equiv g(x), x \in [a,b]$;

(2) 若对任意区间 $[a,b]$, 都有 $\int_a^b f(x)\mathrm{d}x = \int_a^b g(x)\mathrm{d}x$, 则 $f(x) \equiv g(x)$;

(3) 若 f,g 在任意区间 $[a,b]$ 上都是连续的, 且都有 $\int_a^b f(x)\mathrm{d}x = \int_a^b g(x)\mathrm{d}x$, 则 $f(x)\equiv g(x)$.

9. 设函数 $f(x)\in C[a,b]$ 且 $\int_a^b f^2(x)\mathrm{d}x=0$, 证明函数 $f(x)$ 在 $[a,b]$ 上恒为零.

习题 5.1B

1. 设 $f(x)=\begin{cases}1, & x\text{为有理数},\\ -1, & x\text{为无理数},\end{cases}$ 证明 $|f(x)|$ 在任何区间 $[a,b]$ 上可积, 但 $f(x)$ 在 $[a,b]$ 上不可积.

2. 举例说明: $f^2(x)$ 在区间 $[a,b]$ 上可积, 但 $f(x)$ 在 $[a,b]$ 上不可积.

3. 证明:

(1) 若 $f(x)$ 是 $[a,b]$ 上的非负连续函数, 且存在 $x_0\in[a,b]$, 使得 $f(x_0)\neq 0$, 则 $\int_a^b f(x)\mathrm{d}x>0$;

(2) 若 $f(x)$ 是 $[a,b]$ 上的非负连续函数, 且 $\int_a^b f(x)\mathrm{d}x=0$, 则 $f(x)\equiv 0, x\in[a,b]$;

(3) 设 $f(x),g(x)$ 都是 $[a,b]$ 上的连续函数. 若 $f(x)\geqslant g(x),\forall x\in[a,b]$, 且存在 $x_0\in[a,b]$, 使得 $f(x_0)\neq g(x_0)$, 则

$$\int_a^b f(x)\mathrm{d}x>\int_a^b g(x)\mathrm{d}x.$$

4. 证明下列不等式:

(1) $1<\int_0^1 \mathrm{e}^{x^2}\mathrm{d}x<\mathrm{e}$;　　(2) $96<\int_{-8}^8 \sqrt{100-x^2}\mathrm{d}x<160$.

5. 利用定积分的性质以及上面第 3 题的结论, 比较下列定积分的大小:

(1) $\int_0^1 \mathrm{e}^x\mathrm{d}x$ 和 $\int_0^1 \mathrm{e}^{x^2}\mathrm{d}x$;　　(2) $\int_0^1 x^2\mathrm{d}x$ 和 $\int_0^1 x^3\mathrm{d}x$;

(3) $\int_1^2 \ln x\mathrm{d}x$ 和 $\int_1^2 (\ln x)^2\mathrm{d}x$;　　(4) $\int_0^1 \ln(1+x)\mathrm{d}x$ 和 $\int_0^1 \frac{\arctan x}{1+x}\mathrm{d}x$.

6. 如果 $f(x)\in C[a,b]$, $g(x)\in R[a,b]$, 且 $g(x)$ 在 $[a,b]$ 上不变号, 则至少存在一点 $\xi\in[a,b]$, 使下式成立:

$$\int_a^b f(x)g(x)\mathrm{d}x=f(\xi)\int_a^b g(x)\mathrm{d}x.$$

5.2 微积分基本定理

定积分的定义已经给出了计算定积分的一种方法, 即先分割, 再求黎曼和, 最后取极限. 通过例 5.1.4 可以看到, 通过定义来计算定积分并不容易. 在本节中, 我们将建立微分与定积分这两个重要概念之间的桥梁, 为定积分的计算奠定基础.

下面我们来看一个例子: 变速直线运动的位移函数与速度函数的联系.

如果已知一质点做变速直线运动的速度 $v=v(t)$. 选取合适的坐标轴, 使得原点位于质点初始时刻 $t=0$ 的位置, 方向取质点速度的方向. 设 $s=s(t)$ 表示质点的位移函数, 下面考虑从时刻 $t=a$ 到 $t=b$ 质点的位移 Δs. 一方面我们知道 Δs 可以用 $v(t)$ 从 a 到 b 的定积分来表达, 另一方面 Δs 还可以用 $t=a$ 和 $t=b$ 两个时刻的位移函数 $s(t)$ 的差来表示, 即

$$\Delta s=\int_a^b v(t)\mathrm{d}t=s(b)-s(a). \tag{5.2.1}$$

我们知道, 位移函数 $s(t)$ 是 $v(t)$ 的一个原函数, 即 $s'(t)=v(t)$. 因此, 式 (5.2.1) 揭示了一个事实: $\displaystyle\int_a^b v(t)\mathrm{d}t$ 等于被积函数 $v(t)$ 的任一原函数从 a 到 b 的增量. 我们将证明, 上述结论适用于任意连续函数. 这就是本节将要讨论的由牛顿和莱布尼茨给出的微积分的基本定理——牛顿-莱布尼茨公式, 该公式揭示了微分与积分的深层关系, 给出了一种有效的定积分计算方法.

5.2.1 微积分第一基本定理

1. 变限积分

设函数 f 在 $[a,b]$ 上可积, 由定理 5.1.2 知, 对任意的 $x\in[a,b]$, f 在 $[a,x]$ 上可积, f 在 $[a,x]$ 上的积分为 $\displaystyle\int_a^x f(t)\mathrm{d}t$. 由于对每一 $x\in[a,b]$, 都有唯一确定的值 $\displaystyle\int_a^x f(t)\mathrm{d}t$ 与之对应, 所以 $\displaystyle\int_a^x f(t)\mathrm{d}t$ 是自变量为 x 的函数.

定义 5.2.1 (变上限积分) 设函数 f 在 $[a,b]$ 上可积, 称 $\displaystyle\int_a^x f(t)\mathrm{d}t$ 为**变上限积分** (integral with variable upper limit) 或**积分上限函数**, 记为 $\varPhi(x)$, 即

$$\varPhi(x)=\int_a^x f(t)\mathrm{d}t,\quad x\in[a,b].$$

注 在变上限积分 $\displaystyle\int_a^x f(t)\mathrm{d}t$ 中, t 表示积分变量, x 表示积分上限, 相对于积分变量 t, x 的取值是事先给定的, 因此 x 不依赖于 t. 例如, $\displaystyle\int_a^x xf(t)\mathrm{d}t=x\int_a^x f(t)\mathrm{d}t$.

类似地, 可定义**变下限积分** (integral with variable lower limit) 或**积分下限函数** $\displaystyle\int_x^b f(t)\mathrm{d}t$, 其中 $x\in[a,b]$. 将变上 (下) 限积分与复合函数结合起来, 可得一类函数 $\displaystyle\int_{v(x)}^{u(x)} f(t)\mathrm{d}t$, 称为

变限积分 (integral with variable limit) 或**积分变限函数**. 例如

$$\int_a^{x^2} f(t)\mathrm{d}t,\quad \int_{1-x}^{b} f(t)\mathrm{d}t,\quad \int_{\sin x}^{x^2} f(t)\mathrm{d}t.$$

特别地, 在上述定义中, 只要积分上限或下限在区间 $[a,b]$ 内即可.

2. 微积分第一基本定理

定理 5.2.1 (微积分第一基本定理) 设函数 f 在区间 $[a,b]$ 上连续, 则积分上限函数 $\varPhi(x)=\int_a^x f(t)\mathrm{d}t$ 在区间 $[a,b]$ 上可微, 且

$$\varPhi'(x)=\frac{\mathrm{d}}{\mathrm{d}x}\int_a^x f(t)\mathrm{d}t=f(x). \tag{5.2.2}$$

证明 由导数的定义, 有

$$\varPhi'(x)=\lim_{\Delta x\to 0}\frac{\Delta\varPhi}{\Delta x}.$$

注意到

$$\begin{aligned}\Delta\varPhi&=\varPhi(x+\Delta x)-\varPhi(x)=\int_a^{x+\Delta x} f(t)\mathrm{d}t-\int_a^x f(t)\mathrm{d}t\\&=\int_a^x f(t)\mathrm{d}t+\int_x^{x+\Delta x} f(t)\mathrm{d}t-\int_a^x f(t)\mathrm{d}t=\int_x^{x+\Delta x} f(t)\mathrm{d}t.\end{aligned}$$

根据积分中值定理, 在 x 和 $x+\Delta x$ 之间至少存在一点 ξ, 使得

$$\Delta\varPhi=\int_x^{x+\Delta x} f(t)\mathrm{d}t=f(\xi)\Delta x\Leftrightarrow\frac{\Delta\varPhi}{\Delta x}=f(\xi).$$

当 $\Delta x\to 0$ 时, $\xi\to x$, 并由 $f\in C[a,b]$ 有

$$\varPhi'(x)=\lim_{\Delta x\to 0}\frac{\Delta\varPhi}{\Delta x}=\lim_{\xi\to x} f(\xi)=f(x).$$ ■

微积分第一基本定理具有非常重要的意义, 式 (5.2.2) 是数学上非常重要的公式之一, 它表明任何连续函数都有原函数, 如 $\int_a^x \frac{\sin t}{t}\mathrm{d}t$ 是 $\frac{\sin x}{x}$ 的一个原函数, $\int_a^x \mathrm{e}^{-t^2}\mathrm{d}t$ 是 e^{-x^2} 的一个原函数. 它也揭示了积分和微分的过程是互逆的, 并给出了对积分上限函数求导的一个法则.

推论 5.2.1 若函数 f 在区间 $[a,b]$ 上连续, 则变下限积分函数 $\int_x^b f(t)\mathrm{d}t$ 在 $[a,b]$ 上可微, 且

$$\frac{\mathrm{d}}{\mathrm{d}x}\int_x^b f(t)\mathrm{d}t=-f(x).$$

证明 由定理 5.2.1 可得,

$$\frac{\mathrm{d}}{\mathrm{d}x}\int_x^b f(t)\mathrm{d}t = -\frac{\mathrm{d}}{\mathrm{d}x}\int_b^x f(t)\mathrm{d}t = -f(x).$$ ■

推论 5.2.2 设 $f(x)$ 是区间 $[a,b]$ 上的连续函数, $u(x), v(x)$ 是两个可导函数, 且其函数值都在区间 $[a,b]$ 内, 则变限积分函数 $\int_{v(x)}^{u(x)} f(t)\mathrm{d}t$ 可导, 且

$$\frac{\mathrm{d}}{\mathrm{d}x}\int_{v(x)}^{u(x)} f(t)\mathrm{d}t = f[u(x)]u'(x) - f[v(x)]v'(x).$$

证明 对于取定点 $c \in [a,b]$, 由复合函数求导公式及定理 5.2.1, 易见

$$\frac{\mathrm{d}}{\mathrm{d}x}\int_c^{u(x)} f(t)\mathrm{d}t = \frac{\mathrm{d}}{\mathrm{d}u}\left[\int_c^u f(t)\mathrm{d}t\right]\cdot\frac{\mathrm{d}u}{\mathrm{d}x} = f[u(x)]u'(x).$$

同理,

$$\frac{\mathrm{d}}{\mathrm{d}x}\int_{v(x)}^{c} f(t)\mathrm{d}t = \frac{\mathrm{d}}{\mathrm{d}v}\left[\int_v^c f(t)\mathrm{d}t\right]\cdot\frac{\mathrm{d}v}{\mathrm{d}x} = -f[v(x)]v'(x).$$

综上可知

$$\frac{\mathrm{d}}{\mathrm{d}x}\int_{v(x)}^{u(x)} f(t)\mathrm{d}t = \frac{\mathrm{d}}{\mathrm{d}x}\int_c^{u(x)} f(t)\mathrm{d}t + \frac{\mathrm{d}}{\mathrm{d}x}\int_{v(x)}^{c} f(t)\mathrm{d}t = f[u(x)]u'(x) - f[v(x)]v'(x).$$ ■

例 5.2.1 求下列函数的导数:

(1) $\varPhi(x) = \int_1^x t\sin t\mathrm{d}t$; (2) $\varPhi(x) = \int_x^1 t\sin t\mathrm{d}t$;

(3) $\varPhi(x) = \int_{x^2}^{\mathrm{e}^{2x}} \ln(1+t)\mathrm{d}t$; (4) $\varPhi(x) = \int_0^{x^2} x\sin t\mathrm{d}t$.

解 (1) 由定理 5.2.1 知

$$\varPhi'(x) = \frac{\mathrm{d}}{\mathrm{d}x}\int_1^x t\sin t\mathrm{d}x = x\sin x.$$

(2) 由推论 5.2.1 知

$$\varPhi'(x) = \frac{\mathrm{d}}{\mathrm{d}x}\int_x^1 t\sin t\mathrm{d}x = -x\sin x.$$

(3) 利用推论 5.2.2 可知

$$\begin{aligned}\varPhi'(x) &= \frac{\mathrm{d}}{\mathrm{d}x}\int_{x^2}^{\mathrm{e}^{2x}} \ln(1+t)\mathrm{d}t \\ &= \ln(1+\mathrm{e}^{2x})\cdot(\mathrm{e}^{2x})' - \ln(1+x^2)\cdot(x^2)' \\ &= 2\mathrm{e}^{2x}\ln(1+\mathrm{e}^{2x}) - 2x\ln(1+x^2).\end{aligned}$$

(4) 由定理 5.2.1 知

$$\begin{aligned}\Phi'(x) &= \frac{\mathrm{d}}{\mathrm{d}x}\int_0^{x^2} x\sin t\mathrm{d}t = \frac{\mathrm{d}}{\mathrm{d}x}\left(x\int_0^{x^2}\sin t\mathrm{d}t\right)\\ &= \int_0^{x^2}\sin t\mathrm{d}t + x\frac{\mathrm{d}}{\mathrm{d}x}\int_0^{x^2}\sin t\mathrm{d}t\\ &= \int_0^{x^2}\sin t\mathrm{d}t + x(\sin x^2)(x^2)'\\ &= \int_0^{x^2}\sin t\mathrm{d}t + 2x^2\sin x^2.\end{aligned}$$

■

例 5.2.2 设函数 $f(x)$ 在区间 $[0,+\infty)$ 上连续, 且 $f(x)>0$. 令

$$F(x)=\frac{\displaystyle\int_0^x tf(t)\mathrm{d}t}{\displaystyle\int_0^x f(t)\mathrm{d}t},$$

证明函数 $F(x)$ 在 $[0,+\infty)$ 上单调递增.

证明 因为

$$\frac{\mathrm{d}}{\mathrm{d}x}\int_0^x tf(t)\mathrm{d}t = xf(x), \quad 且 \quad \frac{\mathrm{d}}{\mathrm{d}x}\int_0^x f(t)\mathrm{d}t = f(x),$$

所以

$$F'(x)=\frac{\mathrm{d}}{\mathrm{d}x}\left[\frac{\displaystyle\int_0^x tf(t)\mathrm{d}t}{\displaystyle\int_0^x f(t)\mathrm{d}t}\right]=\frac{xf(x)\displaystyle\int_0^x f(t)\mathrm{d}t - f(x)\int_0^x tf(t)\mathrm{d}t}{\left[\displaystyle\int_0^x f(t)\mathrm{d}t\right]^2}=\frac{f(x)\displaystyle\int_0^x (x-t)f(t)\mathrm{d}t}{\left[\displaystyle\int_0^x f(t)\mathrm{d}t\right]^2}.$$

显然, 当 $x>0$ 时, 对 $t\in[0,x]$, 有 $f(t)>0$ 且 $(x-t)f(t)>0$. 因此,

$$\int_0^x f(t)\mathrm{d}t>0, \quad 且 \quad \int_0^x (x-t)f(t)\mathrm{d}t>0,$$

从而 $F'(x)>0$ $(x>0)$, 即证明了函数 $F(x)$ 在 $[0,+\infty)$ 上单调递增. ■

例 5.2.3 求 $\lim\limits_{x\to 0}\dfrac{\displaystyle\int_{\cos x}^1 \mathrm{e}^{-t^2}\mathrm{d}t}{x^2}$.

解 易知当 $x\to 0$ 时, 题中的分子、分母都趋于 0, 故该极限是 $\dfrac{0}{0}$ 型的. 应用洛必达法则, 有

$$\lim_{x\to 0}\frac{\displaystyle\int_{\cos x}^1 \mathrm{e}^{-t^2}\mathrm{d}t}{x^2} = \lim_{x\to 0}\frac{\left(\displaystyle\int_{\cos x}^1 \mathrm{e}^{-t^2}\mathrm{d}t\right)'}{(x^2)'} = \lim_{x\to 0}\frac{-\mathrm{e}^{-\cos^2 x}\cdot(\cos x)'}{2x}$$

$$=\lim_{x\to 0}\frac{\mathrm{e}^{-\cos^2 x}\sin x}{2x}=\frac{1}{2\mathrm{e}}.$$ ■

5.2.2 微积分第二基本定理

微积分第一基本定理建立了导数与积分之间的联系, 即如果函数 f 在区间 $[a,b]$ 上连续, 那么 $\int_a^x f(t)\mathrm{d}t$ 就是 f 的一个原函数. 由微积分第一基本定理可以得到如下重要公式.

定理 5.2.2 设函数 f 在区间 $[a,b]$ 上连续, F 是 f 的任意一个原函数, 即 $F'=f$, 则

$$\int_a^b f(x)\mathrm{d}x=F(b)-F(a)\triangleq F(x)\Big|_a^b. \tag{5.2.3}$$

这一定理称为**牛顿-莱布尼茨** (Newton-Leibniz) **公式**或**积分求值定理**.

证明 由微积分第一基本定理可知, $\varPhi(x)=\int_a^x f(t)\mathrm{d}t$ 是 $f(x)$ 的一个原函数. 由于同一个函数的任何两个原函数只能相差一个常数, 所以函数 $F(x)$ 与函数 $\varPhi(x)$ 只相差一个常数, 即有

$$F(x)=\varPhi(x)+C \quad 或 \quad F(x)=\int_a^x f(t)\mathrm{d}t+C,$$

其中 C 为常数.

由于 $\varPhi(a)=\int_a^a f(t)\mathrm{d}t=0$, 从而有

$$\int_a^b f(x)\mathrm{d}x=\varPhi(b)-\varPhi(a)=[F(b)-C]-[F(a)-C]=F(b)-F(a)\triangleq F(x)\Big|_a^b.$$ ■

例 5.2.4 求下列定积分的值:

(1) $\int_1^2 \frac{1}{x^2}\mathrm{d}x$; (2) $\int_0^{\frac{\pi}{2}} \sin x\mathrm{d}x$.

解 (1) 因为 $\left(-\frac{1}{x}\right)'=\frac{1}{x^2}$, 所以 $-\frac{1}{x}$ 是 $\frac{1}{x^2}$ 的一个原函数. 根据牛顿-莱布尼茨公式, 有

$$\int_1^2\frac{1}{x^2}\mathrm{d}x=-\frac{1}{x}\Big|_1^2=-\frac{1}{2}-(-1)=\frac{1}{2}.$$

(2) 因为 $(-\cos x)'=\sin x$, 所以 $-\cos x$ 是 $\sin x$ 的一个原函数. 根据牛顿-莱布尼茨公式, 有

$$\int_0^{\frac{\pi}{2}}\sin x\mathrm{d}x=-\cos x\Big|_0^{\frac{\pi}{2}}=-\cos\frac{\pi}{2}-(-\cos 0)=1.$$ ■

例 5.2.5 求积分 $\int_0^{\pi}\sqrt{1-\sin 2x}\mathrm{d}x$.

解
$$\int_0^{\pi}\sqrt{1-\sin 2x}\mathrm{d}x=\int_0^{\pi}\sqrt{\sin^2 x-2\sin x\cos x+\cos^2 x}\mathrm{d}x$$
$$=\int_0^{\pi}|\sin x-\cos x|\mathrm{d}x$$
$$=\int_0^{\frac{\pi}{4}}(\cos x-\sin x)\mathrm{d}x+\int_{\frac{\pi}{4}}^{\pi}(\sin x-\cos x)\mathrm{d}x$$
$$=(\sin x+\cos x)\Big|_0^{\frac{\pi}{4}}+(-\sin x-\cos x)\Big|_{\frac{\pi}{4}}^{\pi}=2\sqrt{2}.$$
■

例 5.2.6 求 $\lim\limits_{n\to\infty}\left(\dfrac{1}{n+1}+\dfrac{1}{n+2}+\cdots+\dfrac{1}{2n}\right)$.

解 易见

$$\frac{1}{n+1}+\frac{1}{n+2}+\cdots+\frac{1}{2n}=\sum_{k=1}^{n}\frac{1}{n+k}=\sum_{k=1}^{n}\frac{1}{1+\frac{k}{n}}\frac{1}{n}.$$

因为函数 $f(x)=\dfrac{1}{1+x}$ 在 $[0,1]$ 上连续, 所以可积. 现在考虑 $f(x)=\dfrac{1}{1+x}$ 在 $[0,1]$ 上的黎曼和.

将区间 $[0,1]$ 进行 n 等分, 其分点如下:

$$0<\frac{1}{n}<\frac{2}{n}<\cdots<\frac{n}{n}=1,$$

每个子区间的长度为 $\Delta x_k=\dfrac{1}{n}$. 记 $d=\max\limits_{1\leqslant k\leqslant n}\Delta x_k$, 此时 $d\to 0$ 等价于 $n\to\infty$. 取 ξ_k 为各子区间 $\left[\dfrac{k-1}{n},\dfrac{k}{n}\right]$ 的右端点 $x_k=\dfrac{k}{n},k=1,2,\cdots,n$, 则

$$\sum_{k=1}^{n}f(\xi_k)\Delta x_k=\sum_{k=1}^{n}\frac{1}{1+\frac{k}{n}}\frac{1}{n}.$$

综上可知, 和式 $\dfrac{1}{n+1}+\dfrac{1}{n+2}+\cdots+\dfrac{1}{2n}$ 可看作函数 $f(x)=\dfrac{1}{1+x}$ 在 $[0,1]$ 上的一个特殊的黎曼和, 故

$$\lim_{n\to\infty}\left(\frac{1}{n+1}+\frac{1}{n+2}+\cdots+\frac{1}{2n}\right)=\lim_{d\to 0}\sum_{k=1}^{n}f(\xi_k)\Delta x_k=\int_0^1\frac{1}{1+x}\mathrm{d}x$$
$$=\ln(1+x)\Big|_0^1=\ln 2.$$
■

例 5.2.6 的解题思路提供了一种利用定积分的定义求某些数列极限的方法.

一般地, 设 $f(x)$ 在 $[a,b]$ 上可积, 将 $[a,b]$ 进行 n 等分, 则

$$x_k=a+\frac{k}{n}(b-a),\quad \Delta x_k=\frac{b-a}{n},\quad k=0,1,2,\cdots,n,$$

其中 $x_0=a, x_n=b$.

在每个子区间 $[x_{k-1},x_k]$ 上, 取

$$\xi_k=a+\frac{k-1}{n}(b-a) \quad 或 \quad \xi_k=a+\frac{k}{n}(b-a), \quad k=1,2,\cdots,n,$$

则

$$\lim_{n\to\infty}\sum_{k=1}^{n}f(\xi_k)\Delta x_k=\int_a^b f(x)\mathrm{d}x.$$

特别地, 如果若 $f(x)$ 在 [0,1] 上可积, 即 $a=0,b=1$, 则

$$\lim_{n\to\infty}\sum_{k=1}^{n}f\left(\frac{k-1}{n}\right)\frac{1}{n}=\lim_{n\to\infty}\sum_{k=1}^{n}f\left(\frac{k}{n}\right)\frac{1}{n}=\int_0^1 f(x)\mathrm{d}x.$$

习题 5.2A

1. 求下列函数的导数:

(1) $F(x)=\int_0^x(\arctan t+t)\mathrm{d}t$;　　(2) $F(x)=\int_x^b\frac{1}{1+t^4}\mathrm{d}t$, 其中$b$是常数;

(3) $F(x)=\int_0^{\sqrt{x}}\mathrm{e}^{t^2}\mathrm{d}t$;　　(4) $F(x)=\int_{\cos^2 x}^{2}\frac{t}{1+2t^2}\mathrm{d}t$.

2. 判断正误, 并简述原因.

(1) $\frac{\mathrm{d}}{\mathrm{d}x}\int_0^{x^3}\sqrt{2t+1}\mathrm{d}t=\sqrt{2x^3+1}$;

(2) $\int_0^{x^3}\left(\frac{\mathrm{d}}{\mathrm{d}t}\sqrt{2t+1}\right)\mathrm{d}t=\sqrt{8x^3+1}$;

(3) $\int_{-1}^{1}\frac{\mathrm{d}x}{x}=\ln|x|\Big|_{-1}^{1}=0$;

(4) $\int_0^{2\pi}\sqrt{1-\sin^2 x}\mathrm{d}x=\int_0^{2\pi}\cos x\mathrm{d}x=\sin x\Big|_0^{2\pi}=0$.

3. 求由参数方程

$$x=\int_0^t\sin^2 u\mathrm{d}u, \quad y=\int_0^{t^2}\cos\sqrt{u}\mathrm{d}u$$

所确定的函数 $y=f(x)$ 的一阶导数.

4. 求由方程

$$\int_0^y 2\mathrm{e}^{t^2}\mathrm{d}t+\int_0^{x^2+2x}t\mathrm{e}^t\mathrm{d}t=0$$

所确定的隐函数 $y=f(x)$ 的一阶导数.

5. 求下列极限:

(1) $\lim\limits_{x\to 0}\dfrac{\displaystyle\int_0^x \cos t^2 \mathrm{d}t}{x}$;　　(2) $\lim\limits_{x\to 0}\dfrac{\left(\displaystyle\int_0^x \mathrm{e}^{t^2}\mathrm{d}t\right)^2}{\displaystyle\int_0^x t\mathrm{e}^{2t^2}\mathrm{d}t}$.

6. 利用牛顿-莱布尼茨公式求下列定积分:

(1) $\displaystyle\int_0^1 2x^3\mathrm{d}x$;　　(2) $\displaystyle\int_0^a (3x^2-x+1)\mathrm{d}x$;

(3) $\displaystyle\int_0^{\sqrt{3a}} \frac{1}{a^2+x^2}\mathrm{d}x$;　　(4) $\displaystyle\int_0^1 \frac{1}{\sqrt{4-x^2}}\mathrm{d}x$;

(5) $\displaystyle\int_0^{\frac{\pi}{4}} \tan^2\theta\mathrm{d}\theta$;　　(6) $\displaystyle\int_0^{2\pi} |\sin x|\mathrm{d}x$;

(7) $\displaystyle\int_{-2}^3 \max\{|x|,x^2\}\mathrm{d}x$;　　(8) $\displaystyle\int_{-1}^1 |x|\mathrm{d}x$;

(9) $\displaystyle\int_{-1}^1 f(x)\mathrm{d}x$, 其中 $f(x)=\begin{cases} x+3, & x\leqslant 0, \\ \dfrac{1}{3}x^2, & x>0. \end{cases}$

7. 求下列极限:

(1) $\lim\limits_{n\to\infty}\left(\dfrac{1}{\sqrt{n^2+1}}+\dfrac{1}{\sqrt{n^2+2^2}}+\cdots+\dfrac{1}{\sqrt{2n^2}}\right)$;

(2) $\lim\limits_{n\to\infty}\left(\dfrac{1}{\sqrt{4n^2-1}}+\dfrac{1}{\sqrt{4n^2-2^2}}+\cdots+\dfrac{1}{\sqrt{3n^2}}\right)$.

8. 确定 a 和 b 的值, 使得

$$\lim_{x\to 0}\frac{\displaystyle\int_0^x \frac{t^2}{\sqrt{a+t}}\mathrm{d}t}{bx-\sin x}=1.$$

9. 求下列极限:

(1) $\lim\limits_{n\to\infty}\left[\dfrac{1}{n}\left(\sin\dfrac{\pi}{n}+\sin\dfrac{2\pi}{n}+\cdots+\sin\dfrac{(n-1)\pi}{n}\right)\right]$;

(2) $\lim\limits_{n\to\infty}\dfrac{1^p+2^p+\cdots+n^p}{n^{p+1}}$　($p>0$是常数).

习题 5.2B

1. 设 $F(x)=\displaystyle\int_a^x f(t)\mathrm{d}t$, 证明若函数 $f\in R[a,b]$, 则函数 $F\in C[a,b]$.

2. 求下列函数的导数:

(1) $F(x)=\int_{\sqrt{x}}^{\sqrt[3]{x}}\ln(1+t^6)\mathrm{d}t$;

(2) $F(x)=\int_1^x\left(\int_1^{y^2}\frac{\sqrt{1+t^4}}{t}\mathrm{d}t\right)\mathrm{d}y$;

(3) $F(x)=\int_a^{\varphi(x)}f(t)\mathrm{d}t$, 其中$f\in C[a,b]$, φ可微且$R_\varphi\subseteq[a,b]$;

(4) $F(x)=\int_{x^2}^{\sin^2 x}(x+t)\varphi(t)\mathrm{d}t$, 其中$\varphi$是连续函数.

3. 设 $f(x)=\begin{cases}x^2+1, & x\leqslant 0,\\ \cos x, & x>0.\end{cases}$

(1) 求 $F(x)=\int_0^x f(t)\mathrm{d}t$;

(2) 讨论 $F(x)$ 在 $x=0$ 处的连续性和可微性.

4. 求函数

$$y=\int_0^x\sqrt{t}(t-1)(t+1)^2\mathrm{d}t$$

的定义域、单调区间和极值点.

5. 求函数

$$F(x)=\int_{-a}^a|x-t|f(t)\mathrm{d}t,\quad x\in[-a,a]$$

的单调区间和极值点, 其中 $f(t)>0$ 在区间 $[-a,a]$ 上是连续的偶函数.

6. 若 $f(x)$ 在 $x=1$ 的某个邻域内可微, 且 $f(1)=0$, $\lim\limits_{x\to 1}f'(x)=1$. 求

$$\lim_{x\to 1}\frac{\int_1^x\left[t\int_t^1 f(y)\mathrm{d}y\right]\mathrm{d}t}{(1-x)^3}.$$

7. 设 $f:[a,b]\to\mathbf{R}$ 在 $[a,b]$ 上连续, 在 (a,b) 内可导, 且 $f'(x)\leqslant 0$. 设

$$F(x)=\frac{1}{x-a}\int_a^x f(t)\mathrm{d}t,$$

证明 $F'(x)\leqslant 0$, $x\in(a,b)$.

8. 若 $f,g\in C[a,b]$, 证明至少存在一点 $\xi\in(a,b)$, 使得下式成立:

$$f(\xi)\int_\xi^b g(x)\mathrm{d}x=g(\xi)\int_a^\xi f(x)\mathrm{d}x.$$

5.3　定积分的换元法与分部积分法

若将 $\int f(x)\mathrm{d}x$ 理解为 $f(x)$ 的任意一个给定的原函数, 则牛顿-莱布尼茨公式可以从形式上表达为 $\int_a^b f(x)\mathrm{d}x = \left(\int f(x)\mathrm{d}x\right)\Big|_a^b$. 因此, 我们可由不定积分的运算法则直接推出定积分的相应运算法则.

5.3.1　定积分的换元法

定积分的换元计算包含两种十分有效的方法. 一种方法是先利用换元法求相应的不定积分, 再根据牛顿-莱布尼茨公式利用求得的原函数计算定积分的值. 另一种方法是直接对定积分用换元法进行计算. 本节将学习后一种方法, 即定积分的换元法.

定理 5.3.1 (定积分的换元法)　设函数 $f(x)$ 在区间 $[a,b]$ 上连续, 并且 $x=\varphi(t)$ 满足:

(1) $\varphi(\alpha)=a$ 且 $\varphi(\beta)=b$;

(2) $\varphi'(t)$ 在区间 $[\alpha,\beta]$(或 $[\beta,\alpha]$) 上有连续的导函数, 并且 φ 的值域包含于 $[a,b]$, 则

$$\int_a^b f(x)\mathrm{d}x = \int_\alpha^\beta f[\varphi(t)]\varphi'(t)\mathrm{d}t. \tag{5.3.1}$$

证明　由定理条件, 式 (5.3.1) 两边的积分都是存在的, 所以只要证明它们相等就可以了.

设 $F(x)$ 是 $f(x)$ 的一个原函数, 则

$$\int_a^b f(x)\mathrm{d}x = F(b)-F(a).$$

又因为 $\frac{\mathrm{d}}{\mathrm{d}t}F[\varphi(t)] = f[\varphi(t)]\varphi'(t)$, 所以

$$\int_\alpha^\beta f[\varphi(t)]\varphi'(t)\mathrm{d}t = F[\varphi(t)]\Big|_\alpha^\beta = F[\varphi(\beta)]-F[\varphi(\alpha)] = F(b)-F(a).$$

因此, 式 (5.3.1) 成立. ■

注　定积分的换元积分法与不定积分的换元积分法的区别如下: 在定积分换元积分法中, 需要变换积分上限和积分下限, 变换前后的积分上限和积分下限分别对应, 且在求出原函数后不需要换回到原来的变量, 只需直接代入新变量的上下限.

例 5.3.1　求 $\int_0^a \sqrt{a^2-x^2}\mathrm{d}x$.

解　令 $x=a\sin t$, 则 $\mathrm{d}x=a\cos t\mathrm{d}t$, 且当 $x=0$ 时 $t=0$, 当 $x=a$ 时 $t=\frac{\pi}{2}$. 故根据式 (5.3.1), 有

$$\int_0^a \sqrt{a^2-x^2}\mathrm{d}x = a^2\int_0^{\frac{\pi}{2}} \cos^2 t\mathrm{d}t = a^2\int_0^{\frac{\pi}{2}} \frac{1+\cos 2t}{2}\mathrm{d}t = \frac{a^2}{2}\left(t+\frac{1}{2}\sin 2t\right)\Big|_0^{\frac{\pi}{2}} = \frac{\pi a^2}{4}. \quad ■$$

例 5.3.2 求 $\int_0^{\frac{\pi}{2}} \cos^5 x \sin x \mathrm{d}x$.

解 令 $u=\cos x$, 则 $\mathrm{d}u=-\sin x\mathrm{d}x$, 且当 $x=0$ 时 $u=1$, 当 $x=\dfrac{\pi}{2}$ 时 $u=0$. 故根据式 (5.3.1), 有

$$\int_0^{\frac{\pi}{2}} \cos^5 x \sin x \mathrm{d}x=-\int_1^0 u^5 \mathrm{d}u=\int_0^1 u^5 \mathrm{d}u=\left.\frac{u^6}{6}\right|_0^1=\frac{1}{6},$$

或

$$\int_0^{\frac{\pi}{2}} \cos^5 x \sin x \mathrm{d}x=-\int_0^{\frac{\pi}{2}} \cos^5 x \mathrm{d}(\cos x)=-\left.\frac{\cos^6 x}{6}\right|_0^{\frac{\pi}{2}}=\frac{1}{6}. \quad ■$$

例 5.3.3 求 $\int_0^4 \dfrac{x+2}{\sqrt{2x+1}}\mathrm{d}x$.

解 令 $u=\sqrt{2x+1}$, 即 $x=\dfrac{u^2-1}{2}$, 则 $\mathrm{d}x=u\mathrm{d}u$, 且当 $x=0$ 时 $u=1$, 当 $x=4$ 时 $u=3$. 故根据式 (5.3.1), 有

$$\int_0^4 \frac{x+2}{\sqrt{2x+1}}\mathrm{d}x=\int_1^3 \frac{\frac{u^2-1}{2}+2}{u} u\mathrm{d}u=\frac{1}{2}\int_1^3 (u^2+3)\mathrm{d}u=\left.\frac{1}{2}\left(\frac{u^3}{3}+3u\right)\right|_1^3=\frac{22}{3}. \quad ■$$

例 5.3.4 求 $\int_0^{\pi} \sqrt{\sin^3 x-\sin^5 x}\mathrm{d}x$.

解 因为

$$\sqrt{\sin^3 x-\sin^5 x}=\sqrt{\sin^3 x(1-\sin^2 x)}=\sin^{\frac{3}{2}} x|\cos x|,$$

所以

$$\begin{aligned}
\int_0^{\pi} \sqrt{\sin^3 x-\sin^5 x}\mathrm{d}x &= \int_0^{\pi} \sin^{\frac{3}{2}} x|\cos x|\mathrm{d}x \\
&= \int_0^{\frac{\pi}{2}} \sin^{\frac{3}{2}} x \cos x \mathrm{d}x-\int_{\frac{\pi}{2}}^{\pi} \sin^{\frac{3}{2}} x \cos x \mathrm{d}x \\
&= \int_0^{\frac{\pi}{2}} \sin^{\frac{3}{2}} x \mathrm{d}(\sin x)-\int_{\frac{\pi}{2}}^{\pi} \sin^{\frac{3}{2}} x \mathrm{d}(\sin x) \\
&= \left.\frac{2}{5}\sin^{\frac{5}{2}} x\right|_0^{\frac{\pi}{2}}-\left.\frac{2}{5}\sin^{\frac{5}{2}} x\right|_{\frac{\pi}{2}}^{\pi} \\
&= \frac{2}{5}-\left(-\frac{2}{5}\right)=\frac{4}{5}. \quad ■
\end{aligned}$$

例 5.3.5 (对称区间上的定积分) 设 $f(x)$ 是对称区间 $[-a,a]$ 上的连续函数. 证明以下结论:

(1) 若 $f(x)$ 为奇函数, 则 $\int_{-a}^{a} f(x)\mathrm{d}x = 0$;

(2) 若 $f(x)$ 为偶函数, 则 $\int_{-a}^{a} f(x)\mathrm{d}x = 2\int_{0}^{a} f(x)\mathrm{d}x$.

证明
$$\int_{-a}^{a} f(x)\mathrm{d}x = \int_{-a}^{0} f(x)\mathrm{d}x + \int_{0}^{a} f(x)\mathrm{d}x.$$
在上式右端的第一项积分中, 令 $x=-t$, 则 $\mathrm{d}x=-\mathrm{d}t$, 且当 $x=-a$ 时 $t=a$, 当 $x=0$ 时 $t=0$. 故根据式 (5.3.1), 有
$$\int_{-a}^{0} f(x)\mathrm{d}x = -\int_{a}^{0} f(-t)\mathrm{d}t = \int_{0}^{a} f(-t)\mathrm{d}t = \int_{0}^{a} f(-x)\mathrm{d}x,$$
于是,
$$\int_{-a}^{a} f(x)\mathrm{d}x = \int_{0}^{a} f(-x)\mathrm{d}x + \int_{0}^{a} f(x)\mathrm{d}x = \int_{0}^{a} [f(-x)+f(x)]\mathrm{d}x.$$
(1) 若 $f(x)$ 为奇函数, 则 $f(x)+f(-x)=0$. 故有
$$\int_{-a}^{a} f(x)\mathrm{d}x = 0.$$
(2) 若 $f(x)$ 为偶函数, 则 $f(x)+f(-x)=2f(x)$. 故有
$$\int_{-a}^{a} f(x)\mathrm{d}x = 2\int_{0}^{a} f(x)\mathrm{d}x.$$
■

例 5.3.6 (周期函数的定积分) 设 $f(x)$ 是以 T 为周期的连续函数. 证明:

(1) 对任意常数 a, 有
$$\int_{a}^{a+T} f(x)\mathrm{d}x = \int_{0}^{T} f(x)\mathrm{d}x;$$
(2) 对任意常数 a, 有
$$\int_{a}^{a+nT} f(x)\mathrm{d}x = n\int_{0}^{T} f(x)\mathrm{d}x,$$
其中$n \in \mathbf{N}_+$.

证明 (1) 令
$$F(t) = \int_{t}^{t+T} f(x)\mathrm{d}x,$$
则
$$F'(t) = f(t+T) - f(t) = 0,$$
由此可知 $F(t)$ 是常值函数. 从而 $F(a)=F(0)$, 即
$$\int_{a}^{a+T} f(x)\mathrm{d}x = \int_{0}^{T} f(x)\mathrm{d}x.$$

(2) $\int_a^{a+nT} f(x)\mathrm{d}x = \int_a^{a+T} f(x)\mathrm{d}x + \int_{a+T}^{a+2T} f(x)\mathrm{d}x + \cdots + \int_{a+(n-1)T}^{a+nT} f(x)\mathrm{d}x$

$$= \int_0^T f(x)\mathrm{d}x + \int_0^T f(x)\mathrm{d}x + \cdots + \int_0^T f(x)\mathrm{d}x = n\int_0^T f(x)\mathrm{d}x. \qquad \blacksquare$$

例 5.3.7 计算积分 $\int_0^{100\pi} |\cos x|(\sin x+1)\mathrm{d}x$.

解 由于 $|\cos x|(\sin x+1)$ 是以 2π 为周期的周期函数, 故

$$\begin{aligned}
&\int_0^{100\pi} |\cos x|(\sin x+1)\mathrm{d}x\\
=&50\int_0^{2\pi} |\cos x|(\sin x+1)\mathrm{d}x\\
=&50\int_{-\pi}^{\pi} |\cos x|(\sin x+1)\mathrm{d}x\\
=&50\left[\int_{-\pi}^{\pi} |\cos x|\sin x\mathrm{d}x + \int_{-\pi}^{\pi} |\cos x|\mathrm{d}x\right]\\
=&50\left[0+2\int_0^{\pi} |\cos x|\mathrm{d}x\right]\\
=&100\left(\int_0^{\frac{\pi}{2}} \cos x\mathrm{d}x - \int_{\frac{\pi}{2}}^{\pi} \cos x\mathrm{d}x\right)\\
=&100\left(\sin x\Big|_0^{\frac{\pi}{2}} - \sin x\Big|_{\frac{\pi}{2}}^{\pi}\right) = 200.
\end{aligned} \qquad \blacksquare$$

例 5.3.8 证明: $\int_0^{\frac{\pi}{2}} \sin^n x\mathrm{d}x = \int_0^{\frac{\pi}{2}} \cos^n x\mathrm{d}x$, 其中 n 为正整数.

证明 令 $x=\dfrac{\pi}{2}-t$, 则 $\mathrm{d}x=-\mathrm{d}t$, 且当 $x=0$ 时 $t=\dfrac{\pi}{2}$, 当 $x=\dfrac{\pi}{2}$ 时 $t=0$. 故根据式 (5.3.1), 有

$$\int_0^{\frac{\pi}{2}} \sin^n x\mathrm{d}x = -\int_{\frac{\pi}{2}}^0 \sin^n\left(\frac{\pi}{2}-t\right)\mathrm{d}t = \int_0^{\frac{\pi}{2}} \cos^n t\mathrm{d}t = \int_0^{\frac{\pi}{2}} \cos^n x\mathrm{d}x. \qquad \blacksquare$$

注 最后一步是因为积分值与积分变量字母的选取无关.

例 5.3.9 设函数 f 在区间 $[0,1]$ 上连续. 证明:

(1) $\int_0^{\frac{\pi}{2}} f(\sin x)\mathrm{d}x = \int_0^{\frac{\pi}{2}} f(\cos x)\mathrm{d}x$;

(2) $\int_0^{\pi} xf(\sin x)\mathrm{d}x = \dfrac{\pi}{2}\int_0^{\pi} f(\sin x)\mathrm{d}x$, 并利用这一结果计算 $\int_0^{\pi} \dfrac{x\sin x}{1+\cos^2 x}\mathrm{d}x$.

证明 (1) 令 $x=\frac{\pi}{2}-t$, 则 $\mathrm{d}x=-\mathrm{d}t$, 且当 $x=0$ 时 $t=\frac{\pi}{2}$, 当 $x=\frac{\pi}{2}$ 时 $t=0$. 故根据式 (5.3.1), 有

$$\int_0^{\frac{\pi}{2}} f(\sin x)\mathrm{d}x=-\int_{\frac{\pi}{2}}^0 f\left[\sin\left(\frac{\pi}{2}-t\right)\right]\mathrm{d}t=\int_0^{\frac{\pi}{2}} f(\cos t)\mathrm{d}t=\int_0^{\frac{\pi}{2}} f(\cos x)\mathrm{d}x.$$

(2) 令 $x=\pi-t$, 则 $\mathrm{d}x=-\mathrm{d}t$, 且当 $x=0$ 时 $t=\pi$, 当 $x=\pi$ 时 $t=0$. 故根据式 (5.3.1), 有

$$\begin{aligned}\int_0^{\pi} xf(\sin x)\mathrm{d}x&=-\int_{\pi}^0(\pi-t)f[\sin(\pi-t)]\mathrm{d}t\\&=\int_0^{\pi}(\pi-t)f(\sin t)\mathrm{d}t\\&=\pi\int_0^{\pi}f(\sin t)\mathrm{d}t-\int_0^{\pi}tf(\sin t)\mathrm{d}t\\&=\pi\int_0^{\pi}f(\sin x)\mathrm{d}x-\int_0^{\pi}xf(\sin x)\mathrm{d}x,\end{aligned}$$

即

$$\int_0^{\pi} xf(\sin x)\mathrm{d}x=\pi\int_0^{\pi}f(\sin x)\mathrm{d}x-\int_0^{\pi}xf(\sin x)\mathrm{d}x.$$

将上式移项整理即得

$$\int_0^{\pi} xf(\sin x)\mathrm{d}x=\frac{\pi}{2}\int_0^{\pi}f(\sin x)\mathrm{d}x.$$

由上式知

$$\begin{aligned}\int_0^{\pi}\frac{x\sin x}{1+\cos^2 x}\mathrm{d}x&=\frac{\pi}{2}\int_0^{\pi}\frac{\sin x}{1+\cos^2 x}\mathrm{d}x=-\frac{\pi}{2}\int_0^{\pi}\frac{1}{1+\cos^2 x}\mathrm{d}(\cos x)\\&=-\frac{\pi}{2}\arctan(\cos x)\Big|_0^{\pi}=\frac{\pi^2}{4}.\end{aligned}$$ ■

5.3.2 定积分的分部积分法

利用不定积分的分部积分公式及牛顿-莱布尼茨公式, 可以得到定积分的分部积分公式.

定理 5.3.2 (定积分的分部积分法) 设函数 u,v 在区间 $[a,b]$ 上有连续的导数, 则

$$\int_a^b u(x)\mathrm{d}v(x)=u(x)v(x)\Big|_a^b-\int_a^b v(x)\mathrm{d}u(x), \tag{5.3.2}$$

且称式 (5.3.2) 为**定积分的分部积分公式**.

例 5.3.10 求 $\int_0^{\frac{1}{2}}\arcsin x\mathrm{d}x$.

解 令 $u=\arcsin x, v=x$, 根据式 (5.3.2), 有

$$\int_0^{\frac{1}{2}}\arcsin x\mathrm{d}x=x\arcsin x\Big|_0^{\frac{1}{2}}-\int_0^{\frac{1}{2}}x\mathrm{d}(\arcsin x)=\frac{\pi}{12}-\int_0^{\frac{1}{2}}\frac{x}{\sqrt{1-x^2}}\mathrm{d}x$$
$$=\frac{\pi}{12}+\left(\sqrt{1-x^2}\Big|_0^{\frac{1}{2}}\right)=\frac{\pi}{12}+\frac{\sqrt{3}}{2}-1.$$ ■

例 5.3.11 求 $\displaystyle\int_0^4 \mathrm{e}^{\sqrt{x}}\mathrm{d}x$.

解 令 $\sqrt{x}=t$, 即 $x=t^2$, 则 $\mathrm{d}x=2t\mathrm{d}t$, 且当 $x=0$ 时 $t=0$, 当 $x=4$ 时 $t=2$. 因此

$$\int_0^4 \mathrm{e}^{\sqrt{x}}\mathrm{d}x=2\int_0^2 t\mathrm{e}^t\mathrm{d}t=2\int_0^2 t\mathrm{d}\mathrm{e}^t=2\left(t\mathrm{e}^t\Big|_0^2-\int_0^2\mathrm{e}^t\mathrm{d}t\right)=2(\mathrm{e}^2+1).$$ ■

例 5.3.12 求 $\displaystyle\int_0^3 \arcsin\sqrt{\frac{x}{1+x}}\mathrm{d}x$.

解 令 $\arcsin\sqrt{\dfrac{x}{1+x}}=t$, 即 $x=\tan^2 t$. 从而 $\mathrm{d}x=\mathrm{d}(\tan^2 t)$, 且当 $x=0$ 时 $t=0$, 当 $x=3$ 时 $t=\dfrac{\pi}{3}$. 因此

$$\begin{aligned}\int_0^3 \arcsin\sqrt{\frac{x}{1+x}}\mathrm{d}x&=\int_0^{\frac{\pi}{3}}t\mathrm{d}(\tan^2 t)\\&=t\tan^2 t\Big|_0^{\frac{\pi}{3}}-\int_0^{\frac{\pi}{3}}\tan^2 t\mathrm{d}t\\&=\pi-\int_0^{\frac{\pi}{3}}(\sec^2 t-1)\mathrm{d}t\\&=\pi-(\tan t-t)\Big|_0^{\frac{\pi}{3}}=\frac{4\pi}{3}-\sqrt{3}.\end{aligned}$$ ■

例 5.3.13 计算下列积分:

(1)$I_n=\displaystyle\int_0^{\frac{\pi}{2}}\sin^n x\mathrm{d}x\left(=\int_0^{\frac{\pi}{2}}\cos^n x\mathrm{d}x\right)\quad(n\in\mathbf{N})$;

(2) $\displaystyle\int_0^{\frac{\pi}{2}}\sin^4 x\cos^2 x\mathrm{d}x$;

(3) $\displaystyle\int_0^a x^4\sqrt{a^2-x^2}\mathrm{d}x\quad(a>0)$.

解 (1) 利用式 (5.3.2), 当 $n\geqslant 2$ 时得

$$\begin{aligned}I_n&=\int_0^{\frac{\pi}{2}}\sin^n x\mathrm{d}x=-\int_0^{\frac{\pi}{2}}\sin^{n-1}x\mathrm{d}(\cos x)\\&=-\sin^{n-1}x\cos x\Big|_0^{\frac{\pi}{2}}+(n-1)\int_0^{\frac{\pi}{2}}\cos^2 x\sin^{n-2}x\mathrm{d}x\end{aligned}$$

$$= (n-1)\int_0^{\frac{\pi}{2}}(1-\sin^2 x)\sin^{n-2} x\mathrm{d}x$$
$$= (n-1)\int_0^{\frac{\pi}{2}}\sin^{n-2} x\mathrm{d}x-(n-1)\int_0^{\frac{\pi}{2}}\sin^{n} x\mathrm{d}x$$
$$= (n-1)I_{n-2}-(n-1)I_n,$$

即

$$I_n=(n-1)I_{n-2}-(n-1)I_n.$$

对上式移项整理可得

$$I_n=\frac{n-1}{n}I_{n-2}\quad (n=2,3,\cdots).$$

由此递推公式, 可得

$$I_n=\frac{n-1}{n}I_{n-2}=\frac{n-1}{n}\times\frac{n-3}{n-2}I_{n-4}=\cdots=\frac{n-1}{n}\times\frac{n-3}{n-2}\times\cdots\times\frac{2}{3}I_1,\quad n\text{为奇数};$$

$$I_n=\frac{n-1}{n}I_{n-2}=\frac{n-1}{n}\times\frac{n-3}{n-2}I_{n-4}=\cdots=\frac{n-1}{n}\times\frac{n-3}{n-2}\times\cdots\times\frac{1}{2}I_0,\quad n\text{为偶数}.$$

因为

$$I_1=\int_0^{\frac{\pi}{2}}\sin x\mathrm{d}x=1,\quad I_0=\int_0^{\frac{\pi}{2}}\mathrm{d}x=\frac{\pi}{2},$$

所以

$$I_n=\begin{cases}\dfrac{n-1}{n}\times\dfrac{n-3}{n-2}\times\cdots\times\dfrac{4}{5}\times\dfrac{2}{3}, & n\text{为奇数},\\ \dfrac{n-1}{n}\times\dfrac{n-3}{n-2}\times\cdots\times\dfrac{3}{4}\times\dfrac{1}{2}\times\dfrac{\pi}{2}, & n\text{为偶数}.\end{cases}\tag{5.3.3}$$

(2) $$\int_0^{\frac{\pi}{2}}\sin^4 x\cos^2 x\mathrm{d}x=\int_0^{\frac{\pi}{2}}\sin^4 x(1-\sin^2 x)\mathrm{d}x$$
$$=\int_0^{\frac{\pi}{2}}\sin^4 x\mathrm{d}x-\int_0^{\frac{\pi}{2}}\sin^6 x\mathrm{d}x$$
$$=\frac{3}{4}\times\frac{1}{2}\times\frac{\pi}{2}-\frac{5}{6}\times\frac{3}{4}\times\frac{1}{2}\times\frac{\pi}{2}=\frac{\pi}{32}.$$

(3) 令 $x=a\sin t$, 则 $\mathrm{d}x=a\cos t\mathrm{d}t$, 且当 $x=0$ 时 $t=0$, 当 $x=a$ 时 $t=\dfrac{\pi}{2}$. 因此

$$\int_0^a x^4\sqrt{a^2-x^2}\mathrm{d}x=a^6\int_0^{\frac{\pi}{2}}\sin^4 t\cos^2 t\mathrm{d}t=\frac{\pi}{32}a^6.$$ ■

例 5.3.13(1) 的计算结果式 (5.3.3) 可作为公式使用. 在后续例题中, 我们可以看到利用式 (5.3.3) 计算某些定积分是十分方便的.

习题 5.3A

1. 计算下列定积分:

(1) $\displaystyle\int_{-2}^{1}\frac{\mathrm{d}x}{(11+8x)^3}$;　　(2) $\displaystyle\int_{0}^{2\pi}\sin x\cos^3 x\mathrm{d}x$;

(3) $\displaystyle\int_{0}^{\pi}(1-\sin^3 x)\mathrm{d}x$;　　(4) $\displaystyle\int_{0}^{\frac{1}{5}}x\sqrt{2-5x}\mathrm{d}x$;

(5) $\displaystyle\int_{-\sqrt{2}}^{\sqrt{2}}\sqrt{8-2x^2}\mathrm{d}x$;　　(6) $\displaystyle\int_{-\frac{1}{3}}^{\frac{1}{3}}\frac{18x-4}{\sqrt{9x^2+6x+5}}\mathrm{d}x$;

(7) $\displaystyle\int_{0}^{\frac{\pi}{2}}\sin x\sqrt{\cos x}\mathrm{d}x$;　　(8) $\displaystyle\int_{0}^{1}\frac{\mathrm{d}x}{\mathrm{e}^x+\mathrm{e}^{-x}}$;

(9) $\displaystyle\int_{1}^{\mathrm{e}}\frac{2+3\ln x}{x}\mathrm{d}x$;　　(10) $\displaystyle\int_{1}^{\mathrm{e}^2}\frac{1}{x\sqrt{1+\ln x}}\mathrm{d}x$;

(11) $\displaystyle\int_{0}^{\pi}\sqrt{1+\cos 2x}\mathrm{d}x$;　　(12) $\displaystyle\int_{-\frac{\pi}{2}}^{\frac{\pi}{2}}\sqrt{\cos x-\cos^3 x}\mathrm{d}x$.

2. 证明下列积分公式 ($m,n\in\mathbf{N}$):

(1) $\displaystyle\int_{-\pi}^{\pi}\sin mx\sin nx\mathrm{d}x=\begin{cases}0, & m\neq n,\\ \pi, & m=n;\end{cases}$

(2) $\displaystyle\int_{-\pi}^{\pi}\cos mx\cos nx\mathrm{d}x=\begin{cases}0, & m\neq n,\\ \pi, & m=n;\end{cases}$

(3) $\displaystyle\int_{-\pi}^{\pi}\sin mx\cos nx\mathrm{d}x=0$.

3. 计算下列定积分:

(1) $\displaystyle\int_{-\pi}^{\pi}x^4\sin x\mathrm{d}x$;　　(2) $\displaystyle\int_{-\frac{1}{2}}^{\frac{1}{2}}\frac{(\arcsin x)^2}{\sqrt{1-x^2}}\mathrm{d}x$;

(3) $\displaystyle\int_{0}^{2\pi}|x-\pi|\sin^3 x\mathrm{d}x$;　　(4) $\displaystyle\int_{-\frac{3}{4}\pi}^{\frac{3}{4}\pi}(1+\arctan x)\sqrt{1+\cos 2x}\mathrm{d}x$.

4. 计算积分 $\displaystyle\int_{-1}^{1}|x|\left(3x^2+\frac{\sin^3 x}{1+\cos x}\right)\mathrm{d}x$.

5. 计算下列定积分:

(1) $\displaystyle\int_{0}^{1}x\mathrm{e}^{-x}\mathrm{d}x$;　　(2) $\displaystyle\int_{1}^{\mathrm{e}}x\ln x\mathrm{d}x$;

(3) $\displaystyle\int_{0}^{1}\mathrm{e}^{\sqrt{x}}\mathrm{d}x$;　　(4) $\displaystyle\int_{0}^{\mathrm{e}-1}\ln(1+x)\mathrm{d}x$;

(5) $\int_0^1 x\arctan x\mathrm{d}x$;

(6) $\int_0^{\frac{\pi}{2}} \mathrm{e}^{2x}\cos 2x\mathrm{d}x$;

(7) $\int_{\frac{\pi}{4}}^{\frac{\pi}{3}} \frac{x}{\sin^2 x}\mathrm{d}x$;

(8) $\int_1^2 \frac{\ln x}{\sqrt{x}}\mathrm{d}x$;

(9) $\int_1^{\mathrm{e}} \sin(\ln x)\mathrm{d}x$;

(10) $\int_{\frac{1}{\mathrm{e}}}^{\mathrm{e}} |\ln x|\mathrm{d}x$;

(11) $\int_0^3 \arcsin\sqrt{\frac{x}{1+x}}\mathrm{d}x$;

(12) $\int_0^1 \cos\sqrt{x}\mathrm{d}x$;

(13) $\int_0^{\pi} (x\sin x)^2\mathrm{d}x$;

(14) $\int_0^{\pi} x^2\cos x\mathrm{d}x$;

(15) $\int_0^1 (1-x^2)^{\frac{m}{2}}\mathrm{d}x \quad (m\in\mathbf{N})$;

(16) $\int_0^{\pi} x\sin^m x\mathrm{d}x \quad (m\in\mathbf{N})$.

习题 5.3B

1. 计算下列定积分:

(1) $\int_0^{\frac{\pi}{4}} \ln(1+\tan x)\mathrm{d}x$;

(2) $\int_0^{\pi} \frac{x\sin x}{2-\sin^2 x}\mathrm{d}x$;

(3) $\int_0^{\frac{\pi}{2}} \frac{\cos^3 x}{\sin x+\cos x}\mathrm{d}x$;

(4) $\int_0^{10\pi} \frac{\sin^3 x+\cos^3 x}{2\sin^2 x+\cos^4 x}\mathrm{d}x$;

(5) $\int_{\frac{\pi}{3}}^{\frac{2\pi}{3}} (\mathrm{e}^{\cos x}-\mathrm{e}^{-\cos x})\mathrm{d}x$;

(6) $\int_{\frac{1}{2}}^2 \left(1+x-\frac{1}{x}\right)\mathrm{e}^{x+\frac{1}{x}}\mathrm{d}x$;

(7) $\int_0^{n\pi} \sqrt{1-\sin 2x}\mathrm{d}x \quad (n\in\mathbf{N}_+)$;

(8) $\int_0^{n\pi} x|\sin x|\mathrm{d}x \quad (n\in\mathbf{N}_+)$.

2. 证明下列等式:

(1) $\int_0^{\pi} \sin^n x\mathrm{d}x = 2\int_0^{\frac{\pi}{2}} \sin^n x\mathrm{d}x \quad (n\in\mathbf{N})$;

(2) $\int_x^1 \frac{\mathrm{d}x}{1+x^2} = \int_1^{\frac{1}{x}} \frac{\mathrm{d}x}{1+x^2} \quad (x>0)$;

(3) $\int_0^1 x^m(1-x)^n\mathrm{d}x = \int_0^1 x^n(1-x)^m\mathrm{d}x$;

(4) $\int_a^b f(x)\mathrm{d}x = \int_a^b f(a+b-x)\mathrm{d}x$, $f(x)$在区间$[a,b]$上连续;

(5) $\int_a^b f(x)\mathrm{d}x = (b-a)\int_0^1 f[a+(b-a)x]\mathrm{d}x$, $f(x)$在区间$[a,b]$上连续;

(6) $\int_0^a 2x^3 f(x^2)\mathrm{d}x = \int_0^{a^2} xf(x)\mathrm{d}x$, $f(x)$在区间$[0,a]$上连续;

(7) $\int_0^{\frac{\pi}{2}} \sin^m x\cos^m x\mathrm{d}x = \frac{1}{2^m}\int_0^{\frac{\pi}{2}} \cos^m x\mathrm{d}x \quad (m\in\mathbf{N}_+)$.

3. 设 $f(x)=\mathrm{e}^{-x^2}$, 求 $\int_0^1 f'(x)f''(x)\mathrm{d}x$.

4. 用分部积分法证明:

$$\int_0^x f(u)(x-u)\mathrm{d}u=\int_0^x\left[\int_0^u f(x)\mathrm{d}x\right]\mathrm{d}u.$$

5.4 定积分的应用

从前面的例题中可知, 很多量可以用“分割, 求和, 取极限”的方法来求解, 即可以表示成为定积分的形式. 如固体的体积、曲线的长度、抽取地下液体所需做的功、防洪门所受的力、固体平衡点的坐标等. 在本节中我们将应用前面学过的定积分理论来分析和解决一些几何和物理问题. 学习本节的目的不仅仅在于建立和计算这些几何量和物理量, 更重要的是学习怎样将一个量表示成定积分的微元法.

5.4.1 建立积分表达式的微元法

应用定积分解决问题的实质是解决两个问题:

(1) 定积分表达的量应具备哪些特征?

(2) 怎样建立这些量的积分表达式?

在 5.1 节中已经指出, 曲边梯形的面积和质点做变速直线运动的位移可以用定积分来表示. 它们都具有两个相同的特征:

(1) 都是在区间 $[a,b]$ 上非均匀连续变化的量;

(2) 都具有区间可加性, 即分布在 $[a,b]$ 上的总量等于分布在 $[a,b]$ 上各个子区间的局部量之和.

在一般情况下, 具有这两种特征的量都可以用定积分来描述.

现在回顾建立定积分的步骤并设法简化它们. 对于区间 $[a,b]$ 上以 $y=f(x)(f(x)\geqslant 0)$ 为曲边的曲边梯形 (图 5.4.1), 为计算整个区域面积 A, 需要进行如下步骤:

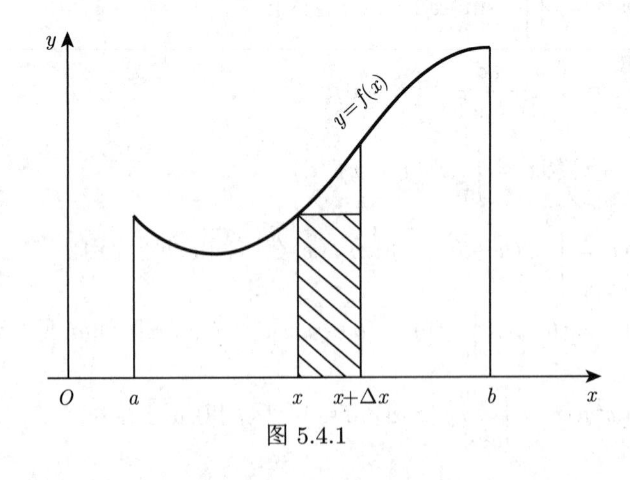

图 5.4.1

(1) “分”. 将 $[a,b]$ 分成许多小的子区间, 并取 $[x,x+\Delta x]$ 作为代表.

(2) “匀”. 将在子区间 $[x, x+\Delta x]$ 上的子曲边梯形近似看作高为 $f(x)$ 的矩形, 则有

$$\Delta A \approx f(x)\Delta x. \tag{5.4.1}$$

(3) “合”.

$$A \approx \sum f(x)\Delta x. \tag{5.4.2}$$

(4) “精”.

$$A = \lim_{\Delta x \to 0} \sum f(x)\Delta x = \int_a^b f(x)\mathrm{d}x. \tag{5.4.3}$$

通过以上步骤, 可知确立积分表达式的关键在于找到原始值的近似值, 即式 (5.4.1). 把在曲线 $y = f(x)$ 下方且在区间 $[a, x]$ 内的曲边梯形面积记为 $A(x)$, 即

$$A(x) = \int_a^x f(t)\mathrm{d}t, \tag{5.4.4}$$

因此原始面积 ΔA 是函数 $A(x)$ 的增量, 即 $\Delta A = A(x+\Delta x) - A(x)$. 且由于

$$\mathrm{d}A(x) = \mathrm{d}\left[\int_a^x f(t)\mathrm{d}t\right] = f(x)\mathrm{d}x,$$

故 ΔA 的近似值 $f(x)\Delta x$ 恰恰是 $A(x)$ 的微分. 因此, 积分元素恰恰是 $A(x)$ 的微分. 问题是: 怎么求 $A(x)$ 的微分? 实际上, $A(x)$ 是未知的, 且不能通过计算 $A'(x)\Delta x$ 得到微分. 根据微分的定义, 我们只需要找出线性依赖于 Δx 的 $f(x)\Delta x$, 使得 $\Delta A - f(x)\Delta x$ 是关于 Δx 的高阶无穷小. 这在实际应用中通常是已经做好了的. 因此, 一般说来, 如果在某一实际问题中所求量 Q 是与一个变量 x 的变化区间 $[a, b]$ 有关的量, 对区间 $[a, b]$ 具有可加性, 且部分量 ΔQ 的近似值可表示为 $f(x)\mathrm{d}x$, 那么就可以考虑用定积分来表示这个量 Q. 通常写这个量 Q 的积分表达式的步骤是:

(1) 根据问题的具体情况, 选择一个变量 (如 x) 为积分变量, 并确定它的变化区间 $[a, b]$;

(2) 在子区间 $[x, x+\mathrm{d}x]$ 上求出相应于这个小区间的部分量 ΔQ 的近似值 $\mathrm{d}Q$, 即

$$\Delta Q \approx \mathrm{d}Q = f(x)\mathrm{d}x;$$

(3) 所求量 Q 的微分元素 $f(x)\mathrm{d}x$ 为被积表达式, 在区间 $[a, b]$ 上做定积分, 则

$$Q = \int_a^b f(x)\mathrm{d}x$$

就是所求量 Q 的积分表达式.

以上过程称为**微元法** (method of element). 微元法不仅是一种解决积分问题的重要工具, 而且是一种思想, 蕴含了“化整为零, 积少成多”的哲学思想. 下面将通过一些例子来介绍如何应用这个方法来解决几何和物理中的一些问题.

5.4.2 平面图形的面积

1. 直角坐标情形

如 5.1 节所介绍的, 由曲线 $f(x)(f(x)\geqslant 0)$, 直线 $x=a, x=b(a<b)$ 及 x 轴所围成的曲边梯形的面积 A 可以用定积分表示出来, 即

$$A=\int_a^b f(x)\mathrm{d}x,$$

其中被积表达式 $f(x)\mathrm{d}x$ 就是直角坐标系下的面积微元, 它表示高为 $f(x)$、底为 $\mathrm{d}x$ 的一个矩形面积. 基于微元法, 利用定积分, 不仅可以计算曲边梯形的面积, 还可以计算一些比较复杂的平面图形的面积.

在直角坐标系中, 通常可以利用两种微元求平面曲线所包围区域的面积:

(1) 使用面积的垂直微元 (称为条带);

(2) 使用面积的水平微元 (称为区域带).

下面我们先考虑一个通过使用垂直微元求平面图形面积的例子.

例 5.4.1 求由曲线 $y=x^2-1$ 与直线 $y=7-x^2$ 所围成的平面图形的面积 A(图 5.4.2).

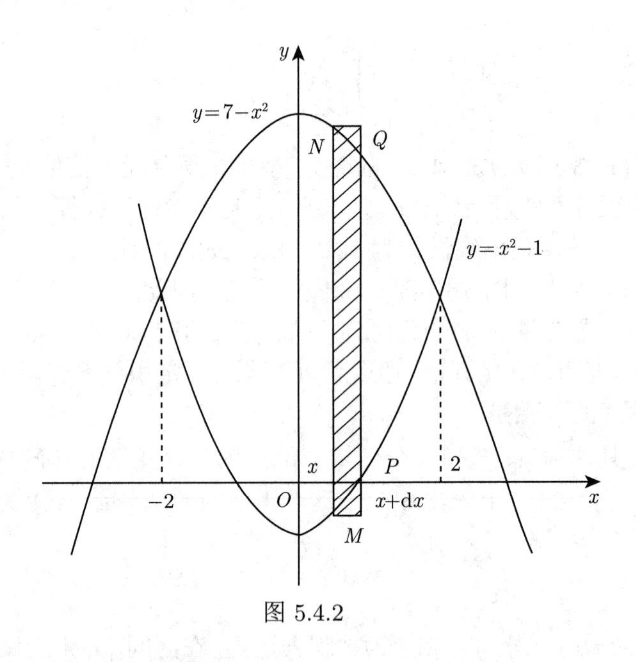

图 5.4.2

解 (1) 确定积分变量和积分区间.

由

$$\begin{cases}y=x^2-1,\\ y=7-x^2,\end{cases}$$

易得两抛物线交点坐标 $(-2,3)$ 和 $(2,3)$, 即交点的横坐标为 $x=\pm 2$, 所求图形在直线 $x=-2$ 和 $x=2$ 之间. 由于所求面积 A 非均匀连续分布在区间 $[-2,2]$ 上, 且具有可加性, 因此我们可以取横坐标 x 为积分变量, 它的变化区间为 $[-2,2]$.

(2) 求面积微元.

划分区间 $[-2,2]$, 并考虑子区间 $[x,x+\mathrm{d}x]$. 子区间上的面积 ΔA 可近似看作一个矩形的面积, 矩形的高为

$$MN=(7-x^2)-(x^2-1)=8-2x^2.$$

从而得面积微元为

$$\mathrm{d}A=(8-2x^2)\mathrm{d}x.$$

(3) 表示为定积分并求解.

总面积 A 就等于面积微元 $\mathrm{d}A=(8-2x^2)\mathrm{d}x$ 在区间 $[-2,2]$ 上的积分, 即

$$A=\int_{-2}^{2}(8-2x^2)\mathrm{d}x=2\int_{0}^{2}(8-2x^2)\mathrm{d}x=\frac{64}{3}.$$ ■

下面, 使用水平微元来求解一个平面图形的面积.

例 5.4.2 求由抛物线 $\sqrt{y}=x$ 与直线 $y=-x$ 及 $y=1$ 所围成的平面图形的面积 A(图 5.4.3).

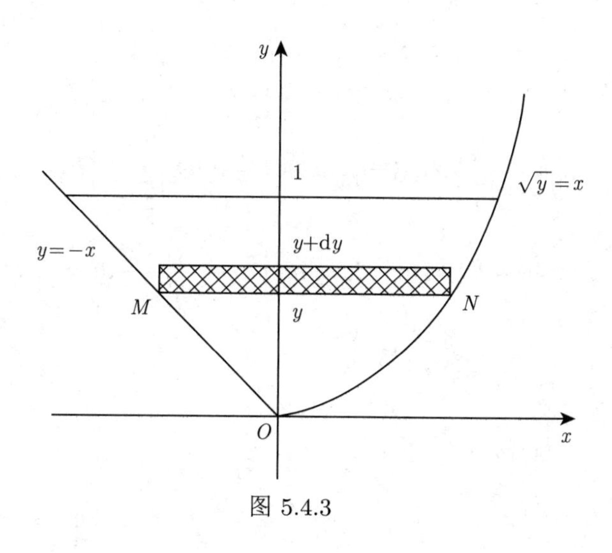

图 5.4.3

解 (1) 确定积分变量和积分区间.

由曲线方程

$$y=x^2,\qquad y=-x,\quad y=1,$$

易得三曲线交点坐标为 $(-1,1)$, $(0,0)$ 和 $(1,1)$, 即交点的纵坐标为 $y=0,1$, 所求图形在直线 $y=0$ 和 $y=1$ 之间. 由于所求面积 A 非均匀连续分布在区间 $[0,1]$ 上, 且具有可加性, 故我们可以取纵坐标 y 为积分变量, 它的变化区间为 $[0,1]$.

(2) 求面积微元.

划分区间 $[0,1]$, 并考虑子区间 $[y,y+\mathrm{d}y]$. 可将子区间上的面积 ΔA 看作一个矩形的面积, 矩形的宽为

$$MN=\sqrt{y}-(-y),$$

则面积微元为

$$\mathrm{d}A = (\sqrt{y} + y)\mathrm{d}y.$$

(3) 表示为定积分并求解.

总面积为

$$A = \int_0^1 (\sqrt{y} + y)\mathrm{d}y = \frac{7}{6}.$$

■

例 5.4.3 求椭圆 $\dfrac{x^2}{a^2} + \dfrac{y^2}{b^2} = 1(a > 0, b > 0)$ 围成的面积 A.

解 根据椭圆图形的对称性, 所求面积 A 等于它在第一象限的面积 A_1 的 4 倍 (图 5.4.4). 因此由微法 (选 x 为积分变量), 有

$$A = 4A_1 = 4\int_0^a y\mathrm{d}x.$$

利用椭圆的参数方程

$$\begin{cases} x = a\cos t, \\ y = b\sin t, \end{cases} \quad 0 \leqslant t \leqslant \frac{\pi}{2}$$

及定积分的变量代换, 有

$$\begin{aligned} \int_0^a y\mathrm{d}x &= \int_{\frac{\pi}{2}}^0 b\sin t(-a\sin t)\mathrm{d}t = -ab\int_{\frac{\pi}{2}}^0 \sin^2 t\mathrm{d}t \\ &= ab\int_0^{\frac{\pi}{2}} \sin^2 t\mathrm{d}t = ab\int_0^{\frac{\pi}{2}} \frac{1-\cos 2t}{2}\mathrm{d}t = \frac{\pi}{4}ab. \end{aligned}$$

因此, 总面积为

$$A = 4A_1 = \pi ab.$$

■

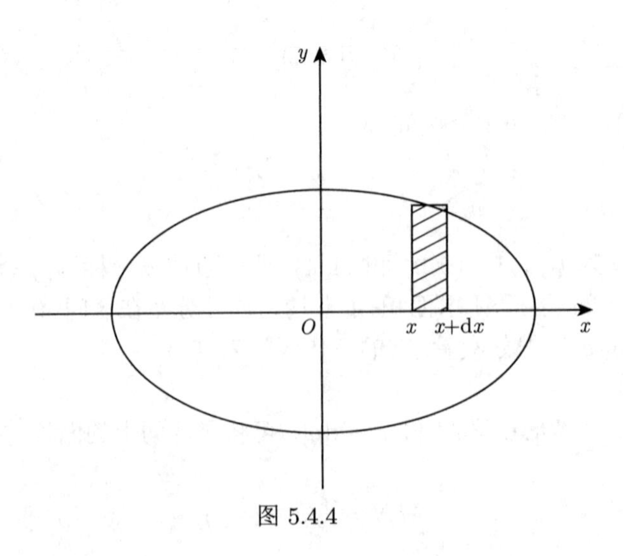

图 5.4.4

2. 极坐标情形

求一些特殊的平面图形面积时, 有时候用极坐标来处理会更加方便.

设平面图形是由曲线 $\rho=\rho(\theta)$ 及射线 $\theta=\alpha, \theta=\beta$ 所围成的, 其中 $\rho(\theta)$ 在 $[\alpha, \beta]$ 上连续且 $\rho(\theta) \geqslant 0$. 现在要计算该图形 (简称曲边扇形, 如图 5.4.5 所示) 的面积 A.

由于当 θ 在 $[\alpha, \beta]$ 上变动时, 极径 $\rho=\rho(\theta)$ 也随之变动, 故该曲边扇形的面积不能直接利用扇形面积公式 $A=\dfrac{1}{2} R^{2} \theta$ 来计算, 需要建立定积分来推导面积计算公式.

取极角 θ 为积分变量, 它的变化区间为 $[\alpha, \beta]$. 将 $[\alpha, \beta]$ 分成许多小的子区间, 并取 $[\theta, \theta+\mathrm{d} \theta]$ 作为任意小区间代表. 任意小区间 $[\theta, \theta+\mathrm{d} \theta]$ 对应的窄曲边扇形面积可以用极径为 $\rho=\rho(\theta)$、中心角为 $\mathrm{d} \theta$ 的扇形面积来近似, 从而得到该窄曲边扇形面积的近似值, 即曲边扇形的面积微元为

$$\mathrm{d} A=\frac{1}{2}[\rho(\theta)]^{2} \mathrm{~d} \theta .$$

以 $\mathrm{d} A$ 为积分表达式, 在区间 $[\alpha, \beta]$ 上作定积分, 便可得所求曲边扇形的面积为

$$A=\frac{1}{2} \int_{\alpha}^{\beta}[\rho(\theta)]^{2} \mathrm{~d} \theta .$$

从而由射线 $\theta=\alpha, \theta=\beta(\alpha<\beta)$ 及两条连续曲线

$$\rho=\rho_{1}(\theta), \quad \rho=\rho_{2}(\theta) \quad\left(\rho_{1}(\theta) \leqslant \rho_{2}(\theta)\right)$$

所围成图形 (图 5.4.6) 的面积 A 的计算公式为

$$A=\frac{1}{2} \int_{\alpha}^{\beta}\left[\rho_{1}^{2}(\theta)-\rho_{2}^{2}(\theta)\right] \mathrm{d} \theta .$$

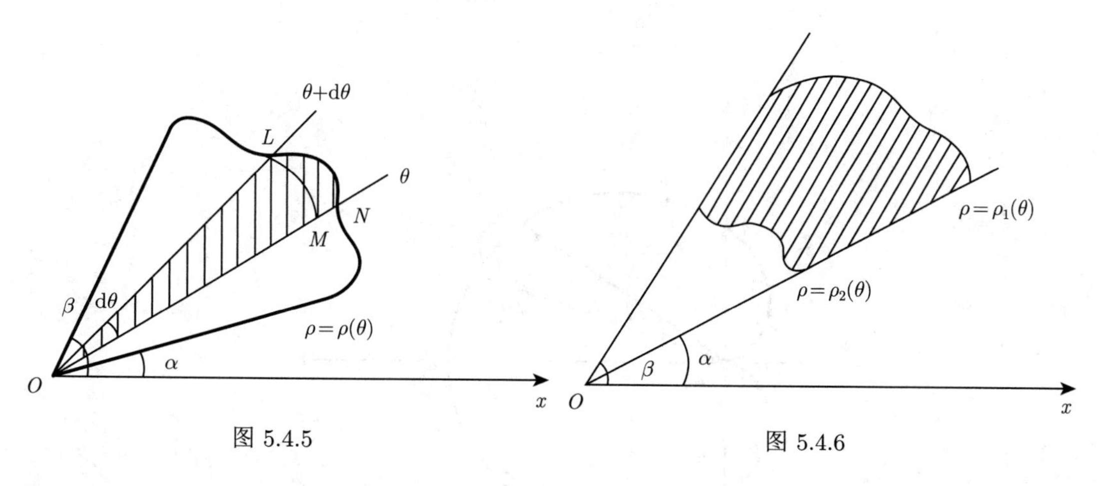

图 5.4.5　　图 5.4.6

例 5.4.4 计算阿基米德螺线

$$\rho=a \theta \quad(a>0)$$

上 θ 从 0 到 2π 的一段弧与极轴所围成图形的面积 A.

解 如图 5.4.7 所示, θ 的变化区间为 $[0,2\pi]$, 易得面积微元为

$$\mathrm{d}A=\frac{1}{2}[\rho(\theta)]^2\mathrm{d}\theta=\frac{1}{2}a^2\theta^2\mathrm{d}\theta.$$

因此所求面积为

$$A=\int_0^{2\pi}\frac{1}{2}a^2\theta^2\mathrm{d}\theta=\frac{4}{3}a^2\pi^3.$$

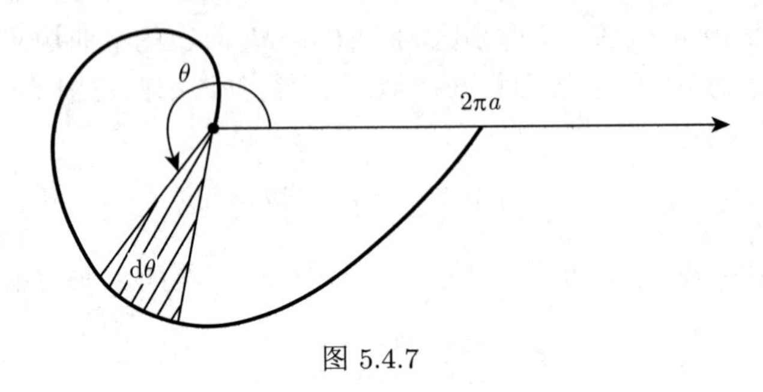

图 5.4.7 ■

例 5.4.5 求心形线 $\rho=a(1+\cos\theta)(a>0)$ 所围成图形的面积 A.

解 根据心形线图形的对称性, 所求面积 A 等于位于上半平面的面积 A_1 的两倍 (图 5.4.8), 易得面积微元为

$$\mathrm{d}A_1=\frac{1}{2}\rho^2(\theta)\,\mathrm{d}\theta=\frac{1}{2}a^2\left(1+\cos\theta\right)^2\mathrm{d}\theta.$$

因此所求面积为

$$A=2A_1=2\int_0^{\pi}\frac{1}{2}a^2(1+\cos\theta)^2\mathrm{d}\theta=\frac{3}{2}a^2\pi.$$

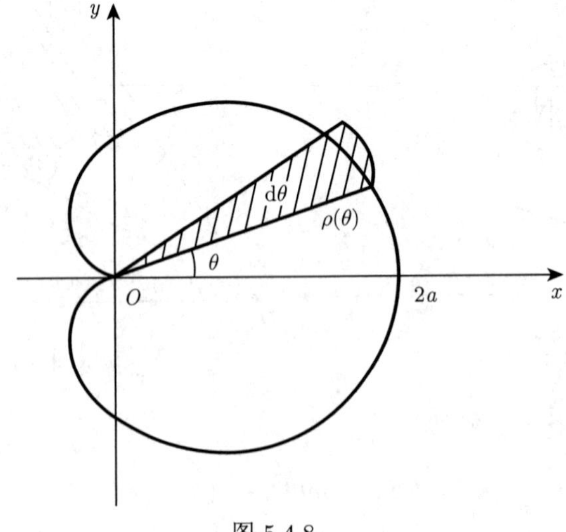

图 5.4.8 ■

5.4.3 曲线的弧长

设一曲线 $\widehat{M_0M}$ 在区间 $[a,b]$ 上的表达式是函数 $y=f(x)$, 求该曲线的弧长.

如图 5.4.9所示, 在曲线 $\widehat{M_0M}$ 上, 取点 $M_0, M_1, \cdots, M_{i-1}, M_i, \cdots, M_{n-1}, M_n = M$. 连接这些点, 可得内接在曲线 $\widehat{M_0M}$ 中的折线 $M_0M_1\cdots M_{i-1}M_i\cdots M_{n-1}M_n$. 用 ΔL_i 表示线段 $\overline{M_{i-1}M_i}$ 的长度, 折线的总长度为

$$L_n = \sum_{i=1}^{n} \Delta L_i.$$

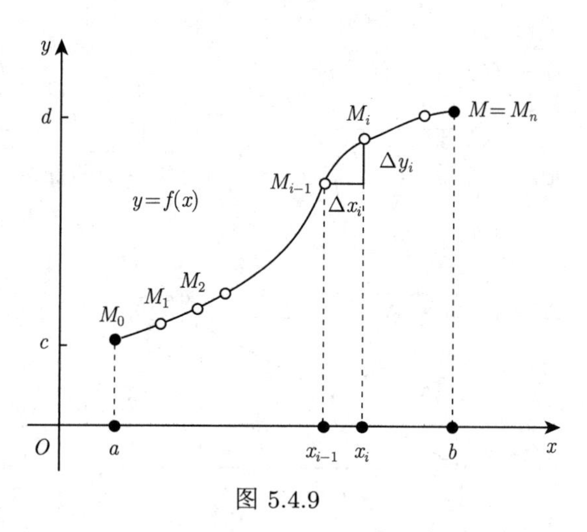

图 5.4.9

设 $d = \max\limits_{1\leqslant i\leqslant n} \Delta L_i$. 若无论对曲线作怎样的分割, 当 $d \to 0$ 时, 折线总长度的极限 (用 s 表示) 都存在, 则称曲线 $\widehat{M_0M}$ 可求长, 其长为 s, 即

$$s = \lim_{d\to 0} \sum_{i=1}^{n} \Delta L_i.$$

1. 直角坐标情形

设一曲线的方程是 $y=f(x), x\in[a,b]$. 若在区间 $[a,b]$ 上, 函数 $f(x)$ 及其导数 $f'(x)$ 都连续, 则称此曲线是光滑的. 对于光滑曲线的弧长, 有如下定理.

定理 5.4.1 若曲线 $\widehat{M_0M}$: $y=f(x), x\in[a,b]$ 是光滑的, 则此曲线是可求长的, 且其弧长为

$$s = \int_a^b \sqrt{1+[f'(x)]^2}\mathrm{d}x. \tag{5.4.5}$$

定理的证明超出了本书的讨论范围, 这里不予给出. 我们推导式 (5.4.5), 给出一种计算光滑曲线弧长的方法.

例 5.4.6 设一条光滑曲线的方程为 $y=f(x), x\in[a,b]$. 证明其弧长计算公式为 $s=\int_a^b \sqrt{1+[f'(x)]^2}\mathrm{d}x$.

证明 (1) 求弧长微元.

划分区间 $[a,b]$, 使得曲线被分成若干个弧段 (图 5.4.9). 对于子区间 $[x,x+\mathrm{d}x]$ 上的弧段 $\widehat{AB}$(图 5.4.10), 用 Δs 表示 $\widehat{AB}$ 的长度. 在子区间 $[x,x+\mathrm{d}x]$ 上, 线段 $\overline{AB}$ 的长度 $\Delta L=\sqrt{(\Delta x)^2+(\Delta y)^2}$ 近似于弧长 $\widehat{AB}$. 因此, 有

$$\Delta s\approx\Delta L=\sqrt{(\Delta x)^2+(\Delta y)^2}\approx\sqrt{(\mathrm{d}x)^2+(\mathrm{d}y)^2},$$

从而弧长微元为

$$\mathrm{d}s=\sqrt{(\mathrm{d}x)^2+(\mathrm{d}y)^2}. \tag{5.4.6}$$

当光滑曲线的表达式为 $y=f(x)$ 时, 有

$$\mathrm{d}s=\sqrt{1+\left(\frac{\mathrm{d}y}{\mathrm{d}x}\right)^2}\mathrm{d}x=\sqrt{1+[f'(x)]^2}\mathrm{d}x.$$

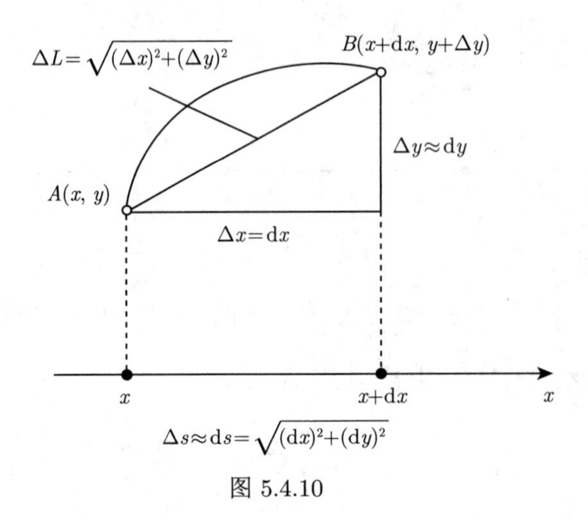

图 5.4.10

(2) 表示为定积分.

根据微元法, 可得所给曲线的弧长为

$$s=\int_a^b\sqrt{1+[f'(x)]^2}\mathrm{d}x.$$

■

类似地, 如果曲线 $x=g(y), y\in[c,d]$ 是光滑的, 则由式 (5.4.6) 可得

$$\mathrm{d}s=\sqrt{1+\left(\frac{\mathrm{d}x}{\mathrm{d}y}\right)^2}\mathrm{d}y=\sqrt{1+[g'(y)]^2}\mathrm{d}y,$$

从而所给曲线的弧长为

$$s=\int_c^d\sqrt{1+[g'(y)]^2}\mathrm{d}y.$$

例 5.4.7 求下列平面曲线的弧长:

(1) $y=\dfrac{1}{2p}x^2\ (p>0, 0\leqslant x\leqslant \sqrt{2}p)$; (2) $x=\dfrac{1}{4}y^2-\dfrac{1}{2}\ln y\ (1\leqslant y\leqslant \mathrm{e})$.

解 (1) 因为

$$\sqrt{1+[f'(x)]^2}=\sqrt{1+\left(\frac{x}{p}\right)^2}=\frac{1}{p}\sqrt{x^2+p^2},$$

所以弧长

$$\begin{aligned}s&=\int_0^{\sqrt{2}p}\frac{1}{p}\sqrt{x^2+p^2}\mathrm{d}x=\frac{1}{p}\left[\frac{x}{2}\sqrt{x^2+p^2}+\frac{p^2}{2}\ln\left(x+\sqrt{x^2+p^2}\right)\right]\Bigg|_0^{\sqrt{2}p}\\&=\frac{p}{2}[\ln(\sqrt{2}+\sqrt{3})+\sqrt{6}].\end{aligned}$$

(2) 因为

$$\sqrt{1+[g'(y)]^2}=\sqrt{1+\frac{1}{4}\left(y-\frac{1}{y}\right)^2}=\frac{1}{2}\left(y+\frac{1}{y}\right),$$

所以弧长

$$s=\frac{1}{2}\int_1^{\mathrm{e}}\left(y+\frac{1}{y}\right)\mathrm{d}y=\frac{1}{4}(\mathrm{e}^2+1).$$ ■

2. 参数方程情形

如果曲线用参数方程表示:

$$\begin{cases}x=\varphi(t),\\y=\psi(t),\end{cases}\quad \alpha\leqslant t\leqslant\beta,$$

其中 $\varphi(t)$ 与 $\psi(t)$ 有连续的一阶导数, 且在给定区间上 $\varphi'(t)$ 和 $\psi'(t)$ 不全为零, 则此曲线是光滑的且其弧长可求. 又 $\mathrm{d}x=\varphi'(t)\mathrm{d}t, \mathrm{d}y=\psi'(t)\mathrm{d}t$, 将其代入式 (5.4.6), 有

$$\mathrm{d}s=\sqrt{[\varphi'(t)]^2+[\psi'(t)]^2}\mathrm{d}t.$$

因此, 参数方程下的弧长公式如下:

$$s=\int_\alpha^\beta\sqrt{[\varphi'(t)]^2+[\psi'(t)]^2}\mathrm{d}t.$$

例 5.4.8 计算星形线的长度, 其中星形线方程为

$$\begin{cases}x=a\cos^3 t,\\y=a\sin^3 t,\end{cases}\quad a>0.$$

解 因为曲线关于两坐标轴都对称 (图 5.4.11), 故先计算其落在第一象限部分的弧长. 易见

$$\mathrm{d}s=\sqrt{(-3a\cos^2 t\sin t)^2+(3a\sin^2 t\cos t)^2}\mathrm{d}t=3a\sqrt{\cos^2 t\sin^2 t}\mathrm{d}t,$$

且参数 t 在第一象限内变化范围是 0 到 $\dfrac{\pi}{2}$. 因此

$$s_1=\int_0^{\frac{\pi}{2}}3a\sqrt{\cos^2 t\sin^2 t}\mathrm{d}t=3a\int_0^{\frac{\pi}{2}}\cos t\sin t\mathrm{d}t=3a\left(\frac{\sin^2 t}{2}\right)\Bigg|_0^{\frac{\pi}{2}}=\frac{3a}{2},$$

从而星形线的长度为

$$s=4s_1=6a.$$ ■

3. 极坐标情形

若所给曲线是用极坐标表示的, 即

$$\rho=\rho(\theta),\quad \alpha\leqslant\theta\leqslant\beta,$$

则 $x=\rho(\theta)\cos\theta, y=\rho(\theta)\sin\theta$ 可看作曲线的参数方程. 因此, 可得如下的弧长计算公式:

$$s=\int_\alpha^\beta\sqrt{[x'(\theta)]^2+[y'(\theta)]^2}\mathrm{d}\theta=\int_\alpha^\beta\sqrt{[\rho(\theta)]^2+[\rho'(\theta)]^2}\mathrm{d}\theta.$$

例 5.4.9 求心形线 (图 5.4.12)$\rho=a(1+\cos\theta)$ 的长度 s, 其中 $a>0$.

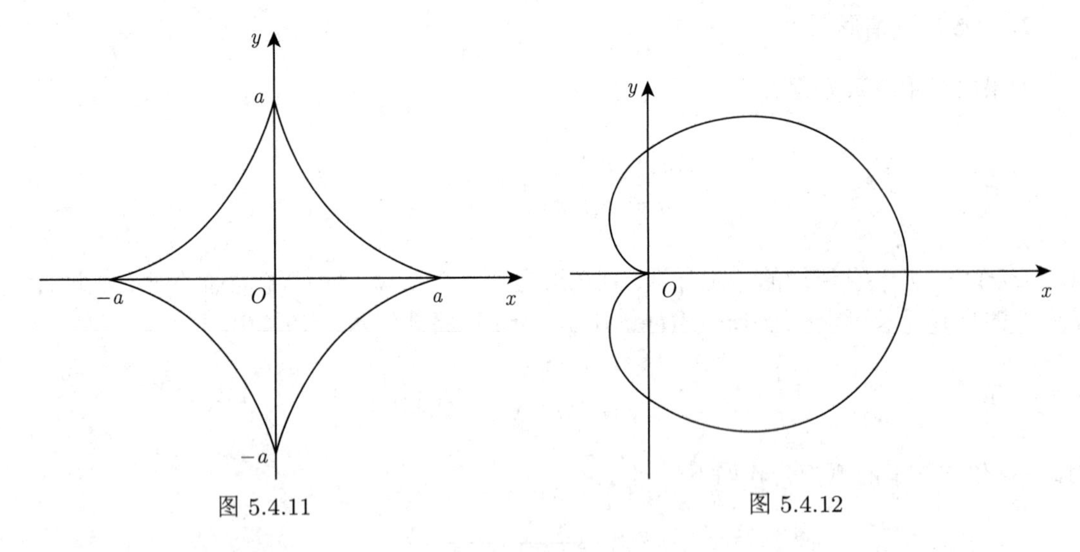

图 5.4.11　　图 5.4.12

解 可先计算所求弧长的一半, 再乘以 2 得到所求 s. 考虑图 5.4.12 所示的上半段弧长, $\rho'(\theta)=-a\sin\theta$, 极角 θ 从 0 变到 π, 因此

$$\begin{aligned}s&=2\int_0^\pi\sqrt{a^2(1+\cos\theta)^2+a^2\sin^2\theta}\mathrm{d}\theta=2a\int_0^\pi\sqrt{2+2\cos\theta}\mathrm{d}\theta\\&=4a\int_0^\pi\cos\frac{\theta}{2}\mathrm{d}\theta=8a\sin\frac{\theta}{2}\Bigg|_0^\pi=8a.\end{aligned}$$ ■

5.4.4　立体的体积

考虑如图 5.4.13所示的固体, 对任意 $x \in [a,b]$, 该固体的横截面积是一个已知的连续函数 $A(x)$. 下面我们用定积分来表示该固体的体积.

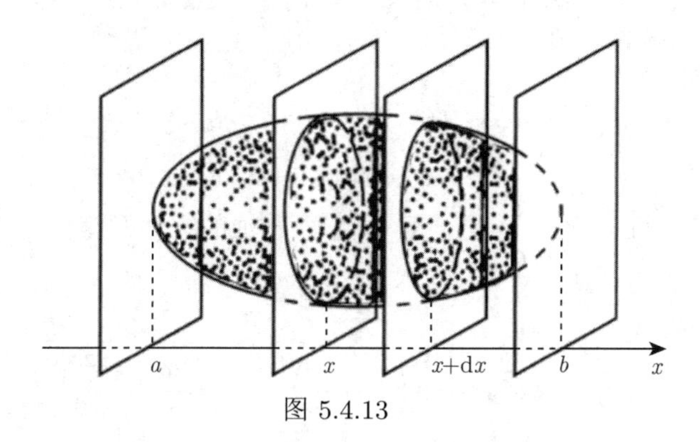

图 5.4.13

为了用定积分表示该截面面积为已知立体体积, 进行如下步骤.

(1) 求体积微元.

划分区间 $[a,b]$ 使得固体被过分点的垂面切成很多薄片 (故该方法也被称为薄片法). 考虑子区间 $[x,x+\mathrm{d}x]$ 上的薄片, 由于横截面积在区间 $[x,x+\mathrm{d}x]$ 上是一个变量, 故求薄片的体积并不容易. 在区间 $[x,x+\mathrm{d}x]$ 上将横截面的面积近似看作一个常数 $A(x)$, 即我们用底面积为 $A(x)$、厚度为 $\mathrm{d}x$ 的薄柱体的体积近似代替薄片的体积, 于是可得体积微元

$$\mathrm{d}V = A(x)\mathrm{d}x.$$

(2) 表示为定积分.

根据微元法, 可得所求固体的体积为

$$V = \int_a^b A(x)\,\mathrm{d}x. \tag{5.4.7}$$

上述求解过程被称为薄片法.

简要说来, 应用式 (5.4.7) 求固体的体积, 可按照如下步骤进行.

① 画出固体图与典型横截面图;

② 求横截面的面积 $A(x)$ 的表达式;

③ 确定积分区间 $[a,b]$;

④ 求 $A(x)$ 在 $[a,b]$ 上的定积分可得固体的体积.

例 5.4.10　一平面图形由双曲线 $xy=a(a>0)$, 直线 $x=a, x=2a$ 及 x 轴所围成 (图 5.4.14(a)). 求该图形绕下列轴线旋转所产生的旋转体的体积:

(1) 绕 x 轴 (图 5.4.14(b));

(2) 绕直线 $y=1$(图 5.4.14(c));

(3) 绕 y 轴 (图 5.4.14(d)).

解　(1) 容易看出所求体积在 $[a,2a]$ 上非均匀连续分布且具有可加性. 为了求体积微元, 划分区间 $[a,2a]$, 使得立体被过分点的垂面切成很多薄片. 对于在子区间 $[x,x+\mathrm{d}x]$ 上的

薄片, 可近似地将其看成半径为 $y(x)=\dfrac{a}{x}$、厚度为 $\mathrm{d}x$ 的圆柱体, 即 $A(x)=\pi y^2=\pi\left(\dfrac{a}{x}\right)^2$. 于是, 体积微元为

$$\mathrm{d}V=\pi y^2\mathrm{d}x=\pi\left(\frac{a}{x}\right)^2\mathrm{d}x.$$

所求旋转体的体积为

$$V=\int_a^{2a}\pi\left(\frac{a}{x}\right)^2\mathrm{d}x=\frac{\pi a}{2}.$$

(2) 对于子区间 $[x,x+\mathrm{d}x]$, 过点 x 且垂直于 x 轴的立体横截面是圆环, 即它是大半径为 1、小半径为 $1-y(x)=1-\dfrac{a}{x}$ 的圆环, 于是

$$A(x)=\pi\times 1^2-\pi\left(1-\frac{a}{x}\right)^2=\pi\left(\frac{2a}{x}-\frac{a^2}{x^2}\right),$$

则

$$\mathrm{d}V=A(x)\mathrm{d}x=\pi\left(\frac{2a}{x}-\frac{a^2}{x^2}\right)\mathrm{d}x,$$

所以

$$V=\int_a^{2a}A\left(x\right)\mathrm{d}x=\pi\int_a^{2a}\left(\frac{2a}{x}-\frac{a^2}{x^2}\right)\mathrm{d}x=\pi a\left(2\ln 2-\frac{1}{2}\right).$$

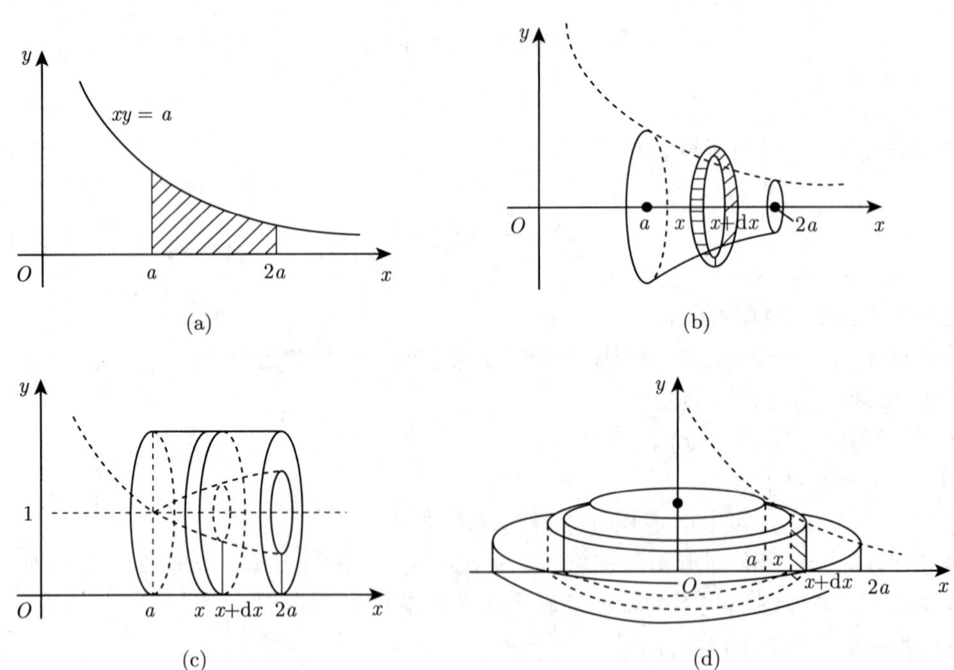

图 5.4.14

(3) 从图 5.4.14(d) 可以看出, 若将由直线 $x=a,x=2a$ 及 x 轴围成的矩形绕 y 轴旋转, 可得一个 "圆柱壳".

选取积分变量为 x, 利用“柱壳法”求解. 现在横截面不是矩形, 而是曲面梯形, 因此在区间 $[a,2a]$ 上, 可将所求立体的体积看作非均匀分布的量. 分割区间 $[a,2a]$, 任取子区间 $[x,x+\mathrm{d}x]$, 把该子区间对应的小曲边梯形近似看作高为 $y(x)=\dfrac{a}{x}$、宽为 $\mathrm{d}x$ 的小矩形. 而小矩形绕 y 轴旋转一周产生的立体是一个内径为 x、外径为 $x+\mathrm{d}x$、高为 $y=\dfrac{a}{x}$ 的“圆柱壳”, 于是积分微元为

$$\mathrm{d}V=2\pi xy(x)\mathrm{d}x=2\pi a\mathrm{d}x,$$

故

$$V=\int_a^{2a}2\pi a\mathrm{d}x=2\pi a^2.$$ ■

注 对于例 5.4.10 的 (3), 也可以选取积分变量为 y, 再用“薄片法”求解.

由例 5.4.10 易见, 旋转体体积有下面的公式:

(1) 薄片法. 由连续曲线 $y=f(x)(f(x)\geqslant 0)$, 直线 $x=a,x=b(a<b)$ 与 x 轴所围成的曲边梯形绕 x 轴旋转一周后的旋转体体积为

$$V=\int_a^b \pi f^2(x)\mathrm{d}x.$$

(2) 柱壳法. 由连续曲线 $y=f(x)(f(x)\geqslant 0)$, 直线 $x=a,x=b(a<b)$ 与 x 轴所围成的曲边梯形绕 y 轴旋转一周后的旋转体体积为

$$V=\int_a^b 2\pi xf(x)\mathrm{d}x.$$

5.4.5 定积分在物理中的应用

1. 变力所做的功

众所周知, 一常力 f 作用在物体上并沿力的方向所在直线从 $x=a$ 运动到 $x=b$ 所做的功为

$$W=f\cdot(b-a).$$

现在假设力是一连续的函数 $f(x)$(如压缩弹簧), 则其所做的功对于 x 在区间 $[a,b]$ 上是非均匀的. 我们需要计算变力所做的功.

划分区间 $[a,b]$, 并考虑力 $f(x)$ 在区间 $[x,x+\mathrm{d}x]$ 做的功. 因为力 $f(x)$ 连续, 可得功微元为

$$\mathrm{d}W=f(x)\mathrm{d}x.$$

因此, 变力所做的功为

$$W=\int_a^b f(x)\mathrm{d}x.$$

例 5.4.11 一半径为 R 的半球形容器盛满了水, 则将容器中的水全部抽出需做多少功?

解 选取如图 5.4.15 所示的坐标系, 因为抽出各层水所做的功依赖于水层的深度, 总功 W 在区间 $[0,R]$ 上非均匀分布且具有可加性.

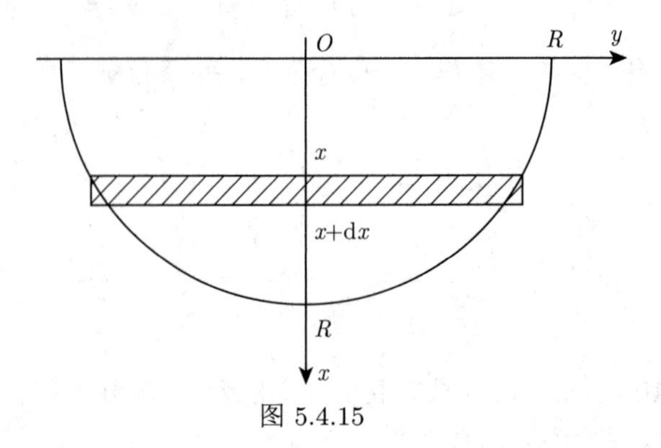

图 5.4.15

划分区间 $[0,R]$ 并考虑子区间 $[x,x+\mathrm{d}x]$, 则该层的水的体积可近似为

$$\mathrm{d}V=\pi y^2(x)\mathrm{d}x.$$

注意到水的重力方向与位移方向相反, 故力的微元为

$$\mathrm{d}F=-\rho g\mathrm{d}V=-\rho g\pi y^2(x)\mathrm{d}x.$$

因为 $x^2+y^2=R^2$, 所以抽出该层水克服重力所做的功近似为

$$\mathrm{d}W=-x\mathrm{d}F=x\rho g\pi y^2(x)\mathrm{d}x=x\rho g\pi(R^2-x^2)\mathrm{d}x.$$

于是, 抽出容器中所有水所需做的功为

$$W=\rho g\pi\int_0^R x(R^2-x^2)\mathrm{d}x=\frac{\rho g\pi R^4}{4}.$$ ■

2. 两带电点电荷之间的作用力

根据库仑定律, 两带电量分别为 q_1,q_2 且相距为 r 的点电荷之间的作用力为

$$F=k\frac{q_1q_2}{r^2},$$

其中 k 为常数. 考虑一带电点电荷与一带电直导线之间的作用力. 因为导线上各点到带电点电荷的距离不同, 于是需要用积分计算它们之间的作用力.

例 5.4.12 有一长度为 l 的均匀带电直导线, 电荷线密度为常数 δ. 与该导线位于同一直线上且与导线一端相距为 a 处有带电量为 q 的点电荷. 求它们之间的作用力.

解 选取如图 5.4.16 所示的坐标轴, 作用力可看作在区间 $[a,a+l]$ 上非均匀分布的量. 对于典型子区间 $[x,x+\mathrm{d}x]$, 因为 $\mathrm{d}x$ 非常小, 所以这一小段可近似看作在 x 处的点电荷, 带电量为

$$\mathrm{d}Q=\delta\mathrm{d}x.$$

$\mathrm{d}Q$ 与带电量为 q 的点电荷之间的作用力可根据库仑定律求出, 即作用力微元为

$$\mathrm{d}F = k\frac{q\mathrm{d}Q}{x^2} = k\frac{q\delta}{x^2}\mathrm{d}x.$$

因此, 它们之间的作用力为

$$F = \int_a^{a+l} k\frac{q\delta}{x^2}\mathrm{d}x = kq\delta\left(\frac{1}{a} - \frac{1}{a+l}\right).$$

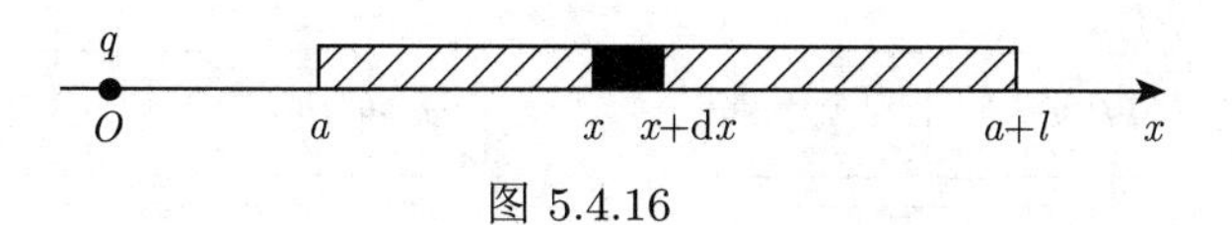

图 5.4.16

■

3. 质心

考虑平面内一质点系统质心的计算. 假设在 xOy 平面有 n 个质点 $P_1, P_2, \cdots, P_n$, 其中质点 P_i 的质量为 m_i, 且 P_i 的坐标为 $(x_i, y_i), i = 1, 2, \cdots, n$, 则质心坐标应为

$$\overline{x} = \frac{M_y}{m}, \quad \overline{y} = \frac{M_x}{m},$$

其中 $m = \sum\limits_{i=1}^{n} m_i$, M_x 与 M_y 分别是以上质点系统关于 x 轴和 y 轴的静力矩, 即

$$M_x = \sum_{i=1}^{n} m_i y_i, \quad M_y = \sum_{i=1}^{n} m_i x_i.$$

设一曲线形构件 $y = f(x), x \in [a, b]$ 的线密度为 $\rho(x)$, 求该构件的质心.

首先, 在区间 $[x, x + \mathrm{d}x]$ 上用 $\mathrm{d}s$ 表示弧长微元. 因为构件的线密度是 $\rho(x)$, 且曲线的表达式为 $y = f(x)(a \leqslant x \leqslant b)$, 可得质量微元为

$$\mathrm{d}m = \rho(x)\mathrm{d}s = \rho(x)\sqrt{1 + [f'(x)]^2}\mathrm{d}x.$$

该弧段关于 x 轴和 y 轴的静力矩微元分别为

$$\mathrm{d}M_x = y\mathrm{d}m = f(x)\rho(x)\mathrm{d}s = f(x)\rho(x)\sqrt{1 + [f'(x)]^2}\mathrm{d}x,$$

$$\mathrm{d}M_y = x\mathrm{d}m = x\rho(x)\mathrm{d}s = x\rho(x)\sqrt{1 + [f'(x)]^2}\mathrm{d}x.$$

因此, 所给曲线的质心坐标可用下列定积分表示:

$$\overline{x} = \frac{\displaystyle\int_a^b \mathrm{d}M_y}{\displaystyle\int_a^b \mathrm{d}m} = \frac{\displaystyle\int_a^b x\rho(x)\sqrt{1 + [f'(x)]^2}\mathrm{d}x}{\displaystyle\int_a^b \rho(x)\sqrt{1 + [f'(x)]^2}\mathrm{d}x},$$

$$\overline{y}=\frac{\int_a^b \mathrm{d}M_x}{\int_a^b \mathrm{d}m}=\frac{\int_a^b f(x)\rho(x)\sqrt{1+[f'(x)]^2}\mathrm{d}x}{\int_a^b \rho(x)\sqrt{1+[f'(x)]^2}\mathrm{d}x}.$$

例 5.4.13 设一曲线形构件 $x^2+y^2=a^2(a>0)$ 的密度为常数 ρ, 求构件位于 x 轴上方的半圆 $x^2+y^2=a^2(y>0)$ 的质心 (图 5.4.17).

解 因为曲线形构件的密度为常数 ρ, 且曲线方程为 $y=f(x)(a\leqslant x\leqslant b)$, 故可根据如下定积分求曲线的质心坐标:

$$\overline{x}=\frac{\int_a^b x\rho\sqrt{1+[f'(x)]^2}\mathrm{d}x}{\int_a^b \rho\sqrt{1+[f'(x)]^2}\mathrm{d}x},\quad \overline{y}=\frac{\int_a^b f(x)\rho\sqrt{1+[f'(x)]^2}\mathrm{d}x}{\int_a^b \rho\sqrt{1+[f'(x)]^2}\mathrm{d}x}.$$

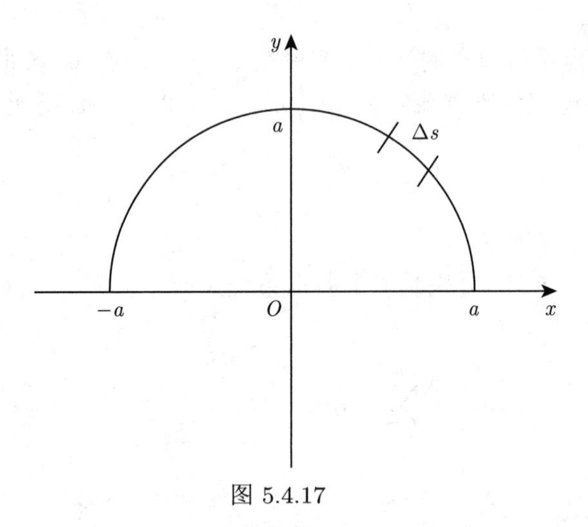

图 5.4.17

因为曲线是位于 x 轴上方的半圆 $x^2+y^2=a^2(y>0)$, 故有

$$y=\sqrt{a^2-x^2}\quad(-a\leqslant x\leqslant a),\quad \sqrt{1+[y'(x)]^2}\mathrm{d}x=\frac{a}{\sqrt{a^2-x^2}}.$$

因此,

$$\overline{x}=\frac{\int_{-a}^a x\frac{a}{\sqrt{a^2-x^2}}\mathrm{d}x}{\int_{-a}^a \frac{a}{\sqrt{a^2-x^2}}\mathrm{d}x}=0,\quad \overline{y}=\frac{\int_{-a}^a \sqrt{a^2-x^2}\frac{a}{\sqrt{a^2-x^2}}\mathrm{d}x}{\int_{-a}^a \frac{a}{\sqrt{a^2-x^2}}\mathrm{d}x}=\frac{2a^2}{\pi a}=\frac{2a}{\pi}.$$ ■

习题 5.4A

1. 求由下列各曲线所围成的平面图形的面积:

(1) 抛物线 $y=\sqrt{x}$ 与直线 $y=x$;

(2) 曲线 $y=\dfrac{1}{x}$ 与直线 $y=x$ 及 $x=2$;

(3) 抛物线 $y=\dfrac{1}{4}x^2$ 与直线 $3x-2y-4=0$;

(4) 曲线 $y=9-x^2, y=x^2$ 与直线 $x=0, x=1$;

(5) 曲线 $y=\mathrm{e}^x, y=\mathrm{e}^{2x}$ 与直线 $y=2$;

(6) 曲线 $y=\ln x$, 直线 $y=\ln a, y=\ln b$ 及 y 轴 $(b>a>0)$.

2. 求 b 的值, 使得直线 $x=b$ 平分曲线 $y=\dfrac{1}{x^2}$ 与直线 $x=1, x=4$ 及 x 轴所围区域的面积.

3. 求由抛物线 $y=x^2$ 与其在点 $(1,1)$ 处的切线及 x 轴所围区域的面积.

4. 求由下列各曲线所围成的平面图形的面积:

(1) $\rho=2a\cos\theta(a>0)$;

(2) $\begin{cases} x=a\cos^3 t, \\ y=a\sin^3 t \end{cases}$ $(a>0)$;

(3) $\begin{cases} x=a(t-\sin t), \\ y=a(1-\cos t) \end{cases}$ $(0\leqslant t\leqslant 2\pi, a>0)$ 与 x 轴;

(4) $\rho=2a(2+\cos\theta)(a>0)$.

5. 求对数螺线 $\rho=a\mathrm{e}^{\theta}(a>0, -\pi\leqslant\theta\leqslant\pi)$ 及射线 $\theta=\pi$ 所围成图形的面积.

6. 求下列曲线的弧长:

(1) $y=x^{\frac{2}{3}}$ 在 $0\leqslant x\leqslant 4$ 之间的部分;

(2) $y=\ln x$ 在 $\sqrt{3}\leqslant x\leqslant\sqrt{8}$ 之间的部分;

(3) $y=1-\ln\cos x$ 在 $0\leqslant x\leqslant\dfrac{\pi}{4}$ 之间的部分;

(4) $y=\dfrac{1}{4}y^2-\dfrac{1}{2}\ln y$ 在 $1\leqslant y\leqslant \mathrm{e}$ 之间的部分;

(5) 圆的渐伸线 $\begin{cases} x=a(\cos t+t\sin t), \\ y=a(\sin t-t\cos t) \end{cases}$ $(a>0, 0\leqslant t\leqslant 2\pi)$;

(6) 星形线 $\begin{cases} x=a\cos^3 t, \\ y=a\sin^3 t \end{cases}$ 的全长, 其中$a>0$;

(7) 对数螺线 $\rho=\mathrm{e}^{a\theta}(a>0)$ 在 $0\leqslant\theta\leqslant 4$ 之间的部分;

(8) 心形线 $\rho=a(1+\cos\theta)$ 的全长, 其中 $a>0$.

7. 弧 $\widehat{ON}$ 是摆线 $\begin{cases} x=a(t-\sin t), \\ y=a(1-\cos t) \end{cases}$ 的第一段弧 $(a>0, 0\leqslant t\leqslant\pi)$, 其中 O 是原点. 试在 $\widehat{ON}$ 上找一点 P 使得 $|\widehat{OP}|:|\widehat{PN}|=1:3$, 其中 $|\widehat{OP}|$ 和 $|\widehat{PN}|$ 分别是 $\widehat{OP}$ 和

$\overparen{PN}$ 的长度.

8. 求下列各曲线所围成的图形绕指定轴旋转所产生的旋转体体积.
   (1) $y=x^2$ 与 $y=\sqrt{x}$ 所围成的图形绕 x 轴旋转;
   (2) $\dfrac{x^2}{a^2}+\dfrac{y^2}{b^2}=1$ 所围成的图形分别绕 x 轴和 y 轴旋转;
   (3) $y=\sin x(0\leqslant x\leqslant \pi)$ 与 x 轴所围成的图形分别绕 x 轴、y 轴及直线 $y=1$ 旋转;
   (4) 摆线 $\begin{cases} x=a(t-\sin t), \\ y=a(1-\cos t) \end{cases}$ $(a>0, 0\leqslant t\leqslant 2\pi)$ 与 x 轴所围成的图形绕 y 轴旋转.

9. 设有一截锥体, 其高为 h, 上下底均为椭圆, 椭圆的轴长分别为 $2a, 2b$ 和 $2A, 2B$, 求该截锥体的体积.

10. 有一椭圆板, 长短轴分别为 a 和 b. 将其垂直放入水中, 且长轴与水平面平行, 分别求以下两种情况下该板一侧受到的水的压力.
    (1) 水刚好淹没该板的一半;
    (2) 水刚好淹没该板.

11. 以下各种容器中均装满水, 分别求把各容器中的水从容器口全部抽出克服重力所做的功.
    (1) 容器为圆锥形, 高为 H, 底面半径为 R;
    (2) 容器为圆台形, 高为 H, 上底半径为 R, 下底半径为 r, 其中 $R>r$;
    (3) 容器为抛物线 $y=2x^2(0\leqslant x\leqslant 2)$ 的弧段绕 y 轴旋转所产生的旋转体.

习题 5.4B

1. 求下列各曲线所围成的平面图形的面积.
   (1) 闭曲线 $y^2=x^2-x^4$;
   (2) 三叶玫瑰线 $\rho=a\sin 3\theta$, 其中 $a>0$ 是常数;
   (3) 双纽线 $\rho^2=4\sin 2\theta$;
   (4) 双纽线 $\rho^2=2\cos 2\theta$ 与圆 $\rho=1$ 的公共部分;
   (5) $\begin{cases} x=a\cos^3 t, \\ y=a\sin^3 t \end{cases}$ 之外、圆 $x^2+y^2=a^2$ 之内的部分, 其中 $a>0$ 是常数;
   (6) 曲线 $y=\sqrt{1-x^2}+\arccos x$, 直线 $x=-1$ 及 x 轴.

2. 求下列各平面曲线的弧长.
   (1) 星形线 $x^{\frac{2}{3}}+y^{\frac{2}{3}}=a^{\frac{2}{3}}\ (a>0)$;
   (2) $y(x)=\displaystyle\int_{\sqrt{3}}^{x}\sqrt{3-t^2}\mathrm{d}t$(整个弧长);

(3) $y^2=\dfrac{2}{3}(x-1)^2$ 被抛物线 $y^2=\dfrac{x}{3}$ 所截部分;

(4) 曲线 $\rho=a\sin^3\dfrac{\theta}{3}$ $(a>0,0\leqslant\theta\leqslant 6\pi)$.

3. 求下列各曲线所围成的图形按指定轴旋转所产生的旋转体体积.

(1) $x^2+y^2=a^2$ 绕直线 $x=b(b>a>0)$;

(2) 心形线 $\rho=4(1+\cos\theta)$, 射线 $\theta=0$ 及 $\theta=\dfrac{\pi}{2}$, 绕 y 轴.

4. 证明由平面图形 $\{0\leqslant a\leqslant x\leqslant b,0\leqslant y\leqslant f(x)\}$ 绕 y 轴旋转所成的旋转体体积为

$$V=2\pi\int_a^b xf(x)\mathrm{d}x.$$

5. 计算曲线 $y=\sin x(0\leqslant x\leqslant\pi)$ 和 x 轴所围成的图形绕 y 轴旋转所得的旋转体体积.

6. 设一立体的底面为抛物线 $y=2x^2$ 与直线 $y=1$ 围成的图形, 而任一垂直于 y 轴的截面分别是:

(1) 正方形;

(2) 等边三角形;

(3) 半圆形.

分别求以上 3 种情况下立体的体积.

7. 设抛物线 $y=ax^2+bx+c$ 通过点 $(0,0)$, 且当 $x\in[0,1]$ 时, $y\geqslant 0$. 试确定 a,b,c 的值, 使得抛物线 $y=ax^2+bx+c$ 与直线 $x=1$ 及 x 轴所围成图形的面积为 $\dfrac{4}{9}$, 且使该图形绕 x 轴旋转而成的旋转体的体积最小.

5.5 反常积分

前几节介绍定积分的概念和计算方法时, 所讨论的定积分满足两个条件: ①积分区间 $[a,b]$ 是有限的; ②被积函数 f 在区间 $[a,b]$ 上有界. 然而在实际问题中, 常常遇到积分区间为无穷区间或被积函数 f 为积分区间上 (内) 的无界函数的情形, 这时我们有必要突破 Riemann 积分的限制条件, 考虑积分区间为无穷区间或被积函数为无界函数的情形, 从而得到无穷区间上的积分或无界函数的积分, 它们统称为**反常积分**.

5.5.1 无穷区间上的积分

为了介绍无穷区间上积分的定义, 我们先考虑以下实例.

例 5.5.1 在由带电量为 Q 的点电荷产生的电场中, 求与点电荷的距离为 a 的点 A 处的电位.

解 根据物理学的知识, 点 A 处的电位 V_A 等于点 A 处的单位正电荷移至无穷远处时电场力所做的功.

建立如图 5.5.1 所示的坐标系, 不妨设点电荷位于坐标原点, A 在 x 轴上.

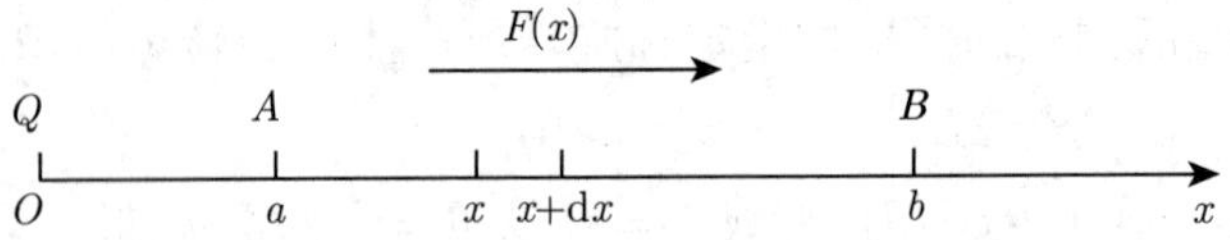

图 5.5.1

你可能认为这个功是无穷的, 然而它其实是一个有限值. 下面是我们得到这个有限值的详细求解过程.

首先求单位正电荷从 A 处移到 B 处 (与点电荷的距离为 b) 电场力所做的功 $W(b)$. 由于与点电荷距离为 x 的任意一点的电场强度为 $k\dfrac{Q}{x^2}$, 则当单位正电荷从 x 移动到 $x+\mathrm{d}x$ 处时, 电场力所做的功为

$$\mathrm{d}W = k\frac{Q}{x^2}\mathrm{d}x.$$

于是, 单位电荷从 A 处移到 B 处电场力所做的功为

$$W(b) = \int_a^b k\frac{Q}{x^2}\mathrm{d}x = kQ\left(\frac{1}{a}-\frac{1}{b}\right).$$

当 b 趋于无穷时, $W(b)$ 的极限存在, 且这一极限就是所要求的电位, 即

$$V_A = \lim_{b\to+\infty} W(b) = \lim_{b\to+\infty}\int_a^b k\frac{Q}{x^2}\mathrm{d}x = \frac{kQ}{a}. \tag{5.5.1}$$

在式 (5.5.1) 中, 积分在区间 $[a,b]$ 上的极限可以看作函数 $k\dfrac{Q}{x^2}$ 在无穷区间 $[a,+\infty)$ 上的积分, 记作

$$\int_a^{+\infty} k\frac{Q}{x^2}\mathrm{d}x = \lim_{b\to+\infty}\int_a^b k\frac{Q}{x^2}\mathrm{d}x.$$ ■

定义 5.5.1 (无穷积分) 设函数 $f(x)$ 在 $[a,+\infty)$ 上有定义, 且对任意 $b(b>a)$, $f(x)$ 在 $[a,b]$ 上可积. 若极限

$$\lim_{b\to+\infty}\int_a^b f(x)\mathrm{d}x$$

存在, 则称此极限为函数 $f(x)$ 在无穷区间 $[a,+\infty)$ 上的**反常积分** (improper integral), 简称**无穷积分** (infinite integral), 记作

$$\int_a^{+\infty} f(x)\mathrm{d}x = \lim_{b\to+\infty}\int_a^b f(x)\mathrm{d}x. \tag{5.5.2}$$

此时, 也称**无穷积分** $\int_a^{+\infty} f(x)\mathrm{d}x$ **存在或收敛**. 若极限不存在, 则称**无穷积分** $\int_a^{+\infty} f(x)\mathrm{d}x$ **不存在或发散**.

类似地, 可定义函数 $f(x)$ 在 $(-\infty, b]$ 上的**反常积分或无穷积分**

$$\int_{-\infty}^{b} f(x)\mathrm{d}x = \lim_{a \to -\infty} \int_a^b f(x)\mathrm{d}x. \tag{5.5.3}$$

对于 $(-\infty, +\infty)$ 上的**反常积分或无穷积分**, 其定义如下:

$$\int_{-\infty}^{+\infty} f(x)\mathrm{d}x = \int_{-\infty}^{c} f(x)\mathrm{d}x + \int_c^{+\infty} f(x)\mathrm{d}x = \lim_{a \to -\infty} \int_a^c f(x)\mathrm{d}x + \lim_{b \to +\infty} \int_c^b f(x)\mathrm{d}x. \tag{5.5.4}$$

其中 c 为任意实数, 且 a 与 b 各自独立地分别趋于无穷.

特别地, 若无穷积分 $\int_{-\infty}^{c} f(x)\mathrm{d}x$ 与 $\int_c^{+\infty} f(x)\mathrm{d}x$ 都收敛, 则称无穷积分 $\int_{-\infty}^{+\infty} f(x)\mathrm{d}x$ 收敛. 否则 (即 $\int_{-\infty}^{c} f(x)\mathrm{d}x$ 与 $\int_c^{+\infty} f(x)\mathrm{d}x$ 至少有一个发散), 则称无穷积分 $\int_{-\infty}^{+\infty} f(x)\mathrm{d}x$ 发散.

由于形式上有

$$\int_{-\infty}^{a} f(x)\mathrm{d}x \xlongequal{x=-t} -\int_{+\infty}^{-a} f(-t)\mathrm{d}t = \int_{-a}^{+\infty} f(-t)\mathrm{d}t$$

及

$$\int_{-\infty}^{+\infty} f(x)\mathrm{d}x = \int_a^{+\infty} f(x)\mathrm{d}x + \int_{-\infty}^{a} f(x)\mathrm{d}x,$$

下面的讨论仅就 $\int_a^{+\infty} f(x)\mathrm{d}x$ 形式来展开.

若 $f(x) \geqslant 0, x \in [a, +\infty)$, 很容易看出无穷积分 $\int_a^{+\infty} f(x)\mathrm{d}x$ 的几何意义.

因为 $\int_a^b f(x)\mathrm{d}x$ 表示由曲线 $y = f(x)$, 直线 $x = a$, $x = b$ 及 x 轴所围平面区域的面积 (图 5.5.2), 因此从几何的角度来看, 可以认为无穷积分 $\int_a^{+\infty} f(x)\mathrm{d}x = \lim_{b \to +\infty} \int_a^b f(x)\mathrm{d}x$ 表示的是曲线 $y = f(x)$, 直线 $x = a$ 和 x 轴所围无界区域的面积.

例 5.5.2 求由曲线 $y = \dfrac{1}{x^2}$, 直线 $x = 1$ 和 x 轴所围区域的面积 A(图 5.5.3).

解 所求 A 为无界区域的面积 (图 5.5.3), 易得

$$A = \int_1^{+\infty} \frac{1}{x^2}\mathrm{d}x = \lim_{b \to +\infty} \int_1^b \frac{1}{x^2}\mathrm{d}x = \lim_{b \to +\infty} \left(-\frac{1}{x}\right)\Big|_1^b = \lim_{b \to +\infty} \left(1 - \frac{1}{b}\right) = 1. \quad \blacksquare$$

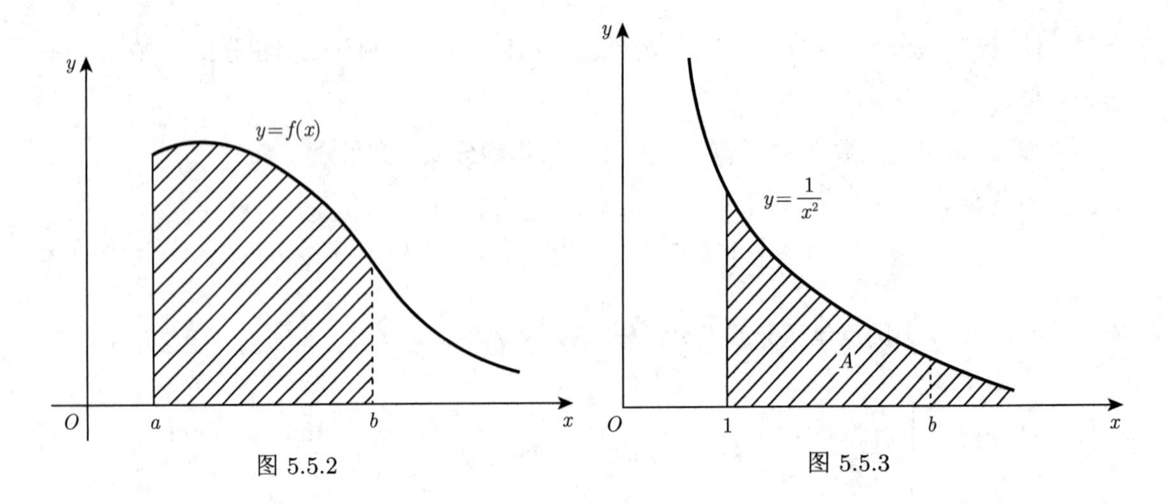

图 5.5.2　　　　图 5.5.3

例 5.5.3　设 $p \in \mathbf{R}$, 证明: 当 $p > 1$ 时, 积分 $\int_1^{+\infty} \frac{1}{x^p}\mathrm{d}x$ 收敛; 当 $p \leqslant 1$ 时, 积分 $\int_1^{+\infty} \frac{1}{x^p}\mathrm{d}x$ 发散.

证明　当 $p \neq 1$ 时, 有

$$\lim_{b\to+\infty}\int_1^b \frac{1}{x^p}\mathrm{d}x = \lim_{b\to+\infty}\left[\frac{1}{1-p}x^{-p+1}\Big|_1^b\right] = \lim_{b\to+\infty}\frac{1}{1-p}(b^{-p+1}-1).$$

易见, 当 $p > 1$ 时, 上式积分收敛, 且

$$\int_1^{+\infty}\frac{1}{x^p}\mathrm{d}x = \frac{1}{p-1};$$

当 $p < 1$ 时, 上述极限趋于无穷, 故积分发散.

当 $p = 1$ 时, 因为

$$\int_1^b \frac{1}{x}\mathrm{d}x = \ln x\Big|_1^b = \ln b \to +\infty \quad (b\to+\infty),$$

故 $\int_1^{+\infty}\frac{1}{x}\mathrm{d}x$ 发散.

综上所述, 当 $p > 1$ 时, 积分 $\int_1^{+\infty}\frac{1}{x^p}\mathrm{d}x$ 收敛; 当 $p \leqslant 1$ 时, 积分 $\int_1^{+\infty}\frac{1}{x^p}\mathrm{d}x$ 发散. ■

注　例 5.5.3 中的无穷积分 $\int_1^{+\infty}\frac{1}{x^p}\mathrm{d}x$ 通常称为**p-积分**.

例 5.5.4　计算无穷积分 $\int_0^{+\infty} t\mathrm{e}^{-pt}\mathrm{d}t$ ($p > 0$为常数).

解　因为

$$\int_0^b t\mathrm{e}^{-pt}\mathrm{d}t = -\left(\frac{t}{p}\mathrm{e}^{-pt} + \frac{1}{p^2}\mathrm{e}^{-pt}\right)\Big|_0^b = -\frac{b}{p}\mathrm{e}^{-pb} - \frac{1}{p^2}\mathrm{e}^{-pb} + \frac{1}{p^2},$$

所以

$$\int_0^{+\infty} t\mathrm{e}^{-pt}\mathrm{d}t = \lim_{b\to+\infty}\int_0^b t\mathrm{e}^{-pt}\mathrm{d}t = \lim_{b\to+\infty}\left(-\frac{b}{p}\mathrm{e}^{-pb} - \frac{1}{p^2}\mathrm{e}^{-pb} + \frac{1}{p^2}\right) = \frac{1}{p^2}. \qquad \blacksquare$$

例 5.5.5 计算无穷积分 $\displaystyle\int_{-\infty}^{+\infty}\frac{\mathrm{d}x}{1+x^2}$.

解 不妨取 $c=0$, 则

$$\int_{-\infty}^{+\infty}\frac{\mathrm{d}x}{1+x^2} = \int_{-\infty}^{0}\frac{\mathrm{d}x}{1+x^2} + \int_{0}^{+\infty}\frac{\mathrm{d}x}{1+x^2}.$$

由于

$$\int_{-\infty}^{0}\frac{\mathrm{d}x}{1+x^2} = \lim_{a\to-\infty}\int_{a}^{0}\frac{\mathrm{d}x}{1+x^2} = \lim_{a\to-\infty}\arctan x\Big|_a^0 = -\left(-\frac{\pi}{2}\right) = \frac{\pi}{2},$$

$$\int_{0}^{+\infty}\frac{\mathrm{d}x}{1+x^2} = \lim_{b\to\infty}\int_{0}^{b}\frac{\mathrm{d}x}{1+x^2} = \lim_{b\to+\infty}\arctan x\Big|_0^b = \frac{\pi}{2},$$

因此

$$\int_{-\infty}^{+\infty}\frac{\mathrm{d}x}{1+x^2} = \pi. \qquad \blacksquare$$

注 ①在计算无穷积分时, 有时为了方便起见, 我们可以省略极限的步骤, 直接使用无穷符号. 例如: 设 $F(x)$ 是 $f(x)$ 的一个原函数, 则

$$\int_a^{+\infty} f(x)\mathrm{d}x = F(x)\Big|_a^{+\infty} = F(\infty) - F(a),$$

其中 $F(\infty)$ 应理解为 $\lim\limits_{b\to+\infty} F(b)$.

②有一些准则可以判定无穷积分是否收敛, 且收敛的无穷积分有与对应定积分类似的性质. 感兴趣的读者可阅读相关的文献.

5.5.2 无界函数的反常积分

现在我们把定积分推广到被积函数为无界函数的情形, 即被积函数在积分区间上有无穷型间断点的情形. 首先考虑如下的问题:

求第一象限内, 曲线 $y=\dfrac{1}{\sqrt{x}}$ 下方介于直线 $x=0$ 和 $x=1$ 之间部分的面积 (图 5.5.4).

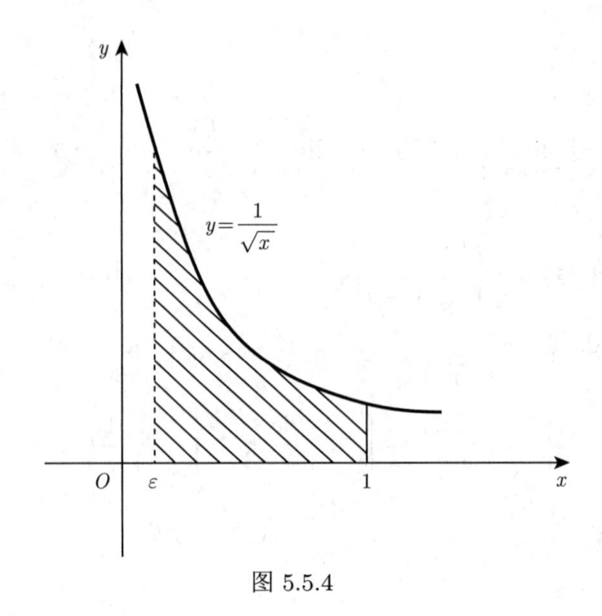

图 5.5.4

与无穷积分的求解过程类似, 这一面积可用先计算一有界区域的面积, 再取极限的方法求解.

如图 5.5.4 所示, 首先求介于 $x=\varepsilon$ 和 $x=1$ 之间部分的面积, 有

$$\int_{\varepsilon}^{1}\frac{1}{\sqrt{x}}\mathrm{d}x=2\sqrt{x}\Big|_{\varepsilon}^{1}=2-2\sqrt{\varepsilon}.$$

然后令 $\varepsilon\to 0^{+}$, 得到 $x=\varepsilon$ 趋于 $x=0$ 的极限:

$$\lim_{\varepsilon\to 0^{+}}\int_{\varepsilon}^{1}\frac{1}{\sqrt{x}}\mathrm{d}x=\lim_{\varepsilon\to 0^{+}}(2-2\sqrt{\varepsilon})=2.$$

因此, 第一象限内曲线 $y=\dfrac{1}{\sqrt{x}}$ 下方介于 $x=0$ 和 $x=1$ 之间部分的面积为

$$A=\int_{0}^{1}\frac{1}{\sqrt{x}}\mathrm{d}x=\lim_{\varepsilon\to 0^{+}}\int_{\varepsilon}^{1}\frac{1}{\sqrt{x}}\mathrm{d}x=\lim_{\varepsilon\to 0^{+}}\left(2\sqrt{x}\Big|_{\varepsilon}^{1}\right)=\lim_{\varepsilon\to 0^{+}}(2-2\sqrt{\varepsilon})=2.$$

类似地, 我们可以得到无界函数反常积分的定义.

定义 5.5.2 (无界函数的积分)

(1) 设函数 $f(x)$ 定义在区间 $(a,b]$ 上, $f(x)$ 在点 a 的任一右邻域内都无界 (此时称点 a 为 $f(x)$ 的**奇点** (singular point) 或**瑕点**), 并且对任意 $\varepsilon\in(0,b-a)$, $f(x)$ 在区间 $[a+\varepsilon,b]$ 上黎曼可积, 则称 $\displaystyle\lim_{\varepsilon\to 0^{+}}\int_{a+\varepsilon}^{b}f(x)\mathrm{d}x$ 为**无界函数** $f(x)$ **在区间** $(a,b]$ **上的积分** (integral of unbounded function $f(x)$ on $(a,b]$), 记作

$$\int_{a}^{b}f(x)\mathrm{d}x=\lim_{\varepsilon\to 0^{+}}\int_{a+\varepsilon}^{b}f(x)\mathrm{d}x. \tag{5.5.5}$$

若式 (5.5.5) 中的极限 $\lim\limits_{\varepsilon\to0^+}\int_{a+\varepsilon}^{b}f(x)\mathrm{d}x$ 存在, 则称无界函数 $f(x)$ 在区间 $(a,b]$ 上的**积分收敛**, 且称此极限值为无界函数 $f(x)$ 在区间 $(a,b]$ 上积分的值; 若极限 $\lim\limits_{\varepsilon\to0^+}\int_{a+\varepsilon}^{b}f(x)\mathrm{d}x$ 不存在, 则称该无界函数**积分发散**.

(2) 设函数 $f(x)$ 定义在区间 $[a,b)$ 上, $f(x)$ 在点 b 的任一左邻域内都无界 (此时称点 b 为 $f(x)$ 的**奇点或瑕点**), 并且对任意 $\varepsilon\in(0,b-a)$, $f(x)$ 在区间 $[a,b-\varepsilon]$ 上黎曼可积, 则称 $\lim\limits_{\varepsilon\to0^+}\int_{a}^{b-\varepsilon}f(x)\mathrm{d}x$ 为**无界函数** $f(x)$ **在区间** $[a,b)$ **上的积分**, 记作

$$\int_a^b f(x)\mathrm{d}x=\lim_{\varepsilon\to0^+}\int_a^{b-\varepsilon}f(x)\mathrm{d}x. \tag{5.5.6}$$

若式 (5.5.6) 中极限 $\lim\limits_{\varepsilon\to0^+}\int_{a}^{b-\varepsilon}f(x)\mathrm{d}x$ 存在, 则称无界函数 $f(x)$ 在区间 $[a,b)$ 上的**积分收敛**, 且称此极限值为无界函数 $f(x)$ 在区间 $[a,b)$ 上积分的值; 若极限 $\lim\limits_{\varepsilon\to0^+}\int_{a}^{b-\varepsilon}f(x)\mathrm{d}x$ 不存在, 则称该无界函数**积分发散**.

注 ① 若函数 $f(x)$ 定义在区间 $[a,c)\cup(c,b]$ 上, c 为 $f(x)$ 的奇点, 则定义

$$\int_a^b f(x)\mathrm{d}x=\int_a^c f(x)\mathrm{d}x+\int_c^b f(x)\mathrm{d}x. \tag{5.5.7}$$

若式 (5.5.7) 右端两个积分都收敛, 则称无界函数 $f(x)$ 在区间 $[a,b]$ 上的积分收敛, 且右端两个积分的和值为该无界函数 $f(x)$ 在区间 $[a,b]$ 上积分的值; 否则, 称该无界函数积分发散.

② 在定义 5.5.2 中

$$\lim_{\varepsilon\to0^+}\int_{a+\varepsilon}^{b}f(x)\mathrm{d}x=\lim_{\xi\to a^+}\int_{\xi}^{b}f(x)\mathrm{d}x;\quad \lim_{\varepsilon\to0^+}\int_{a}^{b-\varepsilon}f(x)\mathrm{d}x=\lim_{\eta\to b^-}\int_{a}^{\eta}f(x)\mathrm{d}x.$$

③ 无穷积分与无界函数积分统称为反常积分.

例 5.5.6 求反常积分 $\int_0^a\dfrac{\mathrm{d}x}{\sqrt{a^2-x^2}}\ (a>0)$.

解 因为 a 是被积函数的奇点, 此积分为无界函数积分. 根据定义有

$$\int_0^a\frac{\mathrm{d}x}{\sqrt{a^2-x^2}}=\lim_{\varepsilon\to0^+}\int_0^{a-\varepsilon}\frac{\mathrm{d}x}{\sqrt{a^2-x^2}}=\lim_{\varepsilon\to0^+}\arcsin\frac{x}{a}\Big|_0^{a-\varepsilon}=\frac{\pi}{2}.$$ ■

例 5.5.7 讨论反常积分 $\int_a^b\dfrac{\mathrm{d}x}{(x-a)^p}\ (a<b,p>0)$ 的敛散性.

解 因为 a 是被积函数的奇点, 此积分为无界函数积分.
当 $p=1$ 时, 对于任意 $\varepsilon>0$,

$$\int_{a+\varepsilon}^b\frac{\mathrm{d}x}{x-a}=\ln(x-a)\Big|_{a+\varepsilon}^b=\ln(b-a)-\ln\varepsilon.$$

由于 $\lim\limits_{\varepsilon \to 0^+} \ln \varepsilon$ 不存在, 故当 $p=1$ 时, $\int_a^b \frac{\mathrm{d}x}{(x-a)^p}$ 发散.

当 $p \neq 1$ 时,

$$\begin{aligned}
\lim_{\varepsilon \to 0^+} \int_{a+\varepsilon}^b \frac{\mathrm{d}x}{(x-a)^p} &= \lim_{\varepsilon \to 0^+} \left.\frac{(x-a)^{1-p}}{1-p}\right|_{a+\varepsilon}^b \\
&= \lim_{\varepsilon \to 0^+} \left[\frac{(b-a)^{1-p}}{1-p} - \frac{\varepsilon^{1-p}}{1-p}\right] \\
&= \begin{cases} \dfrac{(b-a)^{1-p}}{1-p}, & p<1, \\ +\infty, & p>1. \end{cases}
\end{aligned}$$

综上所述, 当 $p<1$ 时, $\int_a^b \frac{\mathrm{d}x}{(x-a)^p}$ 收敛; 当 $p \geqslant 1$ 时, $\int_a^b \frac{\mathrm{d}x}{(x-a)^p}$ 发散.

类似地, 当 $p<1$ 时, $\int_a^b \frac{\mathrm{d}x}{(b-x)^p}$ 收敛; 当 $p \geqslant 1$ 时, $\int_a^b \frac{\mathrm{d}x}{(b-x)^p}$ 发散.

通常把两种积分 $\int_a^b \frac{\mathrm{d}x}{(x-a)^p}$ 和 $\int_a^b \frac{\mathrm{d}x}{(b-x)^p}$ 称为**无界函数的 p 积分**. ■

例 5.5.8 计算反常积分 $\int_0^2 \frac{\mathrm{d}x}{\sqrt{x(2-x)}}$.

解 易见 $\int_0^2 \frac{\mathrm{d}x}{\sqrt{x(2-x)}}$ 是无界函数积分, 且 0 和 2 都是被积函数的奇点.

$$\begin{aligned}
\int_0^2 \frac{\mathrm{d}x}{\sqrt{x(2-x)}} &= \int_0^1 \frac{\mathrm{d}x}{\sqrt{x(2-x)}} + \int_1^2 \frac{\mathrm{d}x}{\sqrt{x(2-x)}} \\
&= \lim_{\varepsilon \to 0^+} \int_\varepsilon^1 \frac{\mathrm{d}x}{\sqrt{x(2-x)}} + \lim_{\delta \to 0^+} \int_1^{2-\delta} \frac{\mathrm{d}x}{\sqrt{x(2-x)}} \\
&= \lim_{\varepsilon \to 0^+} \int_\varepsilon^1 \frac{\mathrm{d}(x-1)}{\sqrt{1-(x-1)^2}} + \lim_{\delta \to 0^+} \int_1^{2-\delta} \frac{\mathrm{d}(x-1)}{\sqrt{1-(x-1)^2}} \\
&= \lim_{\varepsilon \to 0^+} \arcsin(x-1)\Big|_\varepsilon^1 + \lim_{\delta \to 0^+} \arcsin(x-1)\Big|_1^{2-\delta} \\
&= 2\arcsin 1 = \pi.
\end{aligned}$$
■

5.5.3* Γ 函数

现在介绍由反常积分定义的一个特殊函数:

$$\Gamma(\alpha) = \int_0^{+\infty} x^{\alpha-1}\mathrm{e}^{-x}\mathrm{d}x, \quad \alpha \in (0,+\infty). \tag{5.5.8}$$

式 (5.5.8) 定义的函数被称为 Γ 函数, 它在工程技术中有重要的应用. 我们先证明对于任一 $\alpha>0$, 式 (5.5.8) 右边的反常积分存在. 首先它是无穷积分, 当 $0<\alpha<1$ 时它也是无

界函数积分. 可将该积分改写为如下形式:

$$\Gamma(\alpha)=\int_0^{+\infty} x^{\alpha-1}\mathrm{e}^{-x}\mathrm{d}x=\int_0^1 x^{\alpha-1}\mathrm{e}^{-x}\mathrm{d}x+\int_1^{+\infty} x^{\alpha-1}\mathrm{e}^{-x}\mathrm{d}x.$$

先考虑积分 $\int_0^1 x^{\alpha-1}\mathrm{e}^{-x}\mathrm{d}x$.

当 $\alpha\geqslant 1$ 时, 上面的等式右边第一项 $\int_0^1 x^{\alpha-1}\mathrm{e}^{-x}\mathrm{d}x$ 是被积函数连续的定积分, 因此这一积分只需考虑 $0<\alpha<1$ 的情况. 此时, 它是一个无界函数积分. 定义

$$F(\varepsilon)=\int_\varepsilon^1 x^{\alpha-1}\mathrm{e}^{-x}\mathrm{d}x.$$

因为当 ε 单调递减趋于 0^+ 时, $F(\varepsilon)$ 单调递增. 因此, 要证当 $\varepsilon\to 0^+$ 时, $F(\varepsilon)$ 的极限存在, 只需证明 $F(\varepsilon)$ 在区间 $(0,1]$ 上有界.

对 $0<x<1$, 有

$$x^{\alpha-1}\mathrm{e}^{-x}<2x^{\alpha-1},$$

故对于任一 $\varepsilon\in(0,1]$, 可得

$$\int_\varepsilon^1 x^{\alpha-1}\mathrm{e}^{-x}\mathrm{d}x<2\int_\varepsilon^1 x^{\alpha-1}\mathrm{d}x=\frac{2}{\alpha}x^\alpha\Big|_\varepsilon^1=\frac{2}{\alpha}(1-\varepsilon^\alpha)<\frac{2}{\alpha}.$$

因此根据单调有界准则, 当 $0<\alpha<1$ 时, 无界函数积分 $\int_0^1 x^{\alpha-1}\mathrm{e}^{-x}\mathrm{d}x$ 收敛.

类似地, 可证明无穷积分 $\int_1^{+\infty} x^{\alpha-1}\mathrm{e}^{-x}\mathrm{d}x$ 也是收敛的.

应用分部积分法, 可推导出 Γ 函数满足如下递推关系:

$$\Gamma(\alpha+1)=\alpha\Gamma(\alpha). \tag{5.5.9}$$

事实上,

$$\begin{aligned}\Gamma(\alpha+1)&=\int_0^{+\infty} x^{\alpha}\mathrm{e}^{-x}\mathrm{d}x=-x^\alpha\mathrm{e}^{-x}\Big|_0^{+\infty}+\alpha\int_0^{+\infty} x^{\alpha-1}\mathrm{e}^{-x}\mathrm{d}x\\&=\alpha\int_0^{+\infty} x^{\alpha-1}\mathrm{e}^{-x}\mathrm{d}x=\alpha\Gamma(\alpha).\end{aligned}$$

取 $\alpha=n\in\mathbf{N}_+$, 代入递推关系式 (5.5.9) 并连续化简 n 次, 得

$$\Gamma(n+1)=n\Gamma(n)=\cdots=n!\Gamma(1).$$

因为

$$\Gamma(1)=\int_0^{+\infty}\mathrm{e}^{-x}\mathrm{d}x=-\mathrm{e}^{-x}\Big|_0^{+\infty}=1,$$

所以

$$\Gamma(n+1)=\int_0^{+\infty} x^n \mathrm{e}^{-x}\mathrm{d}x=n!.$$

习题 5.5A

1. 利用反常积分的定义判定下列反常积分的敛散性, 如果收敛, 计算该反常积分的值.

(1) $\int_0^{+\infty}\sin x\mathrm{d}x$;　　(2) $\int_0^{+\infty}\mathrm{e}^{-st}\mathrm{d}t\quad(s>0)$;

(3) $\int_1^{+\infty}\frac{\mathrm{d}x}{\sqrt{x}}$;　　(4) $\int_{-\infty}^0\frac{x}{1+x^2}\mathrm{d}x$;

(5) $\int_2^{+\infty}\frac{\mathrm{d}x}{(2+x)\sqrt{x}}$;　　(6) $\int_5^{+\infty}\frac{\mathrm{d}x}{x(x+5)}$;

(7) $\int_{-\infty}^{+\infty}\frac{\mathrm{d}x}{x^2+x+1}$;　　(8) $\int_1^{+\infty}\frac{\arctan x}{x^2}\mathrm{d}x$;

(9) $\int_{-\infty}^{+\infty}\frac{\mathrm{d}x}{x^2-2x+2}$;　　(10) $\int_{-\infty}^{+\infty}\frac{x}{\sqrt{1+x^2}}\mathrm{d}x$;

(11) $\int_0^1\frac{\mathrm{d}x}{\sqrt{1-x}}$;　　(12) $\int_{-1}^1\frac{1}{x^3}\sin\frac{1}{x^2}\mathrm{d}x$;

(13) $\int_{-1}^1\frac{1}{x^2}\mathrm{e}^{\frac{1}{x}}\mathrm{d}x$;　　(14) $\int_0^1\frac{\mathrm{d}x}{x\sqrt{1-x}}$.

2. 判断下列计算的正误, 并简述原因.

(1) $\int_1^{+\infty}\frac{1}{x(1+x)}\mathrm{d}x=\int_1^{+\infty}\left(\frac{1}{x}-\frac{1}{x+1}\right)\mathrm{d}x=\lim\limits_{b\to+\infty}\ln\frac{x}{1+x}\Big|_1^b=\ln 2$;

(2) $\int_1^{+\infty}\frac{1}{x(1+x)}\mathrm{d}x=\int_1^{+\infty}\left(\frac{1}{x}-\frac{1}{x+1}\right)\mathrm{d}x=\lim\limits_{b\to+\infty}\ln x\Big|_1^b-\lim\limits_{b\to+\infty}\ln(1+x)\Big|_1^b$,

由于极限都不存在, 故积分发散;

(3) $$\begin{aligned}\int_{-\infty}^{+\infty}\frac{2x}{1+x^2}\mathrm{d}x&=\lim_{a\to+\infty}\int_{-a}^{a}\frac{2x}{1+x^2}\mathrm{d}x=\lim_{a\to+\infty}\ln(1+x^2)\Big|_{-a}^{a}\\&=\lim_{a\to+\infty}\{\ln(1+a^2)-\ln[1+(-a)^2]\}=0;\end{aligned}$$

(4) $$\begin{aligned}\int_{-\infty}^{+\infty}\frac{2x}{1+x^2}\mathrm{d}x&=\int_{-\infty}^{0}\frac{2x}{1+x^2}\mathrm{d}x+\int_0^{+\infty}\frac{2x}{1+x^2}\mathrm{d}x\\&=\lim_{a\to-\infty}\ln(1+x^2)\Big|_a^0+\lim_{b\to+\infty}\ln(1+x^2)\Big|_0^b,\end{aligned}$$

由于极限都不存在, 故积分发散;

(5) $\int_0^{+\infty}\frac{1}{(x-2)^2}\mathrm{d}x=\lim\limits_{b\to+\infty}\int_0^b\frac{1}{(x-2)^2}\mathrm{d}x=\lim\limits_{b\to+\infty}\left(-\frac{1}{x-2}\right)\Big|_0^b=-2$;

(6) $\int_0^1 \frac{1}{x(x-1)}\mathrm{d}x = \int_0^1 \left(\frac{1}{x-1} - \frac{1}{x}\right)\mathrm{d}x = \lim_{\varepsilon\to 0^+}\int_\varepsilon^{1-\varepsilon}\left(\frac{1}{x-1} - \frac{1}{x}\right)\mathrm{d}x$

$$= \lim_{\varepsilon\to 0^+} \ln\frac{x-1}{x}\bigg|_\varepsilon^{1-\varepsilon} = \infty.$$

3. 设 $\lim\limits_{x\to+\infty}\left(\frac{x+c}{x-c}\right)^x = \int_{-\infty}^c x\mathrm{e}^{2x}\mathrm{d}x$, 求 c 的值.

习题 5.5B

1. 已知函数 $f(x) = \frac{(x+1)^2(x-1)}{x^3(x-2)}$, 求 $\int_{-1}^{+\infty}\frac{f'(x)}{1+f^2(x)}\mathrm{d}x$.

2. 若 f 在区间 $[a,c)\cup(c,b]$ 上连续, 且 $x=c$ 是 f 的一个奇点, 下面的定义

$$\int_a^b f(x)\mathrm{d}x = \lim_{\varepsilon\to 0^+}\left(\int_a^{c-\varepsilon} f(x)\mathrm{d}x + \int_{c+\varepsilon}^b f(x)\mathrm{d}x\right)$$

是否正确? 为什么? 并讨论积分 $\int_0^2 \frac{\mathrm{d}x}{1-x}$ 的敛散性.

3. 连续函数 $f(t)$ 的拉普拉斯变换定义如下:

$$F(p) = \int_0^{+\infty} \mathrm{e}^{-pt}f(t)\mathrm{d}t,$$

其中 F 的定义域是所有使积分收敛的 p 的集合. 求函数 $f(t)=1$, $f(t)=\mathrm{e}^{at}$ 及 $f(t)=t$ 的拉普拉斯变换.

第 6 章　常微分方程

我们在研究事物的变化规律时, 通常先根据问题的特殊性质及其相关知识建立数学模型. 有关连续量变化规律的数学模型往往是含有函数导数或者微分的关系式, 这样的关系式就是微分方程, 而所研究的变化规律就是微分方程满足一定条件的解. 求满足该微分方程的未知函数就是解微分方程. 本章先介绍微分方程的基本概念, 再重点阐述几类微分方程的求解方法.

6.1　常微分方程举例及基本概念

本节将介绍常微分方程的一些基本概念.

6.1.1　常微分方程举例

下面通过两个实例来介绍有关常微分方程的基本概念.

例 6.1.1　设 xOy 平面上某一曲线通过点 $(1,2)$, 且其在该曲线上任意点 $P(x,y)$ 处的切线斜率是 $2x$, 求此曲线的方程.

解　设所求曲线方程为 $y=f(x)$. 由导数的几何意义, 曲线上的点 (x,y) 应该满足

$$\frac{\mathrm{d}y}{\mathrm{d}x}=2x \quad \text{或} \quad \mathrm{d}y=2x\mathrm{d}x. \tag{6.1.1}$$

这一方程涉及未知函数 $y=f(x)$ 的导函数 (或微分).

将式 (6.1.1) 两边对 x 积分得

$$y=\int 2x\mathrm{d}x=x^2+C, \tag{6.1.2}$$

其中 C 是任意常数.

式 (6.1.2) 表示一族曲线. 由于所求曲线过点 $(1,2)$, 即

$$x=1\text{时}, \quad y=2, \tag{6.1.3}$$

代入式 (6.1.2) 得 $2=1+C$, 从而 $C=1$.

因此, 所求曲线方程为

$$y=x^2+1. \tag{6.1.4}$$

■

例 6.1.2　设一质量为 m 的质点从高度 H 处自由下落 (图 6.1.1), 其初速度为 V_0, 方向向上. 若空气阻力忽略不计, 试求质点在 t 时刻的高度 $h(t)$.

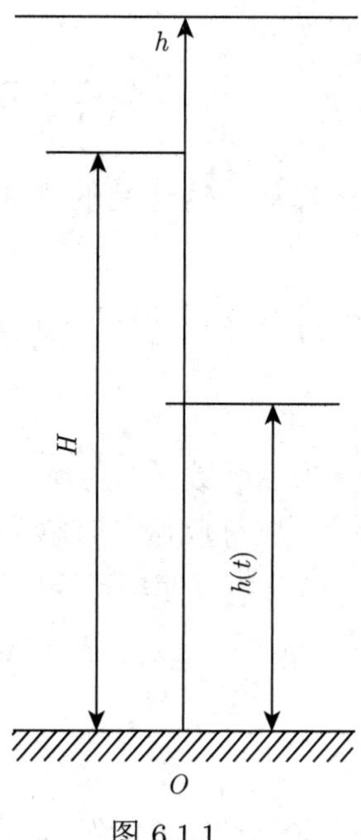

图 6.1.1

解　设质点开始下落的初始时刻为 $t=0$, 且在下落过程中的任意 t 时刻质点的高度为 $h=h(t)$. 根据牛顿定律, h 满足以下方程:

$$m\frac{\mathrm{d}^2h}{\mathrm{d}t^2}=-mg.$$

或

$$\frac{\mathrm{d}^2h}{\mathrm{d}t^2}=-g. \tag{6.1.5}$$

为求 $h(t)$, 将式 (6.1.5) 两边积分得

$$\frac{\mathrm{d}h}{\mathrm{d}t}=-gt+C_1. \tag{6.1.6}$$

再将式 (6.1.6) 两边积分得

$$h=-\frac{1}{2}gt^2+C_1t+C_2, \tag{6.1.7}$$

其中 C_1, C_2 是两个任意常数.

所求函数 $h(t)$ 还需满足以下两个附加条件 (称为**初始条件**):

$$\left.\frac{\mathrm{d}h}{\mathrm{d}t}\right|_{t=0}=V_0,\quad h|_{t=0}=H. \tag{6.1.8}$$

将这两个条件分别代入式 (6.1.6) 和式 (6.1.7) 得

$$C_1=V_0,\quad C_2=H.$$

因此, 所求的函数为

$$h(t)=-\frac{1}{2}gt^2+V_0t+H. \tag{6.1.9}$$

式 (6.1.9) 就是物理学中做自由落体运动的物体在下落过程中高度 h 随时间 t 变化的一般规律. ■

上述两个例子中的式 (6.1.1) 和式 (6.1.5) 都含有未知函数的导数, 它们都是微分方程.

6.1.2 基本概念

定义 6.1.1 (常微分方程) 含有未知函数及其导数 (或微分) 的等式, 称为**微分方程**. 如果微分方程中的未知函数是一元函数, 则称此微分方程为**常微分方程** (ordinary differential equation), 本章只讨论常微分方程, 为叙述方便, 在本书中常微分方程简称为微分方程.

6.1.1 节中的两个例子 $\frac{\mathrm{d}y}{\mathrm{d}x}=2x$ 和 $\frac{\mathrm{d}^2h}{\mathrm{d}t^2}=-g$ 就是两个简单的常微分方程.

常微分方程的一般形式为

$$F(x,y,y',y'',\cdots,y^{(n)})=0 \tag{6.1.10}$$

其中 x 是自变量, $y(x)$ 是 x 的一元函数, $y,y',y'',\cdots,y^{(n)}$ 是 $y(x)$ 对 x 的导数.

定义 6.1.2 (微分方程的阶) 微分方程所含未知函数的最高阶导数的阶数称为这个微分方程的**阶** (order).

例如, 方程

$$\frac{\mathrm{d}y}{\mathrm{d}x}=2x,\quad y\mathrm{d}x+x\mathrm{d}y=0,\quad \frac{\mathrm{d}y}{\mathrm{d}x}+2y^2+xy=0$$

都是一阶常微分方程. 而以下 3 个方程

$$\frac{\mathrm{d}^2h}{\mathrm{d}t^2}=g,\quad y''+3y'+3y=\mathrm{e}^x,\quad y''+(y')^3=x$$

都是二阶常微分方程.

定义 6.1.3 (解, 通解, 特解及初始条件)

如果将函数 $y=\varphi(x)$ 代入微分方程后, 微分方程可化为一个恒等式, 那么函数 $y=\varphi(x)$ 就称为该微分方程的**解** (solution). 确切地说, 设函数 $y=\varphi(x)$ 在区间 I 上具有 n 阶导数, 且满足

$$F(x,\varphi(x),\varphi'(x),\cdots,\varphi^{(n)}(x))=0,\quad x\in I,$$

则称 $y=\varphi(x)$ 是方程 (6.1.10) 在区间 I 上的一个**解**, I 称作该解的存在区间.

如果微分方程的解中包含任意常数, 且其中独立任意常数的个数等于该方程的阶数, 则这样的解称为微分方程的**通解** (general solution). 值得注意的是, 这里所说的独立任意常数是指它们不能合并而使得任意常数的个数减少.

例如, 若 n 阶微分方程 (6.1.10) 的解 $y=\varphi(x,C_1,C_2,\cdots,C_n)$ 包含 n 个独立的任意常数 $C_1,C_2,\cdots,C_n$, 则此解即通解.

若通解中所有的常数都已给出, 则称此解为微分方程的**特解** (particular solution).

由于通解中含有任意常数, 所以它不能完全确定地反映某一客观事物的规律性. 要完全确定地反映客观事物的规律性, 必须确定这些常数的值. 根据问题的实际情况, 确定通解中任意常数的条件称为**初始条件** (initial condition).

对于 n 阶微分方程 (6.1.10), 通解中有 n 个独立的任意常数, 因而初值条件的通常提法是

$$y(x_0)=y_0,\quad y'(x_0)=y_1,\quad \cdots,\quad y^{(n-1)}(x_0)=y_{n-1},$$

其中 $y_0, y_1, \cdots, y_{n-1}$ 是预先给定的数值.

定义 6.1.4 (初值问题) 求微分方程满足初始条件的解的问题称为**初值问题** (initial value problem). 微分方程 (6.1.10) 的初值问题为

$$\begin{cases}F(x,y,y',y'',\cdots,y^{(n)})=0,\\ y(x_0)=y_0, y'(x_0)=y_1,\cdots,y^{(n-1)}(x_0)=y_{n-1}.\end{cases}$$

初值问题又称为 Cauchy 问题.

例如, 式 (6.1.2) 与式 (6.1.7) 分别是方程 (6.1.1) 与方程 (6.1.5) 的通解; 式 (6.1.3) 与式 (6.1.8) 分别是方程 (6.1.1) 与方程 (6.1.5) 的初始条件; 式 (6.1.4) 与式 (6.1.9) 分别是方程 (6.1.1) 与方程 (6.1.5) 的特解.

注意到 $h=-\dfrac{1}{2}gt^2+C_1t$ 与 $h=-\dfrac{1}{2}gt^2+C_1+2C_2$ 都是方程 $\dfrac{\mathrm{d}^2h}{\mathrm{d}t^2}=-g$ 的解, 但它们都不是方程的通解, 因为前者只包含一个任意常数, 而后者看似有两个任意常数, 但它们可以化成一个常数 $C=C_1+2C_2$.

例 6.1.3 验证 $y=\dfrac{1}{x+C}$ 是常微分方程 $y'+y^2=0$ 的通解.

解 将 $y=\dfrac{1}{x+C}$ 与 $y'=-\dfrac{1}{(x+C)^2}$ 代入所给微分方程可得

$$-\frac{1}{(x+C)^2}+\left(\frac{1}{x+C}\right)^2=0.$$

因此, 函数 $y=\dfrac{1}{x+C}$ 是常微分方程 $y'+y^2=0$ 的通解. ■

习题 6.1

1. 指出下列微分方程的阶:

(1) $y'-2y=x+2$;　(2) $x^2y''-3xy'+y=x^4\mathrm{e}^x$;

(3) $(1+x^2)(y')^3-2xy=0$;　(4) $xy'''+\cos^2(y')+y=\tan x$;

(5) $x\ln x\mathrm{d}y+(y-\ln x)\mathrm{d}x=0$;　(6) $L\dfrac{\mathrm{d}^2Q}{\mathrm{d}t^2}+R\dfrac{\mathrm{d}Q}{\mathrm{d}t}+\dfrac{Q}{C}=0$.

2. 请指出下列各题中的函数 y 是不是所给微分方程的解, 并说明理由.

(1) $xy'=2y, y=5x^2$;

(2) $y''+y=0, y=3\sin x-4\cos x$;

(3) $y''-2y'+y=0, y=x^2\mathrm{e}^x$;

(4) $y''-(\lambda_1+\lambda_2)y'+\lambda_1\lambda_2(y')^2+yy'-2y'=0, y=\ln x$.

3. 确定下列函数中的常数 C_1, C_2 的值, 使得函数满足给定的条件:

(1) $y=(C_1+C_2x)\mathrm{e}^{2x}, y(0)=0, y'(0)=1$;

(2) $y=C_1\sin x+C_2, y(\pi)=1, y'(\pi)=1$.

4. 设某曲线上任一点 $P(x,y)$ 处的切线的斜率都是 x^2, 求此曲线的方程.

5. 设曲线 $y=y(x)$ 上任一点 $P(x,y)$ 到原点的距离等于点 P 与点 Q 之间的距离, 其中点 Q 是曲线上过点 P 的切线与 x 轴的交点. 求 $y=y(x)$ 满足的微分方程.

6.2 一阶常微分方程

一阶常微分方程的一般形式为

$$F(x,y,y')=0.$$

若由此方程可以解出 y', 则一阶常微分方程可写成如下形式:

$$y'=f(x,y).$$

本节将介绍几类一阶常微分方程的求解方法.

6.2.1 一阶可分离变量的常微分方程

定义 6.2.1 若一阶微分方程 $y'=f(x,y)$ 可化为如下形式:

$$\frac{\mathrm{d}y}{\mathrm{d}x}=g(x)h(y), \tag{6.2.1}$$

则称该方程为**可分离变量的微分方程**.

对方程 (6.2.1), 若 $h(y)\neq 0$, 则方程两边同除以 $h(y)$, 并分离变量, 可得

$$\frac{\mathrm{d}y}{h(y)}=g(x)\mathrm{d}x. \tag{6.2.2}$$

设 $g(x), h(y)$ 都是连续函数, $y=y(x)$ 是方程 (6.2.1) 的解. 将 $y=y(x)$ 代入方程 (6.2.1) 或等价方程 (6.2.2) 可得

$$\frac{y'(x)\mathrm{d}x}{h[y(x)]}=g(x)\mathrm{d}x.$$

对上式两边积分, 得

$$\int\frac{y'(x)}{h[y(x)]}\mathrm{d}x=\int g(x)\mathrm{d}x+C.$$

这里, 为了达到强调任意常数的目的, 通常明确将其写出. 由不定积分的第一换元积分法易见

$$\int\frac{\mathrm{d}y}{h(y)}=\int g(x)\mathrm{d}x+C. \tag{6.2.3}$$

由方程 (6.2.3) 确定的隐函数 $y=y(x,C)$ 是方程 (6.2.1) 的通解. 这种通过分离变量来求解微分方程的方法称为**分离变量法** (separation of variable).

若 $h(y)$ 有零点 y_0, 即 $h(y_0)=0$, 则 $y=y_0$ 也是方程 (6.2.1) 的解. 方程 (6.2.1) 的全部解为

$$\begin{cases} y=y(x,C), \\ y=y_0. \end{cases}$$

在许多情况下, 解 $y=y_0$ 有可能包含在通解中.

例 6.2.1　求解微分方程 $\dfrac{\mathrm{d}y}{\mathrm{d}x}=2xy$.

解　该方程为可分离变量的微分方程. 设 $y\neq 0$, 并将微分方程分离变量得

$$\frac{\mathrm{d}y}{y}=2x\mathrm{d}x.$$

对上式两边积分, 得

$$\ln|y|=x^2+C_1.$$

从而

$$|y|=\mathrm{e}^{x^2+C_1}=\mathrm{e}^{C_1}\mathrm{e}^{x^2},$$

即

$$y=\pm\mathrm{e}^{C_1}\mathrm{e}^{x^2}.$$

令 $C=\pm\mathrm{e}^{C_1}$, 则得原微分方程的通解为

$$y=C\mathrm{e}^{x^2},$$

其中 C 是任意非零常数.

显然 $y=0$ 也是所求方程的解, 且若允许常数 C 取零, 则此解包含在通解 $y=C\mathrm{e}^{x^2}$ 中. 因此, 所求微分方程的通解可写为

$$y=C\mathrm{e}^{x^2},$$

其中 C 是任意常数. 并且此通解也是所求方程的全部解. ■

例 6.2.2　求方程 $xy\mathrm{d}x+\left(x^2+1\right)\mathrm{d}y=0$ 满足初始条件 $y|_{x=0}=1$ 的特解.

解　该方程为可分离变量的微分方程. 将微分方程分离变量得

$$\frac{\mathrm{d}y}{y}=-\frac{x}{x^2+1}\mathrm{d}x.$$

对上式两边积分得

$$\ln|y|=-\frac{1}{2}\ln\left(x^2+1\right)+C_1,$$

因此方程的通解为

$$y=\frac{C}{\sqrt{x^2+1}},$$

其中 $C=\pm e^{C_1}$ 是任意非零常数.

将初始条件 $y|_{x=0}=1$ 代入通解中可得 $C=1$. 因此, 所求给定微分方程的特解为

$$y=\frac{1}{\sqrt{x^2+1}}.$$ ■

6.2.2 可化为一阶可分离变量的微分方程

有一些常微分方程可通过变量代换等化为一阶可分离变量的微分方程. 进而用分离变量法求解, 这里只介绍两种简单的情形.

1. 齐次型微分方程

定义 6.2.2 具有如下形式的一阶微分方程

$$\frac{\mathrm{d}y}{\mathrm{d}x}=f\left(\frac{y}{x}\right) \tag{6.2.4}$$

称为**一阶齐次型微分方程** (first order homogeneous equation).

例如, 方程 $\frac{\mathrm{d}y}{\mathrm{d}x}=3\left(\frac{y}{x}\right)^2$ 与 $\frac{\mathrm{d}y}{\mathrm{d}x}=\frac{2y}{x}+5$ 都是齐次型微分方程. 方程 $\frac{\mathrm{d}y}{\mathrm{d}x}=\frac{5x+6y}{x-3y}$ 也是齐次型微分方程, 因为它可以化为

$$\frac{\mathrm{d}y}{\mathrm{d}x}=\frac{5+6\frac{y}{x}}{1-3\frac{y}{x}}.$$

齐次型微分方程可通过变量代换化成可分离变量的微分方程, 设 $u=\frac{y}{x}$, 即 $y=ux$, 则

$$\frac{\mathrm{d}y}{\mathrm{d}x}=u+x\frac{\mathrm{d}u}{\mathrm{d}x}.$$

将其代入方程 (6.2.4) 有

$$u+x\frac{\mathrm{d}u}{\mathrm{d}x}=f(u),$$

即

$$x\frac{\mathrm{d}u}{\mathrm{d}x}=f(u)-u.$$

它是可分离变量的微分方程. 通过分离变量法得到它的解 $u=u(x,C)$ 之后, 方程 (6.2.4) 的通解可由代换 $u=\frac{y}{x}$ 求得, 即 $y=xu(x,C)$.

例 6.2.3 求解微分方程 $x\frac{\mathrm{d}y}{\mathrm{d}x}-y=2\sqrt{xy}\ (x>0)$.

解 对原方程两边同除以 x 并移项得

$$\frac{\mathrm{d}y}{\mathrm{d}x}=\frac{y}{x}+2\sqrt{\frac{y}{x}}, \tag{6.2.5}$$

该方程为齐次型微分方程.

设 $u=\dfrac{y}{x}$ 或 $y=ux$, 则

$$\frac{\mathrm{d}y}{\mathrm{d}x}=u+x\frac{\mathrm{d}u}{\mathrm{d}x}.$$

代入方程 (6.2.5) 得

$$x\frac{\mathrm{d}u}{\mathrm{d}x}=2\sqrt{u}. \tag{6.2.6}$$

对式 (6.2.6) 分离变量可知

$$\frac{\mathrm{d}u}{2\sqrt{u}}=\frac{\mathrm{d}x}{x}\quad(u\neq 0),$$

对上式两边积分得

$$\sqrt{u}=\ln x+C_1\quad\text{或}\quad \mathrm{e}^{\sqrt{u}}=Cx,$$

其中 $C=\mathrm{e}^{C_1}$ 为任意正常数.

根据变换 $u=\dfrac{y}{x}$, 可知原微分方程的通解为

$$\mathrm{e}^{\sqrt{\frac{y}{x}}}=Cx\quad\text{或}\quad y=x(\ln Cx)^2. \tag{6.2.7}$$

注意到 $u=0$ 也满足方程 (6.2.6), 且 $u=0$ 等价于 $y=0$, 因此 $y=0$ 也是所求方程的解. 显然 $y=0$ 没有包含在通解 (6.2.7) 中 (不能从式 (6.2.7) 中选择适当的常数 C 得到). 因此所求方程的全部解为

$$\begin{cases}y=x(\ln Cx)^2,\quad C>0,\\ y=0.\end{cases}$$

■

如一阶微分方程为 $\dfrac{\mathrm{d}y}{\mathrm{d}x}=g\left(\dfrac{x}{y}\right)$ 形式, 则也可类似求解, 具体可见下例.

例 6.2.4　求方程 $\dfrac{\mathrm{d}y}{\mathrm{d}x}=\dfrac{y}{y-x}$ 的通解.

解　等式右端的分子与分母分别除以 y, 得

$$\frac{\mathrm{d}y}{\mathrm{d}x}=\frac{1}{1-\dfrac{x}{y}}\quad(y\neq 0).$$

这一方程看上去似乎不属于齐次型微分方程的类型 $\dfrac{\mathrm{d}y}{\mathrm{d}x}=f\left(\dfrac{y}{x}\right)$. 但若将 y 看作自变量, 将 x 看作 y 的函数, 并重写方程为

$$\frac{\mathrm{d}x}{\mathrm{d}y}=1-\frac{x}{y}. \tag{6.2.8}$$

易见上式是一个齐次型微分方程.

设 $u=\dfrac{x}{y}$ 或 $x=yu$, 则

$$\frac{\mathrm{d}x}{\mathrm{d}y}=u+y\frac{\mathrm{d}u}{\mathrm{d}y}.$$

代入方程 (6.2.8) 得

$$y\frac{\mathrm{d}u}{\mathrm{d}y}=1-2u. \tag{6.2.9}$$

将上面的微分方程分离变量, 则有

$$\frac{\mathrm{d}u}{1-2u}=\frac{\mathrm{d}y}{y},$$

对上式两边积分得

$$-\frac{1}{2}\ln|1-2u|=\ln|y|+C_1 \quad 或 \quad 1-2u=Cy^{-2},$$

其中 $C=\pm\mathrm{e}^{-2C_1}$ 为任意非零常数.

根据变换 $u=\dfrac{x}{y}$, 可得所求方程的通解为

$$1-\frac{2x}{y}=Cy^{-2} \quad 或 \quad y^2-2xy=C.$$

显然 $y=0$ 也是原方程的解, 且若允许常数 C 取零, 则此解包含在通解 $y^2-2xy=C$ 中. 因此, 所求微分方程的通解可写为 $y^2-2xy=C$, 其中 C 为任意常数. ■

2.* 可化为一阶齐次型的微分方程

现在我们考虑如下形式的微分方程:

$$\frac{\mathrm{d}y}{\mathrm{d}x}=\frac{a_1x+b_1y+c_1}{a_2x+b_2y+c_2}, \tag{6.2.10}$$

其中 a_1,a_2,b_1,b_2,c_1,c_2 是常数. 当 $c_1=c_2=0$ 时, 方程 (6.2.10) 是一阶齐次型微分方程, 所以能求其通解. 当 c_1,c_2 不同时为零时, 方程 (6.2.10) 不是一阶齐次型微分方程, 但此方程也可经过变量代换化为可分离变量的方程.

我们分 3 种情形来讨论.

(1) $\dfrac{a_1}{a_2}=\dfrac{b_1}{b_2}=\dfrac{c_1}{c_2}=k$(常数) 情形.

这时方程化为

$$\frac{\mathrm{d}y}{\mathrm{d}x}=k.$$

因此, 原方程的通解为 $y=kx+C$, 其中 C 为任意常数.

(2) $\dfrac{a_1}{a_2}=\dfrac{b_1}{b_2}=k\neq\dfrac{c_1}{c_2}$ 情形.

令 $u=a_2x+b_2y$, 则 $\dfrac{\mathrm{d}u}{\mathrm{d}x}=a_2+b_2\dfrac{\mathrm{d}y}{\mathrm{d}x}$. 因此方程 (6.2.10) 化为

$$\frac{\mathrm{d}u}{\mathrm{d}x}=a_2+b_2\frac{ku+c_1}{u+c_2}.$$

易见上式是可分离变量的微分方程, 因此先利用分离变量法求解此微分方程, 再代回原变量即可得方程 (6.2.10) 的解.

(3) $\dfrac{a_1}{a_2} \neq \dfrac{b_1}{b_2}$ 情形.

由于方程右端分子、分母都是 x, y 的一次多项式, 因此

$$\begin{cases} a_1x + b_1y + c_1 = 0, \\ a_2x + b_2y + c_2 = 0 \end{cases}$$

表示 xOy 平面上两条相交的直线, 设其交点为 (h, k). 若令

$$\begin{cases} X = x - h, \\ Y = y - k, \end{cases}$$

则

$$\frac{\mathrm{d}y}{\mathrm{d}x} = \frac{\mathrm{d}Y}{\mathrm{d}X}, \quad \frac{a_1x + b_1y + c_1}{a_2x + b_2y + c_2} = \frac{a_1X + b_1Y}{a_2X + b_2Y},$$

从而原方程化为

$$\frac{\mathrm{d}Y}{\mathrm{d}X} = \frac{a_1X + b_1Y}{a_2X + b_2Y} = g\left(\frac{Y}{X}\right).$$

这是齐次微分方程, 先通过变量代换及分离变量法求出此微分方程的解, 再代回原变量即可得方程 (6.2.10) 的解.

上述解题的方法和步骤也适用于比方程 (6.2.10) 更一般的方程类型:

$$\frac{\mathrm{d}y}{\mathrm{d}x} = f\left(\frac{a_1x + b_1y + c_1}{a_2x + b_2y + c_2}\right).$$

例 6.2.5　求解微分方程

$$\frac{\mathrm{d}y}{\mathrm{d}x} = \frac{x - y + 1}{x + y - 3}. \tag{6.2.11}$$

解　设 $a_1 = 1, b_1 = -1, a_2 = 1, b_2 = 1$, 易见 $\dfrac{a_1}{a_2} \neq \dfrac{b_1}{b_2}$, 因此所给方程属于本节讨论的第 3 种情形.

求解方程组

$$\begin{cases} x - y + 1 = 0, \\ x + y - 3 = 0, \end{cases}$$

得 $x = 1, y = 2$. 令

$$\begin{cases} X = x - 1, \\ Y = y - 2, \end{cases}$$

则方程 (6.2.11) 变为

$$\frac{\mathrm{d}Y}{\mathrm{d}X}=\frac{X-Y}{X+Y}=\frac{1-\dfrac{Y}{X}}{1+\dfrac{Y}{X}}. \tag{6.2.12}$$

这是一阶齐次型微分方程. 再令 $u=\dfrac{Y}{X}$, 即 $Y=uX$, 则方程 (6.2.12) 化为一阶可分离变量的微分方程

$$\frac{\mathrm{d}u}{\mathrm{d}X}=\frac{1-2u-u^2}{X(1+u)}.$$

将上式分离变量可得

$$\frac{1+u}{1-2u-u^2}\mathrm{d}u=\frac{\mathrm{d}X}{X},$$

对上式两边积分得

$$-\ln\left|u^2+2u-1\right|=\ln X^2+C_1,$$

因此

$$X^2\left(u^2+2u-1\right)=\pm\mathrm{e}^{C_1}.$$

记 $C_2=\pm\mathrm{e}^{C_1}$, 并代回变量 $u=\dfrac{Y}{X}$ 得

$$Y^2+2XY-X^2=C_2.$$

易证

$$u^2+2u-1=0,$$

即

$$Y^2+2XY-X^2=0$$

也是方程 (6.2.12) 的解.

从而方程 (6.2.12) 的通解为

$$Y^2+2XY-X^2=C_2,$$

其中 C_2 为任意常数.

代回原变量 $\begin{cases}X=x-1,\\Y=y-2,\end{cases}$ 得原方程的通解为

$$(y-2)^2+2(x-1)(y-2)-(x-1)^2=C_2,$$

或

$$y^2+2xy-x^2-6y-2x+7=C,$$

其中 $C=C_2-7$ 为任意常数. ■

6.2.3 一阶线性微分方程

定义 6.2.3 (一阶线性微分方程) 若一阶微分方程可写成如下形式:

$$y' + P(x)y = Q(x), \tag{6.2.13}$$

则该方程称为**一阶线性微分方程** (linear differential equation of first order).

若 $Q(x) \equiv 0$, 方程 (6.2.13) 变为

$$y' + P(x)y = 0, \tag{6.2.14}$$

称为**一阶线性齐次微分方程** (linear homogeneous differential equation of first order). 若 $Q(x) \neq 0$, 方程 (6.2.13) 称为**一阶线性非齐次微分方程** (linear nonhomogeneous differential equation of first order).

例如, 方程 $y' = 2xy$ 是一阶线性齐次微分方程, 而方程 $y' = 2xy + 1$ 是一阶线性非齐次微分方程.

注 这里“齐次”的含义与 6.2.2 节齐次型微分方程中“齐次”的含义不同.

1. 一阶线性齐次微分方程的通解

易见 $y = 0$ 是方程 (6.2.14) 的解. 当 $y \neq 0$ 时, 一阶线性齐次微分方程 (6.2.14) 可通过分离变量法求解.

将方程 (6.2.14) 分离变量得

$$\frac{\mathrm{d}y}{y} = -P(x)\mathrm{d}x,$$

对上式两边积分得

$$\ln|y| = -\int P(x)\mathrm{d}x + C_1,$$

即

$$y = C\mathrm{e}^{-\int P(x)\mathrm{d}x},$$

其中 $C = \pm\mathrm{e}^{C_1}$ 是任意非零常数.

若常数 C 可取零, 则解 $y = 0$ 也包含在通解 $y = C\mathrm{e}^{-\int P(x)\mathrm{d}x}$ 中, 因此所求方程的通解为

$$y = C\mathrm{e}^{-\int P(x)\mathrm{d}x}, \tag{6.2.15}$$

其中 C 为任意常数.

2. 一阶线性非齐次微分方程的通解

对于一阶线性非齐次微分方程, 我们可采用所谓的“常数变易法”求出它的通解. 具体做法如下:

设 $y=f(x)$ 是方程 (6.2.13) 的解, 则 $f(x)/\mathrm{e}^{-\int P(x)\mathrm{d}x}$ 一定是 x 的函数, 用 $h(x)$ 表示. 那么所求一阶线性非齐次微分方程的解有如下形式:

$$y=h(x)\mathrm{e}^{-\int P(x)\mathrm{d}x}. \tag{6.2.16}$$

注意到一阶线性非齐次微分方程的解式 (6.2.16) 与其相应的一阶线性齐次微分方程的解式 (6.2.15) 相比, 只是将式 (6.2.15) 中的常数 C 换成了函数 $h(x)$. 通过将式 (6.2.15) 中的常数换成变量求通解的方法称为**常数变易法** (method of constant variation). 常数变易法是 1774 年由法国数学家 Lagrange (1736—1813 年) 提出的. 下面只需确定未知函数 $h(x)$ 即可.

由于

$$y'=h'(x)\mathrm{e}^{-\int P(x)\mathrm{d}x}-P(x)h(x)\mathrm{e}^{-\int P(x)\mathrm{d}x}, \tag{6.2.17}$$

将式 (6.2.16) 与式 (6.2.17) 代入式 (6.2.13) 有

$$h'(x)\mathrm{e}^{-\int P(x)\mathrm{d}x}-P(x)h(x)\mathrm{e}^{-\int P(x)\mathrm{d}x}+P(x)h(x)\mathrm{e}^{-\int P(x)\mathrm{d}x}=Q(x),$$

化简得

$$h'(x)=Q(x)\mathrm{e}^{\int P(x)\mathrm{d}x},$$

因此

$$h(x)=\int Q(x)\mathrm{e}^{\int P(x)\mathrm{d}x}\mathrm{d}x+C.$$

将 $h(x)$ 的表达式代入式 (6.2.16) 可得

$$y=\mathrm{e}^{-\int P(x)\mathrm{d}x}\left(\int Q(x)\mathrm{e}^{\int P(x)\mathrm{d}x}\mathrm{d}x+C\right), \tag{6.2.18}$$

它是线性非齐次微分方程 (6.2.13) 的通解.

将式 (6.2.18) 改写成两项之和:

$$y=C\mathrm{e}^{-\int P(x)\mathrm{d}x}+\mathrm{e}^{-\int P(x)\mathrm{d}x}\int Q(x)\mathrm{e}^{\int P(x)\mathrm{d}x}\mathrm{d}x.$$

易知, 上式右端第一项是对应的齐次微分方程 (6.2.14) 的通解, 第二项是线性非齐次微分方程 (6.2.13) 的一个特解. 由此可知, 一阶线性非齐次微分方程的通解等于**对应的齐次微分方程的通解与非齐次微分方程的一个特解之和.**

例 6.2.6 求微分方程 $y'+y=x$ 的通解.

解 题目所给是一阶线性非齐次微分方程, 其中 $P(x)=1, Q(x)=x$. 由通解公式 (6.2.18) 得原方程的通解为

$$
\begin{aligned}
y &= \mathrm{e}^{-\int P(x)\mathrm{d}x}\left(\int Q(x)\mathrm{e}^{\int P(x)\mathrm{d}x}\mathrm{d}x + C\right) \\
&= \mathrm{e}^{-\int 1\mathrm{d}x}\left(\int x\mathrm{e}^{\int 1\mathrm{d}x}\mathrm{d}x + C\right) \\
&= \mathrm{e}^{-x}\left(x\mathrm{e}^{x} - \mathrm{e}^{x} + C\right) = x - 1 + C\mathrm{e}^{-x},
\end{aligned}
$$

其中 C 为任意常数.

注　此题也可以用常数变易法求解.

首先, 用分离变量法求得一阶线性齐次微分方程 $y' + y = 0$ 的通解, 即

$$y = C\mathrm{e}^{-x}.$$

然后, 用常数变易法求一阶线性非齐次微分方程 $y' + y = x$ 的通解.

设

$$y = h(x)\mathrm{e}^{-x} \tag{6.2.19}$$

是所求非齐次微分方程的通解, 其中 $h(x)$ 是待定函数. 将式 (6.2.19) 代入方程 $y' + y = x$ 得

$$h'(x)\mathrm{e}^{-x} - h(x)\mathrm{e}^{-x} + h(x)\mathrm{e}^{-x} = x,$$

即

$$h'(x) = x\mathrm{e}^{x}.$$

对上式两边积分得

$$h(x) = \int x\mathrm{e}^{x}\mathrm{d}x = x\mathrm{e}^{x} - \mathrm{e}^{x} + C.$$

将 $h(x)$ 的表达式代入式 (6.2.19), 可得所求一阶线性非齐次微分方程的通解, 即

$$y = \left(x\mathrm{e}^{x} - \mathrm{e}^{x} + C\right)\mathrm{e}^{-x} = x - 1 + C\mathrm{e}^{-x},$$

其中 C 为任意常数. ■

例 6.2.7　求微分方程 $\dfrac{\mathrm{d}y}{\mathrm{d}x} = \dfrac{y}{y^3 + x}$ 的通解及满足初始条件 $y|_{x=0} = 1$ 的特解.

解　这一方程看上去似乎不属于我们已经学过的类型. 但若将 y 看作自变量, 并重写方程为

$$\frac{\mathrm{d}x}{\mathrm{d}y} = \frac{y^3 + x}{y} = \frac{x}{y} + y^2, \tag{6.2.20}$$

则可以看出它是未知函数 $x = x(y)$ 的一阶线性非齐次微分方程.

首先利用一阶线性非齐次微分方程的通解公式 (6.2.18) 求微分方程的通解.

设 $P(y)=-\frac{1}{y}, Q(y)=y^2$, 则

$$
\begin{aligned}
x&=\mathrm{e}^{-\int P(y)\mathrm{d}y}\left(\int Q(y)\mathrm{e}^{\int P(y)\mathrm{d}y}\mathrm{d}y+C\right)\\
&=\mathrm{e}^{\int \frac{1}{y}\mathrm{d}y}\left(\int y^2\mathrm{e}^{\int -\frac{1}{y}\mathrm{d}y}\mathrm{d}y+C\right)\\
&=\frac{1}{2}y^3+Cy \quad (C\text{为任意常数}).
\end{aligned}
$$

然后求微分方程满足初始条件的特解.

将初始条件 $y|_{x=0}=1$ 代入通解, 可得

$$
C=-\frac{1}{2}.
$$

因此, 微分方程满足初始条件的特解为

$$
x=\frac{1}{2}y\left(y^2-1\right). \qquad \blacksquare
$$

注 ① 在求解微分方程时, 当求解 $\frac{\mathrm{d}y}{\mathrm{d}x}=f(x,y)$ 遇到困难时, 转而求解 $\frac{\mathrm{d}x}{\mathrm{d}y}=\frac{1}{f(x,y)}$ 是一个常用的技巧.

② 此题也可以用常数变易法求解.

6.2.4 伯努利方程

定义 6.2.4 形如

$$
\frac{\mathrm{d}y}{\mathrm{d}x}+P(x)y=Q(x)y^{\alpha}
$$

的微分方程称为**伯努利方程** (Bernoulli's equation), 其中 α 为常数, 且 $\alpha\neq 0,1$.

显然, 当 $\alpha=0$ 或 $\alpha=1$ 时, 方程是一阶线性微分方程. 当 $\alpha\neq 0$ 且 $\alpha\neq 1$ 时, 方程是一阶非线性微分方程, 对于此种情形可通过适当的变换将方程化为一阶线性微分方程. 具体步骤如下:

方程两边同除以 y^{α} 可得

$$
y^{-\alpha}\frac{\mathrm{d}y}{\mathrm{d}x}+P(x)y^{1-\alpha}=Q(x). \tag{6.2.21}
$$

设 $z=y^{1-\alpha}$, 则

$$
\frac{\mathrm{d}z}{\mathrm{d}x}=(1-\alpha)y^{-\alpha}\frac{\mathrm{d}y}{\mathrm{d}x}.
$$

从而方程 (6.2.21) 可化为

$$
\frac{\mathrm{d}z}{\mathrm{d}x}+(1-\alpha)P(x)z=(1-\alpha)Q(x). \tag{6.2.22}
$$

这是一阶线性微分方程, 求出它的通解后, 以 $y^{1-\alpha}$ 代替 z, 便得原伯努利方程的通解.

综上可见, 伯努利方程可以通过做变换 $z=y^{1-\alpha}$ 化为一阶线性微分方程 (6.2.22), 也就是说伯努利方程的通解可由方程 (6.2.22) 的通解得到. 如果想求全部解, 需要检验 $y=0$ 是不是方程的解.

例 6.2.8　求解微分方程 $\dfrac{\mathrm{d}y}{\mathrm{d}x}-xy=-\mathrm{e}^{-x^2}y^3$.

解　这是伯努利方程, 其中 $\alpha=3$. 将所给微分方程两边同除以 y^3 得

$$y^{-3}\frac{\mathrm{d}y}{\mathrm{d}x}-xy^{-2}=-\mathrm{e}^{-x^2}. \tag{6.2.23}$$

设 $z=y^{-2}$, 则 $\dfrac{\mathrm{d}z}{\mathrm{d}x}=-2y^{-3}\dfrac{\mathrm{d}y}{\mathrm{d}x}$, 将其代入方程 (6.2.23) 可得

$$\frac{\mathrm{d}z}{\mathrm{d}x}+2xz=2\mathrm{e}^{-x^2}.$$

这是一阶线性非齐次方程, 不难求出它的通解为

$$z=\mathrm{e}^{-x^2}(2x+C)\quad (C\text{为使得式子有意义的任意常数}).$$

将 $z=y^{-2}$ 代入上式, 可得所求方程的通解为

$$y^2=\frac{\mathrm{e}^{x^2}}{2x+C}\quad (C\text{为使得式子有意义的任意常数}).$$

显然 $y=0$ 也是所求方程的解, 但不能通过选择合适的 C 使其包含在通解中. 因此, 原方程的全部解为

$$\begin{cases} y^2=\dfrac{\mathrm{e}^{x^2}}{2x+C} & (C\text{为使得式子有意义的任意常数}),\\ y=0. \end{cases}$$

■

6.2.5* 其他可化为一阶线性微分方程的例子

例 6.2.9　求微分方程 $yy'+2xy^2-x=0$ 满足初始条件 $y|_{x=0}=1$ 的特解.

解　此方程不属于前面所提到的任何类型, 但若将其重写为如下形式:

$$\frac{1}{2}(y^2)'+2xy^2-x=0,$$

则由变换 $u=y^2$, 可将其化为一阶线性非齐次微分方程

$$u'+4xu=2x. \tag{6.2.24}$$

由通解公式 (6.2.18) 易求得方程 (6.2.24) 的通解为

$$u=C\mathrm{e}^{-2x^2}+\frac{1}{2}\quad (C\text{为任意常数}).$$

将 $u=y^2$ 代入上式可得

$$y^2=C\mathrm{e}^{-2x^2}+\frac{1}{2}\quad (C\text{为任意常数}).$$

将初始条件 $y|_{x=0}=1$ 代入, 可得 $C=\dfrac{1}{2}$. 故原微分方程的特解是

$$y=\pm\sqrt{\frac{1}{2}(\mathrm{e}^{-2x^2}+1)}.$$

■

例 6.2.10 求微分方程 $\dfrac{1}{\sqrt{y}}y'-\dfrac{4x}{x^2+1}\sqrt{y}=x$ 的通解.

解 此方程也不属于前面所提到的任何类型, 但若将其重写为如下形式:

$$2(\sqrt{y})'-\frac{4x}{x^2+1}\sqrt{y}=x,$$

则由变换 $u=\sqrt{y}$, 可将其化为一阶线性非齐次微分方程

$$2u'-\frac{4x}{x^2+1}u=x. \tag{6.2.25}$$

由通解公式 (6.2.18) 可得式 (6.2.25) 的通解为

$$u=(x^2+1)\left[\frac{1}{4}\ln(x^2+1)+C\right]\quad (C\text{为任意常数}).$$

将 $u=\sqrt{y}$ 代入上式可得, 所求方程的通解为

$$y=(x^2+1)^2\left[\frac{1}{4}\ln(x^2+1)+C\right]^2\quad (C\text{为任意常数}).$$

■

例 6.2.11 求方程 $y'=\cos(x+y)$ 的通解.

解 设 $u=x+y$, 则 $u'=1+y'$. 从而所求微分方程可化为

$$u'=1+\cos u=2\cos^2\frac{u}{2}.$$

由分离变量法可求得此微分方程的通解为

$$\tan\frac{u}{2}=x+C\quad (C\text{为任意常数}).$$

将 $u=x+y$ 代入上式, 可得原微分方程的通解为

$$\tan\frac{x+y}{2}=x+C\quad (C\text{为任意常数}).$$

■

例 6.2.12 求微分方程 $xy'+y=y(\ln x+\ln y)$ 的通解.

解　由于方程的右边可写为 $y\ln(xy)$, 且左边恰好是 $\dfrac{\mathrm{d}}{\mathrm{d}x}(xy)$, 可尝试做变换 $u=xy$, 则原微分方程化为

$$\frac{\mathrm{d}u}{\mathrm{d}x}=\frac{u}{x}\ln u.$$

分离变量得

$$\frac{\mathrm{d}u}{u\ln u}=\frac{\mathrm{d}x}{x},$$

对上式两边积分可得

$$\ln|\ln u|=\ln|x|+C_1,$$

即

$$\ln u=\pm\mathrm{e}^{C_1}x.$$

令 $\pm\mathrm{e}^{C_1}=C$, 则知

$$u=\mathrm{e}^{Cx}\quad(C\text{为任意非零常数}).$$

将 $u=xy$ 代入上式, 可得原微分方程的通解为

$$y=\frac{1}{x}\mathrm{e}^{Cx}\quad(C\text{为任意非零常数}).$$

注意到 $\ln u=0$, 即 $y=\dfrac{1}{x}$ 也是原方程的解. 如果在上面的通解中取 $C=0$, 则此解包含在通解中. 因此原方程的通解为

$$y=\frac{1}{x}\mathrm{e}^{Cx},$$

其中 C 为任意常数. ■

习题 6.2A

1. 用分离变量法求下列微分方程的通解或特解:

(1) $\dfrac{\mathrm{d}y}{\mathrm{d}x}=\dfrac{x}{y}$;　(2) $\mathrm{d}y+y\tan x\mathrm{d}x=0$;

(3) $\dfrac{\mathrm{d}y}{\mathrm{d}x}=\dfrac{\sqrt{1-y^2}}{\sqrt{1-x^2}}$;　(4) $\dfrac{x}{1+y}\mathrm{d}x-\dfrac{y}{1+x}\mathrm{d}y=0, y|_{x=0}=1$;

(5) $(xy^2+x)\mathrm{d}x+(y-x^2y)\mathrm{d}y=0$;　(6) $y'\sin x=y\ln y$;

(7) $(1+x^2)\mathrm{d}y-\sqrt{1-y^2}\mathrm{d}x=0$;　(8) $\arctan y\mathrm{d}y+(1+y^2)x\mathrm{d}x=0$;

(9) $(\cos y-2x)'=1$.

2. 求下列一阶齐次型微分方程的通解或特解:

(1) $(2x^2-y^2)+3xy\dfrac{\mathrm{d}y}{\mathrm{d}x}=0(x>0)$;　(2) $xy'=y\ln\dfrac{y}{x}$;

(3) $(x^2+y^2)\mathrm{d}x-3xy\mathrm{d}y=0$;　(4) $y'=\dfrac{x}{y}+\dfrac{y}{x}, y|_{x=-1}=2$;

(5) $(1+\mathrm{e}^{\frac{x}{y}})\mathrm{d}x+\mathrm{e}^{\frac{x}{y}}\left(1-\dfrac{x}{y}\right)\mathrm{d}y=0$.

3. 求下列一阶线性非齐次微分方程的通解:

(1) $xy'+y=\mathrm{e}^x$; (2) $xy'-y=x^2\mathrm{e}^x$;

(3) $\cos^2 x\dfrac{\mathrm{d}y}{\mathrm{d}x}+y=\tan x$; (4) $\tan t\dfrac{\mathrm{d}x}{\mathrm{d}t}-x=5$;

(5) $x\ln x\mathrm{d}y+(y-\ln x)\mathrm{d}x=0$; (6) $(1+x^2)y'-2xy=(1+x^2)^2$;

(7) $\dfrac{\mathrm{d}s}{\mathrm{d}t}+s\cos t=\dfrac{1}{2}\sin 2t$; (8) $xy'-y=\dfrac{x}{\ln x}$.

4. 求下列伯努利方程的通解或特解:

(1) $3y^2y'-y^3=x+1$; (2) $y'-x^2y^2=y$;

(3) $y'+2xy=2x^3y^3$; (4)$yy'-y^2=x^2$;

(5) $x^2y'+xy=y^2, y|_{x=1}=1$.

5. 设 $f(x)$ 为连续函数, 且满足 $f(x)=\mathrm{e}^{-x}+\displaystyle\int_0^x f(t)\mathrm{d}t$, 求 $f(x)$.

习题 6.2B

1. 设 $f(x)$ 在 $(-\infty,\infty)$ 内有定义, 且对任意 $x,y\in(-\infty,\infty)$, 满足等式 $f(x+y)=f(x)\mathrm{e}^y+f(y)\mathrm{e}^x$. 若 $f'(0)$ 存在且等于 $a(a\neq 0)$, 证明对任意 $x\in(-\infty,\infty)$, $f'(x)$ 存在, 并求 $f(x)$.

2. 求微分方程 $xy'+2y=2(\mathrm{e}^x-1)$ 的通解, 并求 $\lim\limits_{x\to 0}y(x)$ 存在的那个特解 (将该解记为 $y_0(x)$), 以及极限 $\lim\limits_{x\to 0}y_0(x)$.

3. 用适当的变量代换求下列微分方程的通解:

(1) $(x+y)^2y'=a^2(a\text{是常数})$; (2) $\dfrac{\mathrm{d}y}{\mathrm{d}x}=(x+y)^2$;

(3) $y'=\dfrac{1}{\mathrm{e}^y+x}$; (4) $y'=\sin^2(x-y+1)$;

(5) $x\mathrm{d}y-y\mathrm{d}x=y^2\mathrm{e}^y\mathrm{d}y$.

4. 求下列微分方程的通解:

(1) $\dfrac{\mathrm{d}y}{\mathrm{d}x}=\dfrac{x+y+2}{x-y-3}$; (2) $\dfrac{\mathrm{d}y}{\mathrm{d}x}=\dfrac{1+x-y}{2+x-y}$.

5. 已知微分方程 $\dfrac{\mathrm{d}y}{\mathrm{d}x}=\psi\left(\dfrac{ax+by+c}{dx+ey+f}\right)$, 其中 $\psi(u)$ 是连续函数, 且 a,b,c,d,e,f 都是常数.

(1) 若 $ae\neq bd$, 证明可选取适当的常数 h 与 k, 使得所给微分方程可以通过变换 $x=u+h, y=v+k$ 化为齐次型微分方程;

(2) 若 $ae=bd$, 证明所给微分方程可通过适当的变换化成可分离变量的微分方程.

6.3 可降阶的高阶微分方程

一般来说, 方程的阶数越高, 求解过程也就越复杂. 有一些简单的高阶微分方程可用适当的变量代换降低阶数转化为低阶微分方程. 以二阶微分方程为例, 对于具有形式

$$y''=f(x,y,y')$$

的一些二阶微分方程, 可用适当的变量代换降低阶数将其转化为一阶微分方程来求解, 这类微分方程称为可降阶的. 本节将介绍 3 类微分方程, 其解法的基本思想都是采用降阶或逐步降阶的方法将高阶微分方程转化为低阶微分方程, 从而得到原方程的解.

1. 形如 $y^{(n)}=f(x)$ 的微分方程

此类方程的特点是方程右边的表达式 $f(x)$ 中不显含未知函数 y 及 $y',\cdots,y^{(n-1)}$, 其只是自变量 x 的函数. 其解法如下:

将方程写为

$$\frac{\mathrm{d}y^{(n-1)}}{\mathrm{d}x}=f(x),$$

对上式两边积分得

$$y^{(n-1)}=\int f(x)\mathrm{d}x+C_1.$$

这是一个 $n-1$ 阶微分方程. 对上式再积分一次得

$$y^{(n-2)}=\int\left[\int f(x)\mathrm{d}x+C_1\right]+C_2.$$

这是一个 $n-2$ 阶微分方程, 继续积分. 这样通过对原方程连续积分 n 次便得原方程的通解.

例 6.3.1 求微分方程 $y''=\sin x$ 的通解.

解 对微分方程 $y''=\sin x$ 两边积分得

$$y'=-\cos x+C_1,$$

对上式再积分可知

$$y=\int(-\cos x+C_1)\mathrm{d}x+C_2=-\sin x+C_1x+C_2\quad(C_1,C_2\text{是两个任意常数}).$$ ■

2. 形如 $y''=f(x,y')$ 的微分方程

此类方程的特点是方程右边的表达式 $f(x,y')$ 中只含有 x,y', 而不显含未知函数 y. 此类方程的解法如下:

令 $y'=p(x)$, 则 $y''=\dfrac{\mathrm{d}p}{\mathrm{d}x}$, 从而方程 $y''=f(x,y')$ 可化为

$$\frac{\mathrm{d}p}{\mathrm{d}x}=f(x,p).$$

这是一个关于未知函数 $p(x)$ 的一阶微分方程. 如果我们能求出其通解

$$p=\varphi(x,C_1),$$

再将 $p=y'$ 代入上式, 可得方程

$$y'=\varphi(x,C_1).$$

上式两边对 x 积分得原方程的通解为

$$y=\int\varphi(x,C_1)\mathrm{d}x+C_2.$$

例 6.3.2 求方程 $y''+y'=2x^2+1$ 的通解.

解 所给方程是不显含未知函数 y 的二阶微分方程.

设 $y'=p(x)$, 则 $y''=\dfrac{\mathrm{d}p}{\mathrm{d}x}=p'$, 代入原微分方程得

$$p'+p=2x^2+1,$$

这是一阶线性非齐次微分方程. 设 $P(x)=1, Q(x)=2x^2+1$, 则由式 (6.2.18) 得

$$\begin{aligned}p&=\mathrm{e}^{-\int P(x)\mathrm{d}x}\left(\int Q(x)\mathrm{e}^{\int P(x)\mathrm{d}x}\mathrm{d}x+C\right)\\&=\mathrm{e}^{-\int 1\mathrm{d}x}\left(\int(2x^2+1)\mathrm{e}^{\int 1\mathrm{d}x}\mathrm{d}x+C\right)\\&=2x^2-4x+5+C\mathrm{e}^{-x}.\end{aligned}$$

再将 $p=y'$ 代入上式, 可得微分方程

$$y'=2x^2-4x+5+C\mathrm{e}^{-x}.$$

对上式两边关于 x 积分, 得原微分方程的通解为

$$y=\frac{2}{3}x^3-2x^2+5x+C_1\mathrm{e}^{-x}+C_2\quad(C_1,C_2\text{是两个任意常数, 其中}C_1=-C).$$ ■

例 6.3.3 求方程 $(1+x^2)y''=2xy'$ 满足初始条件 $y|_{x=0}=1, y'|_{x=0}=3$ 的特解.

解 所给方程是不显含未知函数 y 的二阶微分方程.

设 $y'=p(x)$, 则 $y''=\dfrac{\mathrm{d}p}{\mathrm{d}x}$, 代入原微分方程得

$$(1+x^2)\frac{\mathrm{d}p}{\mathrm{d}x}=2xp.$$

分离变量可得

$$\frac{\mathrm{d}p}{p}=\frac{2x}{1+x^2}\mathrm{d}x.$$

对上式两边积分得

$$\ln|p|=\ln(1+x^2)+\ln|C_1|\quad(\text{这里 }\ln|C_1|\text{ 表示任意常数}),$$

于是

$$p=C_1(1+x^2),$$

再将 $p=y'$ 代入上式, 可得方程

$$\frac{\mathrm{d}y}{\mathrm{d}x}=C_1(1+x^2). \tag{6.3.1}$$

对上式两边积分, 可得原方程的通解为

$$y=C_1\left(x+\frac{1}{3}x^3\right)+C_2. \tag{6.3.2}$$

将初始条件 $y'|_{x=0}=3,\ y|_{x=0}=1$ 分别代入式 (6.3.1) 和式 (6.3.2), 可得

$$C_1=3,\quad C_2=1.$$

因此, 所求微分方程的特解是

$$y=x^3+3x+1.$$

■

3. 形如 $y''=f(y,y')$ 的微分方程

此类方程的特点是方程右边的表达式 $f(y,y')$ 中只含有 y,y', 而不显含自变量 x. 此类方程的解法如下:

令 $y'=p(y)$, 由复合函数求导法则知

$$y''=\frac{\mathrm{d}p}{\mathrm{d}x}=\frac{\mathrm{d}p}{\mathrm{d}y}\frac{\mathrm{d}y}{\mathrm{d}x}=p\frac{\mathrm{d}p}{\mathrm{d}y}.$$

因此方程 $y''=f(y,y')$ 可化为

$$p\frac{\mathrm{d}p}{\mathrm{d}y}=f(y,p). \tag{6.3.3}$$

这是一个关于未知函数 $p(y)$ 的一阶微分方程. 若方程 (6.3.3) 的通解为 $p=\psi(y,C_1)$, 则由 $p=y'$, 可知

$$\frac{\mathrm{d}y}{\mathrm{d}x}=\psi(y,C_1).$$

对上式分离变量并积分, 可得原方程的通解为

$$x=\int\frac{\mathrm{d}y}{\psi(y,C_1)}+C_2.$$

例 6.3.4　求方程 $yy''-(y')^2=0$ 的通解.

解　所给方程是不显含自变量 x 的二阶微分方程.

设 $y'=p(y)$, 则

$$y''=\frac{\mathrm{d}p}{\mathrm{d}x}=\frac{\mathrm{d}p}{\mathrm{d}y}\frac{\mathrm{d}y}{\mathrm{d}x}=p\frac{\mathrm{d}p}{\mathrm{d}y}.$$

代入原微分方程得

$$yp\frac{\mathrm{d}p}{\mathrm{d}y}-p^2=0,$$

即

$$p\left(y\frac{\mathrm{d}p}{\mathrm{d}y}-p\right)=0 \quad \Leftrightarrow \quad \begin{cases} p=0, \\ y\dfrac{\mathrm{d}p}{\mathrm{d}y}-p=0. \end{cases}$$

由 $p=0$ 及 $y'=p$, 可得方程 $\dfrac{\mathrm{d}y}{\mathrm{d}x}=0$. 从而可得原方程的解为 $y=C$.

求解方程 $y\dfrac{\mathrm{d}p}{\mathrm{d}y}-p=0$ 可得

$$p=C_1y \quad (C_1 \text{ 为任意非零常数}).$$

将 $y'=p$ 代入上式可得方程

$$\frac{\mathrm{d}y}{\mathrm{d}x}=C_1y.$$

求解此方程可得原方程的解为

$$y=C_2\mathrm{e}^{C_1x} \quad (C_1\text{为任意非零常数}, C_2\text{为任意常数}). \tag{6.3.4}$$

显然, 当 $C_1=0$ 时, 式 (6.3.4) 包含 $y=C$. 因此, 所求方程的通解为

$$y=C_2\mathrm{e}^{C_1x} \quad (C_1, C_2\text{为任意常数}).$$ ■

例 6.3.5 求方程 $yy''-(y')^2=y^2\ln y$ 的通解.

解 所给方程是不显含自变量 x 的二阶微分方程. 设 $y'=p(y)$, 则

$$y''=\frac{\mathrm{d}p}{\mathrm{d}x}=\frac{\mathrm{d}p}{\mathrm{d}y}\frac{\mathrm{d}y}{\mathrm{d}x}=p\frac{\mathrm{d}p}{\mathrm{d}y},$$

代入原微分方程可得

$$\frac{\mathrm{d}p}{\mathrm{d}y}-\frac{1}{y}p=(y\ln y)p^{-1}.$$

这是一个 $\alpha=-1$ 的伯努利方程.

设 $u=p^2$, 则 $\dfrac{\mathrm{d}u}{\mathrm{d}y}=2p\dfrac{\mathrm{d}p}{\mathrm{d}y}$, 代入上式, 从而可得方程

$$u'-\frac{2}{y}u=2y\ln y.$$

由一阶线性非齐次微分方程的求解公式 (6.2.18) 可得

$$u=\mathrm{e}^{-\int P(y)\mathrm{d}y}\left(\int Q(y)\mathrm{e}^{\int P(y)\mathrm{d}y}\mathrm{d}y+C_1\right)$$

$$
\begin{aligned}
&= \mathrm{e}^{-\int -\frac{2}{y}\mathrm{d}y}\left(\int 2y\ln y \mathrm{e}^{\int -\frac{2}{y}\mathrm{d}y}\mathrm{d}y + C_1\right) \\
&= y^2(\ln^2 y + C_1),
\end{aligned}
$$

或

$$p = \sqrt{y^2(\ln^2 y + C_1)}.$$

将 $y' = p(y)$ 代入上式可知,

$$y' = \sqrt{y^2(\ln^2 y + C_1)}.$$

利用分离变量法可得原方程的通解为

$$\ln\left(\ln y + \sqrt{\ln^2 y + C_1}\right) = x + C_2 \quad (C_1, C_2\text{是使得式子有意义的任意常数}).$$ ■

习题 6.3

1. 求下列微分方程的通解:
   (1) $y'' = \dfrac{1}{1+x^2}$;　　(2) $y''' = \cos x + \sin x$;
   (3) $y''' = y''$;　　(4) $y'' = y' + x$;
   (5) $2y'' + 5y' = 5x^2 - 2x - 1$;　　(6) $y'' = \dfrac{1}{2y'}$;
   (7) $y'' + \dfrac{2}{1-y}(y')^2 = 0$;　　(8) $y'' - 2(y')^2 = 0$.
2. 求下列微分方程在给定初始条件下的特解:
   (1) $y^3 y'' + 1 = 0, y|_{x=1} = 1, y'|_{x=1} = 0$;
   (2) $y'' - a(y')^2 = 0$(a是常数), $y|_{x=0} = 0, y'|_{x=0} = -1$;
   (3) $y''' = \mathrm{e}^{ax}$(a是常数), $y|_{x=1} = y'|_{x=1} = y''|_{x=1} = 0$;
   (4) $y'' + (y')^2 = 1, y|_{x=0} = y'|_{x=0} = 0$.

6.4　高阶线性微分方程

本节将以二阶线性微分方程为主讨论线性微分方程解的性质与结构, 进而将所得结论推广到更高阶线性微分方程的情形.

6.4.1　高阶线性微分方程举例

例 6.4.1 (弹簧的机械振动)　考虑图 6.4.1 所示的简单减震装置问题. 设一质量为 m 的物体安装在弹簧上, 当物体稳定在位置 O 时, 作用在物体上的重力大小等于弹簧的弹力, 二者方向相反, 这个位置是物体的平衡位置. 若在垂直方向有一随时间周期性变化的外界强迫力 $f_1(t) = H\sin pt$ 作用在物体上, 则物体受外力驱使而上下振动. 试求振动过程中位移与时间的关系所满足的微分方程.

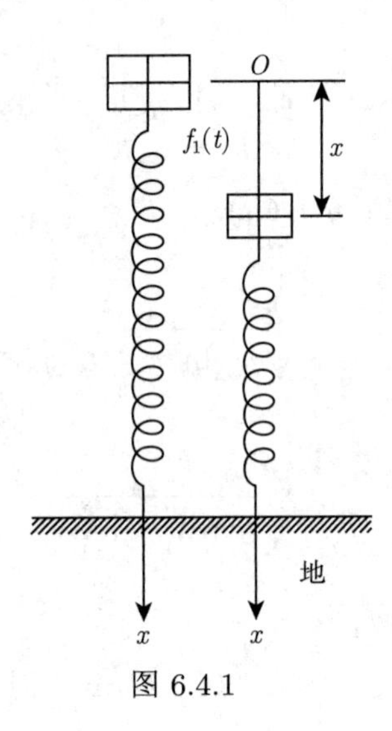

图 6.4.1

解 选取物体的平衡位置为坐标原点, 垂直向下为 x 轴正方向. 设振动初始时刻为 $t=0$, 且 t 时刻物体距离平衡点 O 的距离是 $x(t)$, 可建立 $x(t)$ 所满足的方程.

在振动过程中, 物体受到 3 个力的作用: 外界强迫力 f_1、介质阻力 f_0 和弹簧使物体回到平衡位置的弹性恢复力 f (它不包括在平衡位置时和重力 mg 相平衡的那一部分弹力).

根据胡克定律, 弹性恢复力

$$f=-kx,$$

其中 k 是弹簧的弹性系数, 负号表示弹性恢复力的方向和物体位移的方向相反. 由实验知道振动过程中物体所受的介质阻力 f_0 与运动速度 v 成正比, 即

$$f_0=-\mu v=-\mu\frac{\mathrm{d}x}{\mathrm{d}t},$$

其中 μ 为介质的阻尼系数, 负号表示阻力方向与速度方向相反. 因此, 根据牛顿第二定律可得

$$ma=-kx-\mu\frac{\mathrm{d}x}{\mathrm{d}t}+f_1(t).$$

由于加速度 $a=\dfrac{\mathrm{d}^2x}{\mathrm{d}t^2}$, 则 $x(t)$ 应满足微分方程:

$$m\frac{\mathrm{d}^2x}{\mathrm{d}t^2}+\mu\frac{\mathrm{d}x}{\mathrm{d}t}+kx=H\sin pt.$$

将微分方程改写为

$$\frac{\mathrm{d}^2x}{\mathrm{d}t^2}+2\delta\frac{\mathrm{d}x}{\mathrm{d}t}+\omega^2x=h\sin pt. \tag{6.4.1}$$

其中, $\delta=\dfrac{\mu}{2m},\omega=\sqrt{\dfrac{k}{m}},h=\dfrac{H}{m}$.

由于物体在原点处由静止开始运动, 且运动的初始时刻是 $t=0$, 故此运动还应满足初始条件:

$$x|_{t=0}=0,\quad v|_{t=0}=\frac{\mathrm{d}x}{\mathrm{d}t}|_{t=0}=0. \tag{6.4.2}$$

于是, 振动过程中位移随时间的变化规律应满足微分方程 (6.4.1) 及初始条件 (6.4.2). 显然式 (6.4.1) 是一个二阶线性微分方程. ■

例 6.4.2 (L-C-R 电路中的电压变化规律)　图 6.4.2 所示是一个 L-C-R 电路, 其中 R 为电阻, L 为电感, C 为电容. 设电容器已经充电且它的两极板间电压为 E. 当开关 K 闭合后, 电容器放电且此时电路中有电流 i 通过并产生电磁振荡. 求电容器两极板间的电压 u_C 的变化规律所满足的微分方程.

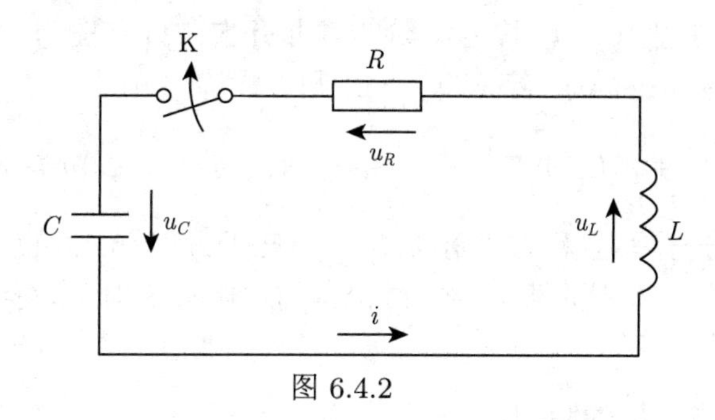

图 6.4.2

解　根据回路电压定律可知, 电容、电感、电阻上的电压 u_C,u_L,u_R 应满足如下关系:

$$u_L+u_R+u_C=0. \tag{6.4.3}$$

由于 $i=C\dfrac{\mathrm{d}u_C}{\mathrm{d}t}$, 故

$$u_R=Ri=RC\frac{\mathrm{d}u_C}{\mathrm{d}t},\quad u_L=L\frac{\mathrm{d}i}{\mathrm{d}t}=LC\frac{\mathrm{d}^2u_C}{\mathrm{d}t^2}.$$

将上面的两个式子代入式 (6.4.3) 可得

$$LC\frac{\mathrm{d}^2u_C}{\mathrm{d}t^2}+RC\frac{\mathrm{d}u_C}{\mathrm{d}t}+u_C=0,$$

或

$$\frac{\mathrm{d}^2u_C}{\mathrm{d}t^2}+\frac{R}{L}\frac{\mathrm{d}u_C}{\mathrm{d}t}+\frac{1}{LC}u_C=0, \tag{6.4.4}$$

这是一个二阶线性微分方程.

设开关闭合时刻 $t=0$, 根据所给条件, u_C 还应满足如下初始条件:

$$u_C|_{t=0}=E,\quad \frac{\mathrm{d}u_C}{\mathrm{d}t}|_{t=0}=\frac{1}{C}i|_{t=0}=0. \tag{6.4.5}$$

于是, 电容器两极板间的电压 u_C 随时间的变化规律应满足微分方程 (6.4.4) 及初始条件 (6.4.5). 显然式 (6.4.4) 是一个二阶线性微分方程. ■

6.4.2 线性微分方程解的结构

定义 6.4.1 (n 阶线性微分方程) 形如

$$y^{(n)}+p_1(x)y^{(n-1)}+\cdots+p_{n-1}(x)y'+p_n(x)y=F(x) \tag{6.4.6}$$

的微分方程称为**n 阶线性微分方程** (linear differential equation of order n), 其中 $p_1(x),\cdots,$ $p_{n-1}(x),p_n(x)$ 和 $F(x)$ 都是自变量 x 的函数. 当 $p_k(x)(k=1,2,\cdots,n)$ 都是常数时, 又称方程 (6.4.6) 为**n 阶常系数线性微分方程** (linear differential equation of order n with constant coefficients).

若 $F(x)\neq 0$, 则方程 (6.4.6) 称为**n 阶线性非齐次微分方程** (linear nonhomogeneous differential equation of order n). 若 $F(x)=0$, 则方程 (6.4.6) 为

$$y^{(n)}+p_1(x)y^{(n-1)}+\cdots+p_{n-1}(x)y'+p_n(x)y=0, \tag{6.4.7}$$

称为**n 阶线性齐次微分方程**, 且称方程 (6.4.7) 为对应于方程 (6.4.6)($F(x)\neq 0$) 的齐次方程.

本节以二阶线性微分方程的情形为主讨论解的性质与结构, 所得结论可推广到 n 阶线性微分方程的情形.

1. 线性齐次微分方程解的结构

设有二阶线性齐次微分方程

$$y''+p_1(x)y'+p_2(x)y=0. \tag{6.4.8}$$

定理 6.4.1 (线性齐次微分方程解的叠加原理) 若函数 $y_1(x)$ 与 $y_2(x)$ 是线性齐次方程 (6.4.8) 的两个解, 则

$$y(x)=c_1y_1(x)+c_2y_2(x)$$

也是方程 (6.4.8) 的解, 其中 c_1,c_2 为任意常数.

证明 将函数 $y=c_1y_1(x)+c_2y_2(x)$ 代入方程 (6.4.8), 则有

$$\begin{aligned}&[c_1y_1+c_2y_2]''+p_1(x)[c_1y_1+c_2y_2]'+p_2(x)[c_1y_1+c_2y_2]\\=&[c_1y_1''+c_2y_2'']+p_1(x)[c_1y_1'+c_2y_2']+p_2(x)[c_1y_1+c_2y_2]\\=&c_1[y_1''+p_1(x)y_1'+p_2(x)y_1]+c_2[y_2''+p_1(x)y_2'+p_2(x)y_2]\\=&c_1\times 0+c_2\times 0=0,\end{aligned}$$

故定理的结论成立. ■

众所周知, 二阶微分方程的通解恰好包含两个任意常数. 如果找到方程 (6.4.8) 的两个解 $y_1(x)$ 和 $y_2(x)$, 那么它们的线性组合 $c_1y_1(x)+c_2y_2(x)$ 是否一定是方程 (6.4.8) 的通解? 答案是否定的, 因为 $y_1(x)$ 与 $y_2(x)$ 可能是线性相关的. 例如, 假设 $y_2(x)=3y_1(x)$, 则

$$y=c_1y_1(x)+c_2y_2(x)=(c_1+3c_2)y_1(x).$$

可以看到两个任意常数可以写成一个任意常数 $c=c_1+3c_2$, 因此它不是微分方程的通解.

定义 6.4.2 (函数的线性相关性)　设 $f_i(x)(i=1,2,\cdots,n)$ 是定义在区间 I 上的 n 个函数. 若存在 n 个不全为零的常数 $c_1,c_2,\cdots,c_n$, 使得

$$c_1f_1(x)+c_2f_2(x)+\cdots+c_nf_n(x)=0$$

对所有的 $x\in I$ 都成立, 则称此 n 个函数 $f_i(x)(i=1,2,\cdots,n)$ 在区间 I 上**线性相关** (linear dependece), 否则称它们在区间 I 上**线性无关** (linear independece).

例 6.4.3　证明函数 e^x 与 $2\mathrm{e}^x$ 在区间 $I=(-\infty,\infty)$ 上线性相关.

证明　取 $c_1=-2$, $c_2=1$, 则恒等式

$$-2\times\mathrm{e}^x+1\times2\mathrm{e}^x=0$$

对所有的 $x\in(-\infty,\infty)$ 成立. 因此, e^x 与 $2\mathrm{e}^x$ 在区间 I 上线性相关. ■

例 6.4.4　证明函数 $\cos2x$ 与 $\sin2x$ 在区间 $I=(-\infty,\infty)$ 上线性无关.

证明　假设存在常数 c_1, c_2 使得

$$c_1\sin2x+c_2\cos2x=0$$

对所有的 $x\in I$ 成立. 取 $x=\dfrac{\pi}{4}$ 及 $x=0$, 可得

$$\begin{cases}c_1\times1+c_2\times0=0,\\c_1\times0+c_2\times1=0,\end{cases}$$

从而

$$c_1=c_2=0.$$

故函数 $\cos2x$ 与 $\sin2x$ 在区间 $I=(-\infty,\infty)$ 上线性无关. ■

例 6.4.5　证明函数组 $1,x,x^2,\cdots,x^{n-1}$ 在任何区间 I 上线性无关.

证明　假设它们线性相关, 则必存在 n 个不全为零的常数 $c_i(i=0,1,2,\cdots,n-1)$, 使得

$$c_0+c_1x+c_2x^2+\cdots+c_{n-1}x^{n-1}=0 \tag{6.4.9}$$

对所有的 $x\in I$ 成立. 由于式 (6.4.9) 是关于 x 的 $n-1$ 次代数方程, 由代数学的基本定理可知, 它最多有 $n-1$ 个实根, 换句话说, 至多只有 I 中的 $n-1$ 个点使得式 (6.4.9) 成立. 这一矛盾说明要使式 (6.4.9) 在区间 I 上成立, 只能是所有的 $c_i(i=0,1,\cdots,n-1)$ 均为零. 因此, 所给函数组在任何区间 I 上都线性无关. ■

对于区间 I 上的两个函数 $f_1(x)$, $f_2(x)$, 假设在 I 上有 $f_1(x)\neq0$, 则 $f_1(x)$ 与 $f_2(x)$ 线性相关当且仅当存在一个常数 c, 使得

$$\frac{f_2(x)}{f_1(x)}=c,\quad 对任意x\in I.$$

例如, 函数 e^{2x} 与 e^{3x} 在任何区间上均线性无关, 因为

$$\frac{\mathrm{e}^{2x}}{\mathrm{e}^{3x}}=\mathrm{e}^{-x}\neq c.$$

定理 6.4.2 (二阶线性齐次微分方程通解的结构) 若 $y_1(x)$ 与 $y_2(x)$ 是方程 (6.4.8) 的两个线性无关的特解, 那么方程 (6.4.8) 的通解为

$$y = c_1 y_1(x) + c_2 y_2(x), \tag{6.4.10}$$

其中 c_1, c_2 为任意常数. 此外, 方程 (6.4.8) 的每一个解都可以用式 (6.4.10) 表示.

定理 6.4.2 中的第一个结论可由定理 6.4.1 与定义 6.4.2 得出 (第二个结论的证明超出本书的讨论范围, 略去). 这一定理可推广到 n 阶线性齐次微分方程的情形.

定理 6.4.3 (n 阶线性齐次微分方程通解的结构) 若 $y_1(x), y_2(x), \cdots, y_n(x)$ 是方程

$$y^{(n)} + p_1(x)y^{(n-1)} + \cdots + p_{n-1}(x)y' + p_n(x)y = 0$$

的 n 个线性无关的特解, 则此方程的通解为

$$y = c_1 y_1(x) + c_2 y_2(x) + \cdots + c_n y_n(x), \tag{6.4.11}$$

其中 $c_1, c_2, \cdots, c_n$ 是 n 个任意常数. 此外, 方程的每一个解都可以用式 (6.4.11) 表示.

2. 线性非齐次微分方程解的结构

下面以二阶线性非齐次微分方程为例研究其解的结构, n 阶线性非齐次微分方程的解也具有类似的结构.

设有二阶非齐次线性微分方程

$$y'' + p_1(x)y' + p_2(x)y = F(x), \quad F(x) \neq 0. \tag{6.4.12}$$

定理 6.4.4 (二阶线性非齐次方程通解的结构) 若函数 $y^*(x)$ 是二阶线性非齐次方程 (6.4.12) 的一个特解, 函数 $Y(x) = c_1 y_1(x) + c_2 y_2(x)$ 是方程 (6.4.12) 所对应线性齐次方程 $y'' + p_1(x)y' + p_2(x)y = 0$ 的通解, 则

$$y(x) = Y(x) + y^*(x) \tag{6.4.13}$$

是二阶线性非齐次微分方程 (6.4.12) 的通解.

证明 将式 (6.4.13) 代入式 (6.4.12) 可得

$$\begin{aligned}
&(Y + y^*)'' + p_1(Y + y^*)' + p_2(Y + y^*) \\
&= [Y'' + (y^*)''] + p_1[Y' + (y^*)'] + p_2[Y + y^*] \\
&= (Y'' + p_1 Y' + p_2 Y) + [(y^*)'' + p_1(y^*)' + p_2 y^*] \\
&= 0 + F = F,
\end{aligned}$$

因此 $y(x) = Y(x) + y^*(x)$ 是方程 (6.4.12) 的通解.

下面证明方程 (6.4.12) 的任意解 $\widehat{y}(x)$ 均可用式 (6.4.13) 表示. 也就是说, $\widehat{y}(x)$ 可由表达式 (6.4.13) 得到. 事实上, 由于

$$(\widehat{y} - y^*)'' + p_1(\widehat{y} - y^*)' + p_2(\widehat{y} - y^*)$$

$$
\begin{aligned}
&= [\widehat{y}'' - (y^*)''] + p_1[\widehat{y}' - (y^*)'] + p_2[\widehat{y} - y^*] \\
&= (\widehat{y}'' + p_1\widehat{y}' + p_2\widehat{y}) - [(y^*)'' + p_1(y^*)' + p_2y^*] \\
&= F - F = 0,
\end{aligned}
$$

可知 $\widehat{y}(x) - y^*(x)$ 是方程 (6.4.12) 所对应线性齐次方程 $y'' + p_1(x)y' + p_2(x)y = 0$ 的一个解, 并可由

$$\widehat{y}(x) - y^*(x) = c_1y_1(x) + c_2y_2(x)$$

选取适当常数 c_1 与 c_2 得到. 从而

$$\widehat{y}(x) = c_1y_1(x) + c_2y_2(x) + y^*(x),$$

其中 c_1, c_2 是适当的常数. ■

定理 6.4.5 (二阶线性非齐次微分方程特解的叠加原理) 若 $y_1(x)$ 与 $y_2(x)$ 分别是二阶线性非齐次微分方程

$$y'' + p_1(x)y' + p_2(x)y = F_1(x)$$

与

$$y'' + p_1(x)y' + p_2(x)y = F_2(x)$$

的特解, 则 $y_1(x) + y_2(x)$ 是下列二阶线性非齐次微分方程

$$y'' + p_1(x)y' + p_2(x)y = F_1(x) + F_2(x) \tag{6.4.14}$$

的特解.

证明 将 $y_1(x) + y_2(x)$ 代入方程 (6.4.14) 可得

$$
\begin{aligned}
&(y_1 + y_2)'' + p_1(x)(y_1 + y_2)' + p_2(x)(y_1 + y_2) \\
= &(y_1'' + y_2'') + p_1(x)(y_1' + y_2') + p_2(x)(y_1 + y_2) \\
= &[y_1'' + p_1(x)y_1' + p_2(x)y_1] + [y_2'' + p_1(x)y_2' + p_2(x)y_2] \\
= &F_1(x) + F_2(x).
\end{aligned}
$$

■

推论 6.4.1 若 $y_1(x)$ 与 $y_2(x)$ 分别是二阶线性非齐次微分方程 $y''+p_1(x)y'+p_2(x)y = F(x)$ 和其对应的线性齐次微分方程 $y'' + p_1(x)y' + p_2(x)y = 0$ 的特解, 那么 $y_1(x) + y_2(x)$ 仍然是二阶线性非齐次微分方程 $y'' + p_1(x)y' + p_2(x)y = F(x)$ 的一个特解.

推论 6.4.2 若 $y_1(x)$ 与 $y_2(x)$ 分别是二阶线性非齐次微分方程 $y''+p_1(x)y'+p_2(x)y = F(x)$ 的两个特解, 那么 $y_1(x) - y_2(x)$ 是对应的二阶线性齐次微分方程 $y'' + p_1(x)y' + p_2(x)y = 0$ 的一个特解.

例 6.4.6 设 $\overline{y} = \dfrac{1}{2}\mathrm{e}^x$ 是二阶线性非齐次微分方程 $y'' + p_1(x)y' + p_2(x)y = F(x)$ 的特解, 且 $y_1 = \cos x, y_2 = \sin x$ 是其对应的二阶线性齐次微分方程的两个解. 求此二阶线性非齐次微分方程的通解.

解 显然 $\cos x$ 与 $\sin x$ 线性无关, 因此原方程对应的二阶线性齐次微分方程的通解为

$$Y = c_1\cos x + c_2\sin x.$$

由于 $\overline{y} = \dfrac{1}{2}\mathrm{e}^x$ 是原二阶线性非齐次微分方程的特解, 故由线性非齐次微分方程解的结构可知所求二阶线性非齐次微分方程的通解为

$$y = Y + \overline{y} = c_1\cos x + c_2\sin x + \frac{1}{2}\mathrm{e}^x. \qquad ■$$

例 6.4.7 已知二阶线性非齐次微分方程 $y'' + p_1(x)y' + p_2(x)y = F(x)$ 有 3 个解 $y_1 = x$, $y_2 = \mathrm{e}^x$, $y_3 = \mathrm{e}^{2x}$, 求此方程满足初始条件 $y(0) = 1, y'(0) = 3$ 的特解.

解 由于 y_1, y_2, y_3 是方程 $y'' + p_1(x)y' + p_2(x)y = F(x)$ 的 3 个解, 由推论 6.4.2 知 $y_2 - y_1$ 与 $y_3 - y_1$ 是其对应的线性齐次微分方程 $y'' + p_1(x)y' + p_2(x)y = 0$ 的两个解.

又由题中条件知

$$\frac{y_2 - y_1}{y_3 - y_1} = \frac{\mathrm{e}^x - x}{\mathrm{e}^{2x} - x} \neq \text{常数},$$

所以 $y_2 - y_1$ 与 $y_3 - y_1$ 线性无关. 从而原方程对应的二阶线性齐次微分方程的通解为

$$Y = c_1(\mathrm{e}^x - x) + c_2(\mathrm{e}^{2x} - x).$$

由线性非齐次微分方程解的结构可知原方程的通解为

$$y = Y + y_1 = c_1(\mathrm{e}^x - x) + c_2(\mathrm{e}^{2x} - x) + x.$$

再利用初始条件 $y(0) = 1, y'(0) = 3$, 得 $c_1 = -1, c_2 = 2$, 故所求二阶线性非齐次微分方程的特解为

$$y = -(\mathrm{e}^x - x) + 2(\mathrm{e}^{2x} - x) + x = 2\mathrm{e}^{2x} - \mathrm{e}^x. \qquad ■$$

注 例 6.4.7 中的通解还可取为

$$y = Y + y_2 = c_1(\mathrm{e}^x - x) + c_2(\mathrm{e}^{2x} - x) + \mathrm{e}^x$$

或

$$y = Y + y_3 = c_1(\mathrm{e}^x - x) + c_2(\mathrm{e}^{2x} - x) + \mathrm{e}^{2x}.$$

习题 6.4

1. 下列函数组哪些是线性相关的? 哪些是线性无关的? 并给出简要说明.

(1) x, x^2;　　(2) $x, 3x$;

(3) $\mathrm{e}^{-x}, \mathrm{e}^x$;　　(4) $\mathrm{e}^{3x}, 6^{3x}$;

(5) $\mathrm{e}^x\cos 2x, \mathrm{e}^x\sin 2x$;　　(6) $\sin 2x, \cos x\sin x$;

(7) $\mathrm{e}^{x^2}, 2x\mathrm{e}^{x^2}$;　　(8) $\ln x, x\ln x$.

2. 设 $x=\varphi(t)$ 具有 n 阶连续导数, 且 $\varphi'(t)\neq 0$. 请证明在自变量变换 $x=\varphi(t)$ 下, n 阶线性微分方程仍是 n 阶线性微分方程, 并且线性齐次微分方程仍为线性齐次微分方程.
3. 设 $\mathrm{e}^x, x^2\mathrm{e}^x$ 是某二阶线性齐次微分方程的两个特解. 证明它们线性无关, 并求出该微分方程的通解.
4. 证明 $y_1=x$ 与 $y_2=\sin x$ 是微分方程 $(y')^2-yy''=1$ 的两个线性无关的解, 并说明 $y=c_1x+c_2\sin x$ 是不是该方程的通解.
5. 设 y_1, y_2 线性无关. 证明若 $A_1B_2-A_2B_1\neq 0$, 则 $A_1y_1+A_2y_2$ 与 $B_1y_1+B_2y_2$ 线性无关.
6. 设 $y_1=1+x+x^3, y_2=2-x-x^3$ 是某二阶线性非齐次微分方程的两个特解, 且 $y_1^*=x$ 是对应线性齐次微分方程的一个特解. 求此二阶线性非齐次微分方程满足初始条件 $y|_{x=0}=5$ 与 $y'|_{x=0}=-2$ 的特解.
7. 设 $y_1=x, y_2=x+\mathrm{e}^x, y_3=1+x+\mathrm{e}^x$ 都是微分方程 $y''+a_1(x)y'+a_2(x)y=Q(x)$ 的解. 求此微分方程的通解.

6.5 常系数线性微分方程

本节将介绍二阶常系数线性齐次微分方程的解法.

6.5.1 常系数线性齐次微分方程

n 阶常系数线性齐次微分方程的一般形式为

$$y^{(n)}+p_1y^{(n-1)}+p_2y^{(n-2)}+\cdots+p_{n-1}y'+p_ny=0, \tag{6.5.1}$$

其中 $p_1,p_2,\cdots,p_n$ 均为实常数.

本节将介绍求解微分方程 (6.5.1) 的方法. 为简捷起见, 这里仅讨论二阶微分方程, 此方法可推广至 n 阶微分方程.

二阶常系数线性齐次方程的一般形式为

$$y''+py'+qy=0, \tag{6.5.2}$$

其中 p 与 q 都是实常数.

一阶常系数线性齐次微分方程 $y'+ay=0$ 的通解是

$$y=C\mathrm{e}^{-ax}.$$

这启发我们对方程 (6.5.2) 试求指数函数形式的解

$$y=\mathrm{e}^{\lambda x},$$

其中 λ 为某一待定常数, 可以是实的, 也可以是复的.

设 $y=\mathrm{e}^{\lambda x}$, 则

$$y'=\lambda\mathrm{e}^{\lambda x},\quad y''=\lambda^2\mathrm{e}^{\lambda x}.$$

将上式代入方程 (6.5.2) 可得

$$e^{\lambda x}(\lambda^2+p\lambda+q)=0.$$

由于 $e^{\lambda x}\neq 0$, 故有

$$\lambda^2+p\lambda+q=0. \tag{6.5.3}$$

代数方程 (6.5.3) 称为线性齐次微分方程 (6.5.2) 的**特征方程** (characteristic equation), 它的根称为**特征值** (eigenvalue) 或**特征根** (characteristic root).

显然, 二次代数方程 (6.5.3) 的每一个根 λ 就对应微分方程 (6.5.2) 的一个解 $e^{\lambda x}$. 由于特征方程 (6.5.3) 是一元二次方程, 它一定有两个根, 这两个根有可能是两个单重实根, 有可能是一个二重实根, 也有可能是两个单重复根.

利用求根公式求出它的两个特征根 λ_1 和 λ_2:

$$\lambda_{1,2}=\frac{-p\pm\sqrt{p^2-4q}}{2}.$$

根据 p,q 的不同取值, 我们得到下列 3 种可能的情形.

当 $p^2-4q>0$ 时, λ_1 和 λ_2 是两个不相等的实根: $\lambda_1=\dfrac{-p+\sqrt{p^2-4q}}{2}$, $\lambda_2=\dfrac{-p-\sqrt{p^2-4q}}{2}$.

当 $p^2-4q=0$ 时, λ_1 和 λ_2 是两个相等的实根: $\lambda_1=\lambda_2=-\dfrac{p}{2}$.

当 $p^2-4q<0$ 时, λ_1 和 λ_2 是一对共轭复根 $\lambda_{1,2}=\alpha\pm i\beta$, 其中 $\alpha=-\dfrac{p}{2},\beta=\dfrac{\sqrt{4q-p^2}}{2}$.

下面我们根据特征根的不同情况分别讨论方程 (6.5.2) 的通解.

(1) λ_1, λ_2 **是两个不相等的实根**

由上面的讨论易知

$$y_1=e^{\lambda_1 x},\quad y_2=e^{\lambda_2 x}$$

是微分方程的两个解.

另外, 由于

$$\frac{e^{\lambda_1 x}}{e^{\lambda_2 x}}=e^{(\lambda_1-\lambda_2)x}\neq \text{常数},$$

从而这两个解是线性无关的. 因此根据二阶线性齐次微分方程通解的结构, 方程 (6.5.2) 的通解为

$$y=c_1e^{\lambda_1 x}+c_2e^{\lambda_2 x},$$

其中 c_1, c_2 是任意常数.

(2) λ_1,λ_2 **是两个相等的实根 (记 $\lambda_1=\lambda_2=\lambda$)**

此时, 只能得到方程 (6.5.2) 的一个特解 $y_1=e^{\lambda x}$, 还需找出另一个与 y_1 线性无关的特解 y_2. 由于 y_1 与 y_2 线性无关, 则 y_2 与 y_1 的比值不是常数, 且是 x 的函数, 设比值为 $h(x)$, 即

$$\frac{y_2}{y_1}=h(x)\quad\text{或}\quad y_2=h(x)y_1(x). \tag{6.5.4}$$

下面来求 $h(x)$.

由式 (6.5.4) 知 $y_2=h(x)y_1(x)$, 即 $y_2=h(x)\mathrm{e}^{\lambda x}$, 从而

$$y_2'=h'\mathrm{e}^{\lambda x}+h\lambda\mathrm{e}^{\lambda x},\quad y_2''=h''\mathrm{e}^{\lambda x}+2h'\lambda\mathrm{e}^{\lambda x}+h\lambda^2\mathrm{e}^{\lambda x}.$$

因 y_2 是方程 (6.5.2) 的解, 故将 y_2 代入方程 (6.5.2) 后整理可得

$$\mathrm{e}^{\lambda x}[(\lambda^2+p\lambda+q)h+(2\lambda+p)h'+h'']=0.$$

由于 λ 是二重特征根, 故 $\lambda^2+p\lambda+q=0$ 且 $2\lambda+p=0$, 从而将上式消去 $\mathrm{e}^{\lambda x}$ 可得

$$h''=0,$$

解得

$$h=c_0x+c_1.$$

因为这里只需要得到一个与 y_1 线性无关的解, 所以不妨取 $h=x$ 并将其代入式 (6.5.4), 由此得方程 (6.5.2) 的另一个与 y_1 线性无关的特解, 为

$$y_2=x\mathrm{e}^{\lambda x}.$$

从而, 二阶线性齐次微分方程 (6.5.2) 的通解为

$$y=c_1y_1+c_2y_2=(c_1+c_2x)\mathrm{e}^{\lambda x},$$

其中 c_1, c_2 是任意常数.

(3) $\lambda_{1,2}=\alpha\pm\mathrm{i}\beta(\beta\neq 0)$ **是一对共轭复根**

此时, 二阶线性齐次微分方程 (6.5.2) 有两个线性无关的特解:

$$y_1=\mathrm{e}^{(\alpha+\mathrm{i}\beta)x}\quad 与\quad y_2=\mathrm{e}^{(\alpha-\mathrm{i}\beta)x}.$$

但由于这两个解是复数形式, 而我们所讨论的微分方程是实数形式, 故我们往往需要求出实数形式的解. 为了得到实数形式的解, 可利用欧拉公式 $\mathrm{e}^{\mathrm{i}\theta}=\cos\theta+\mathrm{i}\sin\theta$ 将这些解改写为

$$y_1=\mathrm{e}^{\alpha x}(\cos\beta x+\mathrm{i}\sin\beta x),\quad y_2=\mathrm{e}^{\alpha x}(\cos\beta x-\mathrm{i}\sin\beta x).$$

根据二阶线性齐次微分方程解的叠加原理可知

$$\bar{y}_1=\frac{1}{2}(y_1+y_2)=\mathrm{e}^{\alpha x}\cos\beta x$$

与

$$\bar{y}_2=\frac{1}{2\mathrm{i}}(y_1-y_2)=\mathrm{e}^{\alpha x}\sin\beta x$$

都仍是方程 (6.5.2) 的解, 它们显然是线性无关的. 因此方程 (6.5.2) 的通解为

$$y=c_1\bar{y}_1+c_2\bar{y}_2=c_1\mathrm{e}^{\alpha x}\cos\beta x+c_2\mathrm{e}^{\alpha x}\sin\beta x=(c_1\cos\beta x+c_2\sin\beta x)\mathrm{e}^{\alpha x},$$

其中 c_1, c_2 是两个任意常数.

综上所述, 求二阶常系数线性齐次微分方程

$$y'' + py' + qy = 0$$

通解的步骤如下.

第一步: 写出微分方程的特征方程

$$\lambda^2 + p\lambda + q = 0.$$

第二步: 求出特征方程的两个特征根 λ_1, λ_2.

第三步: 根据两个特征根的不同情形, 按照表 6.5.1 写出微分方程的通解.

表 6.5.1

特征根 λ_1, λ_2	微分方程 $y'' + py' + qy = 0$ 的通解
λ_1, λ_2 是两个不相等的实根	$y = c_1 e^{\lambda_1 x} + c_2 e^{\lambda_2 x}$
λ_1, λ_2 是两个相等的实根 (记 $\lambda_1 = \lambda_2 = \lambda$)	$y = (c_1 + c_2 x) e^{\lambda x}$
$\lambda_{1,2} = \alpha \pm \mathrm{i}\beta (\beta \neq 0)$ 是一对共轭复根	$y = e^{\alpha x}(c_1 \cos \beta x + c_2 \sin \beta x)$

例 6.5.1 求微分方程 $y'' + 7y' + 12y = 0$ 的通解.

解 所给方程的特征方程为

$$\lambda^2 + 7\lambda + 12 = 0,$$

其特征根为

$$\lambda_1 = -3, \quad \lambda_2 = -4.$$

因此, 原微分方程的通解为

$$y = c_1 e^{-3x} + c_2 e^{-4x},$$

其中 c_1, c_2 是两个任意常数. ■

例 6.5.2 求微分方程 $y'' - y = 0$ 的通解.

解 所给方程的特征方程为

$$\lambda^2 - 1 = 0,$$

其特征根为

$$\lambda_{1,2} = \pm 1.$$

因此, 原微分方程的通解为

$$y = c_1 e^{x} + c_2 e^{-x},$$

其中 c_1, c_2 是两个任意常数. ■

例 6.5.3 求微分方程 $y'' + 2y' + 5y = 0$ 的通解.

解　所给方程的特征方程为

$$\lambda^2+2\lambda+5=0,$$

且其特征根为

$$\lambda_1=-1+2\mathrm{i},\quad \lambda_2=-1-2\mathrm{i}.$$

因此, 原微分方程的通解为

$$y=\mathrm{e}^{-x}(c_1\cos 2x+c_2\sin 2x),$$

其中 c_1, c_2 是两个任意常数. ■

例 6.5.4　求微分方程 $y''-12y'+36y=0$ 的通解以及满足初始条件 $y(0)=1, y'(0)=0$ 的特解.

解　所给方程的特征方程为

$$\lambda^2-12\lambda+36=0,$$

且其特征值为

$$\lambda_1=\lambda_2=6.$$

因此, 原微分方程的通解为

$$y=(c_1+c_2x)\mathrm{e}^{6x},$$

其中 c_1, c_2 是两个任意常数.

代入初始条件 $y(0)=1, y'(0)=0$ 可得

$$\begin{cases} c_1=1, \\ 6c_1+c_2=0, \end{cases} \Rightarrow c_1=1,\quad c_2=-6.$$

因此, 所求微分方程满足初始条件的特解为

$$y=(1-6x)\mathrm{e}^{6x}.$$ ■

上述关于二阶常系数线性齐次微分方程求通解的方法可推广到 n 阶常系数线性齐次微分方程的情形. 这里不再进行详细讨论, 只简单地叙述如下.

设 n 阶常系数线性齐次微分方程为

$$y^{(n)}+p_1y^{(n-1)}+p_2y^{(n-2)}+\cdots+p_{n-1}y'+p_ny=0,$$

其中 $p_1,p_2,\cdots,p_n$ 均为实常数. 称

$$\lambda^n+p_1\lambda^{n-1}+p_2\lambda^{n-2}+\cdots+p_{n-1}\lambda+p_n=0$$

为 n 阶常系数线性齐次微分方程的特征方程. 根据特征方程根的不同情况写出其对应微分方程的特解如下:

① 若 λ 是一个**单重实特征根**, 则其对应一个特解: $e^{\lambda x}$;

② 若 $\lambda_{1,2}=\alpha\pm i\beta$ 是一对**共轭单重复特征根**, 则其对应两个线性无关的特解:

$$e^{\alpha x}\cos\beta x,\quad e^{\alpha x}\sin\beta x;$$

③ 若 λ 是 $k(k\geqslant 2)$ **重实特征根**, 则其对应 k 个线性无关的特解:

$$e^{\lambda x}, xe^{\lambda x}, x^2e^{\lambda x},\cdots,x^{k-1}e^{\lambda x};$$

④ 若 $\lambda_{1,2}=\alpha\pm i\beta$ 是 $k(k\geqslant 2)$ **重共轭复特征根**, 则其对应 $2k$ 个线性无关的特解:

$$e^{\alpha x}\cos\beta x, e^{\alpha x}\sin\beta x, xe^{\alpha x}\cos\beta x, xe^{\alpha x}\sin\beta x,\cdots,x^{k-1}e^{\alpha x}\cos\beta x, x^{k-1}e^{\alpha x}\sin\beta x.$$

从代数学知道, n 次代数方程有 n 个根 (重根按重数计算). 而特征方程的每一个根都对应着通解中的一项, 这样就得到 n 阶常系数线性齐次微分方程的通解

$$y=c_1y_1+c_2y_2+\cdots+c_ny_n.$$

例 6.5.5 求微分方程 $y^{(4)}-2y'''-3y''+8y'-4y=0$ 的通解.

解 所给微分方程的特征方程为

$$\lambda^4-2\lambda^3-3\lambda^2+8\lambda-4=0,$$

其特征根为

$$\lambda_1=2,\quad \lambda_2=-2,\quad \lambda_3=1,\quad \lambda_4=1.$$

由上面的讨论知 λ_1 对应的特解为 e^{2x}, λ_2 对应的特解为 e^{-2x}, $\lambda_3=\lambda_4=1$ 对应的两个特解为 e^x 与 xe^x. 可以证明函数 $e^{2x}, e^{-2x}, e^x, xe^x$ 线性无关 (证明留给读者来完成). 故所给微分方程的通解为

$$y=c_1e^{2x}+c_2e^{-2x}+c_3e^x+c_4xe^x,$$

其中 c_1, c_2, c_3, c_4 是 4 个任意常数. ■

例 6.5.6 求微分方程 $y^{(4)}-4y'''+10y''-12y'+5y=0$ 的通解.

解 所给方程的特征方程为

$$\lambda^4-4\lambda^3+10\lambda^2-12\lambda+5=0,$$

其特征根为

$$\lambda_1=\lambda_2=1,\quad \lambda_3=1+2i,\quad \lambda_4=1-2i.$$

故特征值所对应的线性无关的特解为

$$e^x, xe^x, e^x\cos 2x, e^x\sin 2x.$$

从而所给微分方程的通解为

$$y=c_1e^x+c_2xe^x+c_3e^x\cos 2x+c_4e^x\sin 2x=(c_1+c_2x+c_3\cos 2x+c_4\sin 2x)e^x,$$

其中 c_1, c_2, c_3, c_4 是 4 个任意常数. ■

例 6.5.7 已知某 4 阶常系数线性齐次微分方程的两个特解为 $y_1 = xe^x$ 和 $y_2 = \sin x$, 求此微分方程.

解 由齐次线性微分方程解的结构及 $y_1 = xe^x$ 为方程的解可知, $\lambda = 1$ 至少是特征方程的一个二重特征根. 由 $y_2 = \sin x$ 是方程的解可知, $\lambda = \mathrm{i}, \lambda = -\mathrm{i}$ 至少是特征方程的一对共轭复根. 而 4 阶常系数线性齐次微分方程的特征方程在复数范围内只有 4 个根, 故特征方程为

$$(\lambda - 1)^2(\lambda - \mathrm{i})(\lambda + \mathrm{i}) = 0,$$

即

$$\lambda^4 - 2\lambda^3 + 2\lambda^2 - 2\lambda + 1 = 0.$$

由此, 所求的 4 阶常系数线性齐次微分方程为

$$y^{(4)} - 2y''' + 2y'' - 2y' + y = 0.$$

■

6.5.2 常系数线性非齐次方程

本节着重讨论二阶常系数线性非齐次微分方程的解法, 并对 n 阶常系数线性非齐次微分方程的解法作必要的说明.

二阶常系数线性非齐次微分方程的一般形式为

$$y'' + py' + qy = F(x). \tag{6.5.5}$$

根据线性非齐次微分方程通解的结构可知, 方程 (6.5.5) 的通解为 $y = Y(x) + y^*(x)$, 其中 Y 是其对应的齐次微分方程 $y'' + py' + qy = 0$ 的通解, y^* 是非齐次微分方程 (6.5.5) 的一个特解. 在 6.5.1 节中, 我们介绍了求解二阶常系数线性齐次微分方程通解的方法, 所以下面我们着重讨论如何求二阶常系数线性非齐次微分方程的特解 y^*. 所用的方法是待定系数法.

待定系数法要求我们首先对特定解 y^* 的形式进行初始假设, 但系数未指定. 然后将 y^* 的表达式代入方程 (6.5.5), 并确定系数以满足该方程的条件. 如果能确定系数, 就说明我们找到了微分方程 (6.5.5) 的一个特解 y^*; 如果不能确定系数, 就意味着原方程没有假设形式的解, 在这种情况下我们可以先修改最初的假设, 再重试.

待定系数法的主要优点是, 一旦假设了 y^* 的形式, 就可以直接将其代入方程进行计算. 它的主要局限性在于, 需要我们很容易地写出非齐次方程的特解的正确形式, 因此这种方法通常只适用于非齐次项为某些特殊函数的情况.

下面我们针对方程 (6.5.5) 中非齐次项 $F(x)$ 的几种常见的特殊类型进行讨论, 介绍求其特解的待定系数法.

1. $F(x) = P_m(x)e^{\mu x}$ **型**

首先, 我们考虑非齐次项为 $F(x) = P_m(x)e^{\mu x}$, 其中 μ 是常数, 且 $P_m(x)$ 是一个 $m(m \geqslant 0)$ 次多项式, 即

$$P_m(x) = a_m x^m + a_{m-1}x^{m-1} + \cdots + a_1 x + a_0.$$

求方程 (6.5.5) 的特解, 即需要找到一个函数 $y^*(x)$ 满足方程 (6.5.5). 由于 $F(x)$ 是一个多项式与指数函数 $\mathrm{e}^{\mu x}$ 的乘积, 且它的导数也是一个多项式与指数函数的乘积, 因此应该令

$$y^*(x) = Z(x)\mathrm{e}^{\mu x}, \tag{6.5.6}$$

其中 $Z(x)$ 是一个待定多项式. 将式 (6.5.6) 代入方程 (6.5.5) 并消去 $\mathrm{e}^{\mu x}$ 可得

$$(\mu^2 + p\mu + q)Z(x) + (2\mu + p)Z'(x) + Z''(x) = P_m(x). \tag{6.5.7}$$

注意, 选取的多项式 $Z(x)$ 应使式 (6.5.7) 左边的多项式次数等于 $P_m(x)$ 的次数.

我们分以下 3 种情况讨论.

(1) 当 μ **不是特征值**时, 这表明

$$\mu^2 + p\mu + q \neq 0.$$

由于 $P_m(x)$ 是一个 $m(m \geqslant 0)$ 次多项式, 要使式 (6.5.7) 的两端恒等, 那么 $Z(x)$ 也应是一个 m 次多项式, 即令

$$Z(x) = A_m x^m + A_{m-1}x^{m-1} + \cdots + A_1 x + A_0 \triangleq Q_m(x).$$

从而得到微分方程 $y'' + py' + qy = P_m(x)\mathrm{e}^{\mu x}$ 有如下形式的特解:

$$y^*(x) = Q_m(x)\mathrm{e}^{\mu x},$$

其中 $Q_m(x) = A_m x^m + A_{m-1}x^{m-1} + \cdots + A_1 x + A_0$ 是与 $P_m(x)$ 次数相同的多项式, $A_i(i = 0, 1, \cdots, m)$ 是待定系数.

(2) 当 μ 是**单重特征值**时, 这表明

$$\mu^2 + p\mu + q = 0, \quad 2\mu + p \neq 0.$$

为使式 (6.5.7) 的两端恒等, 那么 $Z'(x)$ 必须是 m 次多项式. 此时可令

$$Z(x) = x(A_m x^m + A_{m-1}x^{m-1} + \cdots + A_1 x + A_0) \triangleq xQ_m(x).$$

从而得到微分方程 $y'' + py' + qy = P_m(x)\mathrm{e}^{\mu x}$ 有如下形式的特解:

$$y^*(x) = xQ_m(x)\mathrm{e}^{\mu x},$$

其中 $Q_m(x) = A_m x^m + A_{m-1}x^{m-1} + \cdots + A_1 x + A_0$ 是与 $P_m(x)$ 次数相同的多项式, $A_i(i = 0, 1, \cdots, m)$ 是待定系数.

(3) 当 μ 是**二重特征值**时, 这表明

$$\mu^2 + p\mu + q = 0, \quad 2\mu + p = 0.$$

为使式 (6.5.7) 的两端恒等, 那么 $Z''(x)$ 必须是 m 次多项式. 此时可令

$$Z(x) = x^2(A_m x^m + A_{m-1}x^{m-1} + \cdots + A_1 x + A_0) \triangleq x^2 Q_m(x).$$

从而得到微分方程 $y''+py'+qy=P_m(x)\mathrm{e}^{\mu x}$ 有如下形式的特解:

$$y^*(x)=x^2Q_m(x)\mathrm{e}^{\mu x},$$

其中 $Q_m(x)=A_mx^m+A_{m-1}x^{m-1}+\cdots+A_1x+A_0$ 是与 $P_m(x)$ 次数相同的多项式, $A_i(i=0,1,\cdots,m)$ 是待定系数.

综上所述, 当 $F(x)=P_m(x)\mathrm{e}^{\mu x}$, 其中 μ 是常数, $P_m(x)$ 是一个 $m(m\geqslant 0)$ 次多项式时, 方程 $y''+py'+qy=P_m(x)\mathrm{e}^{\mu x}$ 有如下形式的特解:

$$y^*=\begin{cases}Q_m(x)\mathrm{e}^{\mu x}, & \text{当}\mu\text{不是特征根时},\\ x^kQ_m(x)\mathrm{e}^{\mu x}, & \text{当}\mu\text{是}k\text{重特征根时}(k=1\text{或}2),\end{cases}$$

其中 $Q_m(x)=A_mx^m+A_{m-1}x^{m-1}+\cdots+A_1x+A_0$ 是与 $P_m(x)$ 次数相同的多项式.

将 $y^*(x)$ 代入微分方程 $y''+py'+qy=P_m(x)\mathrm{e}^{\mu x}$ 就可求出待定系数 $A_i(i=0,1,2,\cdots,m)$, 从而得到微分方程 $y''+py'+qy=P_m(x)\mathrm{e}^{\mu x}$ 的一个特解.

例 6.5.8 求微分方程 $y''-5y'+6y=x\mathrm{e}^{2x}$ 的通解.

解 先求对应齐次微分方程的通解.

原方程对应的齐次微分方程为 $y''-5y'+6y=0$, 其特征方程为

$$\lambda^2-5\lambda+6=0,$$

故特征值为 $\lambda_1=2,\lambda_2=3$. 因此对应齐次微分方程的通解为

$$Y=c_1\mathrm{e}^{2x}+c_2\mathrm{e}^{3x}.$$

再求原非齐次微分方程的一个特解.

注意到原微分方程的非齐次项 $F(x)=x\mathrm{e}^{2x}$ 是 $P_m(x)\mathrm{e}^{\mu x}$ 型的, 其中 $m=1,\mu=2$.

由于 $\mu=2$ 是单重特征值, 故原方微分程有如下形式的特解:

$$y^*=x(A_0+A_1x)\mathrm{e}^{2x}.$$

代入原方程, 并化简可得

$$-2A_1x+2A_1-A_0=x.$$

比较等式两边同次幂的系数易见

$$-2A_1=1,\quad 2A_1-A_0=0.$$

从而

$$A_1=-\frac{1}{2},\quad A_0=-1.$$

于是, 所求特解为

$$y^*=-\left(x+\frac{x^2}{2}\right)\mathrm{e}^{2x}.$$

综上可知原微分方程的通解为

$$y = Y + y^* = c_1 e^{2x} + c_2 e^{3x} - \left(x + \frac{x^2}{2}\right) e^{2x},$$

其中 c_1, c_2 为任意常数. ■

2. $F(x) = P_m(x)e^{\mu x}\cos\nu x$ **(或** $F(x) = P_m(x)e^{\mu x}\sin\nu x$**) 型**

现在我们考虑非齐次项为 $F(x) = P_m(x)e^{\mu x}\cos\nu x$ 或 $F(x) = P_m(x)e^{\mu x}\sin\nu x$, 其中 μ, ν 是常数, $P_m(x)$ 是一个 $m(m \geqslant 0)$ 次多项式. 这里也可以用类型 1 的方法处理.

设函数 $y = y_{\mathrm{R}}(x) \pm \mathrm{i}y_{\mathrm{I}}(x)$, 其中 i 是虚数单位, $y_{\mathrm{R}}(x)$ 与 $y_{\mathrm{I}}(x)$ 分别是 y 的实部和虚部. 容易证明 (证明留给读者来完成), 若函数 y 是方程

$$y'' + py' + qy = f_1(x) \pm \mathrm{i}f_2(x)$$

的解, 则 $y_{\mathrm{R}}(x)$ 和 $y_{\mathrm{I}}(x)$ 分别是微分方程

$$y'' + py' + qy = f_1(x)$$

与

$$y'' + py' + qy = f_2(x)$$

的解.

因此, 对于给定的微分方程

$$y'' + py' + qy = P_m(x)e^{\mu x}\cos\nu x \tag{6.5.8}$$

或

$$y'' + py' + qy = P_m(x)e^{\mu x}\sin\nu x, \tag{6.5.9}$$

可首先利用待定系数法求解微分方程

$$y'' + py' + qy = P_m(x)e^{\mu x}\cos\nu x + \mathrm{i}P_m(x)e^{\mu x}\sin\nu x = P_m(x)e^{(\mu+\mathrm{i}\nu)x}, \tag{6.5.10}$$

方程 (6.5.10) 是类型 1 的形式, 故有如下形式的特解:

$$y^* = \begin{cases} Q_m(x)e^{(\mu+\mathrm{i}\nu)x}, & \text{当}\mu + \mathrm{i}\nu\text{不是特征根时}, \\ xQ_m(x)e^{(\mu+\mathrm{i}\nu)x}, & \text{当}\mu + \mathrm{i}\nu\text{是特征根时}, \end{cases}$$

其中 $Q_m(x)$ 是与 $P_m(x)$ 具有相同次数的复值多项式. 然后分出 y^* 的实部 $y_{\mathrm{R}}^*(x)$ 与虚部 $y_{\mathrm{I}}^*(x)$, 则 $y_{\mathrm{R}}^*(x)$ 和 $y_{\mathrm{I}}^*(x)$ 分别是方程 (6.5.8) 与方程 (6.5.9) 的特解.

用此方法求方程 (6.5.10) 的一个特解时, 我们需要进行复数运算, 有时候这种运算是比较复杂的, 因此找出一种不进行复数运算就能求特解的方法颇为重要. 为此, 我们将 y^* 中的 m 次复值多项式 $Q_m(x)$ 改写为

$$Q_m(x) = Z_m(x) + \mathrm{i}\widetilde{Z}_m(x),$$

其中 Z_m 与 $\widetilde{Z}_m$ 都是 m 次实系数多项式. 则

$$\begin{aligned}y^* &= x^k[Z_m(x)+\mathrm{i}\widetilde{Z}_m(x)]\mathrm{e}^{\mu x}(\cos\nu x+\mathrm{i}\sin\nu x)\\&= x^k\mathrm{e}^{\mu x}[Z_m(x)\cos\nu x-\widetilde{Z}_m(x)\sin\nu x]+\mathrm{i}x^k\mathrm{e}^{\mu x}[\widetilde{Z}_m(x)\cos\nu x+Z_m(x)\sin\nu x].\end{aligned}$$

从而其实部与虚部分别为

$$y_{\mathrm{R}}^* = x^k\mathrm{e}^{\mu x}[Z_m(x)\cos\nu x-\widetilde{Z}_m(x)\sin\nu x]$$

和

$$y_{\mathrm{I}}^* = x^k\mathrm{e}^{\mu x}[\widetilde{Z}_m(x)\cos\nu x+Z_m(x)\sin\nu x].$$

这表明我们可直接假设原非齐次方程 (6.5.8) 或方程 (6.5.9) 有如下形式的特解:

$$y^* = x^k\mathrm{e}^{\mu x}[R_m(x)\cos\nu x+\widetilde{R}_m(x)\sin\nu x],$$

其中 $R_m(x)=A_mx^m+A_{m-1}x^{m-1}+\cdots+A_1x+A_0$ 与 $\widetilde{R}_m(x)=B_mx^m+B_{m-1}x^{m-1}+\cdots+B_1x+B_0$ 都是与 $P_m(x)$ 次数相同的实系数多项式, A_l 和 $B_l(l=0,1,2,\cdots,m)$ 是待定系数. 若 $\mu\pm\mathrm{i}\nu$ 不是特征值, 则 $k=0$; 若 $\mu\pm\mathrm{i}\nu$ 是特征值, 则 $k=1$.

将 $y^*=x^k\mathrm{e}^{\mu x}[R_m(x)\cos\nu x+\widetilde{R}_m(x)\sin\nu x]$ 代入微分方程 (6.5.8) 中就可求出多项式 $R_m(x)$ 与 $\widetilde{R}_m(x)$ 中的待定系数 A_l 和 $B_l(l=0,1,2,\cdots,m)$, 从而得到微分方程 $y''+py'+qy=P_m(x)\mathrm{e}^{\mu x}\cos\nu x$ 的一个特解.

同理, 将 $y^*=x^k\mathrm{e}^{\mu x}[R_m(x)\cos\nu x+\widetilde{R}_m(x)\sin\nu x]$ 代入微分方程 (6.5.9) 中就可求出多项式 $R_m(x)$ 与 $\widetilde{R}_m(x)$ 中的待定系数 A_l 和 $B_l(l=0,1,2,\cdots,m)$, 从而得到微分方程 $y''+py'+qy=P_m(x)\mathrm{e}^{\mu x}\sin\nu x$ 的一个特解.

例 6.5.9　求微分方程 $y''+3y=\sin 2x$ 的特解.

解　原方程对应的齐次微分方程为 $y''+3y=0$, 其特征方程为

$$\lambda^2+3=0,$$

故特征值为 $\lambda_1=\sqrt{3}\mathrm{i}, \lambda_2=-\sqrt{3}\mathrm{i}$.

注意, 微分方程的非齐次项 $F(x)=\sin 2x$ 是 $P_m(x)\mathrm{e}^{\mu x}\sin\nu x$ 型的, 其中 $m=0,\mu=0,\nu=2$. 显然 $\mu+\mathrm{i}\nu=2\mathrm{i}$ 不是特征值, 故原微分方程的特解可设为

$$y^*=A\cos 2x+B\sin 2x,$$

则

$$(y^*)'=-2A\sin 2x+2B\cos 2x,\quad (y^*)''=-4A\cos 2x-4B\sin 2x.$$

将 $y^*,(y^*)'$ 及 $(y^*)''$ 的表达式代入原微分方程并整理得

$$-A\cos 2x-B\sin 2x=\sin 2x.$$

比较等式两边的系数有

$$A=0,\quad B=-1.$$

因此原微分方程的一个特解为

$$y^*=-\sin 2x.$$ ■

例 6.5.10 求微分方程 $y''-3y'+2y=x\cos x$ 满足初始条件 $y(0)=\dfrac{22}{25}, y'(0)=\dfrac{19}{25}$ 的特解.

解 先求对应齐次微分方程的通解.

原方程对应的齐次微分方程为 $y''-3y'+2y=0$, 其特征方程为

$$\lambda^2-3\lambda+2=0,$$

故特征值为 $\lambda_1=1, \lambda_2=2$. 从而对应的齐次微分方程的通解为

$$Y=c_1\mathrm{e}^x+c_2\mathrm{e}^{2x}.$$

再求原非齐次微分方程的一个特解.

注意到微分方程的非齐次项 $F(x)=x\cos x$ 是 $P_m(x)\mathrm{e}^{\mu x}\cos\nu x$ 型的, 其中 $m=1, \mu=0, \nu=1$. 由于 $\mu+\mathrm{i}\nu=\mathrm{i}$ 不是特征值, 故所给微分方程的特解可设为

$$y^*=(A_0+A_1x)\cos x+(B_0+B_1x)\sin x,$$

则

$$(y^*)'=(A_1+B_0+B_1x)\cos x+(B_1-A_0-A_1x)\sin x,$$

$$(y^*)''=(2B_1-A_0-A_1x)\cos x-(2A_1+B_0+B_1x)\sin x.$$

将 $y^*, (y^*)'$ 及 $(y^*)''$ 的表达式代入原微分方程并整理得

$$(A_0-3A_1-3B_0+2B_1)\cos x+(3A_0+B_0-2A_1-3B_1)\sin x+(A_1-3B_1)x\cos x+$$

$$(3A_1+B_1)x\sin x=x\cos x.$$

比较等式两边的系数有

$$\begin{cases}A_0-3A_1-3B_0+2B_1=0,\\3A_0+B_0-2A_1-3B_1=0,\\A_1-3B_1=1,\\3A_1+B_1=0.\end{cases}$$

由此得

$$A_0=-\frac{3}{25},\quad B_0=-\frac{17}{50},\quad A_1=\frac{1}{10},\quad B_1=-\frac{3}{10}.$$

因此所给微分方程的一个特解为

$$y^*=\left(-\frac{3}{25}+\frac{1}{10}x\right)\cos x-\left(\frac{17}{50}+\frac{3}{10}x\right)\sin x.$$

根据线性非齐次方程通解的结构, 可知所给微分方程的通解为

$$y=Y+y^*=c_1\mathrm{e}^x+c_2\mathrm{e}^{2x}+\left(-\frac{3}{25}+\frac{1}{10}x\right)\cos x-\left(\frac{17}{50}+\frac{3}{10}x\right)\sin x.$$

从而

$$y' = c_1 e^x + 2c_2 e^{2x} - \frac{6}{25}\cos x - \frac{9}{50}\sin x - \frac{3}{10}x\cos x - \frac{1}{10}x\sin x.$$

由初始条件 $y(0) = \dfrac{22}{25}$ 及 $y'(0) = \dfrac{19}{25}$ 可得

$$\begin{cases} c_1 + c_2 - \dfrac{3}{25} = \dfrac{22}{25}, \\ c_1 + 2c_2 - \dfrac{6}{25} = \dfrac{19}{25}, \end{cases}$$

解得 $c_1 = 1, c_2 = 0$.

于是原微分方程满足初始条件的特解为

$$y = e^x + \left(-\frac{3}{25} + \frac{1}{10}x\right)\cos x - \left(\frac{17}{50} + \frac{3}{10}x\right)\sin x.$$ ■

例 6.5.11　求微分方程 $y'' - 2y' + y = 4xe^x + \cos x + \sin 2x$ 的通解.

解　先求对应齐次微分方程的通解.

原方程对应的齐次微分方程为 $y'' - 2y' + y = 0$, 其特征方程为

$$\lambda^2 - 2\lambda + 1 = 0,$$

故特征值为 $\lambda_1 = \lambda_2 = 1$, 从而对应的齐次微分方程通解为

$$Y = c_1 e^x + c_2 x e^x.$$

再求原非齐次微分方程的一个特解.

注意到自由项的形式, 由线性非齐次微分方程特解的叠加原理, 可设方程特解为

$$y^* = y_1^* + y_2^* + y_3^*,$$

其中 y_1^*, y_2^* 和 y_3^* 分别为方程

$$y'' - 2y' + y = 4xe^x, \tag{6.5.11}$$

$$y'' - 2y' + y = \cos x, \tag{6.5.12}$$

$$y'' - 2y' + y = \sin 2x \tag{6.5.13}$$

的特解.

注意到方程 (6.5.11) 的非齐次项 $F(x) = 4xe^x$ 是 $P_m(x)e^{\mu x}$ 型的, 其中 $m = 1, \mu = 1$. 由于 $\mu = 1$ 是二重特征根, 故方程 (6.5.11) 的特解设为

$$y_1^* = x^2(A_0 + A_1 x)e^x.$$

将 y_1^* 代入方程 (6.5.11), 解得

$$A_0 = 0, \quad A_1 = \frac{2}{3}.$$

于是, 方程 (6.5.11) 的一个特解为

$$y_1^* = \frac{2}{3}x^3\mathrm{e}^x.$$

注意到微分方程 (6.5.12) 的非齐次项 $F(x) = \cos x$ 是 $P_m(x)\mathrm{e}^{\mu x}\cos\nu x$ 型的, 其中 $m=0,\mu=0,\nu=1$. 显然 $\mu+\mathrm{i}\nu=\mathrm{i}$ 不是特征值, 故方程 (6.5.12) 的特解可设为

$$y_2^* = B_0\cos x + B_1\sin x.$$

将 y_2^* 代入方程 (6.5.12), 解得 $B_0=0, B_1=-\dfrac{1}{2}$.

于是, 方程 (6.5.12) 的一个特解为

$$y_2^* = -\frac{1}{2}\sin x.$$

注意到微分方程 (6.5.13) 的非齐次项 $F(x) = \sin 2x$ 是 $P_m(x)\mathrm{e}^{\mu x}\sin\nu x$ 型的, 其中 $m=0,\mu=0,\nu=2$. 显然 $\mu+\mathrm{i}\nu=2\mathrm{i}$ 不是特征值, 故方程 (6.5.13) 的特解可设为

$$y_3^* = C_0\cos 2x + C_1\sin 2x.$$

将 y_3^* 代入方程 (6.5.13), 解得

$$C_0=\frac{4}{25},\quad C_1=-\frac{3}{25}.$$

于是, 方程 (6.5.13) 的一个特解为

$$y_3^* = \frac{4}{25}\cos 2x - \frac{3}{25}\sin 2x.$$

综上所述, 原线性非齐次微分方程的特解为

$$y^* = y_1^*+y_2^*+y_3^* = \frac{2}{3}x^2\mathrm{e}^x - \frac{1}{2}\sin x + \frac{4}{25}\cos 2x - \frac{3}{25}\sin 2x.$$

从而利用线性非齐次微分方程通解的结构, 可知所给微分方程的通解为

$$y = Y + y^* = c_1\mathrm{e}^x + c_2x\mathrm{e}^x + \frac{2}{3}x^2\mathrm{e}^x - \frac{1}{2}\sin x + \frac{4}{25}\cos 2x - \frac{3}{25}\sin 2x,$$

其中 c_1, c_2 为任意常数. ■

上述求特解的方法可推广到一般 n 阶常系数线性非齐次微分方程的情形:

$$y^{(n)} + p_1y^{(n-1)} + p_2y^{(n-2)} + \cdots + p_{n-1}y' + p_ny = F(x),$$

其中 $F(x)=P_m(x)\mathrm{e}^{\mu x}$ 或 $F(x)=P_m(x)\mathrm{e}^{\mu x}\cos\nu x$ 或 $F(x)=P_m(x)\mathrm{e}^{\mu x}\sin\nu x$.

若 $F(x)=P_m(x)\mathrm{e}^{\mu x}$, 且 μ 是对应特征方程的 k 重根, $k=0,1,\cdots,n$, 则可令特解为

$$y^* = x^kQ_m(x)\mathrm{e}^{\mu x},$$

其中 $Q_m(x)$ 是与 $P_m(x)$ 同次数的待定多项式.

若 $F(x)=P_m(x)\mathrm{e}^{\mu x}\cos\nu x$(或$F(x)=P_m(x)\mathrm{e}^{\mu x}\sin\nu x$), 且 $\mu+\mathrm{i}\nu$ 是对应特征方程的 k 重根, $k=0,1,\cdots,\left[\dfrac{n}{2}\right]$, 则可令特解为

$$y^*=x^k\mathrm{e}^{\mu x}[R_m(x)\cos\nu x+\widetilde{R}_m(x)\sin\nu x],$$

其中 $R_m(x)$ 与 $\widetilde{R}_m(x)$ 均是与 $P_m(x)$ 同次数的待定多项式.

例 6.5.12　求微分方程 $y^{(6)}+y^{(5)}-2y^{(4)}=x-1$ 的通解.

解　先求对应齐次微分方程的通解.

原方程所对应的齐次微分方程为 $y^{(6)}+y^{(5)}-2y^{(4)}=0$, 其特征方程为

$$\lambda^6+\lambda^5-2\lambda^4=\lambda^4(\lambda-1)(\lambda+2)=0,$$

故特征值为

$$\lambda_1=0(4\text{重根}),\quad \lambda_2=1(\text{单根}),\quad \lambda_3=-2(\text{单根}).$$

于是对应线性齐次微分方程的通解为

$$Y=c_0+c_1x+c_2x^2+c_3x^3+c_4\mathrm{e}^x+c_5\mathrm{e}^{-2x}.$$

再求原非齐次微分方程的一个特解.

注意到微分方程的非齐次项 $F(x)=x-1$ 是 $P_m(x)\mathrm{e}^{\mu x}$ 型的, 其中 $m=1,\mu=0$. 由于 $\mu=0$ 是 4 重特征值, 故原微分方程的特解可设为

$$y^*=x^4(Ax+B).$$

代入原微分方程得

$$120A-240Ax-48B=x-1.$$

比较上面等式两边同次幂系数, 得

$$-240A=1,\quad 120A-48B=-1,$$

从而 $A=-\dfrac{1}{240},B=\dfrac{1}{96}$. 故

$$y^*=x^4\left(\frac{1}{96}-\frac{1}{240}x\right).$$

于是, 原线性非齐次微分方程的通解为

$$y=Y+y^*=c_0+c_1x+c_2x^2+c_3x^3+c_4\mathrm{e}^x+c_5\mathrm{e}^{-2x}+\frac{1}{96}x^4-\frac{1}{240}x^5,$$

其中 c_0, c_1, c_2, c_3, c_4, c_5 为任意常数. ■

习题 6.5A

1. 求下列微分方程的通解:

(1) $y''+y'-2y=0$;　　(2) $y''-9y'=0$;

(3) $y''+8y'+15y=0$;　　(4) $y''-6y'+9y=0$;

(5) $\dfrac{\mathrm{d}^2x}{\mathrm{d}t^2}+9x=0$;　　(6) $\dfrac{\mathrm{d}^2x}{\mathrm{d}t^2}+x=0$;

(7) $y''-5y'+6y=0$;　　(8) $y''\ 4y'+5y=0$;

(9) $4\dfrac{\mathrm{d}^2x}{\mathrm{d}t^2}-20\dfrac{\mathrm{d}x}{\mathrm{d}t}+25x=0$;　　(10) $\dfrac{\mathrm{d}^2x}{\mathrm{d}t^2}+2\dfrac{\mathrm{d}x}{\mathrm{d}t}+2x=0$;

(11) $y'''-3ay''+3a^2y'-a^3y=0$;　　(12) $y^{(4)}+2y''+y=0$.

2. 求下列微分方程满足给定初始条件的特解:

(1) $y''-y=0, y|_{x=0}=0, y'|_{x=0}=1$;

(2) $y''+2y'+2y=0, y|_{x=0}=1, y'|_{x=0}=-1$;

(3) $4y''+4y'+y=0, y|_{x=0}=2, y'|_{x=0}=0$;

(4) $y''+4y'+29y=0, y|_{x=0}=0, y'|_{x=0}=15$;

(5) $y''+2y'+10y=0, y|_{x=0}=1, y'|_{x=0}=2$;

(6) $y^{(4)}-a^4y=0(a>0), y|_{x=0}=1, y'|_{x=0}=0, y''|_{x=0}=-a^2, y'''|_{x=0}=0$.

3. 写出下列微分方程具有待定系数的特解形式:

(1) $y''-5y'+4y=(x^2+1)\mathrm{e}^x$;　　(2) $x''-6x'+9x=(2t+1)\mathrm{e}^{3t}$;

(3) $y''-4y'+8y=3\mathrm{e}^x\sin x$;　　(4) $y''+a_1y'+a_2y=H$, 其中a_1, a_2, H是实常数.

4. 求下列各微分方程的通解或满足初始条件的特解:

(1) $2y''+y'-y=2\mathrm{e}^x$;　　(2) $y''+a^2y=\mathrm{e}^x$;

(3) $y''-7y'+12y=x$;　　(4) $y''-3y'=-6x+2$;

(5) $2y''+5y'=5x^2-2x-1$;　　(6) $y''+3y'+2y=3x\mathrm{e}^{-x}$;

(7) $y''-2y'+5y=\mathrm{e}^x\sin 2x$;　　(8) $y''-6y'+9y=(x+1)\mathrm{e}^{3x}$;

(9) $y''-4y'+4y=x^2\mathrm{e}^{2x}$;　　(10) $y''+4y=x\cos x$;

(11) $y''+4y=\cos 2x, y(0)=0, y'(0)=2$;

(12) $y''-10y'+9y=\mathrm{e}^{2x}, y(0)=\dfrac{6}{7}, y'(0)=\dfrac{33}{7}$.

习题 6.5B

设 $f(x)=\sin x-\int_0^x(x-t)f(t)\mathrm{d}t$, 其中 $f(x)$ 为连续函数且 $f(x)\neq 0$, 求 $f(x)$ 的表达式.

6.6* 欧 拉 方 程

形如

$$x^ny^{(n)}+a_1x^{n-1}y^{(n-1)}+\cdots+a_{n-1}xy'+a_ny=f(x) \tag{6.6.1}$$

的微分方程称为 n **阶欧拉方程** (Euler's differential equation of order n), 其中 $a_1, a_2, \cdots, a_{n-1}, a_n$ 都是常数.

这是一种特殊类型的变系数线性微分方程, 可通过变量代换的方法将它化为 n 阶常系数线性微分方程, 进而求出它的通解.

设 $x>0$, 令 $x=\mathrm{e}^t$或$t=\ln x$, 则可将 (6.6.1) 变为自变量为 t 的微分方程.

由复合函数求导公式得

$$\begin{aligned}
&\frac{\mathrm{d}y}{\mathrm{d}x}=\frac{\mathrm{d}y}{\mathrm{d}t}\frac{\mathrm{d}t}{\mathrm{d}x}=\frac{1}{x}\frac{\mathrm{d}y}{\mathrm{d}t},\\
&\frac{\mathrm{d}^2y}{\mathrm{d}x^2}=\frac{1}{x^2}\left(\frac{\mathrm{d}^2y}{\mathrm{d}t^2}-\frac{\mathrm{d}y}{\mathrm{d}t}\right),\\
&\frac{\mathrm{d}^3y}{\mathrm{d}x^3}=\frac{1}{x^3}\left(\frac{\mathrm{d}^3y}{\mathrm{d}t^3}-3\frac{\mathrm{d}^2y}{\mathrm{d}t^2}+2\frac{\mathrm{d}y}{\mathrm{d}t}\right).
\end{aligned}$$

如采用记号 D 表示对 t 的求导运算, 即 $D=\dfrac{\mathrm{d}}{\mathrm{d}t}$, 则 $D^2=D\cdot D=\dfrac{\mathrm{d}^2}{\mathrm{d}t^2}$, $D^3=D\cdot D\cdot D=\dfrac{\mathrm{d}^3}{\mathrm{d}t^3}, \cdots$. 这样上述求导运算可以表示为

$$\begin{aligned}
&xy'=\frac{\mathrm{d}y}{\mathrm{d}t}=Dy,\\
&x^2y''=\frac{\mathrm{d}^2y}{\mathrm{d}t^2}-\frac{\mathrm{d}y}{\mathrm{d}t}=\left(\frac{\mathrm{d}^2}{\mathrm{d}t^2}-\frac{\mathrm{d}}{\mathrm{d}t}\right)y=(D^2-D)y=D(D-1)y,\\
&x^3y'''=\frac{\mathrm{d}^3y}{\mathrm{d}t^3}-3\frac{\mathrm{d}^2y}{\mathrm{d}t^2}+2\frac{\mathrm{d}y}{\mathrm{d}t}=\left(\frac{\mathrm{d}^3}{\mathrm{d}t^3}-3\frac{\mathrm{d}^2}{\mathrm{d}t^2}+2\frac{\mathrm{d}}{\mathrm{d}t}\right)y=(D^3-3D^2+2D)y\\
&\qquad=D(D-1)(D-2)y.
\end{aligned}$$

一般地有

$$x^ky^{(k)}=D(D-1)\cdots(D-k+1)y,\quad k=1,2,\cdots,n.$$

将以上等式代入欧拉方程 (6.6.1), 便得到一个以 t 为自变量的常系数线性微分方程, 求出它的解后, 再把 t 换成 $\ln x$, 即得原欧拉方程 (6.6.1) 的解.

对于 $x<0$ 的情形, 通过变量代换 $x=-\mathrm{e}^t$, 可类似求解.

例 6.6.1　求微分方程 $x^2y''-xy'+y=0$ 的通解.

解　这是一个欧拉微分方程. 令 $x=\mathrm{e}^t$或$t=\ln x, D=\dfrac{\mathrm{d}}{\mathrm{d}t}$, 则 $x^ky^{(k)}=D(D-1)\cdots(D-k+1)y$. 从而所给方程化为

$$D(D-1)y-Dy+y=0\Leftrightarrow D^2y-2Dy+y=0.$$

即有

$$\frac{\mathrm{d}^2y}{\mathrm{d}t^2}-2\frac{\mathrm{d}y}{\mathrm{d}t}+y=0.$$

这是一个二阶常系数线性齐次微分方程, 容易求得其通解为

$$y=(c_1+c_2t)\mathrm{e}^t.$$

将变量 t 换成 $\ln x$, 则可得原方程的通解为

$$y=(c_1+c_2\ln x)x,$$

其中 c_1, c_2 为任意常数. ■

例 6.6.2 求微分方程 $(x+2)^2\dfrac{\mathrm{d}^3y}{\mathrm{d}x^3}+(x+2)\dfrac{\mathrm{d}^2y}{\mathrm{d}x^2}+\dfrac{\mathrm{d}y}{\mathrm{d}x}=1$ 的通解.

解 注意到所给微分方程不是欧拉方程, 我们先利用变量替换将其化为欧拉方程. 令 $x+2=t$, 则原方程化为

$$t^2\frac{\mathrm{d}^3y}{\mathrm{d}t^3}+t\frac{\mathrm{d}^2y}{t^2}+\frac{\mathrm{d}y}{\mathrm{d}t}=1.$$

这仍然不是欧拉方程, 但两边乘以 t 就可化成欧拉方程, 即

$$t^3\frac{\mathrm{d}^3y}{\mathrm{d}t^3}+t^2\frac{\mathrm{d}^2y}{t^2}+t\frac{\mathrm{d}y}{\mathrm{d}t}=t. \tag{6.6.2}$$

再令 $t=\mathrm{e}^\tau$或$\tau=\ln t$, $D=\dfrac{\mathrm{d}}{\mathrm{d}\tau}$, 则 $t^ky^{(k)}=D(D-1)\cdots(D-k+1)y$. 从而欧拉方程 (6.6.2) 可化为

$$D(D-1)(D-2)y+D(D-1)y+Dy=\mathrm{e}^\tau \Leftrightarrow D^3y-2D^2y+2Dy=\mathrm{e}^\tau,$$

即有

$$\frac{\mathrm{d}^3y}{\mathrm{d}\tau^3}-2\frac{\mathrm{d}^2y}{\tau^2}+2\frac{\mathrm{d}y}{\mathrm{d}\tau}=\mathrm{e}^\tau. \tag{6.6.3}$$

易求得方程 (6.6.3) 的通解为

$$y=c_0+\mathrm{e}^\tau(c_1\cos\tau+c_2\sin\tau)+\mathrm{e}^\tau.$$

由于 $x+2=t$ 及 $t=\mathrm{e}^\tau$, 因此 $\mathrm{e}^\tau=x+2$. 将其代入上式, 可得原方程的通解为

$$y=c_0+(x+2)[c_1\cos\ln(x+2)+c_2\sin\ln(x+2)+1],$$

其中 c_0, c_1, c_2 为任意常数. ■

习题 6.6

求下列微分方程的通解:

(1) $x^2y''+xy'-y=0$;　　(2) $x^2y''-2y=0$;

(3) $y''-\dfrac{y'}{x}+\dfrac{y}{x^2}=\dfrac{2}{x}$;　　(4) $x^2y''-2xy'+2y=\ln^2x-2\ln x$;

(5) $x^3y'''+3x^2y''-2xy'+2y=0$;　　(6) $x^2y''+xy'-4y=x^3$;

(7) $x^3y'''+xy'-y=3x^4$;　　(8) $x^3y'''-x^2y''+2xy'-2y=x^3+3x$.

6.7　微分方程的应用

微分方程在很多学科领域内有着重要的应用, 如电磁场问题、自动控制、各种电子学装置的设计、弹道的计算、飞机和导弹飞行的稳定性的研究、化学反应过程稳定性的研究等. 这些问题都可以化为求常微分方程的解, 或者化为研究解的性质的问题. 本节我们介绍微分方程在一些实际问题中的应用, 首先需要建立数学模型, 即根据实际问题的背景和相关知识建立适当的微分方程及其初始条件, 然后求微分方程满足一定条件的解.

例 6.7.1　设一平面曲线上任一点 P 到原点的距离等于点 P 与点 Q 之间的距离 (图 6.7.1), 其中点 Q 是曲线过点 P 的切线与 x 轴的交点. 求该平面曲线的方程.

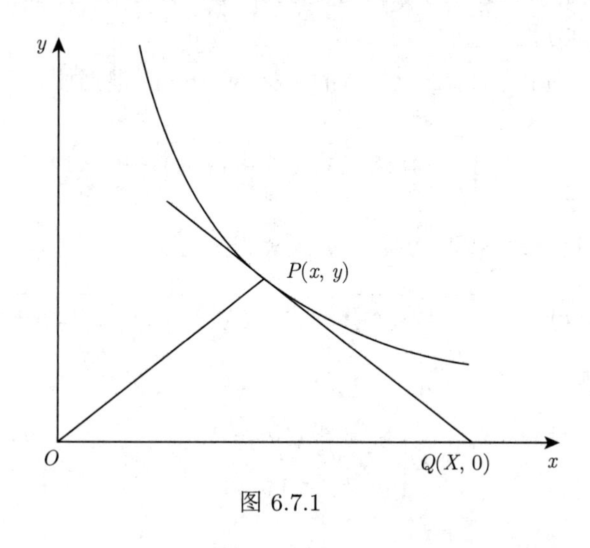

图 6.7.1

解　设 $P(x,y)$ 是所求曲线 $y=f(x)$ 上任意一点, 则过点 P 的切线方程为

$$Y-y=y'(X-x),$$

其中 (X,Y) 是切线上的动点.

令 $Y=0$, 则知交点 Q 的横坐标为 $X=x-\dfrac{y}{y'}$, 从而

$$|PQ|=\sqrt{(x-X)^2+y^2}=\sqrt{\left(\frac{y}{y'}\right)^2+y^2}.$$

由点 P 的坐标为 (x,y) 知

$$|OP|=\sqrt{x^2+y^2}.$$

根据题中条件可知

$$|OP|=|PQ|,$$

即

$$\sqrt{x^2+y^2}=\sqrt{\left(\frac{y}{y'}\right)^2+y^2}.$$

化简可得

$$x^2=\left(\frac{y}{y'}\right)^2 \quad 或 \quad y'=\pm\frac{y}{x}.$$

易得方程的通解为

$$y=Cx \quad 或 \quad y=\frac{C}{x}.$$

显然, 通解表示的两族曲线都满足题意要求. ■

例 6.7.2 在第一象限中有一光滑曲线, 此曲线与 y 轴相交于点 $A(0,1)$, 且在曲线上任一点 P 处所作 x 轴的垂线与两坐标轴及曲线本身所围图形的面积值等于这段曲线 $\widehat{AP}$ 的弧长值. 求该曲线的方程.

解 设曲线 $y=f(x)$ 上任意一点 P 的坐标为 (x,y). 根据假设可知

$$\int_0^x f(t)\mathrm{d}t=\int_0^x \sqrt{1+(f'(t))^2}\mathrm{d}t.$$

这是一个积分方程, 对积分方程两边关于 x 求导得

$$f(x)=\sqrt{1+(f'(x))^2} \quad 或 \quad f'(x)=\pm\sqrt{f^2(x)-1}.$$

从而, 只需解初值问题

$$\begin{cases} y'=\pm\sqrt{y^2-1}, \\ y|_{x=0}=1. \end{cases}$$

此微分方程式是可分离变量的, 其通解为

$$\ln(y+\sqrt{y^2-1})=C\pm x.$$

将初值 $y|_{x=0}=1$ 代入上式得 $C=0$, 故所求曲线的方程为

$$\ln(y+\sqrt{y^2-1})=\pm x \quad 或 \quad y=\frac{\mathrm{e}^x+\mathrm{e}^{-x}}{2}=\cosh x.$$ ■

例 6.7.3 设有连接点 $O(0,0)$ 和 $A(1,1)$ 的一段向上凸的曲线弧 $\widehat{OA}$, 对于 $\widehat{OA}$ 上任一点 $P(x,y)$, 曲线弧 $\widehat{OP}$ 与直线 $\overline{OP}$ 所围图形的面积为 x^2, 求曲线弧 $\widehat{OA}$ 的方程.

解 设曲线弧的方程为 $y=y(x)$. 易见曲线弧 $\widehat{OP}$ 与直线 $\overline{OP}$ 所围图形的面积为 $\displaystyle\int_0^x y(t)\mathrm{d}t-\frac{1}{2}xy$, 则由题中假设有

$$\int_0^x y(t)\mathrm{d}t-\frac{1}{2}xy=x^2.$$

这是一个积分方程, 对积分方程两边关于 x 求导得

$$y(x)-\frac{1}{2}(y+xy')=2x,$$

即

$$\frac{\mathrm{d}y}{\mathrm{d}x}=-4+\frac{y}{x}.$$

令 $u=\frac{y}{x}$, 则 $\frac{\mathrm{d}y}{\mathrm{d}x}=u+x\frac{\mathrm{d}u}{\mathrm{d}x}$, 从而原方程变为

$$x\frac{\mathrm{d}u}{\mathrm{d}x}=-4.$$

分离变量并积分得

$$u=-4\ln x+C.$$

将 $u=\frac{y}{x}$ 代入上式并化简, 得原方程的通解为

$$y=-4x\ln x+Cx.$$

由于曲线过点 $A(1,1)$, 可知 $C=1$, 故所求的曲线方程为

$$y=-4x\ln x+x.$$

■

例 6.7.4　求例 6.4.1 中建立的微分方程并加以讨论.

解　例 6.4.1 中的微分方程是

$$x''+2\delta x'+\omega^2x=h\sin pt,$$

其中 $\delta=\frac{\mu}{2m}, \omega=\sqrt{\frac{k}{m}}, h=\frac{H}{m}$. 这里 μ 为介质的阻尼系数, m 为物体的质量, k 为弹簧的弹性系数, 且 $h\sin pt$ 为周期性变化的外界强迫力. 这一方程称为**强迫振动方程** (equation of forced oscillation), 对应的齐次方程

$$x''+2\delta x'+\omega^2x=0,$$

称为**自由振动方程** (equation of free oscillation). ■

下面对科学与生活中常见的自由振动现象给出一些简要的讨论.

考虑自由振动方程

$$x''+2\delta x'+\omega^2x=0. \tag{6.7.1}$$

它的特征方程为

$$\lambda^2+2\delta\lambda+\omega^2=0,$$

故特征值为

$$\lambda_1=-\delta+\sqrt{\delta^2-\omega^2},\quad \lambda_2=-\delta-\sqrt{\delta^2-\omega^2}.$$

下面分 3 种情况讨论.

(1) $\delta^2-\omega^2>0$. 此时, 有两个不相等的实特征根 λ_1,λ_2, 从而方程 (6.7.1) 的通解为

$$x=c_1\mathrm{e}^{\lambda_1 t}+c_2\mathrm{e}^{\lambda_2 t}\quad (\lambda_1<0,\lambda_2<0).$$

这是大阻尼振动, 当 $t \to +\infty$ 时, $x \to 0$, 这说明物体随时间 t 的增大而趋于平衡位置 (图 6.7.2).

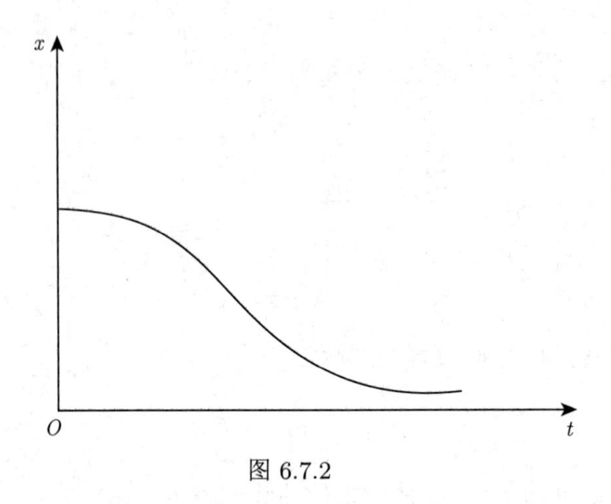

图 6.7.2

(2) $\delta^2-\omega^2=0$. 此时, 有两个相等的实特征根 $\lambda_1=\lambda_2=-\delta$, 从而方程 (6.7.1) 的通解为

$$x=(c_1+c_2t)\mathrm{e}^{-\delta t}.$$

这是临界阻尼情形, 当 $t \to +\infty$ 时, $x \to 0$, 说明物体随时间 t 的增大而趋于平衡位置, 但不如 (1) 的情况下趋于平衡位置的速度快, 这是因为上面的式子中存在 c_1+c_2t 这一项 (图 6.7.2).

(3) $\delta^2-\omega^2<0$. 此时, 有一对共轭复的特征根 $\lambda_{1,2}=-\delta\pm\mathrm{i}\sqrt{\omega^2-\delta^2}$, 从而方程 (6.7.1) 的通解为

$$x=\mathrm{e}^{-\delta t}(c_1\cos\sqrt{\omega^2-\delta^2}t+c_2\sin\sqrt{\omega^2-\delta^2}t)=A\mathrm{e}^{-\delta t}\sin(\sqrt{\omega^2-\delta^2}t+\varphi),$$

其中 $A=\sqrt{c_1^2+c_2^2}$ 及 $\varphi=\arctan\dfrac{c_1}{c_2}$ 都是任意常数.

① $\delta\neq 0$. 当 $t\to+\infty$ 时, 运动的振幅 $A\mathrm{e}^{-\delta t}$ 逐渐趋于零, 说明物体随时间 t 的增大而趋于平衡位置. 这是一种小阻尼振动 (图 6.7.3).

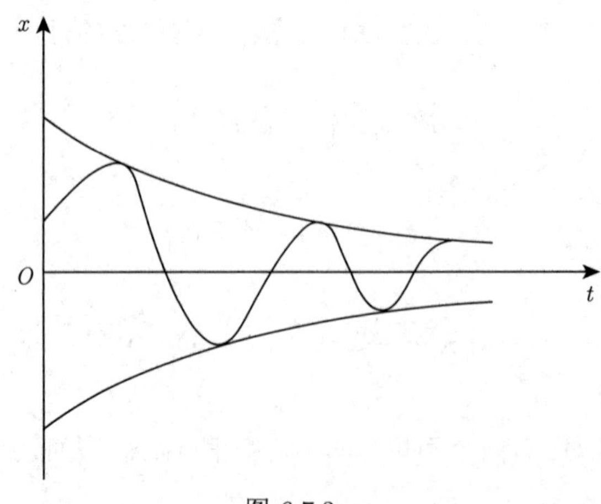

图 6.7.3

② $\delta = 0$. 此时有

$$x = A\sin(\sqrt{\omega^2 - \delta^2}t + \varphi),$$

这种振动称为**简谐振动** (harmonic oscillation).

在实际生活中, 振动现象除了自由振动还有强迫振动. 这里, 考虑强迫振动方程

$$x'' + 2\delta x' + \omega^2 x = h\sin pt. \tag{6.7.2}$$

我们只考虑 $\delta \neq 0$ 且 $\delta^2 - \omega^2 < 0$ 的情况.

注意到微分方程的非齐次项 $F(t) = h\sin pt$ 是 $P_m(t)\mathrm{e}^{\mu t}\sin \nu t$ 型的, 其中 $P_0(t) = h, \mu = 0, \nu = p$. 由于 $\mu + \mathrm{i}\nu = \mathrm{i}p$ 不是特征值, 故所给方程的特解可设为

$$x^* = A_1 \cos pt + A_2 \sin pt.$$

将其代入方程 (6.7.2) 并比较等式两边的系数可得

$$\begin{cases} (\omega^2 - p^2)A_1 + 2\delta p A_2 = 0, \\ (\omega^2 - p^2)A_2 - 2\delta p A_1 = h. \end{cases}$$

从而

$$A_1 = -\frac{2\delta p h}{(\omega^2 - p^2)^2 + 4\delta^2 p^2}, \quad A_2 = \frac{h(\omega^2 - p^2)}{(\omega^2 - p^2)^2 + 4\delta^2 p^2}.$$

于是

$$x^* = \frac{h(\omega^2 - p^2)}{(\omega^2 - p^2)^2 + 4\delta^2 p^2}\sin pt - \frac{2\delta p h}{(\omega^2 - p^2)^2 + 4\delta^2 p^2}\cos pt = B\sin(pt - \psi),$$

其中

$$B = \frac{h}{\sqrt{(\omega^2 - p^2)^2 + 4\delta^2 p^2}}, \quad \psi = \arctan\frac{2p\delta}{\omega^2 - p^2}.$$

综上所述, 强迫振动方程的通解为

$$x = A\mathrm{e}^{-\delta t}\sin(\sqrt{\omega^2 - \delta^2}t + \varphi) + B\sin(pt - \psi).$$

上式表示物体的运动由两部分组成, 第一项表示阻尼振动, 第二项所表示的振动叫强迫振动.

通解的第一项随着 t 的增加而减小, 即

$$x \approx x^* = B\sin(pt - \psi), \quad t \gg 1.$$

换句话说, 它主要取决于外界强迫力的作用. 这里 p 是强迫力周期运动的频率. 当阻尼 $\mu\left(\delta = \frac{\mu}{2m}\right)$ 很小时, 振动的振幅为

$$B = \frac{h}{\sqrt{(\omega^2 - p^2)^2 + 4\delta^2 p^2}} \approx \frac{h}{|\omega^2 - p^2|}.$$

显然, 当外界强迫力的角频率 p 接近振动系统的固有频率 ω 时, 振幅 B 将会很大, 就会产生共振现象. 很多时候共振有很大的破坏作用, 它可能会引起机器损坏、桥梁折断以及建筑物倒塌等严重事故. 例如, 1831 年一队士兵以整齐的步伐通过英国曼彻斯特附近的布劳顿吊桥时, 整齐的步伐产生了周期性的外力, 且这个外力的频率非常接近吊桥的固有频率, 从而引起了共振, 导致了吊桥的倒塌. 因此, 在一些工程问题中, 常常需要事先算出固有频率, 从而调整有关参数并采取各种措施避免共振现象的发生.

另外, 有的时候共振又很有用. 例如, 必须调节收音机与电视机的频率使之和所接收的电台与电视台广播频率相同, 产生共振, 才能收到所需要的信息。

习题 6.7

1. 一曲线过点 $(1,0)$ 且曲线上任一点 $P(x,y)$ 处的切线在 y 轴上的截距等于 P 点与原点 O 的距离. 求该曲线的方程.
2. 一曲线过点 $(2,8)$, 曲线上任一点 $P(x,y)$ 到两坐标轴的垂线与两坐标轴构成的矩形被该曲线分为两部分, 其中一部分的面积恰好是另一部分面积的两倍, 求该曲线的方程.
3. 设一降落伞质量为 m, 启动时的初速度为 v_0. 若空气阻力与速度成正比, 求降落伞的速度 v 与时间 t 的关系.
4. 一容器内装有 10 L 盐水, 其中含盐 1 kg. 现在以 3 L/min 的速度向容器里注入纯净水, 同时以 2 L/min 的速度向外抽取盐水. 求 1 h 后容器内溶液的含盐量.
5. 根据经济学原理, 市场上商品价格的变化率与需求量和供应量的差成正比. 假设某种商品的供应量 Q_1 与需求量 Q_2 都是价格 P 的线性函数:

$$Q_1 = -a + bP, \quad Q_2 = c - dP,$$

其中 a,b,c,d 均为正常数. 求该商品价格随时间 t 的变化规律.

6. 令 $y(t)$ 表示时刻 t 时鱼缸内水的高度, $V(t)$ 表示水的体积. 水从鱼缸底部面积为 a 的小孔漏出. 托里拆利定律指出

$$\frac{\mathrm{d}V}{\mathrm{d}t} = -a\sqrt{2gy},$$

其中 g 是重力加速度. 设鱼缸是一高 6 m、半径 2 m 的圆柱体, $g = 980\ \mathrm{cm/s^2}$, 小孔是半径为 1 cm 的圆形孔. 设在 $t=0$ 时刻鱼缸是满的, 求在时刻 t 时水的高度及将水排完所需的时间.

7. 学习曲线是描述一个人学习新技能的能力曲线图, 设该曲线函数为 $y(t)$, 其中 t 为时间, $y(0)=0$. M 是一个人学习新技能的能力的最大值, 且比例 $\dfrac{\mathrm{d}y}{\mathrm{d}t}$ 满足

$$\frac{\mathrm{d}y}{\mathrm{d}t} = a[M - y(t)],$$

其中 a 正常数. 求此学习曲线的表达式.

8. 根据下列两种情况, 建立肿瘤体积增长的数学模型并求解.

   (1) 设肿瘤体积 V 随时间 t 增大的速率与 V^b 成正比, 其中 b 是常数. 开始时测得肿瘤的体积是 V_0. 试分别求当 $b=\dfrac{2}{3}$ 及 $b=1$ 时肿瘤体积 V 随时间 t 的变化规律, 以及当 $b=1$ 时肿瘤体积增大一倍所需的时间.

   (2) 设肿瘤体积 V 随时间 t 的增长率是 $k(t)V$, 其中 $k(t)$ 是时间 t 的递减函数, 且 $k(t)$ 在 t 时刻的变化率正比于 $k(t)$ 的值, 比例系数为常数. 求 V 随时间 t 的变化率、肿瘤体积增大一倍所需的时间及肿瘤体积增长的上限.

9. 设一物体以初速度 v_0 沿斜面下滑, 斜面的倾角为 θ, 且物体与斜面的摩擦系数为 μ. 证明物体下滑的距离随时间 t 的变化规律为

$$s=\frac{1}{2}g(\sin\theta-\mu\cos\theta)t^2+v_0t.$$

10. 现有一质量为 m 的质点由静止初始状态沉入液体, 下沉时液体的阻力与质点下沉的速度成正比. 求该质点的运动规律.